KB001198

인조이 **이탈리아**

인조이 이탈리아

지은이 윤경민
펴낸이 최정심
펴낸곳 (주)GCC

초판 1쇄 발행 2008년   8월 15일
3판 40쇄 발행 2018년 10월 5일

4판 1쇄 발행 2019년 5월 20일
4판 2쇄 발행 2019년 6월 10일

출판신고 제 406-2018-000082호
주소 10880 경기도 파주시 지목로 5
전화 (031) 8071-5700 팩스 (031) 8071-5200

ISBN 979-11-89432-42-3 13980

저자와 출판사의 허락 없이 내용의 일부를
인용하거나 발췌하는 것을 금합니다.

가격은 뒤표지에 있습니다.
잘못 만들어진 책은 구입처에서 바꾸어 드립니다.

www.nexusbook.com

여행을 즐기는 가장 빠른 방법

ENJOY
TRAVEL

인조이
이탈리아
ITALY

윤경민 지음

넥서스BOOKS

'지면 관계상 어쩔 수 없이… 생략한다'라는 글귀를 잡지나 책에서 볼 때, 별로 그 저자의 마음을 헤아리지는 않았다. 물론 이 글을 읽는 독자도 그럴 것이다. 하지만 언젠가 책을 낼 기회를 갖게 된다면 이 안타까운 '지면 관계상…'이라는 표현의 속내를 알게 될 것이다. 이 책에 담긴 내용은 비바이탈리아통신(www.vivaitalia.co.kr)에 있는 내용 중 중요 부분만을 옮긴 것이다. 흡사 한 섬 가득한 보물을 발견하고도 타고 온 쪽배에 보물들을 다 옮겨 싣지 못하는 뱃사공의 발동동 구름이 책을 준비하는 내내 필자가 느낀 안타까움이었다. 따라서, 지면 관계상 더 많은 곳을 소개하지 못하더라도 독자들의 양해를 구하면서 이 글을 시작할까 한다.

1997년 봄, 처음으로 이탈리아 시에나(Siena)라는 아름다운 도시로 유학을 갔다. 주말마다 조금씩 조금씩 주변과 그 주변, 그 주변의 작은 도시, 큰 도시, 대도시를 여행하였다. 어떤 목적을 가지고 다닌 것은 아니었지만, 군대 시절부터 몸에 밴 정리벽과 메모 습관이 있었기 때문에 해당 도시를 여행하면서 구한 자료와 책자, 메모들을 차곡차곡 모았다. 이후 자료가 어느 정도 모이고 이탈리아가 조금씩 눈에 보이기 시작할 무렵 우리나라 여행자들이 갖고 다니는 이탈리아 여행 책자들이 눈에 들어오기 시작했다. 일본이나 미국, 영국의 큰 출판사에서 기획해서 만든 것이라, 자료가 많다 못해 부담스러울 정도로 치밀하였다. 물론 나에게도 많은 도움이 되었다. 하지만 그 책 속에는 한국인에게는 익숙하지 않은 여행의 감성들이 이곳저곳 드러나 있었다. 그래서 한국인의 정서에 맞는 제대로 된 이탈리아 여행 책자를 만들어 보자는 생각을 하게 되었다.

이 책에는 크게 두 가지 장점이 있다. 첫째는 철저히 한국인의 감성으로 접근하였다는 점, 둘째는 이탈리아 전역을 거의 둘러본 후 내린 여행지에 대한 판단이라는 점이다.

따라서 제대로 된 정보를 바탕으로 알찬 이탈리아 여행을 하길 바란다. 왜 이탈리아가 세계의 디자인을 주도하는지, 구찌나 페라리 같은 명품이 어떻게 나오는지, 바티칸에 왜 그토록 수많은 신자들이 몰려오는지를 생각해 보자. 다른 사람들이 가 본 장소에 굳이 또 가 보는 것보다 내가 진정으로 가고자 하는 곳에 가 볼 수 있는 용기와 지식을 가진 '영혼이 담긴 여행'을 하기 바란다.

이 책이 나오는 데 많은 분들의 노고가 있었다. 여행을 시작할 때부터 현재까지 이탈리아인의 입장에서 전문적인 조언을 아끼지 않았던 Pietro, Christian, Andrea, Barbara 등에게 먼저 감사를 드린다. 또한 비바이탈리아통신을 위해 많은 도움을 주고 있는 성연정, 김리나, 이영길, 김혜영, 김민정 씨와 이름을 밝히기를 거부하시는(?) IUVO 님, 비바이탈리아통신을 만들어 준 친구 (주)나우콤의 김종오 팀장, 그리고 생면부지의 필자를 인정하고 발굴하여 준 네이버의 한성희 씨께도 감사드린다.

또한 엄청난 양의 원고를 추려내면서 책을 만들어 주신 넥서스의 편집팀에게도 감사드린다. 마지막으로 '지면 관계상 어쩔 수 없이' 이름을 올리지 못한 많은 분들에게도 또한 감사를 드린다.

그리고 이 책이 나오기를 진심으로 기대한 가족들에게 이 책의 서문을 바친다.

윤경민

여행 준비

여행을 떠나기 전, 일정을 짜고 여행 준비를 하는 데 필요한
정보 모음이다. 이탈리아에 대한 기초 정보와 교통 이용법,
공항에서의 출입국 수속에 필요한 정보들을 담았다.

추천 코스

여행 전문가가 추천하는 일정별, 도시별 추천 일정과
베스트 투어 코스를 보면서, 자신에게 맞는 일정을 세워 보자.

지역 여행

이탈리아의 주요 도시 5곳의 주요 관광지와
각 도시별 근교 도시를 소개한다.
이탈리아를 찾는 여행자라면 꼭 가 봐야 할
핵심 여행 정보 위주로 실었다.

지역 소개

각 지역에서 꼭 가 봐야 할
핵심 지역 순으로 소개하고 있다.

지역 약도

간소화한 약도를 삽입하여
여행자가 쉽게 길을
찾을 수 있도록 하였다.

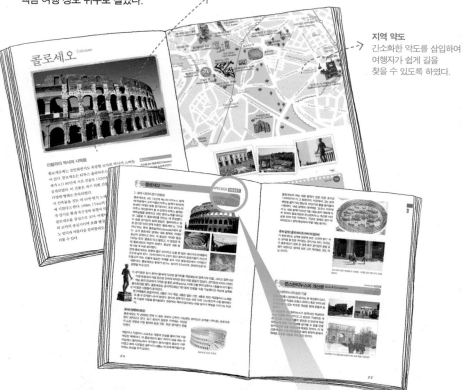

가이드북 최초 자체 제작 맵코드 서비스

인조이맵 enjoy.nexusbook.com

★ '인조이맵'에서 간단히 맵코드를 입력하면
  책 속에 소개된 스폿이 스마트폰으로 쏙!
★ 위치 서비스를 기반으로 한 길 찾기 기능과
  스폿간 경로 검색까지!
★ 즐겨찾기 기능을 통해 내가 원하는 스폿만 저장!
★ 각 지역 목차에서 간편하게 위치 찾기 가능!

Best Tour

동선은 물론 이동 시간과 식사 시간 등을
고려한 최적의 코스.

느낌이 있는 테마 여행

이탈리아에서만 특별하게 경험할 수
있는 테마를 소개하고 있다.

별책 부록 – 휴대용 여행 가이드북

map tour

각 지역의 지도를
간단하게 손에 들고 다니며 볼 수 있다.

여행 회화

여행에 꼭 필요한 이탈리아어와
영어 회화를 정리했다.

Notice! 이탈리아의 최신 정보를 정확하고 자세하게 담고자 하였으나, 현지 사정에 따라 정보가 예고 없이 변동될 수 있습니다. 특히 여행지의 요금이나 시간 등의 정보는 시기별로 다른 경우가 많으므로, 안내된 자료를 참고 기준으로 삼아 여행 전 미리 확인하시기 바랍니다.

CONTENTS

테마 여행

기타 도시

여행 정보

BenVenuto~

추천 코스

로마 하루 코스

07:30	**Brunch time** 숙소에서 아침 식사
08:00	**테르미니 역** 숙소 대부분이 테르미니 역 근처에 있으므로 역에서 천천히 걸어서 이동한다. **POINT** **1. 레 푸블리카 광장** 테르니미 역 앞, 분수가 있는 곳. **2. 산타 마리아 델리 안젤리 성당** 판테온 방식으로 만든 미켈란젤로의 작품.
09:00	**베네치아 광장** 64번 버스를 타고 도착. **POINT** **비토리오 에마누엘레 2세 기념관** 분열된 이탈리아를 통일한 이탈리아 초대 왕 비토리오 에마누엘레 2세를 기념. 
10:10	**캄피돌리오 광장** **POINT** **1. 포로 로마노** 고대 로마인들의 삶의 중심지. **2. 콜로세오** 야수와 검투사의 치열한 대결이 치러진 경기 관람장.
13:00	**진실의 입, 치르코 마시모** 콜로세오에서 보통 걸음으로 약 20분 소요. 

14:00	**바티칸 성당**
	진실의 입에서 지하철역으로 연결되는 버스를 타고 나와야 한다. 거의 모든 버스가 지하철역으로 간다. 지하철로 바티칸 성당으로 가는 오타비아노 산 피에트로 역으로 이동.

14:30	**Lunch time**
	근처에서 늦은 점심 해결!

15:00	**바티칸 성당 내부**
	로마를 하루에 돌아보려면 바티칸 박물관까지 보는 것은 무리다. 바티칸 성당 내부를 대략 둘러보고 화해의 길을 약 20분 걸어서 '천사의 성'으로 이동. 내부는 안 들어가도 됨.

18:00	**Dinner time**
	천사의 성에서 관광을 마치고 민박집으로 이동. 저녁 식사를 하고 난 뒤 저녁으로 야경 투어를 시작한다.

19:00	**판테온**
	세상에서 가장 아름답고 완벽한 신전.

19:30	**트레비 분수**
	판테온에서 걸어서 약 15분.

20:00	**스페인 광장**
	스페인 계단에서 〈로마의 휴일〉 영화 속 장면 즐기기

20:30	**로마 야경 투어 종료**

나폴리 하루 코스

07:30 | **Brunch time**
숙소에서 아침 식사

08:50 | **나폴리 중앙역 → 국립 고고학 박물관**
카르보나라(Via Carbonara) 거리를 따라 올라간다.

POINT
1. 나폴리의 작은 가게와 시장 구경
2. 나폴리 고고학 박물관
    전 세계를 통틀어 고고학 박물관으로는 한두 손가락 안에 드는 박물관이다.

11:30 | **스파카 나폴리**
나폴리 고고학 박물관에서 나와 걸어서 단테 광장까지 이동.

이동 시간 약 30분.

본격적인 나폴리 구도심지 방문이 시작된다.
우선 제수 누오보 성당 앞까지 걸어서 이동.
약 10분 소요. 성당 바로 앞 여행자 사무소에서 지
도 및 여행 정보 얻기.

12:20 | **Lunch time**
트리부날리 거리를 중심으로 걸어 다니면서 주변을 관광.
이때 점심 식사를 하자.

트리부날리 거리를 끝까지 가다 보면 두오모 거리를 만난다.

14:30 | **스파카 나폴리**
움베르토 1세 거리까지 걸어온 뒤 데프레티스 거리를 따라
나폴리의 신시가지인 플레비시토 광장까지 이동한다.

천천히 시가지를 감상하며 걸어 보자. 소요 시간 약 50분.

15:50	**플레비시토 광장** POINT 1. 왕궁 2. 움베르토 1세 갤러리 3. 카스텔 누오보 성 이 건물들은 다 모여 있지만 이곳은 교통이 복잡하니 항상 차 조심을 해야 한다.
17:40	**베베렐로 항구** 나폴리의 대표적인 항구
18:20	**나폴리 중앙역** 베베렐로 항구에서 트램을 타고 돌아온다. 트램 번호는 1번이나 4번.

travel **tip**

나폴리 항구 관망

이 루트에서 빠진 것은 바로 나폴리 항구 전체를 관망할 수 있는 산 텔모 성 관람이다. 만약 산 텔모 성이 있는 보메로 언덕으로 올라가고 싶으면 스파카 나폴리를 구경하고 난 뒤 다시 여행자 사무소가 있는 제수 누오보 성당으로 돌아온다. 보메로 언덕으로 올라가는 케이블카를 탈 수 있는 몬테산토 역(Stazione di Montesanto)까지 약 5분 걸어가면 된다.

스파카 나폴리 관광

도보로 다니는 것이 힘들고 고고학 박물관에 큰 관심이 없어 바로 스파카 나폴리를 관광하고자 한다면, 나폴리 중앙역 앞 가리발디 광장에서 버스 185번을 타거나 근처 버스 티켓을 파는 곳에서 단테 광장(Piazza Dante)으로 가는 버스 노선을 물어보자.

피렌체 하루 코스

07:30 **Brunch time**
숙소에서 아침 식사

08:00 **피렌체 중앙역**
산타 마리아 노벨라 성당 밖에서 바라보기

09:00 **토르나부오니 거리**
쇼핑가의 중심지
걸어 다니면서 명품 아이 쇼핑 즐기기.

09:50 **산 로렌초 성당**
POINT
피렌체 특유의 가죽 벼룩시장
이 정도 규모의 시장은 앞으로 잘 보기 힘들다.

11:00 **아카데미아 미술관**
약 5분 거리.
미술관 앞에서 줄 서기. 1시간 이상 소요.
POINT
미켈란젤로의 다비드 상 진품을 보려면 줄을 서 있고
그렇지 않으면 다시 두오모(Duomo)로 이동하는 것이 낫다.

11:30 **두오모**
아카데미아 미술관에서 다비드 상을 보지 않고
산 로렌초 성당에서 바로 오면 약 15분.
POINT
세례당, 두오모 내부 관람
지오토의 종탑에 올라 피렌체 전역 관망.

13:00 | **Lunch time**
두오모에서 시뇨리아 광장까지 오는 길(걸어서 약 10분)의 작은 바(Bar)에서 가벼운 점심 먹기.

13:30 | **시뇨리아 광장**
베키오 궁전과 란치 로쟈 등에 있는 다양한 조각품 감상.

14:00 | **우피치 미술관**
예약한 경우라면 바로 입장 가능. 그렇지 않다면 1시간 정도 줄을 서야 함.

16:30 | **폰테 베키오**
2차 세계 대전에서도 살아 남은 오래된 다리. 다리 위에는 각종 기념품과 귀금속을 살 수 있는 상점이 들어서 있다.

17:30 | **피티 궁전**
궁전 안에 굳이 들어가 볼 필요는 없다.

18:10 | **Dinner time**
피티 궁전에서 베키오 다리까지 오는 길에 주변에 즐비한 정통 피렌체 식당에 들어가 보자. 반드시 두꺼운 피오렌티노 스테이크를 먹어 보자.

19:30 | **산타 크로체 광장**
아르노 강을 따라 천천히 걸어 올라간다. 도보로 약 30분.

POINT
1. 산타 크로체 광장에 종종 벼룩시장이 들어서기도 한다.
2. 두오모를 지나 돌아오면서 주변의 작은 바(Bar)에서 레몬에이드를 한잔 마시면서 피렌체 관광을 마무리.

travel **tip**

피렌체 쇼핑몰 The Mall 관광
The Mall 쇼핑을 생각한다면 오전에 The Mall 쇼핑을 하고 난 뒤, 오후에 두오모와 시뇨리아 광장, 베키오 다리 주변으로 이동하면 된다.

밀라노 하루 코스

07:30   <mark>Brunch time</mark>
숙소에서 아침 식사

09:00   <mark>두오모(Duomo)</mark>
밀라노 여행의 시작점, 고딕 건축의 결정체.
POINT
두오모 성당 내부, 옥상
두오모 옥상에서 밀라노 전경을 살펴보자.

11:30   <mark>비토리오 에마누엘레 2세 갤러리 / 스칼라 극장</mark>
밀라노의 중심 쇼핑몰과 세계적인 오페라 극장
주변을 천천히 걸어 다니며 둘러본다.

11:50   <mark>몬테 나폴레오네 거리</mark>
밀라노의 대표적인 명품 거리

13:00   <mark>Lunch time</mark>
몬테 나폴레오네 거리에서 브레라 미술관으로 이동 중에 바
(Bar)에서 간단하게 점심 해결.

13:50   <mark>브레라 미술관</mark>
이탈리아 북부의 대표적인 미술관으로서 롬바르디아 지역의 그
림을 전시하고 있다. 뿐만 아니라 라파엘로, 카라바조, 벨리니
등의 대작을 많이 소장하고 있다.

17:10 | **스포르체스코 성**

걸어서 이동할 경우 약 30분 소요.

밀라노에서 산책하기에 가장 좋은 곳이다.

공원이기 때문에 굳이 끝까지 들어가지 않아도 된다.

19:10 | **나빌리오 구역**

지하철 2호선을 타고 포르타 제노바 역에서 나빌리오 운하까지 이동.

이동 시간은 약 50분.

POINT

이 지역을 천천히 거닐면서 거리의 노천 식당에서 피자와 아울러 맥주 한잔을 마시면서 밀라노 관광을 마친다.

운하 양옆으로 서는 벼룩 시장이 관광의 포인트이다.

travel **tip**

레오나르도 다 빈치의 〈마지막 만찬〉

일반적으로 레오나르도 다 빈치의 〈마지막 만찬〉 그림이 있는 산타 마리아 그라치에 성당까지는 시간이 없다면 굳이 갈 필요는 없다. 예약하지 않은 경우라면 입장이 불가능하다. 레오나르도 다 빈치에 대한 관심이나 서양 회화에 관심이 없다면 과감히 생략해도 된다.

베네치아 하루 코스

07:30	**Brunch time**
	숙소에서 아침 식사

08:45 **산타 루치아 기차역**

메스트레 역에서 베네치아 본 섬에 있는 산타 루치아 기차역으로 이동.(약 30분)
이곳에서 수상 버스를 타고 바로 산 마르코 광장으로 갔다가 돌아오는 길에 도보를
이용해도 좋다.

POINT

1. 산 마르코 광장을 향해 도보로 이동 시작.

2. 수상 버스는 산 마르코 광장에서 산타 루치아 역으로 돌아올 때 탈 예정.

3. 베네치아의 가장 고즈넉한 거리를 걸어 다니면서 작은 바(Bar)에서 커피 한잔의 여유를 즐긴다.

09:30 **리알토 다리**

POINT

1. 유유히 흐르는 대운하를 바라보기 가장 좋은 곳.

2. 산 마르코 광장까지 작은 가게들을 구경하면서 이동.

11:10 **산 마르코 광장**

POINT

1. 본격적인 베네치아 관광이 시작됨.

2. 산 마르코 대성당, 두칼레 궁전

14:00	**Lunch time**
	산 마르코 광장 근처의 식당에서 점심 식사.
	시계탑이 있는 골목 안으로 들어가면 좋은 식당들이 많다.

| 15:00 | **수상 버스 타고 대운하 돌아보기** |
| | 산 마르코 광장의 수상 버스 정류장에서 1번이나 82번 |

POINT

1. 아카데미아 미술관

기존의 미술관과 달리 화려한 북유럽의 색채 감각을 볼 수 있다.
미술관 앞에서 다시 수상 버스 탑승.

16:30	**2. 프라리 성당**
	성 토마 버스 정류장에서 하차. 걸어서 약 20분 이동.
	티치아노의 그림 관람

| 17:30 | **3. 대운하 관람 계속** |
| | **도보로 걸어온 길을 다시 거슬러 수상 버스를 타고 운하 를 따라 산타 루치아 기차역으로 향한다.** |

| 19:00 | **베네치아의 야경을 즐기려면 다시 리알토 다리로** |

travel tip

무라노 섬, 부라노 섬 관광

무라노 섬이나 부라노 섬으로 이동을 원하는 경우 산타 루치아 역에서 수상 버스 41번, 42번을 타고 바로 무라노 섬이나 부라노 섬으로 이동한다. 오후 늦게 산 마르코 광장으로 나오는 루트를 따르면 된다.

직장인을 위한 초스피드 4박 5일 코스 A

로마-피렌체-밀라노

★ 항공 시간 제외

1일째	로마 피우미치노 공항 도착 → 숙소

11:35 **테르미니 역 도착 후 숙소 체크인**

숙소에 짐만 놓고 빨리 나간다.

짧은 일정이므로 이날 빨리 로마 시내를 돌아보아야 한다.

점심은 어디에나 있는 거리 Bar에서 빵과 음료수로 간단히.

13:00 **콜로세오, 포로 로마노, 진실의 입**

로마에서 가장 먼저 보아야 할 곳.

16:00 **트레비 분수, 스페인 광장, 나보나 광장**

천천히 걸어 다닌다.

19:00 **좀 더 여유를 갖고 로마 시내를 둘러본다.**

판테온 근처와 코르소 거리, 포폴로 광장 등.

성당은 다음날 일정인 바티칸 하나로 충분하니 따로 들어가지 않도록 한다.

한인 일일 투어에는 성수기 시즌(7월, 8월 등)에 무료 야경 투어를 하는 곳도 많다. 민박집에 문의해 보자.

2일째	바티칸 일일 투어 → 피렌체

08:00 **바티칸 투어**

일찍 시작하자!

나가기 전 선크림을 듬뿍 바르고, 물 한 병을 챙겨서 나갈 것.

바티칸 입장 전 1시간 이상 뙤약볕에서 기다려야 한다.

전문적인 로마나 바티칸 일일투어 가이드를 받고 싶다면

이탈리아 투어에서 운영하는 일일 투어 프로그램을 이용하자.

인원 제한이 있기 때문에 출국 전 미리 예약해 놓는 것이 안전하다.

(문의: www.italia.co.kr)

18:00 **피렌체로 이동**

로마 테르미니 역에서 기차로 2시간 30분 소요.

20:30	**Dinner time**
	폰테 베키오 다리를 건너면 정통 피렌체 식당이 많다.
	피렌체에서 정통 피오렌티노 스테이크를 먹자.
	민박집이라면 민박집에서 저녁 식사를 하고 간단한 피렌체 관광 정보를 얻자.
21:00	**피렌체 야경 관광**
3일째	**피렌체 두오모 주변 관광 → 베네치아**
8:00	**두오모 주변만 둘러본다.**
	우피치 미술관이나 아카데미아 미술관을 보려면 피렌체에 하루를 더 있어야 한다.
10:00	**베네치아로 유로스타를 타고 이동**
	피렌체에서 기차로 2시간 정도 소요. 베네치아의 산타 루치아 역으로 간다.
	기차가 메스트레 역에 서면 반드시 메스트레 역에서 내려서 다시 산타 루치아 역으로
	가는 기차를 갈아탄다. 이때 기차 내부에 많은 사람들이 메스트레 역에서 내리면 고
	민하지 말고 따라 내리면 된다.
12:00	**수상 버스를 타고 베네치아 대운하 일주**
	수상 버스를 타고 산 마르코 광장까지 둘어본 후 도보로
	산타루치아 역으로 다시 거슬러 올라온다. 이때 베네치아
	의 골목 골목을 둘러본다.
	전통적으로 베네치아의 식당은 비싸고 짜기로 유명하다.
	식당 앞 가격표를 잘 보고 들어가자.
20:00	**밀라노로 야간 열차를 타고 이동**
4일째	**밀라노에서 스위스 Fox Town이나 세라발레 아울렛 쇼핑**
	밀라노 주변 한인 민박집에서 머무르는 것이 좋음.
	밀라노의 민박집들은 한국인이 운영하는 곳이 많기 때문에 깨끗하며 가격 대비 만족
	스러운 편이다. 이때 밀라노의 민박집 주인에게 가는 방법 문의하길 바람.
5일째	**아침에 밀라노 두오모 주변만 구경 후 공항 이동**
	시간적 여유를 잘 가지고 오전 관람을 한다. 오후 1시경에는 공항으로 이동해야 함.
	공항 버스는 밀라노 중앙역에 있다.
16:25	**밀라노 말펜사 공항에서 출국**

직장인을 위한 초스피드 4박 5일 코스 B

밀라노 – 피렌체 – 로마 – 밀라노

★ 항공 시간 제외

1일째	밀라노 도착

19:05 | **숙소 체크인 후 두오모 인근 야간 투어**
밀라노의 경우 밤늦게까지 사람들이 많이 다니는 편이다.

2일째	밀라노 ⟶ 피렌체

09:00 | **아침 일찍 유로 스타를 타고 피렌체에 도착**

10:00 | **The Mall 쇼핑**

14:00 | **피렌체 관광**
메디치 예배당 근처의 벼룩시장, 두오모, 폰테 베키오.
우피치 미술관을 보아야 한다면 반드시 피렌체로 오기 전에 예약을 해야 한다.

19:00 | **피렌체 ⟶ 로마**

3일째	로마 일일 관광

09:00 | **로마 전일 관광**
바가지를 안 쓰는 가장 좋은 방법은 바(Bar)에 들어가서 식사를 하는 것이다.

4일째	바티칸 투어 ⟶ 밀라노

09:00 바티칸 일일 투어

바티칸 투어는 꼭 전문적인 가이드의 설명을 듣는 것이 좋다.

일일 투어 프로그램 추천: 이탈리아 투어 www.italia.co.kr

19:00 바티칸 투어를 끝내고 숙소로 돌아와 푹 쉰다.

너무 무리하게 다니는 것은 오히려 여행의 즐거움을 떨어뜨릴 수도 있다.

숙소 근처의 바(Bar)에 앉아서 가벼운 음료 등을 마시는 것도 좋다.

5일째	로마 ⟶ 밀라노 ⟶ 출국

07:00 밀라노로 이동

11:00 밀라노 관광

첫날 두오모 인근을 보았으니, 밀라노 시내를 둘러보는 데 시간이 부족하지는 않다.

두오모 주변, 브레라 미술관, 스포르체스코 성

21:45 밀라노에서 출국

허니문을 위한 달콤한 5박 6일 코스

베네치아 – 로마 – 피렌체 – 베네치아

★ 항공 시간 제외

1일째	베네치아 도착

13:30 **(에미레이츠 항공) 두바이–베네치아 도착**

1. 에미레이츠 항공에서는 신혼 여행객을 위한 특별 할인 항공권을 제공한다. 하지만 항공 서비스는 so so~~.
2. 두바이에서 경유할 때 반드시 티켓에 적힌 게이트만 믿지 말고 전광판을 수시로 확인해야 한다. 자주 바뀌는 편이다.
3. 두바이 공항에 있는 면세점에서 굳이 물건을 구입하지 말고 나중에 귀국할 때 구입하자. 베네치아 공항에서 입국 시에는 반드시 줄을 잘 서야 한다. 에미레이츠 항공에는 동남아 노동자들이 타는 경우가 많아서 때때로 세관 심사가 까다로울 수 있다. 보통 베네치아 공항에서 출발하는 공항버스는 메스트레 역에 선다.

베네치아 관광

1. 숙소에 짐을 빨리 풀고 베네치아 관광을 시작한다.
2. 베네치아 섬으로 들어가서 수상 버스를 타고 산 마르코 광장까지 간다. 산 마르코 광장을 중심으로 베네치아 여행을 시작한다.

2일째	베네치아 ⟶ 로마 ⟶ 숙소

07:00 **베네치아에서 로마로 가는 유로스타에 몸을 싣는다.**

잠을 푹 자고 로마 시내 투어에 대한 책을 보면서 계획을 세우자.
밤늦게까지 로마 시내를 돌아다녀야 한다.

13:00 **로마 일일 투어**

일일 투어 프로그램을 받기는 늦은 시간이므로 자신이 세운 일일 투어 계획에 따라 이동한다. 이날 저녁 로마 야경 투어를 하자.

3일째	바티칸 일일 투어 ⟶ 피렌체

08:00 **바티칸 투어는 일찍 시작하자.**

나가기 전 선크림을 듬뿍 바르고, 물 한 병을 챙겨서 나가자. 바티칸 입장 전에 1시간 이상 뙤약볕에서 기다려야 한다.

18:00	**로마 테르미니 역에서 피렌체로 이동**
	로마 테르미니 역에서 기차로 2시간 30분 소요.
21:00	**피렌체 야경 관광**
	피렌체는 전반적으로 안전한 도시이니 야간에 다녀도 그렇게 위험하지는 않다. 민박집이라면 민박집에서 저녁 식사를 하고 간단한 피렌체 관광 정보를 얻는 것도 괜찮다. 만약 저녁 식사를 밖에서 하는 경우 피렌체의 정통 피오렌티노 스테이크를 먹도록 하자.

4일째 피렌체 관광 후 → 베네치아

09:00	**The Mall 쇼핑**
	아침 일찍 일어나 피렌체 인근에 있는 The Mall에 가서 쇼핑
14:00	**피렌체 시내 관광**
	오후에 The Mall 쇼핑을 할 생각이면 오전에 피렌체 관광을 하자. 피렌체에서는 너무 욕심을 내지 말고 메디치 예배당 근처의 벼룩시장, 두오모, 폰테 베키오 정도만 봐도 무방하다. 만약 우피치 미술관을 보아야 한다면 반드시 피렌체로 오기 전에 예약해야 한다. 하지만, 서양 회화에 그렇게 큰 관심이 없는 사람이라면 우피치 미술관은 생략!
19 : 00	**베네치아행 기차를 타고 베네치아로 출발**

5일째 베네치아 본 섬 관광

여유를 갖고 천천히 둘러본다.

수상 버스를 타고 대운하를 둘러보고, 곤돌라를 타고 둘만의 추억을 만든다.

6일째 베네치아 → 두바이 → 인천

08:00	**오전에 일찍 일어나 산타 루치아 역에서 무라노 섬 관광**
	부라노 섬까지 가는 것은 무리다. 자신의 비행기 시간표를 확인하자. 베네치아 공항에 적어도 2시간 전에는 도착해야 한다. 베네치아 공항은 규모에 비하여 사람들이 많아 세금 환급을 받고 수속을 하는 데 시간이 많이 걸린다.
15:30	**베네치아에서 출국**

연인을 위한 낭만적인 5박 6일 코스

베네치아 – 피렌체 – 아씨시 – 로마

★ 항공 시간 제외

1일째 | **베네치아**

베네치아로 들어와서 기본적인 베네치아 관광을 한다.
수상 버스를 타고 산 마르코 광장을 둘러본다. 산 마르코 광장 주변의 작은 상점들을 보면서 즐겁게 아이쇼핑을 한다.

2일째 | 베네치아 본 섬 → 무라노, 부라노 섬 → 베네치아 → 피렌체

아침 일찍 움직이는 것이 좋다. 우선 전날 베네치아 관광을 어느 정도 했기 때문에 산타 루치아 역에서 무라노 섬으로 가는 수상 버스를 타고 이동한다. 무라노 섬 관광 후 다시 부라노 섬으로 이동한다. 그러나 굳이 두 섬을 모두 다닐 필요는 없다.

19 : 00 | **피렌체로 이동**

3일째 | 피렌체 시내 관광

피렌체 시내 관광 및 The Mall 쇼핑

오전에 The Mall 쇼핑을 한 뒤 오후에 피렌체로 돌아와서 피렌체 관광을 한다. 이날 저녁 맛있는 피오렌티노 스테이크를 먹는다.

4일째 | 피렌체 → 아씨시

08 : 00 | **아씨시로 출발**

피렌체 중앙역에서 아씨시로 가는 기차를 타고 이동. 아씨시 기차역에 도착한 후 반드시 다음날 로마로 가는 직행 기차 시간표를 알아보고 예매해 둔다. 아씨시 역에서 다시 버스를 타고 아씨시 시내로 이동. 미리 예약해 둔 숙소에 짐을 푼다.

숙소를 미리 예약하지 않았다면 아씨시 중심인 코무네 광장(Piazza Comune)에 있는 여행자 사무소에서 숙소 정보를 알아본다. 숙소에 짐을 푼 뒤 점심 식사를 하고 걸어서 성 프란체스코 성당까지 올라간다. 아씨시는 많이 걸어야 하는 곳이기 때문에 운동화를 신어야 한다. 성 프란체스코 성당을 다 보고 난 뒤 아씨시의 골목 골목을 다니면서 천천히 토산품 가게 등을 돌아본다.

5일째   아씨시 → 로마

09:00   **로마로 이동한 뒤 숙소에 짐을 푼다.**

주로 판테온, 나보나 광장, 트레비 분수, 스페인 광장을 중심으로 이동하면서 로마 시내 곳곳을 천천히 돌아본다. 오후에 시간이 나면 바티칸 성당을 잠깐 둘러보는 것도 좋다.

6일째   로마 시내 관광 → 인천

귀국을 해야 하기 때문에 테르미니 역에서 너무 먼 곳까지 움직이지 않는 것이 좋다. 비행기 출발 시간 최소 3시간 전에는 로마에서 푸미치노로 가는 레오나르도 익스프레스 기차를 타는 것이 좋다.

주요 5도시 일주 6박 7일 코스

로마 – 바티칸 투어 – 나폴리 – 피렌체 – 베네치아 – 밀라노

★ 항공 시간 제외

1일째 | **로마 입국**

대한항공이나 유럽계 비행기를 타는 경우는 저녁 늦게, 케세이 퍼시픽 등을 타는 경우는 오전에 도착한다.

2일째 | **로마 시내 관광**

3일째 | **로마 바티칸 일일 투어**

19:00 | **바티칸 투어를 끝내고 숙소로 돌아와 푹 쉰다.**

숙소 근처의 바(Bar)에 앉아 가벼운 음료 등을 마시는 것도 좋다.

4일째 | **나폼소 투어(나폴리/폼페이/소렌토)**

08:00 | **한국인 일일 투어 업체에서 하는 일일 투어 참가**

혼자 여행을 가는 사람이라면 아침 일찍 나폴리로 들어와서 나폴리 시내인 스파카 나폴리 지역을 본 뒤 나폴리 중앙역으로 이동, 폼페이행 사철을 타고 폼페이를 보자. 만약 나폴리 시내를 보지 않고 바로 폼페이를 오전에 보는 경우라면 소렌토로 이동후 카프리 섬까지 들어갈 수도 있다. 카프리 섬에서 나올 때는 나폴리 항으로 들어와서 다시 나폴리 중앙역으로 이동, 로마로 들어오자.

5일째 | **피렌체**

08:00 | **로마에서 피렌체로 이동**

쇼핑에 관심이 있는 사람이라면 오전에 The Mall을 갔다 온 후 피렌체 시내를 관광하고, 그렇지 않은 경우 우피치 미술관에 갔다 오자. 피렌체에서 숙소를 정한 경우라면 저녁에 미켈란젤로 언덕에 올라 피렌체 전경을 보는 것도 좋다. 그렇지 않으면 저녁에 베네치아로 이동하는 것이 좋다.

6일째 | **베네치아**

7일째 | **밀라노 오전 관광 후 출국**

주요 5도시 일주 7박 8일 코스

밀라노 – 베네치아 – 피렌체 – 로마 – 나폴리

★ 항공 시간 제외

1일째 | **밀라노 입국**

보통 밀라노에 도착하는 시간은 오후가 많다. 따라서 짐을 숙소에 풀고 난 뒤 밀라노 두오모 광장을 중심으로 야경을 보는 것이 좋다. 밀라노는 꼭 보아야 할 곳 세 군데만 가면 된다. 두오모 주변, 브레라 미술관, 스포르체스코 성.

2일째 | **밀라노 ⟶ 베네치아(유로스타) 관광**

09:00 베네치아로 출발

오전경에 숙소에 짐을 풀고, 본격적인 베네치아 관광.

3일째 | **무라노 & 부라노 섬 관광**

09:00 무라노와 부라노 섬 여행

하루 종일 베네치아에 시간을 할애할 수 있기 때문에 무라노 섬과 부라노 섬을 방문한다. 저녁에는 리알토 다리나 산 마르코 광장에서 근사한 저녁 식사를 한다.

4일째 | **피렌체**

19:00 피렌체에서 로마로 이동하여 저녁에 짐을 푼다.

5일째 | **로마 시내 관광**

6일째 | **바티칸 일일 투어**

7일째 | **나폴리, 폼페이, 소렌토 투어**

8일째 | **로마 ⟶ 인천**

건축을 찾아 떠나는 8박 9일 코스

베네치아 - 베로나 - 피렌체 - 시에나, 피사 - 밀라노 - 스위스 - 베네치아

★ 항공 시간 제외

1일째	베네치아
2~5일째	베로나(4박)
6일째	피렌체, 시에나, 피사
7일째	밀라노
8일째	스위스(인터라겐) 융프라우
9일째	베네치아

남부 중심 휴식을 위한 9박 10일 코스

로마 - 바티칸 투어 - 피렌체 - 밀라노

★ 항공 시간 제외

1일째	나폴리 도착, 오보 성, 나폴리
2일째	나폴리 시내 → 폼페이
3일째	포지타노 → 아말피
4일째	아말피 → 카프리
5일째	나폴리 → 소렌토 → 나폴리
6일째	나폴리 → 오르비에토
7일째	오르비에토 → 시에나
8일째	시에나 → 산 지미냐노 → 시에나
9일째	시에나 → 로마
10일째	로마 → 인천

1일째	베네치아 도착
2일째	베네치아 관광
3일째	베네치아 → 베로나 → 피렌체
4일째	피렌체 → 피사 → 피렌체
5일째	피렌체 → 아씨시 → 로마
6일째	바티칸 투어
7일째	로마 → 폼페이 → 포지타노 → 아말피 (투어) → 소렌토
8일째	소렌토 → 카프리
9일째	카프리 → 나폴리 → 로마
10일째	로마 관광 / 로마 야경 관광
11일째	로마 자유 관광
12일째	로마 → 인천

이탈리아 완벽 일주 30일 코스

★ 항공 시간 제외

1일째	로마 도착, 로마 야경 투어
	나보나 광장, 스페인 계단, 트레비 분수 (로마 숙박)
2일째	로마 일일 투어 (로마 숙박)
3일째	바티칸 일일 투어 (로마 숙박)
4일째	오르비에토 투어 (로마 숙박)
5일째	아씨시 투어
	당일 코스로 로마로 다시 돌아옴 (로마 숙박)
6일째	나폴리로 이동, 나폴리 시내 투어 (나폴리 숙박)
7일째	오전 폼페이/ 오후 소렌토에서 카프리 투어 후 나폴리로 돌아옴 (나폴리 숙박)
8일째	피렌체로 이동
	오후 피렌체 우피치 미술관 포함 시내 관광 (피렌체 숙박)
9일째	오전 피렌체 외곽 The Mall 쇼핑몰에서 쇼핑
	오후 피사 방문 (피렌체 숙박)
10일째	시에나 관광 (피렌체 숙박)
11일째	베로나 관광
	피렌체에서 베네치아 이동 중 방문 (베네치아 숙박)
12일째	베네치아 본 섬 관광 (베네치아 숙박)

13일째	무라노, 부라노 섬 관광(베네치아 숙박)
14일째	산 마리노 공화국 관광(베네치아 숙박)
15일째	밀라노로 이동, 시내 관광(밀라노 숙박)
16일째	밀라노 시내 관광(밀라노 숙박)
17일째	제노바 일일 관광(밀라노 숙박)
18일째	꼬모 일일 관광(밀라노 숙박)
19일째	밀라노에서 시칠리아의 팔레르모로 이동(팔레르모 숙박)
20일째	팔레르모 일일 관광(팔레르모 숙박)
21일째	아그리젠토 일일 관광(팔레르모 숙박)
22일째	타오르미나로 이동 및 관광(타오르미나 숙박)
23일째	카타니아 관광 카타니아 공항에서 바리(Bari)로 이동(바리 숙박)
24일째	바리에서 알베로벨로 이동, 관광(알베로벨로 숙박)
25일째	레체 관광 후 바리로 이동(바리 숙박)
26일째	카세르타 방문 후 로마로 이동(로마 숙박)
27일째	티볼리 방문(로마 숙박)
28일째	로마에서 쇼핑 및 휴식 주로 트라스테베레 지역을 중심으로 관광(로마 숙박)
29일째	로마에서 쇼핑 및 휴식(로마 숙박)
30일째	로마에서 출국

지역 여행

◎ 세계사의 중심, 로마

3000여 년의 역사를 지닌 로마는 테베레 강 하류에 위치하는 이탈리아의 수도로 일찍이 로마 시대에는 세계의 중심지였다. 또한 중세, 르네상스, 바로크 시대를 거치면서 오랫동안 유럽 문명의 발상지가 되었으며 수많은 문화유산을 간직한 도시이기도 하다.

대부분이 구릉 지대로 7개의 언덕을 중심으로 발전한 '영원의 도시', 로마는 이탈리아의 정치, 문화의 중심지이며, 특히 바티칸은 가톨릭의 총본산으로 가톨릭과 관계된 국제적인 연구 · 교육 기관이 자리하고 있다.

도시 전체가 커다란 박물관이라고 할 수 있는 로마는 옛 유적을 그대로 보전한 채 현대 문명과 멋진 조화를 이루고 있다. 관광객들에게는 소매치기와 좀도둑으로 악명이 높지만 그럼에도 로마는 매년 수많은 관광객들로 붐빈다.

로마의 주요 산업은 관광업으로 연간 천만 명 이상의 관광객이 이곳을 찾는다. 고대부터 '모든 길은 로마로 통한다'는 말이 있듯이 육지, 수상 교통의 중심지로, 로마를 기점으로 이탈리아의 모든 교통이 발달되어 있다.

로마는 여름에는 고온 건조하고, 겨울에는 발칸 반도에서 불어오는 찬바람의 영향으로 가끔 기온이 영하로 내려가기도 한다. 한국과 비슷한 기후를 가지고 있지만 한국보다 겨울이 좀 더 따뜻하며, 한국 시간과 8시간 차이가 난다(-8시간). 하지만 3월 마지막 주 일요일부터 10월 마지막 주 일요일까지는 이탈리아의 섬머 타임으로, 1시간을 앞당겨 사용하기 때문에 이 기간의 이탈리아는 한국보다 7시간이 느리다.

로마의 건설자 로물루스와 레무스

BC 753년 쌍둥이 형제 로물루스(Romulus)와 레무스(Remus)가 로마를 건설했다고 한다. 이들은 인간인 레아 실비아(Rhea Silvia)와 전쟁신 마르스(Mars) 사이에서 태어나 테베레 강에 버려졌는데 이들을 늑대가 데려다 길렀다고 한다. 이들은 늑대의 젖을 먹고 자랐으며 그 후에 누가 이 도시를 통치할지를 두고 싸우다가 팔라티노 언덕에서 로물루스가 동생 레무스를 죽이고 로마의 왕이 되었다는 신화가 있다.

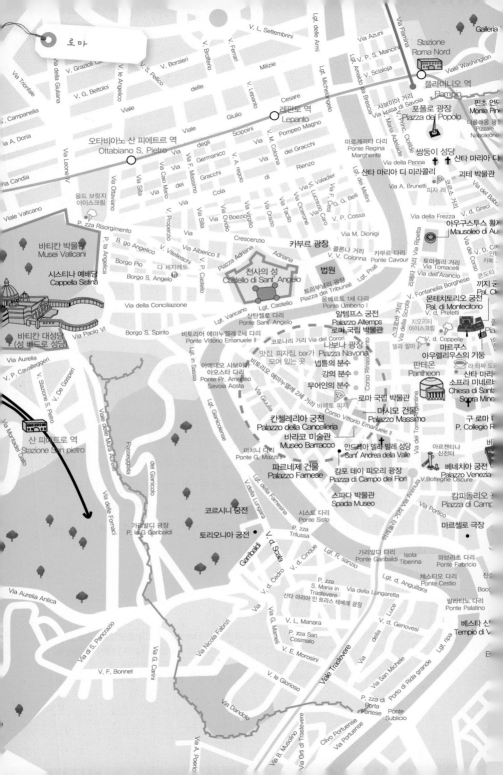

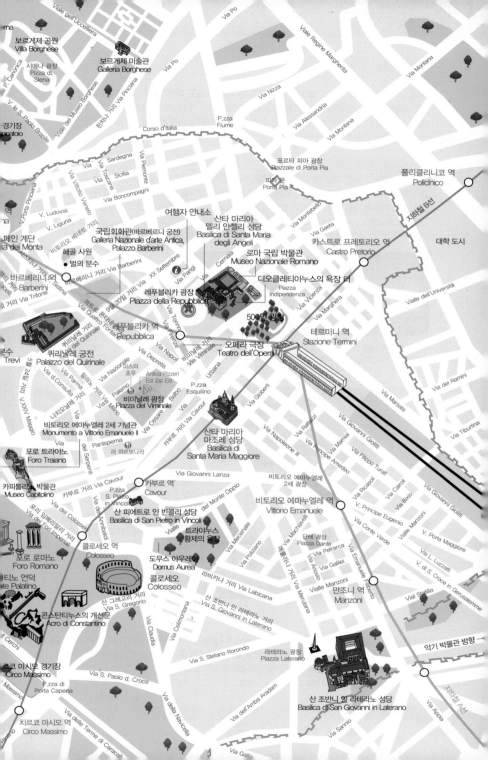

피우미치노 공항에서 로마 시내로 가기

로마 남서쪽에서 약 30km 떨어진 지점에 있는 레오나르도 다빈치 국제 공항은 피우미치노 공항 (Fiumicino Airport)이라고도 한다. 서울에서 로마까지의 거리는 약 9,000km이고, 소요 시간은 12시간 10분이다. 서울에서 대한항공(KE) 직항편이 운항하며, 이탈리아의 알이탈리아항공(AZ)이 도쿄나 베이징을 경유하여 운항하고 있다.

◎ 직행 열차 & 셔틀버스

공항에서 로마의 중심 역인 테르미니 역까지는 직행 열차 레오나르도 익스프레스(Leonardo Express)가 운항한다. 공항에서 열차 표식이 있는 곳으로 따라가서 열차를 타면 된다. 소요 시간은 약 30분이다. 또한 시내 이동이 저렴한 셔틀버스가 있는데 요금은 6유로이다. 단, 소요 시간이 직행 열차에 비해 길다.

시간 피우미치노 공항~테르미니 역 06:38~23:38, 테르미니 역~피우미치노 공항 05:50~22:50 소요 시간 32분 요금 편도 14유로(성인 1인당 만 12세 미만 어린이 1명은 무료 탑승 가능) / 성수기 편도 17유로

직행 열차
타는 법

1 공항에서 나와 Stazione라고 적혀 있는 기차 그림을 따라가자.

2 공항의 기차역이다. 전광판에 목적지인 테르미니 역에 가는 기차가 몇 시에 있는지 보자. Bin이라고 적힌 곳은 플랫폼의 번호다. 대개의 사람들이 이 기차를 타니 따라 움직이면 된다.

3 표는 자동판매기에서 사도 되지만 간단하게 역의 잡지 신문 가게에서 사도 된다. 기차표를 구입했으면 반드시 스스로 노란 기계에 넣고 날짜를 찍어야 한다.

4 테르미니 역에 도착!

5 반대로 테르미니 역에서 공항으로 가는 기차를 타려면 먼저 기차 앞에서 표를 사고, 테르미니 역 24번 플랫폼에서 공항까지 가는 직항 철로를 이용하면 된다.

◎ 공항버스

시내로 가는 버스는 파란색 공항버스(terravision)나 탐버스(T.A.M)로 공항 1층 출구에 있는데, 사람이 많아서 찾기 쉽다. 테르미니에서 공항으로 갈 때는 24번 출구 근처 코인(coin)매장 앞에 T.A.M 버스를 타면 된다. 다만, 정류장에 있는 시간표대로 버스가 오지 않을 경우가 많으니 주의할 것!

시간 시내까지 약 70분 소요 요금 편도 6유로, 왕복 11유로

◎ 국철(FL1 Line)

레오나르도 익스프레스와는 별개로 기본 기차를 이용해서 로마 시내로 이동할 수도 있다. 'Fiumicino Aeroporto'라고 적힌 탑승 플랫폼에서 로마 지하철역인 피라미드(Piramide) 역까지 갈 수 있다.

소요 시간 약 1시간 요금 8유로

◎ 택시

공항 밖으로 나오면 택시들이 기다리고 있다.

요금 평일 기본 요금 3유로로, 일요일·공휴일 기본 요금 4.5유로로, 심야 기본 요금 6.5유로 / 1km 이동 시 1.1유로 부과
 (로마까지는 40분이 소요되며, 48유로 정도 요금이 나온다.)

모든 길은 로마로 통한다

피우미치노 공항에서 테르미니 역까지 가는 방법을 너무 걱정할 필요는 없다. 99%의 길이 로마로 통한다. 현지인들은 일반 시내 버스를 이용하는데 여행객 입장에서는 직통 열차를 타 보는 것도 좋다. 12시간의 비행에 지친 사람이라면 일행 4명을 모아 택시를 타는 것도 괜찮은 방법이다. 또한 일반 한인 민박집에서도 약 50유로 내외에서 픽업서비스를 하니 민박집에 머무를 경우 미리 신청하는 것도 좋은 방법이다.

로마의 시내 교통

◎ 지하철

로마에는 3개의 지하철 노선이 있다.

A선 바티칸 근처의 옥타비아노부터 스페인 광장, 테르미니 역을 거쳐 산 조반니 성당을 지나 시내 동남쪽의 아나니나(Anagnina)까지 운행한다.

B선 콜로세오, 치르코 마시모, 피라미드를 거쳐 라우렌티나까지 운행한다.

C선 로디에서 몬테 꼼빠트리 판나노까지 운행한다.

47

승차권

승차권은 지하철, 버스, 트램 공통으로 사용 가능하며 1회 승차 시 요금은 1.5유로다. 종류는 1일권 (7유로), 2일권(12.5유로), 3일권(18유로), 일주일권(24유로)이 있다. 티켓은 지하철 승강장의 자동 발매기나 담배 가게, 신문 잡지 가판대 등에서 살 수 있다. 타는 방법은 한국의 지하철과 동일하나 지하철 승강장에서 나올 때 표 검사대가 없다. 1회권은 개찰 후 100분간 유효하며, 1일권은 24시간 동안 유효하다.

◎ 시내 버스

시내 버스 노선은 매우 많다. 정류장에 통과하는 버스들의 노선 번호가 적혀 있고, 번호 밑에 노선이 적혀 있다. 버스에는 문이 3개 있는데 가운데 문이 내리는 문이고 양쪽 문들이 타는 문이다. 그러나 기간이 정해진 PASS를 가지고 있지 않으면 뒷문을 사용해야 한다. 저금통같이 생긴 상자가 왼쪽 바퀴 상단에 있는데 그곳에 티켓을 집어넣으면 날짜, 시간, 타고 있는 버스의 고유 번호가 찍힌다. 만약 찍지 않았다가 발각되면 벌금을 물어야 하므로 주의해야 한다.

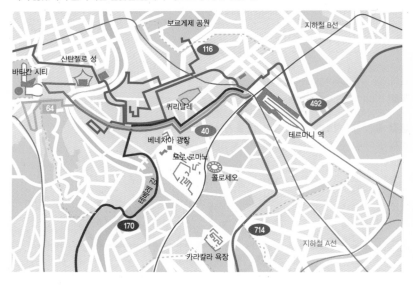

40번 테르미니 역 – 베네치아 광장 – 토레 아르젠티나 광장 – 에마누엘레 2세 거리 – 피오 10세 거리 – 피아 광장(산탄젤로 성 근처)

64번 테르미니 역 – 나치오날레 거리 – 베네치아 광장 – 에마누엘레 2세 거리 – 피에트로 광장 (바티칸) 주변

492번 티부르티나 역 – 테르미니 역 – 바르베리니 광장 – 베네치아 광장 – 카부르 광장 – 바티칸 박물관

170번 테르미니 역 – 공화국 광장 – 베네치아 광장 – 트라스테레베 역

714번 테르미니 역 – 산 조반니 인 라테라노 광장 – 카라칼라 욕장 – E.U.R

116번 베네토 거리 – 바르베르니 광장 – 스페인 광장 – 캄포 데 피오리 – 몬세라토 거리 – 캄포 데 피오리 – 콜로냐 광장 – 바르베르니 광장

버스는 40번, 64번이 가장 기본이다. 40번은 테르미니 역에서 베네치아 광장까지 운행하며, 64번은 테르미니 역에서 베네치아 광장 그리고 바티칸까지 운행한다. 이외에 81번 버스는 스페인 광장, 콜로세오까지 운행한다. 단, 이 라인은 소매치기가 많으니 항상 주의하자. 또한 테르미니 역 앞에 있는 ATAC 버스를 이용하는 것도 좋다. 혹은 바실리카 관광버스(성당만 돈다) 그리고 카타콤베로 가는 아피아 구가도를 달리는 아르케오 버스(48시간, 12유로)도 있다. 자세한 코스는 늘 바뀌니 테르미니 역 앞 안내소에서 팸플릿을 받아서 확인하자.

◎ 투어 버스
로마를 좀 더 편하고 자세하게 보려면 투어 버스를 이용하는 것도 좋다. 현재 로마 투어 버스는 'City Sightseeing Roma' 버스가 운행 중이다. 각각 서비스와 코스가 다양하기 때문에 반드시 홈페이지에서 미리 자신에게 맞는 운행 노선을 확인하는 것이 좋다. 총 운행 시간은 1시간 40분이며 15분 단위로 각 관광지 지정 정류장에서 버스가 운영된다. 자세한 지도 및 안내는 홈페이지를 참조하자.

탑승 장소 Terminal A : Termini-Marsala(Via Marsala, 7) / Terminal B : Largo Di Villa Peretti(largo Di Villa Peretti, 1) / Terminal C : Piazza dei Cinquecento 요금 17유로(성인), 12유로(어린이 6~12세), 5세 미만 무료 홈페이지 www.city-sightseeing.it

City Sightseeing Roma 이동 경로
① 테르미니 역 – ② 산타 마리아 마조레 성당 – ③ 콜로세오 – ④ 치르코 마시모 – ⑤ 베네치아 광장 – ⑥ 바티칸 – ⑦ 스페인 광장 – ⑧ 바르베리니 광장 – ⑨ 테르미니 역

참조 사이트

1 로마 관광의 모든 것 : www.activitaly.it/inglese/home_ing.html
2 이탈리아 공연 정보의 모든 것 : www.classictic.com
3 로마 오페라 극장 일정표 : www.operaroma.it
4 로마 교통의 모든 정보 : www.atac.roma.it

◎ 트램
일반적으로 관광객이 가는 주요 관광지는 지하철과 버스, 도보만으로도 이동이 충분하다. 트램은 주로 시 외곽을 돌기 때문이다. 하지만 로마 여행이 여러 번이고 색다른 경험을 하고 싶다면 타 보는 것도 좋겠다.

◎ 택시
모든 로마 택시에는 공항, 원거리, 승객, 가방 추가료, 심야, 휴일 할증에 대한 로마 시 당국의 결정 가격을 비치해 놓고 있으므로 추가 요금에 따른 경비는 미터기 요금에 추가 지불하면 된다. 미터기 요금에 따라 지불하는 것이 원칙이지만 목적지에 따른 가격을 정하고 이용하는 것이 가끔 통하기도 한다.

요금 평일 기본 요금 3유로, 일요일 · 공휴일 기본 요금 4.5유로, 심야 기본 요금 6.5유로 / 1km 이동 시 1.1유로 부과

◎ 시외 버스
시외 버스 정류장은 티부르티나 역 앞의 티부르티나 광장에 있다. 이탈리아 전국으로 버스가 출발하며 여행 안내소에서 운행 시간표를 구할 수 있다. 체코, 프랑스, 독일, 영국, 폴란드, 스페인 등지로 출발하는 국제선 버스가 매일 세 차례 이상 있다. 국가별로 운행을 담당하는 버스 회사가 다르므로 시간표에 나와 있는 버스 회사에 문의를 하든지 여행 안내소, 정류장 안내소에서 알아보는 것이 좋다.

◎ 철도

거의 모든 열차가 테르미니 역에서 출발하고 도착한다. 피렌체까지는 2시간, 밀라노는 5시간, 나폴리는 2시간이 걸린다. 테르미니 역 부근 신문 가판대에서 열차 시각표를 파는데, 기차를 주요 여행 이동 수단으로 사용하면 편리하고 좋다. 유럽 각국과 이탈리아 대부분의 도시에서 로마로 향하는 기차편이 있다. 대부분은 테르미니 역(Stazione Termini)이나 티부르티나 역(Stazione Tiburtina)에서 정차한다.

테르미니 역의 짐 보관소

테르미니 역을 정면으로 바라보았을 때 오른쪽으로 쭉 들어가면 있다. 보관료는 기본 5시간 6유로이고, 12시간까지는 매 시간마다 1유로씩 부과되며, 12시간 이후부터는 0.5유로씩 부과된다. 'Deposito bagagli'라고 적힌 안내문을 따라가면 된다. (위치 Via Giovanni Giolitti, 26)

유용한 슈퍼마켓

테르미니 역 지하에 코나드(Conad)라는 슈퍼가 있다.
운영 시간은 06:00~00:00까지

로마패스로 여행 즐기기

로마에서 2일 이상 머무를 사람이라면 반드시 사는 것이 좋다. 혜택은 생각하는 것보다 많다.

할인 사항 3간 유효, 처음 2개의 미술관, 박물관 시설이 공짜! 3번째부터는 할인된다. 지하철, 버스, 트램이 모두 공짜!

그러나 이 로마 패스가 강력하게 효용을 발휘할 때는 바로 박물관이나 명소를 들어갈 때 수백 미터 줄을 서지 않아도 로마 패스 전용 입구로 들어갈 수 있다는 사실이다. 또한 로마 여행 정보가 가득 담긴 여러 책자와 지도도 받게 되어 로마 여행에 있어서 최적의 카드이다. 구입은 로마 시내의 모든 관광 안내소와 박물관, 미술관, 테르미니 역 24번 플랫폼에 있는 판매소 그리고 테르미니 역 밖에 있는 버스 티켓 판매소에서도 구매 가능하다. 테르미니 역에서는 24번 플랫폼에 있는 판매소에서도 구입 가능. 요금은 48시간은 28유로, 72시간은 38.50유로이며, 수령 장소는 24번 플랫폼 밖에 있다.

홈페이지 www.romapass.it

이탈리아에서 유심(USIM) 구입하기

이탈리아 여행 시, 유심은 현지 통신사 TIM에서 구입하는 것이 좋다. 한국에서 미리 준비하는 쓰리심이나 기타 유럽 공용 유심보다는 확실히 속도가 빠르다. TIM 매장은 오전 8시부터 오후 10시까지 운영되며, 여행객들을 위해 공항 또는 기차역에서 쉽게 찾을 수 있다.

요금 500MB(7일) 17.06유로, 2GB(30일) 24.01유로, 5GB(30일) 34.01유로 / 가격표 참조, 매장과 지역마다 다름

이탈리아와 한국과의 관계는?

이탈리아는 6.25 동란 시 우리나라에 적십자 병원 부대를 파견한 참전국으로 1956년 11월에 국교을 재수립한 나라이다. G-8 회원국이자 세계 7위의 경제 대국으로 패션, 디자인 분야에 있어서는 연간 생산액이 640억 유로로 달하는 최고의 경쟁력을 확보한 나라이다. 2006년 12월 우리나라 정부의 공식 집계에 따르면 이탈리아 내의 체류 한인수는 5.600여 명으로 로마에 약 1500여 명, 밀라노 북부 지역에 2.400여 명이 거주하고 있다. 따라서, 북미권이나 타 국가들(중국 250만 명, 미국 210만 명, 일본 90만 명)에 비하여 극소수의 인원이 체류하고 있다고 볼 수 있다.

이탈리아 한인회 사이트 : www.italia.co.kr

로마를 여행하는 방법 Best 10

1 좀도둑은 늘 있으니 소지품은 잘 챙겨야 한다.
2 늦은 시간에 로마에 도착할 경우 예약한 숙소의 픽업 서비스를 받는 것이 가장 안전하다.
3 로마는 걸어다니기 충분한 거리이니 교통 수단은 걱정하지 않아도 된다.
4 로마 지도는 인포메이션 데스크에서 받자. 지하철을 타고, 지도 한 장 들면 어디든 찾아갈 수 있다.
5 이탈리아 현지인들은 사람의 옷차림을 보고 판단한다. 적당한 패션을 유지하는 것이 중요하다.
6 돈 계산은 철저히. 은근히 속여 먹는 상인도 있다.
7 하루권 티켓을 구입해서 버스나 지하철을 타고 다니는 것도 좋다.
8 유적만 볼 것이 아니라 오페라나 연극도 감상하자. 특히 여름에 여행하는 사람들은 카라칼라 욕장에서 벌어지는 야외 오페라를 보면 좋다.
9 로마는 고대 로마의 외관을 보존하기 위해 엄격히 신축 건물의 증축 및 개축을 금지하고 있다. 또한 로마 시내를 둘러보아도 절대 건축물의 높이가 바티칸의 돔(136.57m)보다 높은 건물은 없다. 이는 로마의 외곽을 보호하기 위해 엄격히 규제되는 건축법적인 제한이다.
10 집시나 거지가 많지만 위험한 행동은 하지 않는다. 다가오면 겁먹지 말고 소리를 지르면 물러난다. 궁시렁댈 뿐이다.

여행자 안내소

1 **주소: Via parigi 5(일요일 휴무)**
로마에서 이 여행자 사무소가 가장 좋다. 테르미니 역에서 나와 앞으로 레푸블리카 광장까지 쭉 걸어오다, 산타 마리아 델리 안젤리 성당을 바라보고 왼편에 'Le Grand hotel'이라는 큰 간판이 있는 건물이 있다. 그 간판을 바라보고 오른쪽으로 가면 은행이 있고 그 다음이 여행자 사무소다.

2 **주소: Via Giovanni Giolitti 34**
테르미니 역에서 나오면 왼편 길이 바로 조반니 지오리티 거리(Via Giovanni Giolitti)다. 바로 이 길 34번지에 여행자 사무소가 있다. 테르미니 역 근처 민박집이 많이 모여 있는 곳이어서 민박집에 숙박하는 경우 유용한 곳이다.

3 **주소: 피우미치노 공항 국제선 입국장 터미널 B, C**
피우미치노 공항에도 여행자 사무소가 있다. 바로 국제선 입국장인 터미널 B에 여행자 사무소가 있다.

4 **주소: Stazione di Roma Termini**
로마 테르미니 역에 내리면 6번 플랫폼 앞으로 맥도날드가 보인다. 이 맥도날드 맞은편에 여행자 사무소가 있다.

* 로마 전역에는 상당히 많은 간이 여행자 사무소가 있다. 'i'라고 적혀 있는 곳이 여행자 사무소로 테르미니 역 안이나, 콜로세오 옆, 나보나 광장, 퀴리날레 궁전, 산탄젤로 성 등에 작은 여행자 사무소가 많아 찾기 쉽다.
* 여행자 사무소를 이탈리아어로: 인포르마치오니 투리스티케(Informazioni Turistiche)
* 지도를 이탈리아어로: 마빠(Mappa)

콜로세오 Colosseo

이탈리아 역사의 시작점

콜로세오에는 잔인하면서도 복잡한 로마의 역사가 스며들어 있다. 콜로세오는 티투스 플라비우스(Titus Flavius) 황제가 A.D 80년에 지은 건물로 1920년대에 최종 정리되어 공개되었다. 이 건물은 과거 의회 건물로 쓰이기도 했으며 다양한 형태로 존속되었다.

이 건축물을 짓는 데 10만 명의 노예가 동원되어 총 5년 만에 지었다고 한다. 188m, 154m의 타원형 돔 형태로 이 건축 양식은 현재 축구장의 원형이 되었다고 보는 설도 있다. 콜로세오를 중심으로 로마 여행이 시작된다. 주변으로 고대 로마의 중심지이며 호화 별장지라고 할 수 있는 팔라티노 언덕과 아름다운 캄피돌리오 광장까지 걸어다니면서 둘러볼 수 있다.

Access

지하철 B선 콜로세오(Colosseo) 역에 내리면 바로 눈앞에 보인다. 버스 75번, 81번, 175번, 204번, 673번 이용.

예약 06-39967700
시간 8:30~19:30
요금 성인 12유로, 학생(국제 학생증 소지) 7.5유로 / 콜로세오-팔라티노-포로 로마노 통합권
휴관일 연중 무휴
(단, 1월 1일, 12월 25일 휴무)
주소 Piazza del Colosseo

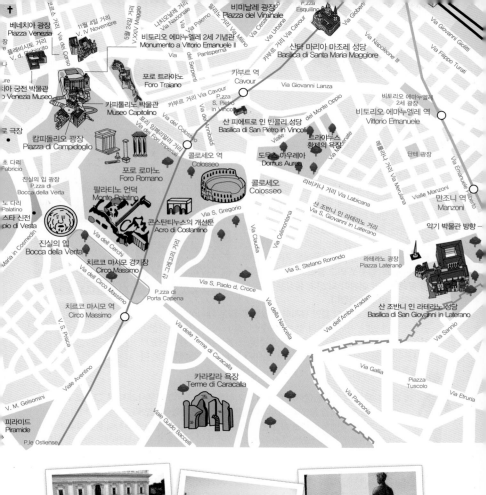

베네치아 광장
Piazza Venezia

11월 4일 거리
V. IV Novembre

비토리오 에마누엘레 2세 기념관
Monumento a Vittorio Emanuele II

비미날레 광장
Piazza del Vinariale

산타 마리아 마조레 성당
Basilica di Santa Maria Maggiore

카부르 역
Cavour

포로 트라야노
Foro Traiano

카피톨리노 박물관
Museo Capitolino

산 피에트로 인 빈콜리 성당
Basilica di San Pietro in Vincoli

비토리오 에마누엘레 역
Vittorio Emanuele

캄피돌리오 광장
Piazza di Campidoglio

포로 로마노
Foro Romano

콜로세오 역
Colosseo

트라야누스
황제의 욕장

도무스 아우레아
Domus Aurea

팔라티노 언덕
Monte Palatino

콜로세오
Colosseo

진실의 입
Bocca della Verita

콘스탄티누스의 개선문
Acro di Costantino

산 조반니 인 라테라노 거리
Via S. Giovanni in Laterano

라테라노 광장
Piazza Laterano

치르코 마시모 경기창
Circo Massimo

치르코 마시모 역
Circo Massimo

산 조반니 인 라테라노 성당
Basilica di San Giovanni in Laterano

카라칼라 욕장
Terme di Caracalla

피라미드
Piramide

travel tip

콜로세오로 떠나는 준비물!

주변에 가게가 없으니 음료수 한 병을 챙겨야 한다.
여름이라면 뜨거운 뙤약볕을 견딜 수 있는 양산 하나, 선크림 듬뿍, 밑창이 두꺼운, 쿠션 좋은 운동화
가 필수다. 바닥이 울퉁불퉁한 돌로 깔려 있으므로 반드시 쿠션 좋은 운동화여야 한다.

콜로세오 Colosseo

로마 시민의 경기 관람장

콜로세오는 AD 72년에 베스파시아누스 황제 때 착공해서 그의 아들인 티투스 황제가 80년에 완성한 거대한 원형 경기장이다. 포로 로마노의 티투스 개선문에서 볼 수 있듯이 티투스 황제는 예루살렘을 정복하고 10만 명의 노예를 데리고 와 그들을 이 콜로세오를 만드는 데 투입했다. 이 원형 경기장의 원래 명칭은 '플라비우스 원형 경기장'인데 현재 이름인 '콜로세오'는 '거대하다'라는 뜻의 콜로살레(Colossale)에서 왔다. 과거 콜로세오 옆에는 네로 황제의 거대한 동상이 있었다고 한다. 이 동상은 거대한 동상이라는 뜻의 '콜롯쏘'라고 불렸고, 이 명칭은 후에 콜로세오의 어원이 되었다. 동상은 네로 황제 사망 후 바로 없어졌다.

현재 콜로세오는 원형의 틀만 유지하고 있을 뿐 많은 대리석의 잔해들이 곳곳에 널려 있다. 15세기부터 약 3세기 동안 로마의 집권자들이 자신이 만들고자 하는 건물에 필요한 자재를 모두 이곳 콜로세오에서 가져왔기 때문이다. 콜로세오는 둘레가 527m, 높이가 57m이며, 전체적으로 타원형을 하고 있다.

이 경기장은 당시 로마인들에게 다양한 볼거리를 제공했는데 검투사의 대결, 그리고 검투사와 야생 동물과의 대결 등으로 인하여 바닥은 항상 피로 물들어 있었다. 경기장의 바닥(나무판)에는 로마 근교에서 가져온 질 좋은 모래(arena, 아레나)를 뿌려 검투사나 동물의 피가 빨리 흡수되게끔 했다. 콜로세오는 공식적으로는 7만 명의 인원을 수용 가능했다고 하는데 실제로는 더 많은 사람들이 들어갔다.

맨 아래층은 로열석이며, 2층은 기사 계급, 3층은 일반 서민, 4층은 천민 계급들이나 노예들도 볼 수 있게끔 나누어 놓았다. 맹수와 검투사가 있는 곳은 지하 12m였으며 수동 엘리베이터 시설로 이들을 끌어올렸다. 천장에는 베라리움이라는 천을 덮어서 햇빛을 가리기도 하였다.

로마 점령의 표시

콜로세오는 약 2000년 전에 이 정도 규모의 건축이 가능했던 로마인의 능력을 나타내는 표본으로 많이 회자되고 있다. 당시 로마가 점령한 지역에는 어김없이 노천 극장과 이런 형태의 원형 극장, 혹은 경기장이 만들어졌다.

예전이나 지금이나 스포츠는 대중의 관심을 돌리기에 가장 적당한 매체이다. 이 콜로세오의 불이 꺼지지 않을 때는 퀴리날레나 팔라티노에서 여지없이 정치가들의 음모가 이루어졌고 로마 시민들은 결투사가 내뿜는 피 맛에 빠져들어 정치에는 관심을 두지 않았다.

콜로세오 상상 복원도

콜로세오의 터는 네로 황제가 만든 인공 호수인 '나우마키아'가 그 원형이다. 이곳에서 그는 모의 해전을 펼치기도 했는데, 바닷가의 물을 끌어들여 사용했다. 네로 황제의 대저택은 '도무스 아우레아'는 네로 황제가 64년 7월 18일 로마 대화재 이후 현재의 콜로세오와 콘스탄티누스 개선문 사이 공원 터에 지은 저택이다. 지금은 형체도 없이 파괴되었으나 현재 복원하여 부분 개방 중이다.

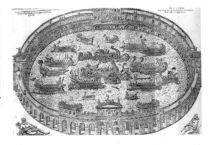

준비 없는 콜로세오는 재미가 없다!

이 콜로세오는 실제로 방문해 보면 '도대체 뭔가' 하는 생각을 할 만큼 재미없는 곳이기도 하다. 하지만, 이 콜로세오가 현재 전 세계 축구 경기장의 원형 모델이 되었다고 생각해 보면 그리 재미없는 곳도 아닐 것이다.

고대 로마 군인 복장을 한 사람들. 사진을 같이 찍어 주고 돈을 받는다.

MAPECODE 05002

콘스탄티누스의 개선문 Acro di Constantino

콘스탄티누스의 승전 기념

콜로세오를 나오자마자 보이는 큰 개선문이 있다. 이 개선문은 지금도 프랑스 파리나 혹은 우리나라에서도 볼 수 있는 비슷한 개선문 형태 문들의 원형이다.

이 개선문은 콘스탄티누스가 정적이던 막센티우스와 전쟁을 하여 이기고 그 승전의 기념으로 세운 것으로, 315년(가톨릭 공인은 313년)에 착공되었는데 원래 거의 형체를 알아볼 수 없을 만큼 방치되었던 것을 1804년에 복원한 것이다. 이 개선문에 붙어 있는 부조물들은 로마 유적지 중에서 제대로 보존된 것들을 끼워 붙인 것이다.

개선문을 지나 콜로세오로 들어가는 순례 행렬(1932년)

포로 로마노 Foro Romano

로마인들의 삶의 중심지

포로 로마노는 '로마인의 광장'이라는 뜻으로 말
그대로 로마인들이 모여 생활하고 살던 중심이며
계속 발굴이 되고 있는 곳으로 사법, 정치, 종교 등
의 활동이 활발히 이루어졌던 곳이다. 원로원, 로
물루스 신전, 2개의 개선문 등 과거의 흔적을 곳
곳에서 찾아볼 수 있고, 기둥
이나 초석만 남아 있는 곳도
있다.
이곳에서는 원로원, 에트루
리아 왕에게 대항한 로마 반
역을 추모하기 위한 사원, 로
마의 중심부로 쓰인 아우구스투스 개선문 외 많은
건물들의 잔해가 있다.
포로(Foro)라는 말은 '포럼(Forum)', 즉 '아고
라'와 같은 공공장소를 지칭한다. 주변으로 고대
로마의 중요한 건물들이 있었으나 4세기 말에 서
고트 족의 침입으로 황폐화되었다.

1930년대의 포로 로마노의 모습

Access

버스 64번, H, 87번, 186번 등 다양하다.
지하철 B선을 타고 콜로세오(Colosseo) 역에서 내려 콜로세오를 보고 난 뒤 포로 로마노로 걸어 들어간다.
주소 Via dei Fori Imperiali 예약 06-6990110 시간 8:30~19:15(연중 무휴, 겨울철 15:30까지) 요금 성인 12유로, 학생(국
제 학생증 소지) 7.5유로 / 콜로세오-팔라티노-포로 로마노 통합권

로마인들의 생활 중심지

〈로마인 이야기〉를 통독한 사람에게는 아주
중요한 장소이지만 현재 잔해들이 거의 원
형을 잃어버린 것이 많아서, 단순히 여행하
는 관광객 입장에서는 아주 지겨울 수도 있
는 곳이다. 따라서, 포로 로마노는 로마인의
광장이라는 뜻답게 '예전 로마인들이 이곳
을 중심으로 살았구나', '아, 이곳이 예전 우
리나라의 종로였구나' 하는 정도의 생각을
가지고 보면 된다.

네로 황제

네로 황제(37~68년)는 그동안 알려진 것처럼 그렇게 못된 황제만은 아니었다. 그는 노예를 해방했고, 감세 정책을 펼쳤으며, 매관매직의 폐단을 없애려고 했다. 다만, 그의 원죄는 바로 어머니인데, 이 어머니가 네로를 황제에 올리기 위해 자신의 남편, 즉 네로의 아버지인 클라우디우스를 독살했다고 전해진다. 이후 네로는 인간적인 고민에 쌓이게 되고, 결국 자신의 어머니, 자신의 아내를 죽이게 된다.

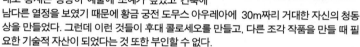
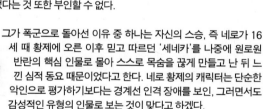

네로 황제는 연극을 하러, 직접 배우로 무대에 서기 위해 그리스를 방문했다가 AD 68년 6월 9일 반란이 일어나자 자신이 아끼는 노예에게 부탁하여 스스로 생을 마감한 비운의 황제이기도 하다.

네로 황제는 상당히 예술에 조예가 깊었고 건축에 남다른 열정을 보였기 때문에 황금 궁전 도무스 아우레아에 30m짜리 거대한 자신의 청동상을 만들었다. 그런데 이런 것들이 후대 콜로세오를 만들고, 다른 조각 작품을 만들 때 필요한 기술적 자산이 되었다는 것 또한 부인할 수 없다.

그가 폭군으로 돌아선 이유 중 하나는 자신의 스승, 즉 네로가 16세 때 황제에 오른 이후 믿고 따르던 '세네카'를 나중에 원로원 반란의 핵심 인물로 몰아 스스로 목숨을 끊게 만들고 난 뒤 느낀 심적 동요 때문이었다고 한다. 네로 황제의 캐릭터는 단순한 악인으로 평가하기보다는 경계선 인격 장애를 보인, 그러면서도 감성적인 유형의 인물로 보는 것이 맞다고 하겠다.

네로가 상당히 인기가 좋은 군주였다는 사실은 사료적인 측면으로도 증명된다. 이는 역사적으로 보았을 때 제2의 네로를 지칭하는 황제들이 많이 나온 사실로도 알 수가 있다. 그러나 후대 역사학자들의 경우 결국 기존 헤게모니를 쥐고 있던 기득권 계층의 출신이 많다 보니 네로 황제에 대한 부정적인 시각을 드러내고 있을 수도 있다.

1 포로 로마노의 입구

콜로세오 쪽에서 걸어 올라오면 표지판이 보인다.

2 티투스의 개선문

티투스의 개선문

로마에서 가장 오래된 개선문이며 보존 상태도
양호하다. 티투스는 콜로세오를 완공한 인물이다.
이 문은 71년도에 이스라엘을 점령하여 유대인들
을 복속시킨 개선문으로 81년에 만들었다. 벽 장
식은 티투스의 개선 행렬을 묘사한 것이다.

3 막센티우스의 바실리카

티투스의 개선문을 지나 오른쪽으로 있다. 현재 잔해만 남아
있지만 그 규모는 엄청났다고 추정이 된다. 약 4세기경의 작
품이다.

58

4 성스러운 길

막센티우스 바실리카를 나와 걷게 되는 길이다. 비아 사크라(Via Sacra, 성스러운 길)이다.

5 로물루스의 신전

보존이 양호하다. 4세기 초의 것으로 추정. 이 로물루스의 신전은 막센티우스 황제의 아들이 지었다고 하는 설도 있으며, 로물루스의 신전이었다고 보는 설도 있다.

6 파우스티나 신전

로물루스 신전 바로 옆에 있다. 안토니누스 황제가 자신의 아내인 파우스티나를 위해 지은 신전이다. 기원후 141년에 세워졌고 안토니누스가 죽은 이곳에서 그의 제사를 지냈다. 이 복부는 캄피돌리오 언덕 가운데 있는 기마상의 주인공인 마르쿠스 아우렐리우스의 부모다.

8 베스타 신전

7 에밀리아의 바실리카

이 건물은 기원전 79년에 세워졌고 그리스 건축 양식을 답습했다. 당시 이곳에서 상업적인 거래가 이루어졌다.

아우구스투스 황제의 개선문 앞에 있다. 이 신전은 로마 귀족 가문에서 뽑힌 처녀들이 순결을 지키면서 성화(불)를 보존하던 곳이었다. 이들은 30년 동안 이곳에 봉사하고 나와서 자유로운 신분이 되었는데 만약 순결을 더럽히면 생매장을 당했다는 기록이 있다. 이 신전에는 케사르의 유언장이 있어 역사적으로도 유명하다. 당시 누구나 의심하지 않던 케사르의 2인자는 안토니우스였는데 케사르의 후계자로 누나의 손자인 18살짜리 옥타비아누스가 선정되었기 때문이다.

9 아우구스투스 황제의 개선문

딱 3개의 기둥만 남았다. 아우구스투스는 케사르의 뒤를 이운 '옥타비아누스'의 칭호다. '존경할 만하다'라는 뜻을 지니고 있는데 원로원에서 붙여준 칭호다. 하지만 옥타비아누스도 케사르와 같이 잔인한 면이 있어 자신에게 권력을 준 케사르와 클레오파트라 사이에서 난 아들, 케사리온을 죽였을 정도이며 또한 안토니우스와 클레오파트라를 철저히 궤멸시켰다.

10 사투르노의 신전

현재 기둥만 여덟 개 남아 있는데 기원전 497년에 세운 것이다.

11 율리아의 공회당

영어식으로는 줄리아 공회당. 이곳은 재판소로 주로 사용되었다. 케사르 때 만들기 시작한 건물이다.

12 원로원 건물

모든 정치적 암투가 벌어진 곳이다. 이 원로원 건물은 기원전 670년에 세워졌고 이후 계속 증개축되다가 303년에 디오클레티아누스 황제 때 지금의 모습을 갖추었다. 디오클레티아누스는 테르미니 역 앞의 디오클레티아누스 목욕장을 만든 황제이기도 하다. 이 원로원은 로마 공화정 시기, 즉 기원전 510년~29년까지 가장 중요한 정치 의결 기구였다. 그 뒤 아우구스투스는 황제가 다스리는, 제정시대에 이르러 그 권한을 많이 축소했다.

13 세베루스 황제의 개선문

2세기의 것이다. 이 황제의 아들이 카라칼라이다. 이 개선문은 기원후 203년에 만든 것으로 카라칼라가 상당히 잔혹한 인물임을 증명하는 개선문이다. 이 개선문은 자신의 형제인 제타와 같이 만든 것이었지만 카라칼라는 황제에 오르기 위해 제타를 죽이고 그의 이름을 이 개선문에서 빼버렸다. 카라칼라는 잘 알다시피 카라칼라 공중 목욕탕을 만든 황제이다. 이 개선문 근처에 마메르틴 감옥 소가 있는데 이곳에 성 베드로와 성 바울이 감금되었다.

팔라티노 언덕 Monte Palatino

고대 로마의 호화 별장지

팔라티노 언덕은 로마의 시조인 로물루스와 레무스가 테베레 강에 떠내려 와 정착한 곳이다. 로물루스의 정치적 기반이 된 곳이기도 하며, 콘스탄티누스가 콘스탄티노플로 옮겨 가기 전, 약 4세기 중엽까지 로마의 가장 중심이었던 곳이다. 5~6세기에는 계속된 이민족의 침입에 대항하는 요새로 사용되기도 했으며 지리적 이점으로 각종 별장들이 즐비하게 들어서기도 했다. 팔라티노 언덕에 남은 건축물들은 모두 새로운 건축물들의 재료로 사용되어 지금은 그 터만 남아 있다.

Access

지하철 B선을 타고 콜로세오 역에서 내려 콜로세오를 보고 난 뒤, 포로 로마노로 들어가는 입구에서 티투스의 개선문을 바라보고 왼쪽으로 간다.
버스 64번, H, 87번, 186번

아우구스투스 황제의 궁전(Casa di Augusto)

2008년 3월, 팔라티노 언덕에 있는 아우구스투스 황제의 궁전이 일부 개방되었다. 이곳은 약 200억 원의 예산을 들여 복원한 곳으로 입장에 제한이 있다. 이 궁전은 예전 로마 건국 신화의 주역인 로물루스와 레무스가 기거했다고 알려지는 동굴 위에 건설되었다.
시간 월, 수, 토, 일 11:00~15:30 / 화, 목, 금 폐관

아우구스투스 황제의 궁전

도무스 아우레아 Domus Aurea

네로의 황금 궁전

2007년 1월 부분 개방된 네로의 황금 궁전. 64년 대화재 이후 네로가 건설한 이 황금 궁전은 결국 민심의 이반을 가져오게 한 대표적인 건축물이다. 콜로세오는 바로 이 네로 황제의 황금 궁전의 인공 호수가 있던 터에 지은 건축물이다. 현재는 낡고 부식되어 볼 만한 게 없다.

캄피돌리오 광장 Piazza di Campidoglio

▶ 미켈란젤로가 설계한 아름다운 광장

포로 로마노를 둘러본 뒤 계단을 올라가면 캄피돌리오 광장과 연결된다. 베네치아 광장의 비토리오 에마누엘레 2세 기념관을 왼쪽으로 끼고 연결이 되기도 한다.

캄피돌리오 언덕을 올라가는 계단은 경사도가 상당히 완만하다. 과거 이곳이 정치의 중심지였고 그러다 보니 많은 외국 사절들이 교황을 알현하기 위해 바티칸이 아니라 이 캄피돌리오 언덕으로 올라왔다. 따라서 말을 타고 올라갈 수 있는 완만한 경사가 필요했다. 이 경사진 완만한 계단은 미켈

란젤로가 설계한 것이고 계단 양쪽으로는 이집트에서 가져온 사자상이 있다.

● 마르쿠스 아우렐리우스의 상

언덕을 오르자마자 말을 타고 있는 마르쿠스 아우렐리우스의 상이 있다. 진품은 카피톨리노 박물관에 있다. 이 기마상은 약 2세기경에 만들어진 것으로 라테란 광장에 있었던 것을 미켈란젤로가 캄피돌리오 광장을 설계하면서 1538년에 이곳으로 옮겨 놓았다.

사람들은 기독교를 인정한 콘스탄티누스 대제의 기마상으로 알고 있었기 때문에 이곳에서 예배도 드리고 감사의 기도를 올리기도 하였다. 하지만 이 기마상이 기독교를 박해한 마르쿠스 아우렐리우스 황제의 상이었다는 것을 알면 깜짝 놀라지 않을까? 이 기마상 바로 아래에는 동전이 하나 꽂혀 있는데 이곳이 예전에 동전을 만들어 내는 주조창 근처라는 사실을 알려준다.

● 산타 마리아 인 아라코엘리 성당

캄피돌리오 언덕에서 포로 로마노 쪽이 아닌 도로가 있는 광장 쪽으로 내려오다 보면 오른쪽 위에 성당이 하나 있다. 산타 마리아 인 아라코엘리(Santa Maria in Aracoeli) 성당이다. '하늘 (Aracoeli) 위에 있는 성당'이라는 뜻이다.

이 성당은 원래 여신 주노의 신전이 있는 곳인데 1250년에 프란체스코 수도회에서 성당을 만들었다. 성당으로 가려면 총 124개의 계단을 지나야 하는데 1350년에 만든 것이며, 옆에 있는 캄피돌리오 광장의 언덕보다 오래된 것이다. 이 성당에는 '산타 밤비노'라는 아기 예수상이 있는데(현재 있는 것은 진품은 아니다.) 이 산타 밤비노를 보면 병이 다 낫는다고 하는 속설이 있다. 또한 이곳에 예전에 돈을 만드는 주조창이 있었기 때문에 이 계단을 오르면 로또에 당첨된다는 믿음이 있어, 많은 사람들이 계단을 오르고 또 오른다. 인생 대박을 꿈꾸는 사람이라면 한번 올라가 보자.

● 분수대

캄피돌리오 언덕에서 정면으로 보이는 분수대
가 있다. 이 분수대는 신문고 구실을 한 곳이다.
분수대에 누워 있는 신은 강의 신이다. 많은 사
람들이 이곳에서 억울한 일이나 알리고 싶은 일
을 이곳에 말을 하든지, 적어 놓고 갔다고 한다.
이 캄피돌리오 언덕에 각종 신전들이 즐비했기
때문이었을 것이다. 이 분수대가 있는 건물은
세나토리오 궁으로 1143년 교황에 반기를 든
원로원들의 건물이었는데 현재는 로마 시장의
집무실이며 들어갈 수는 없다.

● 마르첼로 극장의 유적

캄피돌리오에서 내려와 왼쪽으로 진실의 입으
로 가는 길 오른편에 마르첼로 극장의 유적이
있다. 이 극장은 아우구스투스 황제 때 완성되
었고 규모가 의외로 컸기 때문에 약 1만 명 정
도의 사람을 수용할 수 있었다. 자세히 보면 집
들이 붙어 있는 것을 알 수 있는데, 13세기 사벨
리 가문을 위시하여 후에 그들의 저택으로 사용
되었기 때문이다. 따라서 지금은 극장의 원형을
찾아볼 수가 없다.

MAPECODE **05007**

카피톨리노 박물관 Museo Capitolino

▶ 세계에서 가장 오래된 박물관

앞 모습이 똑같이 생긴 두 박물관의 통칭이 카피톨리노 박물관이다. 왼
쪽에 있는 것이 누오보 궁전 박물관(Palazzo Nuovo, 1644~1655),
오른쪽에 있는 것이 콘세르바토리 박물관(Conservatori,
1564~1568)이다. 캄피돌리오 언덕을 올라오자마자 분수가 있는
건물을 정면으로 보고 오른쪽에 있는 카피톨리노 박물관에 들어
가자!

헤라클레스 상

카피톨리노 박물관에는 다양한 초기 로마, 그리고 그리스 시대를
그리워하며 복제 연습에 성공한 수많은 조각들과 청동상들이 있
다. 또한 카라바조, 루벤스 등 유명한 화가들의 회화 작품도 있어
시대를 넘나들며 볼 수 있는 곳이다. 이곳은 전 세
계적으로 가장 오래된 전시관이라고 해도 과언은
아니다. 식스투스 4세 때 많은 전리품이나 개인
선물들을 이곳에 소장하기 시작했고 지금 박물관
의 원형은 1734년에 일반에 공개되었다.
이 정도의 크기와 이 정도의 유물로 이루어진 박물
관은 이탈리아 전역을 통틀어서도 별로 없으니 한
번은 꼭 들어가 볼 만하다. 특히 늑대 젖을 짜는 로
물루스와 레무스의 모습이라든지 캄피돌리오 광

늑대 젖을 먹는 로물루스와 레무스

장 중앙에 있는 기마상의 원본, 그리고 지하로 내려가면 포로 로마노를 훤히 들여다 볼 수 있는 공간이 특별하다. 박물관 건물은 1471년에 지어졌으며 세계에서 가장 역사가 깊다. 그러다 보니 소장품들의 경우 고대 그리스, 로마 시대 유물에서 18세기~19세기까지의 작품이 모두 있는 것이 특징이다.

Access

캄피돌리오 언덕에 있다. 베네치아 광장에 있는 비토리오 에마누엘레 2세 기념관 뒤.

버스 40, 64, 70, 75, H 등 다양하다. 정류장명은 베네치아 광장(Piazza Venezia).
지하철 콜로세오 역에서 내려 포로 로마노를 보고 캄피돌리오 언덕을 넘어 온다.
주소 Piazza Campidoglio 예약 06-67102071 시간 09:00~19:30(매표소는 1시간 일찍 마감) / 12/24과 12/31일은 ~14시까지 요금 성인 14유로(로마 패스 소지 시 13유로), 학생 12유로 주의 회화는 사진 촬영 금지, 조각상은 플래시를 켜지 않으면 촬영은 가능하다. 홈페이지 www.museicapitolini.org

마르쿠스 아우렐리우스 황제의 기마상 원본

가시를 뽑고 있는 소년(기원전 1세기)

죽어가는 갈리아인(기원전 1세기)

여행 포인트
바깥으로 포로 로마노를 볼 수가 있다. 이곳에서 바라보는 포로 로마노의 모습이 장관이다.

MAPECODE **05008**

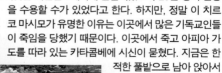
치르코 마시모 Circo Massimo

고대 전차 경주장

전차 경주가 열리던 경기장이다. 길이가 약 700m에 가까운 거대한 운동장으로 지금은 주로 집회 장소로 많이 이용된다. 2006년 이탈리아가 월드컵에서 우승했을 때 우리나라의 서울 시청과 같이 수많은 사람들이 모여 밤새 기쁨의 환호성을 지르기도 하였다.
치르코 마시모에서는 수많은 유적들이 발굴되었는데 특히 현재는 로마 시내 여러 곳에 산재해 있는 오벨리스크들이 발견되었던 곳이기도 하다. 이곳은 기원전 7세기에 만들어졌으며 25만 명의 관중을 수용할 수가 있었다고 한다. 하지만, 정말 이 치르코 마시모가 유명한 이유는 이곳에서 많은 기독교인들이 죽임을 당했기 때문이다. 이곳에서 죽고 아피아 가도를 따라 있는 카타콤베에 시신이 묻혔다. 지금은 한적한 풀밭으로 남아 앉아서 쉬어 가기에 적당한 곳이다.

시간 09:00~17:00(연중 무휴)
요금 무료
위치 진실의 입 뒤 건너편

치르코 마시모 상상 복원도

진실의 입 Bocca della Verita

▶ 로마의 휴일에서처럼 손을 집어넣어 보자

진실의 입을 보기 위해서는 빠르면 30분, 보통은 한 시간 동안 줄을 서야 한다. 가까이 가면 사람들이 쭉 줄지어 서 있어 찾기는 쉽다. 이 진실의 입은 대단히 예술성이 돋보이는 작품이 아니지만 영화 '로마의 휴일'에 나왔기 때문에 사람들의 마음속에는 포로 로마노보다도 훨씬 더 보고 싶은 곳이기도 하다. 진실의 입이 있는 코스메딘의 성모 마리아 성당은 500년대에 건설된 것이고 늘 개조 공사 중이다. 진실의 입은 바다의 신인 '트리톤'의 얼굴을 담고 있다. 그런데 이 진실의 입이 사실 하수도의 덮개였다는 사실을 알면, 기분이 좀 나쁠라나?

Access

캄피돌리오 언덕에서 도로 쪽으로 내려와서 왼쪽으로 1km 정도 떨어진 곳에 있다.

버스 44, 81, 96, 160, 170, 280, 628, 715, 716 등. 나올 때는 코스메딘 성당 바로 옆에 버스 정류장이 있다.
지하철 B선 치르코 마시모(Circo Massimo) 역에서 내려서 도보로 약 10분.
주소 Piazza della Verita 18 전화 06-6781419
시간 9:30~17:50(연중 무휴) 요금 기부함에 자유롭게 넣기

이탈리아 여행에서 줄서기

많은 한국 배낭여행객들이 대단히 촉박한 일정을 짜고 로마를 관람한다. 그런데, 이탈리아 여행에서 가장 힘든 것은 명소를 찾아가는 것이 아니라 줄을 서야 한다는 사실이다. 보통 1시간 정도는 뙤약볕에서 줄을 서야 한다. 그러니 계획상으로는 하루에 10군데를 볼 수 있을 듯해도 막상 가서 보면 하루에 많아야 세 군데 정도 돌아보고 끝이 난다. 특히 세계적인 관광지는 무조건 예약을 해야 한다. 예약 전문 사이트인 이 사이트를 잘 이용하면 하루를 절약할 수 있다!
www.alata.it/ita/index.asp

● 헤라클레스 신전 Tempio di Ercole Vincitore

포룸 보아리움에 있는 헤라클레스 신전으로 남성에게 행운의 신전이라고 한다.

산 피에트로 인 빈콜리 성당 Basilica di San Pietro in Vincoli

성 베드로를 기념하다

로마 황제 발렌티아누스 3세의 아내인 에우도씨아 부인이 성 베드로를 기념하여 지은 성당이다. 베드로가 예루살렘에서 호송될 때 묶은 쇠사슬과 로마에 머물 때 묶었던 쇠사슬을 던져 놓으니 둘이 딱 달라붙어서 떨어지지 않았다는 이야기를 듣고, 황후가 감동을 받아 442년에 성당을 지었다. 빈콜리(Vincoli)라는 뜻은 '쇠사슬, Chain, 연결'이라는 뜻이다. 내부에 미켈란젤로의 '모세 상'이 있다. 하지만 바티칸에서 미켈란젤로의 작품을 감상할 수 있는 기회가 있는 사람이면 억지로 가볼 필요는 없다.

베드로를 묶었던 쇠사슬

성당 내부 여러 인물들의 무덤

Access

1 지하철 콜로세오(Colosseo) 역에서 내려 콜로세오의 길 건너편 언덕 위로 올라간다.
2 지하철 B선 카부르(Cavour) 역에서 내려 언덕으로 올라와서 오른쪽으로 꺾으면 있다.

주소 Piazza San Pietro in Vincoli 4a 전화 06-4882865
시간 7:30~12:30, 15:30~18:00(점심 시간 3시간 동안은 개장하지 않음.)

이 성당 옆에 로마 대학(공과대학)이 있다. 이 대학의 내부는 우리나라의 강의실과 사뭇 다르다. 로마 대학 근처의 식당은 가격에 비해 음식이 좋아 식사하기에도 좋다. 로마 대학 앞에 몇몇 간이 식당들이 있다.

베드로

이탈리아인의 이름 중에 가장 흔한 이름이 바로 '피에트로(Pietro)'이다. 우리말로 흔히 '베드로'라고 하며 서기 64년, 네로 황제 치하에 순교하였다. 그는 예수의 12 제자 중에 한 사람으로서 초대 교황이다. 그의 이름은 원래 '시몬'이며 '베드로'는 반석이라는 뜻의 '페트로스'에서 나온 이름이다. 작품 중에 큰 열쇠(천국의 열쇠)를 들고 있으면 주로 베드로를 나타낸다.

미켈란젤로의 〈모세 상〉

미켈란젤로는 피렌체 출신의 예술가인데 교황 율리우스 2세(줄리오 2세)의 초대로 로마에 오게 되었고 이 모세 상은 율리우스 2세가 죽고 난 뒤 묻힐 무덤에 쓰일 조각품이었다. 보통 교황의 무덤은 성당 안에 보존되고 그 무덤 위에 여러 조각품들을 만든다.

하지만 율리우스 2세는 한 때 미켈란젤로와 사이가 좋지 않았다. 이 모세 상을 만들 때 미켈란젤로는 제대로 된 작품을 만들어 보고자 토스카나 지방의 까라라 지역(대리석 산지)에 가서 7개월 동안 온 산을 뒤지고 다닌 뒤 돌아왔는데, 그 사이 미켈란젤로를 시기하는 여러 조각가들이 율리우스 2세에게 미켈란젤로를 모함하여 사이를 이간질해 놓았다. 이에 율리우스 2세는 1505년에 미켈란젤로와 크게 다투고 만다.

미켈란젤로는 본래 〈모세 상〉 크기의 조각 44개와 아울러 부조물 28개를 만드는 큰 그림을 마음속에 그리고 있었으나 결국 중도에 피렌체로 돌아가고 말았다.
이때 율리우스 2세 교황은 브라만테라는 조각가 겸 건축가를 맘에 두고, 미켈란젤로를 파문하였지만 미켈란젤로의 뒤에는 이탈리아의 대부호 메디치 가문이 있었다. 이후 1508년에 율리우스 2세의 사과와 아울러 다시 로마로 돌아오게 된 미켈란젤로는 만들다 말았던 모세 상을 다시 손보게 될 줄 알았는데 뜻밖에 바티칸 시스틴 소성당의 천장화를 그려 달라는 부탁을 받는다. 이는 야구 선수에게 월드컵에서 뛰어달라는 청탁과 같은데….(좀 더 자세한 내용은 p.153)

미켈란젤로가 미완성 상태의 모세 상을 다시 손보게 된 것은 1545년 그의 나이 70세 때였다. 이미 그때는 너무 고령이어서 예전에 구상했던 44개의 조각상을 만드는 것은 불가능한 시점이었다. 우리가 알고 있는 미켈란젤로의 〈다비드 상〉은 바로 이 〈모세 상〉을 처음 만들기 전인 1504년에 제작되었다.

미켈란젤로의 〈모세 상〉. 막 십계명 판을 들고 일어나려고 하는 순간이다. 이 모세의 얼굴은 시스틴 소성당 천장화의 모세 얼굴과도 동일하다.

산 조반니 인 라테라노 성당 Basilica di San Giovanni in Laterano

1000여 년 동안 교황의 거주지

기원전부터 있어 왔던 곳이고 또한 군대의 주요한 거점이기도 한 곳을 콘스탄티누스가 314년에 재증축한 성당이다. 길이가 약 130m에 달하는 아주 큰 성당으로 아비뇽 유수(1305~1377)가 있기 전까지 1000년 동안 교황의 거주지였다. 현 바티칸은 아비뇽 유수 이후에 기거하기 시작한 곳이다. 지금도 교황이 선출되고 나면 교황의 첫 방문지가 바로 이 라테라노 성당이다. 콘스탄티누스 대제가 자신의 아내인 '라테라노' 가문의 화우스타의 땅을 315년에 교황에게 기증했고 처음으로 대규모의 성당이 이곳에 지어졌다. 그래서 이름이 라테라노 대성당이다.

내부에 있는 장식물들은 천장 모형을 만든 1215년부터 성당 내부의 모자이크를 만든 1884년까지 계속 증개축되었다. 성당 입구를 만든 시기인 1732년을 기점으로 바로크 양식을 지니게 되어 지금까지 남아 있다. 내부에 들어가면 다양한 조각과 제단이 있다. 내부의 바닥은 14세기의 작품이고, 천장은 미켈란젤로의 〈최후의 심판〉에 성기 부분을 감추는 가리개를 그렸던 미켈란젤로의 제자 볼테라의 작품이다.

Access

지하철 A선을 타고 산 조반니(San Giovanni) 역에서 하차. UPIM이라는 대형 쇼핑몰 쪽으로 횡단보도를 건넌 뒤 위 사진의 성벽을 지나가면 바로 보인다.

주소 Piazza S. Giovanni in Laterano 4
전화 06-69886433
시간 10:30~14:30, 15:00~16:00(10~3월) / 10:30~11:30, 15:30~16:30(4~9월)
요금 무료(스칼라 산타와 클로이스터는 추가 요금이 필요함).

여행 포인트

많은 여행서에서 이 라테라노 성당에 대해서는 대부분 크게 언급하지 않아서 그리 중요하지 않은 성당 정도로 생각하는 듯하다. 하지만 이 라테라노는 로마에서 주요한 성당 중의 하나이며(로마의 3대 성당 중의 하나: 성 베드로, 산타 마리아 마조레, 산 조반니 인 라테라노) 지금도 영국의 BBC나 이탈리아의 RAI 방송에서 로마를 주제로 한 다큐멘터리를 만들 때면 스페인 계단보다 더 많은 시간을 할애하는 곳이다.

전면부는 1735년도에 만들어졌다. 정상에는 6m 높이의 조각상이 있는데 가운데는 그리스도이고 양옆으로 성인 열 네 분이 모셔져 있다.

천개(무덤 덮개 겸 제단). 이곳 아래에 성 베드로와 성 바오로 성인의 두개골이 있다. 멀리 중앙 제대에는 〈최후의 만찬〉 그림이 그려져 있으며, 이 성당에는 최후의 만찬 시에 사용하던 식탁이 보관되어 있다. 현재 이 라테라노 성당의 유물들은 점차적으로 바티칸 박물관으로 옮겨지고 있다.

라테라노 광장 Piazza Laterano

이집트의 오벨리스크가 인상적인 광장

라테라노 성당 뒤를 돌아 큰 오벨리스크가 보이는 곳이 라테라노 광장이다. 이 오벨리스크는 기원후 4세기경 콘스탄티누스 아들, 콘스탄티누스 2세가 가져온 것이다. 이 오벨리스크 역시 다른 오벨리스크처럼 치르코 마시모(진실의 입 성당 뒤편)에서 발견되었는데 1587년에 지금의 위치로 옮겨졌다.

이 오벨리스크는 로마에 있는 총 14개의 오벨리스크 중에서 가장 오래된 것이다. 자그마치 기원전 15세기 때의 것으로 고대 이집트의 수도 테베의 암몬 신전 앞에 있던 것이다. 가까이에서 보면 상형문자가 적혀 있는 진품이다. 이 오벨리스크와 아울러 중요한 오벨리스크가 포폴로 광장에 있다.

현지 구입 자료.
1929년 라테라노 조약 당시의 무솔리니와 가스파리 추기경.

이 오벨리스크가 있는 광장에 위치한 라테라노 건물은 현재의 바티칸의 모습을 있게 한 1929년의 라테라노 조약이 진행된 곳으로 유명하다. 무솔리니가 교황과 대립 중에 주변국들의 눈치에 못 이겨 결국 교황의 자치권을 인정하는 구역을 지정하게 되는데 바로 현재의 바티칸 공화국 주변이다. 바로 1929년 라테라노 조약을 맺은 곳이다.

악기 박물관 Museo Nazionale degli Strumenti Musicali

세계의 악기를 한눈에 둘러보다

세계 각지의 오래된 악기들이 모여 있다. 이 정도의 소장품은 이탈리아 전역에서도 찾아보기 힘들다. 음악에 관심이 있는 사람들이라면 가 볼 만하다.

푸치니의 오페라가 토리노에서 1896년에 초연되었을 때부터의 악기뿐만 아니라 고대 그리스, 그리고 전 세계 각지의 악기가 있다. 이 소장품들은 1957년에 숨진 에반 고르가가 평생에 거쳐 모은 작품이다. 그는 이 작품을 모으기 위해 평생을 바쳤지만 결국 가난 속에 숨을 거두었다. 결국 소장품들은 국가의 소유가 되었고 국가는 이 가난하게 살다간 한 집요한 수집가의 열정 덕을 톡톡히 보고 있다.

Access

라테라노 성당의 입구를 뒤로하고 무조건 앞으로 500~600m 걸어간다.
버스 649, 810, 81, 16 지하철 A선의 산 지오반니(S. Giovanni) 역에서 하차. 주소 Plzza S. Croce in Gerusalemme 9/A
전화 06-7014796 시간 9:00~19:00(월요일 휴관) 요금 5유로

69

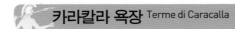

카라칼라 욕장 Terme di Caracalla

로마 문화의 중심지, 고대의 국영 목욕탕

로마는 목욕탕 문화가 아주 발달한 나라였다. 4세기 경에는 목욕탕이 1000개가 넘었다. 카라칼라 목욕탕은 국영 목욕장으로서 예전 로마에는 총 11개의 국영 목욕장이 있었다. 국가가 만든 첫 목욕장은 BC 19년의 아그리파가 만든 목욕탕이었고, 이후에 네로의 목욕탕, 트라야누스의 목욕탕, 카라칼라 목욕탕이 건설된다. 카라칼라 욕장은 길이가 약 400m 정도이며 이 목욕탕 안에 운동 시설, 휴식 시설, 심지어 도서관까지 갖추었다고 한다. 약 1500명 이상이 동시에 들어갈 수 있었고 내부는 화려한 조각품들이 많았다고 전해진다. 당시 목욕 문화는 혼탕이었을 것으로 추정되며, 목욕물은 이중의 벽 사이에 전해지는 열기로 데워졌다.

당시 로마의 모든 문화의 중심지는 목욕탕이었음이 분명하다. 이후 서로마 제국에서는 이런 목욕 문화가 없어졌고, 동로마 제국에는 남아서 터키 지방에 목욕 문화가 남아 있다. 카라칼라 목욕탕 이후 298에에 현재 테르미니 역 바로 앞에 있는 디오클레티아누스 목욕탕이 생겼는데 수용 인원이 3,000명에 육박한다. 하지만 이 모든 것들도 게르만족의 침입으로 폐허로 남게 되었다. 현재는 공간이 넓기 때문에 야외 음악회 장소로 애용된다. 야외 오페라 무대가 있으면 가볼 만하다.

Access

버스 160번, 628번 지하철 B선의 치르코 마시모(Circo Massimo) 역에서 하차, 도보로 약 10분 정도.
위치 FAO(국제연합식량농업기구) 건물 바로 옆 주소 Via delle Terme di Caracalla 52
전화 06-39967700 시간 9:00~해지기 1시간 전 (월요일: 9:00~14:00)
요금 6유로

카라칼라(Caracalla)는
188년에 태어나 217년에 죽은 황제이다. 로마 여행을 준비하는 자료나 혹은 이곳에서 여행 팸플릿을 받아 보면 디오클레티아누스 욕장 유적부터 목욕탕의 유적에 대하여 많이 소개한 것을 볼 수 있다. 하지만 직접 가 보면 잔해밖에 남아 있지 않다.

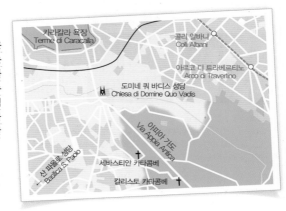

산 파올로 성당 Basilica di San Paolo Fuori Le Mura

▶ 사도 바울의 무덤 위에 세워진 성당

산 파올로 성당은 기원후 4세기경(완공은 기원후 386년), 콘스탄티누스 대제가 기초를 만들었다. 바울이 참수를 당할 때 머리가 세 번 바닥에서 튀어 올랐다고 한다. 이 세 번 머리가 튀어 오른 곳에서 샘이 솟았다고 하는데, 지금도 로마에서는 산 파올로 성당을 '뜨레 폰타네(Trefontane: 뜨레가 3이라는 뜻이고, 폰타네는 분수의 복수명이다. 즉 3분수라는 뜻)'라고 부른다. 하지만 바울이 이곳에서 참수된 것은 아니며 참수된 곳에는 또 다른 수도원이 있다.

중앙 설교단 앞에 13세기의 성 바오로의 무덤이 있다. 포로 로마노에서 보았듯이 성 바울은 포로 로마노 근처의 마메르틴 감옥(세베레우스 개선문 바로 옆)에 감금되었는데 그때 그곳에서 글을 쓰고 완성한 뒤 이곳까지 끌려와서 참수를 당했다고 전해진다.1823년에 큰 화재로 성당의 모든 것이 다 소실되고 이후 1854년에 교황 피오 9세에 의해 다시금 현재의 모습으로 재건축됐다. 전반적으로 신고전주의 양식의 엄격한 모양을 드러내고 있다.

가운데에 성 바울 상. 들고 있는 칼은 복음 전파를 위해 열심히 싸웠다는 것을 뜻한다. 1900년 초 작품.

Access

지하철 B선 산 파올로 성당(S.Paolo) 역에 내려서 약 8분 정도 걸어간다.
주소 Via Ostiense 184   전화 06-36004399
시간 07:00~19:00(연중 무휴)   요금 무료(클로이스터는 별도의 추가 요금이 있음).

유일하게 화재로 훼손되지 않은 모자이크 그림이다. 주 설교단 위에 있는 13세기의 작품. 가로 세로 1cm의 돌로 촘촘히 박아 놓은 모자이크가 많은 것은 화재와 도난의 위험 때문이다.

1823년 화재 이후 건물의 잔해를 붙여 놓았다.

로마에서 성당을 보려면

교황청에서 직접 관리하는 성당을 중심으로 봐야 하는데 이 산 파올로 성당도 그중의 하나다. 교황청의 성당으로는 바티칸 대성당, 산 조반니 라테라노 성당, 산타 마리아 마조레(대성모 마리아) 성당, 그리고 산 파올로 성당이 있다. 이 성당들은 확실히 규모가 크고 성당다운 모습을 하고 있다. 이 산 파올로 성당은 시 외곽에 있다 보니 여행객들이 잘 가지는 않지만 지하철을 이용하기 때문에 거리는 오히려 더 가깝다.

카타콤베 Catacombe

▶ 로마인들의 지하 공동 묘지

카타콤베는 보통 기독교 신자들의 무덤을 일컫지만 실제 이곳은 성인, 기독교인 외에도 기원전 1세기에서 기원후 4세기까지 로마 시민들이 묻히기도 했다. 카타콤베는 상당히 넓고 깊어서 아직까지 그 원형이 제대로 알려지지 않았다. 로마의 카타콤베는 보통 아피아 가도에 있는 지하 무덤을 일컫지만, 이탈리아 남부로 가면서 이런 지하 무덤이 상당히 많은 것을 볼 수 있다. 특히 시칠리아 팔레르모의 카타콤베가 아주 유명하다.

카타콤베로 들어가면 긴 길이 나온다. 카타콤베의 위는 흡사 공원과 같다.

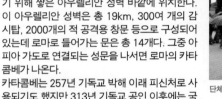

로마에 있는 카타콤베는 271년~275년 사이에 아우렐리우스 황제가 빈번한 이민족의 침입을 막기 위해 쌓은 아우렐리안 성벽 바깥에 위치한다. 이 아우렐리안 성벽은 총 19km, 300여 개의 감시탑, 2000개의 적 공격용 창문 등으로 구성되어 있는데 로마로 들어가는 문은 총 14개다. 그중 아피아 가도로 연결되는 성문을 나서면 로마의 카타콤베가 나온다.

카타콤베는 257년 기독교 박해 이래 피신처로 사용되기도 했지만 313년 기독교 공인 이후에는 국

단체로 들어가기 위해 줄을 서 있다.

가적으로 관리가 이루어졌다. 현재는 교황청이 관할하는 수도원에서 이를 관리한다. 카타콤베 내부는 미로와 같아서 예전에 한 독일 관광객이 혼자 이 카타콤베에 들어갔다가 실종된 일이 있을 정도다. 따라서 현재는 반드시 가이드의 안내를 받아 다녀야 한다. 총 길이는 약 900Km이며 깊이가 5층이 넘는 경우도 있다. 관람 시에는 모든 무덤 형태는 동일하기 때문에 너무 깊이 들어갈 필요는 없다.

예전에 기독교도들은 이 지하 공동묘지를 '체메떼리아(Cemeteria, 쉬는 장소)'라고 불렀고, 일반인들은 '네크로폴리스(Necropolis, 죽은 자들의 도시)'라고 불렀다. 카타콤베(Catacombe)의 뜻은 바로 '땅이 파여 있는 곳'이라는 그리스어에서 유래했다. 여기서 'comb'는 '구멍, 골짜기'라는 뜻으로 'cata'는 '드러눕다, 아래'라는 뜻이 있다. 카타콤베라는 말이 본격적으로 사용되기 시작한 시기는 9세기 초이다.

Access

1 카라칼라 욕장에서 나와 택시를 타거나 아피아 가도로 빠지는 118번이나 218번 버스를 이용해야 한다. 그런데 버스가 거의 오지 않기 때문에 택시를 타는 것이 낫다. 그다지 멀지 않다.

2 테르미니 역 앞 광장에서 아르케오 버스(Archeo bus)를 타고 가면 바로 산 칼리스토 카타콤베 앞에 내려 준다. 1시간 간격으로 버스가 있다.

베네치아 광장 – 진실의 입, 치르코 마시모 – 카라칼라 목욕장 유적 – 산 칼리스토 카타콤베 – 로마 수도교

카타콤베의 생성 원인

초기 기독교도들이 이곳에 지하 예배당을 만든 이유는 로마법상 어떤 경우라도 묘지는 신성불가침의 공간이기 때문에 아무리 로마군이라도 이 무덤에 들어올 수 없었기 때문이다. 따라서 네로 황제의 기독교 박해 시절에 이곳에 많은 기독교도들이 들어왔다.

로마의 귀족들은 화장을 했지만 일반 서민들은 땅에 묻었는데, 그중 기독교인들은 부활에 대한 강한 믿음이 있었기 때문에 예수와같이 시신을 훼손하지 않은 채 어두운 동굴에 넣는 믿음이 확고했다. 현재 이 카타콤베에는 총 13명의 교황들이 매장되어 있다. 현재 발굴 작업을 하고 있는데, 하면 할수록 좁은 예배당이 많이 발견된다. 만약 카타콤베를 보다가 감동받은 사람이 있다면 나중에 남부에 있는 마테라(Matera)를 방문해 보길 바란다.

● 성 칼리스토 카타콤베

가장 보존이 잘 된 곳으로 평가되는 지하 무덤이다. 이곳에는 몇몇 교황이 묻히기도 했는데 이곳이 유명한 이유는 성녀 체칠리아 때문이다. 2세기 말에 로마 귀족 가문의 그녀는 기독교를 지키기 위해 순교를 당했다. 그때 박해자들은 뜨거운 수증기로 그녀를 죽이려고 했는데도 불구하고 그녀는 의연히 찬송가를 불렀다. 결국 그녀는 목이 잘려 죽었는데, 목과 몸이 분리되지는 않았다고 한다. 그녀의 무덤은 9세기 때까지 이곳에 있다가 트라스 테베레 지역에 그녀의 이름을 딴 산타 체칠리아 성당이 생기자 옮겨졌다. 무덤은 1599년에 개봉되었는데 놀랍게도 시신이 그대로 보존되어 있었고 마침 그 자리에 있던 조각가인 스테파노 마데르노가 그녀의 시신 모습을 대리석으로 조각해 두었다. 현재 칼리스토 카타콤베에 있는 성녀 체칠리아의 조각은 복제품이고 원작은 산타 체칠리아 성당에 보존되어 있다.

성녀 체칠리아의 시신 모습 조각의 복제품

세바스티안 카타콤베
Catacombe di San Sebastiano
주소 Via Appia Antica 136
전화 06-7850350
팩스 06-7843745
홈페이지 www.catacombe.org
시간 9:00~12:00, 14:00~17:00
(일요일, 매년 11/14~12/12 휴관)
요금 13유로

산 칼리스토 카타콤베
Catacombe di San Callisto
주소 Via Appia Antica 110
전화 06-51301580
팩스 06-51301567
홈페이지 www.catacombe.roma.it
시간 9:00~12:00, 14:00~17:00
(수요일, 매년 1/26~2/23 휴관)
요금 13유로

도미틸라 카타콤베
Catacombe di Domitilla
주소 Via delle Sette Chiese 282
전화 06-5110342
팩스 06-5135461
홈페이지 www.domitilla.info
시간 9:00~12:00, 14:00~17:00
(화요일 휴관)
요금 13유로

Access
지하철 A선 산 지오반니(S.Giovannio) 역에 내려 버스 218번 혹은 테르미니 역에서 버스 J3을 타고 카타콤베에서 하차.

카타콤베에 가기 전에

가기 전에 카타콤베를 알아보고 간다. www.catacombe.roma.it/indice_kr.html
카타콤베 내부가 복잡하고 어두워 위험하므로 개인 여행자는 들여보내지 않는다. 카타콤베에서 투어를 신청하든지 한국 관광객 그룹에 묻혀서 들어가야 한다.

도미네 쿼 바디스 성당 Chiesa di Domine Quo Vadis

성당 입구. 맞은편에 카타콤베로 들어가는 입구가 있다.

Access

위치 세바스티안 카타콤베 바로 앞
시간 9:00~17:00(연중 무휴)
요금 무료

베드로 앞에 나타난 예수와 만난 곳

"도미네(Domine, 주여), 쿼(Quo, 어디에), 바디스(Vadis, 가십니까?)"라고 베드로가 묻자 예수님은 "십자가를 지러 다시 간다"라고 이야기했다. 바로 베드로가 네로 황제의 기독교 박해를 피해 아피아 가도를 통해 도망하다가 예수님의 환상을 만난 장소이다. 도미네 쿼 바디스 성당은 바로 전설상으로 전해 오는 베드로와 예수가 만난 장소에 세운 성당이다.

내부로 들어가면 예수 그리스도의 발 모양을 볼 수 있다. 많은 사람들이 예수님의 발 형상이라고 생각한다. 하지만 실제 이 발 형상은 로마 군인들이 국외 원정을 가기 전 자신의 발 모양을 부드러운 돌에 남긴 것이다. 원본은 현재 이 성당 바로 옆 카타콤베 중에서 성 세바스티안 카타콤베 지하 성당에 있다.

예수님의 발 모양 흔적

아피아 가도 Via Appia Antica

아피아 가도

여러 무덤들. 1940년대

세상에서 가장 오래된 간선 도로

네로 황제 시절(37~68년) 엄청난 도시 화재가 발생했고 이 모든 죄를 기독교인들에게 뒤집어 씌웠다. 그러다 보니 많은 기독교인들이 지하 성당으로, 멀리 마테라까지 몸을 피하기 위해 이 성당 앞의 아피아 가도를 지났다.

아피아 가도는 기원전 312년에 만든 도로다. 이 도로는 촘촘한 4각형의 돌로 깔려 있고 2차선 도로 규모다. 또한 이 길을 통해 로마의 번영이 뻗어 나갔다. 아피아 가도는 나폴리 북부의 카푸아라는 도시와 연결하기 위해 건설된 도로이다. 물론 군수나 기타 수송의 용이함을 위해서였다. 로마의 성문인 산 세바스티아노 문을 기점으로 풀리아 지역에 있는 브린디시까지 연결되었는데 총 560km에 달한다. 이 길 양 옆에는 수많은 로마 귀족들의 무덤이 있다. 로마 성 안에는 무덤을 만들 수가 없었기 때문이다. 그래서 이 길에 기독교인들의 무덤인 카타콤베가 있다. 또한 〈로마인 이야기〉에 영웅으로 등장하는 스피키오 아프리카누스라든지 하는 장군들의 묘역도 찾아볼 수 있다.

피라미드 Piramide

▷ 이집트식 피라미드 형태의 무덤

'로마에 피라미드?'라고 생각하는 사람도 있다. 하지만 지하철 B선 피라미드 역에 내리면 바로 앞에 고대 이집트 피라미드를 모방한 '진짜' 피라미드가 있다. 이 피라미드는 기원전 11년에 세운 것이다. 당시 호민관이었던 에푸로네(Caio Cestio Epulone)가 자신의 무덤을 이집트식의 피라미드 형태로 만들었고, 이후 이 피라미드는 아우렐리안 성벽(로마를 둘러싸는 성벽)에 딱 끼어 지금까지 잘 보존되어 왔다. 로마를 여행하다 보면 실제로 이집트 문명이 많이 분포한다는 사실을 알게 된다. 실제 이집트는 로마의 문화 발전에 상당한 역할을 했다고 본다. 피라미드 옆에는 공동묘지가 있는데 이곳에 시인 키츠의 무덤이 있다. 피라미드의 높이는 37m이고 너비는 30m이며 여러 라틴 문자가 적혀 있다.

Access

위치 지하철 B선 피라미드(Piramide) 역
시간 연중 무휴 요금 무료

피라미드 바로 옆에 있는 성 바오로 성문

에우르 E.U.R

▷ 로마의 신도시

종종 무솔리니의 에우르(E.U.R)라는 말을 많이 듣게 된다. 에우르(E.U.R)는 Esposizione(전시), Universale(세계의, 국제), di Roma라는 뜻이니 해석하자면 '로마 국제 전시회'라는 말의 약자다. 1937년에 무솔리니가 세계 만국박람회를 유치하기 위해 이곳에 신도시를 건설했고, 1960년 로마 올림픽에도 이용되었다. 현재는 신도시로서 많은 아파트와 여러 정부 기관, 그리고 기업체의 본사 등이 있는 곳으로 관광지는 아니다. 현대 건축을 공부하는 사람들에게 도움이 될 만한 곳이다.

Access

지하철 B선 에우르(E.U.R) 역에서 내리기만 하면 된다. 에우르(E.U.R) 역은 세 군데이다.
관련 사진 보기 http://www.net-art.it/cirese/photo/roma-col/eur/eur.html

베네치아 광장 Piazza Venezia

로마의 중심지, 로마 교통의 요지

많은 거리들이 집중되어 있기 때문에 로마에서 가장 복잡한 곳 중의 하나다. 광장 정면에는 비토리오 에마누엘레 2세 기념관이 있다. 1885년에 디자인해서 25년에 걸쳐 건축하여 1911년에 완성된 이 기념관은 이탈리아 통일(1870년)의 위업을 달성한 초대 국왕 비토리오 에마누엘레 2세를 기념하여 세운 것이다. 현재 이탈리아의 상징이라고 할 수 있다.

Access

지하철 B선 콜로세오(Colosseo) 역에서 내려 포로 로마노를 보고 캄피돌리오 언덕을 넘어 온다. (도보 10분)

버스 64번 버스로 베네치아 광장에서 하차.

위 사진의 왼쪽 건물이 베네치아 궁전(Palazzo di Venezia)이다. 르네상스 초기 건물로서 이곳에서 무솔리니가 20여 년간 머물렀고 또한 이 베네치아 궁전의 발코니에서 제2차 대전 참전을 선포했다. 오른쪽은 그 이후에 베네치아 건물과 똑같이 복제한 건물이고, 현재 아랍은행이 자리잡고 있다. 더 오른쪽에 트라얀의 기둥이 있다. 매년 6월 2일에 이 광장에서 이탈리아 통일 기념 행사가 거행된다.

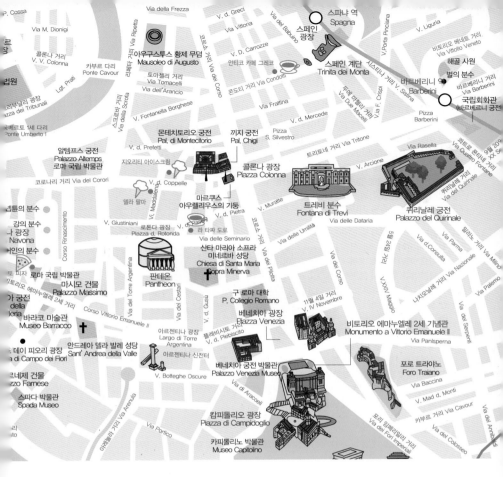

travel tip

베네치아 광장에서는 차 조심!

1. 베네치아 광장(Piazza Venezia)은 로마의 중심지로서 차가 많고 복잡하여 교통사고가 많이 일어나는 곳이므로 항상 조심해야 한다.
2. 심야에는 이 광장 택시 정류장에서 택시를 타면 된다.

비토리오 에마누엘레 2세 기념관 Monumento a Vittorio Emanuele II

이탈리아 로마의 상징

1870년 로마를 병합함으로써 476년 후 분열되었던 이탈리아를 하나의 이탈리아로 만든 비토리오 에마누엘레 2세(Vittorio Emanuele II. 통일 이탈리아 초대 왕)를 기념하기 위해 건축한 건물로 1885년~1911에 걸쳐 완공했다. 기마상 밑에 위치한 부조는 로마의 상징이며 양쪽의 부조물은 이름 없는 병사들을 기념하기 위해 만든 것이다.

이탈리아 여행 책자 및 팸플릿에 들어가 있는 대표적인 사진이 바로 이 비토리오 에마누엘레 2세 기념관이다. 멀리서 보면 '타자기' 모양을 하고 있는 듯해서 속칭 '타자기'라고도 불리는 곳이면서 특히 흰색의 대리석으로 뒤덮인 건물 때문에 주변의 로마 유적과 조화가 되지 않는다고 비난을 받기도 하는 곳이다.

이곳에서는 1년 열두 달, 이탈리아의 현대사에 관련된 전시회나 전람회를 하기 때문에 이탈리아를 좀 더 자세히 알 수 있는 기회를 제공하는 공간이 되기도 한다. 내부로 들어가면, 이탈리아의 초대 왕이던 비토리오 에마누엘레 2세와, 남부 지역을 통합하고 비토리오 에마누엘레 2세에게 바친 가리발디 외에 카부르와 마치니의 유품도 볼 수 있다.

Access

주소 Piazza Venezia 전화 06-6991718 시간 여름 9:30~19:30 / 겨울 9:30~17:30 요금 무료

카부르(1810~1861)

샤르데냐 공국의 재상으로 외교 관계가 아주 능숙했던 인물로 군주제를 지지하여 결국 비토리오 에마누엘레 2세를 왕으로 옹립하는 데 결정적인 역할을 했다. 당시 과격했던 가리발디가 남부 이탈리아를 병합하고, 로마와 반도 위쪽으로 올라오는 것을 유연하게 저지한 인물이기도 하다.

가리발디(1807~1882)

카부르는 가리발디가 아주 위험한 인물이라고 생각했지만 가리발디는 거의 모든 공을 비토리오 에마누엘레 2세에게 바쳤고 이탈리아 통일의 대업에 자신의 욕심을 차리지 않은 인물이다. 따라서, 지금도 가리발디는 이탈리아에서 국민적인 영웅으로 추앙받고 있다.

마치니(1805~1872)

카부르와 늘 비견되는 인물인데, 그는 군주제가 아닌 공화정을 바랐던 사람이기에 비토리오 에마누엘레 2세가 왕으로 등극하는 것을 반대한 사람이다. 대단한 문학가로서 열정적인 글을 작성하여 이탈리아 젊은이들의 가슴에 불을 지핀 인물이다. 마치니가 한 모든 것은 실패했음에도 그는 순수한 공화주의자로 지금도 이탈리아에서는 추앙을 받고 있다. 또한 마치니는 리소르지멘토라고 하는 부흥 운동을 일으키기도 했다.

포로 트라야노 Foro Traiano

멋진 부조가 돋보이는 트라얀의 기둥

트라얀의 기둥으로 유명한 트라얀 승전탑이 있는 곳이다. 이곳은 원래 포로 임페리알리에 속한 곳이 지만 1932년 도로를 개통하면서 따로 떨어지게 되었다.

트라얀 기둥에 새긴 조각 내용은 트라이아누스 황제가 수행한 다치아(Dacia, 현재의 루마니아)와의 전쟁, 즉 101~102년과 105~107년 두 번에 걸친 전쟁의 기록을 부조로 묘사한 것으로 113년에 만들었으나 원형이 잘 보존되어 있는 탑이다. 높이가 약 40m로 17개의 돌기둥을 올렸다.

꼭대기에는 원래 트라이아누스의 모형이 있었으나 식스투스 5세가 1588년에 베드로의 모형으로 교체하였다. 왜 그랬을까? 여러 주장이 있지만, 트라이아누스 황제가 기독교를 박해한 황제이기 때문이라는 주장이 설득력을 얻는다.

Access

위치 비토리오 에마누엘레 2세 건물을 정면으로 바라보고 왼편.
주소 via IV Novembre, 94 시간 연중 무휴 요금 8. 50유로(Mercati di Traiano + Museo dei Fori Imperiali)

기독교를 박해한 황제들

1 네로 황제의 박해(Nero A.D 54~68년)
2 도미티아누스 황제의 박해(Domitianus 81~96년)
3 트라야누스 황제의 박해(Traianus 97~117년)
4 하드리아누스 황제의 박해(Hadrianus 117~138년)
5 마르쿠스 아우렐리우스 황제의 박해(Marcus Aurelius 161~180년)
6 셉티미우스 세베루스 황제의 박해(Septimus Severus 191~211년)
7 막시미누스 황제의 박해(Maximinus 235~238년)
8 데시우스 황제의 박해(Decius 249~251년)
9 발레리아누스 황제의 박해(Valerianus 257~259년)
10 디오클레티아누스 황제의 박해 (Diocletianus 284~303년)

베네치아 궁전 박물관 Museo Nazionale del Palazzo di Venezia

무솔리니의 집무실

베네치아 광장이라는 이름이 불리게 된 것은 바로 이곳에 베네치아 궁전(Palazzo Venezia)이 있기 때문이다. 1455년 추기경인 베네토 피에트로 바르보(Veneto Pietro Barbo)에 의해 르네상스식으로 만들어졌으며, 1564년 피우스 4세가 이 건물을 당시 베네치아 공화국의 교황청 대사관으로 임대해 주면서 건물의 명칭이 베네치아 건물로 명명되기 시작하여 지금까지 이르고 있다.

이후 이 건물은 로마의 주요한 정치적인 역할을 해 왔다. 이 베네치아 궁전에서 많은 정치가들이 발코니에서 연설을 했으며 지금도 이탈리아를 아는 사람들에게는 주요한 의미를 던지는 건물이다. 특히, 이곳을 집무실로 사용하던 무솔리니의 제2차 대전 참전 선포로 유명하다.

이 건물에도 박물관이 있다. 베네치아 궁전, 혹은 건물에 소장되어 오던 수많은 예술 작품들을 전시한 것이며 현재 이탈리아 국가 소유로 되어 있다. 종종 현대적인 미술전도 열린다. 실제는 각종 회화와 중국과 일본에서 가져온 각종 진귀한 도자기들이 있다.

Access

주소 Via del Plebiscito 118
전화 06-6780131
시간 8:30~19:30(월요일 휴관)
요금 5유로

왼편이 무솔리니,
오른편이 히틀러.
(뮌헨에서)

1941년에 무솔리니는 이 베네치아 궁전에서 일본의 군국주의 정치인들과 긴밀한 만남을 가졌다.

트레비 분수 Fontana di Trevi

바로크 양식의 최대 걸작품

트레비 분수는 고대의 황제 아우구스투스가 명한 '처녀의 샘(Aqua Virgina)'으로 전쟁에서 돌아온 병사들에게 물을 준 한 처녀의 전설을 분수로 만든 것이다. 분수의 정면 오른쪽 위에 이런 일화를 담은 조각품이 있다.

고대 로마 시대는 풍부한 수원과 총 14개의 거대한 수도망이 있었고 로마 전역에 물을 공급했지만 서로마 제국의 멸망 이후 많은 이민족들이 침입하면서 이 수로망을 파괴했다. 그로 인해 물 부족 현상이 발생했다. 이런 물 부족은 15세기 이후에 들어서면서 새로이 로마를 재정비하려던 교황들이 여러 수도교와 분수를 만들면서 해소되었다. 그중에 제일 유명한 것이 바로 이 트레비 분수이다. 평범했던 이 분수는 1732년 교황 클레멘스13세가 니콜라 살비(Nicola Salvi)에게 명해 지금의 모습이 되었다. 트레비 분수의 아름다움은 바로크 양식의 마지막 최고 걸작품이라고도 한다.

이 트레비 분수가 유명하게 된 이유는 영화 〈로마의 휴일〉에서 '스페인 계단'이 유명해졌듯이, 영화 〈달콤한 인생(La dolce vita)〉에서 주인공인 마스트로이안니와 여주인공이 분수에 뛰어드는 장면이 있었기 때문이다.

트레비 분수의 중앙에 있는 근엄한 모양의 부조물은 바다의 신인 '포세이돈'이며, 양쪽에 말을 잡고 있는 두 명의 신은 포세이돈의 아들인 트리톤이다. 종종 테베레 강이 범람해서 이곳까지 물에 잠길 때가 많자 바다의 신을 만들어 이를 막고자 했다는 이야기도 전해진다. 분수 왼쪽에 날뛰는 말은 풍랑을 상징하고, 오른쪽의 말은 고요한 물을 상징한다. 건물 제일 위를 보면 라틴어로 'CLEMENS VII'라고 클레멘스의 이름이 적혀 있고, 그 아래에 AQVAM VIRGINEM이라고 적혀 있는데 '처녀의 샘 분수'라는 것을 명명하고 있다. 양쪽에 있는 4개의 여인 조각상은 4계절을 상징한다.

Access

지하철 베네치아 광장에서 도보로 10분.
버스 52. 53. 61. 62. 63. 80. 95. 116. 175 등
주소 Piazza di Trevi 시간 연중 무휴 요금 무료

트레비 분수를 제대로 감상하려면

물이 있는 아래까지 내려가 봐야 한다. 방문 시간은 해 질 녘, 즉 오후 5시나 6시경이 제일 좋다. 물가에 앉아 있으면 몇 백 년이 지난 낙서도 확인할 수 있다. 동전을 던질 때는 뒤로 던져야 하며 혹시라도 물속에 있는 동전을 손으로 꺼내거나 물속으로 뛰어들면 바로 경찰에 걸리니 절대 손대지 말자.

트레비 분수에서 동전 던지는 법에 대한 말도 안되는 특강(?)

1 반드시 오른손으로 동전을 잡는다.
2 왼쪽 어깨 너머로 동전을 던진다.
3 첫 번째 동전은 다시 로마로 돌아오는 것을, 두 번째 동전은 사랑하는 사람을 만나기 위해, 세 번째 동전은 그 사람과 결혼을 할 수 있게 한다는 의미가 있다.
4 사진을 찍으려면 반드시 오른쪽 손이 왼쪽 어깨너머에 있을 때 찍어야 멋지게 잘 나온다.

퀴리날레 궁전 Palazzo del Quirinale

▶ 전망 좋은 언덕 위에 세운 이탈리아 대통령의 관저

퀴리날레 언덕은 이탈리아 내에서 아주 중요한 역할을 차지하는 곳이다. 이탈리아의 대통령이 거주하는 곳이기 때문이다. 그러나 막상 퀴리날레 언덕을 방문하면 입구에 서 있는 해군 복장의 위병과 오벨리스크 말고는 볼 것이 없다.

퀴리날레는 카라칼라와 콘스탄티누스 등의 여러 황제들이 이곳에 많은 신전과 또한 그들의 휴식처인 별장을 지은 곳이다. 이 언덕이 로마에서 가장 높은 곳에 위치하고 있었기 때문인데, 지금은 1573년 교황이었던 그레고리우스 13세가 지은 별장 건물을 볼 수 있다. 이 건물은 후에 식스투스 5세가 더 보강했다. 1871년 이후부터 이탈리아의 왕궁으로 사용되었다가 비토리오 에마누엘레 2세의 집무실로, 그리고 1947년부터는 대통령궁으로 사용되는 중요한 건물이다. 따라서 이

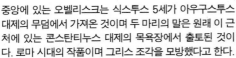

탈리아에서 'dal Quirinale(퀴리날레에서)'라는 표현을 쓰면 정치적인 결정 사항을 이야기한다고 볼 수 있다.

중앙에 있는 오벨리스크는 식스투스 5세가 아우구스투스 대제의 무덤에서 가져온 것이며 두 마리의 말은 원래 이 근처에 있는 콘스탄티누스 대제의 목욕장에서 출토된 것이다. 로마 시대의 작품이며 그리스 조각을 모방했다고 한다. 분수대는 포로 로마노의 원로원 앞에 있던 것을 1818년에 가져왔다. 흔히 이 분수를 말의 이름을 붙여 '카스토르와 폴룩스의 분수'라고 부른다.

매일 오후 3시에 근위병 교대식이 있다. 행진을 하는 군인 중에는 여성도 끼여 있는데 오와 열은 잘 맞추지 않는다. 오후 3시10분쯤 퀴리날레 근처에 가면 볼 수 있다.

Access

도보 트레비 분수를 바라보고 오른쪽 언덕으로 3분 정도 걸어가면 보인다.

버스 116번, 117번

주소 Piazza del Quirinale

시간 매주 일요일 8:30~12:00 개방

요금 5유로(1/2, 1/16, 4/24, 5/1, 5/29, 6/26~9/18, 12/18, 12/25 제외)

콜론나 광장 Piazza Colonna

마르쿠스 아우렐리우스의 기둥을 보다

콜론나 광장은 로마 중심부 중의 중심부다. 트레비 분수와 가까워 늘 관광객의 발걸음이 끊이지 않는 곳이기도 하다. 포폴로 광장과 베네치아 광장의 중앙에 있으며 여기서 바르베리니와 테르미니로 이어지는 트리토네 거리가 시작된다. 콜론나는 영어로 'Column', 즉 기둥이라는 뜻으로 바로 마르쿠스 아우렐리우스의 사후 180년에 만든 기둥을 의미한다.

기둥 표면은 마르쿠스 아우렐리우스가 게르만 지역에 원정을 가서 승리한 것을 기억하기 위해 그 당시의 전쟁 상황을 새겨 놓았다. 마르쿠스 아우렐리우스는 우리나라에서는 〈명상록〉의 저자로서, 엄격한 자가 절제의 철학을 지녔던 스토아 학파의 대가로서 학자적 위상을 지닌 인물로도 유명하다.

이 기둥은 도로로 인접한 곳의 모양들은 잘 남아 있지만 뒤쪽은 세월의 무게를 견디지 못해 여지없이 거의 다 지워졌다. 기둥을 바라보고 오른쪽에는 현재 총리와 그의 책임내각이 있는 '끼지 건물(Palazzo Chigi)'이 있다.

끼지 건물

● 몬테치토리오 건물 Palazzo di Montecitorio

바로 옆에는 몬테치토리오 건물이 있다. 이 건물은 의사당 건물이고 미술전도 종종 열린다. 건물 바로 앞에는 기원전 6세기경의 오벨리스크가 서 있는데 많이 부식되고 침해되었다. 오벨리스크는 집권자의 권위, 혹은 전승의 의미로서 사용했지만 로마에서는 해시계로도 사용됐다.

Access

1 로마 시내의 중앙이라고 보면 된다. 이곳에서 보통 버스들이 우회전을 해서 테르미니로 간다.
2 비토리오 에마누엘레 2세 광장에서 앞으로 쭉 걸어가도 되고 버스를 타고 가도 된다.
3 트레비 분수에서 분수를 정면으로 보고 왼편으로 걸어 나가면 바로 기둥이 보인다.
4 버스는 95번, 492번 등 상당히 많은 버스가 다닌다.

여행 포인트

콜론나 광장 맞은 편의 갤러리아에서 커피 마시기.
콜론나 광장 주변 골목을 돌아서 판테온까지 걸어가기.

판테온 Pantheon

세상에서 가장 아름답고 완벽한 신전

판테온은 그리스어로 '모든 신', 한자어로 하면 '전신(全神)'이라는 뜻으로 다신교인 고대 로마에서 모든 신들에게 제사를 지내기 위해 만든 신전이다. 르네상스 3대 천재 화가인 라파엘로가 이 세상에서 가장 아름답고 완벽한 건물이라고 칭한 곳으로, 죽어 여기에 묻히기를 희망했으며 현재 그의 묘가 있다.

이 판테온 양식의 지붕인 돔은 이탈리아 전역 어디에서나 성당이나 건축물의 훌륭한 교본으로 사용되었다.

이 돔 양식은 현존하는 로마 건축물 중 가장 오래되었으며 그 원형을 잘 간직하고 있다. 판테온은 기원전 27년에 아그리파(아우구스투스 대제, 즉 케사르를 계승한 인물인 옥타비아누스 대제의 사위)가 만든 것이다. 신전으로 사용되다가 80년에 화재를 입었으며 이후 하드리아누스 황제(약 120년대) 때 지금의 모습으로 바뀌었으며, 이때 남쪽을 향해 있던 건물의 문을 북쪽으로 향하게 하여 로톤다 광장을 조성했다.

판테온에는 총 16개의 기둥이 있는데 기존의 이탈리아 건물들의 기둥과는 다른 색의 화강암이며 코린트 양식을 갖추었다. 609년 비잔틴의 포카스 황제가 교황 보니파치오 4세에게 이 건물을 공식적으로 기증했다. 이를 받은 교황은 이 건물을 성모 마리아와 순교자들에게 바치는 성당으로 바꾸었다. 입구의 상단에는 이 건물을 아그리파가 세웠다는 내용의 글(MAGRIPPAIFCOSTER…)이 써 있다. 입구에 있는 청동문은 이민족이 침입한 5세기 때 신성 로마제국 시대의 약탈과 이후 바티칸 건축 시에 사용되어 지금 보는 것은 1500년대의 것이다.

위로는 지름 9m의 구멍이 뚫려 있으며 바닥에서 천장까지의 높이가 43.3m이고 바닥의 지름도

43.3m이며 1873년에 복원된 것이다. 판테온은 바닥에서 꼭대기까지 콘크리트로 만든 아치로 골격을 형성하고 있다. 그리고 아래 부분의 벽은 두껍고(5.9m) 위로 갈수록 얇아져서 건축물의 하중을 최소화했다. 꼭대기의 벽 두께는 1.5m이다.

들어가자마자 오른쪽으로 이탈리아 건국의 영웅인 비토리오 에마누엘레 2세의 묘가 있다. 성모 마리아 상 아래는 천재 화가인 '라파엘로'의 무덤이 있다.

판테온에서 나오자마자 작은 바(Bar)들과 이집트 여신인 이지스 신전의 오벨리스크가 있는 로톤다(Rotonda) 광장이 보인다. 이 광장은 1578년에 기존의 공터를 개축해서 만든 것이다.

Access

1 트레비 분수나 나보나 광장, 콜론나 광장까지 오면 찾을 수 있다.
2 버스 번호는 116번, 95번, 492번 등.
주소 Piazza della Rotonda 전화 06-68300230
시간 9:00~19:30(일요일 및 휴일은 9:00~13:00) 요금 무료
위치 콜론나 광장에서 남쪽으로 조금 아래쪽, 깜포 마르시오 지역

이지스 신전의 오벨리스크

로톤다 광장 어귀에서 커피 한 잔을…

판테온은 나보나 광장과 트레비 분수 사이에 있기 때문에 지도를 보면서 천천히 주변 건물과 상점들을 감상하며 다니는 것이 좋다. 흡사 우리나라의 종로 시내라고 생각하면 된다. 나보나 광장 쪽으로 가는 곳에 집시들이 종종 출몰한다. 집시들이 다가오면 큰 소리를 치든지, 한 번 딱 째려보면 된다. 집시들의 손을 잘 보길 바란다. 주로 어린 집시들이 주머니에 손을 슬쩍 집어넣는 일이 있는데 이럴 때는 당황하지 말고 손을 탁 치면 알아서 물러간다.

MAPECODE **05028**

산타 마리아 소프라 미네르바 성당 Chiesa di Santa Maria Sopra Minerva

▶ 로마에서 보기 힘든 고딕 양식의 성당

판테온에서 나와 왼쪽의 작은 가게들이 있는 길로 불과 10여m만 들어가면 작은 광장이 나온다. 바로 미네르바 광장이다. 이 광장에는 판테온 앞의 로톤토 광장에서 보던 오벨리스크와 흡사한 오벨리스크가 또 있다. 아래는 코끼리 모양인데 두 오벨리스크의 모양이 비슷하다.
이 오벨리스크는 기원전 6세기경의 이집트 이지스 신전에서 가져온 것으로 1665년 미네르바 성당을 개축할 때 발견되었다. 이때 오벨리스크를 코끼리 기단에 세웠는데 코끼리는 베르니니가 스케치한 것을 바탕으로 그의 제자인 페라타가 만든 것이다.

원래 이 광장에는 로마의 황제인 도미티아누스가 전쟁과 지혜의 신인 미네르바를 기념하여 신전을 세웠는데 세월이 지나 신전을 허물었다. 이후 지금의 성당은 1280년대에 만들었는데 이 양식이 로마 내에서는 찾아보기 힘든 고딕 양식이다. '소프라'라는 뜻은 '위에'라는 뜻으로 원뜻은 '미네르바 신전 위의 산타 마리아 성당'이라는 뜻이다. 이후에 이 성당은 끊임없이 증개축을 했고 지금 남아 있는 모양은 여러 시대 양식의 복합체다.
이 성당은 제수 성당의 예수회와 쌍벽을 이루었던 도미니크 수도회 소속의 성당으로서 그 본산이기도 했다. 예수회와 도미니크 수도회는 루터의 신교에 반대하던 정통 교리를 고수하는 가톨릭 내 사조직이었다. 좀 더 성당 안 교단 앞으로 들어가면 상당히 많은 무덤이 있는 것을 볼 수 있다. 정중앙에 시에나의 성 까뜨린 수녀의 모습이 유리관 속에 보인다. 물론 조각이다. 이 성당에서 유명한 곳은 성가대석에 있는 미켈란젤로의 1520년 작품인 〈예수 상〉이다.
이 성당에는 필리핀 신부와 수녀님들이 많다. 이탈리아는 현재 신부와 수녀를 지원하는 사람이 예전처럼 많지 않아 가톨릭을 믿는 필리핀 사람들이 이곳에 많이 와 있다.

Access 주소 Piazza della Minerva 시간 09:00~17:00(연중 무휴) 요금 무료

나보나 광장 Piazza Navona

3개의 분수가 있어 더욱 아름다운 광장

나보나 광장은 이탈리아인들이 사랑을 속삭이는 공간일 뿐만 아니라 많은 관광객들이 찾는 곳이다. 또한 많은 길거리 예술인들과 초상 화가들이 북적이는 곳이다. 나보나 광장은 도미티아누스 황제 때에 스타디움으로 사용되었다.

Access 요금 무료 주의 소매치기

1 판테온에서 도보로 약 5분 정도 천천히 걸어가면 된다.
2 버스는 40, 62, 64, 81, 116, 492, 628번
3 트레비 분수나 판테온, 그리고 나보나 광장은 한 번에 걸어서 다니면 된다.

● 세 개의 분수

나보나 광장에는 세 개의 분수가 있는데 양쪽에 있는 〈넵튠의 분수〉와 〈무어인의 분수〉도 볼 만하지만 중앙에 있는 베르니니의 〈강의 분수〉가 세계적으로 유명하다. 베르니니는 바티칸 대성당의 광장을 만들고, 내부의 천개, 설교단을 만든 천재 바로크 조각가다. 중앙에 있는 높이 17m의 오벨리스크는 도미티아누스 시절 로마에서 만든 것이다. 이 분수에 있는 네 개의 거대한 거인상은 각각 갠지스 강(인도), 도나우 강(독일), 나일 강(이집트), 라플라타 강(아르헨티나와 우루과이 사이에 흐르는 강)을 상징하고 있다.

● 산타네제 인 아고네 성당 Sant'Agnese in Agone

분수대 바로 앞에는 산타네제 인 아고네 성당이 있다. 이 성당에 있는 시계 성당이 나보나 광장의 중심임을 나

무어인의 분수. 무어인은 아랍인을 의미한다.

타내고 있다. 이탈리아에서는 시계탑이 있는 곳이 그 도시의 주요한 광장임을 나타낸다. 아그네스라는 성녀가 온몸을 발가벗긴 채 거리에 던져지는 수치스러운 형벌을 받았지만 곧 그녀의 머리카락이 자라 온몸을 뒤덮었다는 설화를 안고 있는 이 성당은 베르니니의 분수가 생기고 이듬해에 만들어졌다.

이 외에도 나보나 광장 주변에는 산타고스티노 성당(Sant Agostino), 산타 마리아 델라 파체(Santa Maria Della Pace), 산타 마리아 델 아니마(Santa Maria Dell Anima) 성당, 그리고 고고학 박물관으로 사용되는 사피엔차 건물(Palazzo Sapienza), 카라바조의 그림이

넵튠의 분수. 넵튠은 바다의 신인 포세이돈의 영어식 표기다. 그는 항상 삼지창을 들고 다닌다.

있어 유명한 산 루이지 데이 프란체지(San Luigi dei Francesi) 성당이 있다.

이탈리아 여행 시 건축물 관람 상식 하나!

이탈리아에는 낡고 오래된, 제대로 겉모양도 갖추지 못한 건물들이 많다. 그래서 밖에서 눈으로만 대강 훑어보고 다니는 배낭 여행객들의 눈에는 낡아빠진 건물만이 가득한, 죽어 있는 건물인 듯 보이기도 한다. 하지만 건물 내부로 들어가면 실상은 눈이 휘둥그레질 정도로 화려하다. 왜냐하면 건물 외관은 '이탈리아 문화재 관광청 법령'에 의거해 손을 댈 수가 없기 때문이다. 또한 나폴리나 기타 지역의 짓다 만 건물들은 일부러 그렇게 해 놓은 것들도 많다. 건물 완공 시 많은 세금을 물어야 하는데 내부는 완전히 완성하고 건물의 외벽만 그대로 놓아둔 채 건물을 아직 미완공이라고 신고를 하면 세금이 붙지 않는다. 그래서 몇 십 년 동안 건물의 일부를 항상 '공사중'으로 놔 두기도 한다.

MAPECODE **05030**

알템프스 궁전 Palazzo Altemps 로마 국립 박물관

고대 그리스 로마 조각상들의 모임

로마 국립 박물관은 고대 그리스나 로마의 조각에 관심이 많은 사람들에게 아주 좋은 장소이다. 그리스 시대부터 출토된 대리석 조각들이 원형으로 보존되는 곳이다. 이곳에 들어서면 우선은 목 부분이 없는 대리석 조각들을 위시해 고대 그리스 로마 신화에 나오는 흉상과 두상들이 많다.

아프로디테부터 아레스, 헤라까지 상당히 다양한 신의 모습들이 전시되어 있다. 여기서 재미있는 것은 신들의 모습이 다 제각각이라는 것이다. 즉, 마시모 박물관의 헤라의 모습과 이곳 박물관의 헤라의 조각은 전혀 다르다. 아무도 신을 본 사람이 없으니 모두 다 진실이라고 할 수 있다. 그래서 예술가의 상상력이 중요하다고 하겠다.

Access

주소 Via di S.Apollinare n. 46
전화 06-6833759
시간 9:00~19:00 (월요일 휴관)
요금 8유로. 로마 국립 박물관 공용권으로, 알템프스 궁전, 마씨모 궁전(Palazzo Massimo), Crypta Balbi, Terme di Diocleziano 함께 입장(3일 간 4곳 가능).

산 안드레아 델라 발레 성당 Sant' Andrea della Valle

▶ 화려한 내부 프레스코화와 성당 장식이 유명

안드레아 델라 발레 성인의 이름을 붙인 성당으로, 외부에서 보면 그냥 꾀죄죄한 동네 성당같아 보이며 입구에는 거지들이 있어 보통은 잘 들어가지 않는 성당이다. 하지만, 이성당은 로마에서 두 번째로 큰 돔을 자랑하고 있는 성당이며 내부로 들어서는 순간 입이 쫙~ 벌어질 만큼 화려한 곳이다. 16세기 말의 건축물로서 내부의 프레스코화 및 성당장식이 아주 유명하다.

Access

나보나 광장에서 캄포 데이 피오리 광장으로 가려면 비토리오 에마누엘레 2세 거리를 건너야 한다. 이 거리는 로마를 관통하는 길인데 바로 이 길에 산 안드레아 델라 발레 성당이 있다. 64번 버스가 바로 이 성당 앞에 선다.

주소 Piazza di S. Andrea della Valle
시간 9:00~17:00(연중 무휴)
요금 무료

준비물

아주 좋은 카메라. 이곳에서 찍은 사진은 발로 찍어도 작품 사진이 된다.

스파다 박물관 Spada Museo

▶ 스파다 추기경의 소장품 관람

스파다 미술관, 혹은 박물관은 너무 외진 곳에 있어 관광객들이 잘 찾지 않는 편이다. 원래 이 건물은 현재 프랑스 대사관으로 쓰이고 있는 파르네제 궁전과 아울러 이 일대의 대표적인 건물이었다. 처음 건물이 지어진 것은 1540년도였는데 스파다 추기경이 1632년에 다시 보로미니로 하여금 개축하게 했기 때문에 붙은 이름이다. 현재 이 건물은 스파다 미술관으로 사용되며 입구에서 아주 좁은 나선형 계단을 타고 오르면 몇 개의 갤러리가 있다. 규모는 작지만 개인 소장품의 전시이기 때문에 가볍게 볼 수 있는 아기자기한 맛은 있다. 이곳에 티치아노의 작품이 있다.

Access

파르네제 건물을 정면으로 바라보고 왼쪽 골목으로 들어간다.

주소 Piazza Capo di Ferro 3   시간 8:30~19:30   요금 성인 6유로, 가족 12유로
홈페이지 http://galleriaspada.beniculturali.it/index.php?it/1/home

캄포 데이 피오리 광장 Piazza di Campo dei Fiori

꽃의 광장

캄포(Campo)라는 말은 '광장', 혹은 '사람들이 모이는 중심 장소, 들판'이라는 뜻이다. 그리고 피오리(Fiori)는 '꽃'의 복수형이다. 즉, 캄포 데이 피오리 광장은 말 그대로 '꽃의 광장'이다. 이곳은 늘 꽃을 파는 좌판이 있으며 각종 음식물을 파는 시장과 바가 있다. 그리 큰 편은 아니나 나보나 광장이 있는 비토리오 에마뉴엘레 2세 거리를 지나 로마 시민들의 삶의 공간으로 남아 있는 곳이기도 하다. 북적대는 관광객들을 피하고 싶으면 이곳에 와보는 것도 좋다.

이 광장의 중심에는 좀 음울한 분위기의 동상이 서 있는데 종교 재판에서 이단으로 화형당한 브루노(Bruno)의 동상이다. 이 광장의 바로 옆에는 현재 프랑스 대사관으로 사용되는 파르네제 건물(Palazzo Farnese)이 있으며, 고고학 연구소로 마당에 대리석 조각들이 있는 칸첼레리아 궁전(Palazzo della Cancelleria)과 사설 미술관인 바라코 미술관(Museo Barracco), 그리고 온갖 매연을 뒤집어 쓴 채 남아 있는 마시모 건물(Palazzo Massimo) 이 있다.

파르네제 궁전. 현재 프랑스 대사관으로 사용되고 있으며 내부는 일반에 공개되지 않는다. 로마 내에서 가장 아름다운 건물이라고 손꼽히는데 들어가 보지 못해 안타까울 뿐이다. 건물 건축에는 미켈란젤로가 참여했다. 현재 바티칸의 성 베드로 성당과 시스틴 성당을 만든 교황 바오로 3세(1534~1549 재위)가 추기경 시절 최고의 애정을 품고 만든 건물로 르네상스 건축물의 대표작이다.

광장 중앙에 있는 브루노 상

Access

나보나 광장을 둘러보고 난 뒤 로마 시내를 관통하는 도로인 비토리오 에마누엘레 2세 거리를 지나면 바로 나온다.

브루노는

1600년 이 자리에서 화형을 당했다. 당시 로마는 신교의 급속한 전파로 교리와 기타 문화적인 측면에서 엄격한 가톨릭 잣대를 들이대던 시절이었다. 브루노는 가톨릭 사제였다가 자연에 대한 범신론으로 자신의 철학을 발전시켰는데 그의 사상은 당시 가톨릭을 싫어하던 유럽 북부, 즉 영국이나 프랑스, 독일 등지에서 상당한 인기를 얻었다. 그러다 1592년에 베네치아에서 이단을 유포한다는 죄로 검거되었다. 그가 혹독한 고문과 회유 속에서도 신념을 굽히지 않자 오히려 이탈리아 젊은이들에게 더욱 더 존경과 경외를 불러일으켰다. 결국 로마 가톨릭계에서는 그를 이곳 캄포 데이 피오리 광장에서 화형시켰다.

바라코 미술관

스페인 광장 Piazza di Spagna

활기 가득한 광장과 명품숍이 가득한 콘도티 거리를 거닐다

17세기에 이 광장 주변에 스페인 대사관이 자리를 잡음으로써 현재의 이름이 붙게 되었다. 전반적인 양식은 화려한 로코코(Rococo) 양식이다. 이 스페인 광장과 계단은 영화 '로마의 휴일'에 나오는 '오드리 햅번'이 걸어 내려왔던 곳으로 이 영화 이후부터 일반인들에게 많이 알려졌다. 그러나 원래부터 이 광장은 수많은 세계적 예술가들이 쉬어 가던 곳이었는데 괴테, 발자크, 키츠, 셸리, 바그너 등이 즐겨 찾던 곳이기도 했다.

스페인 계단 정면으로 나 있는 콘도티 거리에는 세계의 명품 브랜드 숍들이 가득 차 있어 보는 이들을 한껏 매료시킨다. 특별히 쇼핑을 하지 않더라도 눈이 즐거운 곳이다.

Access

지하철 A선 Piazza di Spagna (피아짜 디 스파냐 역)에서 내려 도보로 30초

Point

코르소 거리(Via del Corso, Via), 프라티나 거리(Frattina), 바부이노 거리(Via del Babuino)의 교차점

시간 연중무휴 요금 무료

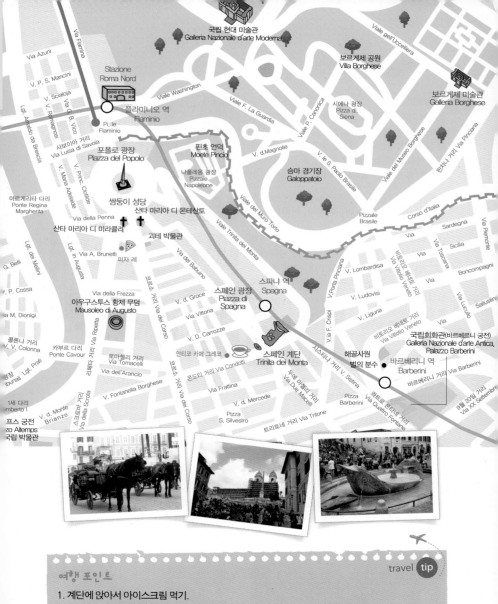

1. 계단에 앉아서 아이스크림 먹기.
2. 지도 꺼내서 로마 여행 계획 짜기.
3. 뙤약볕일 경우 스페인 계단 앞 거리인 콘도티 거리에 있는 그레코 카페에 들어가서 커피 마시기.
4. 콘도티 거리에 있는 여러 명품 숍에서 아이쇼핑하기.

주의 스페인 광장 지하철역과 지하철을 오르내릴 때 집시들이 다가와 주머니에 손을 넣을 수도 있으니 지하철역에서는 소지품 관리를 철저히 해야 한다. 또한 물가가 상당히 비싼 곳이니 충동 구매에 주의하자.

스페인 계단 Triniti dei Monti

▶ 〈로마의 휴일〉의 오드리 햅번을 추억하다

스페인 계단은 로마의 중심지 역할을 톡톡히 하고 있다. 원래 시 당국은 포폴로 광장이 중심지 역할을 하기를 기대했지만 사람들의 마음은 늘 이곳에서 휴식을 취했다. 스페인 계단은 총 137개의 계단으로, 늘 수많은 사람으로 붐빈다.

스페인 계단의 원 명칭은 '트리니티 데이 몬티 계단'이다. 이 계단은 트리니티 데이 몬티(Triniti dei Monti) 성당으로 가는 길을 잇기 위해 1726년에 만든 곳이다. 이곳에 주 교황청 스페인 대사관이 있었으며, 프랑스 외교관이었던 에티엥이 1723년 기부금을 걷어 스페인 대사관을 설계한 스펙키와 데 산티스에게 부탁함으로써 스페인 계단으로 부르게 되었다

는 이야기도 있다.
스페인 대사관 앞에는 큰 기둥 탑이 하나 있는데 로마 제국 시대에 건물을 지지하던 기둥

을 하나 가지고 와서 1854년 피오 9세에 의해 선포된 '무원죄 수태교의(마리아는 아무런 원죄가 없다라는 교의)를 기념하기 위해 건축했다고 한다.

스페인 계단에서 괴테, 바이런, 스탕달, 발자크, 안데르센 같은 최고의 작가들이 그들의 감성을 키웠다고 한다. 지금도 스페인 계단에는 키츠가 한때 살았던 집에서 늘 전시회가 열린다. 아직도 젊은 문학도, 예술가들은 이곳을 찾아 자신의 창작열을 드높이고 있다.

● 스페인 계단 앞 분수 Fontana della Barcaccia

17세기의 대표적인 바로크 예술가 베르니니의 아버지인 피에트로가 16세기 말에 만들었다. 테베레 강의 물이 범람해서 우연히 와인 운반선인 바르카챠(Barcaccia)가 스페인 계단 앞까지 흘러들었고 이때 작품의 영감을 받았다고 한다. 트레비 분수와 함께 물맛이 좋기로 유명하지만, 마시지는 말자.

● 콘도티 거리 Via Condotti

스페인 계단 앞으로 쭉 뻗어 있는 길이 콘도티 거리다. 현재는 예전과 같은 명성이 있는 곳은 아니나 그래도 명품 숍들이 즐비하다. 여행 책자에 많이 소개되는 로마의 명품 거리가 바로 이곳인데 현지인들은 이곳에서 물건을 사지 않고 대개는 '카스텔 로마노'나 로마 인근에 새로 생긴 '빠르코 레오나르도'와 같은 명품 아울렛으로 찾아간다.

이 거리에는 1760년에 조성된 '카페 그레코' 라는 커피숍이 있는데 이곳에서 저명한 예술가들이 문학, 예술, 정치 논쟁을 벌였다고 한다. 이 근처 마르구타와 밥부이노 거리에 많은 예술가들이 살았다. 현재도 코르소 거리에는 괴테가 살았던 방이 보존되어 있다.

바로크 양식이란?

16세기에서 18세기 사이에 유행한 양식. 기존의 이상적인 르네상스 미술에서 더 나아가 장식이 현란하고 과장적이며 남성적인 특징을 지닌다. 성 베드로 성당과 베르사이유 궁전이 대표적이며 위에서 설명한 베르니니는 바로크 시대의 대표 작가이다. 로마에서 볼 수 있는 많은 건축물들이 바로 바로크 양식을 표현하고 있다. 로마는 크게 초기 로마 시대의 유적과 16세기 이후의 건축물이 밀집해 있다. 바티칸 대성당 또한 바로크 양식의 대표 건축물이라고 할 수 있다.

안티코 카페 그레코(Antico Caffe' Greco, 옛 그리스 카페)

스페인 계단 앞에서 가장 유명한 커피숍이다. 그리스 태생의 니콜라 델라 맛달레나(Nicola della Maddalena)가 1760년에 개장한 이 카페는, 홀이 어두침침하며 좁고 심지어는 다른 바(Bar)에 비해 커피 값이 두세 배 비싸기까지 하다. 그런데도 사람들의 발길이 끊이지 않는다. 안티코 카페 그레코는 247살의 노장 카페로 따뜻한 도자기 잔에 담긴 진한 향기의 커피가 세계 각지로부터 찾아온 손님들을 맞아 준다. 바삐 움직이는 바리스타(Barista)의 재빠른 손놀림을 구경하며, 파이나 케이크 한 조각, 또는 따끈따

끈한 꼬르네또(Cornetto, 크로와상)를 곁들인다면 만족스러운 아침 식사가 된다.

카페 안으로 깊숙이 걸어 들어가 테이블에 자리를 잡고 앉아서 마시면, 카운터에서 마시는 것보다 서너 배 더 비싼 가격을 지불하게 되지만, 일생에 한 번쯤은 그곳에 앉아 벽면을 가득 메운 액자들, 구석구석 빈틈 없이 장식되어 있는 조각상들과 가구들을 즐겨 보길 권한다. 어디선가 한 번 들었을 법한 이름의, 또는 당신이 흠모하는, 유럽의 음악가, 화가, 학자, 작가 등의 흔적을 발견할 수 있을 것이다.

바이런, 괴테, 리스트, 비제, 스탕달, 안데르센, 고골, 니체, 코로, 베를리오즈, 롯시니, 구노, 바그너 등 교양 형성을 목표로 유럽 각지에서 태양의 나라 이탈리아, 세계의 수도 로마를 찾아왔던 그들은 이 카페에 모여 새로운 사람들을 만나 정보를 교환하고 토론도 하고, 때때로 작품의 마무리 작업을 하기도 했으며, 커피를 마시고, 식사를 하고, 사람들의 이야기에 귀기울이며 휴식을 취하기도 했다.

지금이야 서적이든 영상물이든 자료도 많고, 인터넷을 통해 쉽게 접할 수 있어, 다른 나라의 문화가 결코 멀게 느껴지지 않지만, 당시 이곳에서 그들은 얼마나 많은 신세계를 보았을까.

그들의 초상화, 메모, 사진, 일기, 그림, 악상, 즉흥적으로 써 내려간 그들의 삶과 예술의 발자취, 역사책이나 그들의 완성된 작품들에서는 볼 수 없는 형성 과정 중의 살아 있는 그들을 만날 수 있다. 이 카페가 제공하는 것은 확실히 커피뿐만이 아니다. 자기 발전을 위해 찾은 이탈리아. 고전과 예술, 살아 숨 쉬는 역사의 도시 로마에 위치한 이 카페에 들른, 그리고 이 카페를 사랑한 세계의 많은 예술가들. 그들이 나눈 사교적 대화, 미(美)와 예술, 삶의 이야기들에 우리도 한번 귀기울여 들어 보는 것은 어떨까. 카페가 그들을 만들고, 그들이 카페를 만든 것처럼.

위치 비아 콘도티(Via Condotti) 86번지

아우구스투스 황제 무덤 Mausoleo di Augusto

아우구스투스 황제의 가족묘

아우구스투스 황제 재임 41년 동안 로마는 평화로웠고 비록 게르만 족에게 패배를 당했지만 그의 통치는 로마의 발전에서 아주 중요한 역할을 차지했다. 한편 자손에게 권력을 이양하는 선례를 남긴 사람이기도 하다.

아우구스투스의 실제 이름은 가이우스 옥타비아누스였지만 케사르의 죽음 이후 그가 후임을 받았으며 케사르를 죽인 부르투스, 클레오파트라 안토니우스의 연합군을 물리친 황제이기도 하였다.

아우구스트(Augusto)라는 이름은 '존엄한 자'라는 뜻이며 원로원에서 받은 명칭이다. 하지만 지금 아우구스투스 황제의 무덤은 잡초만 뒤덮여 있으며 인근의 노동자들이 점심을 먹는 한적한 장소 정도 역할밖에 하지 못한다. 포로 로마노에는 아우구스투스의 기둥이 3개밖에 남지 않은 개선문이 있다.

영묘는 전형적인 에트루리아(로마 건국 이전에 이 지역에 거주하던 선주민) 양식으로 만들어졌는데 BC 28년에 자신과 가족의 묘로 사용하기 위해 만든 것이다.

Access

1 스페인 광장에서 콘도티 거리를 나와 오른쪽으로 3분 2 가장 가까운 지하철역은 스페인 광장 역이다.
주소 Piazza Augusto Imperatore 시간 연중 무휴 요금 무료

그리고 바로 옆에 현대로 접어들면서 만든 아라 파치스(Ara Pacis, 평화의 제단) 기념관이 있다. 이 평화의 제단은 원로원이 '평화'를 실현시킨 아우구스투스 황제를 위하여 바친 것이다.
요금 15유로

포폴로 광장 Piazza del Popolo

고대 로마의 관문

포폴로(Popolo)라는 말은 '민중'이라는 뜻이다. 즉, 민중 광장으로 한때 이곳에서 많은 집회가 열리기도 했다. 이 광장은 이탈리아 북부에서 이탈리아로 들어오는 모든 사람들에게 로마라는 도시가 대단하다는 것을 보여 주기 위해 만들었다는 설이 있다. 쌍둥이 성당의 맞은편에 있는 포폴로 문을 통해 당시 많은 사람들이 로마로 들어왔다. 이 포폴로 문은 초기 로마 때부터 있었으나 지금의 모습은 베르니니가 1655년에 부조물을 더함으로써 완성되었다.

포폴로 광장은 1820년에 쥬세페 발라디에가 만

핀초 언덕에서 바로본 포폴로 광장

들었으며 이 광장의 중심부에는 초대 황제인 아우구스투스가 이집트 헬리오 폴리스에서 직접 가져온 높이 36m의 오벨리스크가 있다. 이 오벨리스크는 원래 BC 13세기의 것으로 치르코 마시모(대전차 경기장)에 있었는데 1589년에 지금의 자리로 옮겨 왔다. 이 광장은 이탈리아의 정치적 혼란기에 많은 군중들이 모였고 프랑스 점령 시절에는 단두대가 설치되기도 하였다.

● 쌍둥이 성당

광장에는 흔히 쌍둥이 성당이라고 부르는 성당이 있는데 왼편이 산타 마리아 디 몬테산토(Santa Maria di Montesanto)고 오른편은 산타 마리아 데이 미라콜리(Santa Maria dei Miracoli)다. 몬테산토 성당은 1675년에 베르니니가 완성했고 오른쪽은 카를로 폰타나(Carlo Pontana)에 의해 1679년 완공되었다. 실제 두 모양은 같은 듯 보이지만 내부는 확연히 다르다. 현재는 들어갈 수 없어 확인할 수가 없다. 지붕의 돔은 초기 양식처럼 돌로 만든 것이 아니라 슬레이트 석판이다.

● 코르소 거리 Via Corso

이 포폴로 광장은 코르소 거리(Via Corso)와 직접 연결되는데 이 거리는 이탈리아를 관통하는 아주 중요한 거리이다. 이 거리에 많은 상점 등이 있으나 늘 관광객들로 붐비지만 마땅히 쉴 만한 곳은 없다. 이 거리에 괴테가 2년간 살던 '괴테의 집'이 있다.

● 핀초 언덕 Monte Pincio

포폴로 광장 한편으로는 나폴레옹이 그의 아들을 위해 별장과 기타 조경 시설을 설치한 핀초 언덕이 있다. 원래 이곳은 로마 제국 당시 핀초(Pincio) 가문의 땅이었다. 또한 이곳에는 1554년에 만든 메디치 별장이 있는데 이후 1803년에 나폴레옹이 이 별장을 구입했고 현재는 프랑스 아카데미 건물로 사용된다. 과거이 건물에 갈릴레오 갈릴레이가 종교 재판을 앞두고 이곳에 구금되었다. 해질녘 이곳에서 바라보는 로마의 풍경이 매우 아름답다.

● 산타 마리아 델 포폴로 성당
Santa Maria del Popolo

포폴로 문의 왼쪽에 단아한 양식의 성당이 있는데 바로 산타 마리아 델 포폴로(Santa Maria del Popolo) 성당이다. 이 성당은 네로 황제의 혼이 로마에 있다는 흉흉한 소문을 잠재우기 위해 만든 성당으로 1099년에 처음으로 만들었다. 성당 내부는 라파엘로가 예배당을 설계하고 베르니니가 조각했으며, 새로운 미술 세계를 연 카라바조의 작품이 있기도 하다.

산타 마리아 델 포폴로 성당

Access

지하철 A선 플라미니오(Flaminio) 역에 내리면 된다. 스페인 광장에서 천천히 걸어가도 된다.
시간 연중 무휴 요금 무료

보르게제 미술관 Galleria Borghese

▶ 보르게제 가문의 걸작 컬렉션

박물관과 미술관을 싫어하더라도 이곳은 로마에서 꼭 봐야 하는 필수 코스다. 이탈리아는 1800년대 나폴레옹 시대에 문화재 유출이 심하였다. 특히 프랑스로 많은 문화재가 유출되었고 로마나 주요 도시의 회화나 조각 작품들 중에서 좀 이름이 있는 작가의 작품들은 여지없이 이탈리아 밖으로 나갔다. 그러나 보르게제의 경우 나폴레옹의 여동생인 '빠올리나'가 보르게제 가문에 시집을 왔고 여기서 살았기 때문에 그런 약탈이 없었다. 그래서 지금도 희귀한 레오나르도 다 빈치의 회화나 카라바조의 그림, 베르니니의 작품들이 원형 그대로 보존되어 있다.

Access

1 포폴로 광장의 문을 나서면 오른쪽에 있다. 내부를 운행하는 버스를 타는 것도 좋다. 2 지하철 A선 플라미니오 (Flaminio) 역에 내려 좀 걷는다. 3 버스는 52, 53, 95, 116번

주소 Piazzale del Museo Borghese 5 전화 06-32810 시간 9:00~19:00(월요일 휴관) 요금 20유로(예약료 2유로 포함) / 시즌별로 요금이 변동될 수 있으니 홈페이지에서 확인. 비수기에는 15유로 홈페이지 www.galleriaborghese.it

예약은 필수!

인터넷 예약 사이트: www.tosc.it

보르게제 미술관은 100% 예약제이고 2시간당 360명의 관람객을 제한하고 오전 9시부터 2시간 단위로 입장이 가능하다. 오후 5시 타임이 마지막 타임이다. 요금은 인터넷으로 예약할 경우 예약비 1~6유로가 추가된다. 예약을 하고 당일에 지하 매표소에 가서 예약 번호를 제시하고 표를 받으면 된다.

전화 예약: 국제전화식별번호(001 등)+39(이탈리아 국가번호) + 6(로마 지역번호)+32810(보르게제 미술관 예약 번호) → 전화 연결 후 2번을 누르면 영어 안내 시작 → 1번은 개인관광객, 2번은 단체관광객을 상대 → 상담원 연결 후 영어로 날짜, 시간, 사람 수를 말한다. → 상담원이 숫자와 알파벳으로 조합된 예약번호를 알려 준다(ex. 212k548m). → 예약번호 들고 미술관에 가면 된다. 로마패스의 경우도 동일하다.

● 보르게제 공원 Villa Borghese

보르게제 공원은 상당히 넓다. 보르게제 추기경이라는 사람의 재산이었으며 지금은 모든 사람들에게 개방된다. 공원에 들어서면 편안히 풀밭에 누워 있는 연인, 아장아장 겨우 걸음마를 떼려고 하는 아이를 조심스럽게 뒤따르는 젊은 부부, 축구를 하는 소년들, 제 흥에 겨워 뛰어다니는 소녀들, 노년의 부부 등 정말 다양한 사람들이 이곳에서 휴식을 취하고 있는 것을 볼 수 있다. 이런 보르게제 공원을 지나서 흰 건물로 된 보르게제 박물관에 들어서면 베르니니와 카라바조의 작품을 만날 수 있으며, 에트루리아 박물관도 볼 수 있다.

주소 Villa Borghese 시간 연중 무휴 요금 무료

국립 현대 미술관 Galleria Nazionale d'arte Moderna

이탈리아 현대 미술을 관람하다

말 그대로 현대 국립 미술관이다. 로마에 산재한 고대 유적 미술관이나 박물관과는 갤러리의 성향이 다르다. 18세기 이후의 미술, 조각품들이 있다. 현재의 추상화나 기타 설치 미술까지 볼 수 있기 때문에 특히 디자인이나 기타 예술적인 부분에 일을 하는 사람이라면 감성을 키우는 데 많은 도움이 될 것이다. 마르셀 뒤샹의 작품과 클림트의 유명한 〈Kiss〉 작품 등이 전시되기도 한다.

Access

주소 Viale delle Belle Arti 131 전화 06-322981
시간 화~수, 금~일 11:00~19:00, 목 11:00~22:00 (월요일 휴관)
요금 10유로 홈페이지 http://lagallerianazionale.com

구스타프 클림트의 〈Kiss〉

특별전 관람

늘 여러 경향의 작품들이 특별전 형태로 전시된다. 한국에서 보기 힘든 레벨의 예술 작품들이 주로 전시되기 때문에 운이 좋으면 아주 좋은 경험이 될 수도 있다.

21세기 국립 현대 미술관 Museo Nazionale delle arti XXI secolo

모던 아트 중심의 젊은 미술관

2010년에 개관한 수준 높은 현대 모던 아트 중심의 젊은 미술관이다. 만약 로마의 오래된 풍광과 전시물이 무료한 사람이라면 추천하는 또 다른 로마의 핫 플레이스다.

Access

1 지하철 A선 Flaminio역에 하차하여 포폴로 광장 맞은편에서 트램 2번을 타고 Apollodoro에서 내린다.
2 버스는 53, 217, 280, 910번
주소 Via Guido Reni, 4A 시간 11:00~22:00
요금 일반 12유로, 학생 10유로 (행사 기간에는 요금 변동이 있음)
홈페이지 www.maxxi.art

※ 매 시기마다 특별전으로 인해 전시물의 위치가 달라질 수 있다.

1층

안토니오 카노바의 〈빠올리나 보르게제 상〉

빠올리나 보르게제는 보르게제 집안에 시집 온 나폴레옹의 여동생이다. 그의 남편은 까밀로 보르게제다. 이 작품은 빠올리나 보르게제가 상체를 드러내고 사과를 왼손에 쥐고 오른손으로는 비스듬히 소파에 앉아 있는 모습인데, 빠올리나 보르게제가 직접 안토니오 카노바에게 의뢰하여 1805년에서 1808년 사이에 조각한 신 고전주의 양식의 작품이다. 신 고전주의라 함은 기존의 바로크 양식의 극단적인 화려한 양식을 배제하고 그 이전, 즉 고전의 고대 그리스나 로마 미술의 형태로 되돌아간 양식이다.

⇐ 베르니니의 〈다비드 상〉

흔히 다비드 상이라고 하면 피렌체의 아카테미아에 있는 미켈란젤로의 다비드 상을 이야기하지만 이 밖에 있는 다비드 상은 쟌 로렌쪼 베르니니(1598~1680)의 작품으로, 다비드 상은 조각가들이라면 기본적으로 만들던 조각상이다.

베르니니의 〈아폴로와 다프네 상〉 ⇒

월계수로 변한 요정을 잡으려고 하는 모습이다. 이 조각에서 아폴로와 다프네의 표정을 잘 살펴보자.

베르니니(1598~1680)

바티칸 대성당 앞의 거대한 광장을 설계했으며, 또한 바티칸 성당 안에 있는 천개(성당 중앙에 있는 가마 모양의 제단), 중앙 제단의 청동상 등을 만들었다. 대단히 천재적인 작가임에도 불구하고 미켈란젤로의 그늘에 가려 이름을 드러내지 못했다. 하지만 베르니니 역시 미켈란젤로의 천재성을 의심하지는 않았다. 따라서 바티칸 대성당 설계 시에 미켈란젤로의 돔을 보이게 하기 위해 캄피돌리오 언덕의 미켈란젤로의 설계를 오마쥬로 가져왔다. 베르니니는 그의 나이 불과 25세 때 이 보르게제 별장의 주인이던 쉬피오네 보르게제의 간청에, 1623년~1624년 사이에 이 다비드 상(높이 170cm)을 만들었다. 베르니니는 교황들에게 사랑을 받았으며, 무려 여덟 명의 교황과 함께 작업을 하였는데 알렉산더 7세 교황은 80세가 넘은 베르니니에게 무릎을 꿇고 자신을 조각해 달라고 간청했다고 한다. 그의 조각가로서의 공식적인 첫 작품은 이 다비드 상이라고 보아야 하며, 마지막 작품은 성 베드로 성당에 있는 알렉산더 7세 기념상으로 본다.

도쏘 도씨의 〈마녀 멜리사〉

색의 혼합이나 구도 등이 자연스럽게 구사, 배치되어 있다. 마녀가 인간을 괴수로 변형시키는 장면이다. 1520년 작품이다.

베르니니의 〈프러서피나의 능욕〉

1621년~1622년 사이에 만든 것으로 높이가 거의 3m에 달하는 대작이다. 이 작품에서 푸르토는 살아 있는 것 같은 모양으로 연약한 프러서피나의 허벅지를 잡고 있는데 바로 이 점이 베르니니의 극단적 사실주의를 추구하는 한 면이라고 볼 수가 있다. 너무나 완벽해서 후에 벌써 매너리즘에 빠져 있다는 말을 듣게 되는 작품이기도 하다.

카라바조의 작품 6점

파라프레니에리의 〈마돈나〉
1606년에 만든 유화(너비 47cm).

성 제롬
1606년의 작품으로 유화(112*57cm). 해골은 죽음을 앞두고 있지만 묵묵히 자기 사명을 다하는 성 제롬을 뜻한다. 바로 자신의 모습 이기도 하다.

카라바조의 자화상
천재였지만 불우한 삶을 살다 간 화가다.

다비드
골리앗의 머리를 들고 있는 다비드. 1609년도의 작품으로 그렇게 크지는 않다.(125*101cm) 여기서 골리앗을 들고 있는 다비드의 애처로운 얼굴은 바로 자신을 바라보는 자화상이라고 전해진다.

과일 바구니를 들고 있는 소년
1593년도 유화 작품(70*67cm). 카라바조의 작품에 나오는 소년이나 바쿠스의 얼굴은 약간 앳된 홍조를 띠고 있는 미소년이기 때문에 그가 동성 연애자라고 추측하기도 한다.

병든 바쿠스
1593년도 유화 작품(67*53cm). 병든 바쿠스의 얼굴은 바로 카라바조 자신이 말라리아에 걸렸을 때의 자화상이기도 하다.

카라바조
1571년에 태어나 1610년에 단명한 천재적인 화가다. 그는 흔히 이탈리아의 렘브란트라고 불리며, 강렬한 명암 대비, 기존의 고급적이며 귀족적인 사고에 반하는 프로테스탄트 미의식을 지니고 있었다. 그의 작품 〈엠마오의 저녁 식사〉와 같은 작품에 등장하는 예수는 허름한 차림의 동네 청년의 모습이며 〈성 마태의 소명〉과 같은 작품은 그냥 동네 식당을 배경으로 했다. 결정적으로 그는 〈성 처녀의 죽음〉이라는 작품에서는 창녀를 모델로 하여 마리아를 연관시키면서 당대 사람들의 엄청난 비판을 받았다. 그는 자신의 천재성을 주체 못했고 결국 로마에서 테니스 경기를 하다가 살인까지 저지르게 된다. 다행히 쉬피오네 보르게제 추기경이 그의 작품을 높이 평가해서 지금 이 보르게제 박물관에서 그의 작품을 만나볼 수 있게 되었다. 재미있는 사실은 카라바조의 이름 역시 미켈란젤로였다는 사실이다.

예수를 십자가에서 내림
섬세한 구도와 색채 대비는 이전과는 확연히 차이가 난다.
1507년도 라파엘로의 작품(184*176cm).

유니콘을 안고 있는 여인
원래 작가가 불분명했는데 나중에
복원을 전문으로 하는 화가들이 라
파엘로의 작품이라고 추정하고 있
다. 1505년의 작품이라고 추정되며
유화다(65*51cm). 여인은 성 카타
리나로 추정한다.

핀투리끼오의 〈십자가 위의
죽음〉
성 크리스토퍼가 어린 예수를 안고
강을 건너고 있다. 십자가 앞에 앉
아 있는 사람은 성 제롬이다. 1471년
도의 작품으로 유화이다.(59*40cm)

라파엘로의 스승인
페루지노의 〈성 모자상〉
연도는 정확하게 밝혀지지 않고 있으
며 유화다.(45*37cm)

한 남자의 초상
작자 미상이었는데 후대에 복원화
가들이 라파엘로의 작품으로 인정
을 했다. 1502년의 작품으로 추정.
(45*31cm)

라파엘로 (1483~1520)

르네상스 3대 천재 화가 중 하나로 손꼽히는 사람이다. 바티칸에 대표적인 작품을 남길 정도로 실력이 있고 또한 인간성도 좋아서 사람을 좋아했다고 한다. 어릴 적 어머니를 일찍 잃고 난 뒤 사람에 대한 그리움이 많았고 이에 인간관계가 의도적으로 좋았다기보다는 천성이 좋았다고 평가된다. 오죽하면 미켈란젤로와도 사이가 나쁘지 않았을 정도라고 한다. 라파엘로의 그림은 회화사에서 기존의 그림들이 가지는 불완전한 화면 구도나 색채 대비, 원근법을 일시에 재정비했다. 또한 베네치아 화파의 영향을 받아 색채 구성도 아주 뛰어났다. 또한 천재이지만 고집이 세지 않아서 레오나르도 다 빈치, 미켈란젤로의 장점만을 흡수하여 그만의 독특한 예술 세계를 만든 사람이기도 하였다. 안타깝게도 원인 불명의 병(혹자는 성병이라고도 한다. 그는 여인들에게 인기가 아주 좋은 사람이었다.)으로 37세의 나이로 급사했다.

코레지오의 〈다나에〉
1531년도의 작품. (161*193cm)

베르니니의 또 다른 작품인 〈쉬피오네 보르게제 추기경의 흉상〉
자신을 인정해 준 쉬피오네 보르게제 경을 위해 15일 만에 만든 베르니니의 작품으로 그의 천재성이 여과 없이 드러나는 작품. 1632년도 작품으로 78cm의 크기.

아말테아의 염소 상
베르니니가 17살 때 만든 작품으로 알려진다. 원래 루이 14세의 가마에 장식용 모형으로 쓰려고 했다.

도메니끼노의 〈다이아나의 사냥〉
바로크 양식의 전형적인 매너리즘, 즉 극단적인 기교
를 볼 수 있다. 도메니끼노의 대표적인 작품이다. 그림
속 여인들은 요정들이다.

티치아노의 〈큐피드 화살에 맞은 비너스〉
1565년의 작품이다.

티치아노의
〈그리스도의 태형 장면〉
후대에 많은 미술가들에게 영향을
주었다. 1560년도의 작품이다.

티치아노의
〈성 도메니코의 초상〉
1565년의 작품이다.

베르니니의 〈아에네스,
안치세스, 아스카니우스〉
1618년에 만들었다. 높이(220cm)

레오나르도 다 빈치의 〈레다(Leda)〉
1510년과 1515년 사이의 그림으로 추정되는 유화다. 크기는 112*86cm이다. 레
오나르도 다 빈치는 과학자로서의 삶을 살았지만 미술가로서의 재능도 대단
히 타고난 사람이었다.

로마 시내 1일, 혹은 2일

아래 일정은 로마 유적지 중에서 가장 필수적이며 반드시 가봐야 할 곳을 위주로 도보 동선을 짜 놓았다. 인근에 보아야 할 곳이 많기 때문에 각자 스케줄에 따라서 시간을 조정하면서 관람하자. 시간이 급한 사람들은 하루만에 강행군을 해도 되지만, 좀 여유가 있는 사람은 이틀 정도 여유롭게 둘러보는 것이 좋다.

오전 코스, 혹은 로마 1일 코스

테르미니 역에서 출발

1 산타 마리아 마조레 성당

성당 내부의 천장이 가장 볼 만하다.

도보로 10분

도보로 7분

2 레푸블리카 광장 주변

광장 주변 산타 마리아 델리 안젤리 성당에 꼭 들어가 보자. 로마 성당 내부의 표본 모습이다. 근처에 마시모 궁전과 디오클레티아누스 욕장이 있어 여유가 있는 사람들은 방문해도 좋은 일정이다.

광장 근처에 국립 회화관과 해골 사원이 있다.
트레비 분수를 보고 난 뒤 퀴리날레 궁전을 보
는 것도 좋다.

퀴리날레 궁전에서
도보로 약 20분

❸ 바르베리니 광장 인근과 트레비 분수

❹-1 베네치아 광장, 콜로세오

레푸블리카 광장에 있는
지하철을 타고 한 정거장,
5분 소요

콜로세오를 보고
난 뒤 천천히
걸어서 20분

❹-2 포로 로마노

베네치아 광장에 도착. 캄피돌리오 언덕에서 포로 로마노를 보고 난
뒤, 콜로세오를 보아도 좋다.

오후 코스, 혹은 로마 2일째 코스

로마 시 전체가 거대한 문화 유적이기 때문에 이틀 정도는 로마를 천천히 걸어다니면서 보는 것이 좋다.

아래에 있는 코스는 박물관이나 보르게제 미술관, 라테란 성당, 카타콤베, 산 파올로 성당 등이 빠진 필수 일정이어서 개인적으로 이에 관심을 가진 사람들은 하루 정도의 시간을 더 내어 방문하는 것이 좋다.

대전차 경주장이었던 치르코 마시모와 진실의 입을 본다. 진실의 입이 있는 성당 앞에서 버스를 타자. 버스 번호는 44, 81, 96, 160, 170, 280, 628, 715, 716 등 다양한데, 거의 모든 버스가 베네치아 광장으로 간다.

베네치아 광장에서 버스에서 내려 판테온으로 걸어간다. 도보 30분

5 진실의 입과 치르코 마시모

6 판테온

7 나보나 광장

판테온에 가기 전 제수 성당이나 산타 마리아 소프라 미네르바 성당에도 살짝 들어가 본다.

이곳에서 아이스크림 하나 사먹고 휴식.

판테온에서 도보로 10분

마르쿠스 아울렐리우스 원주 기둥을 한 번 보자.

8 콜론나 광장

나보나 광장에서
도보로 약 10분

스페인 계단에서 휴식을 취하고 다시 포폴로 광장으로 이동. 이 근처 성당들을 보자.

9 스페인 계단과 포폴로 광장

끼지 궁전에서
도보로 약 7분

포폴로 광장의
문을 나서서
지하철 A선을 타고
레판토 역에서 내려
도보로 10분

산탄젤로 성에서 로마
전경 및 테베레 강을
바라보자.

10 산탄젤로 성

바티칸 시티 Vatican City

가톨릭의 총본산지, 바티칸 시티

이탈리아의 수도 로마 안에는 바티칸이라는 또 하나의 국가가 있다. 바티칸 시 (Vatican City) 또는 교황청(Holy See)이라고도 하는 바티칸 시티는 전체 면적이 0.44㎢로 전 세계에서 가장 작은 독립국이다. 이곳은 전 세계 가톨릭의 총본산이라는 성스러운 의미가 있다. 이외에도 미켈란젤로 불굴의 명작인 〈천지창조〉와 라파엘로의 〈아테네 학당〉 등 책에서만 보던 훌륭한 예술 작품들을 직접 감상할 수 있는 이탈리아 미술의 보고이기도 하다.

바티칸 시티는 이탈리아 로마 시내 테베레 강 서안에 자리잡고 있다. 한 번에 30만 명을 수용할 수 있는 성 베드로 광장 앞에는 도로 위에 흰색 선이 그어져 있는데 이것이 바로 이탈리아와 바티칸을 구분 짓는 국경이다.

바티칸은 이탈리아가 19세기 들어 근대 통일 국가로 탈바꿈하면서 교황청 직속 교황령으로서의 지위를 상실하게 되었다. 이후 1929년 이탈리아와 교황청 주변 지역에 대해 주권을 인정하는 라테라노 조약을 체결함으로써 독립국이 되었다. '바티칸'이라는 국명은 그리스도교 발생 이전에 내려온 오래된 말로, 테베레(Tevere) 강 옆에 위치한 '바티칸 언덕'을 뜻하는 라틴어 'Mons Vaticanus'에서 유래한다.

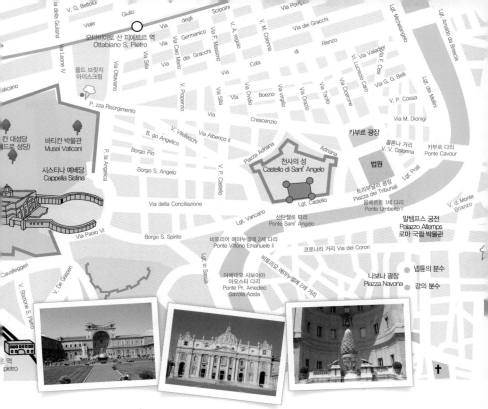

현재 바티칸의 영토권은 성 베드로 대성당과 로마의 성당과 궁전을 포함한 13개 건물, 로마 동남쪽 120km 지점에 있는 카스텔 간돌포(Castel Gandolfo)의 교황 하계 관저에 국한된다. 영토 내에는 성 베드로 광장, 대성당, 교황 궁전, 관청, 바티칸 박물관, 도서관, 은행, 방송국, 인쇄국, 철도역, 우체국, 시장 등이 있다.

하나의 국가이지만 국방은 이탈리아에 위임되어 있고 소수의 스위스 근위병이 지키고 있다. 과거 침략 시절, 스위스 용병들만이 남아 목숨을 걸고 교황을 지켰다고 한다. 그 후 지금까지 약 100여 명의 스위스 국적의 신체 건강한 젊은 용병들이 아직도 창과 칼만으로 바티칸을 지키고 있다. 이 스위스 용병들이 입고 있는 화려한 옷은 '미켈란젤로'가 디자인한 것이다.

바티칸 여행시 주의 사항

바티칸을 관광할 때는 소매가 없는 민소매 옷이나 배꼽티, 미니 스커트, 반바지, 샌들 차림의 복장을 하면 입장이 금지되니 주의해야 한다.

최근에 바티칸 박물관에서 배낭여행객의 배낭을 검사하는 경우도 많다. 일부 관광객들만 검사를 하는데, 만약 가방을 물품 보관소에 맡기는 절차를 거치게 된다면 상당히 복잡하니, 바티칸 박물관 입장 시 옷차림에 신경을 쓰고 또한 큰 가방은 들고 가지 않는 것이 좋다.

travel tip

1. 바티칸 박물관 Musei Vaticani MAPECODE 05040

바티칸 박물관은 엄밀히 말해서 바티칸 궁 몇몇 건물에 교황들이 모아 놓은 예술 작품을 전시한 곳이다. 바티칸 궁에는 총 1400개가 넘는 방들이 각각의 건물들에 나뉘어져 있다. 이 중에서 바티칸 박물관이라고 부르는 곳은 이 방들의 몇몇을 공개한 것이다. 이 바티칸 궁들은 1377년 교황이 아비뇽 유수를 마치고 돌아왔을 때 퇴락한 권위를 다시금 세우기 위한 목적으로 지어졌다. 그러다 보니 그 화려함과 웅장함이 극치에 달한다.

건물들은 1550년대부터 짓기 시작한 것이다. 현재 거늘게 된 박물관은 1820년대에 만든 건물이다. 나폴레옹은 이탈리아 원정을 하면서 나폴리에서부터 베네치아까지 예술품을 싹쓸이해 갔다. 그러다 보니 현재 이탈리아에 남은 것이라고는 못 떼어 간 벽화나 건물에 붙어 있는 부조물이 많다.

그러나 1816년 비엔나 회의에서 유물 반환의 명령을 받았고 이때 돌아올 전시물들을 위해 지은 건물이 현재 우리가 보는 박물관 건물이다.

Access

지하철 A선을 타고 오타비아노 (Ottaviano) 역에 내리면 역에서 박물관까지 자세히 안내되어 있다.

시간 9:00~16:00(입장), 폐관은 18:00(일요일 휴관)

마지막 주 일요일은 무료 입장이다. 9:00~12:30, 폐관은 14:00

5월 6일에서 7월 15일까지 매주 금요일 19:00~23:00 야간 개장(마지막 입장 시간 21:30, 온라인 예약 필요)

요금 일반 17유로 / 학생증 소지자, 만 26세 미만 8유로 / 매달 마지막 주 일요일은 무료
※ 온라인 예약 시 4유로 추가

홈페이지
www.vatican.va

바티칸 박물관은 1층과 2층으로 나뉜다. 1층에는 각종 그림을 모아 놓은 회화 전시관, 피오 클레멘티노 미술관, 이집트 전시관, 키아라몬티 미술관, 시스티나 성당이 있다. 바티칸 도서관은 3년의 보수 공사가 끝나고 2010년 9월 20일 재개관했다(사이트 www.vaticanlibrary.va). 2층에는 에트루리아 전시관, 지도의 방, 라파엘로의 방들이 있다.

바티칸 박물관의 역사

바티칸 박물관은 교황 율리우스 2세(1503~1513)가 개인적으로 모아 두던 소장품들의 전시에서 그 기초를 찾을 수 있다. 현재의 박물관의 모습은 교황 클레멘스14세(1769~1774)와 피우스 6세(1775~1799)가 적극적으로 후원해 기초를 다졌다. 이후에 고레고리우스 16세는 이탈리아 남부 지방에서 수행되던 발굴 작업으로 발견된 고고학적 유물들을 가지고 에트루스코 박물관을 설립한다(1837). 또한 바티칸 궁궐에서 소장할 수 없던 이집트 탐사에서 발견한 고대 물품들과, 바티칸과 카피톨리노 박물관에 소장되던 물품들, 그리고 로마 시대의 석상들과 모자이크들을 소장한 이집트 박물관(1839)도 설립했다.

이후 1900년대에 박물관 모습이 정비되었고 1970년도에 들어서서 지금의 박물관 모습을 갖추게 되었다. 2000년도에는 지금의 박물관 입구가 건립되어 본격적인 바티칸 박물관의 맥을 잇고 있다. 하지만 일반 관람객들에게 모든 전시물이 공개되지는 않는다.

바티칸 박물관 개관일과 휴관일을 살펴볼 수 있는 사이트

www.museivaticani.va/content/museivaticani/en.html

빨간색은 휴관일, 녹색은 입장료가 무료인 날이다. 파란색은 평소 시간보다 1시간 더 개관함.

바티칸에 갈 때 필요한 준비물

양산(밖에서 기본 2시간은 땡볕을 맞으며 기다려야 한다.)
기다릴 동안 마실 음료수를 준비하고 짐은 최소화.

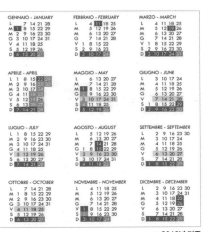

※ 2019년 기준

바티칸 박물관 줄 서지 말고 들어가자!(개인 입장 온라인 예약)

바티칸 박물관에 들어가기 위해 줄을 서야 한다는 것은 기본 상식이다. 하지만 이런 상식이 깨어질 수 있다. 바로 바티칸 박물관도 온라인 예약을 시작하면서 2008년 10월부터 개인 입장 예약이 가능해졌다.
1. 바티칸의 공식 홈페이지인 http://www.vatican.va를 열어 중앙의 영어 안내를 클릭한다.
2. 바뀐 화면 왼편 하단부에 있는 Vatican Museum을 클릭.
3. 그러면 플래쉬 화면이 움직이고 난 뒤 제일 첫 페이지 화면 아래편에 Tickets 클릭.
4. 다시 바뀐 화면에서 아래편 Enter 클릭.
5. 그 다음 홈페이지에서 구입하는 절차에 따라 버튼을 클릭하여 예약하면 된다.(예약 수수료 4유로)

지하철 내부에 표시가 있다. Basilica di S. Pietro
가 바로 '베드로 대성당'이라는 뜻이다.

많은 사람들을 따라가면 된다.
바티칸은 전체적으로 이런
벽으로 둘러싸여 있다.

늘 이렇게 사람이 많다.
보통 2시간에서 3시간은 기다릴
각오를 해야 한다.

뾰족한 물건이나 삼각대, 칼, 수저, 포크 등을 소지
하면 안 된다. 복잡한 아침에 이런 일 때문에 입장
이 지체되면 참으로 난처하다.

짐 검색대를 나오자마자 바로 이 계단이 보인다.
계단을 올라가면 된다.

이곳에서 표를 판다. 2층이다.

표를 사고 난 뒤 개찰기에 표를 집어넣고 들어가면
본격적인 바티칸 박물관 투어 시작!

이제 전동 계단을 타고 올라가자.

본격적인 관람이 시작된다. 오른쪽은 회화관, 왼쪽
으로 나가면 솔방울 정원이 있다.

한국어 오디오 가이드 기계를 빌릴 수 있다. 그러나
아침 일찍이나 혹은 오후 2시경 정도에 아주 소량만
있기 때문에 빨리 빌려야 한다.

오디어 기계. 핸드폰처럼 사용하는데 해당 작품의
넘버를 누른 뒤 녹색 버튼을 누르면 설명이 나온
다. 직접 귀에 대고 듣는다. (대여비: 7유로)

오디오 기계를 빌리는 곳 바로 뒤 이 표지를 따라
아래로 내려가면 기계를 반납하는 곳이 보인다. 이
기계를 반납하는 곳에서 180도 뒤를 돌면 바로 환
전소가 나온다.

중세 시대 회화 전시관

피나코테카 입구에 있는 미켈란젤로 〈피에타 상〉의 모작

회화관은 중세 시대부터 1800년대까지 이탈리아의 회화를 시대순으로 나열해 놓은 곳이다. 회화관은 바티칸 박물관의 마지막 건축물로, 1931년에 증축하였다. 이 박물관은 피오 11세(1922~1939)가 바티칸 궁에 있는 수많은 전임 교황들의 물건을 전시하기 위해 만들었다. 과거 예술 작품은 건축물을 장식하는 데 필수적인 소품이었다. 이 많은 그림들은 원래 1797년에 나폴레옹이 프랑스의 파리로 옮겨 갔던 것인데 1815년 비엔나 회의에서 조각가 안토니오 카노바의 숨은 노력으로 이곳으로 돌아오게 되었다.

1호실

중세기 이전 작품들이다. 즉 지오토(Giotto, 1267~1337) 이전의 작품들로서 주로 12~13세기의 작품들이다. 주로 성당에 보존되던 그림들인데 나무 목판과 황금 바탕에 그렸다. 이때는 아직 인물 간의 비례, 원근법, 명암법이 없이 다만 중요한 인물은 중앙에, 그렇지 않으면 주변에 그리고 인물의 중요도에 따라 크기가 결정되던 시기다. 주로 문맹의 신자들에게 알려 주기 위한 교육적인 도구로서 성인의 일생이나 종교적 교의를 그린 것이 많다.

니콜로와 조반니 〈최후의 심판〉

2호실

중세의 대표적인 도시인 시에나에서 활동하던 화가들과 유명한 지오토의 그림이 있다. 이전에 비해 색감이 훨씬 따뜻해지고 형태가 1호실보다 명확해졌음을 알 수 있다. 지오토의 작품은 인물의 비례가 예전에 비해 훨씬 안정적이기 때문에 이제부터 본격적인 중세 미술의 기초가 시작됨을 알 수 있다. 2호실의 작품과 흡사한 곳이 시에나 미술관에 있다.

3호실

3호실의 그림들은 예전과 달리 화려한 황금 바탕이 조금씩 없어지고, 원근법이 발달하기 시작했다. 그리고 소실점이 중심으로 모인다. 이 방에서 보는 작품들이 중세기 전형의 회화 양식이다.

라뽀 라피 〈성모의 대관〉

4호실

베네치아 인근의 성당에서 가져온 프레스코화(천장이나 벽에 직접 안료를 묻혀 그린 벽화, 혹은 천장화)가 있는데 예전보다 훨씬 원근감이 있으며 인물의 세부 묘사가 좀 더 사실적이다. 1400년대의 그림으로 로비고나 파도바, 우디네 근처의 박물관이나 미술관들에 이런 원색의 프레스코화의 전통이 잘 남아 있다.

멜로쪼 다 포를리(1438-1494)의 〈바티칸 도서관의 개막〉

5호실

1400년대는 유럽 회화에서 초기 르네상스(Quattro Cento) 시대에 해당하며 이때의 주요 경향은 현실적, 객관성, 정확성에 있다. 회화의 전반적인 구성은 미숙했으나 개별적인 대상에 많은 관심을 두고 그린 시대였다. 하지만 바티칸은 유럽 회화사의 정통에서 약간 벗어나 있는데 이유는 거의 모든 그림이 기독교적인 사고에 바탕을 두고 있기 때문이다.

6호실

정밀한 세부 묘사가 특징인데 전체적인 구도는 아직 미숙하다. 하지만 그림의 규모가 점점 커지고 있다. 14세기부터 조금씩 전개되기 시작한 르네상스의 기초가 된다.

7호실

과거 교황들이 좋아하던 움브리아 지역의 특색을 나타내는 그림들이다. '라파엘로'에게 많은 영향을 주었다고 하는 '페루지노'의 그림이 이곳에 있다. 이 그림은 과거보다는 훨씬 더 인물과 주변의 모습을 잘 드러내고 있다. 하지만 아직도 고답적인 미술풍은 그대로 나타난다. 또한 라파엘로의 아버지인 '죠반니니 산티'의 작품이 있다. 제목은 〈옥좌 위의 제롤라모(Jerome enthroned)〉이다.

성서 속 인물들의 묘사법

1. **베드로**: 초대 교황으로 예수에게 신임을 얻은 사람이다. 따라서 그림에 매우 자주 등장한다. 열쇠를 들고 있으면 베드로라고 보면 된다. 그는 열쇠를 두 개 들고 있는데 하나는 천국, 또 하나는 지옥의 열쇠다. 주로 곱슬머리에 이마가 벗겨진 모습으로 묘사된다. 혹은 사람을 낚는 그물, 거꾸로 된 십자가, 새벽 닭이 울기 전에 예수를 3번 부정하던 사건의 상징인 닭이 있으면 베드로라고 여기면 된다.
2. **요한**: 주로 두루마리 책, 뱀이 있는 잔을 들고 있다. 〈최후의 만찬〉에서 예수의 가슴에 얼굴을 묻은 예수의 가장 절친한 친구이자 제자다.
3. **안드레아**: 베드로의 동생이다. 주로 X 자 십자가를 들고 있거나 오랏줄을 들고 있다.
4. **야곱**: 주로 지팡이, 돈주머니, 조개껍질, 칼을 들고 있다. 칼은 믿음을 상징하는 순교 도구다.
5. **도마**: 주로 삼각자, 허리띠, 창을 들고 있다. 도마는 부활한 예수의 상처를 확인하던 인물이다.
6. **마태**: 마태복음의 저자로 주로 글을 쓰고 세금을 거두었기 때문에 펜, 책, 잉크병, 돈주머니를 들고 있다.
7. **야곱**: 예수 그리스도의 친동생이다. 그의 직업은 모직물을 만드는 것이므로 모직물을 다듬는 방망이를 들고 있다.(도깨비 방망이와 같은 큰 방망이는 아니다. 큰 방망이와 가죽 채찍은 헤라클레스를 나타낸다.)
8. **시몬**: 주로 검은색 피부로 묘사된다.
9. **바울**: 주로 칼을 들고 있다.

8호실

라파엘로의 작품들이 있는 곳이다. 라파엘로는 1483년에 태어나 1520년에 죽은, 단명한 천재였다. 페루지노의 제자였다가 1504년 르네상스의 중심이 던 피렌체로 가서 레오나르도 다 빈치, 미켈란젤로의 영향을 받았다.

기존의 작품들이 현실에 있는 그대로의 모습을 그려내는 데 치중했다면 그는 자신의 미술적인 안목으로 자신의 내부에 있는 인물에 대한 묘사를 아주 부드러우면서도 우아하게 나타냈다.

그가 남긴 대표 작품으로는 라파엘로의 방들에 있는 〈아테네 학당〉을 꼽을 수 있는데, 이 작품은 르네상스 작품의 최고봉으로 꼽힌다. 그는 이 작품에서 그의 얼굴을 그림 오른쪽에 집어넣는 센스(?)도 발휘했다. 이 방에서 보는 작품은 그의 인문적인 르네상스 재능보다는 페루지노에서 영향을 받은 움브리아 화풍을 잘 보여 준다. 아래와 위를 나눈 구도는 대표적인 움브리아 지역의 화도다.

9호실

레오나르도 다 빈치(1452~1519)의 회화를 볼 수 있다. 이쯤되면 그가 도대체 화가인지, 건축가인지에 대하여 의문이 들 것이다. 곳곳마다 그의 그림, 조각, 건축, 발명품이 있으니 말이다. 바티칸에서 그의 진품을 보는 일은 아주 드물다. 레오나르도 다 빈치 특별전이 전 세계에서 행해지기 때문에 그의 작품들은 늘 외국에 나가 있는 경우가 많기 때문이다.

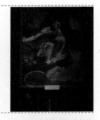

10호실

1500년대 베네치아의 대표 작가들의 작품이 전시되어 있다. 주로 티치아노(1490~1576)의 작품이 있으며 헬레나 성녀가 수심에 찬 듯 왼팔로 고개를 받친 그림은 베로네제의 그림이다. 성녀가 입고 있는 비단옷을 잘 보면 알 수 있듯이 지금부터는 좀 더 사실적이며 화려한 작품이 등장한다. 이런 주름이 있는 치마의 사실적 묘사는 조각에도 많은 영향을 주었는데 바티칸 성당 내부에서도 확인할 수 있다.

11호실

1500년대 중엽의 작품들이다. 조르지오 바사리(말을 탄 기사가 용을 죽이는 그림), 루도비코 카라치, 카발리에르 다아르피노 등의 작품이 있다. 기존의 방들의 그림과는 달리 현대의 감성을 조금씩 느낄 수 있다. 이탈리아의 피렌체 화파가 주도한 르네상스는 여러 정치적 혼란 때문에 1500년대 중엽부터는 무너지기 시작했다. 하지만 이들은 과거 종교 중심의 회화에서 회화 자체의 아름다움을 만든 사람들이다. 물론 매너리즘에 빠져 있다는 지적을 많이 받기도 하지만 오히려 그런 면이 나중에 바로크 미술로 발전하는 계기가 되었다.

12호실

1600년대의 화풍을 중심으로 구성된다. 바로 바로크의 방이다. '바로크'란, 기존의 르네상스 시대 화풍과는 달리 1600년부터 1750년까지 유행한 화풍으로 엄격한 종교적, 이성적 교의에서 벗어나려는 화풍을 뜻한다. 르네상스 시대의 예술은 용모 단정한 모범생의 스타일이라면 바로크 시대의 예술이 품행제로의 인간적인 모습을 띈다. 이제껏 봐 오던 그림들이 균형미와 조화미의 '단아한' 작품들이라면 바로크 양식의 작품들은 무정형적이며 좀 더 강렬한, 남성적인 힘을 느낄 수 있는 그림들이 많다. 이 시기의 대표적인 화가로는 카라바조, 베르니니, 루벤스, 램브란트 등이 있다.

이 방에서 우리는 카라바조(1573~1610)의 그림 〈십자가에서 내리심〉을 잘 살펴보아야 한다. 그는 당대 화단의 이단아였으며 그의 작품 모델은 성스러운 귀족들이 아니라 평범한 시민, 창녀 등이었다. 1573년에 태어난 그의 본명은 '미켈란젤로'였다. 그런데 우리는 카라바조라는 애칭을 사용한다. 그는 기존의 인물 묘사 방법인 핏기 없는 우아한 양식에서 벗어나 세속적이고 현실적인 사실주의 양식으로 그림을 그렸으며, 특히 강렬한 명암(빛)의 대비를 통해 그의 에너지를 표현했다. 따라서 기존의 보수 가톨릭계에서 그의 그림은 아주 속되고 위험한 것으로 판단한 반면 신교측에서는 그의 그림에 대하여 좀 더 현실적이고 일상적인 개념을 잘 풀었다고 보고 있다. 비록 추기경 델 몬테의 지원을 받기도 했지만 그는 늘 빈곤과 배고픔에 시달렸다. 그런데도 그의 진정한 예술혼은 결국 르네상스 미술에서 바로크 미술로 시대를 바꾸어 놓았다.

13, 14, 15, 16호실

17세기와 18세기의 그림을 보게 된다. 13, 14, 15호실은 전체가 화풍이 비슷한 일반적인 그림이 그려 있다. 이 방의 그림 중에 좀 특이한 것으로는, 두 명의 여인이 한 남자의 목을 자르는 그림이다. 아시리아의 왕(느브갓네살)이 총사령관인 홀로페네스로 하여금 이스라엘을 토벌하라고 한다. 이 소식을 들은 유디스는 하녀와 함께 몰래 도주해 온 것처럼 해서 홀로페네스에게 간다. 홀로페네스가 술에 취해 잠자리에 떨어지자 그의 칼로 그의 목을 두 번 내리쳐 머리를 잘라 내어 곡식 자루에 넣어 다시

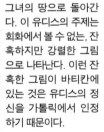
그녀의 땅으로 돌아간다. 이 유디스의 주제는 회화에서 볼 수 없는, 잔혹하지만 강렬한 그림으로 나타난다. 이런 잔혹한 그림이 바티칸에 있는 것은 유디스의 정신을 가톨릭에서 인정하기 때문이다.

회화관과 솔방울 정원 사이

▶ 본격적인 바티칸 관람 전에 잠시 쉬어 가는 곳

피나코테카(회화관)에서 나와 솔방울 정원까지 가는 길 사이에는 여러 볼거리가 있다.

서점과 가판대, 화장실과 매점이 있다. 여기서 반드시 볼일을 보고, 물 한 잔 마시고 스테미너를 충전해서 움직이길 바란다. 서점에서 한글로 된 책들도 팔고 있다.

피에타 상의 복제품

이중 나선 계단

가판대 아래에 있는 이중 나선 계단. 이곳에서 사진을 찍으면 구도가 잘 나온다. 이 계단은 오르비에토의 우물과 같은 형태를 지니고 있다. 쥬세페 모모가 1932년에 만든 작품이다.

바티칸의 우체국

시간적 여유가 있다면 이곳에서 엽서를 보내자. 만약 자기 자신한테 엽서를 보낸다면 여행 후 받아보는 묘한 기분을 맛볼 수 있을 것이다. 이제 본격적으로 솔방울 정원 쪽으로 나간다. 이제부터 본격적인 바티칸 박물관 기행이 시작된다.

솔방울 정원 Cortile della Pigna

로마

바티칸의 유일한 정원

바티칸 박물관에서 들어갈 수 있는 정원은 이곳밖에 없다. 정원의 정면에 솔방울이 있고 바로 뒤에 기둥이 있는 브라초 누오보 궁전이 있다. 가이드들은 이곳에서 본격전인 관람에 앞서 어느 정도 미리 이야기를 해 준다. 가이드가 없는 배낭여행자들은 공원 뜰에 있는 시스티나 성당과 박물관 내부의 모습을 걸어 놓은 판을 보면서 다른 관광 가이드의 설명을 들으면 도움이 된다. 그래서 또 뙤약볕을 맞아야 하니 모자는 필수!

거대한 솔방울은 높이가 약 4m에 육박한다. 중세 때 바티칸 대성당 앞에 있었는데 1608년에 이곳으로 옮겨 왔다. 솔방울 위 둥근 돔 형태의 내부 벽감은 판테온을 모방한 것이다. 이 솔방울 장식 아래 기단은 3세기의 것으로 운동 선수의 모습이 새겨 있다. 양옆에

헤라클레스 조각물

는 2세기경의 공작이 있는데 복제품이다. 원본은 정원 맞은편의 브라초 누오보에 있다. 하지만 개방하지 않는다. 이 솔방울 조각 양옆의 계단은 미켈란젤로가 설계한 것으로 중세 건물의 보편적인 양식이다. 바로 앞 분수 옆에 사자상이 있는데 기원전 4세기 이집트의 작품이다. 솔방울 상은 나중에 이집트 박물관을 관람하다가 다시 들어가서 볼 수 있다.

잠시 쉬어 가자!
솔방울 정원에서 좀 쉬다 들어가는 것이 좋다. 이제 안으로 들어가게 되면 행렬에 밀려서 쉴 수가 없다.
혹시 화장실에 못 간 사람이 있다면 다음 전시관의 입구 왼쪽으로 올라가는 계단 중앙에 아주 작은 문이 있을 것이다. 실제 이용할 수 있는 마지막 화장실이니 반드시 볼일을 볼 것!

아르날도 포모도로의 〈천체 안의 천체〉(Sfera con Sfera). 1990년대의 작품

브라초 누오보 건물 　　　　전시관 입구 　　　　솔방울 정원

에트루리아 전시관 Museo Etrusco

이탈리아 반도의 주인 에트루스코인들의 유물

보통 가장 관심이 적게 쏠리는 전시관이다. 에트루리아인들은 원래 이탈리아의 토스카나 지역에서 터를 잡고 살던 이탈리아 반도의 주인이었다. 이들은 로마와의 각축전으로 결국 BC 100년경에 부족 단위로 줄어들었다. 하지만 로마가 국가의 기초를 닦기 위해 필요한 건축, 토목 기술을 잘 발전시킨 국가였다. 또한 그리스와의 교류로 문화적인 부분까지 로마로 전해 준 나라였으니, 이탈리아에서는 뿌리를 찾기 위해서라도 이 에트루리아인들에 대한 관심을 버릴 수가 없다. 현재 바티칸 박물관이 소장한 대개의 소장품들은 진품도 있지만 복원된 유물도 많다. 주로 도자기류가 많이 출토되었다.

작품 번호 807번. 두 마리 말이 이끄는 경전차. BC 550년

도기들

고대 그리스 문향의 도기들

작품 번호 830. 재판관의 석관. BC 4세기 후반. 석관 전면에는 죽은 자를 따라가는 사람들의 행렬이 조각되어 있다.

에트루리아(Etruria) 란?

이탈리아를 여행하다보면 종종 '에트루리아의 유적' 혹은 '에트루리아인들이 기초한~' 등의 표현 문구를 많이 본다. 특히 로마와 피렌체 인근에서는 더더욱 잘 발견되는 데……. 그렇다면 에트루리아란 어떤 국가, 혹은 민족이었을까? 에트루리아는 기원전 8세기경부터 이탈리아 중부 지역을 중심으로 번성하다가 기원전 5세기의 전성기를 지나 기원전 4세기에 로마에 흡수된 민족이었다. 이들은 아주 높은 문화 수준을 구축하였는데, a b c로 시작하는 라틴 문자의 어원과 각종 세공, 미술, 종교, 정치, 행정뿐만 아니라 상하수도 시설까지 로마가 거대한 제국으로 발전할 수 있는 튼튼한 사회적인 제도망을 제공한 로마 국가 건립의 아주 튼튼한 뿌리였다.

키아라몬티 전시관 Museo Chiaramonti

조각품들의 복도

솔방울 정원을 한 바퀴 돌고 전시관 입구 왼쪽에 있는 계단으로 오르면 바로 이집트 박물관 쪽으로 갈 수 있다. 계단에 오르기 전 오른쪽으로 길고 넓은 통로에 각종 조각물들이 전시되어 있다. 보통 앞으로 봐야 할 관람물 때문에 대개는 이 복도를 지나치지만, 이곳 역시 상당히 중요한 곳이다. 브라만테가 만든 복도이며 이곳에는 의외로 기원전의 작품에서 기원후 1, 2세기에 걸친 오래된 작품들이 많다. 키아라몬티(Chiaramonti)는 1800~1823년에 교황으로 재직한 인물이다. 1807년에 안토니오 카노바의 계획으로 이 복도에 1000개가 넘은 조각물을 전시했다. 이곳의 조각물은 지금도 이탈리아 고대사와 복식을 연구하는 사람들에게는 가장 중요한 장소이다.

작품의 이름과 연도는 각 조각물 아래에 자세히 적혀 있다. 조각은 입체 예술이기 때문에 그림 감상하듯이 정면에서만 바라보지 말고 옆면, 뒷면에서도 바라보자. 그리고 조각의 재질과 결을 느껴 보는 것도 중요하다. 만져볼 수 있으면 제일 좋다. 하지만 만지면 관리인이 달려와 야단을 친다.(!)

키아라몬티 전시관에 있는 여러 조각 작품들은 전부 '진품'이다. 이 전시관의 작은 조각품 하나도, 실제 다른 박물관에 가면 최고의 대접을 받을 작품이 많다. 그러나 이곳에는 워낙 뛰어난 작품들이 많아서 안타깝게도 대개의 작품들은 작은 명찰 하나만을 달고 구석에 전시되어 있다. 이곳 구석의 조각물 5개만 있으면 한국에서 큰 미술관을 만들고도 남는다는 말은 거짓이 아닐 수도 있겠다.

서기 160~170년 사이에 만든 석관으로 추정된다. 부부 묘로 추정되며 아내는 시벨리우스 신을 모신 여사제로 보인다. 바티칸 박물관에는 이런 석관묘들이 많은데, 그 이유는 많은 침략에도 이런 석관묘들은 운반하기 힘들었기 때문이다.

제투스의 납골당. 대리석으로 만든 납골당으로 당시 한 가족의 유골을 같이 보관한 것으로 추정된다. 오른쪽에 밀가루를 빻는 도구들이 조각되어 있는데 아마도 제투스는 이런 제분업에 종사한 인물로 추정된다. BC 1세기경~AD 2세기경 로마에서는 매장보다 화장이 유행했기 때문에 이런 납골당이 많이 발굴된다.

티베리우스 황제. AD 14~37년까지의 모습이며 연설 장면을 나타낸 것이다. 얼굴이 아주 굳어 있는데 이유는, 사후에 만든 것이기 때문이다.

카라칼라의 동생이던 제타의 두상이다. 서기 189년의 작품으로 보이며 당시 제타는 강폭한 카라칼라와 달리 지성과 도덕을 갖춘 젊은이였다. 그는 형에게 죽임을 당했다. 로마에서는 좀처럼 찾아보기 힘든 제타의 모습이다.

석관의 한 조각이다. 그런데 이 작품에는 AD 3세기경의 작품인데도 아주 섬세한 조각과 원근법이 드러난다. 예를 들어 말의 엉덩이만 보이는 것이라든지, 혹은 연자방아의 모습은 현대의 조각과 비교해도 결코 뒤떨어지지 않는 예술성을 안고 있다. 이 석관의 주인은 이런 연자방아를 돌리던 방아기로 추정된다.

위 작품은 전쟁의 여신인 미네르바 여신의 두상이다. BC 2세기경의 그리스 원작을 모방한 것인데 미네르바 여신상은 로마 전역 박물관에서 많이 볼 수 있다. 어떤 사람은 써클 렌즈를 낀 여인상이라고도 한다.

아우구스투스 황제의 두상

뉴욕의 자유의 여신상을 생각나게 하는 여신상

헤라클레스의 조각상이다. BC 1세기경의 작품으로 그리스의 영향에서 벗어나 로마식의 조각 모습을 나타낸다. 이후 로마에 있는 많은 헤라클레스의 모습은 바로 이 조각상과 비슷한 용모를 지니게 된다.

로마 인근에서 출토한 누워 있는 여성상

이집트 박물관

▶ 제국주의 시대에 옮긴 이집트 유물

세계에서 이집트 관련 소장품을 전시한 박물관 중
바티칸 박물관도 몇 손가락 안에 드는 훌륭한 곳이
다. 이집트 박물관의 설립 연도는 1839년, 그레고
리우스 16세가 만들었다. 1700년대 말까지 교황
들이 모은 이집트의 유물과 아울러 로마 시대에 모
은 유물들도 있다.

이 소장품들은 제국주의 시절에 옮긴 것들로 로마
시대에 가져온 고대 이집트 석상들이 주를 이룬다.

이집트 박물관에 보존되어 있는 유물들은 아주 오래되었다. 석관의 경우 기원전 3000년에서 2000
년대에 해당하는 것도 있다.

가톨릭에서 웬 이집트 박물관이냐고 할 수 있지만 그 이유는 간단하다. 교황이 성경에 언급한 과거
이집트 지역의 문화와 역할에 지대한 관심을 두었기 때문이었다. 이 방은 주로 발코니를 향해 열려
있는 총 9개의 방으로 나뉜다.

앞으로 봐야 할 것들이 많으니 너무 시간을 지체하지는 말 것!

제1호실

1번 방에는 주로 상형문자의 비
석들을 포함한 현판들과 석상
들이 시대순으로 배열되었다.
방 한가운데 왕좌에 앉은 람
세스 2세의 석상이 있다. 이집
트 양식으로 지은 이 전시관은
관람자들을 파라오의 세계로
인도한다. 옛 왕국의 모습을 바
탕으로 해서 지은 이 방은 입구
로 만들어진 문 하나와 더불어
2개의 장례 비석, 그리고 갈대
사이의 무덤을 보여 주는 양각
부조를 소장하고 있다.

제2호실

이집트식 기둥 2개가 있는 통로
를 통해 다다를 수 있는 2호실
에는 긴 상형문자 비석이 적혀
있다. 그런데 '위대한 교황, 자
비로운 그레고리우스, 모든 인
류와 세상의 아버지이자 통치
자이신 교황 폐하는 그의 박애
로 로마를 빛내기 위해 가장 크
고 가장 훌륭한 이집트의 형상
들을 가져와서 이 장소를 만드
셨다. 1839년 홍수의 날에, 신
의 6번째 날의 구원자, 9번째
해의 통치자 대관식.'이라고 적
혀 있다. 가운데의 큰 보관함을
중심으로 6개의 보관함들이 둥
글게 배치되어 있다.

제3호실

3호실의 주요한 테마는 바로
'강'이다. 이곳의 조각들을 주
로 나일 강이나 페칠레(Pecile)
강의 모습을 의인화하여 나타
내고 있다. 이집트에서 가장 숭
배의 대상이 된 곳은 강이었
다. 이런 강의 모습과 역할을 신
격화하여 조각에 많이 나타내
고 있다.

제4호실

이집트와 타 나라의 문화재들
을 로마풍으로 모방하여 만든
석상이나 양각 새김을 포함한
다. 옛 제국 시대 때 파라오가
전 세계적으로 얼마나 큰 영향
을 미쳤는지를 알 수 있다.

제5호실

기원전 2000년부터 서기 200
년 사이에 제작된 이집트 신들
과 왕들의 기념비를 전시하고
있다. 베란다에는 넥타네보 1세
때의 석관들과 두 개의 사자상
을 비롯한 다른 신들의 조각들
이 전시되어 있다.

제6호실

이집트인들의 축원 모형들과
청동상들이 전시되어 있다. 이
작품들로 종교에 대한 이집트
인의 믿음을 짐작할 수 있다.

제7호실
1952년 그라씨(Grassie)의 소
장품이었다. 그러다가 그레고
리우스 이집트 박물관에 기부
되었다. 이곳에는 헬레니즘 시
대와 로마 시대의 작고 많은 토
기 물품, 이슬람의 유리 도자기
를 소장하고 있다.

제8호실
유명한 3개의 일신교들(이슬람
교, 유대교, 기독교)이 생겨났다.
첫 번째로 도시들이 번창한 지중
해 동쪽 연안 지역이던 메소포타
미아와 시리아~팔레스타인의
고고학적 물품들이 있다.

제9호실
주로 앗시리아(이라크 북부)에
서 가져온 것들이다. 이 방에는
주로 페르시아에서 지중해까지
점령한 앗시리아의 유물들이
가득하다.

이집트 특유의 현무암 재질로 만든 여러
조각 군상

이집트의 상형문자판

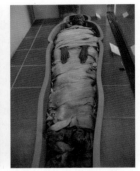
미라

기원전 1000년경의 관. 여사제의 모습으
로 추정되며 내부의 그림은 여사제가 살
아 있을 당시 가장 화려하던 모습을 그려
놓은 것이다. 여기서 이집트 미라에 주로
사용되던 황토색은 당시 가장 선호하던
색상이었다.

이 작품은 아누비스라는 신의 모습이고
바로 죽은 사람을 내세로 안내하는 역할
을 한다. 이 조각은 이집트에서 만들어진
것이 아니라는 주장이 있는데 바로 아누
비스 신상의 복장 때문이다. 바로 로마인
들이 입은 복장이다.

투야 여왕의 조각상. 람세스 2세의 어머
니의 상인데 이 조각을 만들 당시는 이집
트가 가장 번성했을 때다.

솔방울 정원으로 연결되는 공간이 있다. 이곳에 현무암으로 만든 각종의 석관들이 보관되어 있다.

나무로 제작한 미라 관. 건조한 대기 탓에 잘 보존되어 있다. 그런데 현재 너무 많은 관광객으로 점점 소장품들이 부식되어 가고 있어 박물관 측은 걱정이다.

이집트의 독수리 문양. 이집트의 왕들은 독수리 문양의 관을 머리에 썼다. 바로 이 점이 이집트 문화가 서구 유럽에 유입되었다는 점을 증명하는 징표다. 로마와 로마를 계승한 수많은 유럽의 국가들, 심지어는 현재의 미국마저 독수리를 국가의 상징으로 사용하고 있다. 그 뿌리는 이집트이며 그 점을 나타내는 부조물이다.

바티칸에서는 왜 이집트 문화에 집착할까?

초기 로마와 이집트는 아주 가까운 사이였으며 기독교 전파 이후에도 이집트 문명의 영향은 끊임없이 로마에 전달되었다. 예를 들면 다음과 같다. 모세가 주도한 출애굽의 주요 무대가 이집트였다. 기원전 30년경 안토니우스와 클레오파트라의 연합군이 옥타비아누스에게 패한 일이나 베네치아의 산 마르코 성당(성 마가. 마가복음의 저자)에 안치된 마가의 유해가 9세기까지 이집트의 곱트 성당에 보존되기도 했다. 이후 끊임없이 동양 문화의 계승자와 로마로 문화 전달자 역할을 한 나라가 이집트였다. 심지어 이름 끝에 '~스'라고 붙는 작명법까지 동일하다.

누워 있는 나일 강의 신. 나일 강을 상징하는 신의 모습으로서 약 1세기에서 2세기 사이에 만든 것으로 추정한다. 이런 조각의 원형은 이후 로마 지역에서 아주 광범위하게 모방되었다.

유럽에 획기적 돌풍을 일으킨 라오콘 상

많은 사람들이 이 뜰에 있는 '라오콘'을 보기 위해 몰려온다. 이 팔각형 형태의 뜰은 뒤에서 살펴볼 피오 클레멘티노 박물관에 포함되는 곳이다. 이 뜰은 1772년 클레멘트 9세 때 지금의 모습을 갖추었다. 이 뜰에는 각종의 조각물들이 전시되어 있다. 메두사의 머리를 들고 있는 조각물인 '페르세오'와 벨베데레의 '아폴로' 상이 유명하다.

라오콘

이 라오콘 조각이 부서진 채로 묻힌 곳은 에스퀼리노 언덕이다. 에스퀼리노 언덕은 바로 현재 '산타 마리아 마조레' 성당이 있는 곳이다. 이곳에서 1506년 1월 14일에 발견되었는데 이 작품을 '라오콘'이라고 정확히 밝혀낸 이유는 '플리니(혹은 플리니우스)'라는 학자가 쓴 글 때문이었다. 그의 글에는 이 라오콘은 로도스 섬의 조각가인 아게산드로스, 아나노도로스, 폴리도로스가 만들었다고 적혀 있어, 원래의 이름을 되찾게 되었다.

라오콘은 당시 유럽에 획기적인 돌풍을 일으켰다. 각종 조각, 브론즈에서 시작해서 회화에 이르기까지 그리스 풍을 유행시켰으며 서양 미술사를 한 단계 끌어올린 명작 중 명작으로 꼽힌다.

라오콘은 실제 그리스 신화 속의 인물이다. 트로이 전쟁 당시 그는 트로이의 제사를 담당하던 사제였다. 그런데 트로이 성에 들어온 목마는 분명히 흉계임이 분명하다고 판단해서 이 목마를 없애야 한다고 주장했다. 이는 바로 '천기누설'이었다. 이에 아테네는 뱀을 보내 그와 그의 두 아들을 죽였다. 바로 그 장면이 이 라오콘 조각상이다.

메두사의 머리를 들고 있는 페르세오 상

몸 닦는 도구를 손에 든 운동 선수. 이 상의 이름은 아폭시메오노스이며 이는 '몸 닦는 사람'이라는 뜻이다. 이 작품은 운동 선수가 자신의 몸에 기름을 부은 뒤 몸 여러 군데를 닦는 모습을 나타냈다. 운동 선수가 기름을 붓는 이유는 상대선수가 자신을 잘 잡지 못하게 하고 부상을 방지하기 위해서다.

오스티아 항구의 전경을 그린 아주 드문 석관의 뚜껑이다. 이 작품은 사람과 신이 뒤섞여 있는 모습이며 얼굴은 미완성인 채로 남아 있다.

벨베데레의 아폴로
기원전 5세기 그리스 청동상의 복
제품이다. 아폴로 신이 막 활시위
에서 떠난 화살이 목표물에 명중했
는지 확인하는 찰나의 모습이다.

마르쿠스 아우렐리우스 황제에게 항복하는
야만인의 모습을 조각한 것이다. 그런데 여기
있는 황제의 모습이 트라야누스 황제인 줄 알
던 율리우스 2세(이 사람이 바티칸 대성당을
만들었다.)가 이 작품을 무척 좋아했다는 후
문이 있다. 율리우스 2세는 자신의 외모가 트
라야누스와 닮았다고 생각했기 때문이었다.

로마 시대의 석관. 상당히 화려하고 예술적이
다. 수많은 전란 속에서도 이런 육중한 석관
과 조각품들은 외국으로 반출되지 않았다.

도서관 La Biblioteca

▶ 미공개 구역 시스티노 전시실

도서관에서는 가장 중요한 시스티노 전시실을 공개하
지 않으니 관람에는 큰 의미가 없다.
시스티노 전시실은 1588년 식스투스 5세 때 완공되었
다. 이곳에는 바티칸 법전, 구텐베르크의 인쇄 성경, 미
켈란젤로와 라파엘로의 친필 편지, 루터와 갈릴레오의
편지, 영국 국교회를 만든 영국 왕 헨리 8세의 편지가
있다.

바티칸 박물관은 바로 이 시스티노 전시실에서 시작했
다. 하지만 현재는 다만 도서관의 복도와 복도 가운데
있는 물건들만 공개될 뿐이다. 그러나 이곳에도 눈여
겨 볼 만한 것이 많다. 이 도서
관은 니콜로 5세의 역할이 중
요했다. 하지만 그가 교황이
되었을 때는 책이 불과 340
권 정도밖에 없었다. 하지만
이후 그가 서거할 때는 책이
1200여 권으로 늘어났다.

오래된 지구본. 당시 가톨릭에서 선교사를 보내고 선교
를 위해 아주 중요한 도구였다.

▶ 헬레니즘 시대의 조각품 원작

피오클레멘티노 전시관은 교황인 클레멘트 14세(1769~1774)
와 피오 6세(1775~1799)가 만든 전시관이다. 그리스 시대의 작
품부터 로마를 거쳐 1800년대까지의 다양한 조각물들이 전시되
어 있다. 이곳에 전시된 조각물들은 헬레니즘 시대의 원작들이다.

제1전시관 – 동물의 방

예전에는 동물을 기초로 많은 조
각물을 만든 뒤 인체 조각으로
가는 것이 훌륭한 조각가의 수순
이었다. 그렇기 때문에 약동적인
동물들의 조각을 먼저 감상하면
인체 조각을 이해하기가 쉽다.
1700년대 말에서 1800년 초에
정리 수집된 곳이다.

이탈리아에서 늑대는 우리나라의 곰처럼
건국 신화의 주요한 동물이다.

황소를 죽이는 미테라 군상이다. 미테라
신은 원래 인도와 중동 지역의 신이었는
데 로마에서 상당한 인기를 끌었다. 황소
는 바로 원시적인 힘을 상징했다. 이 황소
의 피가 대지로 떨어져 많은 곡식과 짐승
이 살찌게 된다고 믿었다.

헬레니즘이란?

서양 문화인 그리스 문화와 동양 문화인 오리엔탈 문화가 만나 새로이 생겨
난 문화 융합의 새로운 형태. 알렉산더의 동양 정벌 이후 발생했다.

제2전시관 – 뮤즈의 방

뮤즈는 예술과 학문의 여신이다. 이곳에는 뮤즈와 여러 시
인들의 조각이 있다. 여기에 있는 대개의 작품들은 로마 시
대의 조각가들이 그리스 시대의 조각을 본떠 만든 것들이
다. 이 방에는 미켈란젤로가 가장 좋아했다는 '토르소'가
있다.
이 작품은 문헌 연구 결과 기원전 1세기경 아테네의 조각가
인 아폴로니오의 작품이다. 이 작품을 기초로 하여 르네상
스 시대의 수많은 조각가들과 신고전주의 조각가들이 그들
의 작품을 발전시켰다. 로댕의 '생각하는 사람'의 기본 모델이기도 하며 미켈란젤로의 수많은 조각의
기본 모델이기도 하다.
이 작품은 자살하기 직전 수많은 고뇌와 생각에 잠긴 그리스의 영웅 아이아스의 모습으로 추정된다.
여기서 미술 용어인 '토르소'가 나왔으며 많은 작가들이 순수한 인체의 미를 상징하는 방법으로 목,
팔, 다리가 없는 토르소를 새로운 경향으로 창조한 원작품이다.

아홉 여신상들은 로마 근교의 분수로 유명한 도시인 티
볼리에서 발견된 것들이다. 이 방에는 이 여신들뿐만 아
니라 소크라테스, 소포크레스, 플라톤 등의 그리스 작품
모방작들이 대거 전시되어 있다. 놓치지 말자. 이 여신들
은 각각 비극의 여신, 희극의 여신, 서정시의 여신, 서사
시의 여신, 역사학의 여신 등과 같이 인문학, 예술 등의
여신들이다. 하프를 들고 있는 신은 아폴로이다.

제3전시관 – 원형의 방

뮤즈의 방을 지나 또 다른 방으로 들어가면 홀
중앙에 아주 큰 세숫대야 모양의 붉은 조각품
(욕조라는 말이 있지만 확인되지는 않았다. 물
받침대였을 것으로 추정)이 있다. 이 작품은
1700년대에 네로의 황금 궁전 터에서 옮겨 왔
다. 이 방이 유명한 이유는 판테온에서 영향을
받아 1780년대 올린 천장의 돔 때문이다. 이
돔의 크기는 21.60m다. 이 방의 좌우에는 주
피터, 안토니우스, 하드리아누스 황제, 헤라, 주
노의 상들이 있다. 그러나 볼 만한 것은 2세기
경에 만든 금박의 헤라클레스 상이다. 이 작품
은 폼페이우스 극장에서 가져온 것이다. 또 바
닥에는 오밀조밀한 모자이크가 있는데 그 내용
은 그리스 신화에 바탕을 둔 전쟁의 모습이다.
이 모자이크는 3세기의 작품으로 아주 멀리 움
브리아 주의 한 온천 바닥에서 뜯어 왔다.

헤라클레스는 항상 몽둥이와
사자 가죽, 황금 사과를 들고 있
다. 이 작품은 청동 도금이 된
작품으로 폼페이우스 극장 근
처에서 가져왔다.

클라우디우스 황제 상이다. 50
년경에 제작한 것으로 제우스
신을 모방했다. 오른손은 제우
스 신에게 술을 바치는 모습을
나타낸다. 독수리는 제우스 신
의 동물로 로마의 상징이기도
하다.

제4전시관 – 그리스 십자가의 방

피오클레멘티노관의 마지막 방이다. 이 방은 그리스 십자
가 모양으로 디자인 되고 1780년에 완공되었다. 바닥에
있는 모자이크가 특징적인데 이 모자이크는 3세기경의
것으로 추정되며 투스콜라나 지역에서 가져왔다. 이 방에
는 두 개의 붉은 화강암으로 만든 석관이 있다. 왼쪽의 석
관은 콘스탄티누스 대제의 어머
니인 헬레나(4세기)의 것으로 무
덤에서 직접 가져온 것이다. 오른
쪽의 석관은 콘스탄티누스의 딸
인 콘스탄티나의 것이다.

콘스탄티누스 대제의 어머니인 성 헬레나의 석관이며 전투 장면이 조각되어 있다. 예수님의 십자가와 못을 이 여인이 구해서 로마로 가져왔다. 지금도 바티칸 대성당에 부조물로 남아 있다. 또한 〈성녀 헬레나〉라는 그림이 회화관10호실에 있다.

바닥의 모자이크. 만약 모자이크에 관심이 있다면 마시모 박물관으로 가고, 더욱 모자이크에 관심이 있다면 저 멀리 라벤나로 가보길 바란다.

이집트 화강암으로 만든 이집트 석상

촛대의 복도 Galleria dei Candelabri

🎵 시스티나 성당으로 가는 중간 복도

시스티나 성당으로 가려면 복도를 거쳐 지나가야 하는데 각 복도마다 이름이 있다. 우선 지금 보게 될 '촛대의 복도', '아라찌의 복도', '지도의 복도' 등을 지나 '소비에스키 방'을 거치면 '라파엘로의 방들'에 가게 된다. 그 다음이 '시스티나 예배당'이다.

왜 '촛대의 복도'라는 이름이 붙었을까? 아치형의 중간 중간 문마다 양 옆에 촛대 모양의 조각들이 있기 때문이다. 이 촛대의 방은 1761년에 만들었다. 이 복도에는 로마 시대, 헬레니즘, 그리스 시대의 상당히 많은 작품들(기원전 3세기에서 1세기경)이 전시되어 있다. 이 복도의 이름을 짓게 만든 촛대들은 2세기의 작품들이다.

이 방을 지날 때는 반드시 천장을 보아야 한다. 1883년에서 1887년 사이에 그린 천장화인데 입체감이 대단해서 아래에서 보면 조각 장식같이 원근감이 뛰어나다.

천장　　　　　　　　다산의 여신상

아라찌의 복도 Galleria degli Arazzi

▶ 벽걸이 융단의 복도

아라찌(Arazzi)는 바로 벽걸이
용 융단을 뜻한다. 우리나라는
카펫을 많이 사용하지 않지만
유럽은 카펫 사용이 많다. 하지
만 이탈리아에서는 대개 바닥
을 대리석이나 석재로 마감하

고 카펫을 깔아도 냉기가 그대로 올라온다.

그래서 아라비아 상인들로부터 가져온 카펫을 바닥에 깔기보다는
벽에 걸어 두었는데, 이것이 또 예술적 가치가 있다. 바람이라도
살랑 불면 카펫이 흔들리면서 카펫의 무늬들이 입체로 보이기 때
문이다. 바로 그런 이유로 카펫을 이용한 예술이 발달했다.

여기 있는 카펫들은 1523~1534년 사이에 만든 것이다. 원래는
시스티나 예배당에 있었는데 1838년에 이곳으로 옮겼다. 내용은
당연히 성화다. 바티칸 관람에서 가장 행복한 사람은 바로 가톨릭
이나 기독교 신자들이다. 그동안 하던 성경 공부가 바로 이곳에서
작품을 해석하고 이해하는 데 아주 유용하기 때문이다.

조각처럼 보이지만 천장의 그림이다.

지도의 복도

바티칸의 아름다움의 상징

지도의 복도는 바티칸의 아름다움을 나타내는 사진에 단골로 등장하는 곳이다. 이곳에서 사진을 찍으면 정말 보기가 좋다. 이 복도의 길이는 약 120m, 너비는 6m이다. 1578년에 착공해서 1580년에 완성했다. 이 복도양 벽에 이탈리아의 지도가 지역별로 그려 있다. 이 지도를 그리는 관점은 교황이 지배하는 총 40개의 성당이 있는 지역을 중심으로 벽에 그림을 그렸다. 이 지도들은 '이냐지오 단티'(Ignazio Danti)라는 신부의 지휘 아래

수많은 화가들이 돌아가면서 의무적으로 벽화를 그렸다. 1580~1583년까지 4년 동안 작업한 것이다. 따라서 화가 소개는 할 수가 없다. 이곳의 지도 가운데 베네치아 지도가 가장 볼 만하다.

Photo Point
바티칸에서 가장 사진이 잘 나오는 곳 중의 한 곳! 이곳에서 천장을 중심으로 사진을 많이 찍어 두자.

이탈리아 예술 작품의 연도 표기 방법

이탈리아 여행 시에는 연도를 표기하는 방식을 알아 두면 좋다.
M=1000, D=500, C=100, X=10, V=5이다. 여기서 숫자 좌우를 잘 봐야 하는데 IV는 5에서 하나를 빼니까 4이다. 그러면 VII는 5에서 2를 더하니까 7이다. 그러면 2000년은 바로 MM으로 표기한다. 1900은 어떻게 표기할까? MCM일까? 아니다. MDCCCC로 표기된다. 이탈리아 전역을 돌아다녀 보면 반드시 모든 건축물들은 이 표기로 되어 있고 예술 작품도 마찬가지다. 알아 두면 아주 유용하다.

소비에스키 방 Sobieski

승전 20주년 기념 그림

'지도의 복도'를 지나 '라파엘로의 방들'에 들어가려면 건물 바깥에 있는 통로를 지나야 한다. 그 통로까지 가기 전에 2개의 방을 지나게 된다. 바로 '소비에스키의 방'과 '임마쿨라타 콘체지오네방'이다.

소비에스키 방(Sobieski는 폴란드의 왕 이름이다.)으로 들어서자마자 바로 왼쪽에 458×894cm 크기의 거대한 유화를 볼 수 있다. 바로 폴란드의 작가인 잔 마테요크가 폴란드의 왕, 요한 3세 소비에스키가 유럽을

대표해서 1863년 비엔나에서 오스만 투르크의 침략을 막은 것을 기념해 1883년 승전 20주년을 기념하여 그린 것이다. '갑자기 바티칸에 웬 폴란드의 작품이?'라고 생각할 수도 있으나 교황 요한 바오로 2세가 폴란드인이었다.

임마쿨라타 콘체지오네 방 immacolata concezione

무원죄 수태의 방

'소비에스키 방'을 지나면 이름도 생소한 '임마쿨라타 콘체지오네(무원죄 수태)' 방으로 들어간다. 방 가운데 있는 화려한 보관함은 프랑스에서 제작한 것으로 가톨릭의 교의가 담긴 책들을 다양한 언어로 보관했다고 한다. 무원죄 수태란, 동정녀 마리아가 예수를 잉태한 순간부터 아담의 죄(원죄)의 영향을 받지 않았다는 로마 가톨릭의 교리를 말한다. '무원죄 잉태설', '무염시태'라고도 하는데, 이 무원죄 수태는 유럽 예술의 가장 보편적인 예술 표현 주제이기도 하다. 이 방은 바티칸에서 공식적으로 무원죄 수태를 발표하고 이에 답하는 세계 각국 가톨릭 사절단의 기념품들과 책들을 보관하고 있다.

라파엘로의 방들

▶ 라파엘로의 벽화가 가득한 곳

왜 '라파엘로의 방들'이라고 명명했을까? 라파엘로가 여기서 살았나? 그런 것은 아니다. 율리우스 2세(1503~1513)는 교황이 되자 보르지아에 있는 교황의 거처로 자리를 옮기게 된다. 그러나 그곳에 가 보니 온통 자신이 별로 좋아하지 않았던 알렉산더 6세의 공적을 미화한 벽화로 가득해 있었다. 그러다 보니 율리우스 2세는 이 방이 영 마음에 들지 않았다. 그러자 1400년대 중엽 이 건물 2층에 증축된 4개의 방으로 자신의 거처를 옮겼다. 2층으로 옮기니 이미 벽의 군데 군데에는 페루지노(라파엘로의 스승), 피에로 델라 프란체스카 등이 벽화를 그려 놓았다. 이에 율리우스 2세는 자기가 살 방에 맞는 그림을 그려 줄 사람을 찾기 시작했다. 이때 예술 고문으로 바티칸에 있던 브라만테가 그 전부터 알던 라파엘로(1483~1520)를 추천한다. 이때 그의 나이가 20대 중반이었다. 이에 율리우스는 반신반의의 심정으로 '서명의 방'에 그림을 그려 보라고 한다.

이 약관의 젊은이는 최선을 다해 그림을 그렸고 그 그림에 흡족해하던 율리우스 2세는 그곳에 있는 벽화를 다 지우고 새로 그림을 그릴 것을 명했다. 그래서 라파엘로는 1508~1512년까지는 서명의 방을, 1512~1514년에는 엘리오도르의 방을, 1514~1517년까지는 보르고 화재의 방, 그리고 마지막으로 1517~1524년까지 콘스탄티누스의 방에 그림을 그렸다. 라파엘로가 1520년에 사망하자 나머지는 그의 제자들이 완성했다. 제자 중에 뛰어난 인물로는 줄리오 로마노와 프란체스코 펜니가 있다.

● 콘스탄티누스의 방 Stanza di Costantino

콘스탄티누스의 방 입구 바로 오른쪽 벽에는 〈콘스탄티누스의 세례〉, 맞은편에는 〈콘스탄티누스에게 십자가가 나타나다〉, 창문 전면 벽에는 〈밀비오 다리의 전투〉, 〈콘스탄티누스의 기증〉이라는 주제로 그림이 있다. 천장은 1585년에 토마스 라우레티가 그린 〈기독교 사상의 승리〉라는 그림이다.

밀비오 다리의 전투

천장의 그림. 땅에 떨어져 깨어져 있는 있는 것은 이교도의 상징이다. 1584년 라우레티가 그린 그림으로 그리스도교의 승리를 상징한다.

콘스탄티누스에게 보인 십자가. 라파엘로의 제자 줄리오 로마노의 그림이다.

● 키아라스쿠로의 방 Sala di Chiarascuro

많은 사람들이 라파엘로의 방들의 숫자는 4개인데, 가만히 생각해 보니 방이 5개였다고 기억한다. 잘못 본 것일까, 아니면 여행 안내 서적이 잘못된 것일까? 이 방은 라파엘로의 방들에 포함되지는 않지만 콘스탄티누스의 방과 엘리오도르의 방 사이에 건물과 건물이 맞닿은 경계 지점에 만든 교황 알현 대기실이다. 1500년대 말엽에 장식되었으며 그리스도교의 성인과 예수의 모습이 있는 프레스코 그림이 있다. 이 방을 나오면 또 작은 입구로 된 문을 지나야 한다.

● 엘리오도로의 방 Stanza di Eliodoro

이 엘리오도로의 방에는 총 4장의 벽화가 있다. 물론 주제는 하나님의 은총으로 기적이 일어나는 장면들이다. 〈볼세나의 기적〉, 〈성 베드로의 해방〉, 〈신전에서 쫓겨나는 엘리오도로〉, 〈레오 1세와 아틸라〉라는 그림이 있다. 우선 〈볼세나의 기적〉은 중앙에 십자가가 있는 그림인데, 여기에 무릎을 꿇고 있는 이가 율리우스 2세다. 볼세나는 움브리아 주에 있는 작은 도시인데, 오르비에토라는 도시 근처에 있다. 이곳에서 한 사제가 그가 올리는 기도 도중 빵에서 그리스도의 피가 흘렀다는 기적이 있었다고 한다. 바로 그런 주제다. 〈신전에서 쫓겨나는 엘리오도로〉는 말을 탄 군인과 천사가 도둑을 잡는 장면인데, 여기서도 왼쪽에 근엄한 교황이 율리우스 2세다. 〈레오 1세와 아틸라〉는 5세기 중엽 로마에 침입한 훈족의 왕인 아틸라가 하늘에서 나타난 바울과 베드로를 보고 놀란다는 장면이다.

이 방의 벽화는 라파엘로가 전적으로 다 그린 것은 아니다. 1512~1514년 사이에 일부만을 라파엘로가 그렸다.

신전에서 쫓겨나는 엘리오도르

〈볼세나의 기적〉이라는 작품. 한 신부가 가톨릭 교의에 의심을 품자 성체(흑은 빵)에서 피가 흘렀다는 일화다. 무릎을 꿇고 기도하는 오른쪽의 인물은 바로 교황 율리우스 2세다.

힘을 내자!

아마, 이쯤 오면 라파엘로의 방이고, 바티칸이고 지겹고 힘들어질 때가 된다. 배도 상당히 고플 것이다. 바티칸에 들어갈 때 작은 비스킷 정도는 챙기는 센스가 필요하다. 또한 사람들에게 치인다는 말을 실감하게 될 것이다. 책으로 보면 참으로 아름답고 멋있던 그림이 이제는 그게 그것처럼 보인다.

따라서 많은 사람들이 겉으로는 '괜찮다'라고 말을 하지만 속으로는 '피곤하다'라는 생각을 하게 되는 것이 바티칸 관람의 모습이고 라파엘로의 방들을 지나는 사람들의 생각이다. 하지만 좀 더 힘을 내자. 아직도 볼 것들이 많아.

〈레오 1세와 아틸라〉라는 그림의 왼편 부분으로 5세기 중엽 로마에 침입한 훈족 왕인 아틸라가 하늘에서 나타난 베드로와 바울을 보고 놀란다는 장면이다.

Travel Tip

이탈리아의 박물관이나 성당은 늘 보수 공사 중인 곳이 많다. 그래서 자신이 보고 싶어하던 그림을 제대로 보지 못할 경우도 많다.

'서명의 방'이라는 이름은 역대 교황들이 이 방에서 어떤 문서에 서명을 하던 것에서 비롯되었다. 이 방은 라파엘로가 제일 처음으로 그림을 그린 방이다. 이 방의 주제는 바로 신의 덕망(성사 토론), 이성(아테네 학당), 아름다움(파르나조)이다. 이 중에서 우리는 〈아테네 학당〉이라는 그림에 아주 많은 관심을 갖는다. 흡사 우리나라의 고려가요 중에 한림별곡과 같이 참으로 많은 학자들이 등장하기 때문이다. 이 〈아테네 학당〉은 바로 이성을 통한 진리 탐구라는 의미가 있고 유럽 역사에서 이름을 남긴 쟁쟁한 학자들을 이 그림에 다 모아 놓았다.

아테네 학당

라파엘로의 그림이다. 중앙에 손가락을 위로 가르키며 나오는 사람이 플라톤인데 얼굴은 레오나르도 다 빈치의 얼굴이다. 바로 옆은 아리스토텔레스인데 손바닥은 수평이다. 플라톤은 이상론, 아리스토텔레스는 현실론을 뜻한다.
여기서 중앙의 13번은 실제 밑그림에 없던 그림이었다. 엑스선의 촬영 결과 나중에 라파엘로가 미켈란젤로를 덧붙였다고 한다. 여기에 나오는 인물들의 얼굴은 학자들의 주장대로의 사람이 아닐 수도 있다. 이 부분은 학술적으로 아직 검증되지 않은 부분이다.

1. 플라톤(레오나르도 다 빈치의 초상. 하늘을 가르키고 있는 것은 그가 이상주의자임을 나타낸다.) 2. 아리스토텔레스(손바닥을 땅으로 가르키고 있으며, 현실주의자임을 뜻한다.) 3. 소크라테스 4. 알렉산더 대왕 5. 아이스키네스 6. 알키피아데스 7. 제논 8. 에피쿠로스 9. 페데리코 곤자가 10. 아베로에즈 11. 피타고라스 12. 히파티아(여성 수학자) 13. 헤라 클레이토스(미켈란젤로의 얼굴이다.) 14. 디오게네스 15. 유클리드(브라만테의 초상이다.) 16. 조로아스터 17. 프롤레아이오스 18. 라파엘로의 자화상(살짝 곁눈질을 하고 있는 얼굴)

성사 토론

진리를 토론하고 있다. 이 그림은 전형적인 움브리아 화풍의 그림이면서 색채를 넣은 베네치아 화풍의 모습도 찾아볼 수 있다. 우선 그림을 상하로 나누었고, 구름을 가운데 두고 위에는 여러 성인들과 선지자들이 평온한 모습으로 있다. 그리스도는 마리아와 요한에게 둘러싸여 있고 발 아래에는 성령을 뜻하는 비둘기가 있다. 예수 그리스도의 위에 누가 있나 잘 보아야 한다. 바로 하느님이다. 실제로 하느님을 구체적으로 묘사하는 경우는 드물었다. 이 하느님의 얼굴을 잘 살펴보자. 그리고 이 그림의 주요한 점은 원근법의 구도다. 소실점이 제단 위의 성체가 된다.

A- 상단 **1.** 영원한 아버지 **2.** 독생자 예수 그리스도 **3.** 천사들 **4.** 성모 **5.** 세례자 성 요한
B- 중앙 **6.** 성 베드로 **7.** 아담 **8.** 성 지오바니 에반젤리스타 **9.** 성 요한 **10.** 성 로렌조 **11.** 예레미아 **12.** 천사와 복음서 작가들 **13.** 성령 **14.** 마카베오의 유다 **15.** 성 스테판 **16.** 모세 **17.** 작은 성 야곱 **18.** 아브라함 **19.** 성 바울
C- 아래 **20.** 복된 천사들 **21.** 브라만테 **22.** 프란체스코 마리아 델라 로베레 **23.** 율리우스 2세 **24.** 성 지롤라모 **25.** 성 암브로지오 **26.** 성 아고스틴 **27.** 성 토마스 **28.** 이노센트 3세 **29.** 성 보나벤투라 **30.** 식스투스 4세 **31.** 단테 **32.** 지롤라모 사보나롤라

파르나소스

아폴로가 9명의 예술의 신, 뮤즈에게 둘러싸여 악기를 연주한다. 이 그림은 〈아테네 학당〉보다 그리기 더 어려운 위치에 있는데 이유는 중앙에 문이 있기 때문이다. 따라서 실제 그림을 그릴 때는 문의 크기와 양감에 따른 원근법을 구사해야 했다. 이는 대단히 감각적이고 천재적인 라파엘로만이 가능했다고 본다. 중앙에 악기를 들고 있는 인물이 아폴로다. 라파엘로는 단테를 그의 그림에 많이 넣었는데 이 그림에도 있다. 왼쪽 나무 아래 앉은 엔니오의 바로 앞에 분홍빛 망또를 걸치고 월계관을 쓴 채 옆모습만 보이는 사람이 단테다.

라파엘로의 방 시리즈 중 마지막이 '보르고 화재의 방'이다. '보르고 화재의 방'이라는 이름은, 교황청의 공식 기록에 따르면 847년에 바티칸의 보르고에서 화재가 발생했는데, 이 화재를 레오 4세 교황의 강복으로 가볍게 진압했다는 기적과 같은 내용을 담고 있어서다. 이 외에도 이곳에는 여러 그림들이 있다. 천장을 바라보면 삼위일체의 모습이 보이는데 이 그림은 라파엘로의 스승인 페루지노의 그림이다. 라파엘로는 이 방에 그림을 그려 넣을 때 스승의 그림을 지우지 않았다.

이곳은 '서명의 방'과는 분위기가 사뭇 다르다. 인물들이 전반적으로 역동적인 것으로 보아 미켈란젤로의 영향을 받았음을 알 수 있다. 미켈란젤로가 천장화를 그리고 있을 당시, 라파엘로 역시 서명의 방 그림을 그리고 있었다. 이 둘은 늘 마주쳤고 라파엘로는 진심으로 미켈란젤로를 존경했다고 한다. 미켈란젤로는 1508년 5월 19일에 천장화 작업을 시작했고, 같은 해 라파엘로가 서명의 방(1508~1512년) 그림을 그리기 시작했다. 지금 보는 이 보르고 화재의 방은 1514년에 그림을 그리기 시작했는데 미켈란젤로의 천장화는 이보다 2년 전인 1512년 10월 31일에 완성되어 공개했다.

보르고의 화재. 저 멀리 아치 사이로 레오 4세가 화재가 꺼지는 강복을 내리고 있다. 사진 왼편의 벽에서 뛰어내리는 사람에서 인체 비례가 길어나는 소위 매너리즘 양식을 발견할 수 있다. 오른쪽의 물 긷는 여인들과 왼쪽 그림의 전반적인 느낌이 서로 다르다. 오른쪽의 물을 긷는 여인들은 전적으로 라파엘로의 제자인 줄리오 로마노의 작품이기 때문이다.

오스티아의 전투. 849년 이슬람 세력과의 전쟁을 묘사한 작품이다.

799년에 교황 반대파에 잡혀 감금을 당하던 레오 3세가 프랑스의 왕 샤를마뉴의 도움으로 다시 그의 권좌에 복귀하게 되었다. 이에 레오 3세는 샤를마뉴를 서로마 제국의 황제로 임명한다.

시스티나 예배당 Cappella Sistina

바티칸 박물관의 관람은 이 시스티나를 마지막으로 끝이 난다. 이곳에서 교황을 뽑는 추기경들의 모임인 콘클라베가 열린다. 이 시스티나 예배당이 유명한 이유는 '미켈란젤로'의 천장화와 벽화 때문이다.

라파엘로의 방을 나가서 한없이 긴 통로를 통해 시스티나 예배당으로 이동한다.

시스티나 예배당에 들어가는 입구. 사진 촬영 금지와 정숙을 요구하는 안내문.

물론 양 벽에도 당시 르네상스 전성기의 최고의 화가이던 보티첼리, 기를란다이요, 코시모 로셀리, 시뇨렐리, 라파엘로의 스승이던 움브리아 최고의 화가 페루지노, 핀투리키오 등의 그림도 있다. 미켈란젤로를 제외하고도 이 정도의 이름만으로도 시스티나 예배당은 충분히 유명할 수가 있다. 하지만 미켈란젤로가 그린 그림이야말로 한 개인의 한계를 넘어 인간 능력의 극한을 보여 주기 때문에 이곳에 그토록 사람들이 몰리는 것이다.

이 시스티나 예배당은 1475년에 교황 식스투스 4세(1471~1484)의 주문으로 착공하여 1483년 8월 15일에 완성되었다. '시스티나'라는 말은 이 성당을 만든 식스투스 4세의 이름에서 유래한다. 이 시스티나 예배당은 추기경 회의를 하는 곳으로 교황을 뽑기도 하며 피신처로 사용할 목적으로 만들었다. 밖에서 보면 요새 형태의 모습을 띤다. 이 예배당은 원래 당시 토스카나 지역에서 가장 세력이 있는 메디치 가문이 혹시 침략할 경우를 대비해서, 혹은 당시 이탈리아까지 원정을 다니던 오스만투르크의 마호멧 2세의 침략을 대비해서 만들었다는 이야기가 있다.

시스티나 예배당은 바치오 폰텔리가 설계를 했고 조반니 데 돌치가 건축했다. 예배당은 길이가 40.23m, 폭은 13.40m, 그리고 높이는 20.70m로 고대 로마인들이 예루살렘을 침공했을 때 파괴한 '솔로몬의 성전'과 같은 크기다.

힘들더라도 조금만 더 관심을 두고 읽어 보자!

사람들이 너무 많아서, 대개는 이런 설명이 귀찮겠지만 그래도 바티칸을 제대로 보려면 시간을 두고 천천히 다녀야 한다.

시스티나 예배당에서는 관람객이 너무 많아 늘 천장만 쳐다보게 되는데, 한 번이라도 바닥을 쳐다본다면 화려한 15세기의 모자이크 양식을 볼 수가 있다. 이 모자이크 바닥 예술을 코스마테스크 양식이라고 하며 여러 가지 색을 지닌 돌을 집어넣는 방식이다. 바티칸에서는 바닥만 잘 보아도 훌륭한 관광이 된다.

우선 '미켈란젤로'의 작품을 보기 전에 여러 화가들이 그린 좌, 우 벽면의 벽화들을 먼저 보게 될 것이다. 원래 이 벽화는 총 16개, 좌우로 각각 8개가 있었다. 주제는 예수와 모세의 일생이었는데, 미켈란젤로가 〈최후의 심판〉이라는 벽화를 그리기 위해 각각 한 그림씩을 지웠다. 현재 출구로 사용하는 문의 반대쪽 벽면에 있던 그림도 지진으로 2개가 소실되었다. 현재는 총 6개의 벽화가 좌우에 한 열씩 총 12개의 벽화가 남아 있다.

시스티나 소성당의 작품은 크게 세 부분으로 나뉘는데, 제1시기는 하느님이 율법을 모세에게 주기 전의 시기이며, 제2시기는 모세에게 율법을 준 후의 시기이며, 제3시기는 예수의 탄생의 시기다. 제단을 앞으로 보고, 왼편의 벽화는 모세의 일생, 오른편에는 예수의 일생이다. 시스티나 예배당으로 들어가는 문이 있는 벽 쪽의 그림은 예수이고, 들어가서 보이는 출구 쪽의 그림은 모세의 일생이라고 보면 된다. 실제 이 벽화를 그리는 것은 당시 예술가들에게는 아주 큰 영광이었는데 1480~1482년까지 2년 동안 여러 유명 화가들이 이 그림에 참여했다.

사진 촬영에 주의!

시스티나 성당은 원칙적으로 사진 촬영이 금지되어 있다. 하지만 플래시를 터뜨리지 않고 한두 장 정도의 사진 촬영은 눈감아 준다. 시스티나 예배당을 끝으로 바티칸 성당으로 가는데, 바로 바티칸 성당으로 내려가면 또 인파에 시달려야 하니, 여기에서 사람들이 좀 많더라도 양 벽 밑에 있는 의자에 앉아서 호흡을 가다듬는 게 좋다.

시스티나 예배당 작품 배치도

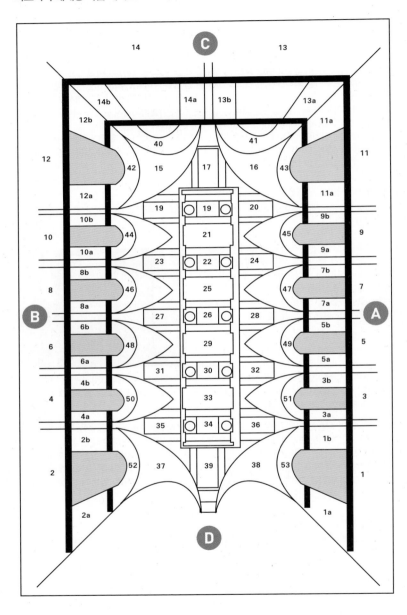

Ⓐ 예수님의 일생을 그린 남쪽 벽
Ⓑ 모세의 생애를 그린 북쪽 벽
Ⓒ 동쪽 벽 아래에 바티칸 대성당으로 가는 출구가 있다.
Ⓓ 〈최후의 심판〉이 있는 서쪽 벽

Ⓐ 예수의 일생

1.	그리스도의 세례-페루지노
1a.	교황 아나클레토-기를란디요
1b.	교황 알레산드로 1세-프라 디아만테
3.	그리스도의 시험-보티첼리
3a.	교황 텔레스포로-프라 디아만테
3b.	교황 피오1세-보티첼리
5.	첫 사도들을 부름-기를란디요
5a.	교황 소테르-기를란디요
5b.	교황 비토레-기를란디요
7.	산상 설교-코지모 로셀리
7a.	교황 칼리스토 1세-코지모 로셀리
7b.	교황 폰치아노-작자 미상
9.	열쇠를 주심
9a.	교황 파비아노-작자 미상
9b.	교황 루치오1세-보티첼리
11.	최후의 만찬-코지모 로셀리
11a.	교황 시스토 2세-보티첼리
11b.	교황 펠리체 1세-기를란디요
13.	부활-아리고 팔루디노
13a.	교황 마르첼리노-보티첼리
13b.	교황 카이오-기를란디요

Ⓑ 모세의 일생

2.	모세의 이집트 여행-페루지노
2a.	교황 클레멘스 1세-기를란디요
2b.	교황 에바리스토-보티첼리
4.	모세의 일생 중 시도한 일과 업적들-보티첼리
4a.	교황 시스토 1세-작자 미상
4b.	교황 이지노-기를란디요
6.	홍해를 건너다-코지모 로셀리
6a.	교황 아니체토-프라 디아만테
6b.	교황 엘레우테리오-프라 디아만테
8.	계명판을 주시다-프라 디아만테
8a.	교황 체피리노-프라 디아만테
8b.	교황 우르바노 1세-프라 디아만테
10.	벌 받는 코레와 그의 아들들 다탄과 아비론-보티첼리
10a.	교황 안테로-프라 디아만테
10b.	교황 코르넬리오-보티첼리
12.	모세의 계명-루카 시뇨렐리
12a.	교황 스테파노 1세-보티첼리
12b.	교황 디오니시오-로셀리
14.	모세의 시신 주변에서의 논쟁-마테오 다 레체
14a.	교황 에우티키아노-기를란디요
14b.	교황 마르첼로 1세-작자 미상

천지창조

15.	다윗과 골리앗
16.	유디스와 오르페르네
17.	예언자 자카리아
18.	술취한 노아
19.	예언자 요엘
20.	예언자 델피카
21.	대홍수
22.	노아의 제물
23.	무녀 에르트레아
24.	예언자 이사야
25.	원죄
26.	이브의 창조
27.	예언자 에제키엘
28.	무녀 쿠마나
29.	아담의 창조
30.	땅과 물의 분리
31.	무녀 페르시카
32.	예언자 다니엘
33.	우주 창조
34.	빛과 어둠을 나눔
35.	예언자 예레미아
36.	무녀 리비카
37.	하만의 징벌
38.	구리뱀
39.	예언자 요나

그리스도의 조상들의 모습

40.	야곱
41.	엘르아잘과 마타니
42.	아힘, 엘리
43.	아졸, 사독
44.	쯔루파벨, 아니, 엘리아킴
45.	요시아, 여고니아, 스알디엘
46.	우찌야, 요담, 아하즈
47.	히즈키야, 무녜, 아모스
48.	르호보암, 아비야
49.	아삽, 여호사밧, 요람
50.	솔로몬, 보아즈, 오벳
51.	아새, 다윗, 솔로몬
52.	암미나답
53.	나흐손

〈자료 고증: 바티칸 박물관 공식 해설집〉

이 그림들은 한 사람이 그린 게 아니라 당시 내로라하는 화가들이 함께 그린 것이다. 보티첼리, 기를 란다이요, 코시모 로셀리, 시뇨렐리, 페루지노와 핀투리키오 등의 그림이 있다. 페루지노나 핀투리키 오의 그림을 제외하고 나머지 사람들은 당시 피렌체에서 활동하던 작가들이었다. 따라서 피렌체의 우피치 미술관에 가 보면 이와 흡사한 그림들을 많이 볼 수 있다.

1. 모세 이집트로 떠나다(페루지노)

페루지노는 라파엘로의 스승이다. 이 장면은 출애굽기 4장에 있는 모세가 그의 가족들을 이끌고 이집트로 떠나는 모습을 나타낸다. 모 세 앞에 천사가 나타나 그를 죽이려는 장면이다(B). 딱 멱살을 잡고 있지 않는가. 그림 중앙에 작은 사람들이 보이는 장면은 모세가 그 의 장인에게 작별 인사를 하는 장면이다(A). 그림의 오른쪽 하단부 에는 모세의 아들인 엘리에젤을 아내 시뽀라가 할례(포경 수술)를 하는 장면이다(C). 이는 옛 풍습의 복원을 뜻한다. 이 그림에는 모세 가 총 몇 번 등장할까? 총 3번이다. 예전에는 그림 안에 여러 구도로 나누어 같은 인물을 상황, 즉 기독교 교리의 상황에 맞게 여러 번 그 려 넣었다. 우리가 생각하듯 그림에 주인공은 한 번 나온다는 상식을 버려야 한다. 안 그러면 똑같은 사람들이 한 화폭에 여러 번 나와 당 황스럽다. 이 그림은 총 중앙, 왼편, 오른편 세 개의 상황으로 보아야 하고 세 개의 그림이라고 생각해야 한다.

2. 모세의 증명(보티첼리)

앞의 페루지노의 그림과는 좀 차이가 있다. 내용은 오른쪽 그림 하단 에 이집트인을 죽이는 장면, 그리고 제일 오른쪽에는 이집트로 도망 가는 장면 등이 있다.

'증거판(율법)을 공포하는 모세' 출애굽기 2, 3, 4장의 이야기를 묘 사하고 있다. 모세가 히브리인을 때리는 이집트인을 죽이다(A). 한 여인에게 구원되다(B). 미디안으로 도망가다(C). 레트로의 딸들이 양떼에게 물 먹이는 것을 방해하는 목동들을 쫓아버리다(D). 처녀 들을 도와주다(E). 장인의 양떼들에게 물을 먹이는 중 호렙산에서 야훼의 부르심을 듣는다. 신을 벗고 불꽃 가까이 가다(F). 이집트로 돌아가 히브리인들을 해방시킬 것을 명령받는다(G). 야훼의 지팡이 를 가지고 아내 시뽀라와 이집트로 향하다(H).

3. 홍해를 건너는 모세(로셀리)

중앙의 바다 모양이 아직은 어색하다. '모세 증거판을 받을 백성들 을 모으다'. 이 작품은 코지모 로셀리의 작품이며 이곳에 있는 그림 중에서 가장 뒤떨어지는 작품으로 평가받고 있다. 오른쪽 뒷면으 로 옥좌의 파라오는 히브리 족의 도주에 대해 의논하다(A). 아래 단 으로 그의 신하들과 홍해에 빠지다(B). 왼쪽 땅 위는 히브리인들에 게 둘러싸인 모세가 지팡이로 물을 조정하다. 그의 백성들은 야훼 에게 자유의 노래를 합창한다.(출애굽기 14장 27절, 28절, 15장 1

절)(C). 모세의 오른쪽 인물 중에 희고 붉은 망토를 두르고 성물함을 들고 있는 사람은 15세기 때 로마로 성 안드레아의 유물을 가져오고 십자군을 지원했다. 그는 교회의 단합을 원한 베사리오네 추기경이다.

4. 계명판을 주다(로셀리)

'모세가 쓴 계명판을 가지고 오다'. 그림에는 출애굽기 31, 32, 34 장의 여러 이야기가 들어 있다. 윗부분에는 시나이에서 하느님이 모세에게 십계명을 주신다(A). 산에서 내려온 모세는 금송아지를 숭배하는 것을 보고 계명판을 깨부수고(B) 우상숭배한 이들을 벌 주고(C) 산으로 다시 올라가 새 계명판을 받아서 내려온다. 백성들은 그의 빛나는 얼굴로 눈이 부셔한다(D).

5. 코레, 다탄, 아비람의 벌(보티첼리)

모세에게 반항하는 자들을 벌하는 모세를 그리고 있다.

모세에 대하여 반항하다(A). 그의 권한을 거부하고 아론이 사제가 된 것을 반대하여 그들을 시험한다. 이 그림의 주제는 '입법자 모세에게 반항한다'이다. 예언자는 제단 앞에서 야훼의 이름을 불러 반항자에게 보낸다(B). 그들의 화로는 땅에 떨어진다(C). 아론의 것만 받아들인다(D). 반항자들은 하느님으로부터 저주를 받아 땅에 쓰러져(E) 250명의 그의 추종자들은 불에 빠진다. 오른쪽으로 보이는 건물은(F) 식스투스 4세 때의 건물인 세디 조디오가 보이며 중앙에는 포로 로마노에 있는 티투스의 개선문이 보인다(G). 그 위에는 '아무도 하느님이 부르지 않은 사람은 최고의 사제직을 받지 말고 자신도 사제라 하지 말라'라고 쓰여 있다. 오른쪽에서 두 번째 사람이 보티첼리이다.

6. 모세의 죽음(시뇨렐리)

모세 일대기의 마지막 그림이다. 전면 끝으로 왕좌 위에 앉은 선지자(A), 계명판을 들고 반복하고 백성은 귀를 기울이며(B) 발 아래로 보물함이 하나 있고 시나이 산의 계명판과 만나를 담은 넓은 그릇이 있다(C). 중앙으로는 약속된 땅에서 제외된, 레위 족을 상징하는 벌거벗은 청년이 있다(D). 운명적으로 그들이 약속된 땅에서 제외된 이유는 법적으로 헌금으로 살아야 하기 때문이다. 상단으로는 네보 산 위에서 모세가 그가 밟지 못한 약속된 땅을 바라본다(E). 산에서 내려오며(F) 여호수아에게 명령의 지팡이를 준다(G). 모압에서 죽은(H) 그의 나이는 120세였다.

여기에서 예수의 일생 벽화를 살펴볼 것이다. 혹자는 말하기를 도대체 이렇게까지 자세하게 설명을 할 필요가 있을까라고 하지만 여기서 한 번이라도 읽어 놓고 시스티나에 들어가면 관람이 훨씬 쉽다. 물론 시스티나 예배당 안에서 일일이 하나 하나 그림을 계속 쳐다보고 있기는 상당히 힘이 든다. 그렇기 때문에 더더욱 가기 전 준비가 중요하다.

1. 그리스도의 세례(페루지노)

그리스도의 세례 장면. 영원한 분들(A), 하단으로는 그리스도의 세례(B), 머리 위의 비둘기(마태복음 3장 13절) 중간층: 선교자의 설교(C) 세례자가 요르단을 향해 내려오고(D) 그리스도의 설교(E) 중앙으로 보이는 사람은 확실하지 않다.

2. 그리스도의 유혹(보티첼리)

사막에서 단식 기도 후 돌아오는 그리스도를 프란체스코회 수도자로 변신한 악마가 유혹한다(A). 신전 위로 올라가 다시 유혹한다(B). 산에서 세 번째로 실패한 악마는 수도복을 던져 버리며 사라진다. 천사들이 가까이 오며 음식을 드린다(C).(마태복음 4장) 그 후 산에서 내려온 그리스도는 그가 치유한 나병 환자(마가복음 1장 40절)가 치유되는 것을 보고 있다(D). 이 복잡한 의식은 (레위기14장 1절에 따르며) 하단에서 볼 수가 있다(E). 뒷 중앙으로 보이는 건물은 로베레의 식스투스 4세 때부터 건축된 성 스피리토 병원이며 그림에 보여지는 두 그루의 떡갈나무도 로베레 가문을 나타낸다. 맨 왼쪽의 두 사람은 보티첼리와 필립피노 리피라고 생각된다.

3. 성 베드로와 성 안드레아를 부르심(기를란다이요)

예수의 복음을 전해 주는 그림이다. 옷의 주름을 잘 보길 바란다. 옷의 주름은 마사초라는 화가에서 제대로 기법이 시작되었다. 기를란다이요는 마사초의 제자이다. 바로 이 옷의 주름은 나중에 미켈란젤로나 후대 예술가들에게 많은 영향을 주었다. 미켈란젤로는 기를란다이요에게서 도제 수업을 받았기 때문이다.
엄숙한 숲과 들로 둘러싸인 갈릴리 호수로 예수는 그의 첫 제자들인 베드로와 동생 안드레아를 부른다. '사람 낚는 어부가 되게 하리라(마태복음 4장 18절에서 22절)(A). 하단으로 배를 놓아둔 채 메시아를 따른 후 무릎을 꿇고 감사드린다(B). 모여든 여러 사람들은 엄숙한 이 장면을 둘러싸고 보고 있다. 오른쪽 뒷면으로 아버지 세베대와 호수로 낚시하러 가는 야곱과 요한도 제자로 부른다(C).

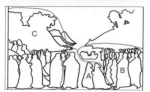

옷의 주름과 부풀린 옷을 보면 기를란다이요가 그의 스승 마사초로부터 많은 영향을 받았음을 알 수가 있고 또 기를란다이요로부터 미켈란젤로로 전수되었음도 알 수가 있다.

---

4. 산상 설교(로셀리)

예수의 산상 설교를 모티브로 한다. 이 로셀리의 〈산상 설교〉가 시스티나 예배당 그림 중에서 가장 미숙하다는 평을 받고 있고 이 〈산상 설교〉는 회화미가 떨어진다고 한다. 시스티나 소성당의 그림으로 로셀리는 전반적으로 악평을 받았다. 전체적으로 어수선하고 구도가 산만하다. 산 위에서는 그리스도가 기도하고 있고(A), 산 아래로 모여든 군중에게 내려온다(B). 중앙 푸른 언덕 위에서 복음을 선포한다(C). 마태의 복음서 5장, 8장의 내용인 나병 환자의 치유가 우측에 보인다. 이 프레스코 그림의 뒷면에 뛰어난 부분들은 피렌체의 피에로 다 코지모의 작품이다.

---

5. 성 베드로에게 열쇠를 주시다(페루지노)

예수가 베드로에게 천국과 지옥의 열쇠를 주는 장면이다. 열쇠를 들고 있는 그림이나 조각은 베드로를 나타낸다.
이 그림은 성 베드로에게 열쇠를 주는 것이다(A).(마태복음 16장 19절) 뒤로는 넓은 다양한 색깔의 대리석으로 된 포장 위에 성전세의 일화가 그려 있다(B).(마태복음 17장 24절 이후) 그리스도에게 돌을 던지려는 일화(요한 복은 8장 59절 10장 31절 이후) 뒷면에는 예루살렘 대성전이 르네상스 형식으로 그려 있다(C). 그 옆의 두 개선문은 콘스탄티누스의 개선문을 모방했다(D). 식스투스 4세가 시스티나 예배당을 건축하도록 했으므로 솔로몬에 비유하며, 풍성함으로는 그를 능가하지 못하지만 믿음으로는 훨씬 훌륭했음을 칭송하는 글귀가 씌어 있다.

---

6. 마지막 만찬(로셀리)

로셀리의 마지막 만찬이라는 그림이다. 마지막 만찬은 우리에게 늘 다 빈치의 그림이 알려졌지만 여기서 새로운 마지막 만찬이라는 그림을 보자.
앞의 제자들 사이에 앉은 구세주는 빵을 축성하고 나눈다(마태복음 26장 26절)(A). 그의 앞의 유다는 그를 배신하기 위해 나가고 있다. 유다의 머리 위에는 어두운 후광이 보이고 어깨 위에 악마가 있다. 뒷면 세 창문에는 왼쪽부터 과수원에서의 토론(B), 유다의 입맞춤(C), 십자가형(D). 양옆의 네 사람은 확실하지 않다.

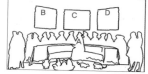

시스티나 예배당은 미켈란젤로의 천장화인 〈천지창조〉와 제단 위에 위치한 벽화인 〈최후의 심판〉으로 늘 인산인해를 이룬다. 바티칸 박물관을 방문하려는 사람들은 다른 작품은 몰라도 시스티나 예배당에 있는 미켈란젤로의 작품만큼은 꼭 확인하고 나오길 바란다. 시스티나 예배당은 좌우에 앉을 수 있는 곳이 있으니 천천히 앉아서 쉬면서 작품을 감상하면 좋다.

프레스코 그림

프레스코라는 뜻은 '신선한'이라는 뜻인데 하얀 회반죽을 벽에 발라서 그 회반죽이 마르기 전에 염료를 넣어서 천천히 색이 벽에 스며들게 하는 벽화 방법이다. 벽화는 항상 외부에 노출이 되어 있고 바깥에 있는 벽화는 비바람을 맞아야 할 때도 많다. 때문에 겉에만 붓으로 터치하는 일반적인 방법으로는 벽화를 그려도 얼마 지나지 않아 그림이 손상될 때가 많았다. 대표적인 예가 밀라노에 있는, 유화로 그린 레오나르도 다 빈치의 〈마지막 만찬〉이다. 따라서 프레스코 그림은 아예 벽으로 색이 스며드는 방법을 사용했다. 하지만 이 프레스코 그림 기법은 상당히 어려운 것이어서, 회반죽이 마르기 전에 그림을 그려야 했으며, 한 번 회반죽이 말라 버리면 수정이 불가능했기 때문에 실수를 하면 안 되었다. 그리는 방법은 지역마다 다양한데 주로 종이에 밑그림을 그리고 난 뒤 그 밑그림을 따라서 작은 구멍을 촘촘히 뚫고 그 사이로 벽에 염료가 스며들게 했다.

조각가인 미켈란젤로에게 이 프레스코 그림은 아주 힘든 방식의 그림이었다. 하지만 어쨌든 미켈란젤로는 1508년 5월 10일, 그의 조수들과 함께 시스티나 예배당에 들어간다. 그는 여기서 우선 첫 그림을 프레스코로 그려 보았다. 그는 그림을 역순서대로 그렸는데 혹 잘못하지 않을까 하는 염려 때문이었다. 그는 우선 천장을 9개의 틀로 나누었고, 다시 34개의 면으로 나누었다.

제단 쪽에서부터 '창세기'의 이야기를 순서대로 그릴 작정이었는데 그의 첫 그림은 입구 쪽에 있는 '술취한 노아'였다. 전체 그림의 주제는 천장 중앙은 '창세기', 그 주변은 '12인의 무녀와 예언자', 삼각형 형태의 벽과 반월형 벽면은 '그리스도의 조상', 그리고 네 모퉁이는 '이스라엘의 역사'를 그려 넣었다.

1512년 11월 1일, 미켈란젤로의 이 천장화가 일반에게 공개되었을 때 많은 사람들은 경악을 하고 만다. 우선 그림의 스케일이 굉장히 컸으며 또한 모든 내용이 유기적이며 기존의 천장화와는 달리 색감과 아울러 인물들이 너무나도 역동적이었기 때문이다.

하지만 미켈란젤로는 이 그림을 그리는 동안 지독한 고통 속에서 살아야만 했다. 우선은 그에게 지급되기로 했던 임금이 잘 나오지 않았고, 계속 천장화를 그려야 하기 때문에 목을 뒤로 젖혀서 그림을 그려야 했으며, 물감은 자꾸 아래로 떨어져 눈으로 들어갔다. 이런 최악의 상황 속에서도 그는 점 하나도 허투루 찍지 않았다고 한다.

이런 에피소드와 아울러 현직에 있는 예술가들에게 감동을 준 또 하나의 일화는 미켈란젤로에게 조수들이 있는데도 단 한 명의 도움도 없이 혼자 이 그림을 다 그렸다는 사실이다. 웬만한 화가들의 경우 조수들의 도움은 절대적이었다. 조수들도 단순한 조수가 아니라 그림에 참여했기 때문에 실제 완성 작품이 누구의 작품이라고 해도 온전히 그가 다 그렸다는 보장은 없다. 특히 이렇게 큰 그림의 경우는 더욱 그러하다. 그러나 미켈란젤로는 단 한 사람의 도움도 받지 않은 채 혼자서 이 모든 것을 다 해냈다는 점에서 그가 한 인간으로서 예술의 극한까지 갔다고 평가하는 사람도 적지 않다.

미켈란젤로의 색채감

또한 후대에 한때는 많은 사람들이 미켈란젤로의 색채 감각을 비난하는 사람들이 많았다. 1980년까지 수많은 비평가들이 그가 그린 천장화의 색감이 어둡고 명료하지 못하다고 늘 비판했다. 그런데 1980년 일본 NHK 방송국의 도움으로 이 천장화와 벽화에 묻은 때를 벗겨내자 사람들은 이제껏 어두운 색감은 바로 세월이 덧칠한 때였음을 알게 되었다. 천장화는 1992년에 세정 작업이 끝났고, 〈최후의 심판〉은 1994년에 세정 작업이 끝났다. 하지만 더욱 아이러니하게도 오랜 세월 쌓인 먼지 때문에 미켈란젤로가 그림을 그릴 당시의 색이 현재까지 보존되었다고 한다.

미켈란젤로가 천장화를 그린 후의 모습

이 그림에 사용되었던 물감은 광물(흙)에서 꽃, 숯에 이르기까지 아주 다양했다. 미켈란젤로가 아주 뛰어난 색감의 소유자였음을 세월이 한참이나 지난 뒤 증명되었다.

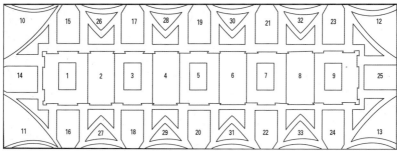

1. 하느님, 어둠과 밝음을 만드시다. 2. 해와 달의 창조 3. 하느님, 땅과 물을 만드시다 4. 남자의 창조 5. 여자의 창조 6. 원죄 7. 노아의 제물 8. 대홍수 9. 술취한 노아 10. 벌 받는 아만 11. 청동 뱀 12. 다윗과 골리앗 13. 쥬디타와 올로페르네 14. 예언자 요나 15. 예언자 예레미아(이 얼굴이 미켈란젤로의 초상이라고 본다.) 16. 무녀 리비카 17. 무녀 페르시카 18. 예언자 다니엘 19. 예언자 에제키아 20. 무녀 쿠마나 21. 무녀 엘리트레아 22. 예언자 이사야 23. 예언자 요엘 24. 무녀 델휘카 25. 예언자 쟈카리아 26. 솔로몬과 어머니와 함께 있는 어린아이 27. 미래의 왕 요시야의 의부모들 28. 아기 로보암과 어머니 후면의 솔로몬 29. 아버지와 어머니 아쏘피타와 함께 있는 어린 아사 30. 어린 아하지아가 어머니, 아버지, 요람과 그의 한 형제와 함께 있다. 31. 어린 히즈키아와 어머니, 아버지 아하즈 32. 어린 죠로 바벨과 어머니, 아버지 스알티엘 33. 어린 요시야와 어머니, 아버지 아몬

〈천지창조〉 상세 설명

1번　하느님의 모습이다. 자세히 그린 적이 없던 하느님의 모습을 과감하게 그림으로 나타내었다. 이후 이 그림이 하느님 모습의 원형이 되었다. 그림 속 내용은 하느님이 빛과 어둠을 나누고 계시다. 이 그림은 원칙적으로는 제일 처음의 일이지만 미켈란젤로는 천지창조를 역순으로 그렸기 때문에 제일 나중에 그린 그림이다.

2번　하느님이 해와 달을 만드는 장면이다. 해는 너무 빛이 강렬하여 천사가 눈을 가렸다. 달은 너무 추워 천사가 옷을 덮어 쓰고 있는 모습이다. 왼손은 달, 오른손은 해이다. 하느님의 뒷모습이 드러나 있다.

4번　하느님이 아담을 창조하는 장면이다. 손끝으로 그에게 생명과 영혼을 집어넣어 주고 있다. 하느님의 얼굴은 노인이지만 몸은 아주 신체 건강한 젊은이의 모습이다.

6번　이브가 뱀의 유혹에 빠져 사과를 따는 모습이다. 천사의 위협으로 슬퍼하며 지상낙원을 떠나는 장면으로 나누었다.

7번　순서로는 8번 그림 자리에 있어야 하는데 미켈란젤로가 좀 더 크게 그릴 마음으로 이곳에 먼저 그림을 그렸다. 홍수 이후 노아가 하느님에게 제사를 지내는 장면이다.

8번　제일 처음 그린 그림으로 노아의 홍수다. 이때는 프레스코화에 대한 경험이 없다 보니 일반적인 그림처럼 인물들을 조밀하고 세밀하게 그렸다. 그러나 프레스코 그림은 벽화이기 때문에 윤곽이 크고 인물들을 분리해야 한다는 사실을 이 그림을 그리고 나서 알아차렸다고 한다.

9번　술 취한 노아가 벌거벗은 모습으로 땅에서 잠을 자고 있는 장면이다. 둘째 아들 함이 아버지를 손가락으로 조롱하며 큰 아들 샘은 그런 둘째 아들을 손으로 말리고 있다. 셋째 아들 야벳은 다른 곳을 보면서 아버지의 몸에 자신의 겉옷을 덮어주고 있다. 이에 노아가 잠에서 일어나 둘째 아들 함에게 평생 저주를 내렸다고 한다.

미켈란젤로(1475~1564)는 천장화인 〈천지창조〉를 그린 뒤 20년이 지나서 교황 클레멘트 7세 (1523~1534)에게 다시 한번 더 시스티나 예배당의 벽화를 마저 그려달라는 제의를 받는다. 실제 작업은 1536년에 바오로 3세(1534~1549)의 명으로 본격적으로 그리기 시작하여 1541년 10월 13일에 이 그림을 완성한다. 여기서 중요한 사실은 이 역시 미켈란젤로 혼자 그렸다는 사실이다. 이 때 미켈란젤로의 나이는 61세의 고령이었다. 물론 그 후로도 그는 28년의 삶을 더 살았다.

1527년에 독일의 용병이던 란지케네키가 로마를 침공해서 약탈을 했고, 또한 이때는 한창 종교 개혁의 시기여서 가톨릭교계에서도 상당한 위험을 느끼던 시기였다. 그러다 보니 '최후의 날'에 벌어질 일을 미리 경고하려는 의도도 다분했다. 이 그림의 주제를 미켈란젤로가 아닌 교황이 선택했다는 것이 우리가 이 벽화를 바라보고 이해하는 출발 지점이다.

이 벽화가 공개된 후 다시 한번 엄청난 반향을 불러일으켰다. 인간이 취할 수 있는 모든 형태의 동작과 표정이 있다. 일반 프레스코 그림은 비교도 안 될 만큼의 큰 구도에 어울리는 장대한 스케일, 그리고 등장인물들이 나체였다는 점이다. 이 나체 때문에 미켈란젤로는 루터파로 의심되기도 했다. 나중에 피우스 4세가 '비속한 것은 가려야 한다'는 그의 신념에 따라 다니엘라 다 볼테라라는 화가에게 모든 성기 부분에 다시 한 번 덧칠하도록 했다. 이에 다니엘라 다 볼테라는 사람들로

부터 '기저귀 화가'라는 놀림을 평생 받아야 했다. 그래도 볼테라는 묵묵히 그림을 그렸는데 이유는 그가 미켈란젤로의 제자였기 때문이다. 그렇기 때문에 원화를 훼손하지 않으려고 무단히 노력했다. 이 결정은 미켈란젤로가 죽기 1달 전 트렌토 공의회의에서 결정된 것이었다.

또한 이 그림을 벽화라는 개념 때문에 기존의 천장화는 모든 장면을 구분해서 그려야 했으나 이 그림은 하나의 구도 안에 유기적으로 그림을 그려 넣었다. 그로 인해 먼 하늘을 바라보듯이 그림 전체가 허공에 있는 듯한 느낌을 주고 있다.

- -

Ⓐ 천사들, 그리스도와 선택된 자들

1. 그리스도 **2.** 성모 **3.** 성 로렌조(자신이 순교당할 때 사용되던 불로 달군 석쇠를 짊어지고 있다.) **4.** 성 안드레아(십자가와 X) **5.** 세례자 성 요한(가죽을 둘러 쓰고 있다.) **6.** 한 어머니와 딸 **7.** 천사들이 예수 그리스도가 죽임을 당할 때 사용된 십자가를 하늘로 옮기고 있다. **8.** 천사들이 예수 그리스도가 채찍질을 당할 때 그리스도를 묶었던 원기둥을 하늘로 옮기고 있다. **9.** 성 바울(고대 로마인이 입던 붉은 망토, 팔리오를 걸치고 있다. 흔히들 토가라고도 한다.) **10.** 성 베드로(당연히 그는 열쇠를 들고 있다.) **11.** 성 바르톨로메오(그는 자신의 가죽을 벗기는 처형을 당해서 고통스럽게 죽은 성인. 그때 사용되었던 칼을 들고 있다.) **12.** 성 바르톨로메오의 벗겨진 몸의 가죽(여기서 얼굴은 미켈란젤로, 자신의 모습이다.) **13.** 성 시몬(톱을 들고 있다.) **14.** 선한 도둑 디즈마(십자가를 들고 있다.) **15.** 성 비아조(작살을 들고 있다.) **16.** 알렉산드리아의 성 카트리나(갈고리가 달린 바퀴를 들고 있다.) **17.** 성 세바스찬(화살을 들고 있다.) **18.** 키레네 사람 시몬(십자가를 들고 있다.)

Ⓑ 나팔과 책을 든 천사들

19. 천국으로 가는 사람들의 이름이 적힌 좋은 책(아주 작다.) **20.** 지옥으로 가는 사람들의 이름이 적힌 나쁜 책(아주 크다.)

ⓒ 죽음에서의 부활

ⓓ 천사들에게 구원을 받는 두 흑인

기독교의 교리를 극명하게 드러내는 부분이라고 기독 미술
학자들은 말한다. 즉, 부활의 믿음이다. 바로, 죽고 난 뒤 뼈가
살과 합쳐서 다시 살아나는 데 중요한 것은 이때까지 이들은
천국으로 갈지 지옥으로 갈지 모른다는 것이다. 승천을 하다
가 천사들이 천국행, 지옥행 심판을 결정한다. 이 장면은 많은
신자들에게 기독교의 교리를 전달하는 것이라고 한다.

ⓔ 저주받은 자들, 지옥으로 끌려가다

21. 절망한 사람들 **22.** 악마의 동굴 **23.** 카론테 **24.** 미노스
(의전 담당관 체제나 경의 얼굴) **25.** 흑인을 끌어올리는 천사

〈최후의 심판〉 상세 설명

1번 예수의 모습이 고통스러운 예수가 아니라 건장한 청년의 모습이다. 하지만 팔의 모습은 전능한 모습이 아닌 인간적인 한계가 있는 모습을 나타내고 있다. 바로 옆이 성모마리아다.

3번 로렌조로서 그는 석쇠 위에 지져 순교했다.

7번 예수 그리스도가 묶여 죽임을 당한 바로 그 십자가를 천사들이 하늘로 운반하고 있다. 그 옆에 가시 면류관이 있다.

8번 예수 그리스도를 음해하던 세력 앞에서 심문을 당하면서 이 기둥에 묶여서 채찍을 맞았다. 그 기둥을 역시 천사들이 하늘로 운반하고 있다.

11번 예수의 왼발 아래 부분에 있는 바르톨로메오는 피부가 벗겨지는 고통을 당해 순교를 당한 성인으로서 종종 이탈리아 성화에 등장한다. 그의 오른손에는 작은 칼이, 왼손에는 벗겨진 자신의 가죽이 들려 있다. 여기서 가죽을 잘 보면 미켈란젤로와 인물이 흡사하다. 이 벗겨진 가죽으로 자신을 형상화한 미켈란젤로가 당시 이 벽화를 만들면서 얼마나 힘들었는가를 우회적으로 나타내고 있다.

12번 미켈란젤로의 초상화다. 왜 그가 자신의 모습을 이 그림에 넣었는지 아무도 모른다. 다만 추측하기에 그 당시 미켈란젤로가 예술가로서 심각한 정신적 고뇌를 받지 않았나 하는 것이다. 그가 독실한 신자로서 바로 끔찍한 고통의 순간에서도 변치 않는 자신의 신앙심을 드러낸 것이라고 생각해 볼 수가 있다.

19번 예수 그리스도에게 선택된 천국으로 갈 만한 사람들의 명단이다. 책이 작다는 것은 그만큼 선인이 적다는 것을 의미한다.

20번 두 명은 책을 들고 있는데 바로 지옥에 떨어질 자들의 명단이다. 그만큼 많다는 것이다.

24번 당나귀 귀에다가 뱀이 몸을 감싸는 사람이 보인다. 크레타 왕국의 미노스 왕이다. 크레타의 미노스 왕은 소위 폭군으로 이름을 드날렸는데 무리한 조공을 아테네 사람들에게 요구하여 민중들을 고통에 빠뜨리게 한 사람이다. 그는 지옥에 갔는데 그의 얼굴은 바로 당시 바오로 3세의 의전 담당관인 체제나 경이다. 요즘으로 말하면 바티칸의 모든 의식, 예배 절차를 주관하는 막강한 자리다. 이 체제나 경은 미켈란젤로가 그린 이 〈최후의 심판〉이 나체가 많이 나와서 불경하다고 식당에나 어울릴 그림이라는 말을 했다고 한다. 이에 미켈란젤로는 교황의 허락을 얻어 이 얼굴을 체제나 경으로 그린다. 재미있는 점은 바로 뱀이 체제나 경의 성기를 물고 있다는 점이다.

25번 미켈란젤로가 살았던 당시, 흑인은 짐승과 진배없는 존재로 무시당했다. 천국과 지옥의 개념도 그들에게는 없었다. 그런데, 미켈란젤로는 파격적으로 한 천사가 지옥에 떨어지는 두 흑인을 끌어올리는 장면을 그려 넣었다. 이후 가톨릭은 인종 차별의 비판에서 이 최후의 심판에 있는 이 그림으로 번번히 그 화살을 빗겨갈 수가 있었다.

시스티나 예배당을 나온 후의 모습. 계단을 타고 내려가면 바티칸 대성당이 나온다.

시스티나 예배당을 나와 계속 걸어가면 바티칸으로 들어가는 통로로 자연스럽게 연결이 된다. 단, 아래 사진에 많은 사람이 줄을 서 있는 것은 바티칸에서 수요일에 하는 예배를 드리기 위해 서 있는 줄이니 이 줄을 쫓아가면 안 된다.

미켈란젤로 부오나로티(Michelangelo Buonarroti 1475~1564)

이탈리아의 천재 조각가. 그는 조각가로 살기를 희망했지만 바티
칸 박물관의 시스티나 성당 천장화와 〈최후의 심판〉 등의 벽화도
남겼다. 그는 이탈리아의 아렛초 북부 카프레제에서 아버지 로도
비코 디 리오나르도 부오나로티와 어머니 프란체스카 사이에 둘
째 아들로 태어났다. 미켈란젤로는 태어나자마자 병상에 누운 어
머니 때문에 유모의 손에 키워졌다.

그는 평생 독신으로 살았는데 그의 외골수적이고 편협한 성격 때
문에 어렸을 적에 친구와의(공방 친구) 그림 해설 싸움으로 코뼈
가 주저앉는 상처를 입었다. 이로 인해 그는 더욱 자신의 생김새
에 심한 열등감으로 살게 된다. 유모의 집에서 자란 미켈란젤로는 남편이 석공인 유모의 집
분위기 때문에 어려서부터 돌과 망치를 장난감 삼아 성장했다.

피렌체에 있는 〈다비드 상〉

13세 때 아버지의 반대를 무릅쓰고 기를란다이요 공방에 들어
가 3년간의 도제 수업을 받는 도중 메디치 가문이 세운 조각학
교로 옮겨 도나텔로의 작품을 배우면서 메디치가의 고대 조각을
연구하게 된다. 24세 때 성 베드로 성당의 〈피에타 상〉을 제작한
후 피렌체로 돌아와 3년에 걸쳐 〈다비드 상〉을 만든다.

1505년 30세 때 교황 율리우스 2세의 영묘 제작을 하던 중 율
리우스 2세와의 언쟁으로 피렌체로 돌아간다. 그러다 교황청의
설득으로 영묘 제작을 마무리 지으려 돌아오지만(1508년) 그
를 기다리는 건 시스티나 성당의 천장화였다.시스티나 성당은
교황 식스투스 4세(율리우스2세의 삼촌)가 신변의 안전을 위
해 외부와 단절된 교황 전용 성당을 짓기를 원해서 1475년과
1482년 사이에 건축가 죠반니 데 돌치가 축조했다. 식스투스는
(SIXTUS)라는 라틴어 이름의 형용사 여성 단수형이 시스티나(Sistina)이다. 그러므로 이
성당은 '교황 식스투스의 예배당'이란 뜻이다.

이미 이 성당 좌우의 12개의 벽화는 구약의 모세의
일생과 신약의 예수의 일생이 보티첼리, 로셀리,기
를란다이요, 페루지노, 핀투리키오, 시뇨렐리 등 당
시 대가들이 1481~1483년에 그린 것들이었다.
미켈란젤로에게 천장화를 맡긴 데에는 미켈란젤로
와 앙숙이었던 브라만테의 계략이 숨어 있었다. 브
라만테는 조각만 해 온 그가 벽화를 그릴 수 없을 것
이고 실패하면 자연히 자신에게 엄청난 이득으로
돌아올 것이라 생각했다. 이뿐만 아니라 미켈란젤
로가 곤경에 처할 것이라고 믿었다. 그때 브라만테
는 베드로 성당 내부를 맡고 있었다. 미켈란젤로는

율리우스 2세 영묘에 들어갈
목적으로 만든 〈모세 상〉

시스티나 성당 천장화

완강히 거절하지만 율리우스 2세의 끈질긴 요구로 두 가지 조건을 수락하면 그림을 그리겠다고 제의한다. 그 두 가지는 자기 의지대로 천장화를 그릴 것과 그림이 완성될 때까지 어느 누구도 그 그림을 보아서는 안 된다는 것이었다. 그 제의는 수락되었다. 미켈란젤로는 그가 그릴 소성당의 천장을 보기 위해 시스티나 성당에 갔다가 소성당의 규모를 넘어선 엄청난 천장을 보고 고민에 빠졌다. 800㎡나 되는 저 거대한 천장을 어떻게 메꿀 것인가.

이에 미켈란젤로는 구약성서의 9개 주제를 그림으로 그 틀을 구획했다. 미술사에 길이 남을 대작을 1508년 5월 10일에 착수하여 4년 5개월 만인 1512년 10월 30일에 완성한다. 천장화를 완성했을 때 사람들은 그의 천재성에 혀를 내둘렀다. 천장화에 등장하는 인물은 343명, 다섯 쌍의 대들보로 구획되는 공간에 9개의 구약성서 내용을 양쪽으로는 예언자들과 무녀들(6명씩), 그리고 그 사이의 타원에 다윗의 조상들이 그려져 있다. 작업 당시 미켈란젤로는 제자들이 하는 게 못 미더워 제자들을 닦달하고는 결국 혼자 천장화를 그리게 된다. 그의 고집과 편협한 행동으로 대작을 완성했지만 자신은 떨어지는 석회 가루에 시력을 많이 손상하고 등이 활처럼 굽는 등 신체적인 고통을 받게 된다.

미켈란젤로는 천장화를 완성 후 22년 후인 1534년 메디치 가문의 클레멘트 7세의 요청으로 로마에 돌아온다. 최후의 심판을 의뢰받은 미켈란젤로는 그 작업에 착수하여 7년 후인 1541년 10월31일 그 낙성식을 거행한다. 최후의 심판을 그린 배경은 교황 클레멘트 7세가 스페인군에 대한 로마의 점령과(카스텔 산타 안젤로로 피신 감) 약탈 등 로마의 재난에서 온 울분을 달래기 위해서였다. 미켈란젤로에게 시스티나 성당 제대 뒤에 벽화를 의뢰하고 미켈란젤로는 391명의 인물이 등장하는 〈최후의 심판〉을 그린다.

시스티나 성당의 최후의 심판

이 벽화를 그리는 동안 미켈란젤로는 절친한 친구 같은 클레멘트 7세의 죽음을 맞이하고, 유럽 사회의 혼란 속에 아버지와 형제들을 잃는다. 또한 자신의 영혼의 위로자이던 페스카라공의 미망인 비토리아 코론나 부인마저 잃는 등 극심한 고통을 겪는다. 그는 그의 심정을 벽화 성 바르톨로메오가 들고 있는 사람의 가죽 껍질에 자신의 그 모습을 넣었다.

그림이 거의 완성될 무렵 바오로 3세는 그의 의전 담

당 추기경인 비아지오 다 체제나 추기경을 대동하고 미켈란젤로의 작업실(시스티나 성당)에 나타난다. 체제나 추기경에게 그림의 의견을 묻자 체제나 추기경은 너무 음란하여 볼 수가 없다고 혹평을 하고 돌아간다. 이에 미켈란젤로는 지옥 맨 끝부분의 뱀이 몸을 감고 당나귀 귀를 한 미노스의 얼굴에 체제나 추기경의 얼굴을 그려 넣는다.

후에 이 그림을 보고 체제나 추기경은 교황 바오로 3세에게 자신의 모습을 빼줄 것을 건의한다. 하지만 교황은 "천국이라면 몰라도 지옥은 나도 손을 쓸 방법이 없네."라고 거절을 한다. 이 벽화는 완성된 후, 성스러운 바티칸에서 나체의 그림을 그렸으니 이로 인해 많은 논란을 불러일으켜 미켈란젤로는 종교 재판에 회부될 위기까지 처한다. 논란은 24년간을 끌어 오다 1564년 트리엔트 공의회에서 비속한 부분은 가려야 한다는 판결로 미켈란젤로의 제자인 볼테라에게 나체를 가리도록 지시한다. 덕분에 볼테라는 '브라게토니(기저귀를 만드는 사람)'란 비운의 별명을 얻게 된다.

그 공방전이 오가던 24년 사이에도 미켈란젤로는 1546년 71세의 나이로 바오로 3세의 명을 받아 성 베드로 대성당의 건축 공사 책임자로 임명된다. 이때 미켈란젤로는 자신의 신앙과 자신의 부족함을 많은 시로 남기게 된다. 89세에(1564년 2월 18일) 뇌일혈로 세상을 마친 천재 미켈란젤로. 시스티나 성당에 들어가면 그 거대한 천장화와 벽화에 압도된다.

그러나 〈최후의 심판〉 벽화는 후에 그리스도가 아폴로를 닮았다느니 수염이 없다느니 논쟁이 끊이질 않았다. 교황 클레멘트 8세는 아예 벽화를 없애려고까지 했다. 그러나 〈최후의 심판〉은 인간의 옷을 모두 벗김으로써 인간이 모두 평등하다는 것을 나타낸다. 최후의 심판 때 노한 그리스도가 든 오른손을 천당의 성인들도 두려워 뒷걸음질 친다는 것을, 천당의 성인들도 두려워하니 끊임없는 죄의 유혹 속에 살아가는 우리는 얼마나 두려워 해야 하는가를 잘 보여 준다.

미켈란젤로의 기타 작품들

볼로냐에 있는 작품. 크기는 약 51cm이고, 산 도메니코 성당에 있다. 미켈란젤로의 천재성을 확인할 수 있는 작품이다. 이때 그의 나이 19살이었다.

피렌체의 바르젤로 미술관에 있는 〈Bacchus〉. 이 작품을 만든 시기가 1497년, 즉 미켈란젤로의 나이 23세 때이다.

미켈란젤로의 친필이 적힌 스케치. 연대는 불분명하며 현재 프랑스 루브르에 있다.

1540년에 만든 〈브루투스의 초상〉이다. 현재 피렌체의 바르젤로에 소장되어 있다.

캄피돌리오 광장의 스케치.(1548년)

1521년에 만든 예수 상. 로마의 산타 마리아 소프라 미네르바에 있다. 예수 그리스도가 십자가를 지고 가는 모습.

1541년에 그린 스케치. 현재 런던 브리티시에 있다.

1533년에서 34년 사이에 만든 작품. 현재 피렌체의 우피치에 있다.

1524년에서 31년 사이에 제작한 산 로렌조 성당의 작품.

시스티나 성당의 외벽

피렌체에 있는 Medicea·Laurenziana 도서관. 그는 건축, 미술, 실내 디자인 모든 면에서 월등한 천재였다.1530년의 작품이다.

바티칸 대성당 돔의 내부

1501년 작품으로 128cm의 높이이다. 현재 벨기에에 있다.

1521년에서 31년까지 제작한 대리석 마돈나 상. 피렌체의 산 로렌조 성당에 있다.

피렌체의 두오모 박물관에 있는 1550년에 만든 피에타 상.

시에나의 두오모에 있는 바울 상. 1503년에서 4년까지 제작했다.

시에나의 두오모에 있는 베드로 상 1501년에서 4년까지 제작한 작품.

1494년에 제작한 볼로냐에 있는 산 도메니코 성당의 대리석 상.

로마에 있는 피아 성문(Porta Pia)이다. 미켈란젤로가 설계한 것으로 1562년에 착공했다.

1530년에 제작한 피렌체 Medicea-Laurenziana 도서관의 계단. 이 계단에서 우리는 캄피돌리오 언덕의 계단을 연상할 수가 있다.

현재 피렌체 산 로렌조 성당에 있는 로렌조 데 메디치의 무덤. 1524년에서 31년까지의 작품. 메디치 가문은 미켈란젤로의 든든한 후원자였다.

2. 바티칸 대성당(성 베드로 성당 Basilca di San Pietro) MAPECODE 05041

유럽 역사의 중심, 가톨릭의 총본산

성 베드로 성당은 총 500개의 기둥, 50개의 제단, 450개의 조각으로 이루어져 있으며 총 5개의 문이 있다. 성당의 내부는 1506년 브라만테에 의하여 건축이 시작되어 미켈란젤로, 1600년대의 마데르노에 의해 내부 공사가 계속되어 공식적으로는 1626년에 완성이 되었다. 여기 있는 작품들은 아주 화려하며 바로크풍의 모자이크와 거대한 조각들은 '이 성당이 과연 가톨릭의 본산답구나' 하는 생각을 가지게끔 한다.

성당의 길이는 총 187m이며, 폭은 58m이다. 벽 사이 사이에는 총 39인의 성인들과 수도회의 창설자의 모습이 조각되어 있으며 1780년에 도금된 천장도 볼 수가 있다.

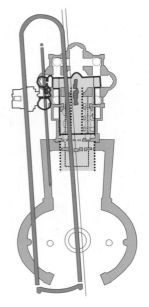

Access

시간 연중 무휴 요금 무료(쿠폴라 올라가기 엘리베이터 + 320 계단 : 8유로, 551계단: 6유로-10월 1일~ 3월 31일-8:00~17:00 / 4월 1일~9월 30일-8:00~18:00) 미사 시간 8:30, 9:00, 10:00, 11:00, 12:00, 17:00

붉은 선은 예전 바티칸 언덕에 조성되어 있던 경기장이다. 이곳에 네로(54~68) 경기장이 있었다. 중앙 부분에 아주 작게 파란색으로 표시가 된 곳이 베드로가 묻혀 있는 공동묘지인데 이를 중심으로 대성당이 건축되었다. 건축될 당시의 대성당의 크기는 현재 노란색의 모양이었으며 현재는 지금과 같은 녹색의 모양을 띠고 있다.

바티칸 대성당에 들어가려면

복장에 신경을 써야 한다. 모자 안 되고, 슬리퍼도 안 된다. 끈으로 묶는 슬리퍼는 되지만 해변용 슬리퍼는 안 된다. 여자든 남자든 너무 노출이 심한 옷 역시 안 된다. 반바지에 면티에 운동화가 가장 무난하다. 이 규정은 가톨릭을 지키기 위해 노력했던 요한 바오로 2세에 의해 1998년 사도회법을 통하여 강화된 것이다.(원칙적으로 남성의 경우 반바지도 입장 불가이지만 여행자의 경우 양해가 된다.)

성 베드로 광장 Piazza San Pietro

▶ 베드로 성당 앞의 웅장한 광장

바티칸의 가장 큰 자랑거리 중의 하나는 성 베드로 성당 앞의 광장이다. 이 광장은 알렉산드로 7세 재위 시(1665~1667)에 베르니니가 1667년까지 12년의 공사 기간 동안 완성한 것이다. 이 광장은 우선 완만하게 경사가 지도록 했는데 그 이유는 성당 앞에서 거행되는 여러 종교 의식을 잘 보이게 함과 미켈란젤로의 돔을 나타내기 위해서였다. 전체적으로 팔을 벌여 모든 신도를 감싸 안는 모양을 지니고 있다.

바티칸 대성당 정문에서 바라본 광장

가장 넓은 곳의 크기는 240×340m이고 양 좌우에 15m 높이의 기둥이 총 284개가 들어서 있다. 그 위에는 베르니니의 제자들이 만든 높이 3.2m 크기의 성인상이 140개가 있다. 또한 가운데에는 오벨리스크가 있는데 이 오벨리스크는 원래 네로 전차 경기장에 있던 것으로 1585년에 도메니코 폰타나가 이곳으로 옮겨왔다. 이 오벨리스크는 전형적인 해시계 역할을 하기 때문에 아직도 광장 바닥에는 시간을 나타내는 표시가 있다. 분수가 두 개 있는데 광장 입구에서 성당을 바라보았을 때 오른쪽에 있는 분수는 마데르노에 의해 1613년에 제작되었고 왼쪽의 분수는 베르니니에 의해

원주 위에 있는 140인의 성인들의 모습

1675년에 제작되었다. 이 광장을 만든 베르니니는 미켈란젤로가 만든 캄피돌리오 언덕에서 모형을 가져왔다.

광장 중앙의 오벨리스크. 해시계 역할을 한다.

마데르노의 분수(1613년)

바티칸 대성당에서 천사의 성으로 바로 일직선으로 이어지는 길은 1950년에 만들어졌다. 바로 화해의 길(Via della Conciliazione)이다. 그리고 광장을 돔에서 바라보면 광장 바닥에 오벨리스크를 중심으로 줄이 나 있는데 이유는 광장에 모인 사람들을 계산하기 위해서라고 한다. 매우 치밀하게 만들었다.

1934년 교황의 강복 모습

일요일 정오 12시에 스피커를 통해 교황의 음성을 들을 수 있다.

성당 입구

바티칸 성당의 평면도

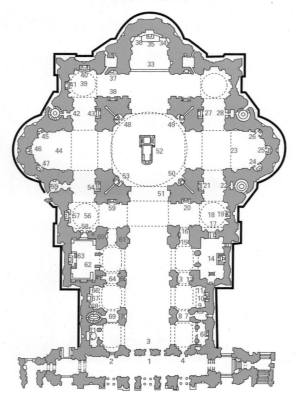

1번 청동으로 만든 바티칸 대성당의 중앙 현관문이다.

실제 열리지 않는다. 대성당의 현관 문이며 5개의 문 가운데 중앙에 위치한다. 이 청동문은 1445년에 만든 문인데, 대성당을 짓기 전부터 있었다. 이 문을 가까이 가서 보면 성 베드로의 순교 장면이 있는데 성 베드로가 십자가에 거꾸로 매달린 순교 장면이다.

2번 5개의 문중에서 제일 왼쪽 끝에 있는 문으로 '만추의 문'이라고 한다. 흔히들 '죽음의 문'이라고 하는데, 대성당 내에서 장례식을 치른 시신이 나가는 문이다. 그런데, 이 문이 가장 축복스러운 문이다. 대성당 내에서 장례를 치를 정도의 인물은 가톨릭 문파 내에서 성인(聖人)이나 가능한 일이기 때문이다. 이 문을 통하여 나오면 복을 받는다는 말이 있다.

3번 중앙 현관문 바로 앞. 바티칸 대성당이 세계에서 제일 크다는 것을 나타내는 표지물이다. 앞으로 쭉 나가면 전 세계에 있는 성당의 크기들이 차례로 표시되어 있다.

4번 오른쪽 끝문으로, 25년을 주기로 열리는 성스러운 문이다. 원래 50년 만에 문을 여는 것이 교리상 원칙이지만 현재는 25년마다 문이 열린다.

1번과 4번 문들 사이에 있는 문을 통하여 대성당 안으로 들어가자.

들어가는 문에 있는 조개의 모습. 조개는 종종 성당 안의 주요한 모자이크의 주제로 사용이 되는데 바로 이 조개가 순례를 상징하기 때문이다. 조개는 새조개이다. 이 조개를 밟고 들어가면 정식으로 순례자가 된다.

바티칸 성당의 내부는 현관문까지 포함하면 길이가 총 230m(성당 내부만의 길이는 187m이다), 직경이 42m(외부건축물까지 포함하면 58미터), 돔은 지상에서 136.5m이다. 이 정도의 높이는 15층 건물의 높이다. 따라서, 내부에는 상당히 볼 것이 많지만 많은 부분을 개방하지 않는 곳이 많아서 다 보지는 못한다. 바티칸 내부는 입석시 총 6만 명까지 수용이 가능하다.

바티칸 성당의 내부. 미켈란젤로가 설계한 돔 사이로 빛이 들어온다.

6번 미켈란젤로의 〈피에타 상〉

이 피에타 상이 있는 곳은 그리스도의 죽음을 기리기 위해 만든 제단, 작은 예배처이다. 이 조각은 1499년에 만든 것으로 미켈란젤로가 만 24세 때 만든 작품이다. 성모 마리아의 왼쪽 어깨로 흘러내리는 띠에는 미켈란젤로의 서명이 있는데 미켈란젤로의 작품 중 유일하게 친필 서명이 조각된 작품이다. 당시 아무도 이 작품을 어린 미켈란젤로가 만들었다는 것을 믿지 않자 그가 새겨 넣었다는 일화가 있다.

'피에타'라는 말은 '자비, 온정'이라는 뜻이며 보통은 돌아가신 예수 그리스도를 안고 있는 마리아의 모습을 한 조각이나 그림을 피에타라고 한다. 당시 모든 화가나 조각가들이 일생의 작업으로 남겨야 하는 숙제와 같은 주제이다. 이 작품은 현재 방탄 유리로 보관 중이며 일반인이 접근하기가 힘들다. 왜냐하면, 1972년에 어떤 미친 사람이 머리, 코, 눈 언저리, 왼팔을 부수었기 때문이다. 현재의 모습은 복원 후의 모습이다. 이 피에타 상 위를 자세히 보면 바티칸 대성당 내에서 유일한 프레스코 벽화 〈십자가의 승리〉라는 1600년대의 작품이 있다.

7번 레오네 12세 기념 조각물. 이 조각물 뒤로 교황이 타고 내리는 엘리베이터가 있다.

8번 스웨덴의 크리스티나 기념비.

9번 피오 11세의 기념비

10번 성 세바스티아노 제단. 성 세바스티아노의 순교 장면이다. 그림처럼 보이지만 모자이크화다. 모자이크가 훨씬 보존이 용이하다. 성 세바스티아노 제단 그림 바로 아래에 있는 인노센치오 11세의 실제 시신이다. 얼굴과 손이 부패를 방지하기 위해 은으로 덮혀 있다.

여기서 잠깐~

이탈리아 성당의 실제 용도는 예배를 드리는 곳이기도 하지만 많은 성인의 무덤으로도 사용된다. 엄밀히 말해, 바티칸 대성당도 성 베드로의 무덤이 아닌가? 이런 모습은 이탈리아 전역을 가도 마찬가지다. 가톨릭에서 시신을 훼손하지 않고 보존하는 것은 부활에 대한 믿음 때문이다.

11번 피오 12세 기념비

12번 인노센치오 12세 기념비

13번 기독교를 옹호한 마틸데 공작부인 기념비

14번 성체의 제단, 예배당이 나온다. 혹 가톨릭 신자라면 들어가서 예배를 드리자. 이곳의 중앙에는 황금색으로 도금된 성체를 담는 곳이 있다. 성 피에트로 광장을 만든 베르니니의 작품이다. 제단 뒤에는 바티칸 대성당 내의 유일한 유화인 〈삼위일체〉가 걸려 있다.

15번 그레고리우스 13세 기념비. 1582년 그레고리우스력을 개량하여 만들었다.

16번 원래 그레고리우스 14세의 기념비가 있어야 할 자리인데 무슨 연유에서인지 현재는 작품이 없다.

17번 그레고리우스 16세 기념비

18번 그레고리우스 예배당의 모습이다.

19번 그레고리우스 예배당 위에 있는 구원의 성모 제단

20번 성 지롤라모 제단. 성 지롤라모 제단 위에 있는 모자이크화

그림을 보다 보면 항상 하늘에 아기 천사들이 떠 있는 경우가 많다. 이런 모습을 본떠 실제 1900년 초기의 남부 지방에서는 어린아이들을 끈으로 연결하여 하늘에 떠 있게 하는 축제를 많이 했다.

21번 성 바실리오 제단　　　　22번 베네딕토 14세 기념비　　28번 클레멘스 13세 기념비

51번 베드로 상. 지금은 사람들이 손을 대고 지나가지만 원칙은 발에다 입 맞춤을 하는 것이 원칙이다. 이 작품은 13세기의 작품이며 피렌체 출신의 아르놀포 디 캄비오의 작품이다.

52번 천개, 대성당의 중심이다.
천개 즉, 발다키노라고 불리는 성 베드로 무덤의 덮개이다. 1624년 우르바노 8세의 명으로 베르니니가 아주 화려하게 만든 바로크 양식의 걸작이다. 성 베드로 성당은 주로 바로크 양식의 건축 형태를 지니고 있어서 화려하다.

천개 아래에 있는 성 베드로의 무덤. 들어가지 못한다. 1624년에서 1632년에 걸쳐 만들어진 것으로 이 작품은 돔 아래에 있는 빈 공간을 메우기 위해서 만들었는데 이 작품을 만들면서 베르니니와 베르니니를 지원했던 바르베리니 가문은 욕을 엄청 먹어야 했다. 왜냐하면, 판테온의 입구와 천장의 동판을 뜯어냈기 때문이다. 이 천개를 제작하는 방식은 갖다 옮겨 놓은 것이 아니라 이 자리에 바로 거푸집을 만들고 주물을 부어 넣어 만들었다.

천개의 빙글빙글 돌아가는 기둥을 보면 꿀벌의 모양이 있는데 바로 바르베리니 가문의 대표 상징이었다. 이 꿀벌의 문양은 이탈리아 내에서도 친숙하다. 〈로마의 휴일〉에서 즐겁게 작은 스쿠터를 타고 다니는 모습이 나오는데 바로 스쿠터의 이름이 vespa의 ape(벌) 모델이다. 로마 국립 회화관 건물이 바르베리니 가문의 건물이며 이 건물 역시 군데 군데 꿀벌의 문양이 새겨져 있다.

고개를 들어 하늘을 보면 미켈란젤로가 설계한 돔이 보인다. 이 돔은 미켈란젤로가 설계하고 그의 제자인 델라 포르타와 마데르노가 완성시킨 돔으로 높이가 136.5m이며 총 537개의 계단을 올라가야 한다. 상당히 거대하지만 그렇게 커 보이지 않는다.

금박의 글자는 라틴어로 '너는 반석이며 이 반석 위에 나의 성당을 세우며 너에게 천국의 열쇠를 주노라'라는 뜻이다. 바로 베드로에게 하는 말이다. 따라서 베드로는 항상 열쇠를 들고 있다. 현존하는 돔의 양식 중에서 채광 능력이 가장 뛰어나다고 한다. 바티칸 대성당 내에는 전기로 된 채광 장치가 없다.

돔 아래에는 총 4명의 성인이 있다. 바로 성경의 복음서 저자들이다. 그래서 펜을 들고 있다. 마가복음, 누가복음, 마태복음, 요한복음이라고 알고 있는 성경 속 각 부분의 저자들이다. 바로 성 마르코, 성 루카, 성 마테오, 성 요한의 모습이다. 성 마르코가 들고 있는 펜이 참 작아 보이는데, 천만에, 그 펜의 길이만 해도 1.65m이다. 그러니 돔의 규모를 충분히 짐작하고도 남는다.

외부에서 본 돔의 모습

48번 성 베로니카의 상이다. 베로니카가 들고 있는 천이 예수의 시신을 덮은 것이라고도 하는데 공식 문건에 의하면, 이 장면은 골고다 언덕으로 가는 예수의 얼굴을 닦아 주는 모습이라고 한다.

49번 성 헬레나의 상 여인이 들고 있는 십자가는 예수가 못박혀 죽음을 당한 그 십자가이다. 성 헬레나가 이를 찾아냈다. 성 헬레나는 기독교를 313년에 공인한 콘스탄티누스 대제의 어머니이다.

50번 성 론지노의 상 이 사람이 들고 있는 창이 바로 예수님을 찌른 창이다. 론지노는 바로 예수를 찌른 로마 병정이다. 후에 개종하여 지금은 성인으로 추앙받고 있다. 사람은 비록 잘못을 했더라도 회개하면 다시 새로운 삶을 살 수 있다는 강력한 종교적 메시지이다. 혹, 과거에 잘못한 일이 있는 사람이면 성 론지노 상을 보면서 반성하고 다시금 새로운 희망을 바티칸에서 얻어 가자.

이 작품만이 유일한 베르니니의 작품이다. 48, 49, 53은 베르니니 공방에서 만들었다.

53번 성 안드레아 상 베드로의 동생인 안드레아 성인이다. 네 부분이 같은 길이인 그리스 십자가 형태의 나무 십자가에서 순교했다. 현재 안드레아의 두개골이 보존되고 있으며 부활절에는 바로 안드레아의 두개골, 성 헬레나의 십자가, 성 베로니카의 베일, 성 론지노의 창 파편 등이 공개된다.

35번 대성당의 주 설교단

특별한 행사를 제외하고는 들어가지 못한다. 빛이 들어오는 타원형 창 아래의 의자는 베르니니가 나무로 된 의자 위에 청동을 입힌 것이다. 이 의자는 항간에 성 베드로가 앉았던 의자로 알려졌는데 역사적 고증에 의하면 875년 카롤 2세가 신성로마제국 황제 대관식을 기념하여 교황 조반니 7세에게 증정한 것이다.

카롤 2세의 아버지는 800년에 신성로마제국의 황제에 임명된 샤를마뉴 대제이다. 또한 샤를마뉴 대제의 아버지는 프랑코 왕국의 피핀 대제로서 그 피핀 대제는 현재 이탈리아 북부의 땅을 찾아서 교황에게 바쳤다. 또 피핀 대제의 아버지는 카를 황제로서 711년 이슬람이 유럽을 침공했을 때 프랑스 뚜르 지역에서 이를 막아낸 영웅이다. 바로 그런 집안의 후손이 바티칸 교황을 위해 증정한 의자이니 바티칸 측에서는 상당히 의의가 있다고 하겠다. 당연히 보존을 하고 널리 세상에 알리고자 하는 것이다.

설교단 양쪽으로 34번과 36번의 조각상이 있다.

의자 아래로는 총 4명의 성인이 있다. 왼쪽에서부터 로마 가톨릭 교회의 대표인 성 암브로시오와 성 아우구스티노, 그 다음 그리스 정교회의 성 아나스타시오와 성 조반니 크리소스토이다. 베르니니가 만들었는데 이 작품을 만들 당시 그리스 정교회 역시 교부학, 즉 신학 안에서도 그들을 인정함을 나타내고 있다고 한다.

34번 우르바노 8세

베르니니에게 천개 및 기타 여러 조각품을 만들기를 원했던 교황이다. 이 교황은 바르베리니 가문 출신인데, 판테온의 천장과 동판을 뜯는 것을 묵과했기 때문에 후대에 욕을 많이 얻어 먹었다.

36번 미켈란젤로를 존경하고
후견했던 바오로 3세의 조각.

40번 레오네 마뇨의 제단

41번 지주 성모의 제단

42번 베르니니가 80세가 되었을 때 그를 아끼던 교황 알렉산더 7세는 베르니니가 죽기 전에 자신의 상을 만들어 달라고 간곡하게 부탁했다. 이에 베르니니가 노구를 이끌고 힘겹게 손수 만든 마지막 걸작이다. 해골이 들고 있는 것은 모래시계인데 죽음은 누구에게나 온다는 뜻을 지니고 있다. 이는 베르니니가 스스로 죽음의 날이 얼마 남지 않았다는 사실을 직감한 것으로 풀이된다. 작품의 오른쪽에 보면 지구본을 밟고 있는데, 이는 영국 성공회를 비난한다는 뜻이다.

43번 성심 제단

44번 작은 예배당
45번 토마스 제단(왼쪽)
46번 성 요셉 제단(정면)
47번 성 베드로 십자가 제단
(오른쪽)

54번 거짓의 제단
이곳에서 거짓말을 하면 큰
일이 난다고 믿는다. 따라서,
이곳에서 중요한 일을 약속하
기도 했다고 한다.

55번 피오 8세 기념비
이 밑의 문을 통해 들어가면 제의실과 보물실의 모습이 있다. 테조로 박물관이 바로 이곳이다.

역대 교황의 이름이 새겨져 있다. 맨 마지
막에 2005년도에 서거한 요한 바오로 2
세의 이름이 적혀 있다.

이곳에서 가장 유명한 식스투스 4세
(1471~1484)의 무덤. 미켈란젤로의 스
승이었던 안토니오 델 폴라이오로의 작품
이다.

테조로 박물관

57번 성 그레고리우스 제단

클레멘티나 예배당

58번 피오 7세의 기념비
유명한 비가톨릭 신자였던 덴
마크 출신의 조각가, 토르발드
센의 작품이다.

59번 예수 승천의 제단
바티칸 박물관의 피나코테카
(회화관)의 8번 방에 있는 라파
엘로의 작품이다. 그가 이 그림
을 미완성인 채로 남겨둔 것을
그의 제자, 줄리오 로마노가 완
성시켰다. 지금 우리가 보고 있
는 그림은 그림이 아니라 모자
이크이며 복제품이다. 원본은
피나코테카 8번 방에 있다.

60번 레오네 11세의 기념비

61번 인노센스 11세의 기념비

63번 무염시태의 제단

62번 성가대의 예배당

도대체 바티칸 설명은 너무 어려워서 못 듣겠다?
개랑, 천개, 무염시태, 지주성모… 다 한자어의 번역, 주로 일본어
의 번역이다 보니 이런 일이 많이 발생한다.

마리아의 무염시태(無染始胎)란,
단순히 처녀로 잉태했다는 것을 의미하지 않으며 이는 하느님의 계획에 따라 구원 사업에 참여하도
록 선택된 사람으로 세상에 태어나기 전부터 일체의 죄의 세력에서 구원받고 있음을 뜻하는 말이다.
만일 예수를 잉태한 인간이라면 당연히 그 자식에게도 원죄가 물려지는데 이는 가톨릭 교리에서 아
주 미묘한 문제였다. 이 교리는 1830년 7월 18일에 프랑스 파리의 까리따스 수녀원에서 성모가 발
현하여 원죄 없이 잉태되었음을 알려 주었다. 그리하여 1854년 피오 9세 교황은 "복되신 동정녀 마
리아께서 잉태되시는 첫 순간, 인류의 구원자 예수 그리스도의 공로로 미리 내다보신 하느님께서는,
마리아에게 특은을 베푸시어 원죄에 물들지 않게 하셨다"고 선포하고 이를 교리로 선포했다. 마리아
는 다른 이들이 세례 때 받는 은총을 출생 이전에 미리 입음으로써 구세주의 어머니가 되도록 불림 받
았다는 것이다.
가톨릭 교리에서는 성(性)을 아주 귀하게 본다. 그림이나 조각 내에서도 성적인 신체 부분은 절대 가
려져야 한다. 따라서, 가톨릭에서는 성적 행위로 인한 비도덕적인 일에 대해서는 매우 단호하다. 예
를 들어, 낙태와 같은 일은 절대 용납하지 않는다. 만약 이를 인정할 경우 가톨릭의 2000년 교리가
무너진다. 실제 가톨릭에서는 교리를 지키기 위해 사람의 목숨은 바칠 수 있는 것으로 보지만 숭고한
교리는 함부로 손 댈 수가 없다. 몸 가죽이 벗겨지는 고통 속에서도 지키는 것이 바로 가톨릭 교리이
다. 따라서, 가톨릭이 취하는 입장은 단순히 당대의 가치관이나 관습이 아닌 2000년이 넘게 지켜온
교리라는 사실을 이해한다면 가톨릭의 입장을 조금은 이해할 수가 있다고 한다.

65번 인노센치오 8세 기념비

64번 피오 10세의 기념비

67번 동정녀 마리아에게 봉헌한 예배당

66번 요한 23세의 기념비

68번 베네딕토 15세 기념비

70번 스튜어트 왕조의 기념비. 세 사람은 가톨릭을 위해 왕좌를 거부했다.

69번 소비에스키 기념비

71번 세례당

이탈리아 여행에서 가장 중요한 것은? 체력!

주로 여름철에 배낭여행을 가는데 불편한 잠자리, 불편한 음식을 먹으면서 엄청난 행렬 틈에 끼여 움직이려면 웬만한 체력으로는 되지 않는다. 특히, 로마의 한여름 바깥 온도는 40도에 육박한다. 그러니 너무 달콤한 여행의 환상이 보내는 밀어에 자신의 판단을 내맡기지는 말고 냉정하게 준비하고 판단해야 한다. 여행의 주체는 자신이며 이 세상에 대가 없이 얻을 수 있는 것은 없다. 여행에서 편안한 요령은 정확하게 그만큼의 성과만 얻을 뿐이다.

바티칸 성당의 역사

성 베드로가 64년 또는 67년에 순교한 뒤 네로(54~68) 황제 경기장(37년에 만들었다.)의 북쪽, 즉 바티칸이라는 이름의 어원인 바티카누스 평원의 공동묘지에 안장이 되었다. 지금 바티칸이 있는 자리는 그 옛날 공동묘지인 셈이다. 이후 2세기 중엽에 바로 그의 무덤 위에 작은 성당이 세워진다. 성경의 말처럼 '너를 베드로라 부르니 너 위에 내 성당을 세우리라, 너에게 천상의 왕국을 열 수 있는 열쇠를 주노라'의 의미 그대로 그의 묘지 위에 성당이 건축되기 시작했다. 이후 313년 밀라노 칙령으로 크리스트교가 공인되고 콘스탄티누스 대제는 329년에 어느 정도 모양을 갖춘 성당을 세운다.

그 규모는 지금의 바티칸 대성당의 본당 규모 정도였다. 그러나 로마 제국의 분열, 게르만 족의 침입, 심지어는 826년경에 아랍인들까지 이곳을 점령하기도 했다. 이 당시 846년 현재의 바티칸의 벽, 즉 성으로서의 외벽이 쌓인다. 이 당시 교황은 이곳이 아닌 라테란 궁에서 거주하고 있었다.

이후 아비뇽 유수 시대(1305~1377) 기간 동안 로마는 철저히 버려지게 되었고 새로이 교황권을 복구할 이유도 생기게 되었다. 율리우스 2세가 1505년 당대의 유명한 건축가였던 브라만테에게 성전 건축을 위임했다고 한다. 하지만, 실제는 1400년대 중반에 이미 니콜로 5세 교황에 의하여 성전 재건축 계획이 세워졌다. 니콜로 5세는 건축가인 베르나르도 로셀리노에게 이 일을 일임하는데, 이때 오스만 투르크인들이 콘스탄티노플을 침공하여 계획은 흐지부지되고 만다. 이후 시스티나 예배당이 1470년대 말 식스투스 4세에 의해 1483년 8월 15일 완공, 제막식을 거행한다.

그는 기존의 성당을 과감히 부수어 버리고 거대한 성당을 짓기로 결정하고 그 일을 브라만테에게 맡긴다. 그는 이 베드로 성당을 재건축하기 위해서 로마와 인근 지역에 있던 수많은 성당과 유적지에서 재료를 뽑아 쓴다. 이뿐만 아니라 기존의 초대 성당의 모습을 완전히 없애버려 '파괴의 건축가'라는 오명을 듣게 된다. 그러나 1514년 브라만테의 사망으로 일은 나중에 미켈란젤로에게 넘어간다.

1547년 바티칸 대성당 건축,예술 주임으로 임명을 받게된 미켈란젤로는 생전에 사이가 나빴던 브라만테의 설계가 사라지리라는 사람들의 예상을 뒤엎고 아이러니하게도 브라만테가 만든 설계의 원형으로 돌아가 외벽의 무늬 모양, 조각 등의 벽감만을 수정했다. 또한 교황의 제단 위에 웅장한 쿠폴라(돔)를 설계한다. 하지만 그 완성은 그의 제자였던 자코모 델라 포르타에 의해 마무리된다. 미켈란젤로는 당시 예술가로서 최고의 직위에 있었으면서도 불구하고 오직 예술과 신의 사랑, 그리고 성 베드로의 영광을 위하여 죽을 때까지 이 작업에 매달렸다.

이후 1607년~1612년까지 카를로 마데르노가 성당의 전면을 손보고 이후 큰 변화없이 지금까지 성 베드로 성당은 자신의 모습을 지키고 있다. 이때 마데르노는 대성당의 파사드, 즉 성당의 앞면을 만들면서 미켈란젤로가 설계한 돔을 보이지 않게 만들어 버리는 실수를 하는데, 차후 베르니니가 성당의 광장을 만들면서 지면을 경사지게 만듦으로써 뒤쪽의 돔이 보이게끔 수정했다.

3. 바티칸 주변 & 트라스테베레 지역

MAPECODE **05042**

천사의 성 Castel Sant' Angelo

미카엘 천사가 나타난 곳

카스텔로(Castello)는 '성', 안젤로(Angelo)는 '천사'라는 뜻이다. 590년 로마에 흑사병이 돌았던 당시, 교황이 행진을 하던 도중 전쟁의 신인 미카엘 천사가 이 성 위로 나타났고 그러자 흑사병이 사라 졌다고 하는 전설에서 유래되었다. 지금도 이 성 위에는 미카엘 천사의 모습이 청동상으로 남아 있다. 천사의 성은 원래 하드리아누스 황제(117년~138년)의 묘로 만들어졌다. 오랜 시간에도 불구하고 지금까지 잘 보존될 수 있었던 것은 유사 시마다 교황이 피신하는 주요 요새로 이용되었고, 계속 증 개축되며 성곽으로 사용되었기 때문이다. 성에서 바티칸까지 '파셋토'라고 불리는 통로가 있었다고 전해지며 성을 나오자마자 성 베드로 성당으로 이어지는 '화해의 길'이 있다.

오페라 '토스카'의 무대가 바로 이곳이다. 토 스카는 이 성에서 몸을 던져 죽는다. 투석에 사용되었던 돌들이 있으며, 그 돌들을 쏘아 올 렸던 거대한 투석기가 볼 만하다. 또한 이곳에 서 바라보는 로마 전경도 좋다. 성 바로 앞에 천사상이 있는 다리는 성 바울과 베드로 상밖 에 없었던 것을 베르니니가 10개를 추가로 만 들어 지금까지 전해지고 있다.

Access

성 베드로 성당(바티칸)에서 나와 앞으로 곧장 걸어가면 바로 화해의 길이 나온다.
버스 23, 24, 40, 280번
지하철 A선 Lepanto 역에서 강쪽으로 걸어서 10분
주소 Lungotevere Castello 50
전화 06-6819111
시간 9:00~19:00 (월요일 휴관)
요금 14유로(로마 패스 소지 시 7유로)

나폴레옹 박물관 Museo Napoleonico

나폴레옹의 업적을 보여 주는 박물관

나폴레옹의 유품을 정리한 박물관이라고 하지만 나폴레옹의 유품보다는 나폴레옹의 초상화, 그의 전쟁 업적을 기리는 그림, 그리고 나폴레옹 가문의 유물들이 훨씬 많다. 단층으로 이루어져 있으며 볼거리가 그렇게 많지는 않다.

Access

천사의 성 오른편에 있는 법원 건물 다리 건너 바로 맞은편

주소 Via Zanardelli
시간 9:00~19:00(월요일 휴관)
요금 2.58유로

법원

트라스 테베레 벼룩시장

이탈리아에서 규모가 가장 큰 벼룩시장

이탈리아 전역에서도 가장 규모가 큰 벼룩시장이다. 동구권 지역에서 넘어온 진귀한 골동품, 저렴한 옷가지 등과 시장 내에서 파는 여러 음식들이 있으며, 로마에서 가격은 싸면서 질도 괜찮은 물건을 파는 곳이다. 귀국 선물이나 기념품을 아주 저렴하게 구입할 수 있다. 다만, 오후 2시 정도면 장이 파하니 가급적이면 아침에 가는 것이 좋다. 가격은 잘 협상해야 한다. 트라스 테베레 지역의 포르타 포르테제 성곽 안에서 엄청난 규모의 상인과 행인이 뒤섞이는 곳이다.

트라스(Tras)라는 말은 '건너'라는 말이며, 테베레(Tevere)는 강의 이름이다. 즉, '강 건너 마을' 정도로 해석이 된다. 전통적으로 이 지역은 로마 시대에서 일하는 하층 노동자들이 살던 곳이며 또한 로마로 공급되는 각종의 면직물, 수공업의 작은 공장들이 많던 곳이다. 또한 이곳은 유태인들의 집단 거주 지역인 '게토(Ghetto)'가 있었다. 벼룩시장은 일요일 오전에만 열리며 소매치기와 바가지가 많으니 조심하자! 안으로 들어갈수록 물건 값은 싸다.

Access

버스 H, 8번

트라스 테베레의 게토(Ghetto)

현재는 딱히 게토라고 불릴 만한 곳은 찾기 힘들다. 게토는 원래 1179년의 라테란 공의회의 결정에 따라 그리스도교와 유대교의 접촉 금지에서 비롯되었다. 그러나 형식적으로 유태인 거주 지역이 생기기 시작한 것은 1300년대~1500년대 사이에 유럽 지역을 휩쓸던 흑사병 때문이었다. 유대인들이 이 병을 옮기고 다닌다는 루머가 있었기 때문이다. 그러다 공식적으로 유대인들의 게토가 처음 생긴 것은 1500년대 초 베네치아 게토였으며 트라스 테베레의 게토는 1555년에 만들어졌다. 현재는 그 흔적을 트라스 테베레 지역 맞은편에 세워져 있는 유대교 회당인 시나고그(Synagogue)에서 확인할 수 있다. 다만, 이 시나고그는 아주 삼엄한 경비 속에 있기 때문에 방문은 거의 불가능하다.

바티칸 박물관 및 성당 1일 코스

바티칸을 구경할 때는 금지하는 것이 있다. 우선 박물관 입장 시(스위스제 칼, 삼 각대 등) 반입 금지 물건이 있으며 바티칸 박물관 입장 때까지 상당히 오랜 기간 줄을 서야 하기 때문에 모자, 물 등을 챙겨야 한다. 국제 학생증을 소지할 경우 할 인 혜택이 주어지기 때문에 챙겨 놓으면 좋다.

바티칸에 방문하는 날은 저녁에 스페인 계단과 트레비 분수 근처를 중심으로 로마 시내의 야경을 보는 것도 좋다.

오전

지하철 A선을 타고 오타비아노 산 피에 트로 역에서 도보로 약 7분

모든 사람들이 바티칸 박물관으로 가는 행렬이기 때문에 따라가면 된다. 이곳 에서 약 1시간 정도 줄을 서야 한다.

1 로마 바티칸 박물관 앞

② 입장 후 바티칸 박물관 보기

이제부터는 박물관을 순서대로 따라가면 된다.

피나코테카관 →

솔방울 정원 →

벨베데레 정원 →

동물의 방 →

뮤즈의 방 →

원형의 방 →

촛대의 복도 →

아라스 천의 복도 →

지도의 복도 →

성모 마리아의 방 →

라파엘로의 방 →

시스티나 성당

오후

바티칸 성당에 들어가서 천천히 내부를 둘러본 뒤, 광장을 보자.

③ 성 베드로 대성당과
성 베드로 광장

바티칸 성당 입장 시 옷차림에 주의할 것.

남자의 경우 반바지 및 민소매 등의 노출이 심한 옷은 원칙적으로 입장 불가, 여자의 경우 너무 짧은 치마나 반바지, 민소매 등의 노출이 심한 옷은 입장 불가. 제일 좋은 옷차림은 청바지에 반팔 티셔츠에 운동화.

테르미니 역 Stazione Termini

국제 관광 도시, 로마의 중앙역

로마에서 처음 만나게 되는 것이 바로 테르미니 역이다. 로마의 관문인 테르미니 역은 국제선과 국내선 터미널 역이 있으며 지하철 A, B선의 환승역이다. 또한 역 앞으로는 각종 버스 정류장이 있어 혼잡한 곳이다. 1942년 무솔리니의 지시에 의해 착공되었으며 내부에 관광 안내소, 은행, 우체국, 식당, 전화국 등 여행에 필요한 시설이 구비되어 있어 국제 관광 도시, 로마의 중앙역으로서의 면모를 갖추고 있다.

테르미니 역 주변으로는 민박집이 밀집해 있어 대부분 배낭여행자들은 이곳을 여행의 기점으로 삼는다. 역 앞으로 나오면 각종 버스의 출발점인 500인 광장(Piazza dei cinquecento)이 있다. 1887년 이곳은 에티오피아와의 전쟁에서 전사한 500명의 병사를 추모하여 지어졌다.

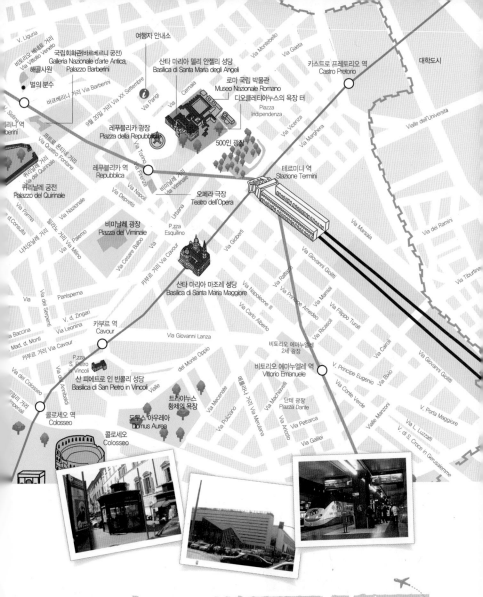

비토리오 베네토 거리
Via Vittorio Veneto

국립회화관(바르베리니 궁전)
Galleria Nazionale d'arte Antica,
Palazzo Barberini
해골사원

여행자 안내소

V. Liguria

산타 마리아 델리 안젤리 성당
Basilica di Santa Maria degli Angeli

로마 국립 박물관
Museo Nazionale Romano

Via Montebello

Via Gaeta

카스트로 프레토리오 역
Castro Pretorio

대학도시

벌의 분수

바르베리니 거리 Via Barberini

디오클레티아누스의 욕장 터

Piazza
Indipendenza

Viale dell'Universita

V. Stelvio 역
berini

9월 20일 거리 Via XX Settembre

Via Pariqi

Cernaia

Via Gaeta

Via Vicenza

Via Margherita

레푸블리카 광장
Piazza della Repubblica

500인 광장

테르미니 역
Stazione Termini

퀴리날레 거리
di del Quirinale

레푸블리카 역
Repubblica

Via Torino

Via Firenze

비미날레 거리

Via Viminale

Via Marghera

Via Marsala

Via dei Ramini

코르를 폰타네 거리
Via Quattro Fontane

퀴리날레 궁전
Palazzo del Quirinale

Via Nazionale

Via Depretis

Via Napoli

오페라 극장
Teatro dell'Opera

Urbana

Via Gioberti

Via Giovanni Giolitti

Via Tiburtina

di Consulta

Via Parma

비미날레 광장
Piazza del Viminale

P.zza
Esquilino

Via Cesare Balbo

Via Cavour

Via Napoleone III

Via Principe Amedeo

Via Mamiani

Via Filippo Turati

Via Ricasoli

나치오날레 거리
Via di S. Milano

Panisperna

산타 마리아 마조레 성당
Basilica di Santa Maria Maggiore

Via Carlo Alberto

Via dei Serpenti

V. d. Zingari

카부르 역
Cavour

Via Giovanni Lanza

비토리오 에마누엘레
2세 광장

V. Principe Eugenio

Via Carlo

Via Leonina

a Baccina

Mad. d. Monti

카부르 거리 Via Cavour

del Monte Oppio

비토리오 에마누엘레 역
Vittorio Emanuele

Via Conte Verde

Via Giovanni Giolitti

P.zza
S. Pietro
in Vincoli

산 피에트로 인 빈콜리 성당
Basilica di San Pietro in Vincoli

Viale

트라야누스
황제의 욕장

메룰라나 거리 Via Merulana

단테 광장
Piazza Dante

Via Caroli

Via Buxio

Via L. Luzzatti

Via del Colosseo

Via di Amboldi

콜로세오 역
Colosseo

도무스 아우레아
Domus Aurea

Via Mecenate

Via Poliziano

Via Machiavelli

Via Petrarca

Via Ardeati

단테 광장
Piazza Dante

Via Galilei

V. Porta Maggiore

Viale Manzoni

V. di S. Croce in Gerusalemme

콜로세오
Colosseo

travel tip

모든 여행의 시작은 항상 여행자 사무소에서!

지도뿐만 아니라 다양한 연극, 오페라 등의 정보도 갖춰져 있다. 여기서 하나! 로마를 여행할 때 그냥
눈으로 유적지들을 보고 다니는 것은 곧 지친다. 반드시 오페라나 연극 하나는 보고 오는 것이 좋다.
그렇게 비싸지도 않다. 우리 돈으로 약 2만 원 정도면 좋은 공연을 볼 수도 있다. 공연 정보나 기타 정
보를 얻으려면 한정된 카페나 블로그를 뒤지지 말고 여행자 사무소에 문의하면 몇백 배 더 많은 정보
를 얻을 수가 있다. 월~토: 9:00~19:00(일요일 휴관)

산타 마리아 마조레 성당 Basilica di Santa Maria Maggiore

가장 중요한 마리아 성당

산타 마리아(Santa Maria, 성 마리아) 마조레 (Maggiore, major)는 '마리아'라는 이름이 붙어진 성당 중에서 가장 중요한 성당이라는 뜻이다. 이곳은 로마의 4대 성당 가운데 하나이다.

리베리우스 1세와 당시 귀족이었던 요한 부부의 꿈에 성모 마리아가 나타나 8월 5일에 눈이 내릴 것이라는 예언을 했는데 정말 눈이 내렸다. 이에 요한은 이곳에 성모 마리아를 위한 성당을 지었다. 증개축을 하며 시대별로 다양한 장식과 문양들이 덧붙여졌다.

성당의 화려한 정면부는 1743년에 바로크 양식으로 지어진 것이며, 성당 위의 종탑은 중세를 통틀어 가장 높은 75m의 높이를 자랑한다. 성당의 뒤쪽, 에스퀼리노 광장(Esquilino)에 있는 오벨리스크는 식스투스 5세가 1587년에 이집트에서 가져온 것이다. 성당 앞 분수대에 있는 부조물은 포로

오벨리스크

성당 뒷면

로마노에 있는 막센티우스 공회당에 있는 기둥을 1600년 초에 가져다 놓은 것이다. 막센티우스는 콘스탄티누스 대제 (313년 기독교 공인한 황제)의 정적이다. 이곳에는 나폴레옹의 친여동생인 빠올리나 보르게제의 묘와 천재 조각가 베르니니의 무덤이 있다.

Access

테르미니 역 왼쪽 카부르(Cavour) 거리로 도보로 5분. 버스 4, 9, 16, 70 번
주소 Via C. Alberto 47 전화 06-483195 시간 7:00~19:00(연중 무휴) 요금 무료

천장에 도금으로 된 격자 무늬 장식은 르네상스의 건축가 줄리아노 (Giuliano)가 만든 것이다. 이 격자 무늬 장식의 금은 바로 콜롬버스가 아메리카 대륙을 발견하고 유럽으로 처음 가져온 금이며 그 금을 교황 알렉산드로 6세에게 기증한 것으로 이를 녹여 금으로 장식했다. 내부에는 총 36개의 기둥들은 이오니아식으로 전부 그리스에서 직접 공수해 온 대리석으로 만들어졌으며, 기둥 위에 있는 모자이크는 구약성서의 내용을 그린 것이다.

중국인 가게에서 물건 사기

근처인 비토리오 에마누엘레 광장 근처에 중국인 가게가 많이 있으며 한국 라면도 구입할 수 있다.

산타 마리아 델리 안젤리 성당 Basilica di Santa Maria degli Angeli

판테온 방식으로 만들어진 미켈란젤로의 작품

피우스(Pius) 4세에 의해 만들어졌으며 미켈란젤로가 판테온의 방식을 본떠 만든 곳이라고 알려져 있다. 우선 이 성당을 제대로 보려면 바로 붙어 있는 디오클레티아누스 목욕장을 알아야 한다. 이곳은 디오클레티아누스 목욕장의 한 면을 성당으로 만들었다. 미켈란젤로가 1563년~1566년에 디자인을 하여 지금 모습의 원형을 갖추었다. 하지만, 실제 우리가 바라보는 성당의 모든 모습은 후일에 반비텔리(Vanvitelli)가 1749년에 만든 것이다. 높이 13.80m에 달하는 고대 목욕탕의 기둥을 살려둔 채 성당의 모습을 만든 것으로 유명하다. 또한 이 성당은 로마에서 공식적인 행사를 할 때 자주 애용되는 장소이기도 하다. 집시들이 늘 성당 앞에 북적거린다.

Access

테르미니 역에서 나와 앞으로 쭉 나가면 디오클레티아누스 목욕장이 나오고 왼편으로 큰 분수대가 나오는데 그 길로 올라가면 된다. 주소 Piazza della Repubblica
전화 06-4880812 시간 7:00~18:30(일, 공휴일은 7:00~19:30) 요금 무료

로마 국립 박물관 Terme di Diocleziano, Museo Nazionale Romano

여름의 쉼터

입구에서부터 작은 정원과 조각품들이 볼 만하다. 더구나 분수를 중심으로 작은 쉼터가 있어 여름에 쉬어 가기에 아주 좋다. 이곳은 AD 298년에서 308년 사이에 만들어진 목욕탕으로서 원래는 테르미니 역과 인근의 지역까지 포함하는 거대한 규모의 공중 목욕탕이었다. 당시에 벽돌을 가지고 만들었으며 각각의 용도에 맞추어 샤워실, 응접실, 사우나실, 공중 목욕탕, 수영장, 체육관, 도서관 등 다양한 시설이 있었다.

그러나 이 거대한 목욕탕은 서로마 제국 말엽, 이민족의 침입으로 인하여 파괴되었고 이후 한동안 방치되었던 것을 미켈란젤로가 남쪽에 성당을 만듦으로서 건축물을 살려 내었다.

Terme란 말은 '온천, 목욕장'이라는 뜻이고, Diocleziano는 로마 황제의 이름이다. 흔히들 디오클레티아누스라고 한다. 즉, 디오클레티아누스가 만든 목욕탕이다.

Access

산타 마리아 델리 안젤리에서 오른쪽으로 가면 로마 국립 박물관 입구가 나온다. 지하철 Repubblica 역에서 내려 도보로 약 3분만 걸어가면 보인다. 주소 Via Enrico De Nicora 78
전화 06-477881 시간 9:00~19:45(월요일 휴관)
요금 12유로(로마 박물관 통합 입장권) / 알템프스 궁전,
마씨모 궁전(Palazzo Massimo), Crypta Balbi, Terme di Diocleziano 함께 입장(3일 간 4곳 가능).

박물관 입구 정원과 조각품들

국립회화관(바르베르니 궁전) Galleria Nazionale d'arte Antica, Palazzo Barberini

바르베르니 가문의 건물

바르베르니 가문은 로마의 유명한 가문으로 베르니니를 후원했던 집안이다. 바티칸 대성당 중앙에 있는 청동으로 만든 천개에는 작은 '벌' 모양들이 많이 새겨져 있는데, 바로 이 '벌'이 바르베르니 가문을 나타내는 상징이다. 지금도 바르베르니 광장의 한 켠에는 '벌의 분수'가 있으며 바르베르니 건물 곳곳에 '벌'들이 새겨져 있다. 이 건물은 그다지 독특한 건물은 아니지만 한때 교황 우르바노 8세의 개인 사저로 사용된 곳이다. 이 국립회화관에서 자랑하는 것은 라파엘로의 그림이 있다는 것이다.

지하철 A선 바르베르니(Barberini) 광장의 끝부분에서 Via delle Quattro Fontane 길로 올라가다 왼쪽.
버스 52, 53, 61, 80, 95, 116, 119, 175, 492
주소 Via Barberini, 18 전화 064814591 시간 8:30~19:30 요금 7유로

해골 사원 Chiesa di Santa Maria Immacolata Concenzione

수도사들의 유골을 보존한 사원

지하 납골당에 약 4천 기의 성직자의 해골이 안치되어 있는 성당이다. 1626년~1631년 사이에 만들어진 성당으로 카푸친 수도사들의 유골을 보존하기 위해 만든 납골당이다. 따라서 다른 관광지와는 달리 12시~오후 3시까지는 문을 닫는다. 이 성당이 유명하게 된 이유는 교황 우르바노 8세의 형 안토니오 바르베리니가 이곳에 묻혔기 때문이다. 그는 이름에서 알 수 있듯이 당시 로마 변방에서도 그 권력과 위세를 확인할 수 있던 바르베르니 가문의 적자였다.

카푸친 소속 수도사들은 죽음에 대하여 큰 의미를 두지 않았다. 그러다 보니 먼저 죽은 동료 수도사들의 뼈를 성당 곳곳에 쌓아 놓았다. 이런 의도에는 현재를 최선을 다해 살라는 메시지도 담고 있다. 성당의 출구에는 '우리(죽은 자들)의 모습은 곧 너희들의 미래' 라는 글이 적혀 있다. 성당 근처에 비아 베네토 거리가 있는데, 성당 맞은편 길과 골목골목이 유명한 사교의 거리였다. 저녁이면 문을 여는 작은 바들이나 식당이 상당히 분위기가 좋다. 주변에 정부 주요 건물과 미대사관이 있기 때문에 안전한 곳이다.

바르베르니 광장에서 지하철 표시인 M 자가 보이는 곳이 있다. 이곳에 작은 분수가 있고, 람보르기니 자동차 전시장이 있고 그 다음에 2층으로 된 평범한 성당이 눈에 띈다.
주소 Via Veneto 27   시간 7:00~12:00, 15:00~19:00 / 카푸친 묘는 9:00~12:00, 15:00~18:00
(목요일 휴관) 요금 무료이나 기부금을 받는다. 약 1유로 정도 주면 된다.

해골 사원으로 가는 길에 있는 벌의 분수(Fontana delle Api). 베르니니 作

로마

비미날레 광장 Piazza del Viminale

로마의 주요한 언덕 중의 하나

비미날레 광장(Piazza del Viminale)은 현재 이탈리아의 내무부 건물이 있는 곳이다. 이 비미날레 언덕은 로마 건국 당시에 주요한 언덕 중의 하나였다. 이탈리아의 주요 7언덕은 바로 비미날레(Viminale)를 포함하여 캄피돌리오(Campidoglio), 퀴리날레(Quirinale), 팔라티노(Palatino), 아벤티노(Aventino), 첼리오(Celio), 에스퀼리노(Esquilino)이다. 로마는 바로 이 7언덕 주변을 중심으로 도시가 발전했는데, 현재도 이곳 7개 언덕에는 주요한 건물들이 많다. 특히 이곳 7개 언덕 주변에는 오래된 식당, 바 등이 많으니 한번 찾아가 볼 만하다.

Access

지하철 A선의 Repubblica에서 내려서 Via Nazionale(나찌오날레 길)을 따라가다 보면 Via A.Depretis(데프레티스 길)로 오른쪽으로 접어들면 바로 내무부 건물이 보인다. 이곳이 비미날레 광장이다.
관련 홈페이지 http://www.romasegreta.it/monti/viminale.htm

내무부 건물

오페라 극장 Teatro dell'Opera

토스카를 초연했던 극장

이 오페라 극장은 1880년에 만든 현대적이면서도 후기 바로크 시대의 특성을 담은 건축물인데, 밖은 볼 만한 것이 없지만 내부로 들어서면 상당히 놀랍다.

주소 Piazza Beniamino Gigli 전화 06.48160255 오페라 극장 홈페이지 http://www.operaroma.it/

아피아 가도의 수도교

아피아 가도를 통과하는 상수도 길

흔히들 아피아 가도의 수도교라고 해서 카타콤베가 있는 쪽으로 가는 경우가 많은데 위치와 방향이 전혀 다르니 주의해야 한다. 수도교라고 하면 헷갈리니 간단히 상수도 다리라고 보면 된다. 석양이 무척 아름다워서 작품 사진을 찍을 수 있는 가능성이 아주 높다. 동네 골목 골목으로 작은 동네 식당들이 많다. 수도교는 높은 곳에서 아래로 내려오는 방식인데 그 각도가 0.0001도의 경사도를 지니고 있어 완만한 물의 흐름을 가능하게 했다. 이 정도의 정밀도는 당시 로마 건축의 위상을 충분히 보여 주고 있으며 이 수로는 로마의 독특한 욕장 문화를 가능하게 했다.

Access

지하철 A선 Giulio Agricola 역에서 하차. 인근에 있는 공원을 찾으면 된다.
시간 연중 무휴 요금 무료

⊙ 명품 브랜드 매장

콘도티 거리 MAPECODE 05053

불가리 Bulgary

스페인 광장을 정면으로 바라보는 로마의 대표적인 명품 거리에 위치. 1884년에 창립된 불가리는 한국에서의 인지도와는 달리 유럽에서는 상당히 명품 중의 명품으로 꼽히는 브랜드. 주얼리 중심의 상품으로는 단연 최고급이라고 볼 수 있다. 로마의 콘도  티거리에 있는 가게는 불가리 매장의 제1호점으로 1905 년에 문을 연 역사 깊은 가게이다.

주소 Via condotti 10 전화 06-696261
시간 월~토 10:00~19:00(일요일은 휴무)

돌체앤가바나 Dolce&Gabbana

돌체앤가바나 매장도 스페인 계단의 콘도티 거리에서 만날 수 있다. 돌체앤가바나는 1985년에 만들어진 브랜드이지만 이탈리아 젊은이들에게는 여전히 동경의 대상이 되는 브랜드다. 유럽의 대표적  인 연예인이나 스포츠 스타들의 애용 브랜드로 모니카 벨루치, 이자벨 라 로셀리니, 빅토리아 베컴, 안젤리나 졸리 등이 애용한다. 상당히 고 전적이면서도 자극적인, 그러면서도 현대적인 파격을 놓치지 않는 디 자인을 사용하며, 때때로 유럽의 사회학자들의 논문에 패션의 포스트 모더니즘의 선두 주자로 자주 인용이 되는 대표적인 이탈리아 브랜드.

주소 Via condotti 51/52 전화 06-69924999 시간 월~토 10:00~19:30

발렌티노 Valentino

콘도티 거리에서 또한 발렌티노 매장을 만날 수 있다. 사실 여행객의 입장에서 매장에 들어가는 것이 쑥스러운 것이 사실. 하지만, 쇼윈도  에 전시된 작품만으로도 콘도티 거리에서의 추억은 많이 남을 수 있 다. 발렌티노의 경우 가장 로마다운 정통의 패션 브랜드이다. 한국과 브랜드 인지도는 차이가 많이 나는 편이지만 유럽에서는 제대로 대접 받는 브랜드이다.

주소 Via condotti 13 전화 06-6739420 시간 월~토 10:00~19:00(일요일은 휴무)

프라다 Prada

콘도티 거리에서 한국 여자 배낭 여행객들이 꼭 고개를 돌려보는 매 장. 다른 명품 매장에 비하여 약간은 무게감이 덜한 매장으로 한번 들  어가볼 만하다. 이 매장에서는 일본어와 중국어를 구사하는 점원은 있 으나 한국어를 구사하는 점원은 없다는 것이 안타깝다.

주소 Via condotti 88/90 전화 06-6790897 시간 월~일 10:00~19:00(연중 무휴)

구찌 Gucci

콘도티 거리에서 다시 한번 더 여행객들의 눈을 고정시키는 매장. 현재는 그 사업 영역을 패션 전반으로 넓혔으나 현재도 이탈리아 사람들에게는 가죽 제품이라면 구찌를 찾을 정도로 유명 브랜드.

주소 Via condotti 8 전화 06-6789340 시간 월~토 10:00~19:00, 일 14:00~(연중 무휴)

조르지오 아르마니 Giorgio Armani

우리나라에서도 충분히 잘 알려진 브랜드. 하지만, 콘도티 거리에서 느끼는 아르마니 매장은 다른 정통 명품 브랜드에 비하여 초라한 편(?). 이탈리아 내에서 남성복만큼은 알아주는 브랜드로 말 그대로 아르마니 스타일~~

주소 Via condotti 77 전화 06-6991460 시간 월~토 10:00~19:00(일요일은 휴무)

페라가모 Salvatore Ferragamo

피렌체의 페라가모 매장 역시 콘도티 거리에 있다. 구두라면 페라가모를 따라올 브랜드가 이탈리아에는 아직 없는 편.

주소 Via condotti 73/74 전화 06-6791565 시간 월~토 10:00~19:00(일요일은 휴무)

베네토 거리   MAPECODE 05054

바르베리니 광장에서 보르게제 공원의 핀치아나 문까지 이어지는 1km 남짓한 비탈길이다. 가로수 아래로 일류 호텔이나 예쁜 카페들이 즐비하며 밤이면 더욱 우아한 거리를 연출한다. 관광객과 커플들이 거리에 가득하며 비싼 차도 꽤 보인다. 현지인들이 좋아하는 명품 브랜드 숍들이 많이 있다. 영화에도 많이 등장하는 거리이기도 하며 길가 노천 카페에 앉아 지나가는 사람들을 바라보면 이탈리아인들의 패션 감각을 볼 수 있으며 멋진 이탈리아 남자가 눈에 띄기도 한다.

⊙ 대형 쇼핑몰과 명품 아울렛 매장

빠르코 레오나르도 Parco leonardo   MAPECODE 05055

빠르코 레오나르도는 로마 근교에 새로 생긴 지역의 상가로서, 지상 1, 2층으로 이루어져 있다. 건물 안의 상점이 대략 214개가 있으며, 대형 슈퍼마켓, 40개의 피자집과 레스토랑, 1만 6천여 대를 주차할 수 있는 주차장 시설이 있는 큰 규모의 쇼핑 단지이다. 또한 건물 밖 주변으로는 120여 개의 상점, 3개의 큰 광장, 식당, 바, 24개 관의 이탈리아 내 가장 큰 극장 타운이 있다. 그리고 극장 타운 밑에는 타임시티(timecity)라는 게임, 스포츠 센터도 있다.

빠르코 레오나르도는 최근에 건설되었기 때문에 현재 대부분의 여행서에서는 소개되지 않고 있지만 로마 지역을 여행하는 여행자들에게 가장 좋은 쇼핑 장소가 될 것이다. 특히 배낭 여행객들이라면 쉽게 닿을 수 있는 교통편이 있기에 무엇보다 편리하다.

빠르코 레오나르도 역에서 공항까지는 한 정거장으로 약 5분 정도 소요되기 때문에 공항으로 가기 전이나 로마 시내로 들어가기 전에 잠깐 내려서 쇼핑을 하기에 최적의 조건을 갖추고 있다. 또한 빠르코 레오나르도 역 다음 역에 새로 생긴 로마 전시장 피에라 디 로마(Fiera di roma)가 있는데 로마에서 열리는 전시회를 관람하기에 편리하다.

로마 시내와 공항으로 운행하는 기차 라인에 역이 있으며 기차가 매 15분마다 1대씩 운행한다. 특히 공항을 연결하는 기차이기 때문에 여느 기차와는 달리 깨끗하고 2층으로 에어컨과 난방이 잘 되어 있다. 트라스테베레(Trastevere) 역에서 약 20분, 오스티엔제(Ostiense) 역에서 25분, 티부르티나(Tiburtina) 역에서 40분. 테르미니에서 바로 가는 버스는 5번.
버스 5번 기차 공항 연결 기차. 푸미치노 공항 한 정거장 전 홈페이지 http://www.parcoleonardo.it/

치네치타두에 Cinecitta Due   MAPECODE 05056
로마 현지 유학생들은 주로 지하철 A선을 타고 가면 치네치타(Cinecitta) 역에 있는 치네치타 두에라는 곳에 많이 간다. 이곳은 전문 매장은 아니지만 명품 종류에서 가전 제품까지 다양하게 둘러볼 수 있다. 특히 세일 기간의 경우 좋은 물건을 구입할 수 있다.

홈페이지 http://www.cinecittadue.com/

카스텔 로마노 아울렛 Castel Romano Outlet   MAPECODE 05057
정통의 쇼핑몰인 카스텔 로마노 아울렛. 밀라노에 〈폭스 타운〉, 피렌체에 〈더 몰〉이나 〈스페이스〉가 있다면 로마는 바로 〈카스텔 로마노 아울렛〉이 있다. 물건은 밀라노의 멕아서 글랜의 물건과 동일하기에 굳이 쇼핑을 하러 밀라노까지 갈 필요가 없다. 다만, 이곳은 자동차가 없는 경우 접근하기 힘들며, 한국인 배낭 여행자들에게 평판이 좋지 않은 편이다.

Access EUR(신도시)에 가서 카스텔 로마노 아울렛으로 가는 버스를 타야 하는데 성수기에는 셔틀버스가 있다. 로마에 거주하는 유학생들이라면 가볼 만한 곳이다.

홈페이지 http://www.mcarthurglen.com/it/castel-romano-designer-outlet/it

불가리 아울렛   MAPECODE 05058
불가리 제품을 파는 아울렛

지하철 A선을 타고 코르넬리아(Cornelia) 역에서 내려 246번 버스를 타고 약 15분 정도. 버스 타기 전 버스 운전수에게 '불가리 아울렛'이라고 말을 해 두면 정차 시 알려 준다.
주소 Via Aurelia 1052 / 토. 일 휴무

기타 아울렛
아울렛이라기보다는 잡화 매장. 로마 외곽으로 나갈 시간이 없는 사람들에게 유용하다.

Il Discount delle Firme   : 주소 Via dei Serviti 27 / 일요일 휴무 / 지하철 A선 Barberni 역 주변
Il Discount dell'Alta Moda : 주소 Via Gesu e Maria 14 / 일요일 휴무 / 스페인 광장 옆

잡화 및 기타

Sermoneta Gloves MAPECODE 05059
이름에서 알 수가 있듯 가죽 장갑을 파는 전문점

주소 Piazza di Spagna 61. 스페인 계단을 나오자마자 보인다.

Ai Monasteri MAPECODE 05060
비누만 파는 비누 전문점으로 이탈리아 현지에서 알 만한 사람은 다 아는 매장.

주소 Corso Rinascimento 72. 8번 트램을 타고 가다 Largo di Torre Argentina 정류장에서 내리면 된다.
홈페이지 https://aimonasteri.it

산타마리아 노벨라 약국 Santa Maria Novella MAPECODE 05061 05062

주소 1호점 Corso del Rinascimento 47. 나보나 광장 근처
2호점 Via delle Carrozze 87. 스페인 광장 근처

비토리오 재래 시장 입구

로마의 재래 시장
로마로 유학을 가는 학생이나 로마에 체류하는 사람의 경우 이 재래 시장을 이용하면 저렴한 가격에 품질 좋은 장거리를 많이 살 수 있다. 로마에 체류 중인 한인들은 주로 이 시장을 이용한다. 로마 유일의 이민족들이 원하는 물품들을 살 수 있는 곳이다.

주소 Piazza Vittorio Emanuela II 개장 시간 월~토 07:30~14:00
위치 지하철 A선 비토리오 에마누엘레 역에서 하차.

커피 전문점

안티코 카페 그레코 Antico Caffe' Greco MAPECODE 05063

단연 로마 최고의 커피 전문점. 스페인 계단 앞 콘도티 거리
에 있는 이 커피 전문점은 1760년부터 있어 왔던 최고의 커
피 전문점이다. 이 커피 전문점은 커피 맛도 훌륭하지만 전
통의 로마 사교 모임 장소였다. 여행을 간다면 꼭 들러보길
바란다.

주소 Via dei Condotti 86

카페 산 유스타키오 Caffe' Sant'Eustachio MAPECODE 05064

로마 시내에 위치한 또 하나의 정통 커피 전문점. 카푸치노만큼은 세계 최고라고 자부하는 명성 있는
커피 전문점. 강추 커피 전문점.

주소 Piazza Sant'Eustachio 82, 판테온 광장에서 조금만 나오면 있다.

라 타짜 도로 La Tazza d'oro MAPECODE 05065

판테온에 간다면 이 가게도 들리길. 브라질산 원두만을 고
집하는 커피 전문점으로 세계적으로 명성이 나 있어 항상
야외 테이블의 경우 자리가 없다. 1946년부터 지금까지 그
명맥을 유지하고 있다. 이곳에서 판테온을 바라본다면 최
고의 기쁨이다.

주소 Via degli Orafani 84

파스쿠치 Pascucci MAPECODE 05066

우리나라에서도 종종 볼 수가 있는 상표. 그렇다고 그렇게 대형 커피 전문점은 아니다. 이 가게는 커
피보다 밀크 셰이크가 더 유명한 집. 베네치아 광장 쪽으로 가려는 사람들은 한번 가 보는 것도 좋다.

주소 Via di Torre Argentina 20

음식점 찾아가기

로마의 유명한 음식점이나 카페의 경우 찾아가기가 힘들다. 현재 이 책에 표시된 지도만으로도 찾아
가기 힘들만큼 작은 골목에 있다. 따라서, 본 책자의 지도 외에 좀 더 자세한 지도를 원한다면 www.
vivaitalia.co.kr의 공지사항에 나온 지도를 참조하거나, 로마의 현지 여행자 사무소에서 받은 지도를
참조하며 움직이는 것이 좋다.

아이스크림 가게

지오리티 Giolitti MAPECODE 05067

우리나라에서도 어느 정도 알려진 아이스크림 가게. 19세기부터 있어 왔다는 이 가게는 원래 커피 전문점이었다가 판테온을 방문하는 수많은 사람들의 더위를 식혀 주기 위하여 팔았던 아이스크림이 더 인기를 얻어 버린 가게이다.

주소 Via Uffici del Vicario 40

젤라떼리아 델라 팔마 Gelateria Della Palma MAPECODE 05068

지오리티와 더불어 로마 2대 아이스크림 가게. 현대적이어서 로마 젊은이들에게는 아주 인기가 많은 장소. 즉 지오리티는 관광객들이, 팔마는 로마 사람들이 온다는 말이 있다. 이곳에서 유명한 메뉴는 바로 '요거트 아이스크림'이다. 위치는 판테온 근처이다.

주소 Via della Maddalena 20-23

피자 가게 & 음식점

바페토 피자 Pizzeria da Baffetto MAPECODE 05069

단연 이 가게가 로마 최고의 피자 가게임은 자타가 공인한다. 가게 크기도 크려니와 대중적인 피자 가게를 물어보면 로마인들도 '바페토'라는 단어로 피자 가게를 단언한다. 나보나 광장 근처에 위치.

주소 Via del Governo Vecchio 114

이보 피자 Pizzeria da Ivo MAPECODE 05070

이 집은 안타깝게도 2등이다. 실제 맛은 바페토보다 훨씬 나은데 왜 순위가 2등인가 하면… 가게 위치가 트라스테베레에 있기 때문이다. 피자맛 순례를 하는 여행객들에게는 반드시 가봐야 할 피자의 명문가. 주소 Via S. Francesco a Ripa 158

Antica Pizzeria Est Est Est MAPECODE 05071

한국인에게 추천하고 싶은 피자 가게이다. 이 가게는 1905년부터 입맛 까다로운 로마인을 상대로 했던 리치 가문의 가게로, 트레비 분수 옆에 위치해 있다. 본래 상호명은 'Ricci Est Est Est'지만 로마에서는 '리치 피자'라고 부른다.

주소 Via Genova 32 홈페이지 www.anticapizzeriaricciroma.com

레 피자 PizzaRe' MAPECODE 05072

이 가게의 경우 사실 로마 사람들에게 다섯손가락 안에 들지 못하는 집이지만 한국과 일본 관광객들에게는 아주 유명한 가게. 바로 로마의 한가운데 포폴로 광장에서 조금만 나와서 만날 수 있기 때문이다. 나폴리를 가지 않는 사람이라면 이 가게에서 나폴리 피자를 맛보는 것도 좋다.

주소 Via di Ripetta 14

눔브 캄포 데 피오리 Numbs Campo de Fiori MAPECODE 05073

캄포 데 피오리 광장에 있는 야외 레스토랑이다. 추천 메뉴는 로마 정통의 스파게티와 티본 스테이크이다. 로마 현지인들의 맛집으로 유명하다.

주소 Campo de Fiori 29. Roma 홈페이지 http://www.numbsrestaurant.com

체키노 달 1887 Checchino dal 1887 MAPECODE 05074

정말 유명한 집이지만 한국인들에게 안 알려진 식당. 위치가 안타까울 정도로 외곽이다. 그렇다고 못 찾아갈 정도는 아니다. 산 파올로 성당을 찾는 사람이라면 택시를 타고 갈 만하다. 말 그대로 1887년 부터 있어 온 가게로 로마에서 가장 큰 자체 와인 창고를 가지고 있다. 가격선은 상당히 비싸지만 최고 를 찾는 사람들에게는 좋은 장소.

주소 Via di Monte Testaccio 30

라 까르보나라 La Carbonara MAPECODE 05075

말 그대로 까르보나라에 있어서는 단연 로마 최고의 집이다. 크지는 않지만 고풍스러운 인테리어와 벽면에 가득 남아 있는 낙서가 이 식당이 로마 현지인들에게 많은 사랑을 받아온 집이라는 사실을 알 수 있다.

주소 Via Panisperna 214 홈페이지 www.lacarbonara.it

다 체자레토 Da Cesaretto MAPECODE 05076

독특한 집이다. 전화도 없고 뭐가 그리 유명할까 할 정도로 작지만 유명한 집이다. 1886년부터 영업 을 해 온 집인데 배낭 여행객들에게는 추천할 만하다. 왜냐하면, 음식 수준에 비하여 가격이 저렴한 편이기 때문이다. 무조건 일찍 가서 자리를 잡아야 한다.

주소 Vicolo D`Orfeo, 20 홈페이지 www.ilmangione.it/ristoranti/roma/da-cesaretto/5384940c7d0b4dea3a903c7e

---

페로니 맥주 가게 Birreria Peroni MAPECODE 05077

이탈리아에서 유명한 대표 맥주인 페로니의 이름을 쓴 가게. 1906년부터 자리를 지켜 온 대표적인 맥주 가게로 맥주만 파는 것이 아니라 간단한 음식도 판매한다. 이 가게에서 반드시 이탈리아 대표 맥주인 Nastro Azzurro를 마셔 보길 권한다. 베네치아 광장 쪽으로 온다면 찾아가 보자.

주소 Via San Marcello 19

미스터 초우 Mr. Chow MAPECODE 05078

중국 음식점이다. 이 집의 주인은 중국 본토가 아닌 대만에서 건너온 사람이어서 여느 이탈리아 중국 집과는 조금 다른 편이다. 동양 음식을 맛보고 싶다면 이 집을 권유한다.

주소 Via Genova 29A

Hasekura MAPECODE 05079

이탈리아에서 굳이 일식을 먹을 필요는 없겠지만, 또 먹고 싶어하는 분들을 위하여 로마에서 가장 유 명한 일식집을 소개한다. 이 일식집은 이탈리아 현지인을 대상으로 문을 연 식당이다. 지하철 B선을 타고 카부르(Cavour) 역에서 내려 걸어가면 된다.

주소 Via dei Serpenti 27

가인 MAPECODE 05080

테르미니 역 근처의 한식당이다. 주소 Via dei Mille 18

음식점 찾아가기

이름난 로마의 식당의 경우 대개 시 외곽에 있는 경우가 많아서 찾기가 쉽지 않다.

MAPECODE 05081

오스티아 안티카 Ostia Antica

로마 시대의 항구 도시

만약 나폴리의 폼페이를 가보지 못한다면 이곳을 다녀오면 된다. AD 4세기에 번성한 도시였으나 말라리아로 인해 쇠퇴한 도시이다. 신전, 목욕탕, 극장, 카페, 주방, 시장 등 번성했던 도시의 흔적을 찾아볼 수 있다. 이탈리아 중고생들이 견학을 위해 자주 찾는 곳이다.

Access

지하철 B magliana 역에서 오스티아 안티카로 가는 기차를 갈아타고 20분 소요.(월요일은 휴무) Ostia Antica 역에서 하차. 도로 쪽으로 가서 다리를 건너 도보로 10분 정도 가면 매표소다. 길이 하나라 헤멜 필요 없다.
주소 Scavi di Ostia-Via dei Romagnoli 717
전화 06-5657308
시간 1, 2, 11, 12월 – 8:30~16:00
3월 마지막 일요일~10월 – 8:30~18:00
10월 마지막 일요일~11월 1일 8:30~17:00
요금 10유로
홈페이지
www.ostiaantica.beniculturali.it

유적지 근처의 중세 마을

로마 시대의 도로

목욕탕 바닥에 깔려 있는 대리석 모자이크. 4필의 해마가 끄는 마차 위에서의 바다의 신 넵튠.

야외 극창

웅장함을 느끼게 하는 신전

밀을 빻았던 멧돌의 모습

바닥에 깔려 있는 모자이크

성 아우레아 성당 (Chiesa di S.Aurea)

공동 수돗가

15세기에 건축된 줄리오 2세의 성 (Rocca di Giulio 2)

티볼리 Tivoli

황제의 별장과 분수가 유명한 곳

티볼리는 분수로 유명한 곳이며, 트라얀의 기둥의 트라야누스 황제와 아드리안 황제의 별장이 있었다. 현재 티볼리가 유명한 이유는 데스테 별장(Villa d'este)이 있기 때문이다. 에스테(Este) 가문은 페라라의 지배 가문이었으며, 이 가문의 이폴리토 추기경이 1550년 티볼리의 지배관으로 온 뒤 분수를 조성했다. 그러나 티볼리 분수의 소유권은 이탈리아 통일 전까지 오스트리아 합스부르크 가문의 것이었다가 이탈리아 통일 이후 방치된 이 분수를 1차 대전 이후 복원시켜서 외교 사절들이 오면 휴식처로 제공했다. 티볼리의 분수는 전기로 작동하는 것이 아니라 순수한 자연적인 수압을 이용하여 분수를 유지하기 때문에 유명하다.

데스테 별장의 타원형의 분수

Access

지하철 B선 P. Mammolo 역에서 티볼리행 버스를 타면 됨. 버스를 탈 때 빌라 데스테로 가는지 물어볼 것. 왜냐하면, 빌라 아드리아나로 바로 가는 버스가 있기 때문이다. 버스표는 인근에 있는 타바키(T자 적혀져 있음)에서 구입하면 된다.
버스 Cotral Roma-티볼리(Tivoli) 이용,
Largo Nazioni Unite 역 하차
시간 8:30~일몰 한 시간 전
요금 10유로

동물 얼굴들이 조각된 백 개의 분수

다산의 여신상 분수

용들의 분수. 1572년 교황 그레고리우스 13세의 방문에 하루만에 완성한 분수이다.

오르간 분수. 수압으로 오르간을 연주했다.

비테르보 Viterbo

교황의 도시

로마에서 오르비에토로 가는 길 중간에 위치한 작은 도시이다. 기원전 4세기부터 도시의 기초가 형성되었는데 1115년 토스카나의 백작 부인인 마틸다가 교황청 사제들에게 이 땅을 증여했다. 이후 이곳에 수많은 교황과 추기경의 저택과 별장 등이 건축되었다. 이 도시의 전성기는 바로 1257년 ~1281년 사이 교황이 거주하던 시기였다. 따라서, 13세기의 모습을 고스란히 간직하는 도시이기도 하다. 하지만, 세계 대전의 전란을 받아 많은 곳이 파괴되어 복구가 되었다. 현재는 새로이 관광도시로 탈바꿈을 했다.

비테르보(Viterbo)가 유명한 이유는 교황 선출 방식인 콘클라베의 전통이 이곳에서 세워졌기 때문이다. 교황 클레멘스 4세가 선종한 후 1268년 말에 시작된 교황 선거가 1271년까지 거의 3년이나 걸려도 결론을 내리지 못했다. 이때 비테르보 시민들은 끝없는 기다림에 지쳐, 좀 더 지혜롭고 신속한 결정을 요구하며 추기경들을 감금하고 빵과 물만 공급했다. 당시 선출된 교황 그레고리오 10세는 그 방법을 인정하고 1274년 제도화했다.

또한 이곳에는 진흙 온천, 포도주인 '트레 에스트', 뻬꼬리노 치즈 등이 유명하며 성녀 로사의 고향으로도 유명하다.

Access

로마에서 기차나 버스로도 연결되며 약 1시간의 거리에 있다. 테르미니 역에서 비테르보행 기차를 타고 간다.

수비아꼬 Subiaco

성지 박물관

험악한 산 중턱 속의 수도원

수비아꼬는 성 베네딕토 성인(480~560)이 은둔 생활을 통한 수도승의 모습을 최초로 만든 장소이다. 그는 하느님을 찾기 위해 모든 것을 포기한 채 이곳의 험하고 험한 산악의 한 중턱에서 3년 동안 오로지 기도만 했다. 그에게는 작은 바구니에 물과 최소한의 음식만이 제공되었고 이후 그는 그곳에서 〈수도 규칙서〉라는 책을 저술했다. 이후 수도원의 모습이 갖추어진다.

그는 이 지역에 총 12개의 수도원을 세웠고 그의 여동생인 성 스콜라스티카 역시 최초의 수녀원을 설립하기도 했다. 이곳을 방문하면 너무나 험한 산악의 한 중턱에 어떻게 이런 건물이 있을 수 있을까 하는 의문과 함께 현재도 많은 수도승(신부님)들이 있다는 사실에 놀라움을 금치 못한다. 또한 이곳의 '성수'는 놀라운 치유 능력이 있다고 알려져 지금도 사람들이 몰래 물을 떠 가곤 한다.

Access 로마 중앙역에서 지하철 B선(Rebibbia 방향)을 타고 종점인 Rebibbia 역 바로 전역인 Ponte Mammolo 역에서 하차하면 ROMA - SUBIACO 로 가는 시외버스는 물론 로마 근교 도시를 운행하는 시외 버스들이 있다.

브라챠노 호수 Bracciano

로마 외곽

바티칸에 담수를 제공하던 호수

로마가 있는 라치오(Lazio) 지역에서 볼세나(Bolsena) 호수와 더불어 주요한 또 하나의 호수인 브라챠노 호수는 넓이만으로도 충분히 큰 호수의 대접을 받을 만하다. 지름이 무려 20마일로 1마일을 1.6Km로 잡으면 약 32Km가 넘는 큰 담수호이다. 이곳은 현재 브라챠노(Bracciano), 뜨레비냐노 로마노(Trevignano Romano), 앙구일라라 사바지아(Anguillara Sabazia)라는 세 개의 작은 동네가 이 호수에 면해 있다.

로마는 바닷가와 가깝기 때문에 바다의 영향을 많이 받는다. 또한 테베레 강의 경우 식수로 사용하기에는 수질이 좋지 못한 석회수이다. 그렇기 때문에 오데스칼키 가문을 위시하여 많은 로마의 귀족들은 이 브라챠노 호수의 물을 이용했다. 그러다가 결정적으로 1600년대에 교황 바오로 5세에 의해 쟌니꼴로 언덕에 파올로 분수가 만들어졌는데, 바로 그 분수의 수원지가 브라챠노 호수였다. 이후 이곳에서 바티칸에 담수를 계속 공급했다.

현재 브라챠노 호수는 로마 시민들에게 휴양 공간으로 이름이 높으며, 가르다 호수나 꼬모 호수와 같이 거대한 바다와 같은 호수 넓이가 아니라 오붓한 그들만의 휴양지로 자리 잡았다. 브라챠노 호숫가에서 파는 홍합이나 기타 수산물의 경우 아주 별미여서 이 맛을 보기 위해 찾아오는 관광객들도 많다.

Access

자동차로 접근이 가능하며 로마에서 약 40km 떨어져 있다. 가장 좋은 방법은 로마 지하철 B선 피라미드 역에서 내려 기차 라인 fm3을 타고 브라챠노로 가는 것이다.

호수를 다 도는 데 걸리는 시간이 한 시간. 이 배는 일요일만 운행한다.

아씨시 Assisi

성 프란체스코의 도시

넓은 평원 위에 솟은 해발 424m의 수바시오(Subasio) 산에 위치한 이 도시는 성 프란체스코 및 성녀 클라라가 탄생한 주요 가톨릭 순례지의 하나이다. 성 프란체스코 성인(S. Francesco, 1182~1226)의 유골이 보관된 성 프란체스코 수도원(Basiica di S. Francesco)에는 언제나 수많은 순례객의 경건함이 끊이지 않는다. 로마 제국 시대부터 번영한 시장 도시이며, 성벽으로 둘러싸인 시가지는 굴곡이 심한 좁은 길이 사방으로 뻗어 있어 중세의 자취를 느낄 수가 있다. 움브리아 평야의 아름다운 경치를 바라볼 수 있는 곳으로 가톨릭 역사 외에도 아씨시는 그 자체로도 아주 훌륭한 관광지이다. 버스 정류장에서 5분 거리에 시내 중심인 코뮤네 광장이 있다. 이곳에서 성 프란체스코 수도원까지는 도보로 10여 분 정도 소요된다.

Access

1 로마의 테르미니 역에서 Ancona행 기차를 타고 가다 폴리뇨(Foligno)에서 아씨시행 기차를 갈아탄다.(약 2시간)

2 폴리뇨(Foligno)에서는 하루 총 20여 회의 기차가 연결된다.(약 15분)

3 기차역을 나오자마자 버스 정류장이다. 아씨시 시내의 산타 키아라 성당 앞으로 간다.(약 10분) 버스표는 옆에 있는 잡지 파는 곳에서 살 수 있다.

관련 홈페이지
http://www.comune.assisi.pg.it/

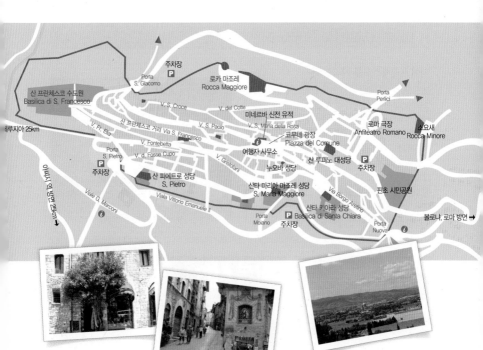

아씨시를 여행하는 법

1. 기차역에서 내려 바라보는 노을 자락에 걸친 아씨시의 풍경은 너무나 아름답다. 또한 아씨시로 향하는 길 옆으로 펼쳐진 평원은 시간을 잃어버린 그림 속에 와 있는 듯한 느낌을 가지게 한다.

2. 아씨시의 시내에는 작은 돌계단과 비탈길이 많다. 천천히 걸어가면서 주변의 건물이나 상점들을 보면 아씨시의 유명한 건물들보다 더 재미를 느낄 수 있다.

3. 아씨시의 버스에선 반드시 표를 검사한다. 웬만하면 양심을 지켜 표는 구입해서 다니는 것이 좋다.

4. 숙박은 절대 페루지아에서! 아씨시는 물가가 너무 비싸다. 단, 유스 호스텔은 이용해 볼 만하다. 상당히 깨끗하고 친절하다. 수녀님들이 운영한다. 원래 여성용이지만 남자도 받아 준다.

5. 만약 아씨시에 도착해서 숙소를 못 정하면, 성 프란체스코 수도원의 위층 성당에서 아씨시 중앙 광장까지 올라가는 길에 별 하나짜리 여관이 있다. 아씨시 시내에서 유일하게 저렴한 숙소이다.

여행자 안내소

아씨시는 전체적으로 좀 길쭉한 형태의 도시 모양을 하고 있는데 천천히 걸어가다 보면 중심부에 코뮤네 광장(Piazza del Comune)이 나온다. 이곳에 사무소가 있다.

성 프란체스코 수도원 Basilica di S. Francesco

성 프란체스코를 기리는 곳

산기슭에 건축된 이 수도원은 위층의 성당
(Superiore)과 아래층의 성당(Inferiore)으로 나
뉜다. 아래층 성당은 1228년~1230년 사이, 위층
성당은 1230년~1253년 사이에 건설되었다. 이
후 수많은 보강 공사를 한 이후에 현재의 웅대한
모습을 갖추게 되었다. 위층에는 1818년에 복구
한 성 프란체스코(S.Francesco)의 무덤이 있으
며 내부에는 훌륭한 프레스코 그림이 많다. 아래
층에 있는 그림은 좀 더 초기의 것들로서 이곳에
오래된 분위기를 물씬 안겨 준다.

위치 시내 중심 코뮤네 광장에서 도보로 10분 정도 소요   시간 07:00~18:00

성 프란체스코(San Francesco, 1182~1226)
부유한 가정에서 자라나 방탕한 생활을 보내기도 한 그는 27
세 때 기독교에 헌신해 항상 헐벗고 가난한 자를 위해 산 성인
으로, 전쟁터와 스페인, 포르투갈, 독일, 모로코 등에서 전도
활동을 했다. 프란시스라 하여 지금도 많은 사람들의 숭앙의
대상이 된다. 흔히 성 프란시스라고도 한다. 로마의 라테란
성당 앞에 성 프란체스코의 상이 있다.

지오토가 그린 성 프란체스코 성인의 생애를 묘사한 그림

코뮤네 광장 Piazza del Comune

아씨시의 중심

기원전 1세기에 세워진 미네르바 신전의 유적이 있으며 시청사로 사
용되는 프리오리 궁전과 시립 미술관 등이 있다. 코뮤네 광장에서 구
불구불 이어진 골목길들을 따라
걸으면 중세 유럽의 아씨시와 만
날 수 있다. 광장에 여행자 안내
소가 있으니 아씨시 여행 전에
정보를 얻도록 하자.

위치 버스 정류장이 있는 산타 키아라
성당에서 서쪽으로 도보로 약 5분 소요
시간 07:00~12:00, 14:00~18:00

산타 키아라 성당 Basilica di Santa Chiara

산타 키아라를 기리는 곳

성 프란체스코의 제자로서 여성을 위한 클라라 수녀회를 설립한 산타 키아라를 기린 곳이다. 내부 지하실에 산타 키아라의 유체와 유품이 있으며 외벽은 흰색과 핑크색의 벽돌로 장식되어 있다.

위치 시내 중심 코뮤네 광장에서 동북쪽에 위치하며 도보로 약 10분 소요
시간 07:00~12:00, 14:00~18:00

로카 마조레 Rocca Maggiore

14세기에 세워진 군사 요새

아씨시의 가장 높은 곳에 위치한다. 언덕 위 유적에서 내려다보는 아씨시의 거리의 모습과 풍경이 무척 아름답다.

위치 시내 중심 코뮤네 광장에서 북쪽에 위치하며 도보로 약 7분 소요

아씨시 숙박정보

아씨시 B&B(Bed and Breakfast) 정보
http://www.bbplanet.it/bed-and-breakfasts/assisi/

오르비에토 Orvieto

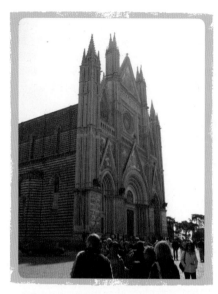

햇살이 눈부신 도시

오르비에토는 로마에서 100Km 위, 움브리아 지방의 볼세나(Bolsena) 호수 근처에 한 도시가 있는 도시이다. 고대의 에트루리아인들의 거주지였던 이곳은 1354년 이후 교황령의 통치하에 주요한 전략상의 요충지로 트로네지아(Troneggia) 언덕 위에 도시가 발전하기 시작하였다. 이곳에는 이 작은 도시에 어울리지 않게 이탈리아 내에서 가장 화려한 성당 중의 하나가 있으며, 언덕 내부에는 3000년 전의 고대인들의 동굴이 있다. 복잡한 도시와는 달리 작은 골목 골목, 그리고 성당으로 가는 좀 넓은 길에는 각종 기념품을 파는 가게와 상점이 있다. 그리고 기차역에서 내리면 바로 앞에 언덕 위 도시로 올려주는 케이블카가 참으로 신기하다.

Access

로마에서: 테르미니 역에서 오르비에토행 기차를 타면 된다. 하루 총 19회의 기차가 연결되며 소요시간은 IC의 경우 1시간 10분이 걸린다. 편도 16유로로.

오르비에토를 여행하는 법

1. 기차역에서 나오면 바로 맞은 편에 푸니콜라레(Funicolare)라고 적힌 케이블카 승강장이 나온다. 이 푸니콜라레를 타야만 오르비에토 시내까지 갈 수 있다. (15분 간격으로 있다.)
2. 오르비에토의 정상. 카엔 광장(Piazza Cahen)에 푸니콜라레가 멈춘다. 올라가자마자 광장이 나온다. 이곳에서 어떤 버스를 타더라도 시내까지 데려다 준다. (버스를 타기 전 '두오모'라고 얘기하자.)

여행자 안내소

역 앞의 케이블카인 푸니콜라레(Funicolare)를 타고 시내로 들어가, 버스를 타고 시내로 올라가면 두오모가 나오고, 성당 바로 앞 두오모 광장(Piazza Duomo)에 있다.

MAPECODE **05090**

움 무오 두

두오모(대성당) Duomo

화려한 고딕 양식의 대성당

1300년대의 이탈리아 중부의 로마네스크-고딕 양식의 전면과 모
자이크화가 매우 화려하다. 청백의 겹겹이 쌓아 올린 외벽의 모습은
3세기에 걸쳐 완공한 이 성당의 웅장함을 그대로 나타내 준다. 정면
부의 조각과 내부의 프레스코화는 당시 교황청의 실제를 알려주는
듯 대단히 크고 웅장하다. 아마 로마의 건축물과는 다른 화려함이 보
일 것이다. 카메라의 한 구도 내에 담지 못할 정도의 크기이다.

시간 11월 1일~3월 3일 = 7:30~12:45분, 14:30~17:15
4월 1일~10월 31일 = 7:30~12:45분, 14:30~19:15

MAPECODE **05091**

두오모 거리 Via Duomo

보는 것만으로도 즐거운 상점들

성당보다도 성당을 바라보고 왼쪽으로 뻗는 이 거리에는 각종 수공예품, 완
구, 도자기, 피노키오 모형, 보석과 골동품 등의 가게가 가득 차 있어 보는 것
만으로도 흥미가 있으며 사이사이 작은 길을 따라 나 있는 가게마다 전시된
상품들은 정말이지 흡족하다 못해 놀랄 만한 관광지임을 알려 준다.

MAPECODE **05092**

성 파트리지오의 우물 Pozzo di San Patrizio

16세기에 만들어진 크고 깊은 우물

깊이 613m, 지름 13,28m의 이 우물은 수원 확보를 위해 1527년에 교황
클레멘스 7세에 의해 만들어졌다. 서로 만나지 않게 엇갈린 248개의 계단
이 있으며, 내려가는 사람과 올라오는 사람이 부딪치지 않고 물을 길을 수
있도록 만들어진 것이 특징이다.

위치 기차역에서 시내로 올라가는 케이블카를 타고 내려서 바로 요금 4.50유로

MAPECODE **05093**

지하 동굴 Grotto

3000년 전의 거주민들이 살던, 오르비에토 지표면 밑의 동굴

도시 지하에 지상의 구시가지보다 넓은 동굴과 통로가 미로처럼 뻗어 있
다. 한 번 빠지면 끝없는 미궁 속으로 헤매게끔 한 이 지하 동굴은 연중 늘
14도의 온도를 유지한다. 그래서 일부는 와인 저장 창고로도 사용되었다.
지하 동굴이 만들어진 원인은 밝혀지지 않았다. 동굴 투어에 참가하려면
두오모 광장 앞 여행자 사무소에서 신청해야 한다.

페루지아 Perugia

중세의 향기가 묻어나는 골목 도시

이탈리아 움브리아 주의 주도(州都)이며, 테베레 강 상류 해발 고도 493m의 언덕에 자리잡고 있는 언덕 위의 마을이다. 기원전 8~2세기 에트루리아 12동맹 도시의 하나로 찬란한 문화를 꽃피웠던 지역이다. 옛 색채를 지닌 거리에서는 오랜 역사의 흔적이 느껴지는가 하면 페루지아 외국인 대학이 있어 많은 젊은이들로 붐비기도 한다. 그야말로 역사의 고풍스러운 향기와 젊은이들의 활기가 그대로 묻어나는 등 언덕 위 마을만의 묘한 매력을 전해 준다. 중세의 성곽 안에는 마을의 중심인 11월 4일 광장이 있고, 그곳을 중심으로 대분수, 13~15세기의 프리오리 궁전, 고딕 양식의 대회당, 국립 미술관 등이 있다.

페루지아를 여행하는 방법
중세의 향기가 묻어나는 골목을 돌아다니며 시간적인 여유를 가지고 보는 것이 좋다.

Access

1 로마에서 176km 떨어져 있다. 하루 총 14회의 기차가 운행되며 그중 10회의 기차는 Foglino에서 기차를 갈아타야 한다. (첫 기차 6:45, 마지막 20:55 IC)

2 피렌체에서 158km 떨어져 있다. 하루 총 11회 운행. 그중 6회의 기차는 Terontola에서 갈아타야 한다. (첫차 4:20, 마지막 21:35) 소요 시간 : IC의 경우 1시간 35분.

3 기차역 앞에서 시내 중심가인 이탈리아 광장까지 가는 버스를 탄다. 역 안의 잡지 판매소에서 티켓을 구입. 대부분 시내로 들어가나, 반드시 승차 전에 시내(Centro) 행인지 확인해야 한다.

관련 홈페이지
www.umbria2000.it

성 프란체스코 광장
Piazza S. Francesco

Porta
Conca

Porta
Trasimena

Porta
S. Susanna

Porta
S. Giacomo

Via A. Pascoli

Via del Acquedotto

Via A. Pascoli

Via del Verzaro

Via della Sposa

Via Francolina

Via dei Priori

Teatro F.
Morlacchi

Via Maestà delle Volte

Cattedrale di San
Lorenzo

Corso G. Garibaldi

Porta
Bulagaio

Palazzo
Gallenga

페루지아
국립어학교

에트루리아 문
Acro Etrusco

Via Appia

Via C. Battelli

Via U. Rocchi

Piazza
Ansidei

Via Bartolo

Via Pinturicchio

Acro
dei fei

프리오리 궁전
Palazzo Dei Priori

국립 움브리아 박물관
Museo Nazionale dell'Umbria

콜레조 델 칸비오
Collegio del Cambio

11월 4일 광장
Piazza IV Novembre

단티 광장
Piazza Danti

대분수
Fontana Maggiore

여행자 안내소

마테오티 광장
Piazza
Maffeotti

Via C. Parri

Via Mazzini

Galleria Kennedy

Via Bontempi

Via Cartolari

Acro
Gigli

Via Umbriani

9월 14일 거리
Via XIV Settembre

레푸블리카 광장
Piazza della
Repubblica

이탈리아 광장
Piazza Italia

Via Bonazzi

Corso Vannucci

Via Baglioni

Via Oberdan

Via Rida di Meana

Arco della
Mandoria

Porta
Eburnea

Chiesa di
Sant'Ercolano

Porta
Marzia

Piazza
del Circo

Via L. Masi

Tre Archi

6월 14일 거리 Corso Cavour

9월 14일 거리 Via XIV Settembre

에스컬레이터

파르티제니 광장
Piazza Partigiani

Via Marconi

Stazione
S. Anna

Piazzale
Bellucci

국립 움브리아 고고학 박물관
Museo ArcheologicoNazionale
dell'Umbria

산 도메니코 성당
Chiesa di S. Domenico

에스컬레이터

로마 거리 Viale Roma

로마 거리 Corso Cavour

버스 터미널

Via Fratelli Pellas

에스컬레이터

Piazza
Europai

Via XX Settembre

Viale P. Pellini

Viale P. Pellini

Porta
S. Pietro

여행자 안내소

11월 4일 광장(Piazza IV Novembre)의 프리오리 궁전(Palazzo dei Priori)있는 곳에 위치.

201

11월 4일 광장 Piazza IV Novembre

▶ 페루지아의 중심지

오랫동안 페루지아의 중심지였으며, 광장의 중심에는 대분
수가 있어 계단에 앉아 쉬어 가기에 좋다. 버스 정류장이 있
는 이탈리아 광장에서 도보로 7분 정도 걸린다.
이 11월 4일 광장은 페루지아에서 유학 중인 많은 한인들
이 추억을 쌓는 장소이기도 하며, 페루지아의 얼굴과도 같
은 장소이다.

프리오리 궁전 Palazzo Dei Priori

▶ 페루지아를 상징하는 두 마리 동물 청동 부조

페루지아의 중심이다. 이곳에 앉아서 쉬어 보자. 입구에 그
리포(il Grifo)와 사자(il Leone)가 Sala dei Notari(공증인
의 방)로 올라가는 계단 위에 청동 부조로 남아 있는데(복
제품. 원품은 건물 내부에) 이 두 마리의 동물은 페루지아
(Perugia)의 심볼이기도 하다. 또한 이 건물 안의 왼편으로
는 Collegio del Cambio(1450년)라고 불리는 중세의 환
전소(지금의 은행 역할)가 있었다. 그리고 프리오리 궁전
건물 안의 여러 방 중에서 우디엔자의 방(La Sala dell'Udienza) 안에는 페루지아 출신의 유명한 중
세 화가였던 페루지노(본명: 피에트로 바눈치)의 그림이 남아 있다.

국립 움브리아 박물관 Museo Nazionale dell'Umbria

▶ 14, 15세기의 회화가 가득

움브리아 지역의 화파는 1400년대에 이탈리아 전역에 그
이름을 떨쳤다. 이들은 화면을 분할하여 천상의 세계와 지
상의 세계로 나누어 그림을 그렸는데 그런 영향은 라파엘
로에게 영향을 미쳤다. 라파엘로는 움브리아 화파의 대표
적인 화가인 페루지노의 제자이다. 페루지노 역시 시스티
나 성당에 작품을 남겼다. 페루지아는 구릉 지대에 위치하
고 있기 때문에 늘 구름이 바로 손에 잡힐 듯이 보인다. 바

움브리아 지역의 상징인 그리포와 사자

로 이런 모습은 그림에도 나타나 이 지역 출신 화가들의 그림은 구름이 정중앙에 위치한다.

위치 11월 4일 광장 바로 옆

움브리아 박물관의 전시품

성 프란체스코 광장 Piazza S. Francesco

잔디가 있는 광장

이탈리아의 광장 중에 드물게 잔디가 있는 곳
으로 이곳에는 늘 많은 사람이 앉아 있다. 광
장의 정면부에는 산 베르나르디노 예배당이 있
으며 왼쪽의 르네상스식 작은 아치문을 통해
들어가면 국립 미술원과 이스티투토 아르테
(Istituto d'arte)가 있다.

산 도메니코 성당 Chiesa S. Domenico

움브리아 주에서 가장 큰 성당

이곳에 국립 고고학 박물관이 위치한다. 또한
이 근처에서 바라본 시 외곽의 풍경이 참으로
아름답다.

위치 카부르 거리를 따라가다 부르노 광장에 위치

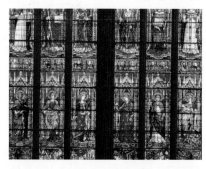

에트루리아 문 Acro Etrusco

에트루리아인이 만든 거대한 성문

이탈리아 광장에서 북쪽으로 도보로 5분 정도 되는 곳에 위
치하는 기원전 3세기경 에트루리아인이 만든 거대한 성문
이다. 수천 년이 지나도록 그 모습이 보존되고 있다.

위치 페루지아 국립어학교 바로 앞

나폴리 Napoli

◎ 이탈리아의 남부, 풍부한 자연의 도시

나폴리는 세계 3대 미항 중의 하나이며, 이탈리아 내에서도 3대 주요 도시로 남부 지방의 중심이 되는 도시다. 나폴리는 그리스 정복자들이 기원전 5~6세기 사이에 건설한 도시로, 이름인 나폴리는 네아폴리스(Nea Polis) 즉, '새로운 도시'라는 뜻이다. 풀리아 지역의 타란토나 칼라브리아 지역, 그리고 시칠리아의 시라쿠사와 연원을 같이하는 그리스에 기원을 둔 도시이다.

이탈리아는 1870년대에 통일이 되기 전까지 각각의 도시들로 이루어진 국가였는데 나폴리는 기원전 326년에 로마로 편입되었고, AD 90년에 자치 도시가 되었다. 나폴리는 스페인에서도, 아프리카에서도, 혹은 프랑스에서도 로마로 들어가기 위해 진을 칠 수 있는 가장 적절한 항구였으며 천혜의 조건을 갖추고 있었기 때문에 늘 이민족의 침략이 끊이지 않았다. 서로마 제국의 몰락 후 고트 족, 비잔틴, 노르만 족들이 서로 얽히면서 이 도시를 차지하기 위해 싸웠다.

1282년 나폴리 왕국이 성립되기도 하였지만 14세기경에는 영국계의 앙주 가문에 의해 번성을 누리다가 1441년 결국 스페인의 지배에 들어가 시칠리아 왕국에 편입되었다. 16~17세기에는 에스파냐로 들어갔다가 1734년에 에스파냐 계통의 왕이 배출되어 독립하였다.
19세기 초에는 나폴레옹의 침략으로 프랑스의 지배를 받기도 하였다. 그러다 또 다시 1860년 가리발디에 의해 독립이 되고 투표를 통해 사르데냐 왕국에 병합되어 현대 이탈리아의 나폴리가 되었다.

나폴리는 이런 복잡한 역사적 배경을 가진 도시이다 보니 나폴리 사람들의 생존력은 대단히 뛰어나다. 한 예로 마피아의 한 지류인 카모라가 아직도 이 지역에서 번성하며 뿌리를 깊게 내리고 있다.

나폴리로 가기

나폴리는 베네치아와는 또 다른 항구 도시로 폼페이나 소렌토, 카프리, 아말피, 포지타노 등의 지역의 중심이 되는 도시다. 나폴리 지역을 여행하면서 이탈리아 남부의 문화적 특성을 느낄 수 있다. 모든 성향이 현대적인 도시인 밀라노와는 반대이기 때문에 새로운 여행을 경험할 수 있다.

◎ 기차

로마에서 남부로 내려가는 거의 모든 열차가 나폴리로 연결된다. 로마에서 약 225Km 떨어져 있으며 열차로 약 2시간 정도 걸린다. 이탈리아 철도의 주선이며 나폴리를 중심으로 바리(Bari), 포쟈(Foggia)와 같은 풀리아(Puglia) 지역도 연결되기 때문에 기차 연결이 로마보다 나을 수도 있다. 로마의 테르미니 역에서 나폴리 중앙역까지 유로스타(ES)나 인터시티(IC) 둘 다를 이용해도 좋다. 시간은 모두 1시간 30분 남짓 걸리기 때문에 특별한 차이는 없다.

요금 ES 이용 시 57.2유로, IC 이용 시 26유로, 지방 기차인 Regionale 이용 시 16유로

하루 기차 횟수 비수기에는 하루 약 15회, 성수기에는 29회로 항상 기차가 있다고 보면 된다.

◎ 비행기

나폴리에는 카포디키노(Capodichino) 공항이 있다. 나폴리 시내로부터 7km 떨어져 있으며 공항 앞에 나폴리 중앙역으로 가는 버스가 있다. 로마가 아닌 다른 도시 즉, 밀라노나 베네치아에서 나폴리로 오기에 좋은 교통 수단이다. 국내선 항공이기 때문에 비행기 노선은 자주 있는 편이다.

카포디키노 공항에서 나폴리 시내로 가기 버스 노선은 ANM – 3S, ANM ALIBUS를 이용하면 나폴리 중앙역으로 갈 수 있다. 버스 요금 5유로. (20~30분 간격으로 운행).

나폴리에서는 차 조심!
밤 늦은 시간, 혹은 낮이라도 너무 구석진 곳은 피하는 것이 좋다. 그리고 차 조심!
관련 웹사이트 : www.regione.campania.it | www.gesac.it/en/links/inaples.html

여행자 안내소

1 주소 : Piazza del Plebiscito. 1
이곳이 나폴리에서 가장 중심인 여행자 사무소이다. 나폴리의 중심인 황궁(Palazzo Reale)이 있는 플레비시토 광장의 1번지가 나폴리의 공식 여행자 사무소. 이곳에서 폼페이, 소렌토, 카프리 등지의 여행 정보도 받을 수 있다.

2 주소 : Piazza del Gesu'. 7
스파카 나폴리의 시작점인 제수 성당 바로 맞은 편에 위치한 여행자 사무소.

나폴리 시내 교통

나폴리는 걸어 다닐 수 있는 거리의 공간이다. 나폴리는 이탈리아 내에서 가장 극심한 교통 정체를 빛는 도시이기 때문에 택시를 탈 경우, 정체로 인한 바가지를 잔뜩 뒤집어 쓸 수도 있다. 관광객 입장에서는 나폴리 관광을 위해서라면 지하철을 타고 다니는 것이 가장 좋은 방법이다.

지하철, 버스 통합 이용권(ANM) 1회권 1.1유로, 1일권 3.5유로, 1주일권 12.5유로

◎ 지하철
나폴리의 지하철은 1, 2호선 두 개의 노선이 있다. 1호선은 단테광장에서 시작해 도시의 남북을 연결하고 있으며, 2호선은 가리발디 중앙역의 지하에서 출발해 관광지가 몰려 있는 동서를 횡단한다.

◎ 버스와 트램
나폴리의 버스는 혼잡하기로 유명하다. 늘 만원이고 지하철이 연결되지 않는 곳까지 연결해 준다. 안내 방송을 해 주지 않는 것이 대부분이고 노선 변동도 심해 버스를 타는 것이 쉽지는 않다.
베베렐로 항구로 가기 위해서는 나폴리 중앙역에서 트램이라고 불리는 지상 전철 1번과 4번을 타면 된다. 탈 때는 반드시 운전사에게 '베베렐로?'라고 물어보자. 반대편으로 가는 편을 타는 사람도 많다. 나폴리 중앙역을 나오면 가리발디 동상이 보이는 광장이 나오는데, 바로 이곳에서 타면 된다.

◎ 푸니콜라레(케이블카)
시 서쪽에 있는 4개의 케이블카 노선으로 3개의 노선은 보메로 언덕으로 올라간다. 30분 간격으로 운행되며 산 마르티노 수도원에 갈 때 몬테산토 선을 이용한다.

첸트랄레 선(Centrale) 톨레도 거리 – 푸가 광장
몬테산토 선(Montesanto) 몬테산토 – 모르겐 광장 거리
키아이아 선(di Chiaia) 마르게리타 공원 거리 – 치마로사 거리
메르젤리나 선(Mergelina) 메르젤리나 거리 – 만초니 거리

나폴리 아르떼 카드(Napoli Artecard)
혜택 관광객을 위한 할인 카드로 대중 교통과 나폴리의 주요 6개 박물관 등을 무료로 입장할 수 있다. 단 배는 50%이다. 18~25세의 청년들(지오바니, Giovani)은 6개 박물관을 모두 무료 입장하며, 25세 이상 성인(오르디나리아, Ordinaria)은 2개 박물관만 무료 입장되며 나머지 4개 박물관은 50% 할인하여 입장할 수 있다. 또한 두 경우 모두 60시간 동안 도시의 교통 체계를 무료로 이용할 수 있다.

요금 3일권: 학생 21유로, 성인 32유로 / 7일권: 학생 25유로, 성인 34유로 / 365일권: 학생 33유로, 성인 43유로
구입 공항이나 기차역, 버스 정류장, 주요 호텔, 신문 판매소 등 여러 곳에서 만들 수 있으며 나폴리 아르떼 카드(Napoli Artecard) 표시가 있는 곳이면 모두 구입할 수 있다.

주의사항 카드를 사용할 때는 뒷면에 이름, 성, 처음 사용한 시간 등을 반드시 기록하여야 한다. 보통 나폴리에서 3일 이상 머무를 사람들에게 유리하다. 사용할 때는 담당 직원에게 제시하고 카드는 본인이 소지하면 된다. 또한 아르떼 카드는 종류에 따라 요금이 다양하기 때문에 자신에게 맞는 카드를 구입하는 것이 좋다.
홈페이지 www.campaniartecard.it

나폴리에서 여행하기
이탈리아 남부에서는 파업으로 인해 기차, 배, 버스 등의 대중 교통 시간이 항상 바뀐다. 이럴 경우 참는 수밖에 없다. 여행지에서 중요한 것은 순발력과 뻔뻔함이다. 자꾸 묻고, 찾아 다니고, 버스 타는 것을 두려워 말고, 운전 기사에게 물어보고 타자.

스파카 나폴리 Spaccanapoli

천 년의 나폴리와 만나다, 나폴리 구도심가

나폴리의 중심가로 천 년의 나폴리를 제대로 느낄 수 있는 곳이다. 나폴리 관광에 있어 위험하다는 숱한 오명 속에 그 모습이 제대로 드러나지 못했던 곳이다. 스파카 나폴리는 과거 나폴리의 중심가로서 나폴리 관광에 있어 제일 중요한 곳으로 꼽을 수 있다. 트리부날리 거리(Via Tribunale) 주위를 관통하는 스파카 나폴리는 '나폴리를 가로지른다'라는 의미로 골목 골목에 있는 오래된 나폴리의 삶을 느낄 수가 있다. 여유롭게 시간을 두고, 가게마다 들러서 물건도 보고 음식도 먹으며 천천히 걷다 보면 1800년대의 이탈리아를 만날 수 있다.

Access

1 나폴리 중심에서 동쪽 지역으로 나폴리 중앙역에서 정면으로 가리발디 광장을 지나 도보로 10분 정도 소요.

2 지하철 2호선 카부르(Cavour)역에서 도보로 6분.

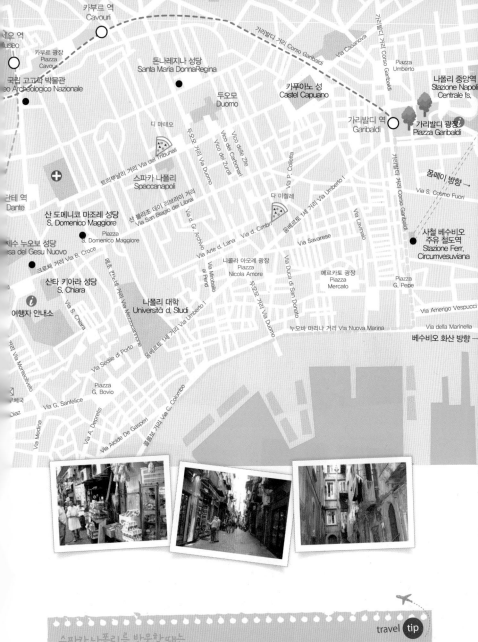

카부르 역
Cavouri

에우 역
useo

가리발디 거리 Corso Garibaldi

카부르 광장
Piazza
Cavour

돈나레지나 성당
Santa Maria DonnaRegina

카푸아노 성
Castel Capuano

Via Casanova

국립 고고학 박물관
eo Archeologico Nazionale

두오모
Duomo

Piazza
Umberto

나폴리 중앙역
Stazione Napoli
Centrale fs.

디 마테오

뉴우오모 거리 Via Duomo

Vico delle Zite

가리발디 역
Garibaldi

가리발디 광장
Piazza Garibaldi

Vico dei Carbonari

Vico dei Zuroli

트리부날리 거리 Via dei Tribunali

스파카 나폴리
Spaccanapoli

Via P. Colletta

폼페이 방향 →
Via S. Cosmo Fuori

란테 역
Dante

다 미켈레

Via Arte d. Lana

Via d. Cimbri

움베르토 1세 거리 Via Umberto I

가리발디 거리 Corso Garibaldi

Via Savarese

사철 베수비오
주유 철도역
Stazione Ferr,
Circumvesuviana

산 도메니코 마조레 성당
S. Domenico Maggiore

산 빌라조 데이 리브라이 거리
Via San Biaglo dei Librai

Via di G. Archivio

Piazza
S. Domenico Maggiore

Via Lavinaio

예수 누오보 성당
sa del Gesu Nuovo

크로체 거리 Via B. Croce

Via Michebalio
al Pend

니콜라 아모레 광장
Piazza
Nicola Amore

Via Duca di San Donato

메르카토 광장
Piazza
Mercato

Piazza
G. Pepe

산타 키아라 성당
S. Chiara

Via S. Chiara

Via Mezzocannone

나폴리 대학
Universita d. Studi

뉴우오모 거리 Via Duomo

Via Amerigo Vespucci

Via della Marinella

여행자 안내소

움베르토 1세 거리 Via Umberto I

누오바 마리나 거리 Via Nuova Marina

베수비오 화산 방향 →

Via Sedile di Porto

Via Montoliveto

Piazza
G. Bovio

Via Medina

Via G. Sanfelice

Via A. Depretis

콜롬보 거리 Via C. Colombo

Via Aloide de Gasperi

우체국

Diaz

travel tip

스파카나폴리를 방문할때는

1. 오전 중에 방문하는 것이 좋다. 오후 1시가 넘어서면 4시까지 문을 닫고 쉬는 곳이 많다.
2. 거리는 험하게 보여도 실제로는 안전한 공간이다. 그러나 너무 골목 구석으로는 가지 말자.
3. 시간적 여유와 성능이 좋은 카메라 준비.

211

스파카 나폴리로 들어가는 골목의 입구

과일 자판

골목이 좁다 보니 소형 자동차가 많다.

오래된 가게에서 커피 한 잔

전통 빵 가게

신선한 야채 가게

로마나 밀라노의 대규모 과일
시장은 수입품이 많은 반면
남부 지역의 과일은 현지에서
직접 재배된 과일 들이다.

결혼식 야외 촬영

오래된 고서점

각종 장신구 가게

생선 가게

골동품 가게

남북 특산품들을 파는 가게
오른편 하단 노란색 병은 리몬젤로

곳곳마다 보이는 간이 예배당

213

가리발디 광장 Piazza Garibaldi

나폴리 여행의 시작점

가리발디 광장은 나폴리에 도착하는 모든 한국인들에게 제일 처음 나폴리를 보여 주는 곳이다. 기차역(1966년 건설)에서 나오자마자 바로 있는 곳이기 때문이다. 나폴리에서 가장 큰 광장이며, 교통사고가 가장 많이 일어나는 곳이다. 특히, 밤에는 차 조심을 해야 한다. 나폴리에서는 횡단보도도 믿을 만한 것이 못 된다.

나폴리 중앙역 앞의 가리발디 동상

두오모 Duomo

나폴리 신앙의 중심

건축물은 13세기에 지어진 건물로 성 젠나로의 피가 보관되어 있다. 성 젠나로를 기념하는 축제가 5월 첫째 일요일과 9월 19일에 열리며 굳어 있는 피가 액체로 변하면 그 해 큰 일이 있을 징조를 나타낸다고 한다. 다만, 공개하지는 않으니 들어가도 보지는 못한다.

Access

주소 Napoli, Via Duomo 149　시간 평일: 08:00~12:30, 16:30~19:00 / 일요일 08:00~12:30, 17:00~19:30
위치 지하철 2호선 카부르(Cavour) 역에서 도보로 6분

여행 포인트

스파카 나폴리 근처에 있으니 잠깐 들어갔다 나오는 센스. 로마의 일반 성당과 크게 다르지 않으니 로마에서 내려온 사람이라면 두오모 앞 계단에서 아이스크림을 먹으며 쉬었다 가자.

돈나레지나 성당 Santa Maria DonnaRegina

두오모 옆 성당

두오모 바로 옆에 붙어 있다. 앙주 가문이 지배할 때 지은 건물로서 1307년에 짓기 시작해 1320년에 완성했다. 원래 이 건물에는 지오토(Giotto, 피렌체의 두오모 종탑을 만든 천재, 나폴리에서 1329년부터 1333년까지 살았다.)의 작품이 있었다고 전해지지만 지금은 없다. 이곳에는 피에트로 가발리니의 프레스코화와 14세기에 가장 유명했던 조각가인 티노 카마이아노의 작품들을 감상할 수 있다.

주소 Piazza San Domenico Maggiore　시간 평일 08:00~12:30　요금 무료

국립 고고학 박물관 Museo Archeologico Nazionale

고대 문명의 보고

이 박물관은 폼페이(Pompei)와 에
르콜라노(Herculaneum)의 많은
유적들과 로마에 관한 유물을 전시
하고 있다. 폼페이를 제대로 보고자
하는 사람들에게 좋은 장소이다.

1층과 2층으로 나뉘어져 있는데 한 층마다 방의 갯수만 해도 60여 개가 되기 때문에 관람하는 데 상
당한 시간이 필요하다. 나폴리 아르떼 카드(Arte card)로 구매하면 할인율이 높으니 하나 만들어 두
는 것도 좋다.

Access

주소 Piazza Museo, 19 Napoli   시간 9:00~20:00(화요일 휴관)   요금 6.50유로(일반) / 3.25유로(25세 미만)
위치 지하철 2호선 카부르(Cavour) 역에서 도보로 4분

제수 누오보 성당, 신예수 성당 Chiesa del Gesu Nuovo

세월의 흔적을 느낄 수 있는 성당

예수 광장(Piazza del Gesu)에 가면 볼 수 있다. 바로크 양식으로 특별한 것은 없으나 안에 들어가 보면
세월의 흔적을 느낄 수 있다. 이 성당 바로 앞에 나폴리 관광 사무소가 있어 공짜로 모든 여행 자료를 받
을 수가 있다.

요금 무료

페라라의 디아만테 궁과 같이 외벽이 다이아몬드 형태이다.   성당 앞 오벨리스크 모양의 장식

카스텔 델 오보 Castel Dell'Ovo

감옥으로 사용되어 온 산타루치아의 절경

해안을 따라 뻗어 있는 나자리오 사우로 거리(Via Nazario Sauro)가 끝나는 지점에는 조그만 항구가 나타나는데 이

Access

플레비시토 광장에서 남쪽으로 도보로 약 10분.

곳에는 영화에서나 보는 호화스러운 요트들이 정박되어 있다. 이곳이 바로 유명한 '산타 루치아(Santa Lucia)'다. 한적한 어촌이었던 이곳은 나폴리의 번영과 이탈리아의 대표 민요 '산타 루치아' 덕분에 관광 명소가 되었다.

카스텔 델 오보는 산타루치아 항구에 솟아 있는 '달걀성'이라는 이름을 가진 성이다. 12세기 노르만 족에 의해 지어졌으며 17세기 후반 개축되었다. 달걀성이라는 이름은 성을 지을 당시 기초 부분에 달걀을 묻고 '달걀이 깨지면 이 성은 물론 나폴리까지 위기가 닥칠 것이다'라는 주문을 걸었다는 전설에서 비롯되었다. 성에서 바라보는 나폴리 만과 베수비오 산의 모습이 절경을 이룬다. 이 성은 그 지형적인 특수성 때문에 오랜 세월 감옥으로 사용되기도 하였다. 지금도 그 흔적이 남아 많은 관광객들이 지하의 '감옥 관광'을 즐기기 위해 이곳을 찾는다.

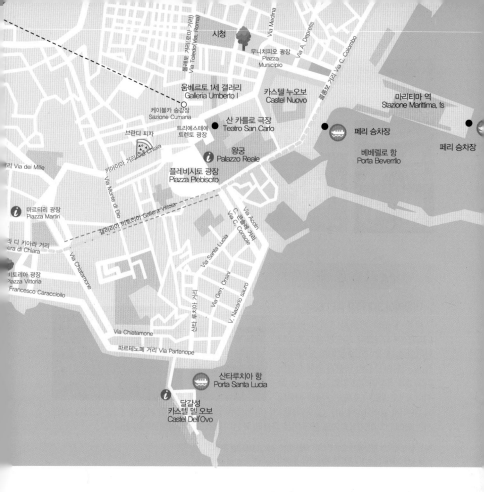

시청

Via Medina

무니치피오 광장
Piazza
Municipio

Via A. Depretis

Via C. Colombo

톨레도 거리(로마 거리)
Via Toledo(Via. Roma)

움베르토 1세 갤러리
Galleria Umberto I

카스텔 누오보
Castel Nuovo

마리티마 역
Stazione Marittima, fs

케이블카 승강장
Sazione Cumana

산 카를로 극장
Teatro San Carlo

트리에스테에
트렌토 광장

페리 승차장

브란디 피자

키아이아 거리Via Chiaia

왕궁
Palazzo Reale

베베렐로 항
Porta Beverrlio

페리 승차장

리 Via dei Mille

Via Monte di Dio

플레비시토 광장
Piazza Plebiscito

마르티리 광장
Piazza Martiri

갤러리아 비토리아 Galleria Vittoria

Via Acton

C. 콘솔레 거리
Via C. Console

락 디 키아라 거리
era di Chiara

Via Chiatamone

Via Santa Lucia

비토리아 광장
Piazza Vittoria
Francesco Caracciolio

산타 루치아 거리

Via Gen. Orsini

V. Nazario sauro

Via Chiatamone

파르테노페 거리 Via Partenope

산타루치아 항
Porta Santa Lucia

달걀성
카스텔 델 오보
Castel Dell'Ovo

travel tip

연인들의 데이트 코스
밤이면 조명이 켜져 환상적인 분위기를 만들어 내며 해안선 길은 연인들의 데이트 코스가 된다.

움베르토 1세 갤러리 Galleria Umberto I

거대한 쇼핑 아케이드

1890년에 세워진 거대한 아케이드로 가운데 거대한 통로를 중심으로 좌우에 쇼핑몰, 극장 등이 있다. 말 그대로 갤러리니까 단지 화랑이라고 생각한다면 큰 오산이다. 안에는 여러 다양한 상점과 바들이 있어 쉬기에도 적당하다. 나폴리 신시가지의 쇼핑몰에 있으며 바닥에 뛰어난 모자이크화를 볼 수 있다.

주소 산 카를로 극장 앞

산 카를로 극장 Teatro San Carlo

이탈리아 3대 극장 중의 하나

부르봉 왕조의 카를로 3세의 명으로 1737년에 지어졌다. 우수한 음향 효과와 화려한 실내 장식으로 로마의 오페라 극장, 밀라노의 스칼라 극장과 함께 이탈리아의 3대 극장이라고 일컬어진다. G. 로시니의 〈오셀로〉〈모제〉, 주세페 베르디의 〈루이자 밀러〉〈아틸라〉, G. 도니체티의 〈라메르무어의 루치아〉 등이 이곳에서 초연되었다. 상연 시간 외에 견학이 가능하기도 한데 이는 극장 입구 안내 데스크에서 알아보아야 한다.

주소 플레비시토 광장에서 도보로 2분 시간 8:30~19:30(화요일 휴관)
요금 견학 9유로(일반), 7유로(25세 미만) 홈페이지 www.teatrosancarlo.it/

왕궁 Palazzo Reale

나폴리 왕궁의 역사를 살펴보는 곳

부루봉(Bourbon) 왕조의 카를로 3세(Charles III)가 바르세이유 궁전을 모방하려고 도메니코 폰타나(Domenico Fontana)에게 명해 17세기에 건립하였다. 1734년부터 프랑스 부루봉 왕가의 거주지였으며, 나폴리를 집권했던 왕들의 거주지이기도 하였다. 현재는 공식적으로 국립 도서관이지만 가구나 도자기, 그림들도 같이 있다. 왕궁이라는 단어가 어울리지 않을 만큼 단순하고 수수한 3층 짜리 건물이다. 왕궁이라는 이름만 듣고 찾아온 관광객들은 건물 바로 앞에서 헤매는 경우가 많다.

주소 플레비시토 광장

플레비시토 광장 Piazza Plebiscito

나폴리 신시가지 여행의 시작

규모가 굉장히 크며 중앙에 산 프란체스코 디 파올로(San Francesco di Paola) 성당을 중심으로 반원형의 파사드에 둘러싸여 있다. 19세기 초 프랑스 부르봉 왕가의 일원인 페르디난드 1세가 왕위를 되찾으면서 1817년에 건설하였는데, 성당 내부는 로마의 판테온의 모습과 흡사하다. 광장 한가운데에 페르디난도 1세와 카를로 3세의 기마상이 자리하고 있다.

카스텔 누오보 Castel Nuovo

앙주 가의 성

1279년~1282년에 앙주 가문의 카를로 1세가 건설하여 15세기에 아라곤 가의 알퐁소 1세에 의해 재건되었다. 정문은 15세기에 지어진 것이지만 현재 있는 것은 플라스틱 모조품이다. 입구에는 나폴리의 주요한 르네상스 작

품인 알퐁소 1세 승전 기념 아치(Alfonso I Triumph Arch)가 정문의 탑 사이에서 있는데 이 아치는 1443년 아라공(Aragon)과 나폴리의 알퐁소 1세(Alfonso I)의 귀환을 기념하기 위해 만든 것이다. 성 안에는 나폴리의 역사에 관한 그림들과 팔라티나(Palatina) 예배당 그리고 바로니의 방(Sala dei Baroni)이 있다. 그중 팔라티나 예배당에는 지오토가 그린 그림이 남아 있다.

투포환

나폴리 투어버스

이 누오보 성 앞에 있는 투어버스를 이용하는 것도 좋다. 로마나 피렌체의 경우도 이렇게 투어버스를 이용하면 좋다.

주소 플레비시토 광장에서 산 카를로 극장으로 가는 길

보메로 언덕 주변

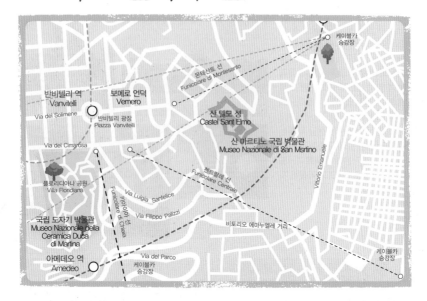

MAPECODE 05111

산 마르티노 국립 박물관 Museo Nazionale di San Martino

▷ 나폴리 시내를 내려다볼 수 있는 보메로 언덕 위에 세워진 수도원 박물관

나폴리 왕국의 미술품과 민속 의상과 회화 등을 전시하고 있다. 1층에는 나폴리의 크리스마스에 빠지지 않는, 그리스도의 탄생을 이야기로 꾸민 크리스마스 장식 컬렉션이 있다. 인접한 건물로 16세기에 만들어져 형무소로 사용되어 온 산텔모 성(Castel Sant'Elmo)이 있다. 건물 옥상으로 올라가면 나폴리 만과 베수비오 화산을 볼 수 있다.

위치 몬테산토 케이블카로 산 마르티노(San Martino) 역에서 하차. 도보로 약 10분.
시간 평일 08:30~18:30 (월요일 휴관) 요금 8유로

MAPECODE 05112

국립 도자기 박물관 Museo Nazionale della Ceramica Duca di Martina

▷ 도자기 컬렉션을 살펴보다

보메로 언덕에 위치하고 있는 도자기 박물관이다. 파엔차에서 유학하다 온 사람이 있으면 가볼 만하다.

주소 Via Aniello Falcone 171 80127 Napoli 시간 8:30~17:00(마지막 입장 16:15까지) / 화요일 휴무 요금 8유로

기타

MAPECODE `05113`

국립 미술원 Accademia di Belle Arte

▶ 미술 전문 교육 기관

국립 미술원, 국립 음악원이라
면 우리는 대학급이라고 생각하
지만 이탈리아에서는 고등학교
과정도 포함된 예술 학교이다.

이탈리아의 대학에는 창작을 하
는 예술 관련 학과가 없다. 미술
은 국립 미술원이 최종 학력이
다. 그래서 상황을 잘 모르고 우
리나라에서 대학이나 대학원을
마치고 국립 미술원으로 온 유학
생들의 경우 이곳의 학생들이 어
려서 종종 황당하기도 한다.

자유로운 분위기의 수업 광경

좀 더 실력을 쌓고 싶다면 밀라노 등지의 사설 학원에 가는 것도 좋다.

주소 Accademia di Belle Arti di Napoli, via Costantinopoli n.107

MAPECODE `05114`

카포디몬테 국립 미술관 Museo e Galleria Nazionale di Capodimonte

▶ 나폴리 회화 컬렉션 모음

박물관으로서는 좀 유명하지만
나폴리까지 와서 굳이 박물관을
찾는 사람은 없는 편이다.
시모네 마르티니, 가디, 다디, 보
티첼리, 필리피노 리베, 페루지
노, 만테냐, 벨리니, 라파엘로,
미켈란젤로, 카라바조, 티치아
노, 크라나흐, 팔라찌, 모렐리 등

기타 여러 명의 작품을 동시에 감상할 수 있다. 또한 앤디워홀(Andy Warhol)의 작품도 소장되어 있
다. 유일하게 나폴리 시외에 있는 박물관으로 미술이나 회화가 전공인 사람들에게는 필수지만 일반
여행객은 하루를 다 보낼 생각을 해야 한다.

주소 Via Miano 1 80132 Napoli 시간 8:30~19:30(화요일 휴관) 요금 12유로

BEST TOUR

나폴리 하루 코스

오전

① 나폴리 국립 고고학 박물관

타 도시의 박물관과는 달리 폼페이 인근의 유물까지 볼 수 있어서 흥미롭다. 나폴리 중앙역에서 지하철 2호선을 타고 카부르 역에서 내려 걸어 올라가면 된다. 버스는 210번. 하지만, 아침 일찍 일어나서 천천히 포리아 거리(Via Foria)를 걸어올라가면서 주변의 나폴리 모습을 보는 것도 좋다.

나폴리 중앙역에서
천천히 걸어서 약 40분

걸어서 20분

단테 광장에서
10분

② 단테 광장

나폴리 구도심의 중앙. 본격적으로 나폴리 구도심지를 걸어다니면 된다. 중고책방이 많아서 때때로 진귀한 화집을 구할 수 있다.

③ 제수 누오보

외벽이 다이아몬드 형태의 조각으로 구성되어 있는 이곳은 나폴리의 대표적인 성당 중의 하나. 성당 바로 앞 여행자 사무소에서 나폴리 관광 지도를 얻어 구도심지 여행 루트를 확인한다.

④ 트리부날리 거리와 두오모

나폴리의 구도심지는 꼬불꼬불한 골목으로 이루어져 있지만 주거리는 바로 트리부날리 거리(Via dei Tribunali)다. 거리 양옆으로 나폴리 구도심가를 보고(소요 시간 약 1시간 30분~3시간), 두오모로 가자.
그리고 다시 트리부날리 거리 외의 다른 길을 통하여 산타 키아라 성당으로 돌아온다. 여기서 사진 촬영을 하면 좋다.

오후

제수 누오보 성당에서 천천히 톨레도 거리를 걸어가면서 나폴리 시내를 지나간다.
(30분~50분)

도보로 약 5분

5 움베르토 1세 갤러리(Galleria Umberto 1)

톨레도 거리(Via Toledo)를 걸어 내려오면서 나폴리 시내를 바라보자.

도보로 약 15분

6 플레비시토 광장과 왕궁

움베르토1세 갤러리를 나와 트리에스테에 트렌토 광장을 지나 나폴리 시내 관광의 또 다른 중심인 플레비시토 광장과 왕궁을 둘러보자. 이곳에서는 차 조심!

7 누오보 성

8 베베렐로 부두

나폴리의 대표적인 항구. 이곳에서 소렌토로, 카프리로 가는 배를 탈 수 있다.

베베렐로 부두에서

- 카프리로 들어가는 페리를 타면 약 1시간 30분이면 카프리의 마리나 그란데 항구에 도착한다.
- 나폴리 중앙역으로 돌아가기 위해서는 트램 1번이나 4번, 혹은 버스는 R2나 152번을 타면 간다.
- 소렌토로 가길 원한다면 쾌속정을 타면 20~30분이면 도착한다.
- 폼페이로 가려면 나폴리 중앙역 지하에서 폼페이로 가는 사철(민간 철도)을 타고 폼페이 역에서 내리면 된다. 소요 시간은 42분.

브란디 Brandi MAPECODE 05115

나폴리에 온다면 반드시 들러야 할 2대 피자집 중에서 맏형이라고 볼 수 있다. 이곳에서 이탈리아 피자의 대표 메뉴인 마르게리타 피자를 개발하였기 때문이다. 가게는 1780년부터 현재까지 그 명맥을 유지하고 있다.

주소 Salita S. Anna di Palazzo 1
위치 트리에스테 트렌토 광장(Piazza Trieste e Trento)에서 Via Chiaia 거리 쪽으로 가다 오른쪽 골목에 있다. 항상 외국인 관광객으로 북적대니까 찾기 쉽다.
가격 타도시에 비하여 저렴한 편. 4인 기준으로 약 50유로 정도이다.

다 미켈레 Da Michele MAPECODE 05116

나폴리에서 가장 손님이 많은 식당으로 유명하다. 주변에 누구에게나 물어봐도 아는 집이다. 이 집은 예전에 부두에서 일하는 가난한 나폴리 노동자들에게 가격에 비하여 양이 많아서 사랑을 받던 집이었는데, 최근에 관광객들이 많이 생기다 보니 나폴리 현지인들은 그렇게 많이 찾지 않는다고 한다.

세계적인 여행서에 그 이름을 올리고 난 뒤부터 지금까지 매해 많은 관광객들이 찾는다. 피자의 경우 화덕에 구워서 직접 내는데 손님이 많다 보니 여느 피자집의 피자에 비하여 아주 얇은 것이 특징이다.

위치 나폴리 중앙역에서 움베르토 1세 거리 쪽으로 가다 Via Cesare Sersale 1번지.
가격 5유로부터

디 마테오 Di Matteo MAPECODE 05117

스파카 나폴리를 관통하는 거리인 트리부날리 거리에 위치한 또 다른 유명한 피자집이다. 미국 클린턴 전 대통령이 방문하여 일약 나폴리 최고의 피자집으로 등극하였지만 원래도 유서 깊은 곳이다.

주소 Via dei Tribunali 94
가격 10유로부터

224

폼페이 pompei

MAPECODE 05118

사라진 역사의 도시, 폼페이

폼페이는 1997년 유네스코에 의해 지정된 세계 문화유산이자 이탈리아 내에서는 중요한 의미를 갖는 곳이다. 79년에 베수비오 화산의 폭발로 화산재에 묻혀 버린 폼페이는 그 원형을 그대로 간직하고 있어 당장 어제의 일처럼 선명하게 모든 것이 보존되어 있다. 살아남은 사람들은 절대 자신의 고향인 폼페이에 대해서 말을 하지 않았다. 저주받은 도시 출신이라는 것을 알리기 싫어했기 때문이다. 폼페이는 1748년에 본격적으로 발굴이 시작되었는데, 이 발굴 작업의 여파가 굉장해서 전 유럽에 고대 그리스풍의 유행이 새로 생기기 시작했을 정도이며 유럽의 부호들은 너도나도 이 발굴 작업에 뛰어들었다. 서유럽에서 유물, 유적은 단순한 예술품 이외에 엄청난 부를 안겨 줄 수 있는 또 다른 노다지였기 때문이다.

Access

어느 도시에서든지 나폴리 역에 도착하여 지하에 내려가면 나폴리와 소렌토를 왕복하는 사철을 타고 폼페이 역(폼페이 빌라 데이 미스터리 역)에서 내리면 된다. 사철을 타면 내부에 지하철처럼 노선도가 적혀 있다.

시간 로마에서 나폴리까지 1시간 30분, 나폴리에서 폼페이까지 약 42분.
요금 16유로

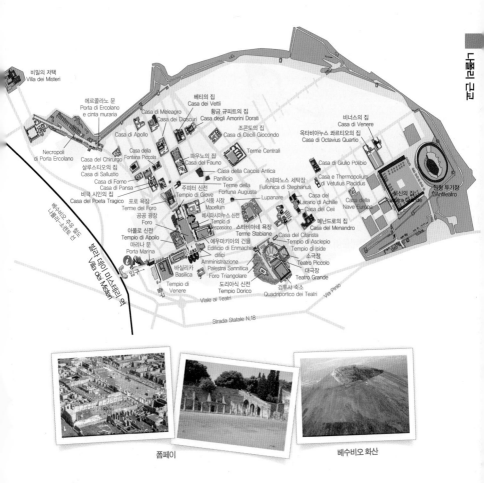

비밀의 저택
Villa dei Misteri

에르콜라노 문
Porta di Ercolano
e cinta muraria

베티의 집
Casa dei Vettii

황금 규피트의 집
Casa degli Amorini Dorati

Casa di Meleagro
Casa dei Dioscuri

조콘도의 집
Casa di Cecili Giocondo

비너스의 집
Casa di Venere

옥타비아누스 콰르티오의 집
Casa di Octavius Quartio

Casa di Apollo

Terme Centrali

Necropoli
di Porta Ercolano

Casa della
Fontana Piccola

파우노의 집
Casa del Fauno

Casa di Giulio Polibio

Casa del Chirurgo

Casa della Caccia Antica

Casa e Thermopolium
di Vetulius Placidus

살루스티오의 집
Casa di Sallustio

Panificio

스테파누스 세탁소
Fullonica di Stephanus

Casa di Forno

Terme della
Fortuna Augusta

Casa del
Larario di Achille

육신의 집
Palestra Grande

비극 시인의 집
Casa del Poeta Tragico

주피터 신전
Tempio di Giove

Lupanare

Casa di Ceii

Casa della
Nave Europa

Casa di Pansa

식품 시장
Macellum

원형 투기장
Anfiteatro

포로 욕장
Terme del Foro

베스파시아누스 신전
Tempio di
Vespasiano

메난드로의 집
Casa del Menandro

공공 광장
Foro

스타비아네 욕장
Terme Stabiane

Casa del Citarista

아폴로 신전
Tempio di Apollo

에우마키아의 건물
Edificio di Enmachia

Tempio di Asclepio

마리나 문
Porta Marina

Amministrazione

Tempio di Iside

소극장
Teatro Piccolo

바실리카
Basilica

Palestra Sannitica

대극장
Teatro Grande

Foro Triangolare

Tempio di
Venere

도리아식 신전
Tempio Dorico

검투사 숙소
Quadriportico dei Teatri

Viale ai Teatri

Via Pino

Strada Statale N.18

폼페이

베수비오 화산

여행 포인트

1. 폼페이 유적은 거의 다 나폴리 고고학 박물관에 소장되어 있다. 폼페이에 올 시간이 없다면 나폴리 고고학 박물관을 둘러보자!
2. 만약 가이드가 없다면 폼페이 유적지에 있는 관광 안내소에서 반드시 안내 책자를 받아서 움직이자!
3. 저녁의 나폴리 지하 사철역과 중앙역은 좀 위험하다.

travel tip

이탈리아 여행에서 유레일 패스는 별로 쓸모가 없다

예약비가 더 비싸고 예약하는 데 애를 먹기 때문에 그때그때 기차표를 사서 움직이는 것이 낫다. 유레일 패스를 이용하여 폼페이로 들어가는 것은 차편이 너무 없다. 보통 로마에서 나폴리로 많이 내려오는데 이럴 때 유로스타를 타려면 예약을 하는 것이 낫다.

폼페이 둘러보기

폼페이는 BC 6세기경에 그리스의 지배를 받다가 BC 80년부터 본격적으로 로마의 지배를 받았다. 이후 이 지역은 폼페이뿐만 아니라 에르클라네움이 발전하기 시작해서 폼페이 지역의 인구는 약 3만 명에 육박했다. 화산 폭발의 징조는 이미 62년에 일어났고 인근 도시인 에르클라네움은 이미 폐허가 되었지만 당시 폼페이는 건재하였다.

폼페이는 로마 지도자들이 휴양지나 별장 등을 많이 지었던 곳이다. 사시사철 해가 뜨기 때문에 건강에 좋을 뿐만 아니라 겨울에도 화산의 지반열이 있어 그다지 춥지가 않았다.
폼페이는 79년 8월 24일 베수비오 화산의 폭발로 인해 15,000명 이상의 시민들이 7m 이상의 화산재에 파묻혀 사망하였다. 전설로 내려오던 폼페이 유적에 대한 본격적인 발굴 작업은 1748년도에 이루어졌고 현재 발굴 작업은 거의 완료된 상태이지만 곳곳은 아직 작업 중에 있다.

폼페이에서는 광장, 공중목욕탕, 프레스코화가 그려진 집들, 대성당(법정), 원형 극장, 베티의 의사당, 작은 매음굴 그리고 도시의 대로를 볼 수 있다. 500m 아래에는 전형적인 로마 가옥들이 보존되어 있는 에르클라네움(Herculaneum)이 있다. 폼페이는 상당히 넓으며 60여 곳의 볼거리가 있다. 이 많은 곳을 다 본다는 것은 무리다. 중요한 몇몇 곳만 간추려 보는 것만으로도 2~3시간은 금방 지나간다.

요금 11유로

228

입구로 들어가는 문. 한참 걸어가야 입장권을 판매하는 곳이 나온다. 입구가 몇 군데 있다.

입장권 판매소. 왼쪽으로 여행자 안내소가 있다.

폼페이 관광 시에는 반드시 운동화를 착용해야 한다. 모두 돌길이다.

아폴로 신전. BC 6세기경의 가장 오래된 건물로 중앙에 쌓아올린 재단을 첼라라고 한다. 신전에서는 화살을 쏘는 모습으로 서 있는 아폴로 신과 사냥의 여신 디아나를 모신다. 머큐리 신에게도 제사를 올렸던 것으로 추측되고 있다.

바실리카. 재판이나 상거래가 이루어지던 곳

출입 금지. 아직도 발굴중.

포룸. 폼페이의 중심지였다. 이곳에서 정치, 경제 활동이 이루어졌고 여러 동상들이 세워져 있었다. 주변에 아폴로 신전과 여러 가게들이 있었다. 포룸은 말 그대로 중앙, 혹은 광장의 역할을 하던 폼페이의 정중앙이다.

포르타 마리나 문. 마리나는 바로 '바다'라는 뜻인데, 바다로 향해 난 문이라는 뜻이다

화산 재로 죽은 사람의 모습. 나폴리 고고학 박물관에 가면 좀 더 리얼한 모습들이 많다.
지금의 모습은 자세히 보면 석고이다. 화산재로 뒤덮인 시체의 경우 이미 내부는 썩어 없어진 상태였고 그 안에 석고를 채워 넣고 위의 모양처럼 굳어지면 위의 화산재를 걷어 냈다.

길 가운데 있는 공동 상수도. 현재도 이탈리아 전역에는 이런 상수도가 있다.

야외 극장(오데온)
왜 야외 오페라는 밤에 만 열릴까? 밤은 사람의 소리를 머금어 청중에게 잘 전달한다. 딱 33.3m 정도까지 또렷하게 사람의 육성이 전달된다고 하는데 우리가 보는 이 야외 극장이 바로 인간이 육성으로 전달할 수 있는 크기의 맥시멈이었다. 그래서 인간의 육성이 정확하게 전달되는 범위 내에서 극장을 만들었는데 실내 극장은 이보다 더 넓지만 야외 극장은 지름을 작게 하기 위하여 객석이 상당히 높이 올라간다. 약 800명의 관중을 수용할 수 있는 곳이다.

마차 도로. 예전에 마차가 지나다니던 길. 돌이 다 패여 있다.

스타비아네의 온천
화산이 옆에 있으니 당연히 이 지역은 온천이 발전했고 따라서 목욕탕도 많았다. 스타비아네의 온천은 가장 오래된 욕장으로서 남녀가 분리되었다. 이때의 욕탕은 아주 작았기 때문에 사람들이 줄을 서서 기다리다가 들어가 앉아 있고 사람들이 줄을 서고 하는 모양이었는데 항상 병자들이 먼저 욕탕에 들어갔기 때문에 피부병이나 전염병이 많이 생겼다고 한다.

폼페이의 벽화. 실제 벽화들은 나폴리 박물관에 있다. 몇 개의 벽화는 남아 있는데 사창가 거리에 있던 집에 있는 19금의 벽화들이다.

폼페이를 제대로 감상하는 법

1 입장권을 파는 곳 바로 옆에 있는 여행자 사무소에서 작은 책자를 하나 얻는다. (공짜!)
2 폼페이는 아주 넓으니 다 볼 욕심을 가지지 말고 포룸 지역만 중심으로 보면 된다.
3 폼페이만 하루 동안 보는 경우를 제외하고는 대개는 소렌토나 나폴리로 이동을 해야 하기 때문에 체력을 잘 유지해야 한다.
4 폼페이 바로 앞 식당의 경우 대개 해산물 스파게티를 시켜 먹는데 짜기가 이루 말할 수 없다.

폼페이에서 나오는 길

나오는 길

기념품 가게. 여기서 파는 것은 다른 곳에서도 다 파는 것이다.

폼페이의 또 다른 입구. 폼페이는 여러 입구가 있지만 들어가서 표지판만 잘 보면 된다.

레몬 가게. 폼페이는 레몬 특산지이다. 한번 먹어 보길 바란다.

사철의 기차표 파는 곳.

폼페이 스카비 역. 폼페이를 나와서 약간 오른쪽 방향으로 위로 쭈욱 올라가면 역이 나온다. 사람들이 많이 지나간다.

사철의 모습.
한국의 지하철처럼 노선도가 적혀 있다. 소렌토로 가든, 나폴리로 가든 이 기차를 타면 되는데 정차역이 많아서 자신이 내려야 할 곳을 정확히 기억해야 한다. 항상 사람들로 붐빈다.

개찰기. 스스로 기계에 개찰해야 한다.

카프리 capri

MAPECODE 05119

신비로운 아름다움을 지닌 섬

카프리 섬은 길이가 가로 6Km, 세로 2Km의 작은 섬이지만 역사는 아주 오래되었다. 아우구스투스 황제가 좀 편안한 여생을 보낼 곳을 찾아 나폴리 근교까지 내려왔는데 그곳에 사라졌다 나타났다 하는 섬 하나가 보였다. 바로 '이스키아' 섬이었다. 그는 '이스키아' 섬에 별장을 짓고 살다가 우연히 카프리 섬에 오게 되었는데, 그 풍광이 실로 아름다워 바로 이 카프리 섬으로 거처를 옮겼다고 한다. 이후 티베리우스 황제도 이곳에서 여생을 마쳤다.

지금도 세계적으로 유명한 부호들은 카프리에 별장을 소유하고 있다. 카프리는 영화 촬영 장소로도 많이 이용되어 더욱 더 세상에 알려졌다.

Access

카프리는 섬이다. 따라서 나폴리에서 가는 방법, 소렌토에서 가는 방법, 혹은 아말피나 포지타노, 살레르노에서 가는 방법 등 가는 방법이 다양하다.

1 나폴리에서 가는 방법
나폴리 중앙역에서 버스(마르젤리나 항구. 버스 번호 R2 152번)를 타고 모로 베베렐로(Molo Beverello) 부두에서 카프리 섬으로 가는 배를 탈 수 있다.(페리 16.8유로(1시간 30분), 쾌속정 23.5유로(50분)

2 소렌토에서 가는 방법
이 방법이 가장 좋다. 폼페이를 보고 사철을 타고 소렌토 역에서 내려 버스를 타고 항구로 가면 카프리로 가는 배편이 있다. 시간은 쾌속정으로 약 20~30분이면 충분하다.
자세한 배 시간표 및 가격은 www.capri.net/salsa/lang/en/page/home.html에서 메뉴에 ferry schedule을 보면 자세히 잘 나와 있다.

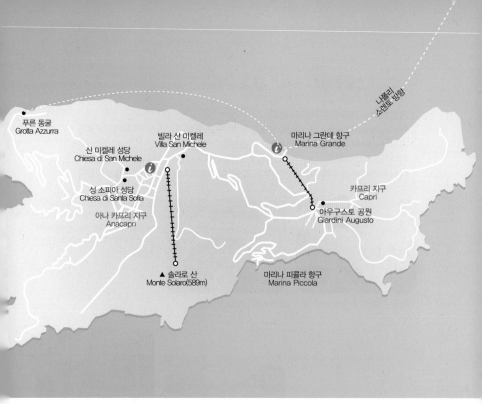

푸른 동굴
Grotta Azzurra

나폴리
소렌토 방향

산 미켈레 성당
Chiesa di San Michele

빌라 산 미켈레
Villa San Michele

마리나 그란데 항구
Marina Grande

성 소피아 성당
Chiesa di Santa Sofia

아나 카프리 지구
Anacapri

카프리 지구
Capri

아우구스토 공원
Giardini Augusto

▲ 솔라로 산
Monte Solaro(589m)

마리나 피콜라 항구
Marina Piccola

travel tip

여행 포인트

관련 웹사이트 : www.capri.net
카프리는 숙박을 하기에 좋은 관광지다. 하지만 빨리 보려는 사람들에게는 비추! 의외로 시간이 아주
많이 걸리는 코스이기도 하다.

카프리 섬에서의 여행 경로

1 우선 마리나 그란데 항구에 도착한다.
2 Funicolare(케이블카, 버스 모양, 편도 요금 1.8유로)를 타고 카프리 시내에 도착한다.
3 다시 버스나 택시를 타고 아나카프리로 이동한다.
4 아나카프리에서 다시 1인승 케이블카를 타고 해발 589m의 몬테 솔라로 산에 도착한다.
5 다시 여기서 버스나 택시를 타고 마리나 그란데 항구에 도착하여 배를 타고 섬을 나온다.

1 마리나 그란데 항구에 도착.

2 케이블카 타기.

섬 중턱에 있는 카프리 시내에 가기 위해 케이블카를 탄다. 항구 바로 앞에 있다. 섬의 중턱 아나카프리까지 간다. 케이블카가 작기 때문에 한참 기다려야 한다.

3 올라오면서 바라보는 경치도 좋다.

카프리 시내에 도착.

4 다시 택시나 버스를 타고 아나카프리로 이동한다. 버스는 잘 오지 않으니 사람을 모아 택시를 타는 것이 낫다. 하지만 길이 아주 험하고 아찔하다.

5 카프리 시내에 모인 여행 인파들.

6 카프리의 꼭대기 마을인 아나카프리에도 도착. 다시 정상에 올라가야 한다.

7 케이블카를 타고 섬 정상에 오른다. 고소공포증이나 놀이 기구를 타지 못하는 사람도 너무 겁먹지 않아도 된다. 불과 높이 2m 정도로 지면에 붙어 간다.

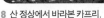

8 산 정상에서 바라본 카프리.   9 다시 항구로 내려왔다.   10 카프리의 특산물

시간적 여유가 있다면 카프리의 푸른 동굴을 보러 가자!
푸른 동굴로 간다면 마리나 그란데 항구에서 카프리 섬 해안 투어를 이용해서 이동해야 한다.

푸른 동굴 가는 법

우선 도착한 마리나 그란데 항구에서 보트를 탄다. 그 뒤 보트가 작은 동굴이 있는 바위 섬 근처에 서면 보트로 작은 나룻배들이 다가온다. 이때 또 뱃삯을 받고, 입장료(14유로, 배마다 요금 차이가 있음)와 팁을 더 요구한다. 작은 보트에 몸을 낮추어 거의 눕다시피해서 동굴에 들어갔다가 나온다. 다시 배를 타고 들어오면 끝! 좀 허무한 일정이라 권장하지는 않는다.

아말피 해안 <small>소렌토, 아말피, 포지타노</small>

죽기 전에 꼭 가 봐야 할 지상 낙원

아말피 해안 여행은 아말피 해안을 따라 버스를 타고 작은 동네를 살펴보는 것이다. 대개 소렌토 역에서 SITA라고 적힌 버스를 타고 포지타노, 아말피를 거쳐 살레르노까지 가는 해안가 도로 여행이 아말피 해안 투어이다. 소렌토는 폼페이 다음에 볼 어촌 마을로 주로 카프리로 들어가기 위해 오는 곳이다. 험준한 바다 절벽의 멋진 풍광을 자랑한다.

Access

나폴리 역 지하에서 나폴리와 소렌토를 왕복하는 사철을 타고 소렌토에서 내려 바로 앞 버스 정류장에서 아말피나 포지타노로 가면 된다.

소렌토에서 내려 카프리로 들어가지 않고 소렌토 역 앞 버스 정류장에서 버스를 타고 포지타노, 아말피를 가는 것도 좋은 여행이다. 경관은 아찔하다. 기차의 경우 아말피로 직행하는 기차가 있다. 하지만 기차를 타면 자연 경관을 볼 수 없다.

관련 웹사이트

소렌토 www.sorrentoinfo.com
아말피 www.amalfitouristoffice.it
포지타노 www.primitaly.it/campania/salerno/positano.htm

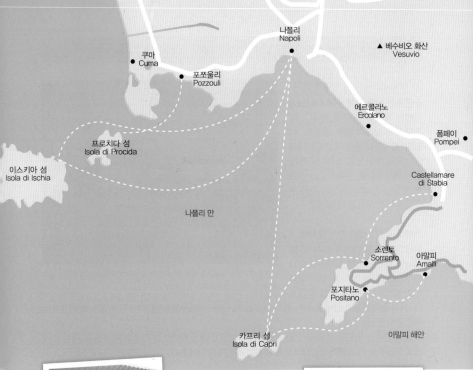

쿠마
Cuma

포쮸올리
Pozzouli

나폴리
Napoli

▲ 베수비오 화산
Vesuvio

프로치다 섬
Isola di Procida

에르콜라노
Ercolano

폼페이
Pompei

이스키아 섬
Isola di Ischia

Castellamare
di Stabia

나폴리 만

소렌토
Sorrento

아말피
Amalfi

포지타노
Positano

카프리 섬
Isola di Capri

아말피 해안

소렌토 역. 이곳에서 시내로 내려가서 해
안가로 가면 카프리까지 가는 배를 탈 수
있고, 버스를 타면 아말피와 포지타노로
갈 수 있다.

travel **tip**

여행 포인트

아말피 해안가는 세계적인 명소로, 매우 아름다운 곳이다. 하지만, 며칠 되지 않는 배낭여행 시간 안
에 굳이 보려고 할 필요는 없다.

소렌토 Sorrento

▶ 아름다운 해안 풍경의 휴양지

소렌토는 나폴리에서 포지타노에 이르는 해안 마을 중의 하나다. 우리나라에 알려져 있는 소렌토, 아말피, 포지타노 등은 이곳에 산재해 있는 바닷가 마을 중의 하나이기 때문에 역사적으로, 문화적으로 중요한 장소는 아니다. 이곳의 관광 포인트는 바로 풍경과 여유이다.

소렌토는 2차 세계 대전 당시에 폭격을 당하지 않았다. 따라서 이 캄파니아 해안가 중에서 예전의 모습이 잘 보존되어 있기도 하다. 나폴

소렌토 항구에는 나폴리와 카프리로 가는 배가 있다. 카프리 가는 배를 타는 것이 좋다.

리와 살레르노는 폭격을 많이 당했다. 특히 살레르노의 경우 완전히 새로 재건된 도시이다. 이곳에서 아말피나 다른 도시로 이동하는 버스를 타면 된다.

배를 탈 경우는 밖으로 나올 수가 없서 풍경은 고사하고 배 안에서만 있어야 할 때가 많다. 따라서 버스로 이동하는 것이 좋다. 단, 항상 오른쪽 창문 라인에 앉아야 한다.

소렌토 여행자 사무소

Via Luigi de Maio, 35

소렌토에서 밤을 보내고 싶은 사람이 있다면

소렌토에는 민박이 없고 호텔뿐이라 가격이 비싼 편이다. 하지만 이곳에도 유스 호스텔이 하나 있다. Via degli Aranci, 160번지이다. 타쏘 광장에 있는 여행자 사무소에 문의해 볼 것. 일반적인 호스텔 주소록에 안 나와 있는 경우가 많다. 소렌토의 저녁 풍경은 아주 근사하다. 관광지의 저녁은 세계 어디에서나 흥겹다.

소렌토 항구에서 바라본 소렌토의 모습

소렌토 역 앞의 버스 정류장에 들어오는 SITA버스. 이 버스를 타고 아말피 해안 가도를 달려 보자.

아말피 Amalfi

레몬 향기 가득한 해안 도시

아말피는 원래 자체 공화국이었는데 로마 제국에 의해 편입되었다. 이 아말피를 통해 제일 처음으로 외국의 카펫, 커피, 종이 등이 들어왔다. 아말피 출신의 가장 유명한 사람은 뱃사람들에게 가장 유용한 컴퍼스(compass)를 만든 플라비오 지오이아다.

두오모는 아말피에서는 가장 유명한 건물이다. 9세기경에 건축되어 계속 증개축되었다. 이 건축물이 유명한 이유는 아랍과 노르만 스타일의 건축 구조 때문이다. 올라가야 하기 때문에 길이 만만하지는 않다. 바로 두오모 옆에 있는 종탑은 이탈리아 내에서도 정말 독특한 모양을 하고 있다. 완전히 아랍 스타일의 건축물로 12세기에 만들어졌다.

두오모 광장 주변으로 상점이 많으며 레몬이 특산품이라 온 도시에 레몬 향기가 가득하다.

포지타노의 모습. 포지타노의 버스 정류장 역시 해안가에 위치해 있으며 이곳에서 살레르노로 가는 버스를 탄다.

아말피 해안 감상

나폴리 관광의 목적은 나폴리뿐만 아니라 아말피 해안을 감상하려는 것이다. 아말피 해안은 정말 아름답다. 아말피 해안을 아주 잘, 그리고 가장 경제적으로 감상할 수 있는 최고의 방법을 소개한다.

1 소렌토의 기차(국철이 아닌 사철)역 아래에서 아말피행 버스를 탄다.
2 다시 아말피에서 내려 살레르노행 버스를 탄다.
3 버스를 탈 때에는 반드시 버스 진행 방향에서 오른쪽 창가에 앉는다.(운전석이 없는 쪽)
4 그리고 반드시 제일 앞 좌석(버스 정류장에서 일찌감치 기다리고 있어야 한다.)에 앉는다.
5 버스가 출발하면 아래쪽으로 펼쳐지는 구불구불한 해안 절경은 때때로 간담을 서늘하게 할 정도로 아슬아슬하다.

피렌체 Firenze

◎ 영원한 꽃과 예술의 도시

피렌체는 14~15세기 이탈리아 르네상스의 중심지로 미켈란젤로, 지오토, 레오나르도 다 빈치 등 유명 예술가들의 걸작이 도시 곳곳에 남아 있다. '꽃의 도시'라고도 불리는 피렌체는 이탈리아 어인 'Fiore'가 '꽃'이라는 뜻인 어원적인 이유도 있지만 이 도시를 지배했던 메디치 가문의 문장이 바로 '백합꽃'이기도 했기 때문이다.

피렌체는 BC 10세기 정도에 '에트루리아인'들이 기초를 세웠다. 1125년에 이르러 자치 도시의 선언으로 독립 국가가 된 후 모직과 귀금속 산업을 발전시켰고 이를 기초로 금융업을 통해 피렌체의 국부를 쌓았다.

피렌체는 기초를 닦을 때부터 상공업자가 중심이 되었다. 그러다 보니 정치적, 혹은 귀족의 세력보다는 부를 가지고 있던 세력들이 득세를 하게 되었고 이들은 그들의 정치적인 입장을 화려한 예술을 통해 드러내려고 했다. 대표적인 가문이 바로 금융업의 '메디치 가문'이었는데, 이 메디치 가문의 코지모가 본격적인 권력을 잡게 되는 1434년부터 피렌체의 문화는 급격하게 발전하였다. 그러나 1500년대에 들어서면서 페스트 등의 영향으로 갑자기 중소 도시로 몰락하게 된다.

피렌체는 르네상스(이태리어로 rinascimento)의 발흥지로 그 의미가 큰 도시다. 따라서 로마(정치), 밀라노(경제), 피렌체(예술)로 이탈리아를 설명할 때도 빠지지 않는 곳이다. 현재 피렌체는 유네스코에 의해 도시 전체가 문화재 보호 구역으로 지정이 되어 있을 만큼 그 의미가 큰 도시이다.

피렌체에서 활동한 예술가들

르네상스의 3대 천재, 레오나르도 다빈치(Leonardo da Vinci), 미켈란젤로(Michelangelo), 라파엘로(Raffaello)를 비롯해서, 단테(Dante), 페트라르카(petraca), 복카치오(Boccaccio), 마키아벨리(Machiavelli), 지오토(Giotto), 브루넬레스키(Brunelleschi), 도나텔로(Donatello), 프라 안젤리코(Fra Angelico) 등이 있다.

피렌체로 가기

◎ 기차

피렌체만큼 철도 교통이 좋은 곳도 없다. 피렌체는 로마-
밀라노선의 주요 경유지로 철도를 이용하면 편리하게 드
나들 수 있다. 로마에서 233Km 떨어져 있으며 밀라노로
가든, 베네치아로 가든 웬만하면 이 도시를 다 지나간다.
로마 테르미니 역에서 2시간 30분(ES는 1시간 40분),
밀라노에서 3시간 10분, 베네치아에서 3시간이 소요된
다. 로마에서 1시간에 1편씩 출발한다.

로마-피렌체: 51유로(성인, 일반 기준) / 피렌체-베네치아: 47.5유로(성인, 일반 기준)

피렌체 중앙역(산타 마리아 노벨라 Santa Maria Nevella)

피렌체에는 상당히 많은 역이 있는데 기차표를 끊게 되면 대부분
은 피렌체 중앙역으로 도착하지만 간혹
다른 역으로 가는 열차가 있기도 하니
도착지를 확인하는 것이 좋다. 산타 마
리아 노벨라(S.M.N.) 역은 피렌체 시
내에서 가까워 피렌체 여행의 좋은 거
점이 된다.

기차역에서 반드시 챙겨야 하는 단어

바로 비나리오(binario)라는 단어이다. 플랫폼 번호이다. 보통 약자는 bin.으로 적혀 있다.

◎ 비행기

로마에서 피렌체는 비행기로 약 30분이 걸리며, 밀라노에서는 1시간 10분, 파리에서 1시간 40분이
소요된다. 피렌체의 페레토나 공항은 시내에서 4.8km 떨어진 거리에 있으며 공항 버스가 수시로 운
행하며 약 10분 정도 소요된다.

◎ 버스

버스 편을 이용할 경우에는 로마에서 약 3시간 30분, 밀라노에서
4시간이 소요된다.
피렌체 중앙역 바로 옆에 있는 버스 정류장에서 시에나(Siena),
피사(Pisa) 등 다른 도시로 이동하는 버스를 탈 수 있다.

이탈리아에서 기차 타기

기차표를 검사하는 차장 아저씨. 기차 중간에 행선지가 늘어나면
이렇게 직접 표를 끊어서 주기도 한다. 이탈리아 기차는 융통성
이 많다. 그러니 뭐 특별히 2등석 표를 가지고 1등석에 탔다고 쫓
아내는 경우도 없고, 중간 중간 돈을 좀 안 냈다고 뭐 그리 큰 일이
생기는 것도 없다. 하지만 최근에는 벌금을 물리는 경우가 있으니
조심하자!

피렌체 시내 교통

◎ 도보

피렌체 시내는 넓지 않으니 충분히 걸어다닐 수 있다. 다만, 울퉁불퉁한 돌길이 많으므로 운동화를 신는 것이 좋다.

◎ 버스

기차역에서 내려 혹시 버스를 타게 된다면 잡지 가게에서 버스 승차권을 살 수 있다. 버스표는 빌리에또(Biglietto)라고 부른다. '빌리에또 라우토버스'라고 하면 버스표를 준다. 검표 방법이 무인이라고 하여 버스를 공짜로 타고 다니다가 걸리면 배낭여행 경비를 다 벌금을 내야 하는 경우도 있다.

피렌체의 버스 승차권

담배 가게나 신문 가판대, 주요 정류장의 자동 판매기에서 구입.
요금은 1회권(90분간 유효)=1.50유로로, 4회권 4.70유로로

◎ 택시

승강장에서 이용하거나 전화로 부를 수 있다.(전화: 055-4390, 055-4499)
기본 요금은 4유로(야간에는 8유로), 이후로 1km마다 0.96유로씩 추가된다.

Travel Tip

1 피렌체를 여행하는 가장 좋은 방법은 설렁설렁 걸어 다니는 것이다. 피렌체에서 두오모와 시뇨리아 광장, 그리고 우피치만 보아도 충분하니 너무 욕심내지 말자.
2 쇼핑의 경우 길거리에서 덥썩 사지 말 것. 대개 바가지가 많다.
3 피렌체의 호텔은 전반적으로 모두 비싸다.
4 폰테 베키오를 넘어가면 괜찮은 식당이 많다. 좀 더 구석으로 들어가서 천천히 먹을 것.
5 피렌체의 중심은 박물관과 미술관, 폰테 베키오!.
6 피렌체 카드를 활용하는 것도 좋다. 박물관 30개 이상으로 72시간 사용할 수 있다. 또 교통(버스, 트램) 무료, 박물관 우 선 입장할 수 있다. 요금은 50유로이며 홈페이지에서 확인할 것(www.firenzecard.it).

여행자 안내소

1 주소: Piazza Stazione 4/A
피렌체에는 많은 여행자 사무소가 있지만 바로 피렌체 S.M.N 역 길 건너 정면에 있는 이 여행자 사무소만 기억하면 된다. 바깥에 위 사진과 같은 현수막이 걸려 있다.

2 주소: Borgo Santa Croce 29r
찾기가 만만하지는 않다. 산타 크로체 성당 문앞에서 광장을 바라보고 왼쪽에 45도 대각선 방향으로 나 있는 작은 길, 바로 보르고 산타 크로체(Borgo Santa Croce) 길에 여행자 사무소가 있다.

두오모 Duomo

화려한 르네상스를 엿보다

과연 피렌체를 설명할 때 두오모를 빼고 설명할 수가 있을까? 이 건물은 1292년에 지어지기 시작해서 1446년에 완성되었다. 디자인은 아르놀프 디 캄비오가 담당하다가 1334년 지오토가 작업을 계속하였고, 몇 년 후 프란체스코 탈렌티와 라포 기니가 대성당을 완성시켰다. 1436년, 필리포 브루넬레스키가 돔을 추가로 건설하였다.

두오모의 정문은 1587년에 무너져 버려서 현재의 정문은 1887년도 작품이다. 하지만, 어느 정도 원래의 흔적을 따르려고 노력했다. 장식들은 현재 두오모 박물관에 있다. 두오모 박물관에 가면 미켈란젤로의 〈피에타〉와 도나텔로의 〈마다레나〉 그리고 베로키오, 미켈로초, 폴라이올로가 세운 제단 등을 볼 수 있다. 두오모 내부로 들어가면 여러 프레스코화가 있으며, 돔에 올라가는 총 계단은 463계단이다. 영화 〈냉정과 열정 사이〉가 이곳에서 촬영되었다.

Access

기차역에서 나와서 판자니 길 (Via Panzani)과 체레타니 길 (Via de Cerretani)을 따라 도보로 5분 소요.

시간 월~금 10:00~17:00 / 목 10:00~15:30(5월~10월), 10:00~17:00(7월~9월), 10:00~16:30(1~4월, 11, 12월) / 토 10:00~16:45 / 일, 공휴일 13:30~16:45

요금 무료(지하 묘소 등은 추가 지불)

두오모 쿠폴라 8유로 월~금 8:30~19:00, 토 8:30~17:40, (일요일 휴관)

두오모 박물관 6유로 9:00~19:30 (단, 일요일은 9:00~13:45)

통합권 18유로

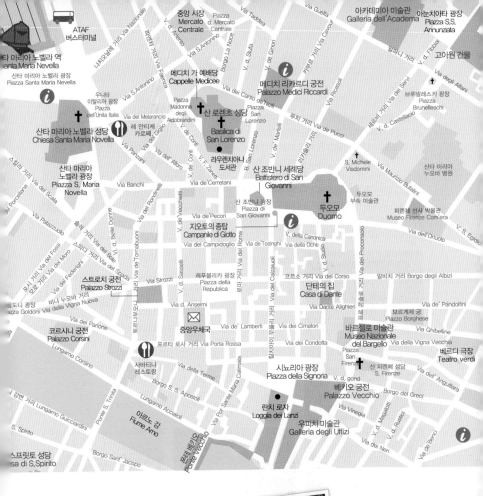

중앙 시장
Mercato
Centrale

ATAF 버스터미널

타 마리아 노벨라 역
anta Maria Nevella

산타 마리아 노벨라 광장
Piazza Santa Maria Nevella

산타 마리아 노벨라 성당
Chiesa Santa Maria Novella

우니타
이탈리아 광장
Piazza
dell'Unita Italia

메디치 가 예배당
Cappelle Medicee

산 로렌초 성당
Basilica di
San Lorenzo

라우렌치아나
도서관

산타 마리아
노벨라 광장
Piazza S. Maria
Novella

스트로치 궁전
Palazzo Strozzi

코르시니 궁전
Palazzo Corsini

중앙우체국

사바티니
레스토랑

포르타 로사 거리 Via Porta Rossa

아르노 강
Fiume Arno

포르테 베키오
Ponte Vecchio

스프릿토 성당
sa di S.Spirito

아카데미아 미술관
Galleria dell'Academa

아눈치아타 광장
Piazza S.S.
Annunziata

고아원 건물

메디치 리카르디 궁전
Palazzo Medici Riccardi

브루넬레스키 광장
Piazza
Brunelleschi

산타 마리아
누오바 병원

산 조반니 세례당
Battistero di San
Giovanni

산 조반니 광장
Piazza di
San Giovanni

두오모
Duomo

두오모
부속 미술관

피렌체 선사 박물관
Museo Firenze Com'era

지오토의 종탑
Campanile di Giotto

레푸블리카 광장
Piazza della
Republica

단테의 집
Casa di Dante

보르게제 궁
Palazzo Borghese

바르젤로 미술관
Museo Nazionale
del Bargello

베르디 극장
Teatro verdi

시뇨리아 광장
Piazza della Signoria

베키오 궁전
Palazzo Vecchio

란치 로자
Loggia dei Lanzi

우피치 미술관
Galleria degli Uffizi

뛰어난 조각 전면부

내부는 상당히 단순하다.

산 조반니 세례당 Battistero di San Giovanni

🔹 피렌체의 수호 성인에게 바쳐진 건물

두오모 앞에 있는 팔각형 건물로 피렌체의 수호 성인인 성 조반니에게 바치기 위해 11세기에 지어진 건물이다. 두오모와 같이 아름다운 색의 대리석이 사용되었으며 서쪽을 제외하고 총 3개의 문이 있다. 현재 출입문은 남문이며 세례 요한의 일생을 그리고 있다. 하지만, 가장 유명한 문은 미켈란젤로가 '천당의 문'이라고 명명한 동문이다. 1452년 구약의 내용을 바탕으로 기베르티가 만들었다. 늘 사람이 많아 가까이 가서 보기는 힘들며 현재의 작품은 진품이 아니라 모조품이다. 천장의 모자이크화도 자세히 보자. 시간 12:15~19:00(일 8:30~14:00, 매달 첫 토 8:30~14:00) 요금 6유로

천국의 문

1 아담과 이브의 창조, 인류의 타락, 낙원에서의 추방
2 카인과 아벨, 아벨을 죽인 카인, 카인의 질책
3 방주를 떠난 후에 감사를 드리는 노아와 가족, 술에 취한 노아
4 천사가 아브라함에게 나타남
5 에사오와 야곱의 탄생, 에사오는 야곱에게 장자의 권리를 판다, 에사오는 사냥하러 간다.
6 요셉이 상인에 판다. 꾸러미 속에서 금잔을 발견

1	2
3	4
5	6
7	8
9	10

7 시나이 산 정상에서 모세가 십계명을 받음
8 요단강을 건너는 이스라엘 민족
9 다윗이 골리앗을 죽임
10 솔로몬이 시바의 여왕으로부터 선물을 받음

8번의 요단강을 건너는 이스라엘 민족

세례당의 천장. 예수와 요한의 일생. 창세기 등의 내용이 그려짐.

세례당 내부

메디치 리카르디 궁전 Palazzo Medici Riccardi

🔹 메디치 가문의 거주지

이 멋진 궁전은 미켈레초(Michelozzo)에 의해 지어졌다. 내부에는 고촐리의 프레스코화들로 장식된 작은 예배당들을 구경할 수 있다. 현재 이 건물은 피렌체 관광청 소속이다. 1460년부터 메디치 가문이 약 100여 년 간 거주하였고 프레스코화와 내부의 거울 등이 유명하다.

주소 Via Cavour 3 요금 10유로

지오토의 종탑 Campanile di Giotto

피렌체를 한눈에 볼 수 있는 곳

두오모 건설의 총 책임자였던 지오토가 1334년에 설계를 하고 종탑의 기초 부분 공사 후 1337년에 그가 사망하자 그의 제자인 안드레아 피사노와 탈렌티에 의해 1359년에 완성되었다. 안드레아 피사노는 피사의 사탑(1173년)을 만든 보나노 피사노의 후손이다. 종탑에 오르려면 총 414개의 계단을 올라가야 한다. 종탑에 올라 테라스로 나가면 웅장한 두오모의 모습과 오렌지빛 피렌체의 모습이 한눈에 펼쳐진다. 내부는 피사의 사탑보다 넓은 편이다. 시간 8:30~19:30 요금 통합권 이용(18유로)

산 로렌초 성당 Basilica di San Lorenzo

메디치 가문의 예배당

산 로렌초 성당은 메디치가의 예배당과 나란히 서 있으며, 15세기의 순수한 르네상스 양식을 보여 준다. 성당에 인접하여 도서관이 있는데, 1만 권이 넘는 고문서가 소장되어 있고 귀중한 역사적 자료도 많다. 메디치가의 예배당은 산 로렌초 성당 뒤쪽에 입구가 있는데 역대 메디치가 사람들의 묘가 있으며, 묘역은 구묘와 신묘로 나뉘어 있다. 구묘 지역은 대리석과 보석으로 장식되어 있고, 신묘 지역은 미켈란젤로가 만든 것이다. 메디치가의 무덤은 6개인데 구묘에 4기, 신묘에 2기가 있다. 신묘 지역에 줄리아노와 로렌초의 묘가 있다. 아름다운 정원에서 이어지는 미켈란젤로가 디자인한 계단을 오르면 2층에도 그가 설계했다는 라우렌치아노 도서관이 있다.

주소 Piazza S.Lorenzo 시간 9:00~12:00, 15:00~17:00(월요일 휴관) 요금 6유로

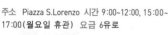
줄리앙

줄리아노의 묘

줄리앙은 프랑스식 발음이다. 정식 이름은 줄리아노 메디치이며 로렌초의 후손이다. 줄리아노의 동상은 미켈란젤로가 만들었는데 사진도 초상화도 없다. 줄리아노는 젊은 나이에 정치적 반대파에 의해 암살당했다. 너무 젊은 나이에 죽었기 때문에 인물 자체에 대한 기록이나 역사적인 업적이 거의 없다. 단지, 그의 동상을 미켈란젤로가 너무나 잘 만들어 널리 알려졌다.

산타 마리아 노벨라 성당 Chiesa Santa Maria Novella

▶ 여러 미술 양식을 볼 수 있는 성당

도미니크 수도회 소속이며 1246년에 건설되기 시작해서 1360년에 만들어졌다. 정문의 윗부분은 르네상스식이고, 아래는 로만-고딕 양식의 특징을 지니고 있다. 이 성당에는 마사초, 나르도 디 치오네, 브루넬레스키 그리고 필리포 리피의 작품들이 소장되어 있다. 건물 내부에는 서구 회화사에 가장 깊은 영향을 준 미켈란젤로의 스승 마사초의 〈삼위일체〉가 있다. 이 그림은 원근법의 기초가 되었다고 할 수 있다.

주소 Chiesa di Santa Maria Novella 시간 월마다 시간 차이가 있으니 홈페이지 참조 요금 5유로 홈페이지 www.smn.it/it

바르젤로 미술관 Museo Nazionale del Bargello

▶ 르네상스 시대의 조각품이 모였다

르네상스 시기의 조각들과 더불어 미켈란젤로, 벤베누토 첼리니, 도나텔로, 조반니 델라 로피아 그리고 레오나르도 다 빈치의 스승인 베로키오의 작품들이 소장되어 있다.

이 건물은 1255년에 만들어졌다. 바르젤로라는 말은 바로 '경찰 서장'을 뜻하는 말로 1547년부터 바르젤로의 집으로 사용되다가 1859년부터 박물관으로 사용되었다.

미켈란젤로부터 시작해서 르네상스 시대의 주요한 조각 작품들이 많이 모여 있기 때문에 조각을 공부하는 사람들이라면 절대 놓칠 수 없는 공간이다. 우피치 박물관이 회화를 중심으로 한다면 이곳은 조각을 중심으로 하는 곳이다. 아눈치아타 광장 근처의 아카데미아 갤러리보다 훨씬 높은 예술적 가치를 가진 작품들이 많

이 있지만 대중적으로 그렇게 알려져 있지 않고 조각가나 이와 관련된 일을 하는 사람들에게 잘 알려진 곳이다.

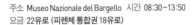

주소 Museo Nazionale del Bargello 시간 08:30~13:50
요금 22유로 (피렌체 통합권 18유로)

단테의 집 Casa di Dante

단테의 생가

이탈리아를 대표하는 시인 단테가 태어난 집을 복원해 놓았다.

주소 Via S.Margherita
홈페이지 www.museocasadidante.it
시간 겨울철 10:00~17:00 / 여름철 10:00~18:00(월요일 휴관)
요금 성인 7.5유로

● 단테 Dante

단테(1265~1391)는 과거 교황파와 황제파가 싸우던 13세기 교황파와 정치 싸움에 휘말려 피렌체에서 추방당해 라벤나로 쫓겨났다. 지금도 라벤나의 단테의 무덤 앞에는 꺼지지 않는 작은 등불이 있다. 그런데 지금도 단테를 추방한 피렌체 시에서 별도로 예산을 내어 라벤나 시에서 감당해야 할 이 기름 값을 피렌체에서 속죄의 의미로 대고 있다. 매년 9월 둘째 일요일마다 이 기름을 옮기는 의식이 이루어진다.

단테는 르네상스 시대의 문예 부흥의 선구자로 불릴 뿐만 아니라 현대 이탈리아어의 기초를 세운 사람이다. 또한 그의 명작인 〈신곡〉은 후일 많은 예술가들에게 영감을 주었고 신곡에서 묘사한 지옥의 세계를 우리는 시스티나 예배당에 있는 미켈란젤로의 〈최후의 심판〉에서 찾아볼 수 있다. 그는 상당한 귀족 집안 출신으로 베아트리체에 대한 끝없는 사랑의 시를 지었다.
13세기 피렌체의 교황을 지지하는 구엘파(guelfa)당과 황제를 지지하는 기벨리나(ghibellina)당 중에 단테의 집안은 전통적으로 황제를 지지하는 기벨리나당이었다. 여기서 황제란 신성 로마 제국의 황제를 뜻한다. 그는 1296년 6월에 통령까지 지내게 되지만 그가 소속되어 있던 온건파인 백당이 강경파인 흑당에게 밀리자, 결국 1300년 유랑의 길을 떠나게 되고 명작인 〈신곡〉을 남기게 된다. 피렌체는 이후 단테와 단테의 아들들에게 사형을 구형하였고, 이에 라벤나의 영주였던 폴렌타는 단테에게 거처를 제공한다. 그의 아들들은 이후 성직자가 되었고 그는 1321년에 죽었다.

단테의 영원한 여인 베아트리체. 단테는 9살 때 1살 아래인 베아트리체를 베키오 다리에서 만난다. 아름다운 소녀를 본 단테는 이때부터 베아트리체에 대한 사랑과 찬미의 마음을 간직한다. 그리고 9년 후 우연하게 산타 크로체 성당 앞에서 만난 그녀와 다시 이야기를 나눈다. 정중한 그녀의 인사에 지극한 행복을 느낀 단테. 18세에 결혼해 1290년 24살의 나이로 요절한 그녀를 단테는 그의 작품 〈신곡〉으로 옮겨 온다. 베아트리체의 집이 단테의 집에서 50여m 떨어진 곳이었다는데 지금은 흔적조차 없다.

단테와 베아트리체가 만나는 장면을 상상으로 그린 그림. 아르노 강둑에서 그들은 이렇게 만났을까?

시뇨리아 광장 Piazza della Signoria

피렌체 시내의 중심

시뇨리아 광장은 중세 이후 지금까지 피렌체의 행정의 중심 지다. 지금도 시청사로 사용되고 있는 베키오 궁전과 르네상 스 시대 유명 예술인들의 조각상을 한눈에 볼 수 있는 옥외 미술관 로지아 데이 란치를 볼 수 있다. 주변으로는 르네상 스 시대 최고의 회화 걸작들을 모아 놓은 우피치 미술관과 아 르노 강에 놓인 피렌체에서 가장 오래된 다리, 폰테 베키오가

Access
두오모를 보고 난 후 칼치아이
울리 길(Via de Calziaiuoli)을
따라 도보로 약 3분.
시간 연중 무휴
요금 무료

있다. 시뇨리아 광장은 메디치 가문이 살고 있던 베키오 궁전과 함께 융성한 곳이다. 시뇨리아 광장이 피렌체의 중심으로 활약한 것은 13, 14세기였다. 이때 활동한 작가 가 단테, 지오토, 페트라르카 그리고 보카치오다. 그 이후에도 계속 피렌체는 메디치 가문이 장악했는데 이때 활동한 예술가로는 브루넬레스키, 마사초, 베아토, 안젤리 코, 필리페, 리피, 도나텔로, 미켈란젤로 그리고 레오나르도 다 빈치 등이 있다.

메디치 가문

죠반니 디 비치 메디치는 은행가였으며, 그의 아들 코지모는 정치적으로 수완이 좋아 완전히 권력을 장악했으며 로 렌초는 많은 지식인들을 돌봐 주었다. 이 집안에서 두 명의 교황이 선출되기도 하였다. 레오네 10세와 클레멘스 7 세가 메디치 가문의 사람들이었으니 이 가문의 힘을 느낄 수 있다.

構구처르디니 강변 거리 Lungarno Guicciardini
Lungarno Corsini
아르노 강
Flume Amo
Borgo San Frediano
사바티니 레스토랑
Via della Terme
Borgo S. S. Apostoli
Lungarno Accaiuoli
Ponte S. Trinita
Via Por Sante Maria Calimala
시뇨리아 광장
Piazza della Signoria
Piazza San Firenze
산 피렌체 성당
S. Firenze
Borgo del Greci
카르미네 광장
Piazza del Carmine
Via di S. Spirito
폰티 베키오
Ponte Vecchio
베키오 궁전
Palazzo Vecchio
란치 로자
Loggia del Lanzi
Via Vinegia
Via dei Neri
Via d. Magalotti
Borgo S. Croce
신타 마리아 델 카르미네 성당
Chiesa di Santa Maria del Carmine
산 스피릿토 성당
Chiesa di S.Spirito
Borgo Sant' Jacopo
Via Coretell
Via S. Presio di S. Marino
우피치 미술관
Galleria degli Uffizi
Via della Chiesa
산 스피리토 광장
Piazza S. Spirito
마지오 거리 Via Maggio
Via de' Velluti
Via d. Serone
Via Guicciardini
Via Toscanella
니 정원
Torrigiani
피티 광장
Piazza de' Pitti
Lungarno Torrigiani
Via de Bardi
Lungarno Torrigiani
Ponte Alle Grazie
Via de Serragli
Borgo Tegolaio
Via Mazzali
Via delle Caldaie
Costa di S. Giorgio
피티 궁전
Palazzo Pitti
V. to della Cava
Via Romana
Viale della Meridiana
베르베데레 요새
Museo delle Porcellane
산 조르지오의 문
Porta S. giorgio
Viale di Belvedere
보볼리 정원
Giardino di Boboli
도자기 박물관
Museo delle Porcellane
의 문
mana
Viale Niccolo Machiavelli
미술 학교
Istituto d'Arte

피렌체의 영광을 만들기 시작한
코지모의 기마상. 1594년(진품)

〈넵튠의 분수〉. 포세이돈을 상징
으로 피렌체가 해전에서 승리했음
을 기념하고 있다. 1576년(진품)

도나텔로의 〈유디트 상〉. 이스라
엘에 침공한 적장 홀레페르네스
의 목을 자르는 장면. (모조품)

미켈란젤로의 다비드 상이다.
모조품이며 진품은 아카데미아
갤러리에 있다.

반디넬리의 〈헤라클레스와 카
쿠스〉. (모조품)

travel tip

조각상관람 포인트!
광장에 있는 다양한 조각상 관람. 아카데미아 박물관을 못 갔다면 가짜
다비드 상이라도 보자, 사진도 많이 찍자!

베키오 궁전 Palazzo Vecchio

메디치 가문이 살았던 궁전

'옛날 건물, 혹은 오래된 건물'이라는 뜻이다. 베키오 궁전 앞이 시뇨리아 광장이다. 1294년에 지어졌고 나중에 부온탈렌티와 바자리에 의해 확장 건설되었다. 처음 만들 때는 요새로 만들어졌지만 1540년에 메디치 가문이 이 궁전에 들어와 10년 정도 이곳에 머물다가 피티 궁전으로 이사를 갔다. 이때 사람들이 새 건물을 누오보, 옛 건물을 베키오라고 부르게 되었다. 이 건물은 정원이 유명하며, 500인의 방(Salone Cinquecento), 2층에 있는 시뇨리아의 방(Cappela della Signoria), 우디엔자의 방(Sala dell'Udienza)에 많은 미술품들이 보관되어 있다.

주소 Piazza della Signoria 시간 9:00~19:00(목요일, 휴일 9:00~14:00), Donazione Loeser(Il Quartiere del Mezzanino / 베끼오 궁전 1층과 2층 사이)의 경우 10:00~19:00(목요일, 휴일 10:00~14:00) 요금 성인 10유로

피렌체의 상징 꽃은 백합이며 동물은 사자이다.

베키오 궁전의 입구.

이곳에서 결혼식을 하기도 한다.

란치 로자 Loggia dei Lanzi

복제 조각품을 볼 수 있는 회랑형 미술관

베키오 궁전 앞에 있는 1381년에 만든 회랑형 강당이다. 주로 코지모 1세를 보호하던 경호부대들이 주둔했던 곳으로, 이 경호부대들이 독일 용병으로 구성되어 있었다. '란찌'라는 말은 바로 독일 용병을 뜻하는 말이다. 현재 이곳에는 고대와 르네상스의 복제 조각품들이 전시되어 있는데 진품과 거의 동일하다. 이곳에 앉아 좀 쉬며 조각품을 감상해 보자.

벤베누토 첼리니가 1553년에 완성한 페르세우스 상. 들고 있는 것은 메두사의 머리이다. 진품은 바르젤로 미술관에 있다

벤베누토 첼리니 Benvenuto Cellini(1500~1571)

청동상, 금은 세공으로 로마의 교황청은 물론 귀족, 그리고 프랑스까지 넓은 고객을 가지고 있었던 조각가였다.

페르세우스 상

페르세우스는 신 중의 신인 제우스와 왕녀 다나에 사이에서 태어난 왕자이다. 왕녀 다나에의 아버지 아르고스 왕 아크리시오스는 자신의 외손자로부터 죽임을 당할 것이라는 신탁(神託)을 받고 그녀와 페르세우스를 배에 태워 망망대해로 보내 버린다. 이 배는 세리포스의 폴리데크테스 왕의 눈에 띄어 안전하게 구출되고 이곳에서 페르세우스는 훌륭한 청년이 된다. 하지만 페르세우스의 어머니인 다나에를 사랑하게 된 폴리데크테스는 사랑의 방해물인 페르세우스를 죽이기로 마음 먹고, 무시무시한 괴물 메두사의 목을 베어 오도록 보낸다. 메두사는 아름다운 처녀였으나 아테네 여신과 아름다움을 겨루다 저주에 걸려 머리칼이 전부 뱀으로 변하는 형벌을 받게 된 괴물로 사람들은 이 메두사를 쳐다 보면 모두 돌이 되어 버렸다.

페르세우스는 아테네 여신과 헤르메스의 도움을 얻어 하늘을 나는 신발과 투명 인간이 되게 하는 모자를 손에 넣어 메두사의 침실에 잠입한다. 그리고 페르세우스의 거울과 같이 맑은 방패를 메두사의 잠든 얼굴 옆에 놓아 두었다. 잠에서 깬 메두사가 거울에 비친 자신의 모습을 보고 놀랄 때 페르세우스는 메두사의 머리를 베어 자신의 방패에 끼워 넣고 다시 돌아왔다. 이탈리아의 유명한 상표인 '베르사체'의 문양은 바로 이 메두사를 원형으로 하고 있다.

피오 페디 1866년 작〈폴리세나의 약탈〉

피렌체를 상징하는 사자상

〈사비나 여인의 강탈〉 고대 로마 시대에 이웃 부족의 처녀들을 납치하여 아내로 삼은 일화를 묘사

〈헤라클레스와 네우수스〉 조반니 다 볼로나의 1600년의 작품

〈파트로클루스의 몸을 떠 받치고 있는 메넬라우스〉

로자 뒤에 있는 총 6인의 고대 로마 부인상들. 앉아서 쉬면 좋다.

세그웨이(Segway)를 이용하는 관람객들

255

우피치 미술관 Galleria degli Uffizi

세계 최고의 르네상스 박물관

우피치 박물관은 세계 최고의 르네상스 박물관으로 알려져 있으며 1584년도에 건설되었다. 이 갤러리 안에는 르네상스 시기의 그림과 조각들이 가득하다. 이때부터 메디치 가문에서는 미술품들을 사 모았고 1737년 일반에게 공개되었다. 3층은 회화, 2층은 소묘와 판화, 1층에는 고문서가 있다. 우피치(Uffizi) 미술관이라는 어원은 이곳이 피렌체 시정부의 사무실(office)로 쓰였기 때문이다. 이 우피치 미술관은 여러 전란의 소용돌이 속에서도 안전하게 보존될 수가 있었다. 안나 마리아 루도비코라는 메디치 가의 상속녀가 이 우피치 미술관을 피렌체 정부에 기증하였기 때문이다. 또한 피렌체의 잦은 홍수에도 이 우피치는 2층과 3층에 위치하고 있었기 때문에 더더욱 작품들이 잘 보존되었다. 또한 2차 세계 대전의 혼란 속에서도 천운으로 바로 이 우피치 미술관과 인접한 베키오 다리만큼은 폭격을 당하지 않았다.

1560년에 바자리가 건축하였으며 완성은 20년 후에 이루어진다. 입구는 3층부터이며 총 45개의 방이 있으며 2500점의 작품이 있다. 따라서 감상에는 상당히 많은 시간이 소요된다. 따라서, 들어가기 전 어떤 작품을 봐야하는 계산을 미리 하는 것이 좋다. 우피치 앞에는 항상 거리의 악사, 싸구려 모조 그림을 파는 동구권 사람들, 중국인들이 많다. 우피치 박물관은 전체적으로 ㄷ 자 모양의 건물이다. 외벽에 주요한 토스카나 출신 인물들의 조각이 있으니 절대 놓치지 말 것.

레오나르도 다 빈치

미켈란젤로

갈릴레오 갈릴레이

위치 시뇨리아 광장
시간 08:15~18:50(월요일 휴관)
요금 성인 20유로(예약 비용 4유로 별도), 18세 미만 4유로(여권 소지)
관련 사이트 www.uffizi.it
예약 이탈리아에서는 055-294883, 한국에서는 001-39-55-294882, 2번은 영어 설명, 4번은 예약 가능. 월요일에는 휴무.

※ 요금은 성수기, 비성수기, 특별전, 일반전, 시간과 요일에 따라 다르다.

예약을 하자!

예약을 못 했다면 아침 일찍 일어나 최소한 7시 이전에는 가야 한다. 오후 3시나 4시경에는 줄이 많이 줄어드니까 피렌체 관광을 마치고 마지막에 우피치에 오는 방법도 있다. 오후 3시 정도부터는 많이 기다리지 않아도 되지만 여름 성수기일 때 우피치의 줄은 베키오 다리까지 갈 때도 있다. 기다리고 있으면 전광판에 다른 미술관의 사정을 알려 준다. 입구는 3층에 있다.
미술관 옥상에 있는 매점에서 커피 한 잔 마시기, 카라바조 작품 찾아 보기.

1. www.b-tiket.com/b%2dticket/uffizi/
2. www.waf.it

▪ 우피치 미술관 관람하기

어떻게 우피치 박물관을 볼 것인가를 알아 보자. 총 2500여 점의 작품들이 있기 때문에 다 볼 수는 없다. 우선 우피치 박물관은 어떤 모습으로 되어 있을까?

관람 포인트

ㄷ 자 모양의 복도를 다니면서 방마다 들어가게 된다. 총 45개의 방이 있다.
모든 방을 다 봐야지 욕심을 내지 말고 어떤 방에 들어갈 것인지를 결정하는 것이 낫다.

3층 도면

Ⓗ 베키오 궁전
ⒶⒷ 복도로 나와 관람 시작
Ⓕ 아래로 내려와 밖으로 나갈 수 있다.
Ⓖ 야외 간이 매점

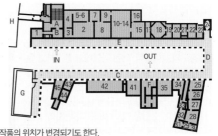

※ 특별전이 있을 경우 작품의 위치가 변경되기도 한다.

제2실 지오토의 〈장엄한 성모〉
원근법이 초기적이지만 발달하기 시작했음을 알 수 있다. 주요 인물을 크게, 부수 인물을 작게 그리는 것에서 원근법의 초창기 모습을 확인할 수 있다.

제7실 우첼로의 〈산 로마노의 전투〉
1400년대 본격적인 회화의 발전, 즉 공간감의 확대와 원근법의 적용을 확인할 수 있다. 르네상스 초기의 모습이며 원근법의 제대로 된 적용과 구도의 안정성이 이루어졌다.

제8실 피에로 델라 프란체스카의 〈우르비노의 초상화〉
1460년대 화풍으로 당시 초상화가 옆모습을 그리는 것이 유행이었다. 정확한 배경 묘사와 인물의 사실적 묘사가 발전한다. 여기서 우르비노 공작은 얼굴에 핏기가 있는데 옆의 아내는 얼굴이 분을 칠한 듯 하얗다. 그의 아내가 죽고 난 뒤에 시신을 보고 그렸기 때문이다.

제10~14실 보티첼리의 〈프리마베라〉
프리마베라는 이탈리아어로 '봄'을 뜻한다. 1478년도 작품으로 중앙에 있는 여인이 비너스다. 비너스 위에 아기 천사가 있고 바로 오  른쪽에 꽃으로 둘러싸여 있는 여인은 꽃의 여신인 플로라이다. 그리고 바로 오른쪽에 꽃의 여신을 따라다니는 요정을 감싸고 있는 험악한 얼굴은 서쪽 바람의 신인 제퓌로스다. 이 그림에서는 남자가 한명 등장하는데 바로 왼쪽의 헤르메스다. 헤르메스는 봄에 꽃이 피는데 방해가 되는 구름이 오는 것을 손으로 제지하고 있다고 해석한다.

보티첼리의 〈비너스의 탄생〉

1484년에 만들어진 보티첼리 최고의 명작이다. 비너스가 조개를
타고 키티라 섬에 도착한다. 그림의 왼쪽에서 바람을 부는 인물이
위에서 보았던 〈프리마베라〉에서도 바람을 불던 서풍의 신 제퓌로
스이고 그 옆은 미풍의 신 아우라이다. 이들이 바람을 불어 비너스
가 탄 조개를 해안으로 보내자 계절의 여신이 옷을 들고 그녀에게
입히려 한다. 이 그림이 바로 최초의 본격적인 누드화다. 보티첼리의 〈비너스의 탄생〉은 이후 서구
회화에 상당히 많은 영향을 주었고 특히 아름다움을 상징하는 비너스의 얼굴은 후일 성모 마리아 얼
굴의 원형이 될 정도로 많은 화가들이 모방하였다.

제15실 레오나르도 다 빈치의 〈수태고지〉

레오나르도 다 빈치가 이 그림을 그리던 당시는 약
23세 정도의 나이였다. 어린 나이에도 불구하고 유
명 화가의 반열에 들어갈 만큼의 정확한 묘사와 원
근법, 구도, 그리고 섬세한 표현은 스승인 베로키
오와 주변 사람들의 입을 다물게 해 버렸고 실제 많
은 사람들이 이 그림을 레오나르도 다 빈치의 그림
이라고 믿지 않기도 하였다. 이 그림은 당시로서는
일반적인 화풍을 뛰어 넘고 있는데 우선은 배경이 그러하며 인물의 표정, 그리고 옷의 주름과 정밀한
손가락의 모습 등이 당시의 일반 화가에게서는 도저히 찾아볼 수 없는 것들이었다.

레오나르도 다 빈치의 〈예수의 세례〉
스승인 베로키오와 같이 그린 것이다. 뒷배경의 기하학적이고 수학적 계
산에 의한 계단의 모습에서부터 역동적인 말의 움직임을 보면 그의 그림이
상당히 과학적임을 알 수 있다.

레오나르도 다 빈치

그림이면 그림, 설계면 설계, 발명이면 발명, 도대체 그는
누구일까? 그는 과학자이다. 레오나르도 다 빈치는 젊은 시
절에 베로키오로부터 미술을 배웠는데 베로키오는 레오나
르도 다 빈치를 가르치기에는 역부족이었다. 흔히 레오나
르도 다 빈치는 미켈란젤로나 라파엘로처럼 많은 작품을 남
기지 않아서 이 사람이 도대체 왜 그렇게 주요한 인물인가
모를 수 있다.

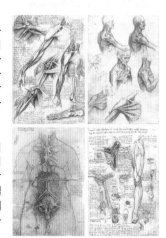

레오나르도 다 빈치는 모든 조각과 그림의 기초가 되는 인
체 근육의 모양이라든가, 인체의 특징을 과학적으로 분석
하였고 또한 그림에 있어서 기초가 되는 구도에 대해 과학
적으로 접근했다. 그에게서 많은 영향을 받은 사람이 미켈
란젤로와 라파엘로였다. 레오나르도 다 빈치는 이전 세계
의 예술 경향과 단절하고 르네상스의 기초를 세웠다고 볼
수 있다. 그래서 그를 르네상스 제1의 천재라고 부른다.

레오나르도 다 빈치가 연구했던 인체해부학 노트

제25실 미켈란젤로의 〈똔도 도니, 성 가족〉

1504년 둥근 원 안에 그린 그림이다. 우선 '똔도'라는 말은 '둥글다'는 뜻인데, 이는 장식용으로 사용되던 은제품이나 동제품의 원형 쟁반을 뜻한다. 그리고, '도니'라는 말은 이 그림을 주문한 사람의 이름이다. 이 그림은 현재 남아 있는 미켈란젤로의 유일한 유화이다. 이 그림에서 1508년에 그림을 그리기 시작한 시스티나 예배당의 천장화와 유사한 분위기를 느낄 수가 있다.

제28실 티치아노의 〈우르비노의 비너스〉

티치아노(1488~1576)는 베네치아 화풍의 대표적인 화가이다. 이 작품은 1538년에 만든 작품으로 상당히 자극적이다. 그림 속 여인은 고급 창부라는 말에서 일반 부인이라는 말까지 있으나 누구인지는 모른다. 티치아노는 당시 최고의 화가였으며 최고의 초상화가이기도 하였다. 그리고 베네치아 화파의 대표화가답게 색채 감각이 탁월해서 그의 작품은 로마와 피렌체 중심의 이탈리아보다 서유럽쪽으로 더 알려져 있다. 나중에 마네와 같은 작가에게도 많은 영향을 주었다.

제43실 카라바조의 〈메두사〉

1590년도의 작품으로 추정된다. 원형의 판넬에 그린 그림으로 카라바조 특유의 사실성이 극적으로 잘 나타난다. 뱀과 사람 표정의 사실성, 그리고 과감한 명암의 색채 대비는 카라바조를 기존의 르네상스 시대의 화가와 구별되게 한다.

카라바조의 〈바쿠스〉

1596년 작품으로 카라바조의 천재성이 여지없이 드러난다. 유리병에 담긴 포도주의 모습, 그리고 유리병 사이로 투영되는 배경의 굴절, 바쿠스가 기대고 있는 천과 쿠션의 모습, 잔을 들고 있는 손의 새끼 손가락, 대단히 비사실적이지만 너무도 사실적으로 그린 바쿠스의 머리 장식 등을 보면 그가 색채와 명암에 대하여 기존의 화가와는 전혀 다른 길을 가고 있음을 알 수 있다. 바쿠스의 얼굴과 몸을 분리해서 보면 몸은 건장한 남성이지만 얼굴은 남성도 아니고 그렇다고 여성도 아닌 중성적인 모습이다.

기타

폰테 베키오 Ponte Vecchio

▶ **2차 세계대전에도 살아 남은 오래된 다리**

폰테는 '다리'라는 뜻이고, 베키오는 '오랜' 혹은 '낡은'이라는 뜻이다. 이 다리를 건너면 피티 궁전이 있는데 바로 우피치와 피티를 잇는 다리였다. 피렌체에는 현재 총 10개의 다리가 있다. 하지만 나머지 다리는 2차 세계대전과 홍수로 파괴되었고 이 폰테 베키오만이 1345년의 원형 그대로를 보존하고 있다.

원래 이 다리는 코지모의 피티 궁 이동 통로로 만들어졌다. 현재는 각종 기념품 가게와 귀금속 가게들이 있다. 대개는 이 폰테 베키오를 보기 위해서 우피치에서 나오는데 바로 위가 바자리 통로라고 불리는 복도로 피티 궁까지 이어지는 복도이다. 이 바자리 통로가 베키오 다리와 연결되어 있다. 그래서 왼쪽이 오른쪽보다 건물이 높다.

이 다리를 건너면 작은 식당들이 있는데 시뇨리아 광장의 식당보다 깨끗하고 값이 저렴하다. 이곳에서는 꼭 피오렌티나 스테이크를 시켜 먹어 보자. 원래 이 다리는 1333년에 나무 다리였던 것이 파괴되고 1345년에 재건되었다.

위치 우피치 미술관에서 도보 1분 시간 연중 무휴 요금 무료

여행 포인트

다리 위의 고급 보석 가게 구경하기.
자물쇠로 다리 위 가로등에 걸어보기.

산토 스피리토 성당 Basilica di Santo Spirito

▶ **다양한 건축 양식을 보여 주다**

이 성당은 브루넬레스키의 대표작 중 하나다. 특히 필리포 리피가 만든 네리 제단과 또한 꼬르비넬리 지붕도 좋은 볼거리가 된다. 로마네스크와 고딕, 르네상스 양식을 다 갖추고 있는 건물로 건축학도들에게는 볼거리를 제공한다.

위치 Piazza di S. Sprito 시간 8:30~12:00, 15:45~18:00 / 휴일 8:30~12:00, 15:45~17:00 요금 무료

피티 궁전 Palazzo Pitti

피렌체의 행정 중심이자 메디치 가문의 궁전

낮은 언덕에 위치한 궁전이다. 피렌체의 중심이 시뇨리아 광장의 팔라쪼 베키오였다가 나중에 행정 중심이 이 궁전으로 이동했다. 1450년에 건설된 피티 궁전은 원래 메디치 가의 라이벌이던 루까 피티에 의해 만들어졌지만 세상 모든 일이 그러하듯 결국 강자인 메디치 가에 1549년에 팔렸다.

이 큰 건물은 팔라티나(Palatina) 미술관, 은도기 박물관 그리고 현대 미술관으로 나뉜다. 팔라티나에서는 티치아노, 루벤스, 반딕, 라파엘로 그리고 프라 필리포 등의 작품을 볼 수 있고, 은도기 박물관에서는 옛 도자기들, 귀금속, 장식품, 은 그리고 금 세공품, 현대 미술관에서는 18세기에서 20세기까지의 이탈리아 예술을 감상할 수 있다. 이 건물도 브루넬레스키에 의해 만들어졌다. 또한 피렌체에서 유일하게 이름 있는 패션 컬렉션 '피티 컬렉션'이 이곳에서 열린다. 그러나 입장권이 없으면 들어가지 못한다.

피티 궁전은 베키오 다리를 지나 점심을 먹고 산책 삼아 걸어오면 좋다.

피티 궁전 뒤 보볼리 정원. 16세기의 대표적인 정원 모습이다. 대표적인 정원으로 로마에 보르게제가 있다면, 밀라노에 스포르체스코 궁전, 피렌체에는 보볼리 정원이 있다. 보볼리 정원 내에는 유럽 도자기 박물관이 있다.

주소 Piazza de' Pitti
홈페이지 www.palazzopitti.it/site.php
요금 성인 16유로 (행사 기간에는 요금 변동이 있을 수 있음)
시간 팔라티나 미술관, 현대 미술관은 화~일 8:15-18:50 (월요일 휴관)
　　Galleria del Costume, Museo degli Argenti(은도기 박물관)은 월~일 8:15-16:30(겨울) / 8:15-17:30(3월)
　　8:15-18:30(봄, 가을) / 8:15-18:50(여름) 매월 첫, 마지막 월요일 휴관
　　Museo delle Porcellane은 월~일 8:15-16:15(겨울) / 8:15-17:15(3월) / 8:15-18:15(봄, 가을)
　　보볼리 정원 (Giardino di Boboli)은 월~일 8:15-16:30(겨울) / 8:15-17:30(3월) / 8:15-18:30 (봄, 가을) /
　　8:15-19:30(여름) 매월 첫, 마지막 월요일 휴관

고대 로마의 문 Porta Romana

피렌체 건축의 상징물

피렌체는 로마인들에 의해 건설되었다. 그 때를 상징하는 오랜 상징물이다. 로마에서 올라오는 길, 예를 들어 시에나에서 오는 버스를 타면 반드시 이곳을 오른쪽으로 끼고 돌아 버스 정류장으로 간다.

아눈치아타 광장 Piazza S.S. Annunziata

미켈란젤로의 다비드 상을 찾아서

광장의 오른쪽으로 이탈리아에서 가장 오래된 고아원 건물이 있으며 왼쪽으로 미켈란젤로의 다비드 상이 있는 아카데미아 박물관이 있다. 광장 앞에는 1608년에 만들어진 페르디난도 데 메디치의 기마상이 있다. 광장 양옆에 있는 분수대는 역시 1629년에 기마상을 만든 타카에 의해 만들어졌다.

광장에는 산티시마 아눈치아타 성당(Santissima Annunziata)이 있다. 이 성당은 13세기에 기초를 닦았다가 후에 미켈레쪼(Michelozzo)에 의해 1444년에 재건축되었다. 전반적인 양식은 바로크 양식이고 성당 내부에는 폰토르모(Pontormo), 카스타뇨(Castagno) 그리고 로쏘 피오렌티노(Rosso Fiorentino)의 주요 작품들이 있다.

아카데미아 미술관 Galleria dell'Academa

▶ 미켈란젤로의 다비드 상 감상

미켈란젤로의 조각과 피렌체파의 회화가 전시되어 있다. 다비드 상은 르네상스를 대표하는 조각상으로 높이가 4m에 달하는 거대한 조각이다. 다비드 상은 1501년~1504년에 제작되었다.

제작 당시 이 건물의 책임자가 다비드 상의 코가 너무 높다고 불평하자 미켈란젤로는 코에 정을 대고 툭툭 몇 번 깎는 시늉을 하면서

들고 있던 돌조각을 아래로 떨어뜨렸다. 그러자 그 책임자가 "좋아. 그 정도가 적당해!" 하면서 만족해했다는 일화가 있다. 원래 다비드 상은 시뇨리아 광장 앞에 세워졌다. 당시의 피렌체는 공화정을 수립하였고 미켈란젤로 역시 정치적인 입장을 지니고 있었다. 이때는 군주론을 쓴 마키아벨리가 공화정 서기 관장을 했을 때이며 다비드 상은 바로 공화정의 대표적인 상징이었다. 이후 다비드상은 발등을 망치로 맞기도 하고, 벼락도 맞는 등 많은 수난을 당하며 지금의 자리로 옮겨졌다.

Access 두오모에서 리카솔리 길(Via Ricasoli)을 따라 5분.

주소 Via Ricasoli 60 시간 08:15~18:50 (Department of Musical Instrument 공용권) 요금 12.50유로 (피렌체 카드 사용 시 무료 입장) 주의 사진 촬영 불가 예약 www.b-ticket.com/b%2dticket/uffizi

박물관 입장 포인트!

1. 아카데미아 미술관에 들어가기 위해서는 긴 줄을 기다려야 한다.
2. 박물관 입장 시 반입되는 물건에 제한이 많다. 가장 많이 걸리는 물건은 삼각대, 맥가이버 칼, 플라스틱 수저(칼, 포크) 등이다.
3. 시간이 없는 배낭여행객들은 굳이 들어가지 말고 시뇨리아 광장의 다비드 상(복제품)을 보자.

고아원 건물 Ospedale degli Innocenti Firenze

▶ 이탈리아에서 가장 오래된 고아원

광장 오른쪽으로 고아원 건물이 있다. 이 건물은 이탈리아에서 가장 오래된 고아원으로 브루넬레스키가 설계했다. 1445년에 완성된 이 건물은 자세히 보면 테라코타로 만든, 포대에 싸여진 아기의 모습이 특징적이다. 벽면에는 고아원 건물이었음을 나타내는 부조물이 있다. 건물은 병원을 겸했으며 이런 자선 형태의 고아원, 병원 등은 이탈리아 전역에 분포해 있었다. 현재도 바리(Bari) 지역에는 이와 똑같은 부조물을 단 건물이 있다.

광장을 바로 돌면 피렌체 국립미술원과 피렌체 국립음악원의 중간에 아카데미아 박물관이 있다.

왜 고아원이 많을까?

피렌체는 1500년대 페스트가 유행하여 엄청난 숫자의 고아가 발생했다.

주소 Piazza della Santissima Annunziata, 12 시간 8:30~19:00, 일요일 8:30~14:00 요금 4유로

산타크로체 광장 Santa Croce Piazza

피렌체에서 유일하게 광장다운 광장

피렌체에서 가장 오래된 곳이며 직사각형의 넓은 광장은
지금도 많은 피렌체 사람들이 모이는 곳이기도 하다. 이 주
변 좁은 길에서 가죽 제품을 많이 판다. 가벼운 열쇠고리 정
도는 구입해볼 만하다.

Access

베키오 궁전에서 그레치 길
(Borgo d. Greci)을 따라 도보
3분.

단테 알레기에리의 기념 조각

거리의 화가들

가판대 모습

산타 크로체 성당 Chiesa di Santa Croce

░ 예술가들의 묘지

13세기에 지어진 고딕양식이다. 이 성당에 미켈
란젤로, 레오나르도 다 부르니, 까를로 마수삐니,
마키아벨리 그리고 갈릴레오의 묘가 있다. 또한
이 성당은 1530년 이후 만연한 페스트로 인해 많
은 환자들이 발생하자 병원으로도 사용되었던 역
사를 지니고 있다. 이 때 훌륭한 프레스코화들이
회반죽에 다시 덧칠해 지금도 복원작업을 하고 있
다. 1966년 홍수로 인하여 가장 많은 피해를 본
곳이기도 하다. 내부는 은은한 성당의 느낌을 지
니고 있어서 가톨릭 신자라면 한 번 정도 들어가
보는 것도 좋겠다.

주소 Piazza di Santa Croce 시간 월~토 9:30~17:00, 일 ·
공휴일 13:00~17:00 홈페이지 www.santacroceopera.it
요금 8유로

왜 대도시 성당들의 벽은 흰색일까?

조금만 교외로 벗어나면 성당의 벽들은 다양한
프레스코화가 많은데…. 대도시의 성당들은 대부
분 흰색의 벽을 하고 있다. 정답은 16세기에 창궐한 전염병 때문에 성당이 병원으로 사용되었기 때
문이다. 현재 이탈리아는 바로 이 흰 회칠을 지워내는 작업을 대대적으로 하고 있다. 프레스코화를
복원해야 하기 때문이다. 고미술 복원을 하는 작업이 우리로서는 다소 낯설게 보이지만 이탈리아에
서는 반드시 필요한 일이다.

미켈란젤로 광장 Piazzale Michelangelo

░ 피렌체의 전경을 볼 수 있는 곳

피렌체 전경을 보기 위해 종종 오는 광장이다. 원래 이 자리에 미
켈란젤로 박물관을 건립을 하려고 했다가 계획이 취소되어 현재
의 다비드 복제품이 서 있다. 피렌체 전망을 볼 수 있지만 관광명
소는 아니다. 단체관광객들의 경우 이곳에서 버스를 내려 피렌체
로 걸어가는 경우가 많다.

Access 피렌체 기차역(S.M.N)에서 12번 버스를 타면 된다. 돌아올 때는
13번 버스를 타고 오면 피렌체 시내를 다 볼 수 있다.

피렌체

피렌체 하루 코스

- 피렌체는 걸어서 충분히 다닐 수 있는 거리이다.
- 만약 아카데미아 미술관과 우피치 미술관을 방문할 경우는 시간이 많이 소요됨.
  특히 우피치의 경우 반나절이 소요될 예상을 가지고 방문하는 것이 좋다.
- 피렌체의 상인들은 관광객을 대상으로 잘 속이는 경우가 많으니 반드시 흥정후
  돈을 건넬 것. 돈은 큰 돈이 아닌 잔돈으로 건네자.
- 피렌체의 두오모 내부와 두오모 종탑 방문의 경우도 시간이 많이 걸린다.

START **오전**

굳이 들어가볼 필요는 없다.

피렌체의 중앙역인
S.M.N역에서 도보로 5분.

노벨라 성당에서
도보로 약 10분.

❶ 산타 마리아 노벨라 성당

❷ 산 로렌초 성당

피렌체의 대표적인 시장이
있어서 구경거리가 많다.

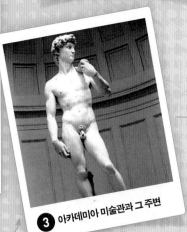

❸ 아카데미아 미술관과 그 주변

이곳에 다비드 상이 있다. 하지만, 상당히 오랜
시간 줄을 서야 들어가기 때문에 시간에 쫓기는
사람은 건너뛰어도 무방.

피렌체 관광의 핵심. 이 두오
모 주변에서 상당히 많은 시간
이 지체될 가능성이 높다. 두
오모 종탑에 올라가 보는 것도
좋다.

두오모에서 도보로 약 10분

④ 두오모 주변

오후

피렌체 관광의 또 다른 핵심인 우피치 미술관. 이곳에
서 3시간 이상 소요됨. (시뇨리아 광장으로 오기전 산
타크로체 성당을 봐도 좋다.)

⑤ 시뇨리아 광장과 우피치 미술관

⑥ 베키오 다리 인근 (Ponte Vecchio)

피렌체의 저녁을 맞이하자

쇼핑 여행을 원한다면
쇼핑을 원하는 경우 반드시 피렌체 외곽의 할인 쇼핑몰인 The Mall을 방문할 것. 이탈리아 여행
시 가장 손쉽게 접근할 수 있는 대형 명품 쇼핑몰이며 품질 역시 제일 낫다. 제일 권유하는 여행
방식은 오전에 The Mall을 본 후 오후에 피렌체 관광을 하는 것.

시간표
피렌체에서 The Mall로 매일: 오전 9:00 / 오후 15: 00(월요일에서 토요일까지는 12: 35분에도 있다.)
The Mall에서 피렌체로 매일: 오후 12:45 / 오후 19:00 (월요일에서 토요일까지는 14:20, 15:20,
17:00 에 버스가 있다. 이 중 17:00 버스는 월요일~금요일까지 운행.)

The Mall 가는 버스정류장
피렌체 중앙역을 바라보고 왼편에 SITA버스 정류장. 정류장 내부 전광판에서 LECCIO 라고 적힌 곳이 바로
더 몰에 가는 버스를 말한다. 정류장 번호는 10번이다

명품 브랜드 매장 MAPECODE 05219

로마에 콘도티 거리가 명품 거리라면 피렌체에는 토르나부오니(Tornabuoni) 거리가 있다. 이 거리에는 우리가 잘 아는 브랜드 외에도 상당히 다양한 명품브랜드가 입점해 있다.

- **살바토레 페라가모** Salvator Ferragamo
  주소 Via de'Tornabuoni 2 　전화 055-292123 　시간 10:00~19:30(일요일 휴무)
- **구찌** Gucci
  주소 Via de'Tornabuoni 73 　전화 055-264011 　시간 10:00~19:00
- **막스 마라** Max Mara
  주소 Via de'Tornabuoni 66 　전화 055-214133 　시간 10:00~19:30(일요일 휴무)
- **프라다** Prada
  주소 Via de'Tornabuoni 67 　전화 055-283439 　시간 10:00~19:00
- **불가리** Buglari
  주소 Via de'Tornabuoni 61 　전화 055-2396786 　시간 10:00~19:30(일요일 휴무)
- **에르메네질도 제냐** Ermenegildo Zegna
  주소 Piazza Rucellai 4 　전화 055-283011 　시간 10:00~19:00(일요일 휴무)
- **펜디** Fendi
  주소 Via degli Strozzi 21 　전화 055-212305 　시간 10:00~19:30(연중 무휴)

명품 할인 매장 THE MALL MAPECODE 05220

피렌체 시내의 쇼핑이라면 무조건 토르나부오니 거리(Via Tornabuoni)를 찾으면 된다. 이곳에는 페라가모 박물관과 아울러 여러 고급 쇼핑몰이 입점해 있으며 이곳의 물건은 가장 최신 유행을 안고 있다고 보면 된다.

피렌체 외곽에는 더 몰(The Mall), 프라다(Prada)아웃렛, D&G(돌체 앤 가바나) 아웃렛, Mcatherglen Barberino아웃렛, Roberto Cavalli아웃렛, Malo아웃렛 등이 있다. 이 중 가장 갈 만한 곳은 바로 'The Mall' 아웃렛이다. 명품 할인 매장은 물론 밀라노 쪽에 많으나 이곳 피렌체의 The Mall도 그런 명품 할인 매장과 어깨를 나란히 할 수 있는 곳이다. 될 수 있는 한 일찍 가야 한다. 아침 9시에 문을 연다.

〈더 몰〉전경

Access

버스 아침 9시 경에 기차역 바로 옆에 있는 SITA 버스를 이용하면 된다. SITA 버스 표 끊는 곳서 The Mall이라고 말하면 위치를 말해 준다(셔틀버스 및 자세한 문의 사항은 info@themall.it 또는 전화 055-8657775)

기차 피렌체 중앙역에서 Arezzo 방향의 열차를 타고 Rignano sull"Arno 역에서 내린다. 역에서 내려 택시로 이동한다.

주소 Via Europa, 8 - Leccio - Reggello 　시간 월~일 10:00~19:00 (변동될 수 있으니 꼭 확인할 것. www.themall.it/en/pages/visita) 　홈페이지 www.themall.it

SITA 버스 타고 〈더 몰〉 아웃렛 가는 법

피렌체 중앙역을 도로 건너에서
정면으로 바라본다고 했을 때 왼
편에 정면으로 있다.
버스 정류장이 이 건물 안에 있다.

버스 매표소에서 간단한 회화.
더 몰 왕복표-'더 몰, 리턴'
만약 사람이 4명이면-'포 펄슨'이
라고 말한 뒤, 손가락을 4개 들어
보여주면 OK!!

전광판
9:00 LECCIO 라고 적힌 곳이 바
로 더 몰에 가는 버스를 말한다. 정
류장 번호는 10번이다.

참고로 플로렌스 SITA 버스는 Via Santa Caterina da Siena 17에서 승차한다. 버스 시간에 관한 자세한 정보는 www.themall.it/
en/pages/visita/come-arrivare/trasporto-pubblico에서 확인할 것.

The Mall이라고 적힌 버스

셔틀버스
소요 시간 약 50분

피렌체 - 더 몰
시간 매일 9:00 / 15:00
(월요일에서 토요일까지는 12:35분에도 버스가 있다.)

더 몰 - 피렌체
시간 매일 12:45 / 19:00 (월요일에서 토요일까지는 14:20, 15:20,
17:00에 버스가 있다. 17:00 버스는 월요일에서 금요일까지만 있
는 버스) 요금 왕복 13유로 / 중국 버스는 왕복 12유로로

〈더 몰〉 아웃렛 매장들

아르마니 매장

아르마니 매장 내부 사진

구찌 매장

발렌티노 매장

페라가모 매장

더 몰에 입점한 있는 브랜드들

269

피렌체로 돌아오기

쇼핑을 마치고 다시 피렌체로 돌아가는 버스.
버스 정류장은 도착할 때 장소와 동일하다.

출발했던 피렌체 SITA 버스정류장으로 도착. 쇼핑 끝.

The Mall 쇼핑에 관한 전문가들의 Tip

1 The Mall에 있는 제품은 기존 피렌체 시내
   에 있던 정매장에서 팔리지 않거나 이월된 상
   품이다. 따라서, 자기가 찾고자 하는 모델이
   없는 경우가 많다. 그리고 그날 그날 전시물
   건이 바뀌기도 하기 때문에 일찍 도착해서 가
   는 것이 좋다.

2 동양인 체형에 맞는 여성복 중 사이즈가 작은
   제품들은 물건이 풍부하다.

피렌체 중앙역에 있는 짐 보관소.

3 가격대는 천차 만별이나 예를 들어, 한국에
서 200만 원에 육박하던 코트가 현지 가격으로 230유로, 즉 30만 원 정도면 살 수 있을 정도로
저렴한 제품도 많다. 마음 먹고 쇼핑한다면 한국 대비 비행기값 정도는 충분히 뽑을 수 있다.특히
이곳에서 GUCCI 매장을 꼭 둘러보자.

4 매장 내부의 직원들은 전체적으로 불친절하다.

5 Tax Free가 되기 때문에 Tax Free로 물건을 사면 나중에 공항에서 환급받는 재미도 쏠쏠하다.
작은 물건이라도 Tax Free로 구입하라.

6 어차피 많은 사람들의 손 때가 묻은 제품들이 많기 때문에 원하는 만큼 입어보고 결정하자.

7 자기 사이즈가 없는 제품이라면 기대를 안 하는 것이 좋다.

8 쇼핑 이후 The Mall 상표가 찍힌 쇼핑백을 들고 로마로 가지 마라. 동네 집시들은 상표만 보고 졸
졸 따라다닌다.

9 The Mall 쇼핑을 할 때 기존에 피렌체에 들고 왔던 짐은 피렌체 중앙역에 있는 짐 보관소에 맡기
고 쇼핑을 가자.

피렌체 중앙역에서 나와 피렌체 벼룩시장을 보자. 정면 왼쪽 골목길로 20여 미터만 올라가면 벼룩시장이 보인다. 피렌체는 예로부터 가죽제품이 유명하다. 가격만 적당하면 하나쯤은 구입해 보자. 가죽제품은 피렌체보다 나은 도시는 없다. 정규 매장을 제외하고는 이 시장에서 파는 것이 가격이 제일 저렴하다. 하지만 반드시 30% 이상은 깎을 것.

시간 연중 무휴 요금 무료

피렌체 거리의 좌판

거리의 화가. 자유롭게 바닥에 그림을 그리며 미술공부를 한다. 아무 거리낌 없이 자기 그림을 그리는 소녀의 용기가 부럽다.

겨울의 야시장

1337년에 만들어진 로자(기둥이 있는 광장)이다. 가격이 약간 비싸지만, 그럼에도 불구하고 가죽 제품은 피렌체가 좋다.

부를 가져다 준다는 멧돼지. 코를 만지면 행운이 온다고 해서 많은 사람들이 코를 만져서 반들반들하다. 누오보 메르까또 시장의 명물이다.

피렌체의 야시장 풍경

먹거리, 볼거리가 풍부한 피렌체의 밤!!

수요일 저녁. 피렌체의 중심가인 산타 크로체 광장에서는 유럽 전역에서 모여든 벼룩 시장의 상인들과 현지인들의 발길로 분주하다. 이곳에서 노점을 여는 사람들은 이탈리아 사람들이 아니고 주로 유럽 전역을 이동하면서 물건을 판매하는 전문 상인들이다. 특히 일반 벼룩 시장과는 달리 각종 이국적인 장신구와 기타 볼거리가 풍부하며 특히 다양한 음식과 먹거리가 풍부한 것이 특징이다.

위치 피렌체 산타 크로체 광장
시간 수요일. 저녁 8시~12시(시간과 날짜는 늘 변동됨)
특징 유럽 전역의 상인들이 몰려듦. 먹거리가 특히 풍부함.

숯으로 소시지를 훈제

한 아름 가득 저렴한 먹거리

감자 튀김이 3유로

각종 과자들

피자, 커피, 아이스크림 가게

레 안티케 카로쩨 Le Antiche Carrozze   MAPECODE 05221
피렌체에서 어느 정도 이름을 얻은 정통 레스토랑 겸 피자 가게.
위치 Borgo Santi Apostoli 에 있는데 명품 거리가 있는 Tornabuoni 거리의 끝
주소 Piazza Santa Trinia

사바티니 레스토랑 Ristorante Sabatini   MAPECODE 05222
1924년에 가게를 연 이후 지금까지 명맥을 이어온 피렌체에 얼마 남지 않은 정통 레스토랑이다.
위치 산타 마리아 노벨라 성당 근처
주소 Via Panzani 9a

트라토리아 알 트레비오 Trattoria al Trebbio   MAPECODE 05223
토스카나 전통 음식을 먹고 싶다면 이곳으로.
위치 산타 마리아 노벨라 성당 근처
주소 Via delle Belle Donne 47

Banki Ramen   MAPECODE 05224
라면을 먹고 싶다면, 정통의 일식 라면을 먹을 곳.
위치 산타 마리아 노벨라 성당 근처
주소 Via de' Banchi 14r presso Bar Galli
가격 8~10유로

페르케 노! Perche' No!   MAPECODE 05225
아주 유명한 아이스크림 가게.
위치 S.M.N 피렌체 기차역에서 약 10분 거리
주소 Via dei Tavolini, 19r.

그롬 Grom   MAPECODE 05226
이 집 역시 아주 유명한 아이스크림 가게. 과일로 직접 만든 아이스크림으로 유명하다.
위치 S.M.N 피렌체 기차역에서 약 10분 거리
주소 Via del l'Oche 24r 에 위치

피사 Pisa

사탑의 도시

피사는 에트루리아인들의 정착지였으며 후에 로마의 식민지가 되기도 한 도시이다. 그리고 아르노(Arno) 강에 인접해 있어, 티레니아 바다를 이용하여 마르티에 공화국의 거점으로 전성기를 맞이하기도 하였다. 따라서 현재도 피사의 많은 종교 건물들, 광장들 그리고 아르노 강으로 향하는 골목길 등은 피사가 예전부터 지금까지 경제적으로, 정치적으로 상당히 안정된 도시임을 알려주는 증거이다. 그러나 2차 대전 당시 안타깝게도 로마 점령기와 중세 시기의 흔적들이 상당히 많이 소실되었고 지금 남아 있는 건물들은 이후 다시 복원한 건물들이 많다.

Access

피사는 로마에서는 약 3시간, 피렌체에서는 약 1시간의 거리에 있다. 피렌체 S.M.N 역에서 이동하는 것이 낫다. 피사에 도착해서 기차역을 나와 길을 건너 오른쪽에서 1번 버스를 타고 시내로 들어가면 된다.

관련 홈페이지
www.turismo.intoscana.it/
site/it

주의
피렌체 S.M.N 역에서 피사로 가는 기차가 있는 플랫폼은 왼쪽 구석에 있으니 주의!

피사의 사탑 Torre di Pisa

피사의 상징

피사의 사탑은 세계적으로 유명하다. 각 층에는 15개의 기둥들이 있으며, 매 6번째 층에는 30개의 기둥이 버티고 있다. 탑의 상층부에는 또 다른 작은 탑이 있다.

탑의 높이는 58m이고 피사에서는 특이하게 비잔틴 양식이다. 탑은 1년에 약 1mm 정도씩 기울어져 현재 5.5도 정도 기울어졌다. 이를 우려한 이탈리아 정부는 1990년에 대대적인 보강 공사를 해 기우는 쪽의 암반에 약 700톤에 달하는 납을 심어 두었다. 또한 2000년까지 강철 로프로 원래의 모습으로 복원하려고 노력하였고 그 결과 약 40cm가 다시 돌아왔다. 그런데, 아이러니컬하게도 이로 인해 관광객들의 발길이 끊어지자 현재는 복원 공사를 중지하였다.

탑의 둘레에 있던 도로도 똑같은 각도로 기울어져 있다. 이 탑은 독립적인 건설물이 아니라 근처에 있는 피사 대성당(두오모)의 끝부분에 붙어 있는 것이다. 탑이 기울어진 가장 큰 이유는 꼭대기에 있는 종 때문이라는 말이 있다. 이 종의 무게가 총 6톤이 넘는데, 현재는 절대 움직이지 못하도록 T자형 철골로 고정시켜 놓았다.

시간 8:30~해질 때(12, 1월-10:00~16:30 / 11, 2월-9:30~17:00 / 3월~9:00~17:30 / 4월~9월-8:30~20 / 6월~8월-8:30~22:30 / 여름철 야간 개장 20:30~23:00) 교통 기차역 앞 버스 정류장에서 1번 버스, 도보로는 약 20분 요금 18유로(피사의 사탑 + 두오모 성당)

여행 포인트

만약 피사에 사탑을 보러 온다면 돈을 아끼지 말고 반드시 올라갔다 오자. 상당히 짜릿하다.

두오모와 피사의 사탑에 들어가는 표를 끊어야 한다.

사탑 관람을 마치고 다시 아래로 내려와 나가는 길.

두오모 Duomo

∵ 피사 로마네스크 양식의 대표작

피사 대성당은 1063년에 착공된 건물로서 지금은 많이 없어졌지만 당시에는 십자군 원정 당시에 약탈한 전리품으로 가득 차 있었다. 입구는 17세기에 새로 만든 것이다. 대성당의 높이는 93.3m이고, 너비는 31.8m에 달하며, 회중석 부분의 높이는 32.7m이다. 갈릴레오에게 진자에 관한 힌트를 주었다고 알려진 청동 램프가 아직도 달려 있으니 하늘을 한번 쳐다보자. 두오모 뒤쪽에 돌아가면 누워서 평화롭게 쉴 수 있는 풀밭이 있다. 두오모까지 오는 길에 싸구려 잡화 상점을 보느라 좀 지치더라도 이곳에 오면 가슴이 탁 트인다.

시간 11월~2월 10:00~12:45, 14:00~17:00 / 3월 10:00~18:00 / 4월~9월 10:00~20:00 요금 18유로(피사의 사탑 + 두오모 성당), 두오모 5유로

두오모 바로 앞에 있는 로마네스크 양식의 세례당

피사에서의 여행 포인트

1. 기차역에서 두오모까지 거리가 꽤 된다. 하지만 걸어가면서 주변을 둘러보는 것도 괜찮다. 시간이 없다면 1번 버스를 타자.
2. 두오모 근처에 가면 태극기가 걸려 있는 호텔이 있다. 엄청 비싸다.
3. 두오모 근처에는 잡화가게들이 많다. 상당히 비싸다. 꼭 사려면 천으로 된 제품을 사라. 부조물이나 석재로 만든 작품은 나중에 다 짐이 된다.
4. 피사는 2차 대전 후 많은 곳이 복구되었다. 두오모 정도만 봐도 괜찮다. 다른 관광지에 대하여 너무 미련을 갖지 말자.
5. 피사 역 내부에 목욕을 하는 도챠(Doccia)라는 곳이 있다. 화장실에 있으며, 유료다.

여행자 안내소

1 주소: Piazza Vittorio Emanuele 2. 14
   피사역에 내리면 바로 앞으로 곧장 그람시 거리(Viale Gramsci)로 100미터 정도 걸어가면 비토리오 엠마누엘레 2세 광장(Piazza Vittorio Emanuele)이 나온다. 바로 이 광장에서 9시 방향에 여행자 사무소가 있다. 찾기 쉽다.

2 피사의 사탑이 있는 미라콜리 광장(Piazza dei Miracoli)에도 여행자 사무소가 있다.

시에나 Siena

토스카나의 오랜 문화 예술의 도시

시에나는 이탈리아 내에서도 손꼽히는 관광 지역으로 1995년 유네스코에 의해 시에나 역사지구로 세계 문화 유산에 등재되었다. 또한 국립어학원이 있기 때문에 이탈리아로 유학을 오는 많은 사람들이 선택하는 곳이기도 하다. 시에나는 피렌체의 남쪽 약 60km 정도에 위치하며 고도 약 300m 언덕에 위치한다. 시에나는 피렌체 르네상스의 주요한 원동력을 제공한 도시였는데, 14세기 전반에 시에나파라고 불리는 일군의 화풍이 일어났으며 이 시에나파의 화풍이 피렌체와 로마로 유입되었다.

또한 시에나에는 이탈리아 고딕 양식의 절정이라고 불리는 대성당이 있으며 캄포 광장을 중심으로 중세 도심가가 원형을 보존한 채 남아 있는 역사 깊은 도시다.

Access

1. 피렌체에서(68km)
기차 하루에 19회의 기차가 연결되며 1시간 20분 소요.
버스 피렌체 역 바로 옆 버스터미널에서 시에나 행 버스를 타고 약 1시간 20분 소요. 직행 Rapida)을 탈것.
시에나 기차역 맞은편 버스정류장에서 5,10번 버스 타기, 버스로 약 4분 정도 소요.

2. 로마에서(231km)
끼우지(Chiusi)에서 환승. 로마에서 끼우지까지는 하루 총 26회 기차가 연결되며 IC의 경우 1시간 30분 소요. 끼우지에서 시에나까지는 하루 총 15회 기차가 연결되며 1시간 20분 소요.
관련 홈페이지 http://www.terresiena.it/

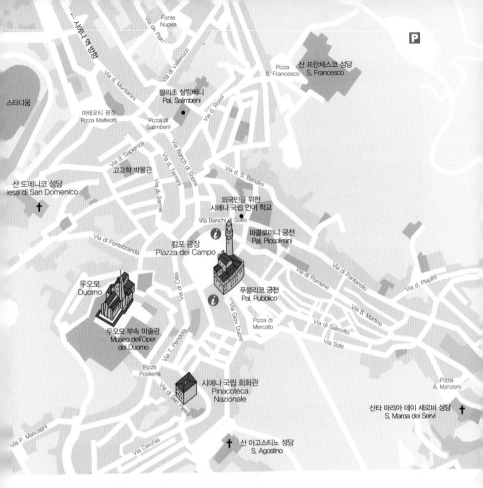

시외버스 정류장은

산 도메니코 성당 앞이 아니라 그람시 광장에 있다. 버스 표는 광장 지하의 사무실에서 판매한다. 여기서 버스를 타고 피렌체로 이동하는 것이 제일 낫다. 짐 보관소가 있으니 짐을 맡기고 여행을 다니는 것도 좋은 방법이다.

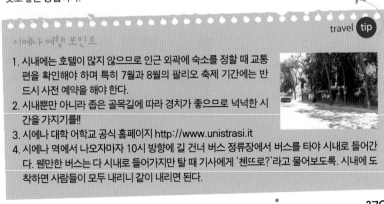

travel tip

시에나 여행 포인트

1. 시내에는 호텔이 많지 않으므로 인근 외곽에 숙소를 정할 때 교통편을 확인해야 하며 특히 7월과 8월의 팔리오 축제 기간에는 반드시 사전 예약을 해야 한다.
2. 시내뿐만 아니라 좁은 골목길에 따라 경치가 좋으므로 넉넉한 시간을 가지기를!!
3. 시에나 대학 어학교 공식 홈페이지 http://www.unistrasi.it
4. 시에나 역에서 나오자마자 10시 방향에 길 건너 버스 정류장에서 버스를 타야 시내로 들어간다. 웬만한 버스는 다 시내로 들어가지만 탈 때 기사에게 '첸뜨로?'라고 물어보도록. 시내에 도착하면 사람들이 모두 내리니 같이 내리면 된다.

279

캄포 광장 Piazza del Campo

시청 건물과 만자 탑

광장 중앙에 있는 가이아 분수. 시청 건물이 완공 되던 시점인 1348년에 만들어짐.

바르톨로메오를 기리는 표식

▶ 독특한 부채꼴 모양의 광장

세계에서도 유명한 이 광장은 1293년부터 건설되기 시작했으며 1349년에 완성되었다. 광장 정면에는 시청(Palazzo Pubblico, 푸브리코 궁전)과 높이 102m의 만자 탑(Torre del Mangia)이 있다.

시청 건물은 1300년 중엽에 완공된 고딕 양식의 건축물이다. 건물 내부에는 시립 박물관(Museo Civico)이 있으며 505계단의 만자 탑도 직접 올라갈 수 있어 광활한 토스카나의 평원을 볼 수 있다. 이 탑은 페스트의 소멸을 기리기 위해 만들어진 탑이다. 캄포 광장에 여행자 사무소가 있으며, 시청 건물을 등지고 2시 방향에 있다.

시간 3월~10월 10:00~19:00 (겨울에는 30분 또는 1시간 정도 일찍 닫음) 일요일은 ~13:30 요금 통합권(시립 박물관 + 만자 탑) 20유로, 만자탑 10유로

두오모 Duomo

▶ 이탈리아 고딕 양식의 전형

9세기에 착공하여 12세기부터 새로이 확장하였다. 현재의 두오모 대성당은 1215년에 기초를 닦은 것이다. 이후 시에나가 발전을 거듭하던 시기인 1339년도에 건물의 정문, 즉 파사드를 새로이 바꾸는 공사를 시작하였지만, 페스트의 만연으로 모든 공사가 중지되었다. 만약 그때 공사가 계속되었다면 현재 세계에서 제일 큰 대성당이 되었을 가능성이 높다.

흰색과 검은색의 절묘한 조화가 빚어낸 이 성당은 로마네스크와 고딕양식을 혼합한 건물이다. 내부의 아름다운 바닥과 천정이 특징이다. 두오모의 오른쪽에는 두오모 미술관(Museo dell'Opera del Duomo)이 있으며 이 미술관의 좁은 나선형의 계단을 타고 오르면 훌륭한 전망대가 나온다.

홈을 파서 장식한 두오모 바닥

위치 캄포 광장에서 Via dei Pellegrini(Pellegrini거리)라는 완만한 비탈길을 오르면 보인다. 시간 3월 중순~11월 7:00~19:30 / 11~3월 중순 매일 7:30~17:00 / 일요일은 ~14:00 요금 5유로

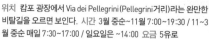

산 도메니코 성당 Chiesa di San Domenico

성녀 카테리나를 기림

성녀 카테리나가 이곳 수도원에 들어와 피사에 가 있는 동안 성흔(예수님의 믿음이 독실한 신도에게 나타나는 몸의 상처, 기적)을 받았다. 시외버스 정류장에는 투박한 고딕양식의 성당이 나오며 이곳에서 바라본 노을 자락이 걸친 두오모는 황홀하기까지 하다. 도착해서 가게가 있는 쪽으로 걸어가면 바로 캄포 광장이 보인다.

시에나 국립 회화관 Pinacoteca Nazionale

시에나파 회화의 집대성

피렌체의 르네상스에 영향을 주었다고 할 수 있는 시에나파의 화풍을 직접 감상할 수 있다. 시에니파는 13, 14세기에 융성했다. 전체적인 화풍은 종교적 색채가 짙으며 중세 미술을 이해하는 중심이라고 할 수 있다.

주소 Via S. Pietro
시간 월 8:30~13:30, 화~토 8:30~19:15
(일, 공휴일은 8:30~14:00)
요금 8유로

팔리오 축제 Palio delle Contrade

만약 이 팔리오 축제를 보게 된다면 당신은 행운아!

시에나는 총 17개의 거리로 나뉘어지며 각 거리마다 상징적인 동물이 있다. 이들은 서로 자신의 거리를 대표해서 매년 7월 2일, 8월 16일에 캄포 광장에서 기마시합을 펼친다. 이때 캄포 광장은 흙으로 다시 포장되며 팔리오가 진행되기 한 달 전부터 시에나는 축제 분위기에 싸인다. 또한 이 쯤이면 밤에 불꽃놀이를 하는데 아주 볼 만하다.

산 지미냐노 San Gimignano

MAPECODE 05233

토스카나 지역의 모습이 잘 남아 있는 곳

산 지미냐노는 1990년 유네스코에 의하여 '보호받아야 할 역사지구'로 선정이 된 유서 깊은 도시이다. 실제 이 도시는 우리나라의 문경새재와 같은 역할을 한 곳이다. 즉, 로마로 들어가는 사람들이 이곳에서 하룻밤을 주로 묵어갔던 숙박지였다.

그러다 보니 당연히 상업 및 기타 숙박업이 발전하였고 도시에서 부를 축적한 사람들도 생겨나게 되었다. 그런데 이 부를 축적한 사람들이 11세기에서 13세기 경에 서로 자신의 권위를 내세우기 위하여 탑을 세웠는데 많이 있을 때는 이 탑의 숫자가 약 70개가 넘었다. 현재 남아 있는 탑의 개수는 15개이다. 탑의 높이는 우리나라 아파트 규모로 약 15층 높이에 해당한다고 보면 된다. 도시의 이름은 모데나 지역 출신 신부였던 산 지미나누스의 이름에서 유래하기도 한다.

Access

기차가 가지 않기 때문에 버스를 타고 가야 한다.
피렌체에서나 시에나에서나 포지본시(Poggibonsi)에 가는 버스를 타야 한다. 포지본시로 가는 버스는 피렌체에서 50분, 시에나에서 40분이 소요 된다. 포지본시에서 내려 산 지미냐노로 가는 버스를 갈아타고 약 20분 더 가면 된다. 포지본시까지는 기차가 들어가기 때문에 기차를 타고 가도 된다.

포지본시에서 산 지미냐노로 가는 버스 시간표 사이트
http://www.sangimignano.net/bus/

Via Ghiacciaia

P

Niccolò Cannicci

Viale Garibaldi

Via Ghiacciaia

Porta
S. Lacopo

Via Folgore da S. Gimignano

Porta
S. Matteo

Via XX Settembre

Via delleFonti

Via delle Romite

Porta
delle Fonti

산 마테오 거리 Via San Matteo

두오모 광장
Pizza del Duomo

포데스타(집정관) 궁전
Pal. del Podesta

참사회 성당

포폴로 궁
Pal. del Popolo

탑   Piazza d.
Cisterna

Via d. Castello

Viale dei Quercecchio

Via Piandornella

Viale dei Fossi

Via Berignano

산 조반니 거리 Via San Giovanni

P

산 조반니 문
Porta San Giovann

마르티리 디
몬테마조 광장
P , le Martiri di
Montemaggio

Via Roma

포지본시에서 출발한 버스는 산 조반니 문(Porta San Giovanni) 앞에서 정차한다. 조반니 문으로 부터 마을의 남북으로 뻗어있는 산 조반니 거리(Via San Giovanni)와 산 마테오 거리(Via San Matteo)를 따라 작은 상점과 와인 가게들이 위치하고 있어 길을 따라 걷는 것만으로도 즐거운 산책이 된다.

5분 정도 걸어 올라가면 치스테르나 광장에 들어선다. 바로 옆에는 탑들이 모여 있는 시의 중심 두오모 광장을 볼 수 있다. 두오모 광장 남쪽에는 현재 시청사로 쓰이는 포폴로 궁이 자리잡고 있다. 궁전의 탑은 54m 높이로 좁은 계단을 따라 끝까지 오를 수 있다. 이 탑에서 내려다보는 거리의 풍경이 무척 아름답다.

궁 왼쪽으로 참사회 성당이 있는데, 성당 벽면에는 프레스코화가 그려져 있다. 1990년 유네스코에서 세계문화유산으로 지정했다. 거리를 따라 5분 정도 북쪽으로 더 올라가면 시내의 북쪽 끝에서 멋진 프레스코화를 볼 수 있는 산타고스티노 성당과 만난다.

▶ 아름다운 탑들

산 지미냐노는 특이하게도 토스카나지역의 도시이지만 중북부 문화의 한 부분을 안고 있다. 그 흔적을 볼 수 있는 것이 마을 군데 군데 보이는 탑이다. 이러한 모양의 탑은 볼로냐와 같은 에밀리아 로마냐 지역의 전통이었다. 가까이 가서 보면 상당히 높다. 그런데 이 탑에 방이 있었고 이 방을 세를 주기도 하였다고 하니 고층건축물을 지은 이 도시의 건축술이 놀랍다.

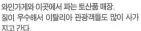

와인가게와 이곳에서 파는 토산품 매장.
질이 우수해서 이탈리아 관광객들도 많이 사가
지고 간다.

▶ 골목 골목의 와인 가게들

이 도시가 처음 만들어진 것은 약 3
세기경이었으며 현재 이 도시의 유적
으로 지정된 건축물은 대개 14-15
세기의 것들이다. 그리고 이곳을 방
문하면 다양한 토속음식들이 많은데
그중에서도 살시차라고 하는 이탈리
아 전통 햄과 와인이 유명하다.

▶ 중세 유럽의 소도시

산 지미냐노를 방문하게 된다면 반드시 하룻밤을 이곳에서
묵는 곳이 좋다. 왜냐하면 석양녘의 아름다운 토스카나 풍광
은 이곳 외에는 그렇게 자세히 볼 수 있는 곳은 없기 때문이며
좁은 골목을 오르내리다 보면 자신도 모르게 정말 중세 유럽
의 한 곳에 있는 듯한 착각도 들기 때문이다.

볼로냐 Bologna

유럽 학문의 기원

인기리에 읽혀졌던 소설 〈장미의 이름〉과 〈푸코의 진자〉. 이 복잡한 미로 같은 소설을 쓴 사람이 누구일까. 다 알겠지만, 움베르토 에코다. 이 석학은 현재 볼로냐 대학의 교수로 재직 중인데, 볼로냐 대학은 서구에서 최초로 대학다운 대학으로서 모습을 드러낸 선구적인 학교이다. universitas magistrorum et scholarium(대학문의 연합)이라고 하여 볼로냐 대학은 법학으로 유명하며 자체의 길드 조직을 통해 사법권까지 부여 받았던 명망이 높은 학교이다.

따라서, 볼로냐에서는 상당히 많은 책과 만화, 혹은 학술적인 범위의 여러 전시회들이 많이 열린다. 그렇다고 볼로냐 대학에 유학을 생각한다면 다시 한 번 더 생각해 봐야 한다. 학부 과정을 졸업하려면 아마 빨라도 10년은 걸릴 것이라는 것이 현지인들의 조언이다.

볼로냐는 에밀리아 로마냐 주(Emilia Romagna)의 주도이며 모든 것이 아주 잘 조화된, 이탈리아 중부의 도시이다. 단지 관광으로만 방문하기에는 좀 힘들 수도 있지만 그럼에도 불구하고 한 번은 가볼 만한 곳이다.

Access

교통이 편리하다.
EC, IC로 피렌체에서 1시간, 베네치아에 2시간, 밀라노에서 2시간, 로마에서 2시간 40분

도시는 큰 편이지만 시간을 두고 시내의 우고 바씨 거리(Via Ugo Bassi), 리촐리 거리(Via Rizzoli), 마르코니 거리(Via Marconi), 인데펜덴차 거리(Via dell Indipendenza), 마씨모 아젤리오 거리(Via Massimo d' Azeglio), 파리니 거리(Via Farini) 그리고 산 펠리체 거리(Via San Felice)와 같은 거리의 상점들을 둘러 보는 것도 좋다. 복도 사이에 있는 가게들이 상당히 조용하면서도 격조가 높다.

travel tip

볼로냐에 대한...

개인적으로 볼로냐에 갔을 때 운이 좋아서 교황님이 방문하셨다. 먼 발치에서라도 방탄 차량 안에 계신 교황님을 뵌 적이 있어서 상당히 기억에 많이 남는 도시이다.

마조레 광장 Piazza Maggiore

볼로냐의 중심

단연코 볼로냐의 중심이다. 13세기 중엽에 만들어
졌다고 하는데 유추하건데 앞에 있는 시청 건물이
1287년에 만들어졌으니까 그때부터 볼로냐의 중
심이 되었다. 왼편으로 산 페트로니오 성당이 있다.
이 광장을 중심으로 중요한 건물인 아쿠르시오 건
물(Palazzo d'Accursio), 포데스타 건물(Palazzo
del Podesta), 엔조 황제의 건물(Palazzo Re
Enzo)이 다 있으니 시간이 없는 배낭여행객은 이곳
에만 와봐도 볼로냐 관광의 50%는 마칠 수 있다.

Access 볼로냐 역에서 도보로 15분

산 페트로니오 성당 Basilica di San Petronio

회화 작품을 감상할 수 있는 미완성의 성당

이 성당은 원래 바티칸에 있는 베드로 성당(San Pietro)보다 크게 지으려고 했지만 교황이 이를 승
인하지 않아 지금의 모습으로 남게 되었다. 1388년에 건축을 시작해서 1390년에 완공을 하였는데
이후 1600년대 중반까지 개축되었다. 3개의
회랑을 가진 바실리카풍의 고딕양식으로 파
사드의 장식은 미완성되었으며, 하부만 시공
되었다. 내부는 죠반니 다 모데나, 아미코 아
스펠티니, 로렌쵸 코스타, 프란체스코 화란
챠의 회화를 수장하고 있으며, 이탈리아의
오래된 귀중품중의 하나인 오르간이 있다.

넵튠 분수 Fontana del Nettuno

르네상스식의 대표 작품

교황 피오 4세에 의해 만들어진 분수인데 가운데 바다의 신, 넵튠이 있다. 이 분수 주변을 넵튠 광장
(Piazza del Nettuno)이라고 한다. 조각은 쟌 볼로냐(Gian Bologna)에 의
해 만들어졌고 15세기 르네상스식의 대표적인 작품으로 평가 받고 있다. 항

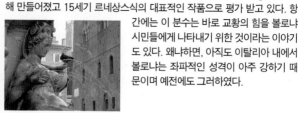

간에는 이 분수는 바로 교황의 힘을 볼로냐
시민들에게 나타내기 위한 것이라는 이야기
도 있다. 왜냐하면, 아직도 이탈리아 내에서
볼로냐는 좌파적인 성격이 아주 강하기 때
문이며 예전에도 그러하였다.

시청사(코뮤날레 궁전) Palazzo Comunale

볼로냐파의 컬렉션을 볼 수 있는 또 하나의 미술관

볼로냐의 시청사 건물로 13세기부터 개조가 계속되어
각 시대의 건축 양식이 녹아 있다. 3층은
미술관으로도 사용되고 있으며 볼로냐
파의 컬렉션이 준비되어 있다. 정문 왼
쪽으로는 15세기에 테라코타로 만들어
진 성모자 상이 있다.

시간 10:00~18:00(월요일 휴무) 요금 6유로

포데스타 궁전(집정관 궁전) Palazzo del Podesta

볼로냐의 역사가 살아 숨 쉬는 곳

신성 로마 제국의 황제가 임명한 도시의 장관이 머무는 곳
이었다고 한다. 1485년 아리스토텔레 피오라반니의 설계
로 착공되었다. 지금은 그 용도를 달리해 가게와 사무실로
쓰이고 있다. 1층에는 카페가 있어 마조레 광장을 바라보기
에 좋다.

두 개의 탑 Due Torri

볼로냐의 상징, 사탑에서 볼로냐 둘러보기

12~13세기 때 볼로냐의 귀족들은 서로 자신의
권위를 내세우기 위해 많은 탑들을 도시 곳곳에
세웠는데 그 중에 이 두 개의 탑은 도시 중앙에 위
치한다. 현재는 20
개 정도 만이 전해
지고 있다. 오른쪽
에 있는 아시넬리 탑(Torre Asinelli)은 1109년에 만들어져서 1119
년에 완공이 되었다. 97.2미터이며 안에는 총 498계단이 있다. 왼쪽
탑은 가리센다(Garisenda)라고 불리는데 똑같은 시기에 건설했다가
1119년에 갑자기 바닥이 주저 앉기 시작하면서 공사가 중지되었다. 높
이는 60m이다. 이 탑은 현재도 볼로냐의 상징으로 남아 있고 기념품
가게에 가면 비스듬한 두 개의 탑의 모습을 찾을 수 있을 것이다.

1930년대의 탑의 모습

Access 마조레 광장에서 도보로 5분
주소 Piazza di Porta Ravegnana 요금 5유로

국립회화관 Pinacoteca Nazionale Sale delle Belle Arti

르네상스 대표 회화 작품들을 감상해 보자

1740년 베네딕토 14세에 의해 시작된 이 미술관은 14세기에서 16세기까지 많은 작품을 보유하고 있다. 특히 라파엘로의 그림을 소장하고 있어 라파엘로를 좋아하는 사람들에게는 중요한 미술관이다. 이외 수많은 르네상스 시대의 그림들이 원화로 보존되어 있다. 1997년도에 현대식으로 개축되어서 시설 또한 우수하다. 만약 서양화를 전공하였다든지 그림에 관심이 있는 사람이라면 아주 훌륭한 여행지가 될 것이다. 시설이 굉장히 좋아서 우리나라에서 큐레이터 공부를 하는 사람들에게 도움이 될 것이다.

주소 Via Belle Arti, 56
시간 화~수 08:30~13:30, 목~일 13:45~ 19:30 (월요일 휴관) 요금 13유로
홈페이지 www.pinacotecabologna. beniculturali.it

산 도메니코 San Domenco

성인의 유물을 유치

산 도메니코는 1251년에 산 도메니코(St. Dominico)의 유물들을 유치하기 위해 만들어졌다. 성인들의 뼈는 15세기 건물인 산 도메니코 회랑(Arco di San Domencio)에 보관되어 있으며. 이 건물은 원래 니콜라 피사노에 의해 지어졌고, 미켈란젤로가 천사와 프로쿨루스, 페트로니우스의 조각을 만들었다.

볼로냐 대학 Universita di Bologna

서구 최초의 대학다운 대학

볼로냐 대학은 한 군데에 있는 것이 아니라 단과대별로 떨어져 있다. 특별히 관광 코스는 아니지만 그래도 많은 학생들이 길거리에 앉아 진지하게 책을 읽는 모습을 보면 왜 볼로냐가 학구적이며 진보적인 도시인가를 알 수 있을 것이다.

여행자 안내소

주소 Piazza Maggiore, 1/E Palazzo del Podesta

볼로냐의 중심인 마조례 광장에 있어서 찾기는 쉽다. 이 마조례 광장에 볼로냐에서 가장 중심인 두오모와 시계 탑이 크게 보이는 시청이 있다. 이 곳에 여행자 사무소가 있다. 볼로냐 기차역에서 걸어오기는 약간 먼 거리(약 1.3Km)이므로 버스 25, 27, 30, 37 를 타고 오는 것이 좋다. (버스 1시간 티켓 = 1유로, 3일권 = 3유로)

Travel Tip

1. 볼로냐는 오래된 도시이다. 따라서, 지도를 잘 챙겨서 여행을 시작해야 하며 두개의 탑을 중심으로 움직이는 것이 좋다.
2. 볼로냐는 크고 작은 행사가 많다. 따라서, 행사 기간 중에 길거리에서 와인과 공짜음식도 맛볼 수가 있다. 특히, 음식관련 행사를 할 때는 볼로냐뿐만 아니라 다른 지역도 알아서 찾아가면 좋다.
3. 볼로냐는 유명한 회랑의 도시이다. 즉, 건물에 복도가 있고 가게가 있는 형태의 건물이 많다.

현지 구입 여행 자료들

볼로냐 국제아동도서전시회

볼로냐의 여러 행사 중 한국사람들이 가장 많이 참여하는 전시회는 바로 '볼로냐 국제아동도서전시회'이다. 매년 봄에 개최되는 아동도서 관련 세계최대 박람회로 매년 80여개국 이상에서 참여를 하는 거대한 행사이다.

행사장소: 콘스티투찌오네 광장(Piazza Constituzione, Viale Aldo Moro)

가는 법 : 볼로냐 기차역에서 10, 28, 38번 버스를 타면 된다.

홈페이지 주소: www.bolognafiere.it

사진 제공 - 이영길

밀라노 Milano

◎ 이탈리아 경제와 패션의 중심지, 밀라노

밀라노는 이탈리아 롬바르디아 주의 주도이다. 밀라노는 예로부터 경제의 중심지로, 19세기 후반부터는 북이탈리아 공업지대의 중심 도시로, 문화의 중심지로 발전을 거듭하고 있다.

'밀라노 패션쇼'로 유명한 밀라노는 패션뿐만 아니라 음식, 오페라, 세계에서 네 번째로 큰 두오모 성당과 유럽 오페라의 중심인 스칼라 극장, 그리고 레오나르도 다 빈치의 〈최후의 만찬〉으로도 유명하다. 한편으로, 밀라노는 쇼핑하지 않아도 쇼핑한 듯한 느낌을 주며, 뉴욕이나 도쿄와는 다른 전통과 현대가 어우러진 도시다. 정치적인 색채가 강한 로마와는 달리 이탈리아의 실경제를 쥐었다 폈다 하는 힘을 갖춘 도시가 바로 밀라노이다.

밀라노의 역사를 살펴보면, 374년에 성(聖) 암브로시우스가 밀라노의 대주교가 되면서부터 밀라노는 북부 이탈리아에서 종교의 중심지가 되었다. 밀라노는 대주교의 영향력 아래 발전하기 시작했는데 대주교는 밀라노를 아름다운 건물들로 장식했다. 5~6세기에는 훈족·고트족의 침입으로 시가지가 파괴되고, 다시 랑고바르드족의 점령 아래에 들기도 했다. 샤를마뉴의 치하에 들게 된 무렵부터 밀라노 대주교의 권력이 강대해지고, 전란을 피해 성벽으로 둘러싸인 밀라노로 몰려드는 인구도 증대하여, 11세기에는 롬바르디아에서 가장 큰 도시가 되었다.

1277년 귀족 세력의 지지를 받은 비스콘티 가(家)가 밀라노의 영주가 되었고, 오랜 시간 밀라노에 군림하였다. 이후 비스콘티 가의 장군인 프란체스코 스포르차가 영주가 되어, 1535년에 에스파냐의 지배하에 들어가기까지, 스포르차 가의 지배가 지속되었다. 그동안 대성당의 건축이 진척되고, 운하가 개통되는 한편, 브라만테, 레오나르도 다 빈치 등을 비롯한 문인·예술가들이 이 도시에 모여들어 밀라노의 황금시대를 이루었다.

밀라노로 가기

◎ 비행기

밀라노에는 말펜사 공항(제1터미널)과 리나테 공항(제2터미널)이 있는데, 말펜사는 주로 국제선, 리나테는 국내선 및 저가 항공이 이용하는 곳이다. 따라서 한국에서 가는 직항 비행기는 주로 말펜사 공항에서 내리며, 유럽 현지에서 움직이는 배낭여행객이라면 리나테 공항으로 들어간다.

로마에서 밀라노까지는 비행기로 약 1시간이 걸리며, 시내의 동쪽 약 10km에 위치한 리나테 공항과 시내의 북서쪽 약 46km에 위치한 말펜사 공항에서 하루에 6편 공항버스가 운행하고 있다. www.sea-aeroportimilano.it 참조

말펜사 공항에서
밀라노 시내로 가기

기차

제1터미널에서 말펜사 익스프레스(Malpensa Express)라는 기차를 타면 밀라노 시내의 카도르나(Cadorna) 역에 내린다. 이곳은 바로 지하철과 연결되기 때문에 밀라노 시내로 들어가는 방법 중에서 가장 쉽고 편하다. 말펜사 공항으로 가는 방법도 거꾸로 가면 된다. 즉, 카도르나 역에서 말펜사로 가는 말펜사 익스프레스(Malpensa Express)를 타면 된다.

운행 시간 **공항→카도르나 역** 5:50~1:30 / 30분 간격으로 제1
터미널 지하에서 출발
카도르나 역→공항 5:00~23:10 / 30분 간격으로 카도
르나 역 지상 1, 2번 선에서 출발
소요 시간 약 40분 요금 편도 일반 13.60유로, 왕복 일반 20유로
참조 홈페이지 www.malpensaexpress.it

셔틀버스

밀라노 중앙역 바로 왼편에 루이지 디 사보이아 광장(Piazza Luigi Di Savoia)이 있다. 이곳에서 에어 풀만(Air-Pullman)사의 말펜사 셔틀이 20분 간격으로 운행된다.

운행 시간 **공항→중앙역** 04:30~1:15 / 제1터미널에서 도착층 4번과 5번 출구 사이 정류장에서 탑승
중앙역→공항 04:30~22:30 / 제2터미널을 거쳐 제1터미널로 간다.

소요 시간 약 50분 요금 말펜사 중앙역-공항: 편도 10유로, 왕
복 16유로. 말펜사 공항-리나테 공항: 편도 13유로 참조 홈페이지
ticketonline.malpensashuttle.it

*택시는 말펜사에서 시내까지 100유로 정도

밀라노 중앙역

리나테 공항에서
밀라노 시내로 가기

직접 연결되는 기차는 없다. 버스는 루이지 디 사보이아 광장에서 STAM사의 버스를 이용한다.
운행 시간 05:40~21:35, 20~30분 간격으로 출발 소요 시간 약 25분 요금 2유로(정류장 옆 매표소에서 구입)

◎ 기차
밀라노는 중부 유럽과 이탈리아 반도를 연결하는 교통 요충지
로 스위스, 스페인, 프랑스 등의 나라에서 이탈리아 동부나 남
부의 주요 관광지로 가기 위해 밀라노를 거친다. 대부분 4~5시
간 안에 도착한다.
이탈리아 내의 도시에서는 로마 테르미니 역에서 약 5시간, 피
렌체에서 약 3시간, 베네치아에서 약 2시간 50분이 소요된다.
주요 열차는 밀라노 중앙역 첸트랄레 역에서 발착하며, 지하철
2, 3호선과 연결되어 있다.

사보이아 광장

밀라노 시내 교통

◎ 버스, 트램
이탈리아의 다른 소도시와 마찬가지로 차내에서 안내 방송을 하지 않는 경우가 많으므로 내릴 곳을
정확히 확인 후 타야 한다. 정류장마다 노선도가 붙어 있고, 차체 색은 오렌지색이다.
지하철을 이용하면 주변으로 편하게 이동할 수 있지만, 밀라노를 둘러보려면 지하철보다는 트램이
나 버스를 이용하는 것이 이 도시를 더 자세히 둘러보기에 좋은 방법이다.

◎ 지하철
밀라노의 지하철은 3개 노선
(M1, M2, M3)이 있다. 승차권
은 자동판매기로 구입한다. 승
차권은 버스와 트램에 공통으
로 사용할 수 있으며 승차권은
스스로 노란 각인기에 넣고 개
찰해야 한다.

1회권(Biglietto ordinario) 1.50유로 / 개찰 후 90분간 사용 가능
1회권 10장(Carnet 10 Viaggi) 13.80유로
1일권(Biglietto giornaliero) 4.50유로 / 개찰 후 24시간 사용 가능
2일권(Biglietto bigiornaliero) 8.25유로 / 개찰 후 48시간 사용 가능
이브닝 티켓(Biglietto serale) 3유로 / 오후 8시부터 개찰한 날의 마지막 운행 시간까지 가능
(2018년 9월 기준)

◎ 택시
기본 요금은 3.30유로(주말, 휴일 5.40유로부터, 야간은 6.50유로부터)이고, 1km 이동 시 1.09유로가 부과된다. 말펜사, 리나테 공항 출발 택시는 최소 15유로부터 시작한다. 최소 3인 이상 동일 장소 승, 하차할 시에는 탑승 전에 미리 이야기하는 것이 좋다(기본 요금 1.20 유로 적용 가능, 휴일은 2.04유로로, 야간 2.40유로로).

밀라노 여행 포인트

1. 쇼핑 외에도 볼거리가 많으니 넉넉한 시간을 갖는 것이 좋다.
2. 밀라노 민박은 저녁밥을 주지 않는 경우도 있다.
3. ATM 티켓을 사용하려는 여행자의 경우 2일권이 가장 적당하다.
4. 쇼핑의 경우 잘 생각해야 함. 우리나라와 대비해서 그리 싸지도 않다.
5. 나빌리오(Naviglio)에서 마지막주 일요일에 열리는 벼룩시장은 방문할 만하다. 특히, 골동품이 많다.

여행자 안내소

1 주소 : Piazza Duomo, 19/A
  두오모 앞에서 광장을 바라보며 왼편 대각선에 있다. 두오모 광장에 있어서 찾기가 쉽다.

2 밀라노 중앙역 안 2층
  20번 플랫폼으로 가는 곳 오른쪽에 화장실이 보이는데, 이 화장실 앞 쪽에 여행자 사무소가 있다.

이탈리아 생활에 유용한 기차카드

기차를 자주 이용한다면: 트렌이탈리아TRENITALIA의 까르따비아죠CARTAVIAGGIO

까르따비아죠Cartaviaggio는 트렌이탈리아Trenitalia 사이트에서 가입을 하면 무료로 집까지 배송되는 포인트 적립 카드.(가입비와 연회비 없음)이다. 따라서 밀라노 및 이탈리아 한국인 유학생들에게 유용하다.
기차 티켓(정기권 포함)을 구입할 때 이 카드를 제시하면 1유로당 50포인트씩 적립이 되는데, 이 포인트로 선물 및 무료 티켓 등을 받을 수 있고, 제휴 파트너사를 이용할 때 할인이 된다. 때에 따라서 포인트를 두배로 적립해 주는 행사도 한다. 무료 티켓은 3만포인트부터 사용 가능하다.

밀라노 지하철 노선도

범례:
- 1호선 Linea Metropolitana 1
- 2호선 Linea Metropolitana 2
- 3호선 Linea Metropolitana 3
- 4호선 Linea Metropolitana 4

Gessate 제세테
C.Na Antonietta 안토니에타
Gorgonzola 그곤곤졸라
Villa Pompea 빌라 폼페아
Bussero 부세로
Cassina De Pecchi 카시나 데 페끼
Villa Fiorita 빌라 피오리타
Cernusco S.N 체르누스코
Cassina Burrona 카시나 부로나
Vimodrone 비모드로네
Gobba 고바
Cresenezago 크레세넨자고
Cimiano 치미아노
Udine 우디네
Lambrate F.S 람브라테
Piola 피올라

Cologno 콜로뇨
Cologno Centro 콜로뇨 첸트로
Cologno Sud 콜로뇨 수드

Sesto F.S 세스토
Sesto Rondo 세스토 론도
Sesto Marelli 세스토 마렐리
Villa San Giovanni 빌라 산 조반니
Precotto 프레코토
Gorla 고를라
Turro 투로
Rovereto 로베레토
Pasteur 파스퇴르
Loreto 로레토
Lima 리마
Porta Venezia 포르타 베네치아
Palestro 팔레스트로
San Babila 산 바빌라

Porta Romana 포르타 로마나
Lodi T.I.B.B 로디
Brenta 브렌타
Corvetto 코르베토
Porto Di Mare 포르토 디 마레
Rogoredo 로고레도
S.donato 산 도나토

Zara 자라
Sondrio 손드리오
Caiazzo 카이아쪼
Repubblica 레푸블리카
Turati 투라티
Monte Napoleone 몬테 나폴레오네
Missori 미소리
Crocetta 크로체타

Centrale F.S 첸트랄레
Gioia 조이아
Cordusio 코르두시오
Cairoli 카이롤리
Duomo 두오모

Lanza 란차

Lancetti 란체티

Bovisa Nord 보비사 노르드

Garibaldi F.S 가리발디
Moscova 모스코바
Cadorna 카도르나
S. Ambrogio 산 암브로조
S. Agostino 산 아고스티노
Porta Genova F.S 포르타 제노바
Romolo 로몰로
Famagosta 파마고스타

Conciliazione 콘칠리아치오네
Pagano 파가노

Amendola Fiera 아멘돌라 피에라
Buonarroti 부오나로티
Lotto 로토
Lampugnano 람푸냐노
Uruguay 우루과이
Bonola 보놀라
S.Leonardo 산 레오나르도
Molino Dorino 몰리노 도리노

Wagner 바그너
De Angeli 데 안젤리
Gambara 감바라
Bande Nere 반데 네레
Primaticcio 프리마티쵸
Inganni 인간니
Bisceglie 비셀리에

두오모 광장 Piazza Duomo

밀라노 여행의 시작점

밀라노의 중심가는 두오모 광장으로, 세계에서 가장 아름
다운 쇼핑 거리로 일컬어지는 비토리오 에마누엘레 2세 갤
러리아와 연결되어 있다. 만약 처음부터 밀라노를 시작으
로 이탈리아를 여행하는 사람이라면 그냥 입이 딱 벌어질
지도 모른다.

두오모는 14세기(1386)에 지어졌다. 이 두오모를 중심으로
각종 시위와 집회가 열리는데 60년대 말에는 매일 시위와
집회가 열리기도 했다. 현재 이 광장은 밀라노의 중심으로
레오나르도 다 빈치, 브라만테와 같은 예술가들이 이 광장
을 중심으로 그들의 예술적인 감성을 키워 나갔다.

또한 주변에는 라 스칼라 극장부터 비토리오 에마누엘레
갤러리, 그리고 각종 상점까지 즐비하며 현대적인 백화점
들이 모여 있다.

Access

지하철 1, 3호선 두오모(Duomo)
역에서 내리면 된다.

홈페이지 www.duomomilano.it

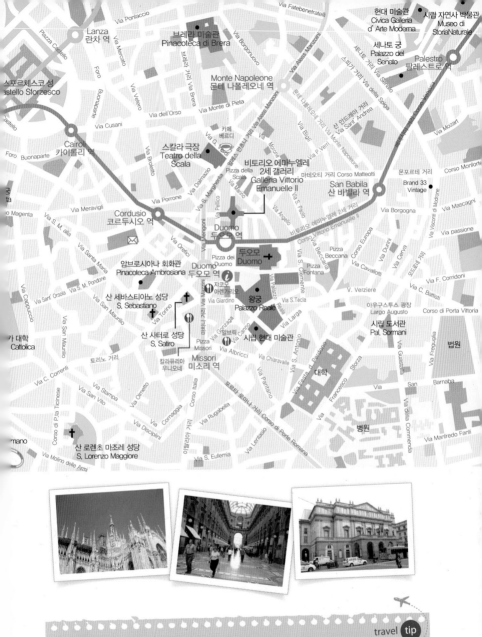

두오모

두오모(Duomo)는 바로 돔(Dome)을 뜻한다. 이탈리아의 전역의 도시마다 아주 많은 성당이 있는데 그 성당들을 모두 두오모라고 부르지는 않는다. 주교좌(카테드라)가 있는 성당으로, 이것을 도시의 두오모라고 부른다. 두오모 근처에는 항상 시청이나 중요한 행정 관서가 있다. 따라서 이탈리아 여행은 각 도시의 두오모만 찾으면 도시 여행의 반은 끝난 셈이다.

두오모 Duomo

고딕 건축의 결정체

두오모를 자세히 보면 2000여 개 이상의 조각과 수없이 많은 첨탑과 기둥으로 된 바로크, 신고딕, 네오클래식 양식의 종합체이다. 밀라노에서 가장 유명한 관광 명소인 두오모는 착공 시점은 상당히 오래 되었다. 하지만 우리가 보는 모습은, 특히 성당 전면부의 모습은 나폴레옹의 지시로 프랑스 건축가 보나빵테르가 1809년에 다시 지은 것이다. 1535년~1713년까지 밀라노는 스페인의 영토였으며, 이후 1815년까지는 프랑스의 지배를 받았다.

두오모 정면의 파사드(성당의 가장 앞모습)

두오모는 길이가 148m이고 가장 넓은 곳의 측면 부분이 91m이다. 성당 내부에는 건축 초기에 만든 스테인드글라스를 볼 수 있다. 뒷면에는 두오모의 꼭대기까지 올라갈 수 있는 계단과 엘리베이터가 있어 두오모 상층부에서 밀라노 시내를 내려볼 수 있다. 내부로 들어가면, 여러 예술 작품들을 감상할 수 있는데 11세기 십자가가 포함되어 있는 대주교 아리베르토의 묘, 오토네, 조반니 비스콘티의 조형물, 쟌 자코모 메디치의 묘, 산 바르톨로메오의 조각과 마르코 카렐리의 묘 등이 있다. 트라다테의 교황 마틴 5세 조형물, 밤바이아의 추기경 마리오 카라칠로의 묘, 사제관의 제단, 16세기 후반의 의자들, 트리불지오의 촛대 등도 볼 만하다.

Access

교통 지하철 1, 3호선 두오모 역에서 하차 시간 매일 7:00~19:00
여행 포인트 두오모 관광의 핵심은 옥상! 옥상에 반드시 올라가 보자!
시간은 2월 7일: 9:00~16:45 / 2월 8일~3월 28일: 9:00~17:45 / 3월 28일~ 10월 24일 9:00~22:00이다.
요금 두오모 3유로(박물관 포함) / 두오모 옥상 9유로(계단), 13유로(엘리베이터)
　　　두오모 패스 A 17유로(두오모 + 엘리베이터 옥상 + 지하 유적 + 산 고르타도 성당)
　　　두오모 패스 B 13유로(두오모 + 계단 옥상 + 지하 유적 + 산 고르타도 성당)
홈페이지 www.duomomilano.it(요금 참고)

도시 전망 최적의 장소

로마: 바티칸의 돔
피렌체: 두오모의 종탑
밀라노: 두오모 꼭대기
베네치아: 산 마르코 성당 앞의 종탑

두오모 광장 앞에 있는 지하철 역과 건물

청동문

성당 내부

옥상에서 내려다 본 두오모 광장

두오모 광장

두오모 옥상

두오모 측면. 징그러울 정도로 화려한 이 장식들은 프랑스의 영향을 받은 것이다.

두오모 뒷면. 장미의 창은 이곳에서도 매우 아름답게 장식되어 있다.

분수. 현지인들은 거리낌 없이 이 물을 마신다.

APT에서 배포한 여행 안내서에 있는 왕궁 내부. 밀라노의 지배자들이 거주하였다. 두오모 바로 옆에 있는 왕궁이며, 현재 공사 중이다. 2차 대전 이후 재건된 건물이기 때문에 역사적 가치는 없다.

두오모 정면을 등지고 바로 왼쪽에 있는 여행자 사무소.

비토리오 에마누엘레 2세 갤러리 Galleria Vittorio Emanuelle II

밀라노의 중심 쇼핑몰

이 갤러리는 두오모 광장(Piazza Duomo)과 스칼라 광장(Piazza della Scala)을 연결해 주는 교차로 역할을 하는, 밀라노의 중심 쇼핑몰로 19세기 말에 지어졌다. 쥬세페 멘고노가 파리와 런던에 있는 건축물들을 보고 영향을 받아 지었으며 지금은 고급 상점과 커피숍이 가득하다. 두오모 옆에 있어 밀라노의 명물이지만 배낭여행객들에게는 부담스러운 가격이다. 서점이나 기타 장소 등에 들어가 보자.

Access

교통 지하철 1, 3호선 두오모(Duomo) 역에서 내리면 바로.
위치 두오모 광장을 바라보고 왼쪽으로 가면 큰 아치가 보인다.
물가 바가지 천국 출입 정보 연중 무휴

갤러리 내의 간이식당. 창 밖으로 두오모가 보인다.

바닥에 황소 모양의 그림이 있다. 이 황소의 중요한 부분에 발을 대고 3번 회전하면 좋은 일이 일어난다고 한다.

크리스마스 즈음의 밤 늦은 갤러리. 이때가 가장 분주하다.

바가지를 조심하자!

이 갤러리는 고급 쇼핑 가게, 7성급 호텔, 레스토랑, 바 등이 많다. 얼마 전 이탈리아 TV에서 이 갤러리에 있는 갑비아노(Gabbiano)라는 바(bar)에서 동양인이 주문을 할 때와 현지인이 주문을 할 때 서로 다른 가격을 제시하는 모습을 방영한 적이 있다. 즉, 동양인이 사 먹으면 거의 갑절의 돈을 받는다는 것이다.

악덕 바가지를 씌우는 바. 갑비아노

여행을 하면서 비싼 메뉴판을 보고도 원래 그러려니 하면서 음식이나 기타 물건을 주문을 한다. 하지만 이탈리아의 어떤 양심 없는 상점에서는 내국인용 메뉴판과 외국인, 특히 동양인용 메뉴판을 다르게 보이기도 한다. 물론 이런 곳은 대도시의 몇몇 가게들에 한하겠지만, 더욱 안타까운 점은 여행객들은 '비싸다'라는 생각만 하지 자기가 바가지를 쓴다는 사실을 까맣게 모른다는 것이다. 이게 이탈리아식 바가지다. 하지만 찾아낼 방법이 없으니 안타까울 뿐이다.

〈기사, 사진 협조 IUVO님〉

스칼라 극장 Teatro della Scala

세계적인 오페라 전당

유럽 최고의 성악가들이 공연하는 곳이며 단 한 번이라도 이 무대에 서본 적이 있는 성악가라면 항상 그의 경력 맨 처음에 '스칼라 공연'이라는 말이 붙을 정도로 권위 있는 극장이다.

극장 건물은 1778년에 건축되었으나 2차 세계대전 때 소실되어 현재는 복원된 모습이다. 1800년대에 이탈리아를 대표하는 로시니, 푸치니, 베르디 등의 작품을 올렸으며 항간에 한국 사람을 잘 발탁하지 않는다는 리카르도 무티가 오랫동안 음악감독으로 있던 곳이다.

스칼라 극장은 로마나 베로나와는 달리 겨울에 주로 공연을 한다. 이 극장 출신의 가장 유명한 성악도는 마리아 칼라스(Maria Callas)를 들 수 있다. 극장 옆에는 여러 오페라 물품들이 전시되어 있는 스칼라 박물관(Museo della Scala)이 있다.

Access

위치 두오모를 보고 바로 옆에 있는 비토리오 에마누엘레 2세 갤러리를 나오자 마자 바로.
홈페이지 http://www.teatroallascala.org
시간 09:00~18:00(일요일 휴관)
요금 성인 11유로(성수기 기준)

마리아 칼라스의 초상화

이탈리아에 왔다면 반드시 오페라 공연을 보고 가자!

만약 이곳에서 오페라를 관람할 기회가 생긴다면 이탈리아 여행에서 가장 최고의 경험을 하게 될 것이다. 한국 내한 공연과 현지 공연의 차이를 확연히 느낄 수 있다. 또한 스칼라 극장이 아니라도 배낭여행 철인 여름에는 로마의 카라칼라 욕장에서 야외 오페라가 늘 공연된다. 제대로 된 공연을 한 번 보는 것만으로도 비행기 값을 뺄 만한 이득은 있다.

스칼라 광장 Piazza della Scala

스칼라 극장으로 향하는 스칼라 광장에는 천재적인 예술가인 레오나르도 다 빈치 상이 있다.

이탈리아의 성악가, 마리아 칼라스

성악은 일반 대중가요와는 달리 대단한 집중력과 끈기, 그리고 타고난
목소리에 많은 영향을 받는 분야이다. 그리고 시대의 운도 있어야 한다.
마리아 칼라스(1923~1977)는 이 모든 것을 다 갖추고 있다.

마리아 칼라스는 인간이 낼 수 있는 소리의 한계를 보여주었다고 한다.
특히 오페라에서는 그녀의 카리스마를 같이 받아 줄 배우가 없을 정도로
연기에도 뛰어났다고 하는데, 40년이 지난 지금도 그녀의 DVD는 여전
히 잘 판매되고 있다.

그녀는 미국에서 태어난 그리스인으로, 어릴 때 생활고
에 찌든 나머지 어머니가 그녀에게 언니처럼 미군을 상
대로 하는 가게에서 일을 해 돈을 벌어 오라고 야단을 많
이 쳤다. 그런데도 그녀는 아주 독한 마음을 먹고 노래 공
부를 했다. 바로 그런 점이 평생 한이 되어 어머니에게는
죽을 때까지 쌀쌀맞게 대했다고 한다.

마리아 칼라스가 유럽에서 성공한 가장 큰 이유는 바로
그녀를 후원해 줄 스폰서를 만났기 때문이다. 바로 메네
기니라는 공연 후원자로 그녀는 그와 결혼을 한다. 이후
막강한 후원자라는 날개를 단 마리아 칼라스는 전 유럽
을 휩쓸게 되었다. 지루한 음악으로 불리던 오페라가 연기와 어우러져 빛을 발하는 훌륭한
공연이라는 것을 다시 한 번 사람들에게 알리게 된다.

그녀는 공연을 한 번 하게 되면 밤새 연습을 할 정도로 독한 성격의 소유자였다. 한 번은 그녀
와 공연을 한 상대 배우가 공연에 신경을 쓰지 않자 막이 내리자마자 그의 귀를 물어뜯었다.
그녀가 스칼라 극장에서 공연을 한 시기는 1951년~1958년까
지다. 이후 그녀는 그리스의 선박 왕인 오나시스와 사랑에 빠지
지만 오나시스는 케네디의 미망인인 재클린과 결혼을 했다. 이
후 그녀는 쓸쓸한 삶을 보내다 결국 1977년 파리에서 약물 과
다 복용으로 후두 피부 염증으로 사망하였다.

브레라 미술관 Pinacoteca di Brera

⚡ 이탈리아 북부의 대표적인 미술관

롬바르디아 지역의 그림뿐만 아니라 라파엘로, 카라바조, 벨리니 등의 그림을 다수 소장한 남부 지역의 미술관과는 달리 17세기 이후 대작들이 많이 전시되어 있다. 1803년 미술관으로 개관하였지만 처음 이 건물에는 국립 도서관이 1773년에 문을 열었다. 이후 나폴레옹의 전폭적인 지원을 받았던 미술학교, 즉 국립 미술원(Accademia di Belle Arti)이 1776년에 문을 열기도 하였다. 현재도 많은 한국인 학생들이 이 브레라 미술관 1층에 있는 국립 미술원에 재학 중이다. 브레라 미술원에 들어서면 나폴레옹 청동상이 눈에 들어온다. 나폴레옹이 이 국립 미술원에 엄청난 투자를 했기에 밀라노의 국립 미술원이 이탈리아 으뜸의 미술원으로 거듭날 수 있었다고 한다.

브레라 미술관 입구는 2층에 있으며, 현재 브레라 미술원에서는 소장한 작품뿐만 아니라 훼손된 작품들의 복원 작업을 병행하고 있다.

Access

지하철 지하철 몬테 나폴레오네(Monte Napoleone) 역에서 도보로 약 10분.
버스 61번
트램 1,2,3,12,14
주소 Via Brera. 28
시간 8:30~19:15
요금 10유로 (연간 회원권 22유로로)
홈페이지 https://pinacotecabrera.org

브레라 미술원 입구

나폴레옹 동상

미술관 입구. 이곳에서는 주로 책이나 기타 미술 관련 책자를 판매한다.

이 복도를 다니면서 각 방에 들어가서 그림을 관람하게 된다.

작은 전화기 같은 것을 들고 회화의 설명을 듣고 있다.

참으로 감탄을 자아내게 하는 관람 모습. 의자에 앉아 몇 시간이고 계속 그림을 쳐다보는 내공이 대단하다.

1 복원 작업 중인 회화. 회화 복원을 볼 수 있는 곳은 이곳뿐이다. 2 만테냐의 〈돌아가신 예수 그리스도〉. 전반적으로 원근법이 조화되지 않는다는 평이 있으나 상당히 유명한 작품이다. 3 벨리니의 〈피에타 상〉 4 스포르처의 초상화 5 브레라 미술관에서 늘 자랑스러워 하는 카라바조의 그림 6 초상화로 시대의 역사와 의복, 생활 풍속을 규명한다. 7 베네치아의 수산 시장 건물이 보인다. 8 브레라의 유명한 작품 〈키스(kiss)〉

스포르체스코 성 Castello Sforzesco

밀라노에서 가장 산책하기 좋은 곳

로마의 보르게제, 피렌체의 보볼리가 있다면 밀라노에는 바로 셈피오네 공원이 있다. 스포르체스코 성은 바로 이 셈피오네 공원에 있다. 원래 이 궁전은 비스콘티 가문의 성이었으나 나중에 그의 사위인 스포르차 가문의 성곽으로 개축되었다. 프랑스나 오스트리아와 전쟁 때 이 성곽에서 서로 대치하였는데 지금도 성곽에는 당시 사용되던 돌로 만든 투포환을 확인할 수 있다.

성 건설에는 많은 예술가들이 참여하였는데, 대표적인 인물로는 피렌체 도시 건설을 담당한 브루넬리스키, 바티칸을 만든 브라만테, 가디오 크레모나 그리고 레오나르도 다빈치 등을 들 수 있다.

스포르체스코 성 안에는 여러 박물관, 즉 고고학 박물관이나 이집트 박물관, 악기 박물관이 있는데 시에서 운영하고 있다. 이곳은 공원이기 때문에 천천히 쉬면서 시간을 보내기 좋다. 바로 옆에 카도르나 기차역이 있다.

Access

교통 지하철 1호선인 카이롤리(Cairoli) 역에서 내리자마자 보인다.

시간 겨울 7:00~18:00, 여름 7:00~19:00(무료) / 박물관은 9:00~17:30(월요일 휴관)

홈페이지 www.milanocastello.it

요금 성인 10유로

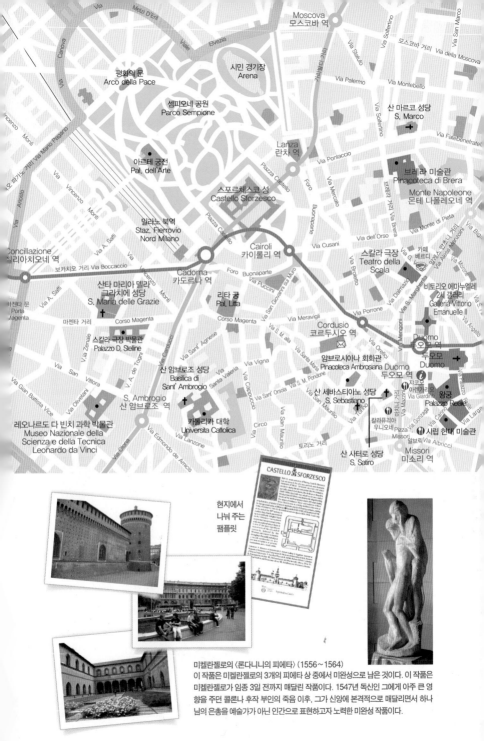

평화의 문
Arco della Pace

시민 경기장
Arena

Moscova
모스코바 역

Via Melzi D'Eril

Via Palermo

Via Montebello

Via Sottentino

모스코바 거리 Via della Moscova

Via San Marco

셈피오네 공원
Parco Sempione

산 마르코 성당
S. Marco

Via Sollerino

Via Fatebenefratel

아르테 궁전
Pal. dell'Arte

Lanza
란차 역

Via Pontaccio

브레라 미술관
Pinacoteca di Brera

Monte Napoleone
몬테 나폴레오네 역

스포르체스코 성
Castello Sforzesco

Piazza Castello

Via Mercato

스칼라 극장
Teatro della
Scala

카페
베르티

Concillazione
실리아치오네 역

Staz. Ferrovio
Nord Milano
밀라노 북역

Piazza Castello

Cairoli
카이롤리 역

Via Cusani

Via dell'Orso

비토리오 에마누엘레
2세 갤러리
Galleria Vittorio
Emanuelle II

보카치오 거리 Via Boccaccio

Cadorna
카도르나 역

Foro Buonaparte

Via Dante

리타 궁
Pal. Litta

Via Porrone

산타 마리아 델라
그라치에 성당
S. Maria delle Grazie

Corso Magenta

Via Meravigli

Cordusio
코르두시오 역

Duomo
오오모 역
두오모

마젠타 문
Porta
Magenta

마젠타 거리

스칼라 극장 박물관
Palazzo D. Steline

Via Sant' Agnese

Via Vigna

암브로시아나 회화관
Pinacoteca Ambrosiana Duomo
두오모 역

Duomo
두오모

산 암브로조 성당
Basilica di
Sant' Ambrogio
산 암브로조 역

Santa Valeria

산 세바스티아노 성당
S. Sebastiano

왕궁
Palazzo Reale

레오나르도 다 빈치 과학 박물관
Museo Nazionale della
Scienza e della Tecnica
Leonardo da Vinci

카톨리카 대학
Universita Cattolica

Via San Maurilio

Circo

토리노 거리

산 사티로 성당
S. Satiro

칼라브리아
우니오네 Pizza
Missori

시립 현대 미술관

Missori
미소리 역

현지에서
나눠 주는
팸플릿

CASTELLO SFORZESCO

미켈란젤로의 〈론다니니의 피에타〉(1556~1564)
이 작품은 미켈란젤로의 3개의 피에타 상 중에서 미완성으로 남은 것이다. 이 작품은
미켈란젤로가 임종 3일 전까지 매달린 작품이다. 1547년 독신인 그에게 아주 큰 영
향을 주던 콜론나 후작 부인의 죽음 이후, 그가 신앙에 본격적으로 매달리면서 하나
님의 은총을 예술가가 아닌 인간으로 표현하고자 노력한 미완성 작품이다.

309

산타 마리아 델라 그라치에 성당 Santa Maria delle Grazie

▶ 레오나르도 다 빈치의 〈최후의 만찬〉이 있는 곳

1490년에 지은 곳으로 성당의 외부 모습은 바티칸을 설계한 브라만테의 솜씨다. 레오나르도 다 빈치의 〈최후의 만찬〉은 본당 예배당 바로 옆 사무실로 가야 볼 수 있다. 단, 한 달 전에 예약을 해야 하므로 배낭 여행객들은 볼 기회가 거의 없는 편이다.

이 그림이 있던 장소가 식당이었기 때문에 채광이나 기타 여러 조건이 좋지 않아 늘 습기가 있었다. 때문에 발견 당시에는 그림의 형체도 알아볼 수가 없었다. 더구나 2차 세계대전 당시에 폭격을 맞았기 때문에 도저히 복원이 불가능할 정도였다. 그러나 엄청난 예산을 투입해 1999년 복원에 성공했다. 다른 벽화들은 주로 안료가 벽에 스미는 프레스코화이지만 이 벽화는 바로 벽에만 바르는 유화이기 때문에 손상이 쉬워 복원 과정이 더욱 까다로웠다.

사무실 입구에서 20여 명의 사람들이 한 팀으로 들어가서 볼 수 있다. 하지만 이곳에서 사진을 찍다가는 다른 곳과는 달리 엄청난 일을 당할 수 있으니 아예 사진 찍을 생각을 하지 말자!

주소 Corso Magenta-Santa Maria delle Grazie
교통 트램 20~24 / ATM 버스 18번 / 메트로는 MM1 / 적색 라인-Concillazione, Cardona, MM2 녹색 라인-Cardona

〈최후의 만찬〉 예수님이 말씀을 하신다. '이 중에서 나를 배신하는 사람이 있을 것이다.' 이 그림에서 유다는 과연 누굴까? 바로 예수님 오른팔 옆에서 3번째 인물, 즉 팔을 탁자에 기대고 있는 사람이 유다이다.

〈최후의 만찬〉 예약하기

〈최후의 만찬〉은 1회 25명이 15분 동안 관람할 수 있다.

비용 10유로, 예약비 3.50유로 별도
인터넷 www.weekendafirenze.com
　　　www.cenacolovinciano.org
전화 한국에서 39-02-92800-360 / 09:00~18:00(월~토)
이름, 국적, 희망 날짜, 시간을 말해준다.
시간 7:00~12:00, 15:00~19:00(매표소 8:15~19:00)
홈페이지 www.vivaticket.it/?op=cenacoloVinciano

〈최후의 만찬〉을 볼 수 있는 사무실 입구

성당 본당

레오나르도 다 빈치 과학 박물관
Museo Nazionale della Scienza e della Tecnica Leonardo da Vinci

레오나르도 다 빈치의 유품을 볼 수 있는 박물관

이탈리아 근대 과학 박물관으로서 이탈리아에서 오래된 유적, 유물만 본 사람들에게는 특히 도움이 된다. 이탈리아 중, 고등학생들이 자주 찾는 야외 수업 방문지로도 유명하다.

레오나르도 다 빈치는 시대를 몇 세기 앞서가던 천재임은 분명하다. 미켈란젤로나 라파엘로, 기타 그 밖의 많은 조각가나 화가들은 레오나르도 다 빈치의 정밀한 인체 해부학이나 디자인을 과학적으로 접근한 기반이 없었다면 역사에 등장하지 못했을 수도 있다. 레오나르도 다 빈치의 천재성을 유감없이 확인할 수 있는 곳이 바로 이 박물관이다. 이곳에는 레오나르도 다 빈치의 노트를 기반으로 해서 다시 그의 유품을 만들어 전시하고 있다.

Access

교통 지하철 2호선의 산탐 브로조(Sant' Ambrogio) 역에서 내려 레오나르도 다빈치 과학 박물관표시를 따라간다. 도보로 약 10분 소요.
해당 홈페이지 www.museoscienza.org 시간 화~금 9:30~17:00 / 토~일 9:30~18:30
주소 Via San Vittore 21 요금 12유로(할인 9유로)

레오나르도 다 빈치 과학 박물관 둘러보기

레오나르도 다 빈치의 유물 외에도 이탈리아 전역의 과학 발명품들이 모여 있다. 티켓 판매소를 통과하자마자 바로 왼쪽으로 돌아 계단으로 올라가면 레오나르도 특별 전시관이 있다. 오른쪽으로 돌아가면 한참 헤매게 되니 주의하자.

투포환 기계

다중 도르래

오래된 사진기들. 레오나르도 다 빈치의 유품만 있는 것은 아니다.

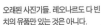

레오나르도 다 빈치의 날개 모형

해부학 노트

도르래를 이용한 배

잠수함

모나리자에 대한 설명과 그림

레오나르도 다 빈치의 이런 스케치를 바탕으로 이탈리아 르네상스의 회화, 조각은 뛰어난 예술성을 확보했고, 인체의 사실성에 대한 그의 진지한 고민은 후에도 많은 예술가들의 귀감이 되었다.

아기의 모습. 이런 스케치는 나중에 아기 천사 등을 그리는 화가에게 많은 영향을 주었다.

사람의 등 모습을 유추해서 조각가들은 조각을 할 수가 있다.

신체의 비례나 근육의 움직임은 자세에 따라 달라진다는 것을 스케치로 나타냈다.

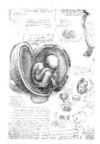

해부학에 대한 관심은 바로 노트에도 그 열정으로 드러나 있다.

인간의 장기들

눈의 스케치

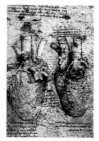

심장 스케치

근육 모양. 이를 바탕으로 해서 조각가들은 조각을 만들어낼 수가 있었다.

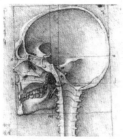

두개골 단면도

두개골 단면도

레오나르도 다 빈치 Leonardo Da Vinci(1452~1519)

이탈리아 르네상스 시대의 진정한 천재인 레오나르도 다 빈치. 이탈리아 문예 부흥에 있어 아주 중요한 역할을 한 그는 미술가, 조각가, 발명가, 그리고 교양 높은 인문학자로 한 시대를 풍미했다. 그는 1452년 토스카나 주에 있는 빈치(Vinci)라는 곳에서 태어났다. 그의 이름 끝에 붙은 '빈치(Vinci)'가 그 이유다. 다(Da)는 영어로 'at'이나 'from'이다. 그러니 우리말로 해석하면 '빈치에서 온 레오나르도'라고 하겠다.

그는 주로 밀라노에서 살았지만 예술적 기초는 피렌체에서 시작했으며 그의 스승은 베로키오이다. 미켈란젤로와도 교분이 있는 것으로 전해지는데, 미켈란젤로는 그보다 23살이 적었다. 그의 발명품 중에서 의외로 많은 부분을 차지하는 것은 전쟁에 사용되는 무기와 여러 기계였다. 또한 깨알 같은 글씨가 빽빽한 그의 노트는 지금도 그가 얼마나 많은 공부와 노력을 했는지를 보여준다.
그의 작품은 현재 이탈리아보다 프랑스 루브르 박물관도 많다. 이탈리아의 많은 예술 작품들은 프랑스 점령기와 여러 전쟁을 거치면서 프랑스로, 오스트리아로 빠져 나갔는데, 가장 약탈이 심하던 때가 나폴레옹 점령 기간이었다. 이탈리아 역시 이집트의 물건들을 많이 빼돌렸으니 결국 역사의 유물은 힘 센 자의 것이라는 현실 법칙을 다시 한 번 깨닫게 한다.

르네상스 3대 천재의 연령대
레오나르도 다 빈치 : 1452~1519
미켈란젤로 : 1475~1564
라파엘로 : 1483~1520

레오나르도 다 빈치의 말 Leonardo Cavallo

1977년 레오나르도의 작품에 특히 흥미를 느낀 찰스 덴트는 프랑스 침공 당시 파괴된 레오나르도의 말 조각상을 복구하기 위해 자금을 모으고 작업을 시작했다. 하지만 1994년 그가 사망하는 바람에 결과를 보지 못하였다. 하지만 프로젝트는 계속 되었고, 1999년 7개의 하위 항목이 설정되어 탈릭스 예술 재단(Tallix Art Foundary)에서 밀라노로 그 프로젝트를 옮겨왔다. 결국 여성 조각가 니나 아카무가 작업을 지휘해1999년 9월 10일에 드디어 말 조각이 일반에 공개되었다.

주소 산 시로 경마장 입구, Via lppodromo 100

나빌리오 지구 Naviglio

밀라노에서 색다른 경험을 할 수 있는 곳

밀라노에서 유일하게 운하를 볼 수 있는 곳으로, 운하 양옆으로는 벼룩시장이 크게 열린다. 매년 만 명에 달하는 관광객이 다녀가는 등 큰 성공을 거둔 밀라노 운하의 개방이 매년 4월 중순부터 재개된다. 관광 코스는 3개의 라인으로 나뉜다.

홈페이지 www.navigli.milano.it / 9월 말까지 개방
가는 방법 지하철 2호선을 타고 가다 포르타 제노바(Porta Genova) 역에서 내려, 도보 5분!

1호선 – 꼰께 라인
Linea della conche
- 옛 밀라노의 모습과 역사 소개
- 파베제 운하의 기능과 꼰께떼의 기능 소개

2호선 – 델리지에 라인
Linea delle delizie
- 비스콘때오성, 산타 마리아 노바 성당
- 루가나노 농장, 로베코 빌라
- 꾸지오노 성

3호선 – 팔코수드 라인
Linea del Parco sud
- 옛 밀라노의 모습과 역사 소개
- 산 크리스토포로 성당
- 밀라노의 옛집과 농장 소개
- 팔코수드의 농장들
- 코르시코, 트레자노 술 나빌리오, 가지아노

밀라노 전시장 Fiera di milano

박람회장

우리로 치면 삼성역 코엑스이다. 이곳에서 이탈리아 산업 생산품의 30~50%가 거래된다. 비즈니스를 하려는 사람에게는 아주 중요한 곳이지만 일반인들에게는 그리 큰 관심을 끌지 못한다. 다만 주의할 것은 패션 관련 박람회는 이곳이 아니라 다른 곳에서 하는 경우가 많으며 같은 박람회라도 위치가 다를 수 있으니 늘 확인할 것!

주소 Piazzale Corlo Magno 1
가는 방법 지하철 M1선을 타고 가다 Amendola 역이나 Lotto 역에서 내리면 된다.

주의

밀라노 전시장의 경우 항상 이곳에서만 하는 것이 아니니 행사 장소를 늘 확인해야 한다. (www.fieramilano.it)

산 시로 축구 경기장 Calcio San Siro

이탈리아 축구 열풍의 근원지

축구는 이탈리아 사람들에게 삶의 모든 것이다. 축구를 알면 이탈리아가 보인다. 이탈리아에 오면 로마에서든, 밀라노에서든 축구는 꼭 보길 바란다. 밀라노 프로 축구팀으로 인터밀란(inter Milan)과 AC 밀란(AC Milan)이 있는데 둘 다 세계 최고의 수준이며 늘 이 경기장에서 경기를 한다.

Access

교통 지하철 1호선 Lotto 역에서 하차. Caprilli 거리를 따라오면 된다. / 두오모 광장에서 16번 트램을 타고 종점.(약 30분)
요금 통합권 18유로

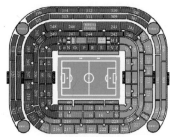

경기장 좌석 단면도

밀라노 야외 살롱 Fuorisalone

연중 가장 기다려지는 밀라노의 행사

행사가 시작됨과 동시에 백화점, 극장, 거리, PUB의 모든 장소들이 행위예술과 전시와 설치미술 그리고 음악 감상의 장소로 변모한다. 밀라노 야외 살롱은 80년대에 몇몇 기업이 전시회장 안에서는 장소의 제한으로 모든 표현이 힘들다는 것을 깨닫고 전시회장 밖으로 눈을 돌리면서 시작되었다. 90년대 초반에 들어서면서는 밀라노 도시 구석구석에 자유분방한 방식으로 장소와 빛의 제약을 두지 않고 표출하면서 창조적인 면이 부각되었다. 야외 살롱은 이런 특징을 바탕으로 젊은 디자이너들에게 그들의 세계를 설명할 수 있다. 고객과 가까이 만날수 있게 상업적으로도 그들을 도와준 계기가 되었다.

또한 이러한 장점으로 밀라노 야외 살롱은 밀라노 가구 박람회(Salone Del Mobile)와 서로 공생하며 하나의 축제로 거듭나게 되었다. 지난 10년 동안 세계로부터 몰려온 많은 젊은 디자이너들에게는 기회의 장이 되고 있다.

장소 밀라노 곳곳에서 열린다. 일정 4월 중순경에 2주일 정도.

바칸쩨 에스띠베(여름 휴가), 이탈리아인들의 삶의 이유

8월이면 본격적인 바칸쩨(Vacanze, 휴가철, 바캉스)가 시작된다. 산으로 바다로 해외로, 도심의 이탈리아인들은 3명 중 2명이 휴가를 떠난다. 작은 동네의 젤라떼리아(Gelateria, 아이스크림 전문점)마저 '휴가 중: 7월 중순부터 페라고스또(Ferragosto, 성모승천일. 8월 15일)까지 휴업합니다.'라는 팻말이 붙어 있을 정도다.

사람과 가족, 태양과 바다, 여름을 사랑하는 이탈리아인들에게 8월의 바칸쩨(여름 휴가)는 삶의 이유 중 하나이기도 하다. 바칸쩨의 어원은 라틴어인 바카티오(Vacatio)로 '비우다, 텅 비어 있다, 자유로워진다'라는 뜻이다. 바칸쩨는, 짧게는 2주, 길게는 3달까지, 분주하던 일상생활에서 벗어나, 자신을 비우면서, 잃어 버린 자신을 찾고, 재충전을 하는 기간이다. 한적한 곳에서 그 누구의 관여 없이 느긋하게, 특별히 아무것도 하지 않는 것이 진정한 바칸쩨의 정도라고 이탈리아인들은 생각한다.

이탈리아 사람들 대부분은, 이탈리아 남부, 지중해의 섬은 물론, 아프리카, 동남아, 남미 등 이색적인 곳으로 휴가를 떠난다. 태양을 사랑하는 만큼, 태닝에도 목숨 거는 이탈리아인들은, 더위를 피해 계곡을 찾는 우리와는 달리, '더 멋지게 태닝을 할 수 있는 곳을 굳이 찾아 간다.

〈기사 제공: 김리나 님〉

이탈리아인들이 믿는 미신과 징크스

■ 기름병이나 소금통을 바닥에 떨어뜨려서 병을 깨뜨리거나 엎질러서 소금이 흩어져 나오는 것은 불길한 징조라고 한다. 이는 기름과 소금이 귀한 옛날에 기름병과 소금통을 조심히 다루도록 하려고 생긴 미신이라고 한다. 그런데 이런 때에는 소금을 조금 집어서 등 뒤로 던지면 또 괜찮다고 한다.

■ 열세 명이 같은 식탁에서 함께 식사하는 것은 예수의 '최후의 만찬'과 연관지어서 좋지 않다고 한다. 숫자 17은 로마숫자로 XVII라고 쓰는데 이것을 단어로 조합해 보면 라틴어의 VIXI, '살았었다'라는 뜻으로 죽음을 뜻하기 때문에 불길한 숫자라고 여긴다.

■ 똥을 밟으면 운수가 좋다는 이야기가 있다. 자동차가 없었을 당시, 연극 배우들이 공연을 위해 극장으로 향하다가, 마차를 끄는 말의 똥을 밟게 되는 건 그만큼 마차를 타고 연극을 보러 온 관객이 많다는 뜻으로 공연의 성공을 예견해 주던 데에서 유래되었다고 한다.

■ 공연을 보러 갈 때는 '보라색' 옷을 입고 가지 말라는 것이 있다. 이는 보라색이 사순절 시기를 떠올리기 때문인데, 중세 시대 때 사순절에는 공연이 금지되어 이 시기에 일을 할 수 없었던 배우들이 많이 굶어 죽었기 때문이다.

■ 관이 실려 있지 않은 장례차를 보면 검지와 중지를 꼬는 행동을 하는데, 이것은 장례차에 실을 시체를 찾는 '저승사자'를 멀리하는 제스처라고 생각하기 때문이다. 이 외에도 불운을 쫓아내고 싶을 때에는 철을 만지는데, 철은 칼을 의미하며, 칼은 보호를 뜻하기 때문이라고 한다. 뿔 모양 액세서리를 자동차나 열쇠고리, 목걸이로 하곤 하는데, 뿔이 악마와 나쁜 운을 찔러서 쫓아낸다고 한다.

■ 집 안에서 우산을 펴는 것, 길의 오른쪽에서 왼쪽으로 검은 고양이가 지나가는 것을 목격하는 것, 사다리 밑을 지나가는 것, 거울을 깨뜨리는 것도 다 불길한 징조로, 이런 일이 있으

면 바로 손가락을 꼬거나 철로 된 물건을 찾거나 한다. 특히 거울을 깨뜨리는 것
은 7년 동안 재수가 없다고 해서, 실수로 손거울 등을 깨뜨리면, 다치지 않았는지 확인
하기도 전에 양손의 손가락을 꼬곤 한다.

■ 행운의 조짐은 식사 초대나 외식을 할 때, 이가 빠진 그릇에 대접을 받는 것, 검은 고양이
가 왼쪽에서 오른쪽으로 길을 건너가거나, 하얀 고양이가 지나가는 것을 보는 것이다.
행운을 주는 것들: 돌고래, 네 잎 클로버, 말굽, 뿔 모양의 물건, 종소리 여우의 꼬리.

■ 후추를 쏟는 것은 가장 친한 친구와 싸울 일이 생길 것이라는 뜻이고, 포크를 떨어뜨리는
건 집에 손님이 오실 것이라는 것이며, 어깨에 머리카락이 붙어 있는 것은 친구에게서 편지
나 전화가 올 것이라는 것 등 많은 미신들이 있다.

■ 브로치나 뾰족한 물건을 선물 받았을 때에는 뾰족한 부분으로 선물을 준 사람을 한번 찔
러야 계속 사이좋게 지낼 수 있다고 생각한다. 찔리고 싶지 않다면, 이탈리아 사람에게 뾰
족한 물건은 선물하지 말자! 〈기사 제공: 김리나 님〉

밀라노 자전거 공유 프로그램_Bike-Mi

2008년 12월 3일부터 밀라노 시에서 운영하는 Bike-Mi 자전거 공유 프로그램이 시행되
고 있다. 이 자전거 공유 프로그램은 자전거 기간별 이용권을 발급받은 이용자가 밀라노 시
의 곳곳의 지정된 장소에서 자전거를 빌려 이동한 후 도착 장소 주변의 자전거 보관 장소에
다시 회수하는 시스템으로, 아름다운 자전거의 색과 운영 시스템이 본 받을 만한 흥미로운
프로그램이다.

이용료는 현재1년 연간 정액 이용권을 발급 받는데 가격은 36유로이며, 한 번 이용 시 총
무료 이용 시간은 30분이며, 2시간 동안은 다시 자전거를 이용할 수가 없다. 부득이한 경
우 30분 이상 이용하였을 경우 다음 30분당 2시간까지 50센트씩 추가로 지불해야 한다. 2
시간을 넘었을 경우에는 매 시간당 2유로를 지불해야 한다. 3번 이상 2시간 초과 이용하였
을 경우에는 자전거 공유 정책 이용권을 박탈 당하게 된다. 그외 이용 시간을 24시간 초과
하였을 경우 150유로의 벌금과 이용권 훼손, 분실, 온라인 등록 사용자 이름, 페스워드 등
을 분실하였을 때도 5유로의 벌금이며, 자전거를 손상하였을 때는 최대 50유로의 벌금이
있고 분실하였거나 도난 당했을 때는 최대 600유로까지 보상해야 한다고 하니 조심스럽고
깨끗하게 이용해야 한다.

현재 밀라노 시의 72곳에 자전거 보관소가 운영되고 있으며, 운영 시간은 7:00~23:00 까
지이다. 일일 정액 이용권은 4.50유로이며, 밀라노를 찾는 여행자들에게도 자전거를 이용
하여 밀라노 도심을 여행하며 추억을 만들 수 있게 해 주는 프로그램이다.
요금 및 관련 정보 : www.bikemi.com 〈기사 제공: 김상범 님〉

밀라노 하루 코스

오전

START

지하철 1, 3호선의
두오모 역에서 하자.

밀라노 여행의 시작점. 두오모를 볼 때는
시간이 많이 걸린다. 내부라든지, 두오모
옥상을 보면 약 2시간 이상 소요. 이 주변
에 왕궁(Palazzo Reale)이 있어서 시간
여유가 있으면 가보도록 하자.

1 두오모

도보로 약 5분.

2 비토리오 에마누엘레 2세 갤러리

두오모 바로 앞에 있는 갤러
리. 밀라노의 중심이다. 이 주
변에 있는 스칼라 극장도 같이
보자.

3 몬테 나폴레오네 거리

밀라노의 대표적인 명품 상점 거리.

오후

④ 브레라 미술관

밀라노의 대표적인 미술관. 로마와 피
렌체와는 달리 이탈리아 북부 지역의
특성을 담은 회화들이 많다.

⑤ 스포르체스코 성

밀라노 시민들의 휴식처. 다 보려면 시간이 많이 걸리기 때
문에 밀라노에 오래 머무리지 않는 다면 빨리 보도록.

◎ 몬테 나폴레오네 거리에서
비토리오 에마누엘레 2세 갤러리아까지

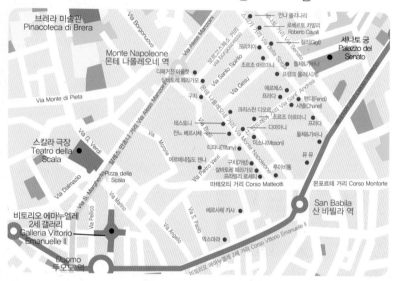

몬테 나폴레오네 거리(Via Monte Napoleone)의 역사는 나폴레옹 시대의 정점인 1804년까지 거슬러 올라가는데 그 시대의 밀라노는 상업 뿐만 아니라 스탈당도 강조했듯이 예술과 즐거움이 가득 찬 공화국이었다. 이 시기에 몬테 나폴레오네 거리는 산 안드레아 거리(via sant' andrea)와 스피가 거리(via della spiga) 그리고 보르고스페소 거리(via borgospesso)와 더불어 '사각 지역'으로 불리며 번창했다.

그 후 이 지역과 주변에 있는 가게들은 이탈리아 브랜드뿐만 아니라 외국 브랜드까지 선호하는 지역으로 자리 잡았다. 현재 몬테 나폴레오네 거리는 세계적인 수준의 알타 모다(Alta Moda)를 쇼핑하기에 좋은 장소로 사랑받고 있다.

몬테 나폴레오네를 벗어나면 산 바빌라(San Babila) 역을 지나 비토리오 에마누엘레 2세 거리(Corso Vittorio Emanuelle II)에 들어서게 되는데 이 길을 따라 걷다보면 두오모와 비토리오 에마누엘레 갤러리에 도착하게 된다. 밀라노에서 가장 큰 쇼핑 구역인 몬테 나폴레오네에서 비토리오 에마누엘레 2세 갤러리에 이르는 거리를 소개한다.

몬테 나폴레오네 거리 Via Monte Napoleone MAPECODE `05310`

명품숍 거리

이곳은 오랫동안 명성을 지키고 있는 명품 거리다. 하지만 예전보다는 많이 퇴색했다. 이 거리 외에 바로 옆에 스피가 거리(Via della Spiga)도 유명하다. 이 외에 베네치아 거리(Corso Venezia), 산바빌라 광장(Piazza San Babila)도 패션에 관심이 많은 사람이라면 다녀볼 만한 거리다.

밀라노 거리의 쇼윈도는 화려하다. 화려할 뿐만 아니라 최신 유행의 견본이다. 그러다 보니 많은 패션 잡지, 여성 잡지 등지에서 밀라노 거리에 있는 쇼윈도에서 화보 촬영을 많이 한다. 하지만 대개 매장의 허가를 받지 않는 경우가 많다. 그러기에 매장 측에서 대단히 불쾌한 시선을 드러내는 경우도 많다.

오전에는 한가하지만 오후에는 붐빈다.

동양인에게는 일인당 제한된 수의 가방과 지갑만 판매할 정도로 까다로운 루이 비통 매장 . 들어서면 점원의 안내를 받는 게 좋다.

독특한 페이즐리 문양을 주로 사용하는 에트로(Etro) 제품은 아시아의 전통 문양에 대한 리서치 결과를 바탕으로 제품을 만들어 컬렉션에서 주제로 사용했으며 이를 유럽 전통 문양과의 믹스해서 독특한 분위기를 만들어 낸다.

몬테 나폴레오네 거리의 아울렛 매장

디매가진 아울렛 Dmagazine Outlet

유명 브랜드가 집중되어 있는 밀라노. 밀라노에 오면 누구나 명품 가방 하나 정도는 사고 싶어할 것이다. 하지만 막상 구입하려고 보면 만만치 않은 가격에 지갑을 닫고 만다. 그래서 디자이너들이나 관광객들 사이에는 밀라노에 있는 아울렛 매장이 인기가 많다.

디매가진 아울렛 매장은 다른 매장에 비해 신상품이 많고 물건이 빨리 교체되어 유행이 지난 듯한 아울렛의 단점을 최대한 보안했다고 볼 수 있다.

가격은 이탈리아 매장의 40% 가격, 한국 매장의 20~30% 정도다. 구찌, 프라다, 뮤 뮤, 블루마린, 펜디, 돌체 엔 가바나에서 시작해서 드리스 반 노튼에 이르기까지. 최신 유행을 따르고 싶은 사람이나 개성이 강한 자신만의 것을 가지고 싶은 사람들은 디매가진 아울렛에 꼭 한번 가 보자!

주소 Via Montenapoleone n.26   전화 +39 02 76006027

Alberta Ferretti	Via Monte Napoleone 21 Milano
Alviero Martini	Via Monte Napoleone 26 Milano
Aprica	Via Monte Napoleone 25 Milano
Armani	Collezioni su misura - Via Monte Napoleone 2 Milano
Bottega Veneta	Via Monte Napoleone 3 Milano
Celine	Via Monte Napoleone 25 Milano
D Magazine	Via Monte Napoleone, 26 Milano
Dior	Via Monte Napoleone 12 Milano
Etro	Via Monte Napoleone 5 Milano
Gucci	Via Monte Napoleone 7 Milano
Iceberg	Via Monte Napoleone 10 Milano
La Perla	Via Monte Napoleone 1 Milano
Loro Piana	Via Monte Napoleone 27 Milano
Louis Vuitton	Via Monta Napoleone, 2 Milano
Mariella Burani	Via Monte Napoleone 3 Milano
Miss Sixty	Via Monte Napoleone 25 Milano
Nara Camicie	Via Monte Napoleone 5 Milano
Philosophy Alberta Ferretti	Via Monte Napoleone 19 Milano
Prada	Via Monte Napoleone 8 Milano
Salvatore Ferragano	Via Monte Napoleone 3 Milano
Simonetta Ravizza	Via Monte Napoleone 1 Milano Tanino
Valentino	Via Monte Napoleone 20 Milano
Versace	Via Monte Napoleone 11 Milano
Yves saint Laurent	9Via Monte Napoleone 27 Milano

스피가 거리 Via Della Spiga MAPECODE 05311

일요일 아침 스피가 거리. 외국 사람들보다는 한적하게 산책하는 이탈리아 사람들이 많이 눈에 띈다.

돌체&가바나 매장. 이탈리아 젊은이들에게 인기가 좋은 브랜드이자 매출액도 가장 높다.

뮤 뮤(Miu Miu) 매장. 가방과 구두 등 액세서리가 강세를 보이며 동양인에게 인기가 있다.

모스키노(Moschino) 매장. 특유한 아이러니와 유머로 패션 마니아에게 사랑받는 브랜드.

페레(Ferré) 매장. 옷을 구조적으로 해석해 패턴이 독특하며 중성적인 스타일이 많다.

스피가 거리의 매장 주소

Dolce & Gabbana	Via Della Spiga 2
Gianfranco Ferr	Via Della Spiga 11
Krizia	Via Della Spiga 23
Sergio Rossi	Via Della Spiga 15
Anna Molinari & Blumarine	Via Della Spiga 42
Cerutti 1881	Via Della Spiga 42
Bottega Veneta	Via Della Spiga 5
Sportmax	Via Della Spiga 30
Genny	Via Della Spiga 4

산 안드레아 거리 Via S.Andrea MAPECODE 05312

완벽한 품질의 프랑스 명품 Hermés 매장. 마구 용품에서 시작하여 독특한 박음질 기법인 '새들 스티칭'을 그대로 이용한 가죽 제품으로 전 세계인의 사랑을 받고 있다.

빅터 앤 롤프(Viktor & Rolf) 매장. 패션의 관념적인 접근으로 많은 관심을 사고 있는 두 디자이너. 그 디자인만큼 특이한 매장도 한 번쯤은 방문해 볼 만하다.

베르사체 매장. 고전주의적인 우아함과 바로크적인 활기, 풍부한 색조와 장식으로, 베르사체의 패션은 여전히 많은 사랑을 받는 브랜드 중 하나이다.

산 안드레아 거리의 매장 주소

Moschino	Via Sant' Andrea 12	Herme's	Via Sant' Andrea 21
Viktor & Rolf	Via Sant' Andrea 14	Kenzo	Via Sant' Andrea 11
Missoni	Via Sant' Andrea angolo Bagutta	Prada	Via Sant' Andrea 21
Giorgio Armani	Via Sant' Andrea 9	Chanel	Via Sant' Andrea 10/A
Fendi	Via Sant' Andrea 16		

비토리오 에마누엘레 2세 거리 Corso Vittorio Emanuele II MAPECODE 05313

산 바빌라(San Babila)에서 두오모로 향하는 비토리오 에마누엘레 2세 거리. 토요일과 일요일뿐만 아니라 평일에도 쇼핑을 하러 온 사람들.

자라(Zara) 매장. 스페인 브랜드로 컬렉션의 빠른 교체와 유명 브랜드의 카피로 유행을 따르려는 소비자들의 많은 인기를 얻고 있다.

푸를라(Furla) 매장. 가방과 지갑 등 피혁 제품 전문으로 저렴한 가격과 젊은 분위기로 일본인을 비롯한 동양인들에게 인기가 좋다.

비토리오 에마누엘레 2세 거리의 매장 주소

H & H	Corso Vittorio Emanuele II 1	David Mayer	Corso Vittorio Emanuele II 2
Breil	Corso Vittorio Emanuele II 8	Yamamay	Corso Vittorio Emanuele II 8
Max & co	Corso Vittorio Emanuele II 9	Max Mara	Corso Vittorio Emanuele II 9
Benetton	Corso Vittorio Emanuele II 9	Calzedonia	Corso Vittorio Emanuele II 11
Zara	Corso Vittorio Emanuele I 11	Swatch	Corso Vittorio Emanuele II 15
Replay	Corso Vittorio Emanuele II 26	Stefanel	Corso Vittorio Emanuele II 28
Foot Locker	Corso Vittorio Emanuele II 30		

유명 쇼핑 매장

비토리오 에마누엘레 2세 갤러리 Galleria Vittorio Emanuele II

루이비통 매장

프라다 매장. 절제된 디자인과 기능적인 소재, 장소에 구애받지 않은 실용성, 유행에 좌우되지 않는 독특한 스타일은 프라다의 가장 큰 매력이다.

맥 아더 글렌 디자이너 아울렛

패션의 도시, 밀라노는 그 명성에 걸맞게 세계의 패션 피플이 모여, 계절, 혹은 매달 트렌드를 만들어 내는 곳이다. 그래서 다른 이탈리아의 어느 지역보다도 크고 작은 아울렛들이 많이 있지만, 대개 밀라노 근교 도시, 또는 도로변 등에 있어, 차로 이동하지 않는 한 찾아가기가 좀 힘들다. 게다가 한 브랜드만을 취급하는 직영 아울렛들(본사에서 재고 물품을 처리하기 위해 직접 운영하는 아울렛)이 많아, 아무리 할인율이 높다 해도 굳이 그 먼 곳까지 찾아가기가 꺼려지기도 한다. 여행 중에 시간과 돈을 들여서, 큰맘 먹고 가는 아울렛인데, 지갑이나 가방 한두 개만 사서 돌아오긴 좀 아깝다. 그리고 이 본사 직영 아울렛은 보통 가격대가 가장 높은 명품들(프라다, 구찌, 아르마니 등등)이라 선뜻 여행의 기념품, 또는 선물로 살 수도 없다.

그래서 준비했다. 한국인이 가볼 만한 밀라노의 대표 아울렛!

세라발레는 밀라노에서 제노바행 고속도로(A7)를 이용해 한 시간이나 내려간 곳에 위치한 작은 도시다. 이곳에 위치한 맥 아더 글렌 디자이너 아울렛(이하 '세라발레 아울렛')은 170여 개의 브랜드를 취급하는 초대형 멀티 아울렛으로 이탈리아 외에도 오스트리아, 프랑스, 독일, 네덜란드, 영국 등에 지점이 있다. 이탈리아 내에만 밀라노, 로마, 피렌체 세 도시에 지점이 있다. 세일 기간이 아니더라도 최저 30%~70%까지의 할인된 가격으로 명품부터 캐쥬얼 의류와 액세서리, 스포츠 물품, 인테리어 소품이나 주방용품 같은 잡화까지 구매할 수 있다. 3만 7500평방미터의 대형 부지에 각 브랜드 매장들이 마치 테마 파크에서나 볼 수 있을 법한 건물에 들어 있어 아이들, 애완동물과 함께 가족 단위로 찾는 현지인들이 많다.

세라발레 아울렛 지도

정문으로 들어가 바로 우측에 위치한 인포메이션 센터에서 무료 지도를 받을 수 있다.

홈페이지 www.ingalleria.com/it
시간 10:00~20:00 연중 무휴(단, 12월 25~26일, 1월 1일, 그리고 부활절은 휴무)
대표적인 취급 브랜드

아디다스(Adidas)	제옥스(Geox)	퓨마(Puma)
아레나(Arena)	게스(Guess)	푸파(Pupa)
베네통(Benetton)	구루(Guru)	시슬리(Sisley)
비알레띠(Bialetti)	디아도라(Diadora)	로베르토 까발리(Roberto Cavalli)
불가리(Bulgari)	랄뜨라모다(L'Altramoda)	살바토레 페라가모(Salvatore Ferragamo)
캘빈클라인(CK)	라꼬스떼(LaCoste)	스테파넬(Stefanel)
디젤(Diesel)	리바이스(Levi's)	스와로브스키(Swarovski)
돌체 앤 가바나(D&G)	리우-조(Liu-jo)	샘소나이트(Samsonite)
에너지(Energie)	로또(Lotto)	세르죠 따끼니(Sergio Tacchini)
깝빠(Kappa)	만다리나 덕(Mandarina Duck)	스와치(Swatch)
미스 식스티(Miss Sixty)	멜팅 팟(Meltin' Pot) 모띠비(Motivi)	씽크핑크(Think Pink)
에뜨로(Etro)	나이키(Nike)	팀버랜드(Timberland)
페레(Ferre')	핑코(Pinko)	토미 힐피거(Tommy Hilfiger)
푸를라(Furla)	프라다(Prada)	베르사체(Versace)
가스(Gas)	폴리니(Pollini)	빌레로이(Villeroy & Boch) 등등.

밀라노에서 가는 방법

❶ 밀라노의 자니(Zani) 여행사에서 운행하는 세라발레 전용 버스 이용
밀라노 지하철 빨간선의 카이롤리(Cairoli) 역에서 하차해 역사 밖으로 나오면 데카트론(Decathlon)이라는 스포츠 용품 전문 매장이 있는데, 그 오른편에 있는 여행사 자니 비아니(Zani Viaggi)에서 티켓을 구매해, 전세 버스를 타고 다녀오면 된다.
밀라노 출발 지점 포로 보나파르트 Foro Bonaparte 76 ang. Via Cusani 10 왕복 요금 26유로. 매일 오전 10시 출발.
장점 편리하다. 시간이 절약된다.
단점 하루에 한 대밖에 없다.
 – 10:00시 밀라노 출발
   11:30 세라발레 아울렛 도착
   17:00시 세라발레 아울렛 출발
   18:30시 반경 밀라노 도착
 – 편도 티켓을 팔지 않는다.
   17시에는 반드시 버스에 탑승해 있어야 한다.

❷ 기차와 버스 이용
밀라노 중앙역에서 아르쿠아타 스크리비아(Arquata Scrivia), 또는 노비 리구레(Novi Ligure)행 기차를 타고 가서(약 1시간 30분 소요), 다시 버스를 타면(약 10분 소요), 탑승 시간 총 1시간 40분 정도 걸려서 갈 수 있다.
장점 싸다.
 – 기차표는 레지오날레(Regionale Veloce)를 탈 경우 밀라노에서 노비 리구레까지 약 11.3유로
 – 버스가 노비 리구레부터 세라발레 아울렛까지 3유로 30센트
 – 11유로 80센트
 – 여행객이라면 밀라노에서 이 아울렛을 거쳐, 친쿠에테레나 피렌체로 가면 된다.
단점 주말에는 노비 리구레의 버스의 배차 간격이 길고, 기차도 없다.

❸ 자가용 이용
밀라노에서 제노바행 A7 고속도로를 타고 95km 정도를 가서 세라발레 스크리비아(Serravalle Scrivia)에서 나와, 노비 리구레(Novi Ligure) 방향으로 가다가 비아 델라 모다(Via della Moda)를 찾으면 된다.
위치: Via della Moda. 1
톨게이트비 왕복 13유로 90센트

❶ Biglietti Nazionali
국내선 기차표를 예매할 수 있는 곳이다. 레지오날레 기차로 노비 리구레행 티켓을 구매한다.
요금은 편도 14.7유로.
밀라노에서 100km 떨어진 노비 리구레. R기차 티켓의 특징은 구매한 날짜로부터 한달 내에 원하는 날짜와 원하는 시간에 R기차를 타서 원하는 자리에 앉아서 여행할 수 있다는 것. 정해져 있는 것은 출발지와 도착지뿐.
-'Vale ~H dalla convalida'는 '개찰 기계에 티켓을 찍고 나서부터 ~시간 유효하다'는 뜻이다.
-밀라노: 노비 리구레의 경우 6시간이 유효하므로 6시간 내에는 몇 번이고 기차에서 내렸다가 다음 노비 리구레행 R기차를 탈 수 있다는 뜻이다.
-밀라노: 몬떼로쏘(친쿠에 테레의 가장 북쪽 마을)로 가는 R기차 티켓은 24시간 유효하므로 충분히 노비 리구레에 내려서 아울렛에 들러 친쿠에 테레로 갈 수 있다.

밀라노-몬떼로쏘 R기차 티켓 18유로 40센트

밀라노 중앙역 매표소

❷ 기차에 탑승하기 전에 꼭 노란 개찰 기계에 기차 티켓을 찍자. 각 플랫폼 입구에 있다.

❸ 주말에는 노비 리구레 직행이 없다. 토르토나(Tortona) 역에서 내려 연결되는 버스를 탄다.
이 버스는 노비 리구레행, 또는 노비 리구레를 거쳐가는 기차 티켓을 가지고 있으면 무료로 이용할 수 있다. 보통 밀라노에서 또르또나에 기차가 도착한 뒤, 역사 앞에서 10분 후 출발하므로 번거롭거나 시간이 많이 걸리지 않는다. 노비 리구레에 가거나 아울렛으로 가려는 현지인들이 많이 이용한다. 평일에는 이곳에서 바로 아울렛으로 가는 버스도 있다. 아울렛 직행 버스의 경우 추가 요금을 내야 함.

❹ 노비 리구레에 도착하면 내린 자리에서 방카 포폴라레 디 노바라(Banca popolare di Novara)라고 쓰여 있는 건물 쪽으로 걸어간다. 그 건물에서 왼편을 바라보면 이런 길인데, 쭉 따라 걸어가면 그 건물 끝 부분에 버스 정류장이 있다.

이렇게 생긴 버스가 오면, 탑승해서 한국처럼 돈으로 버스 요금을 지불하면 된다. 3유로 30센트.

❺ 아울렛 정류장. 버스에서 내리면 '무단 횡단 하지 말고, 지하도를 이용하라.' 화살표가 있다. 그 화살표를 따라가면 지하도가 나온다. 그 지하도를 건너면, 아울렛 도착.

❻ 노비 리구레 역으로 돌아갈 때는, 주차장 C4 방향으로 가면 돌아오는 버스 정류장이 보인다.

Travel Point

밀라노에서 친쿠에 테레(Cinque Terre)의 가장 북쪽 마을인 몬떼로쏘(Monterosso)로 가는 R열차 티켓을 사면 인터 시티로 31유로, 레지오날레로 19.8유로(배차 거의 없음)이다. 이 티켓은 개찰 기계로 찍고 나서 24시간 이용가능한데다가 노비 리구레를 거쳐가므로, 내렸다가 다시 탈 수 있다. 오전 일찍 출발해서 세라발레 아울렛에 들렀다가 오후 2~3시경의 R기차를 타고 친쿠에 테레로 가는 것도 좋다.

친쿠에테레를 다 구경하고, 가장 남쪽 마을인 리오마조레(Riomaggiore)에서 피사를 거쳐 피렌체로 가는 레지오날레 편도 14.7유로로, 시간을 넉넉하게 잡고 여행하는 여행자라면 이 방법이 좋다. 밀라노-피렌체 직행 티켓보다 싼 가격으로 더 많은 도시를 여행하고 쇼핑할 수 있다.

요금 비교
● 인터시티 밀라노-피렌체 : 33유로부터
● R 밀라노-아울렛-친쿠에 테레-피사-피렌체 : 25유로 35센트부터

노비 리구레 버스 시간

주 중에는 배차 간격이 짧아서 굳이 시간표를 알아 갈 필요가 없지만, 주말에는 한 시간에 한 대 정도 밖에 없으니, 미리 알아보는 게 좋다. 버스 요금은 탑승해서 운전 기사에게 내면 된다. '아울렛'이라고 말하면 운전 기사가 요금을 받고 운전석에 있는 기계로 영수증을 준다. (1인 편도 3유로 30센트)

각 브랜드 매장마다 택스 프리 가능 여부가 다르므로, 매장 입구에 택스 프리 마크가 붙어 있는지를 확인하는 것이 좋다. 한 매장에서 150유로 이상 물건을 샀을 때 택스 프리 신청이 가능하며, 이 경우 한국으로 돌아올 때, 10~ 20%에 달하는 세금을 돌려받게 된다.

세라발레 아울렛은 명품보다는 고가 캐주얼 브랜드들이 많이 입점해 있으며, 크리스찬 디올, 아르마니, 샤넬, 구찌 매장은 없다. 자세한 취급 브랜드는 아래에서 확인해 보자.

홈페이지 www.mcarthurglen.it

기타 유명 할인 매장

1. 폭스 타운 MAPECODE 05314

폭스 타운(Fox Town)이라는 상호는 스위스에서 운영하는 회사 이름인데 그 중의 한 개 지점이 밀라노 접경 지역, 즉 지역으로는 스위스이지만 밀라노에서 아주 가까운 곳인 멘드리시오(Mendrisio)에 있다. 많은 한국 여성 배낭여행객이나 기타 쇼핑을 즐기는 여행객들이 살며시 다녀오는, 아는 사람은 다 아는 명품 할인 쇼핑몰. 프라다에서 베르사체까지 다 구비되어 있다.

주소 Via Angelo Maspoli 18, 6850 Mendrisio, Switzerland (스위스)
교통 우선 스위스의 끼아소(Chiasso)까지 가는 기차를 탄 뒤(밀라노 중앙역에서 시간마다 23분에 있다.) 그곳에서 멘드리시오행 기차를 갈아탄다. 그리고 택시를 탄다. 일본 사람들이 꽤 많이 가기 때문에 따라가면 어느 정도 안심이 된다. 끼아소에서 택시를 타도 된다.
홈페이지 www.foxtown.ch
주의사항 이곳에서 물건을 사려면 반드시 택스 프리를 해 주는 시간을 확인할 것

2. 엠포리오 이졸라 MAPECODE 05315

정말 밀라노에 대해서 잘 아는 쇼핑족들이 가는 곳으로 알려진 엠포리 이졸라도 방문할 만하다. 가격이 상당히 저렴할 뿐만 아니라 젊은 여성들의 취향에 가장 가깝다는 중평을 듣는다. 현지 밀라노 여성들은 폭스 타운보다 이곳을 선호하는 경향이 있기도 하다.

주소 V. G. Prina, 11 20154 milano (MI) Lombardia 위치 이탈리아 Rai 방송국 앞에 있다.
교통 트램 1. 29, 30, 33번이나 버스 57번, 94번을 이용 시간 화요일에서 토요일까지 정상 영업
홈페이지 www.emporioisola.it/

3. BRAND 33 Vintage MAPECODE 05316

중고 의류 매장인데, 운이 좋으면 거의 공짜에 가까운 가격으로 명품을 구입할 수 있다.

주소 Via Visconti di Modrone 33

4. 막씨 컬렉션 MAPECODE 05317

전통 있는 할인 의류 매장이다.

홈페이지 http://www.maxicollection.com

밀라노 노천 시장 구경하기!

매주 화요일, 토요일 밀라노 산 아고스티노(S.Agostino)
에서 열리는 노천 시장을 찾아가 보자.
일주일에 한 번씩 장이 열리고 한국 시골 장과 비슷해서 적
은 돈으로 물건을 구입할 수 있는 곳이다.
산 아고스티노(S.Agostino) 장은 교통이 편해 쉽게 갈 수
있다.

교통 지하철 산 아고스티노(S.Agostino) 역에서 하차.
교통 Via Le Papinino
시간 매주 화요일, 토요일 09:00~16:00

특징
일용품 식품 등 뭐든지 판다.
식품은 가격이 매우 저렴하다.
오렌지 1kg – 1유로
파인애플 1개 – 1유로
딸기 조그만 3박스 – 2유로
슈퍼에서는 무나 배추 같은 없는 채소 구입 가능
가끔 브랜드 물건도 싼 값에 구입 가능

주의
지갑을 조심하고 옷은 평범하게 입기!!
소매치기의 표적이 될 수 있다.

이 외의 노천 시장

월요일 아침
지하철 2호선 란자 MM2 Lanza – Via san Marco
지하철 2호선 모스코바 MM2 Moscova

화요일 아침
지하철 2호선 산 아고스티노 MM2 S. Agosito– Viale Papiniano
지하철 1호선 리마 MM1 Lima – Via Benedetto Marcello
트램14번 TRAM 14 – Via Fauche

수요일 아침
버스 92번 Filo bus 92 , 트램 12번 Tram 12 – Piazzale Martini
지하철 2/3호선 중앙역 MM2/3 Centralef. s. – Viz Zurette

목요일 아침
트램 12/27번 Tram 12, 27 – Via Calvi
지하철 3호선 미소리역 하차 그리고 버스 65번 MM3 MISSORI E
POI AUTOBUS 65 – VIA CALATAFIMI
지하철 2호선 란자 MM2 LANZA– VIA SAN MARCO
지하철 2호선 모스코바 MM2 MOSCOVA– VIA CESARIANO

금요일 아침
지하철 3호선 포르타 로마나 MM3 Porta Romana – Via Crema / Via
Piacenza
라르고 알피니 Largo V. Alpini – Via Pagano

토요일 아침
지하철 2호선 산 아고스티노 MM2 S. Agostino– Viale Papiniano
지하철 3호선 자라 MM3 Zara – Piazza Lagosta
트램 3번 Tram 3 – Corso di Porta Nuova
트램 14번 Tram 14 – Via Fauché

토요일 벼룩시장
시니갈리아 장 Fiera di Sinigallia
지하철 2호선 포르타 제노바 MM2 Porta Genova F.S.
Viale D'Annunzio

일요일 벼룩시장
지하철 3호선 산 도나토 MM3 San Donato – 산도나토 주차장

◎ 가볍게 즐기는 '해피 아워'와 '아페르티보'

18시~21시, '해피 아워(Happy Hour)'는 이탈리아에 서는 '아페르티보(Apertivo)'와 같은 의미로 사용되 는데 '아페르티보'는 입맛을 돋구는 음식 혹은 술을 의 미한다. 식전에 마시는 술과 식욕을 돋우는 정도의 맛 보기에서 이제는 저녁을 대체하는 문화로 자리 잡은 해피 아워와 아페르티보(Apertivo)!

'해피 아워'를 영어로 직역해 보면 즐거운 시간이라는 뜻이다. 이 정의는 80년도의 미국에서 두 잔을 한 잔값 에 제공하는 서비스에서 시작했다. 영국에서는 Pub이 나 Bar 등에서 칵테일이나 포도주 샴페인 등을 늦은 오후 5시~6시까지 퇴근길의 직장인들에게 제공하는 칵테일 세일을 의미한다.

이탈리아에서는 '한, 두 시간 칵테일 세일'의 개념이나 '두 잔을 한 잔 값에' 개념보다 술만이 아닌 다양한 먹을거리를 제공한다. 직장인에서 대학생에 이르기 까지 저녁 시간을 즐기는 하나의 문화로 자리 잡았다. 이탈리아 중에서도 남부보다는 북부에서, 특히 밀라노에서 더 유행이며, 영국과는 달리 저녁 8시~9시까지 늘려서 하는 경우가 많다. 이렇게 '해피 아 워'의 문화가 젊은이들 사이에서 성행하면서 어느 곳이 더 싼 값에 맛있고 다양한 먹을거리를 제공하는 지는 젊은이들 사이에서 항상 화제감으로 떠오른다.

추천 레스토랑 MAPECODE 05318

La Perla d'Oro 현지인의 입맛에 맞춘 일본식 레스토랑. 독특한 일식을 맛볼 수 있다.
주소 Via Vigevano 13 가격 홈페이지 참조
홈페이지 www.laperladoro.it

OFFICINA 12 MAPECODE 05319

붉은 색 조명으로 내부를 장식한 OFFICINA 12는 그 조명 때문인지 강 하게 기억에 남는다. 내부에는 2개의 정원이 있어 여름에 시원하게 야외 에서 아페르티보하기에 좋으며, 바와 레스토랑으로 나뉘어서 아페르티 보 후에 식사하기에도 좋은 장소이다. 내부는 다소 소란스러운 느낌이지만 낮게 깔리는 음악과 1층 과 2층으로 나뉜 넓은 공간으로 시끄럽지는 않으며 예쁜 조명으로 분위기를 즐기기에 더 없이 좋은 장소이다. 칵테일은 눈과 미각을 충족시키기에 충분하며 칵테일에 나오는 안줏거리는 매우 맛깔스 럽다.

주소 Alzaio Naviglio Grande 12 전화 02 89 42 22 61
교통 지하철: 2호선 포르타 제노바(Porta Genova) 역 하차 /
　　 버스: 59번
　　 트램: 9번 29번 – Via Vigevano 하차
　　　　 3번 15번 – Piazza XXIV Maggio에서 하차
가격 칵테일 6유로

기타

1. 칼라퓨리아 우니오네 Calafuria Unione MAPECODE 05320

정통의 밀라노 고급 음식을 맛보고 싶다면 이 집을 추천. 이 집의 메뉴는 총 200여 가지가 넘을 정도로 많으며, 제대로 된 레스토랑이라고 볼 수가 있다.

위치 두오모와 가까워 걸어서 약 5분 거리에 있는 Via dell'Unione 8.
가격 여느 식당과 별 차이가 없이 요리 하나당 15유로~70유로까지 다양하다.

---

2. 알브릭 Albric MAPECODE 05321

내부가 상당히 현대적인 식당. 일반 밀라노 시민들이 애용하는 곳으로 음식이 관광객용이 아니어서 먹을 만하다.

위치 지하철 3번 미소리(Missori)역에서 내려 바로 걸어 갈 수 있는 거리인 Via Albricci 3번가.
가격 두오모 근처의 식당들보다는 저렴한 편.

---

3. 안티카 트라토리아 델라 페사 Anticca Trattoria della Pesa MAPECODE 05322

역사가 오래된 식당. 1880년에 문을 연 이래 지금까지 명맥을 유지해 왔다.

위치 지하철 2번을 타고 가리발디(Garibaldi)역에서 내려 Viale Pasubio 10번가.
찾기가 약간 쉽지 않지만 괜찮은 식당이다.

---

4. 산 암브로우스 Sant'Ambroeus MAPECODE 05323

아주 유명한 바. 이곳에서 다양한 커피와 아울러 북부 이탈리아의 돌체를 맛보는 것도 좋다.

위치 지하철 1번을 타고 가다 산 바빌로(S. Babila)역에서 내려 Corso Matteotti 7번지.

---

5. 쟈코모 아렌가리오 Giacomo Arengario MAPECODE 05324

두오모 근처에서 식당을 찾는다면 추천한다. 두오모 전경을 바라보면서 간단한 식사와 차를 즐길 수 있다.

위치 Via Guglielmo Marconi 1 홈페이지 www.giacomoarengario.com

---

6. 카페 베르디 Caffé Verdi MAPECODE 05325

만약 음악도라면 이 커피 전문점을 들러보자. 내부에는 마리아 칼라스의 초상화부터 시작해 과거 스칼라 극장의 영광을 조금이나마 체험할 수 있다.

위치 스칼라 극장 근처 Via Giuseppe Verdi 6번지.

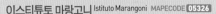

이스티튜토 마랑고니 Istituto Marangoni MAPECODE **05326**

주소 Via Verri 4 / 20121 Milano, Italia
Tel +39 02 7631 6680
Fax +39 02 7600 9658
이메일 milano@istitutomarangoni.com

ISTITUTO MARANGONI
Alta Formazione di Moda e Design

마랑고니는 유럽 패션 학교의 리더라고 해도 손색이 없을 정도로 유명한 학교로 파리와 런던에도 분교가 있다. 1935년에 문을 열어 3대에 걸쳐 70년 동안 운영되어 왔으며 지금까지 3만 명에 이르는 패션 전문인을 키웠고 이 중에는 돌체 &가바나의 Dolce Dominic, Moschino, Stefano Gurriero, Alesandro de Benedetti 등이 포함되어 있다. 대부분의 수업 진행은 실전에서 디자이너, 스타일리스트, 사진 작가 등 으로 활동하는 전문가들로 구성되어 있다. 과거의 이론적인 수업 방식에서 벗어나 그들의 현재 진행 중인 경험을 바탕으로 학생에게 패션전문가가 되는 길을 보여준다.
미국, 캐나다, 브라질, 스위스, 벨기에, 한국, 일본, 타이완 등 전체 70여 개국의 2천여 명의 학생들이 서로 문화와 열정을 패션이라는 단어를 통해 대화하고 있다.

과정 소개

3년 정규 과정
기본적으로 패션을 전공하지 않았을 경우. 처음 기본부터 시작하는 코스
패션 디자인 코스 / 패션 비즈니스 코스 / 패션 스타일링 코스 인테리어 디자인 코스 / 제품 디자인 코스 / 그래픽 디자인 코스
기간 3년 시간 주 6회, 각 2시간 30분 수업 입학 요건 고등학교 졸업자 이상 개강일 10월

1년 코스
제한된 시간 안에 배워야 하는 외국 학생들을 위해 좋은 코스
패션 디자인 코스 / 패턴과 생산 / 인테리어 디자인
기간 8개월 시간 주 8회, 각 2시간 30분 수업 입학 요건 고등학교 졸업자 이상 개강일 10월

여름 과정
밀라노의 패션을 짧은 여름 동안 체험할 수 있는 코스
패션 디자인 / 이미지 컨설팅 / 패션 마케팅 / 인테리어 디자인 / 광고 디자인 / 가구 디자인
기간 7월 2~20일 입학 요건 패션과 디자인을 느끼고 싶은 사람 모두

언어 집중 코스
이탈리아어 집중 코스
기간 1개월 시간 모두 10회 수업 개강일 9월

마스터 과정
패션 전문 리더 양성을 목적으로 하는 마스터 과정은 이미 패션에 대한 전반적인 지식을 가진 학생이나 전문인을 대상으로 한다.

패션 디자인 코스 / 패션 스타일링 코스 / 패션 액세서리 / 패션 프로모션 / 브랜드 경영 / 패션 바잉 / 인테리어 디자인 / 디자인 운영, 관리 / 제품 디자인
기간 8개월 시간 주 7회, 각 2시간 30분 수업 입학 요건 패션 전공자 혹은 패션 전문인이며 포트폴리오 심사 개강일 10월

마랑고니 입구　　작업실　　학교 내부 모습　　작업실 2　　컴퓨터실

이스티튜토 카를로 세콜리 Istituto Carlo Secoli MAPECODE 05327

주소 Viale Vittorio Veneto N.20, Milano, Italia
Tel +39 02 6597501
Fax +39 02 29000133
홈페이지 www.secoli.com

이스티튜토 카를로 세콜리는 밀라노의 중심에 위치한 패턴 과정이 전문인 패션 전문 학교이다. 세콜리는 1934년에 트레비조에서 설립되었고 1945년에는 밀라노로 학교를 이전하면서 이탈리아 패션 산업의 기준점이 되었다. 이 학교는 맞춤 양복을 전문으로 하던 카를로 세콜리(Carlo Secoli)가 시작했는데 현재 그는 이탈리아 내의 공업 패션 재단 방식을 개발한 일인으로 평가받고 있다. 지금은 그의 아들인 스테파노 세콜리(Stefano Secoli)에게 연결되어 세콜리는 패션 학교 중 패턴 학교로는 가장 인지도가 높다.
아르마니, 돌체 & 가바나, 크리지아, 페레 등 많은 기업의 패턴사들이 모두 세콜리 출신인 만큼 이탈리아 패션의 패턴을 배우고 싶은 학생이라면 세콜리를 추천하고 싶다.

과정 소개

통합 2년 정규 과정
제품 및 제작 과정 어시스턴트 1년 과정 수료 후 추가로 1년을 할 때 재단 과정의 추가 교육 및 컬렉션 참가

세콜리와 이티에레(ITTIERRE)가 공동으로 하는 패션 기획가 (3년 과정)
여성복 디자인 및 산업체 재단(2년 과정)
남성복 디자인 및 산업체 재단(2년 과정)
기간 2/3년 시간 1년 - 980시간 입학 요건 고등학교 졸업자 이상

통합 1년 집중 과정 : 9월~7월
여성복 패턴 과정
기간 1년 시간 700시간 - 패턴, 봉제 / 780시간 - 패턴, 봉제, CAD 입학 요건 고등학교 졸업자 이상

남성복 패턴 과정
기간 1년 시간 700시간 - 패턴, 봉제 / 780시간 - 패턴, 봉제, CAD 입학 요건 고등학교 졸업자 이상

아동복 패턴 과정
기간 1년 시간 700 시간 - 패턴, 봉제 / 780시간 - 패턴, 봉제, CAD / 980시간 - 패턴, 봉제, 디자인 / 1080시간 - 패턴, 봉제, 디자인, CAD
입학요건 고등학교 졸업자 이상

속옷 패턴 과정
기간 1년
시간 700 시간 - 패턴, 봉제 / 780시간 - 패턴, 봉제, CAD / 980시간 - 패턴, 봉제, 디자인 / 1080시간 - 패턴, 봉제, 디자인, CAD
입학 요건 고등학교 졸업자 이상

특수 과정 주중이나 토요일 과정
디자인 - 패션 디자인, 패션 스타일 / 생산 - 봉제, 조직, 생산 시간 관리, 생산 관리 및 계획, 마케팅 / CAD - 재단 cad, 컴퓨터 그래픽

단기 과정 여성복 빅 사이즈 패턴
양복 패턴 / 니트 패턴 / 가죽 패턴 / 점퍼 패턴 / 바지 패턴 / 여성 셔츠 패턴 / 남성 셔츠 패턴 / 남성 속옷 / 잠옷 패턴

강의실 내부　　　　　학교 입구　　　　　강의실 복도　　　　　강의실 복도

이스티튜토 에우로페오 디자인 학교 Istituto Europeo di Design MAPECODE 05328

주소 Via Pompeo Leoni 3 / 20141 Milano, Italia
Tel +39 02 583361
Fax +39 02 5833660

기술 고문 : Franca Sozzani (보그 이탈리아의 편집장)
Ied moda lab 원장 : Andrea Batilla

이 학교는 패션의 세계가 원하는 다양성과 전문성을 갖춘 인재 양성를 위해 유명 회사와 연결되어 프로젝트를 진행함으로써 학생들에게 실전 경험을 쌓게 해 준다. 학생 반 이상이 외국 학생으로 문화적 교류를 다양하게 이루는 국제적인 학교로 알려져 있다.

과정 소개

3년 정규 과정

기본적으로 패션을 전공하지 않았을 경우. 처음 기본부터 시작되는 기본 코스. 3년 동안의 정규 과정은 학생들에게 회사와 연계된 많은 프로젝트를 제공한다. 이 과정이 끝난 후에는 바로 실무에 들어가도 손색이 없을 만큼의 전문인을 양성한다.

패션 & 텍스타일 디자인 코스 / 텍스타일 디자인 코스 / 패션 마케팅 코스 / 패션 커뮤니케이션 / 보석 디자인 코스 / 신발과 액세서리 디자인 코스 (New)

1년 코스

영어로 진행되는 이 코스는 1년이라는 제한된 시간 안에 종합적인 지식을 습득할 수 있게 하는 코스이다. 공부하는 시간을 단축하고자 하는 외국인 학생들에게 좋다.

패션 & 텍스타일 디자인 코스 / 보석 디자인 / 신발과 액세서리 디자인

여름 과정

패션 전문인을 대상으로 한 코스로 IED 학교 안에서의 수업과 실무 수업이 병행되어 3주에서 4주에 걸쳐 진행된다. 밀라노 패션 세계를 맛보기에 좋은 코스.

패션 디자인 / 보석 디자인 / 럭셔리 디자인(베니스) / 가죽 럭셔리 제품 디자인(베니스)

저녁 과정

패션 전문인을 대상으로 새로운 정보 습득과 각각의 분야를 더 깊게 이해하는 데 도움이 되는 코스. 직장인의 자기계발을 위해 좋은 코스

패션 스타일리스트 / 패션 디자인 / 패션 제품관리 / 비주얼 멀천다이징 / 바잉과 리테일 / 패턴과 봉제 / 텍스타일 기술 / 쿨 헌팅(패션 리서치) / 패션 홍보 / 보석 3D / 패션 포토샵 / 패션 일러스트레이터 / 패션 마케팅 전략

마스터 과정

대학 졸업자와 패션 전문인을 위한 전문 과정

패션 바이어 / 패션 에디터 / 패션P.R / 비주얼 멀천다이징 / 패션 마케팅 / 패션 마케팅관리 / 패션 커뮤니케이션 / 패션 & 텍스타일 / 뷰티 & 스파 (New!!) / 패션쇼 / 쿨헌팅

외국 학생 담당 조반나 선생님과의 잠깐 인터뷰!!

조반나 선생님은 외국 학생 담당 부서의 책임자로 2003년부터 일하고 있다. 학생들에게 집 구하는 방법 등 밀라노에서 생활하는 문제부터 학생과 학과장의 입학 인터뷰나 학교가 시작한 후의 학교 공부의 문제에 이르기까지 모든 부분에 있어서 학생들을 도와주고 계신다. 죠반나 선생님께 유학생들에게 도움이 될 만한 두 가지를 여쭤보았다.

Q. 유학을 준비하는 학생들에게 꼭 충고해 주고 싶은 부분은?

1. 언어 공부를 열심히 하라고 충고하고 싶어요.
한국 학생들은 이탈리아어가 6개월이면 된다고 생각하고 오는 학생이 대부분이죠. 하지만 언어가 되지 않으면 학생들과의 의사소통도 힘들고 수업 내용도 이해하기 힘들어 상당히 어렵습니다. 그래서 저는 적어도 한국에서 6개월 이상의 언어 공부와 이탈리아에 와서도 전공 학교를 들어가기 전에 1년 정도의 어학연수 기간을 보내라고 충고하고 싶습니다.

2. 열심히 생활하라는 말을 하고 싶습니다.
대다수의 한국 학생들이 정말 열심히 합니다. 그렇지만 간혹 게으른 학생들이 있죠. 학교를 안 나온다든가, 그런 모습을 볼 때는 참 안타깝죠.

3. 뚜렷한 목표를 세우라고 하고 싶군요.
목표가 있는 학생이 학교생활도 잘 합니다. 그냥 되는 일은 없습니다. 한 만큼 돌아오는 거죠.

Q. 학교 관계자로서 이 학교의 장점을 설명해 주신다면?

1. 실무에 강한 교육 과정을 얘기하고 싶습니다.
저희 학교 학생들은 학교를 마치고 바로 실무에 투입이 되어도 손색이 없습니다. 프로젝트 작업은 학생들에게 작업을 진행하는 방법을 훈련시킬 뿐 아니라 마케팅 인사들과의 면담을 통해 실전 감각을 익히는 데 많은 도움을 줍니다. 보석 디자인의 경우 다미아니, 코메테 등과의 프로젝트 작업을 패션 디자인의 경우 안토니오 마라스나 나이키, 그리고 고어텍스 등과 작업을 했습니다.

2. 인터내셔널 학생 담당과가 있다는 점!
400명의 학생 중에 200명 이상이 외국 학생입니다. 아시다시피 이탈리아는 영어가 잘 안 통하죠 저희는 한국 학생에서 외국 학생에 이르기까지 사소한 생활의 문제부터 서류 준비하는 문제까지 학생들이 밀라노에서 생활하기에 불편하지 않도록 도와주고 있습니다.

3. 작업실이 잘 되어 있다는 점이죠.
지금의 캠퍼스로 이전하여 많은 시설이 확장되었습니다. 보석 디자인의 작업실과 텍스타일과의 작업실은 저희 학교가 자신 있게 자랑할 수 있는 시설 중 하나입니다.

수업 모습

텍스타일 작업실

컴퓨터실

수업 중인 학생과 선생님

작업실 모습

야외 휴게실

보석 디자인 작업실

맥킨토시를 갖춘 컴퓨터실

도서관

체류허가증(Permesso di Soggiorno) 받기_유학 생활에서 처음 만나는 큰 문제

이탈리아로 유학을 가면 가장 먼저 해야 할 일이 소쪼르노(Permesso di Soggiorno)라 하는 체류 허가증을 발급받는 일일 것이다. 어떻게 하면 체류허가증을 받을 수 있는지 알아보자.
* 체류 허가증 발급에 필요한 비용은 개인별 변동 가능.

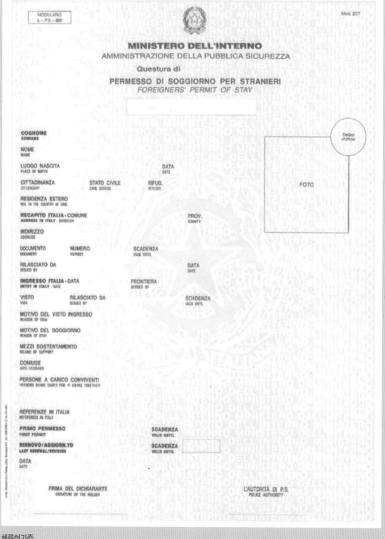

체류허가증

1. 우체국에서 서류 받기

우체국(Poste Italiane)에서 KIT(체류허가 관련 서류가 들어 있는 봉투)를 받는다. 비 유럽연맹은 노란 선, 유럽연맹은 파란 선이므로 우린 노란 선 봉투를 받게 된다. 대부분의 우체국에서 비치하고 있지만 항상 넉넉지 못하므로 가장 확실하고 규모가 큰 두오모 근처의 중앙 우체국을 이용하자.

KIT

2. 수입인지(Marca da bollo) 구입

따바끼(알파벳 T모양의 노랑간판)라고 하는, 한국식으로 한다면 담배 가게에서 수입인지를 구입하여 붙인다.

* 비용 18.90유로

수입인지

3. 서류 작성

이탈리아어를 공부했다면 어렵지 않게 작성할 수 있으나, 그렇지 않다면 학교나 어학원을 통하여 작성한 후 다시 우체국으로 가는 것도 좋은 방법이다.

*준비물

① 여권: 어느 곳을 다니든간에 여권은 필수다.

② 증명사진 4장: 갖추어야 할 서류 항목에 있으나 요구하지 않는 경우도 있다(증명사진은 한국에서 넉넉하게 가지고 가는 것이 좋다).

③ 여권 전체 복사한 서류: 빈 페이지까지 모두 복사해 가지 않으면 다시 복사해 가야하는 헛걸음을 할 수 있다.

④ 수입인지(Marca da bollo): 담배가게에서 구입

서류가 복잡해 보이나 작성해야 할 것은 3장뿐이다. 사전을 참고해 작성하는 것도 좋은 방법이다. 이탈리아의 공문서들은 모두 기입하는 곳이 붉은 색 칸으로 디자인 되어 있어 외국인도 비교적 쉽게 작성하고 서로 알아보기 편리하다.

⑤ 발급 비용: 비용이 상당히 비싸므로 유로를 넉넉히 준비해야 한다.

INA Assitalia(이탈리아 국립보험공사) 127유로
우편비용 41유로
서류 비용 35.40유로
Tex 5.40유로
총 208.80유로(+인지대: 18.90유로)

4. 서류 제출, 체류허가증 찾기

발급 비용을 지불한 후 영수증을 잘 챙겨야 한다.

준비한 서류를 제출하면 접수증(구 Tagliando)을 발급해 주는데, 신청한 증거가 되므로 잘 보관해야 한다.

제출한 서류가 접수되면 차후 등기 우편으로(약 5~6개월 후) 소환문서가 도착하고, 거기에 명시된 날짜에 경찰서에 방문해 사진과 서명, 그리고 지문을 스캔한다. 이때 우체국에서 받은 영수증을 제시하는데, 비 유럽연맹 시민은 38.50유로를 지불해야 한다.

이와 같은 과정을 다 마치면 경찰서에서 체류허가증 찾는 날짜를 알려주고, 해당 날짜에 경찰서에 방문하여 전자 체류허가증을 찾으면 된다.

이탈리아 은행 계좌 개설

이탈리아 은행은 보통 예금자에게 이자를 주기는커녕, '돈을 안전하게 맡아주니 보관료를 내시오!' 한다. 예금, 출금, 잔고증명서, 계좌이체 등등 창구를 이용하면 2유로 50센트에 달하는 수수료를 받기도 한다. 통장 잔고 관련 서류 (Estratto conto)를 1년에 두 번에서 네 번, 혹은 매달 보내주는데, 이것 또한 한 번 받을 때마다 2~3유로 정도의 수수료가 잔고에서 빠진다.

유학생들이 체류허가증을 갱신하려면 자신의 명의로 된, 잔고가 5,200유로 이상인 이탈리아 통장 계좌가 있어야 하는데, 요즘처럼 환율 사정이 좋지 못한 때에는 한두 푼이라도 아끼는 것이 상책! 유지비가 저렴하고, 이용이 편리한 통장 계좌를 소개해 본다.

Banca Intesa SanPaolo의 Zerotondo

TV에서도 한참 광고했던 이 예금통장은 기본적으로 인터넷 뱅킹과 폰뱅킹을 이용한 은행 업무, Bancomat 발급, 유지, 사용, 그리고 ATM 이용(은행 업무시간 이후에도 수수료가 무료이며, ATM에 따라 다르지만 대개 24시간 이용 가능)에 관한 수수료가 전부 무료로, 계좌 개설과 해지, 유지비 등이 전혀 들지 않는다(3개월에 한 번씩 8유로가 조금 넘는, 법적으로 예금주가 국가에 내야 하는 세금 (imposta di bollo obbligatoria per legg)은 내야 한다).

은행 창구를 이용하게 되면 2.50유로를 내게 되어 있는데, 만 26세 미만의 고객은 그것마저도 무료로, 모든 창구 업무도 무료로 이용이 가능하다.

은행 계좌를 개설하기 위해 필요한 서류는 신분증(여권 및 Carta d'identità)과 il codice fiscale, 그리고 체류허가증 또는 체류허가 신청서이고, 이메일과 집 주소, 연락처를 알려 주어야 한다.

신청한 뒤 일주일 내로 집으로 우편물이 온다. 그러면 그 편지와 신분증을 가지고 다시 은행에 가서 Bancomat 카드와 인터넷 뱅킹에 꼭 필요한 O-Key를 받으면 된다. Bancomat 카드 발급과 O-Key 또한 무료다.

	Data/Ora Invio	Descrizione	Rapporto	Scadenza
Estratto conto e Documenti		Avvertenze sul funzionamento	**Modifica Abilitazioni**	**Ricerca Documenti**
☐	14/10/2008 23:12	Estratto conto III trimestre 2008	Conto Corrente 6152/90703957	14/11/2009
☐	21/07/2008 23:07	Estratto conto II trimestre 2008	Conto Corrente 6152/90703957	21/08/2009
☐	20/06/2008 18:10	Conto ZeroTondo	Conto Corrente 6152/90703957	20/07/2009

인터넷 뱅킹으로 확인할 수 있는 Estratto conto

	Data/Ora Invio	Descrizione	Rapporto	Scadenza
Messaggi				**Ricerca messaggi**
☐	10/11/2008 23:33	Eseguito Bonifico	Conto Corrente 6152/90703957	09/05/2009
☐	04/11/2008 23:58	Eseguito Bonifico	Conto Corrente 6152/90703957	03/05/2009

인터넷 뱅킹으로 계좌이체하였을 때, 이체완료를 알려 주는 메시지. IBAN코드를 이용한 계좌이체는 유럽 다른 나라의 다른 은행으로의 이체까지도 무료이며, 한국에서 송금 받을 때 유럽 내의 다른 중개은행을 거치더라도 수수료가 들지 않아, 받는 사람은 따로 수수료를 물지 않아도 된다.

Residuo Giornaliero +500,00 Euro Residuo Mensile +50.000,00 Euro

Dati Beneficiario

| Beneficiario * | [   ] | Seleziona beneficiario | Aggiorna Rubrica |

| Indirizzo [   ] | Località [   ] | Cap [   ] |

◉ IBAN* [IT   ] *Che cos'è l'IBAN?*

○ CIN [   ] ABI * [   ] CAB * [   ] C/C * [   ] **Ricerca ABI/CAB**

계좌이체 페이지. 수수료가 없으며 이름과 IBAN코드, 금액만 입력하면 된다.

Seleziona l'operatore telefonico e inserisci il numero di cellulare da ricaricare

Operatore [.....Seleziona..... ▼] Prefisso [   ] Numero del cellulare [   ]

*Ti ricordiamo che, se desideri inserire automaticamente il numero del tuo cellulare, e' necessario registrarlo nel **Profilo Utente**.

Conferma

휴대폰 무료 충전 페이지

	Comunicazioni	Conti e Pagamenti	Carte	Risparmio	Quotazioni	Profilo Utente	Logout
Conto Corrente	Bonifici	Ricariche	F24	Altri pagamenti	Assicurazioni		
Bollettino Postale	Bollettino ICI	Domiciliazioni Utenze	Tasse Universitarie	MAV	RAV	RIBA	Bollo Auto

Ricerca azienda   *Avvertenze per il pagamento*   **Archivio Boll. Aziende**

Principali aziende [A.E.M. MILANO GAS. - GAS   ▼]   **Conferma**

Ricerca per nome [   ]   **Cerca**

Ricerca per C/C postale [   ]   **Cerca**

대학 등록금을 비롯한 전기료, 전화료, 가스비, 자동차세 등을 인터넷으로 무료로 결제가 가능하다. 전화, 휴대폰, 전기, 가스 등의 세금 자동이체 신청도 무료로 할 수 있다.

인터넷 뱅킹, 위험하지 않을까?

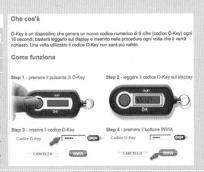

| O-KEY | ATTIVA O-KEY | CODICI O-KEY | RICHIEDI O-KEY | UTILIZZO O-KEY |

Da oggi ti regaliamo una protezione in più:
O-Key.
Per avere sempre la sicurezza a portata di mano.

Che cos'è

O-Key è un dispositivo che genera un nuovo codice numerico di 6 cifre (codice O-Key) ogni 16 secondi; basterà leggerlo sul display e inserirlo nella procedura ogni volta che ti verrà richiesto. Una volta utilizzato il codice O-Key non sarà più valido.

Come funziona

Step 1 - premere il pulsante di O-Key

Step 2 - leggere il codice O-Key sul display

Step 3 - inserire il codice O-Key
Codice O-Key [●●●●●] CANCELLA INVIA

Step 4 - premere il bottone INVIA
Codice O-Key [●●●●●] CANCELLA INVIA

계좌를 개설할 때 은행에서 O-Key라는 보안용 임시번호 생성기를 준다. O-Key는 매 16초마다 새로운 보안번호가 생성되는 기기이다. 인터넷 뱅킹 페이지에 로그인하는 것은 물론 결제를 필요로 하는 모든 은행업무(계좌이체, 세금 지불 등)를 볼 때 기기에 표시된 번호를 입력하여야 하므로 안전하다. 인터넷 뱅킹 시 아무런 보안 프로그램을 설치하지 않아도 되고, 공인인증서 등을 필요로 하지 않기 때문에 어떤 컴퓨터 OS를 사용하든지 이용에 불편함이 없다. 안전을 위해 인터넷 뱅킹을 처음 시작할 때 하루에 이체 가능한 금액을 설정해둘 수도 있다.

꼬모 Como

호수와 안개로 가득한 호반의 도시

밀라노에서 북쪽으로 50km 정도의 거리에 있는 꼬모는 스위스의 접경 지역으로 꼬모 호수를 끼고 있는 아름다운 호반의 도시다. 알프스의 지맥에 따라 도시와 호수는 가파른 산으로 둘러쌓여 자주 물안개의 정취를 느낄 수 있다.

특히 호숫가를 끼고 도는 드라이브 코스가 환상적이며, 배로 호수를 가로지르는 코스 또한 꼬모 호수의 은은함과 신비로움을 느낄 수 있다. 실크 산업도 세계적으로 알려져 있어 2,500여 개의 직물공장에서는 수준 높은 원단을 만들고 있으며 매년 꼬모에서 가까운 체르놉비오(Cernobbio)에서는 유명한 직물 전시회인 이데아비엘라(Ideabiella)를 수 차례 개최하여 많은 바이어들의 발길이 끊이지 않는다.

도시 내부에는 두오모를 비롯하여 오래된 건축물들이 남아 있어 옛 모습을 볼 수 있으며 도시가 그다지 크지 않아 역에서부터 도보로 충분히 돌아볼 수 있다. 날씨가 좋다면 호숫가 오른쪽 편에 위치한 케이블카(Funicolare)를 타고 브루나테(Brunate)까지 올라가 아름다운 호수의 전경을 바라보는 것도 좋다.

Access

밀라노 중앙역에서 꼬모 산 조반니 역으로 5:38~23:20. 총 33회의 기차가 연결된다.
(소요 시간: 기차의 종류에 따라 다름. 40분~ 55분)

밀라노 가리발디 역에서도 12회의 열차가 있다.(약 50분 소요)

꼬모 호
Lago di Como

Funicolare Como-Brunate

케이블카
승강장

Stadio
Sinigaglio

로마 광장
Piazza Roma 산 아고스티노 성당
S. Agostino

마테오티 광장
Piazza Matteotti

유람선
승선장

코모 노르드 라고 역
Staz. Como Nord Lago

Vialle F. lli Rosselli

Via Cavallotti

카부르 광장
Piazza Cavour

Via Maur. Morti

산 아본디오 성당
La Basilica di Sant'Abbondio

코모 산 조반니 역
Staz. Como
S. Giovanni

Via Gallio

Via Garibaldi

Via Al. SS. Volta

Via Cinque Giornate

두오모
Duomo

산 페델레 성당
Basilica di S. Fedele

Via Indipendeza

시립 박물관

스위스

마조레 호

꼬모 호

체르놉비오

꼬모

말펜사공항

밀라노

리나테공항

travel **tip**

스위스의 도시로 간다면

꼬모에서 숙박을 할 경우 스위스의 끼아쏘, 루가모 등 가까운 스위스의 도시도 다녀올 수 있는데
이때는 꼭 여권을 지참하는 것을 잊지 말자.

두오모 Doumo

롬바르디아 고딕 양식의 대표

두오모 광장(Piazza Duomo)에 있는 두오모는 1452년에 착공되었다. 롬바르디아(Lombardia) 고딕 양식과 르네상스식의 조화를 이룬 이 성당은 내부에 훌륭한 예술 작품이 있다. 성당의 돔은 18세기에 축조되었다.

산 페델레 성당 Basilica di S. Fedele

전형적인 롬바르디아식 건축

914년~1335년 사이에 지은 것으로 전형적인 롬바르디아식 건축물이다. 입구와 종탑은 복원된 것이나 성당 내부는 원형의 모습을 많이 간직하고 있다. 산 페델레 광장에 있다. 두오모에서 조금 떨어진 곳에 산 아본디오 성당(La Basilica di Sant'Abbondio)도 자리하고 있다. 11세기에 지어진 로마네스크 양식의 건물로 내부 벽과 천장의 프레스코화가 인상적이다.

산 페델레 성당　　　산 아본디오 성당

고고학 박물관과 시립 박물관 Museo Civico Archeologico

꼬모의 고고학 박물관

이탈리아 여행을 하다 보면 반드시 있는 시립 박물관의 하나이다. 하지만 이탈리아 북부의 역사에 관심이 있는 사람이라면 한번쯤 들러도 괜찮은 곳. 총 18개의 전시실이 있으며 에트루스코 시대의 유적부터 로마 시대의 유적까지 망라되어 있다.

위치 지비오 건물(Palazzo Giovio)과 올지나티 건물(Palazzo Olginati)
시간 평일 09:30~12:00, 14:00~17:00 / 휴일 9:15~12:15 (월요일 휴관)

꼬모 호수 둘러보기

호숫가 드라이브 코스

꼬모에서 시작하여 호숫가 왼쪽으로 하여 베르체이아(Verceia)까지 가는 67km 코스이다. 이 코스에서는 자그만 부두 호숫가의 멋진 빌라와 정원들, 그리고 길고 아름다운 꼬모 호수를 즐길 수 있다.
- 렌트카 : Hertz
(Piazzale San Gottardo. T. 262770)

낭만적인 호수 유람

꼬모에서 목적지 콜리꼬(colico)까지 호수 좌우에 있는 30여 개의 마을을 들르는 코스이다. 특색 있는 각각의 마을과 호수를 둘러싸고 있는 자연 경관을 감상할 수 있다.
- 선착장 : Piazza Cavour

여행자 안내소

주소: Piazza Cavour.17
기차역(Stazione di Como Ferrovie Nord)에서 내려 왼쪽으로 가면 호수가 시작되는 카부르 광장(Piazza Cavour) 17번지에 있어 찾기 쉽다.

travel tip

1. 꼬모는 물안개가 피어 오르는 호반의 도시다.
   천천히 다니면 볼 것과 먹을 거리도 많다. 작지만 전형적인 관광지다.
2. 케이블카를 타고 꼬모 위의 마을인 브루나테(brunate) 마을에 가는 것도 좋다.
3. 꼬모는 천천히 동네 구석구석 다니는 맛이 있는 동네다. 굳이 배를 타지 않아도 된다.

베르가모 Bergamo

고전과 현대가 맞물린 두 얼굴의 도시

밀라노의 북서쪽에 위치한 베르가모는 두 개의 지역으로 나뉜다. 하나는 언덕 위에 위치한 치타 알타(Citta alta, 높은 시가)이고 다른 하나는 치타 바싸(Citta Bassa, 낮은 시가)로 구분된다. 치타 알타는 베르가모의 옛 모습이 아름답게 보존되어 있으며 치타 바싸는 넓은 평원에 자리한 현대적

Access

밀라노에서 52km 정도 떨어져 있으며, 하루 총 17회의 기차가 연결된다.
(중앙역16회, 가리발디 역 1회)
소요 시간 약 1시간

인 거리다. 두 마을은 푸니콜라레(Funicolare)라는 케이블카로 이어지는데 주요 볼거리들은 대개 치타 알타에 집중되어 있다. 베르가모는 롬바르디아 주의 모습도, 베네토 주의 모습도 아닌 베르가모만의 모습을 지닌 예술의 도시다.

베르가모는 밀라노가 중심인 롬바르디아 공국의 일원으로 계속 비스콘티 가문의 지배를 받아왔다. 하지만 1428년에 베네치아 공화국에 편입된 뒤 이탈리아 통일 시기까지 자신의 모습을 지켜왔다. 베르가모 구시가지, 치타 알타는 높은 곳에 있어서 비교적 외부 세력권의 방어에 용이했다. 때문에 다른 도시들과는 달리 그리 큰 침략을 받지 않았다.

그렇기 때문에 치타 알타에는 수준 높은 건축물과 예술 작품들이 온전히 보전될 수

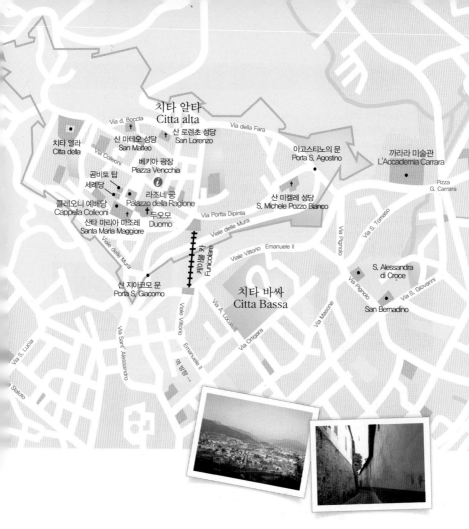

있었다. 산 아고스티노 성당, 산 판크라치오 성당, 곰비토 탑, 고딕 양식의 라조네 중,
베르가모의 중심인 베키아 광장, 콜레오니 예배당, 세례당 등을 베르가모의 높은 시
가에서 만날 수 있다. 이 모든 것이 좁은 구시가지에 모여 있기 때문에 관광하기에
안성맞춤이다.

travel **tip**

베르가모는 반드시 꼭 가봐야할 곳!

기차역에서 내리면 현대식 도시 치타 바싸가 나오지만 치타 알타에 가면 입이 벌어질 정도로 놀랍다.
베르가모는 대개 치타 알타(Citta alta)에 많은 볼거리가 집중되어 있고 현대 미술에 관심이 있는 사
람들은 치타 바싸(Citta Bassa)에서 까라라 미술관을 보면 좋다. 게다가 넓지 않아 천천히 걸어다녀
도 좋다.

치타 알타 Citta alta

베르가모의 옛 모습

베르가모 역 앞의 마르코니 광장에서 치타 알타행인 1번이나 3번 버스를 타고 5분 정도 가면 푸니콜라레(funicolare)라 불리는 케이블카 승차장에 도착한다. 케이블카를 타고 스카르페 시장(Mercato delle Scarpe) 광장에 도착해서 곰비토 거리(Via Gombito)를 따라 올라가다 보면 왼쪽으로 베키아 광장(Piazza Vencchia)이 나온다. 이 광장은 15세기경에 건설되었으며 중앙에 있는 분수는 1780년에 만든 것이다. 광장 정면에는 12세기에 만들어졌다가 16세기에 재건된 라조네 궁(Palazzo della Ragione)이 있으며 오른쪽으로는 시청 탑이 있다. 뒤편에는 두오모와 산타 마리아 마조레(Santa Maria Maggiore) 예배당, 클레오니 예배당(Cappella Colleoni)이 있고 그중 클레오니 예배당은 아마데오(Amadeo)가 설계한 것으로 1470년~1476년 사이에 만든 롬바르디아 지방 최고의 르네상스식 건물이다.

케이블카

베키아 광장

중앙의 분수

라조네 궁전

산타 마리아 마조레 예배당

클레오니 예배당

치타 바싸 Citta Bassa

현대 모습의 베르가모

치타 알타의 케이블카를 타는 곳에서 왼쪽 언덕길을 따라 내려가면 아고스티노의 문(Porta S.Agostino)을 지난다. 이 문을 지나 다시 왼쪽의 성벽 길을 따라가면 이탈리아에서 손꼽히는 미술관 중 하나인 까라라 미술관(L'Accademia Carrara)이 나온다. 이 미술관은 1795년 쟈코모 까라라 백작이 미술학교와 같이 개관한 것으로 라파엘로, 만테냐, 보티첼리, 벨리니, 카르파초, 로토 등의 작품이 소장되어 있다.

주소 Piazza dell'Accademia 82/A
전화 035/399643
시간 09:30~12:30, 14:30~17:30,
　　공휴일, 화요일휴관

아고스티노의 문

까라라 미술관

베르가모를 돌아보려면

1. 역에서 정면으로 뻗은 대로에서 1번을 타고 가면 된다. 이때 운전수에게 미리 푸니콜라레 행임을 밝혀 두면 이야기를 해 준다. 이때 구입한 버스표는 케이블카와 공용으로 사용할 수 있으므로 또 다른 표를 구입할 필요가 없다.
2. 베키아 광장에서는 매달 세 번째 일요일에 고서적, 그림 등의 벼룩시장이 열린다.
3. 반드시 숙박을 하기 전에 예약을 하고 가야 한다. 만약 예약하고 가지 않았다면, 곰비토 거리에서 오른쪽으로 Agnello D'oro라고 적힌 곳을 찾으면 된다.
4. 베르가모는 여름이 좋다. 밤에 나가 보면 볼거리가 또 많다.

여행자 안내소

주소 : Viale Aquila Nera, 3
치타 알타(Citta Alta)에 도착해서 곰비토 거리(Via Gombito)에서 베키아 광장(Piazza Vecchia)으로 접어드는 반대편 아퀼라 네라 골목길 2, 3번지(Vicolo Aquila Nera. 2/3)

파비아 Pavia

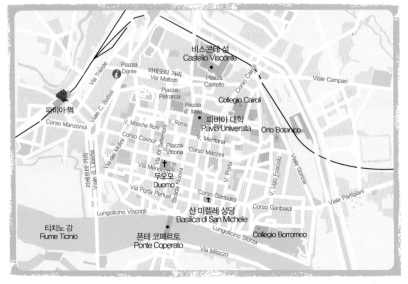

비스콘테 성
Castello Visconte

Piazza
Dante

마테오티 거리
Via Mattotti

Piazza
Castello

Via Campari

파비아 역

Piazza
Petrarca

Collegio Cairoli

Piazza
d' Italia

Corso Manzonoi

V. Masche Roni   V. Roma

파비아 대학
Pavia Universita

Orto Botanico

Corso Cavour

V. Mentana

Piazza
Vittoria   Corso Mazzini

Via Meno   ✝

두오모
Duomo

Via Porta Pertusi   Strada Nuova

Corso Garibaldi

Corso Garibaldi

티치노 강
Fiume Ticinio

Lungoticino Visconti

산 미켈레 성당
Basilica di San Michele

Lungoticino Sforza

Collegio Borromeo

폰테 코페르토
Ponte Coperato

Via Milazzo

로마와 밀라노의 징검다리

파비아는 롬바르디아 주의 수도인 밀라노에서 불과 38km 아래에 위치한 도시다. 하지만 오랜 기간 북쪽의 왕조에 대항하던 '고대 로마'의 북부 지역을 방어하는 요충지였다. 남아 있는 건축물 또한 로마적이고 북부적인 모습을 많이 띠고 있다. 현재는 롬바르디아의 주요한 산업 도시로 새롭게 변화하고 있다.

직사각형의 비토리아 광장(Piazza della Vittoria)은 지친 다리를 쉬기에 좋은 곳이다. 또한 카부르 거리(Via Cavour)와 누오바 길(Strada Nuova)에는 이탈리아에서도 유명한 가죽 제품을 파는 가게들이 많다. 매달 첫 번째 일요일에는 비토리아 광장에서 인쇄물 및 중고 서적 시장이 열린다.

Access

밀라노에서 38km, 하루 총 42회의 기차가 연결되며 IC의 경우 소요 시간은 불과 24분밖에 걸리지 않는다.

● 비스콘테 성 Castello Visconte

1360년대 건축한 이 성은 내부에 대단히 아름다운 정원이 있으며 지금은 박물관으로 사용되고 있다.
화~토 09:00~13:30 / 일 15:00~17:00(월요일 휴관)

● 산 미켈레 성당 Basilica di San Michele

두오모와 하나로 661년에 건축되었으며, 지진 후 12세기경에 다시 복원되었다. 후자의 경우 롬바르디아 르네상스식의 건물로 1448년에 짓기 시작한 이래 브라만테, 레오나르도 다 빈치 등의 예술가들이 참여하였다. 이곳 두오모의 지붕은 이탈리아에서 세 번째로 크다.

● 파비아 대학 Pavia Universita

이탈리아의 대학 중에서 가장 전통이 깊은 대학 중의 하나다. 1361년 카를로 4세가 설립했으며 1485년에 다른 단과대학도 추가되었다.

● 폰데 코페르토 Ponte Coperato

파비아 시의 가장자리에는 티치토 강이 흐르는데 그 중 시내와 연결되는 다리인 폰테 코페르테(Ponte Coperto)는 100개의 작은 기둥이 지붕을 받치고 있다. 원래 14세기경부터 있었으나 2차 대전 시에 소실되어 이후에 다시 복원했다.

파비아는~

1. 의외로 상당히 큰 도시이지만 걸어 다닐 수 있다.
2. 이 도시는 종종 홍수가 일어나 이탈리아 TV 뉴스에 자주 등장한다.
3. 산 미켈레 성당을 제외하고는 현대 도시의 면모를 지니고 있다.

여행자 안내소

주소 : Via F.Filzi. 2
약간 외진 곳에 있다. 역에서 내리자마자 왼쪽으로 뻗어 있는 트리에스테 거리(Via Trieste)를 300m쯤 가다가 오른쪽에 필찌 거리(Via F.Filzi) 2번지에 있다.

크레모나 Cremona

바이올린의 명산지

역사적인 음악과 예술의 도시. 크레모나는 기원전 218년
경에 피아첸짜(Piacenza)와 함께 포(Po) 강의 상류 지역에
로마인들이 건설하였다. 이후 롬바르디아 족의 침입으로
603년경 부분적으로 파손되어, 8세기경에 2개의 대조적인
도시인 '라 치타 베키아(La citta Vecchia, 구도시)'와 '라 치
타 누오바(La citta Nuova, 신도시)'가 건설되었다.

16세기 초반 안드레아 아마띠가 크레모나를 바이올린의
명산지로 유럽에 소개한 이래 안토니오 제롤라모 아마띠
(1615), 니콜로 아마띠(1658), 쥬세페 구아르넨에 이르는
200여 년 동안 명장들이 그 뒤를 이어 크레모나를 지금까
지도 세계 최고의 바이올린 명산지로 자리매김하였다.
그 중 안토니오 스트라디바리의 바이올린은 지금까지도
(현존 약 400개) 다른 어떠한 바이올린과는 비교를 할 수

Access

밀라노에서 83km. 밀리노 중앙
역에서 04:59~19:17까지 하
루 16회 기차가 연결된다.
소요 시간 약 1시간 30분

크레모나 역
Stazione F.S.

Via F. Ghinaglia
Pizza Risorgimento
Via Dante

라 치타 누오바
(신시가지)
LA Citta Nuova

Via Dante

Viale Trento
Trieste

Stadio Zini

Chiesa di S. Luca

V. Bertesi

라이몬디 건물
Palazzo Raimondi

Via G. Faerno

Via Asalli

Via Dante

Museo di Storia Naturale

시립 박물관
Museo Civico Ala Ponzone

V. Stenico

Via de Mille

Via Oberdan
Via Palestro C. Campi C. G. Verdi
Via U. Dati

Pizza Giovanni XXIII

스트라디바리 박물관
Museo Stradivario

Via Togare

산 아가타 대성당
Chiesa di S. Agata

Corso Garibaldi
Via Villa Giori

V. Battisti

Viale Manacni

크레모나 현악기 전시실
Mostra

Pizza XXIV Maggio

Via Bisolati

Via Milazzo

Corso Matteotti
Plazzo Fodri

Pizza Paolo

Via Guido Grandi
Via Ruga Marina

Corso Mazzini

Via G. da Cremona

Chiesa di S. Michele

Pizza Massarotti

Gavallotti

코무네 궁전
Palazzo Comunale

두오모
Duomo

Via XX Settembre

Pizza Cavour

Pizza del Comune

Via Tribunali

종탑
Torrazzo

Via G. Bonomelli

Corso Vitt. Emanuele

라 치타 베키아
(구시가지)
La Citta Vecchia

Pizza Cadorna

Corso Vitt. Emanuele

V. A Melone

없을 정도로 뛰어나며, 바이올린 제작을 예술의 경지까지 끌어올렸다는 평을 받고 있다. 세계적인 바이올린 제작 전문학교인 'Scuola Internazionale di Liuteria'를 비롯하여 여러 건물, 박물관 등에서는 이와 관련된 역사적인 자취를 찾아볼 수 있다. 그 외에도 30여 개가 넘는 중세 시대의 건물, 성당 등 역사적인 건축물들을 찾아볼 수 있어, 중세의 고색창연한 분위기를 즐길 수 있다.

라 치타 베키아(구시가지) La Citta Vecchia

두오모 광장을 중심으로 종탑, 두오모, 시청이 있다.

종탑 Torrazzo

단일 축성 종루로는 유럽에서 제일 높은 111m이다. 487계단을 따라 올라가면 크레모나의 전 시가지가 다 보인다

시간
평일 07:30~12:00, 15:00~18:00
휴일 10:10~12:00, 15:00~19:00

두오모 Duomo

로마니코, 롬바르디아 양식으로 1107년에 착공하여 1190년에 완공되었다. 내부에는 훌륭한 16세기의 프레스코화가 있다.

시간
평일 07:30~12:00, 15:30~19:00
휴일: 07:30~15:00, 15:30~19:00

코무네 궁전 Palazzo Comunale

1206년경에 재건된 시청사 건물로, 내부의 바이올린 방 (Sala dei Violini)에는 희귀한 바이올린들이 전시되어 있다.

안토니오 스트라디바리의 바이올린. 시가 한 30억 하는 바이올린이다.

여행자 안내소

두오모 맞은 편 왼쪽에 위치.
Piazza del Comune. 5

크레모나를 돌아보려면

1. 크레모나는 도보로 충분히 걸을 수 있는 정도의 넓이다. 따라서 천천히 걸으면서 바이올린의 향내를 느껴보자.
2. 두오모에 중국 음식점이 있으므로 가 보자. 마파두부가 상당히 맛있다!
3. 크레모나는 전체적으로 상당히 깨끗한 도시이며 전 세계의 많은 유학생들이 이곳에서 바이올린 제작을 배우고 있다. 물론 한국인도 있다.

라 치타 누오바(신시가지) La Citta Nuova

스트라디바리 박물관
Museo Stradivario

이 도시가 자랑하는 명장 스트라디바리의 작업 도구들을 전시해 두고 있다. 700여 조각의 유품으로 모형도, 목재 등이 보관되어 있다.
주소 Via Palestro 17
시간 평일 8:30~17:45, 휴일 9:15~12:15, 15:00~18:00, 일요일 휴관

크레모나 현악기 전시실
Mostra Permanente della Liuteria Cremonese

주소 Corso Matteotti 17.
시간 평일 14:30~18:30, 토,일 휴관

시립 박물관
Museo Civico Ala Ponzone

주소 Via U.Dati 4
시간 평일 08:30~17:45, 휴일 09:15~12:15 15:00~18:00, 월요일 휴관

산 아가타 대성당
Chiesa di S.Agata

1077년에 건립된 후 15세기에 재건축하였다. 1845년에는 성당의 전면을 네오클래식하게 만들었다.

라이몬디 건물
Palazzo Raimondi

기차역에서 곧장 나와 세 블록 정도 가면 오른쪽에 위치해 있으며 바이올린 제작 학교인 '국제 현악기 학교 (Scuola Internazionale di Liuteria)'와 파비아대학 음악고문서학과의 분교가 위치하고 있다.

토리노 Torino

자동차 공업 도시

자동차 산업에 관심이 있는 사람들에게 토리노는 단연 필수적인 순례 코스다. 피아트(FIAT), 알파 로메오(Alfa-Romeo), 란챠(Lancia), 그리고 페라리(Ferrari), 이베코(Iveco) 등이 토리노에 있다. 보통 공업 도시라 함은 바다를 끼고 있어 짭쪼름한 바다 내음이 나야 하는데 토리노는

Access

밀라노 중앙역에서 IC를 타고 약 1시간 25분 소요. 토리노까지 가는 기차는 하루에 47회 연결된다. 밀라노 서쪽 피에몬테주에 위치한다.

이와 반대로 산을, 그것도 높고 아름다운 알프스 산을 끼고 있어 고즈넉한 분위기를 자아낸다.

토리노는 영어로 투린(Turin)이라고 불린다. 지금으로부터 2300년 전 유목 민족인 타우리니 가울(Taurini Gaul)이 건설했기 때문인데, 여기서 타우루스(Taurus)는 라틴어로 '소'란 뜻인데 이러한 연유로 소는 토리노의 상징물이 되었다.

토리노는 다른 도시와는 달리 17세기가 전성기였다. 바로 바로크 양식이 번성하던 시기다. 토리노는 국가로는 이탈리아이지만 문화적, 예술적인 역량의 모습은 오히려 인접한 프랑스와 많은 영향을 주고 받았다. 토리노의 전체적인 느낌은 프랑스와 유사하지만 로마나 피렌체와는 확연히 차이가 난다.

Piazza del Repubblica

Corso Regio Parco

Via Giuseppe Garibaldi

Via Milano

Via Giuseppe Garibaldi

두오모
Duomo

황궁
Palazzo Reale

Corso Regina Margherita

Via Pietro Micca

카스텔로 광장
Piazza Castello

마다마 궁
Palazzo Madama

Corso San Maurizio

아트리움
Atrium

Via S. Telesa

Via Alfieri

풀라 거리 Via Roma

안토넬리아나 탑
Mole Antonelliana

국립 영화 박물관
Museo Nazionale del Cinema

Via Giuseppe Verdi

포 거리 Via Po

리아
연구소

산 카를로 광장
Piazza S. Carlo

Via Maria Vittoria

Via Principe Amedeo

산 카를로 성당
S. Carlo

산 크리스티나 성당
S. Cristina

Piazza Carlo Emanuele II

Via Giovanni Giolitti

Piazza Vittorio Veneto

카부르 궁
Palazzo Cavour

Via Carvour

Via San Massimo

Via Maria Vittoria

Ponte Vittorio Emanuele I

카를로 펠리체 광장
Piazza Carlo Felice

Piazza Bondoni

Piazza Carvour

Piazza M. Teresa

Via Giuseppe Mazzini

링고또 센터
Lingotto Center

Via Nizza

비토리오 에마누엘레 거리
Corso Vittorio Emanuele

Via Frat. Calandra

포 강 Fiume Po

산타 마리아 델라 몬테 성당
S. Maria d. Monte

이탈리아가 통일할 때 이탈리아의 첫 수도가 토리노였다. 바로 이런 이유로 토리노는 도시의 힘을 어느 정도 과시할 수 있었으며 유럽지역을 공략하기 위해 산업의 중심지로 자리잡게 되었다.

황궁 Palazzo Reale

토리노 관광의 중심 지역

도시의 한 가운데 있으며 18세기의 건축 양식을 잘 보여 주는 건물로 평을 받고 있으며 샤르데냐의 왕, 비토리오 에마누엘레 2세가 여기서 살았다. 카를로와 아마데오 디 카스텔라몬테가 만들었고 종종 매년 여름에 시민들을 위한 콘서트와 이벤트가 열린다.

시간 8:30~19:30(월요일 휴무) 입장료 10유로(15분 간격으로 가이드의 안내를 받아 입장하게 되어 있다.)
주소 Piazza Castello

황궁 근처에

산 죠반니 바티스타 성당, 레지오 극장, 마다마 궁, 황궁 도서관, 산 로렌조 성당이 있으니 토리노를 관광하려면 이 건물을 중심으로 움직이면 한 4시간 안에 어느 정도 중요한 토리노 건물들을 모두 볼 수 있을 것이다.

두오모(조반니 바티스타 성당) Cattedrale di San Giovanni Battista

예수님의 성의가 있는 곳으로 유명

이 건물은 1491년~1498년에 지었으며 1997년 화재로 일부 소실되었지만 복구되었다.

두오모라고 더 잘 알려진 이 대성당은 성의가 있는 것으로도 유명하다. 예수의 시신을 감싼 것으로 전해진다. 가로 1m, 세로 4m의 아마포로 십자군 전쟁 때 터키에서 발견돼 1572년부터 이탈리아 토리노 성당에 보관돼 오고 있다. 1898년 처음으로 사진을 촬영하자 육안으로 보이지 않던 '예수의 형상'

이 나타나 '기적'의 반열에 올랐다. 이후 신앙의 대상이 돼 왔으며 수차례의 화재로 소실될 뻔 했다. 1998년도 방사선 탄소 연대 측정 실험 결과 12세기경의 천으로 알려지면서 지금은 예전의 영광을 찾지는 못하고 있다.

현재 이탈리아든 프랑스, 영국이든 예수와 관련된 유물은 엄청난 관심을 받고 있다. 중세 시대에는 이런 유물 사업이 가장 전망 있는 사업이어서 유물 거래를 대규모로 이루어졌다. 또한 전쟁 때마다 상대국에 있는 중요한 유품, 유물, 특히 기독교와 관련된 유물은 송두리째 서로 뺏어 왔다.

주소 Via XX Settembre. 87

마다마 궁 Palazzo Madama

카스텔로 광장의 중심부

카스텔로 광장의 중심부에 있는 이 건물은 마리아 크리스티나와 마리아 조반니 바티스타의 주거지였다. 바로크 양식의 정문과 계단은 주바라의 작품이며 나머지 부분들은 중세풍의 건물이다. 안토넬로 다 메시나의 〈남자의 초상〉을 소장하고 있다.

시간 10:00~20:00(월요일 휴무) 입장료 6유로

안토넬리아나 탑 Mole Antonelliana

토리노의 상징물

알레산드로 안토넬리가 1863년~1889년에 건설했고 원래 유대교 사원으로 지었으나 현재 토리노 시의 소유물이다. 이곳은 현재 국립 영화 박물관이 있으며 이 탑은 167.5m나 되며, 정상에는 마리오가 누메의 비행(Il volo dei numen)이라고 이름 붙인 조각이 있다. 엘리베이터를 타고 상층부까지 올라가면 토리노 시내를 한눈에 볼 수 있다.

시간 9:00~20:00 / 토요일 9:00~23:00(월요일 휴무) 입장료 통합권 13유로
주소 Via Montebello

더 유명한 것은 정상까지 올라가는 데 엘리베이터가 딱 59초, 즉 1분이 안 걸린다는 것.

국립 영화 박물관 Museo Nazionale del Cinema

안토넬리아나 탑이 있는 건물에 있으며 영화의 탄생과 기타 기술적인 부분들까지 다양한 영상 자료와 기증품들을 볼 수 있다.

시간 9:00~20:00 / 토요일 9:00~23:00(월요일 휴무)

홈페이지 www.museocinema.it 입장료 12유로

비토리오 에마뉴엘레 거리 Corso Vittorio Emanuele

토리노 여행이라면 이곳에서

이 거리가 토리노의 중심이다. 한 때 이 거리는 황제의 길(viale del Re)이라고 불렸다가 플라타니의 길(Viale dei Platani)이라고 불리기도 했다. 그 후 광장의 길(corso di piazza)이라고 불리기도 하였으며, 산 아벤토의 길(corso di S. Avvento)라고 불리기도 하는 등 참 복잡했다. 그러나 이 혼돈은 카리냐노 궁에서 1820년에 태어난 왕의 이름을 따 '비토리오 에마뉴엘레의 길'이라고 불리게 되면서 분쟁 끝! 이 길은 토리노를 남과 북으로 나누며 포르타 누오바와 카를로 펠리체 건물을 통과하기도 한다. 토리노에 와서 정 시간이 없는 여행자라면 이 거리만 지나도 토리노 관광은 했다고 할 수 있다. 이 거리가 제일 볼 만하다.

비토리오 에마뉴엘레 2세 Vittorio Emanuele II

카를로 알베르토 디 사보이아의 아들인 비토리오 에마뉴엘레 2세는 카리냐노 궁에서 태어났다. 자신의 아버지가 왕위에서 하야한 이후, 비토리오 에마뉴엘레 2세는 아젤리오에게 책임을 묻고 민주당을 해산시켜 국민을 진압하려고 하였다. 1852년에는 비토리오 에마뉴엘레 2세가 카부르의 왕을 임명하였으며, 크리미아 전쟁에서 카부르와 동맹을 맺었고 프랑스와의 독립 전쟁에서도 동맹을 맺은 적이 있다. 1859년 비토리오 에마뉴엘레 2세는 군사 1000명을 지원받기 위해 가리발디와 협상을 하기도 하였다. 1861년 3월 14일에 비토리오 에마뉴엘레 2세가 정식으로 이탈리아 왕으로 임명되었다. 1876년에 왕위에서 물러났으며, 2년 뒤에 죽었다. 그의 동상은 현재 로마와 이탈리아 전역에 있으며, 이탈리아의 아버지로 추앙받는다. 로마의 베네치아 광장에 있는 거대한 기념관 가운데의 기마상에 앉아 있는 사람이 바로 이 비토리오 에마뉴엘레 2세다.

카리냐노 궁

자동차 박물관 Museo Nazionale dell'Automobile' Carlo Biscaretti di Ruffia"

카를로 비스카레티 디 루피아(Carlo Biscaretti di Ruffia)는 그가 FIAT와 이탈리아 자동차 클럽을 창설한 인물이기 때문이다.

주소 Corso Unita d'Italia 40 입장료 12유로
홈페이지 www.museoauto.it

아트리움 Atrium

아트리움은 단연 토리노의 얼굴이며 나무와 철근, 유리로 만든 독특한 건축물이다. 2006년 동계 올림픽 유치를 위해 만들었다고 하며, 안에 들어갈 수 있으니 꼭 가보길 바란다.

위치 솔페리노 광장(Piazza Solferino)의 중앙.

링고또 센터 Lingotto Center

1915년에 죠바니 아넬리는 거대한 현대식 자동차 공장을 짓도록 명하였다. 1923년 처음으로 발족한 이래로, 링고또는 몇몇 천재적인 발상 덕분에 아주 단시간에 공장의 모델이 되었다. 1982년 링고또는 공장으로서의 역할을 접하게 되었으며, 렌초 피아노라는 건축가가 전시장으로 변형했다. 이 전시장에는 수족관, 호텔, 무역 전시장, 영화관 등이 있으며, 다양한 행사들이 개최된다.

주소 Via Nizza. 250

카부르 궁 Palazzo Cavour

백남준의 작품을 전시한 곳이고 지금도 그의 작품을 볼 수가 있다. 이 건물은 카부르의 백작이던 미카엘 안토니오에 의해 1729년 죠반니 쟈코모 플란테리가 만들었다. 카부르 거리(Via Cavour)에 위치해 있는 이 궁전은 피에몬테 바로크 양식의 대표적인 예로 꼽히는데 1810년에 카부르의 백작 중 가장 유명한 카밀리 벤조가 이 궁전에서 태어나 죽을 때까지 살았다. 현재 볼 수 있는 건물의 모습은 피에몬테 정부가 1930년대에 재건축한 것이다. 내부에는 여러 미술품들이 있어 관람할 수 있다.

주소 Via Cavour 8

백남준의 작품

이탈리아 사진 연구소 Fondazione Italiana per la Fotografia

1992년에 발족한 이탈리아 사진 연구소는 사진에 관한 다양한 이벤트들을 개최한다. 사진 공부를 하는 사람들은 한 번 갔다 오자. 박물관은 아니고 연구소이니 갔다 와서 너무 실망은 하지 말길 바란다. 그래도 전시물은 많다. 문을 여는 시간이 정해져 있으니 막 가지 말고 알아 보아야 한다. 주말은 보통 문을 연다. 사진 복원으로는 세계 최고 수준이라고 흔히들 말한다.

주소 Via Avogadro 4

여행자 안내소

1 **주소 : 토리노 포르타 누오바 기차역(Stazione FF.SS.Porta Nuova) 17번 플랫폼**
가장 찾기 쉽다. 기차역에 내리자마자 17번 플랫폼 앞에 있는 여행자 사무소로 가자.

2 **주소 : Atrium 2006 – Piazza Solferino**
토리노에서 새로이 만든 아트리움이 있는 솔페리노 광장에 여행자 사무소가 있다. 위치는 카스텔로 광장에서 피에트로 미카(Via Pietro Mica) 거리를 약 400m 정도 걸어가면 있으며 포르타 누오바 기차역에서 약 800m 정도 걸어가면 만날 수 있다.

Travel Tip

1. 숙박 시설이 아주 잘 되어 있는데 주로 고급 호텔이 많다. 그러나 여행객을 위한 저렴한 호텔이나 알베르고는 별로 없는 편이니 만약 숙박을 하게 되면 미리 방을 구해야 한다.
2. 상당히 큰 대도시이니 가볍게 보지는 말것.
3. 토리노는 이탈리아에서도 알아 주는 대도시. 따라서 여행 및 이탈리아를 알려고 하는 사람들에게는 반드시 가 봐야 할 곳. 세련된 도시!!

현지 구입 소책자

제노바 ^{Genova}

항구의 힘

제노바(Genova)라는 이름은 원래 제누아(Genua)에서 따온 것인데 제누아는 동전과 상선을 보호해 주는 신의 이름이다. 또한 제노바는 바다를 내다보면서도 내륙으로 향하고 있어서 예전부터 중요한 교통, 특히 해상무역의 중심지로 자리를 잡았다. 제노바는 북부 이탈리아의 산업항으로서의 중심 도시다.

Access

밀라노 중앙역에서 IC를 타면 약 1시간 32분 소요. 제노바까지 가는 기차는 하루에 21회 연결된다. 밀라노 남쪽 리구리아주에 위치한다.

16세기 후반에는 리구리안 해안을 따라 많은 해적들이 약탈을 감행해 왔다. 당시 바바리안들의 약탈과 납치는 엄청났고 이들은 라팔로, 레꼬, 라반냐, 모넬리아 그리고 소리(Sori) 등지에서 악명을 떨쳤다. 이후 많은 관제탑과 방어 탑들이 세워지고 현재까지 전해진다.

제노바는 나폴리보다 오래된 도시다. 따라서 제노바를 대강 거쳐 가자고 마음먹으면 아주 어리석은 생각이다. 다른 도시들과는 달리 오래된 구시가지(Centro Vecchio)의 길은 아주 복잡하다. 따라서 반드시 지도를 가지고 가야 한다.

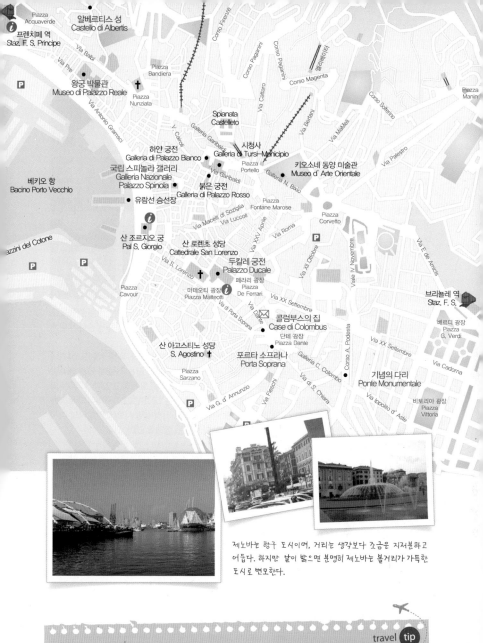

Piazza Acquaverde
알베르티스 성
Castello di Albertis

프렌치페 역
Staz. F. S. Principe

Via Balbi

Via Pre

Via Antonio Gramsci

Piazza Bandiera

Corso Firenze

Corso Paganini

Corso Paganini

Corso Magenta

Piazza Manin

Piazza Soferino

Via Cattaro

Via Bertani

왕궁 박물관
Museo di Palazzo Reale

Piazza Nunziata

Spianata Castelleto

Galleria Garibaldi

Via Cairoli

Galleria Garibaldi

시청사
Galleria di Tursi–Municipio

Via MaMeli

Via Palestro

하얀 궁전
Galleria di Palazzo Bianco

Piazza Portello

키오소네 동양 미술관
Museo d' Arte Orientale

국립 스피놀라 갤러리
Galleria Nazionale Palazzo Spinola

Via Ganbaldi

Galleria N. Bixio

붉은 궁전
Galleria di Palazzo Rosso

베키오 항
Bacino Porto Vecchio

유람선 승선장

Via Macelli di Soziglia

Via Luccoli

Piazza Fontane Marose

Piazza Corvetto

Via E. de Amicis

azzini del Cotone

산 조르지오 궁
Pal S. Giorgio

Via XXV Aprile

Via Roma

Via XII Ottobre

Viale IV Novembre

산 로렌초 성당
Cattedrale San Lorenzo

Via S. Lorenzo

두칼레 궁전
Palazzo Ducale

페라리 광장
Piazza De Ferrari

브리뇰레 역
Staz. F. S.

Piazza Cavour

마테오티 광장
Piazza Malteotti

Via di Porta Soprana

Via Dante

Via XX Settembre

베르디 광장
Piazza G. Verdi

Via XX Settembre

Via Cadorna

콜럼부스의 집
Case di Colombus

Galleria C. Colombo

Corso A. Podesta

산 아고스티노 성당
S. Agostino

단테 광장
Piazza Dante

포르타 소프라나
Porta Soprana

Via di S. Chiara

기념의 다리
Ponte Monumentale

Piazza Sarzano

Via G. d' Annunzio

Via Fieschi

Via Ippolito d' Aste

비토리아 광장
Piazza Vittoria

제노바는 항구 도시이며, 거리는 생각보다 조금은 지저분하고 어둡다. 하지만 날이 밝으면 분명히 제노바는 볼거리가 가득한 도시로 변모한다.

travel tip

제노바의 기차역

제노바는 기차역이 두 군데다. 프린치페 역(La Ferrovia Porta Principe)과 브리뇰레(La Ferrovia Brignole) 역이 있는데 프린치페 역은 제노바의 끝 부분에 위치하니, 반드시 브리뇰레 역에서 내려야 한다. 브리뇰레 역이 제노바의 중심이라고 볼 수 있다.

두칼레 궁전 Palazzo Ducale

▌▶ 완공 당시 유럽에서 가장 큰 성

제노바의 전성기 때 만든 궁전으로 피사, 베네치
아와의 해전에서 연전연승하여 지중해의 상업권
을 장악하게 되었을 때 만들어졌다. 당시 오베르
토 스피놀라와 코라도 도리아는 1291년에 산 로
렌조와 산 마테오 성당 사이에 있는 모든 건물들
을 사들여, 3년 후, 궁전의 주요 부분이 건설되기
시작했다.

이 궁전은 1339년
부터 두칼레라고
불리게 되었고 제
노바의 첫 제독인
시몬 보카네그라
가 여기서 머물게

된다. 14세기 때에는 궁전이 확장되었으며, 내부 광장의 필요성이 제기되면서 다른 많은 건물들도
설치되었다. 16세기 때는 많은 중세 시대 건물들이 사라지게 되었고 궁전은 공화국을 상징하기 위해
외양을 바꾸었다.

1591년에 건물의 외양이 현대화되었으며, 거대한 홀이 정원 옆에 설치되었다. 이중 계단도 생겨나
고 궁전의 서쪽은 바로 대회의당과 중회의당으로 통하는 구조로 지어졌다. 같은 건물에 있는 예배당
은 단순한 직사각형 방으로 만들고, 다양한 프레스코화들이 여왕의 승리를 묘사하고 있다. 1777년의
화재로 궁전의 일부(대회의당)가 소실되기도 하였다. 쥬셉페 이솔라는 1875년에 리구리아의 무역을
묘사하는 프레스코화를 남겼다. 또한 건물의 중심부를 재건축할 때 티치네제 시모네 칸토니의 디자
인이 사용되었다. 유명한 신고적 양식으로 만든 건물이며, 천장은 돔 형태로 되어 있다.

19~20세기에 이루어졌던 작업들은 궁전을 새롭게 만들었으며, 주변과도 격리시키는 역할을 하였다.
오르란도 그로쏘에 의해 만들어졌던 특별한 정문은 궁전의 동쪽에 있는 페라리 광장과의 구역을 구분
짓기 위해 만들어졌다. 이 궁전이 최종적으로 완공되었을 당시, 궁전은 유럽에서 가장 규모가 큰 성이
었다. 이후 건축가 죠반니 스팔라의 프로젝트 덕분에 궁전은 거의 옛날 모습으로 원상 복구 되었다. 이
건축물의 특색은 건물들을 서로 이어주며 '떠 있는 길'이라 불리며 철로 만들어진 나선형 구조물이다.

주소 제노바 구도심의 Piazza Matteotti(마테오티 광장)에 있다. 시간 월요일 휴무

페라리 광장 Piazza De Ferrari

▌▶ 성 제노바의 중심

정말 넓은 광장이고 활력이 있는 제노바의 중심이다.
페라리 광장을 건설하기 위하여, 산 안드레아 언덕(St.
Andrea)을 평평하게 만
들었다.

콜럼버스의 집 Case di Colombus

콜럼버스가 유년 시절을 보낸 집

조사에 의하면 폰티첼로 거리 37번지(Vico Dritto Ponticello No. 37)가 콜럼버스의 자택이었다고 한다. 그는 여기서 사보나로 옮기기 전까지 가족과 함께 거주하였다.(1455~1470) 1887년 6월 28일, 제노바 시가 이 집을 사들였다. 여행 팸플릿에는 이런 글이 있다 "어느 집도 이보다 나은 이름을 가지지 못한다. 이 저택에서 콜럼버스는 그의 유년 시절을 다 보냈다" 이 저택은 원래 이곳에 있는 것이 아니었지만, 이 장소로 재건축되었다.

콜럼버스의 상

주소 제노바 구도심의 Piazza Dante(단테 광장) 입장료 6.5유로(통합권 25유로) 홈페이지 www.columbus3c.com

포르타 소프라나(높은 문) Porta Soprana

제노바의 높은 문

'높은 문'이라는 뜻의 이 문은 1155년에 건설되었으며, 도시의 벽들은 바르바로싸(Barbarossa)라고 불렸으며 문은 소프라나(Soprana)라고 불렸는데, 왜냐하면 이 문이 다른 문들보다 높이가 높았기 때문이다. 1900년대 초에 소프라나가 재건축하기 시작하였고, 1937년에 완성했다. 1809년까지 30m높이의 두 개 탑들 중 한 곳에 단두대가 있었고 집행자는 루이 16세를 처형했던 몬 시에르 삼손(Monsieur Samson)이었다. 문에는 다음과 같은 문구가 적혀 있다. "나는 사람들을 방어한다. 벽들로 둘러 싸여 있으며, 나는 적들을 무찌른다. 당신이 평화를 가져다 주는 사람이라면 이 문을 열어도 좋다. 하지만 전쟁을 원한다면, 당신은 패배하여 슬픔을 맛보게 될 것이다. 메리디안과 서부는 제노바가 얼마나 많은 전쟁에서 승리를 거두었는지 알 것이다."

주소 제노바 구도심의 Piazza Dante(단테 광장) 위치 콜럼버스의 집 바로 옆.

국립 스피놀라 갤러리 Galleria Nazionale Palazzo Spinola

마르코 폴로와 스파놀라의 기증품들이 가득

이 박물관은 예술 작품, 가구, 세라믹, 은, 책 그리고 골동품들을 전시하고 있으며, 대부분 1958년, 마르코 폴로와 프랑코 스피놀라가 기증한 것들이다. 이 물품들을 기증할 당시 자신들의 자택도 같이 기증하였다고 하는데 자택은 전쟁으로 끝의 두 층이 없어졌다. 자택은 1993년에 개방되었으며, 여러 물품들을 전시하고 있다. 특히 스피놀라의 기증품들이 볼 만하다. 제노바의 그림뿐만 아니라, 플레미쉬와 같은 다른 유럽 국가들의 그림들도 전시되어 있으며, 많은 유명한 화가들의 작품이 전시되어 있다. 루벤스, 반디크, 반 클레베, 안토넬로 다 메시나, 스토로치 프로카치니, 조반니 피사노, 그레케토, 발레리오 카스텔로, 로렌조 데 페라리 타바로네 등이 여기에 해당된다.

주소 Piazza Pellicceria(펠리체리아 광장)

위치 두칼레 궁전에서 걸어서 약 10분(Ducale –via S.Lorenzo –via canneto il Curto –P.zza Banchi –Via S. Luca)

왕궁 박물관 Museo di Palazzo Reale

권력가들의 거주지

1600년대에 건설했으며, 발비, 두라쪼 그리고 사보이
아와 같은 권력 있는 가문들이 거주하였다. 17~19세
기의 여러 건물들은 여전히 보존되고 있고 23개의 방
은 그림들로 가득 차 있다. 반디크, 베로네
제, 틴토레토, 구에르치노, 스트로치와 같
은 유명한 화가들과 제노바 파의 그림들이
다수 소장되어 있다. 또 필립포 파로디의
조각들도 존재한다. 17~18세기의 가구
들이 유명하다.

주소 Via Balbi 10 시간 월요일 휴무

알베르티스 성 Castello di Albertis

성 자체가 하나의 예술 작품

이 성은 제노바를 통치하기 위해 만들었다. 제
독 엔리코 알베르토 달베르티스가 디자인하였
으며, 16세기의 폐허 위에 건설하였다. 건설은
1886~1892년에 이루어졌는데, 총 감독자는 알
프레도 안드라데였다. 그는 1932년에 죽었고, 이
후 성을 제노바 시에 기증하였다. 신고전학적 양
식과 여러 장식들을 구경할 수 있는 계기를 마련
했을 뿐만 아니라, 제노바의 역사를 규명하는 데
큰 역할을 하였다. 왜냐하면 앞에서 언급했듯이,
이 성이 16세기 건물의 폐허 위에 건설되었기 때문이다. 이 성은 개인 주거지보다는 박물관에 가깝
다. 거의 모든 방에는 수집품들이 소장되어 있는데 개인적인 물품들도 다수 보인다.

하지만 수집품들만이 예술 작품은 아니다. 건물 자체가 하나의 작품이라고 해야 할 것이다. 예를 들어
식당은 제노바 특유의 하트 모양으로 만들었으며, 다양한 화로와 상징
물들이 나열되어 있다. 과학적인 물건들은 주로 지하실에 전시되어 있
다. 거대한 입구에는 오스트리아 특유의 통나무배와 노가 있으며, 16세
기의 석궁들과 거대한 고래 뼈, 거북이 등 껍질, 활, 뉴질랜드의 화살 등
과 같은 것들이 전시되어 있다. 정문 아래에는 루이지 마리아, 달베르티
스의 물품들이 전시되어 있다. 최근 유럽 여러 나라의 군사 용품들이 더
해졌다. 세계 방방곡곡의 물건들이 여기에 전시되어 있다는 사실은 놀
라울 따름이다.

주소 Corso Dogali 18 요금 각 행사 전시물에 따라 개관, 요금이 달라짐.

364

기념의 다리 Ponte Monumentale

▶ 자유를 위해 싸운 전사들의 기림

기념의 다리는 1900년대 초에 건설되었는데 제노바의 명물이다. 도로에서 약 21m 떠 있으며 아쿠아솔라(Acquasola) 공원과 안드레아 포데스타 거리(Corso Andrea Podesta)를 이어 준다. 1949년에 자유를 위해 싸운 전사들을 기리는 두 개의 돔이 설치되었고 이 돔에는 병사들의 이름이 새겨 있다. 한 쪽에는 역사적인 사실을 기술해 놓았으며, 독일군의 항복을 자세히 묘사해 놓았다.

여행자 안내소

1 Via Roma 11/3
2 piazza Acquaverde

Travel Tip

1. 제노바는 나폴리만큼 볼거리가 많은 지역이다. 마찬가지로 큰 도로보다는 작은 골목을 돌아다니면 여행은 훨씬 흥미가 있다.
2. 밤은 중심지를 제외하고는 약간 위험하다.
3. 제노바의 기차역은 프린치페 역(La Ferrovia Porta Principe)과 브리뇰레 역(La Ferrovia Brignole) 두 군데가 있다. 기차에서 내릴 때는 반드시 제노바의 중심가에 위치한 브리뇰레 역에서 내려야 한다. 프린치페 역은 제노바의 끝에 위치해 있다.

현지 구입 소책자들

베네치아 Venezia

◎ 죽기 전에 꼭 가 봐야 할 아름다운 물의 도시

영어로는 베니스(Venice)라고 하는 베네치아는 반드시 가 봐야 할 곳이다. 아니, 소설가 뒤마의 말처럼 죽기 전에 반드시 보아야 하는 도시다. 베네치아는 수상 도시라고 많이 알려져 있는데 원래부터 수상에 지은 것은 아니며, 현재 116개의 섬들이 409개의 다리들로 연결되어 있다. 따라서 동남아의 수상 가옥과는 다르다.

베네치아의 역사는 567년 이민족에 쫓긴 롬바르디아의 피난민이 만(灣) 기슭에 마을을 만든 데서 시작된다. 6세기 말에는 12개의 섬에 취락이 형성되어 리알토 섬이 그 중심이 되고, 베네치아 번영의 심장부 구실을 하였다. 처음 비잔틴의 지배를 받으면서 급속히 해상무역의 본거지로 성장하여 7세기 말에는 무역의 중심지로 알려졌고, 도시공화제(都市共和制) 아래 독립적 특권을 행사하였다.

베네치아에는 세레니시마 가문이 있었다. 이 가문은 1202년에 엔리꼬 단돌로 총독이 콘스탄티노플을 정복하기 위해 4차 십자군 지원을 요청한 당시부터 세력을 급속히 확대, 중계무역으로 부를 축적하였다. 이후 베네치아는 소위 중계 무역 도시, 즉 홍콩과 같이 잘 살게 되었다.

베네치아는 15세기부터 밀라노, 피렌체와 더불어 이탈리아를 장악했으나 1797년에 베네치아는 자치권을 잃게 되는데 나폴레옹이 침략해 베네치아를 오스트리아에게 넘겨 버렸기 때문이다. 베네치아의 주인인 세레니시마 가문은 몰락했고 그러다 1866년 베네치아는 이탈리아로 다시 돌아왔다. 문화적으로 살펴보면 베네치아는 주로 비잔틴 양식과 북쪽에 위치한 지리적 이점으로 고딕 양식, 그리고 이탈리아 중부에서 영향을 받은 르네상스 양식이 혼재되어 있는 곳이다.

베네치아를 방문하기에 제일 적당한 계절은~

여름이 아니다. 여름에 가면, 뜨거워 돌아다니기도 싫고, 그보다 상점 주인들이 다 놀러 가 버리기 때문에 문이 닫힌 상점도 많다. 단연코 베네치아는 겨울이다. 이때는 운하의 물이 넉넉해서 좋으며 약간은 쓸쓸함을 느끼기에도 더없이 좋다.

베네치아

← 메스트레 역 방향

Ganale delle Sacche

Ganale Colambola

Tre Archi

Crea

S. Alvise

CANNAREGIO

Gugile

산 마르쿠올라
S. Marcuola

대운하
Ganale Grande

터키 상인 회관
Fondaco dei Turchi

리바 데이 비아시오
Riva di Biasio

페로비아
Ferrovia

산타 루치아역
Stazione Santa Lucia Fs

스칼치 다리
Ponte degli Scalzi

산 시메온 피콜로 성당
San Simeon Piccolo

SANTA CROC

피아찰레 로마
Piazzale Roma

산타 마리아
글로리오사 데이 프라리 성당
Santa Maria Gloriosa dei Frari

산 폴로 광
Campo di Sa

로마 광장
Piazzale Roma

산 로코 대신도 회당
Scuola Graned
ei San Rocco

SAN PO

산 토마
S. Toma

Ganale Scomenzera

카 포스카리
Ca'Foscari

카 레초니코
Ca' Rezzonico

산 사무엘레
S. Samuele

카 레초니코
Ca'Rezzonico

S. Marta

DORSODURO

아카데미아
Accademia

산 바실리오
S. Basilio

아카데미아 박물관
Galleria dell'Accademia

페기구겐
전시
Raccolta
Guggen

차테레
Zattere

Ganale di Fusina

Sacca Fisola

주데카 운하
Canale della Giudecca

산 에우페미아
S. Eufemia

팔란카
Palanca

CANNAREGIO

타에
tae

카 페자로
Ca Pesaro
C. del Ravano

카 도로
Ca D'oro

카 도로
Ca'd'Oro

대운하
Ganale Grande

Strada Nuova

Riva dell'Ogio

Campo
del SS. Apostoli

Campo
S. Maria Nuova

수산 시장
Pescheria

Campo
della Pescaria

Campo
S. Cassiano

C. del Campanile

Calle del Boteri

산타 마리아 데이 미라콜리 성당
Chiesa di Santa Maria dei Mirocoli

Ruga V. S. Giovanni

Ruga V. S. Orefici

Campo
S. Orefici

디에아 사비 궁전
Palazzo Diea Savi

Campo
S. Giacomo

중앙 우체국
Campo
S. Bortolomio

SAN POLO

Calle Pirletta

Fondamenta del Vini

리알토 다리
Ponte di Rialto

Calle Pinetta

Salizzada di San Lio

Campo
S. Silvestro

Riva d. Ferro

C. Mazzini

CASTELLO

파파 도폴리 궁전
Palazzo Papadopoli

산 실베스트로
S. Silvestro

리알토
Rialto

마닌 궁전
Palazzo Manin

산타 마리아 포르모사 성당
Chiesa di Santa Maria Formosa

Riva del Carbon

C. Benzo

C. del Lovo

산 살바토레 성당
Chiesa di S. Salvatore

대운하
Ganale Grande

Calle Carbon

Calle Cavalli

C. dei Balote

그리마니 궁전
Palazzo Grimani

Campo
S. Luca

Mercena San Zullan

Calle
degl

Calle Grimani

로시니 극장
Teatro la Renice

Campo
Manin

Merceria delle Orologio

Mercene delle Orologio

스피넬리 궁전
orner Spinelli

Fabbri

Calle Larga S. Marco

페사로 궁전
Palazzo Pesaro

Calle Fuubera

산 마르코 대성당
Basilica San Marco

SAN MARCO

산 안젤로 광장
Campo
S. Angelo

Calle dei Frutariol

탄식의 다리
Ponte d. Sospiri

스테파노 성당
di S. Stefano

Campo
S. Fantin

Campo
C. Chiesa Piscina Frezzeria

산 마르코 광장
Piazza San Marco

종탑
Campanile

라 페니체 극장
Teatro la Renice

코레르 미술관
Museo Civico

두칼레 궁
Palazzo Ducale

Calle Frezzaria

마르치아나 도서관
Bibrioteca Marciana

산 마우리치오 광장
Campo
S. Maurizio

S.ta S. Moisè

Campo
S. Maria
del Giglio

C. Larga 22. Marzo

Campo
S. Moisè

산 마르코
S. MArco

카 그란데
(코르네르 궁)
Ca Grande

Fond. d. Farina

질리오
Giglio

산 마르코 운하
Bacino di San Marco

대운하
Ganale Grande

페기 구겐하임 전시관
Raccolta Peggy
Guggenheim

살루테
Salute

Fond. Dogana alla Salute

산타 마리아 델라 살루떼 성당
Santa Maria della Salute

수상 버스 노선
1번
82번

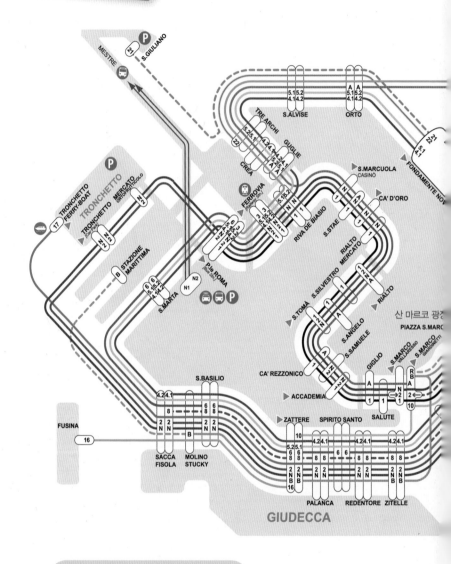

수상버스 노선도
Vaporetto Routes

MESTRE

P 21 S.GIULIANO

TRONCHETTO
P TRONCHETTO
FERRY BOAT
17 TRONCHETTO
TRONCHETTO MERCATO
ORTOFRUTTICOLO
N2

B STAZIONE MARITTIMA
B

6 8 N
5 15 2
4 1 4 2
S.MARTA
N1 N2
P.le ROMA
(PIAZZALE ROMA)

TRE ARCHI
5 2 5 1
22
CREA
4 2 4 1 4 2 4 1
5 2 5 1
5 1 4 2
GUGLIE
S.ALVISE
5 1 5 2
4 1 4 2
ORTO
A A
5 1 5 2
4 1 4 2

N2
5 1

FONDAMENTE NOV

FERROVIA
(STAZIONE S.M.)
5 15 2
N N
3 N 2 N 1
5 1 5 2
3 4 2 N 2
RIVA DE BIASIO
S.STAE

S.MARCUOLA
CASINÒ
CA' D'ORO
1 N 2
N 2
1 A

RIALTO MERCATO
1 N 1 A
RIALTO
1

S.TOMÀ S.SILVESTRO
1 N
1
S.ANGELO
1
S.SAMUELE
N 2 A

산 마르코 광장
PIAZZA S.MARCO

CA' REZZONICO
1

GIGLIO
A
1 1
ACCADEMIA
1 1

S.MARCO
VALLARESSO
N
2
1
R B
A
2
1
10

S.MARCO
GIARDINETTI

SALUTE
ZATTERE
SPIRITO SANTO

FUSINA
16

SACCA FISOLA
2 N
B
MOLINO STUCKY
6 8
6 8
2 N

S.BASILIO
4 2 4 1

10
5 2 5 1
6 8
8
2 N B
16
PALANCA
4 2 4 1
6 6
8
2 N B

REDENTORE
4 2 4 1
8
2 N B

ZITELLE
4 2 4 1
8
2 N B

GIUDECCA

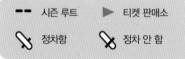

- - 시즌 루트   ▶ 티켓 판매소

정차함   정차 안 함

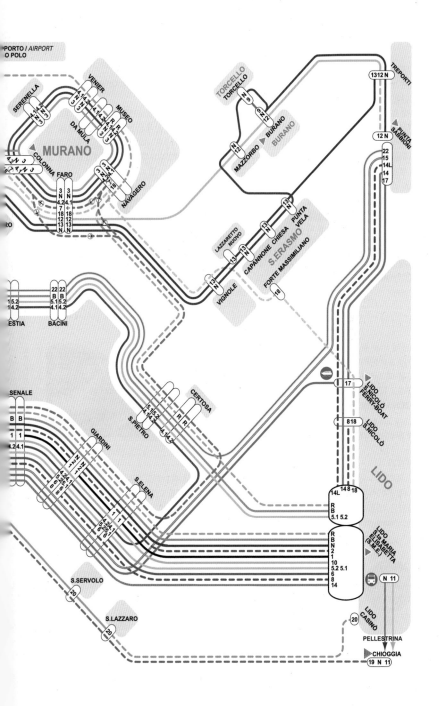

베네치아로 가기

◎ 기차

베네치아 섬의 기차역인 산타 루치아(Santa Lucia) 역은 섬 안의 산타 루치아 콰이(S. Lucia Quay)에 있다. 이곳이 베네치아 여행의 시작점이다.

그런데 로마나 피렌체, 혹은 밀라노에서 기차를 타면 대개 메스트레(Mestre) 역에서 내린다. 메스트레 역은 섬 밖의 내륙 지역 기차역이고 산타 루치아 역은 베네치아 섬 안에 있는 역이다. 메스트레 역에서 내려 다시 섬 안에 있는 산타 루치아 역으로 가는 기차를 타면 10분 내외로 갈 수 있다. 메스트레 역은 이탈리아 주노선이고, 산타 루치아 역은 지선이다. 어쨌든 종착역이 메스트레 역이라고 적혀 있으면 무조건 내려서 기차를 갈아타야 한다.

메스트레 역

베네치아 산타 루치아 역. 산타 루치아 역에서 본토와 베네치아를 연결하는 다리는 약 3.6Km이다.

산타 루치아 역 내의 여행자 사무소

메스트레 역을 통과하는 유로 스타 중에 상당수는 산타 루치아로 가지 않고 이탈리아 북부의 우디네까지 가는 경우가 많다. 열차표를 끊을 때 반드시 '베네치아 산타 루치아' 역으로 끊어야 베네치아 시내로 들어간다. 그리고 산타 루치아 역이라고 적혀 있어도 메스트레에서 갈아타야 하는지 반드시 열차표를 확인할 것!

베네치아로 가는 유로 스타는 베네치아에 도착할 때 늘 10분~15분 정도 연착된다.
피렌체-베네치아: 34유로(ES 기준), 베네치아-로마: 59유로(ES 기준)

◎ 비행기

로마, 밀라노, 나폴리 등에서 베네치아의 마르코 폴로 공항으로 취항하고 있다. 로마에서는 약 1시간, 나폴리에서는 1시간 10분 정도 소요된다. 밀라노에서는 철도를 이용하는 것이 좋다. 마르코 폴로 공항은 베네치아 시내에서 약 13km 떨어져 있다.

홈페이지 www.veniceairport.it

공항에서 시내로 가기

1 버스 공항에서 산타 루치아 역 건너편 로마 광장(Piazza Roma)까지 버스가 있다. 로마 광장에서 공항으로 가는 버스를 탈 때는 C8, C9 승강장을 이용한다. 하지만 다른 공항으로 가는 버스도 있으니 마르코 폴로 공항으로 가는지 확인하고 탑승한다. 그러나 많은 관광객들이 메스트레 역으로 가는 버스를 타기도 한다.
소요 시간 약 30분, 30분 간격으로 출발 요금 편도 8유로, 왕복 15유로

2 수상 버스 공항에서 산 마르코 광장까지 연결한다. 알리라구나 노선(Alilaguna Line)
소요 시간 약 1시간, 1시간 간격으로 출발 요금 편도 15유로 / 왕복 27유로 / 온라인 13유로
홈페이지 www.alilaguna.it
Linea Blue: 마르코 폴로 공항 – 리도 – 산 마르코
Linea Arancio: 공항 – 리알토 – 산 마르코,
Linea Rossa: 공항 – 무라노 – 리도

베네치아의 시내 교통

베네치아에는 버스나 지하철이 없다. 도로가 좁고 자동차가 전혀 다니지 않는 베네치아의 주된 교통 수단은 수상 버스(바포레토)다.

1. 수상 버스

수상 버스는 곳곳에 정류장이 있어 이용하기 쉬우며 승차권은 각 정류장마다 있는 판매소에서 구입하면 된다. 수상 버스 노선은 많은 편이며 그 중에서도 여행자들이 자주 이용하는 1번과 82번을 기억하면 된다. 82번은 1번과 같은 노선의 급행이다. 2011년 4월 1일부터 새 ACTV패스 도입했으므로 개찰 안할 시 벌금은 6유로이며 추가로 행정관리비까지 내야 하니 주의해야 한다.

운행 시간 07:00~약 24:00 운행 간격 10~15분 정도 요금 1회권(75분 유효): 7.50유로, 24시간: 20유로, 48시간: 30유로, 72시간: 40유로, 7일: 60유로 / 수상 버스 요금은 패키지에 따라 요금이 다양하기에 홈페이지를 참조하자. 또한 베네치아의 인근 섬까지만 통용되는 금액으로, 해당 범위를 넘어가는 섬으로 이동 시 추가 요금을 받기도 한다. 홈페이지 www.actv.it

1번 로마광장과 리도 왕복

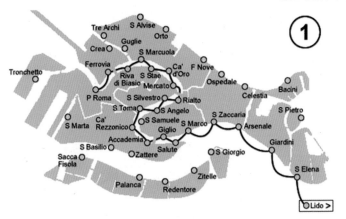

2번 로마광장과 리도 직행 순환선

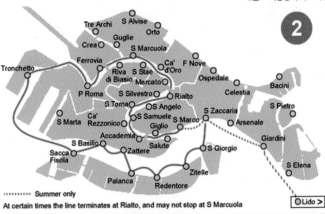

········ Summer only
At certain times the line terminates at Rialto, and may not stop at S Marcuola

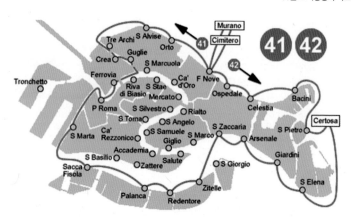

51, 52번 리도, 본섬 외곽 순환선

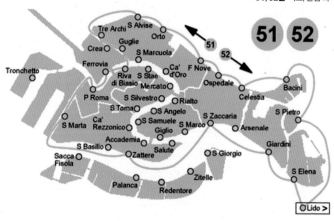

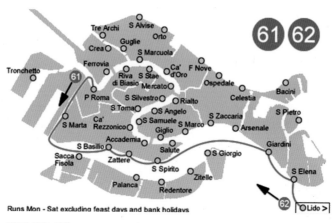

61, 62번 리도 방향

Runs Mon - Sat excluding feast days and bank holidays

DM선 무라노 직행

LN선(Laguna Nord) 산 마르코 광장, 무라노, 부라노, 리도를 차례로 지나감.

2. 수상 택시

'모토스카피(Motoscafi)'라고 불리기도 한다. 기본 요금은 15유로이고, 분당 2유로 추가된다. 인원은 보트 크기에 따라서 6인용, 8인용, 12인용이 있다. 기본 요금 15유로로(시간대마다 할증이 있으며 화물 요금도 따로 받음)

3. 곤돌라

베네치아에 왔다면 한 번쯤은 타볼 만하다. 비쌀 것이라 생각하지만 합승제여서 여러 명이 같이 타면 큰 부담이 되지는 않는다. 곤돌라 사공, 곤돌리에라의 칸초네를 들으며 유유자적 즐기는 곤돌라 투어는 새로운 경험이 될 것이다. 기본 요금 6인 기준 80유로(약 50분, 기본 시간 이후 25분마다 50유로 가산, 시간대별 할증 있음)

1 여행자 사무소가 많지만 기차역에 있는 여행자 사무소를 이용할 것. 산타 루치아 역에서 여행을 시작 하는 것이 가장 낫다. 맞은 편에 수상 버스가 다닌다.

2 상 버스나 곤돌라는 타볼 것. 돈은 아낄 때 아끼고 이런 것은 반드시 타야 한다.

3 산 마르코 성당 주변에 작은 골목에서 각종 기념품들을 파는데 마음에 드는 것이 있으면 잘 골라보자. 베네치아의 제품들은 타 도시에서 구하기 힘들다. 제일 좋은 것은 가면과 모자다. 단, 길거리 노점에서 파는 제품은 중국산이니 피하자.

4 식당은 매우 비싸다. 가격표를 잘 보고 들어갈 것.

5 굳이 힘들게 베네치아 안에서 숙박을 정할 필요는 없다. 인근 도시에서 해도 별 무리가 없다.

6 수상 버스는 주로 1번과 2번을 이용하면 된다. 그리고 공항으로 갈 때는 52번.

베네치아 관광 포인트

베네치아는 철저하게 풍경 중심인 도시다. 로마, 피렌체 등의 경우는 부지런히 박물관을 다녀야 하지만 베네치아, 나폴리 등의 도시는 천천히 산보하듯이 몸의 긴장을 풀고 이 골목 저 골목을 다니면 되는 곳이다. 무엇을 구하러 오면 실망을 하고, 쉬러 오는 사람들에게는 많은 것을 안겨줄 것이다.

관련 홈페이지 www.turismovenezia.it

여행자 안내소

1 주소 : Stazione Santa Lucia
이탈리아 전국에서 가장 찾기 쉽다. 바로 산타 루치아 역에서 나오는 입구에 있다.

2 주소 : Piazza San Marco 71/f
산 마르코 광장에 갈 경우 산 마르코 성당에서 광장을 바라보고 맞은편 왼쪽 끝에 있다.

베네치아의 비엔날레

홈페이지 www.carnivalofvenice.com

2년마다 6월에서 10월 사이에 펼쳐지는 비엔날레가 볼 만하다. 전 세계의 유명한 예술인들의 작품들이 유명한 궁전들과 건물들에 전시된다. 행사 본부는 카 쥬스티니안(Ca Giustinian)에 있다. 또한 매년 2월에 개최되는 카니발 행사는 단연 베네치아의 압권이다. 베네치아와 관련된 것이라면 모두 볼 수 있다. 특히 다양한 가면들은 베네치아에 온 것을 확실히 체감할 수 있다. 그리고 베니스 영화제가 8월~9월에 개최된다.

Travel Tip

베니스 영화제가 열리는 주간은 많은 사람들이 북적일 것 같지만 실제 영화제를 위한 관광객은 많지 않다. 그러나 베니스 영화제가 열리는 때의 베네치아 숙박 시설은 완전히 만원이어서 숙박 시설을 구하지 못할 때가 많다. 굳이 베네치아에서 숙박을 하지 않더라도 베네치아로 가는 교통편이 좋은 인근의 파도바나 로비고에서 숙박을 하는 것도 괜찮다.

대운하 Canale Grand

수상 버스를 타고 즐기는 베네치아 일주

대운하는 베네치아를 관통하는 S 자 라인의 운하이다. 산타 루치아 역에서 산 마르코 광장 사이를 S 자로 크게 나누는 베네치아의 주요 수로로 길이만 4km에 달한다. 베네치아에 왔다면 단연 수상 버스(바포레토)를 타고 운하를 따라 내려가면서 주변에 위치한 멋진 건물과 물의 도시 베네치아의 풍경을 감상해보자.

산타 루치아 역의 맞은편으로 보이는 산 시메온 피콜로 성당을 시작으로 귀족의 저택인 카 페자로와 화려한 고딕 양식의 카 도로를 지나고 베네치아의 명소인 리알토 다리를 지난다. 마지막으로 베네치아 파의 회화를 볼 수 있는 아카데미아 미술관을 지나면 아름다운 산타 마리아 살루떼 성당이 보인다. 곧이어 대운하 여행은 산 마르코 광장 역에 내려 막을 내리고, 본격적인 시내 관광을 시작한다.

Access

산타 루치아 역 왼편으로 보이는 스칼치 다리 앞에서 수상 버스 1번이나 2번 탑승.
운행 시간 07:00~24:00
운행 간격 10~15분 정도
요금 1회권(75분 유효): 7.50유로 / 24시간: 20유로 / 48시간: 30유로 / 72시간: 40유로 / 7일: 60유로
홈페이지 www.actv.it

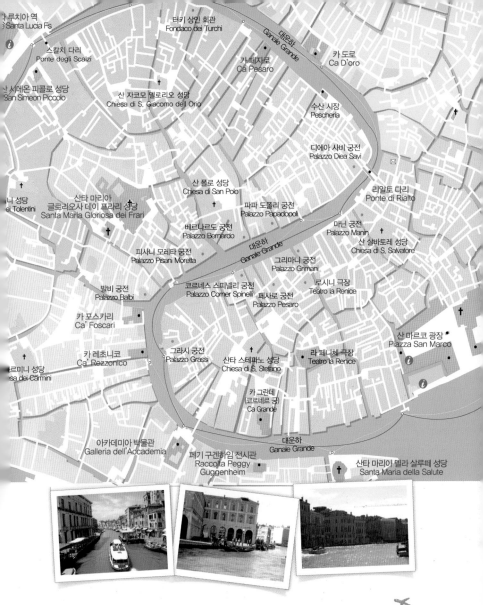

루치아 역
Santa Lucia Fs

터키 상인 회관
Fondaco dei Turchi

대운하
Canale Grande

카 도로
Ca D'oro

스칼치 다리
Ponte degli Scalzi

카 페자로
Ca Pesaro

산 시메온 피콜로 성당
San Simeon Piccolo

산 자코모 델로리오 성당
Chiesa di S. Giacomo dell Orio

수산 시장
Pescheria

디에아 사비 궁전
Palazzo Diea Savi

산 폴로 성당
Chiesa di San Polo

리알토 다리
Ponte di Rialto

니 성당
ei Tolentini

산타 마리아
글로리오사 데이 프라리 성당
Santa Maria Gloriosa dei Frari

파파 도폴리 궁전
Palazzo Papadopoli

마닌 궁전
Palazzo Manin

베르나르도 궁전
Palazzo Bernardo

산 살바토레 성당
Chiesa di S. Salvatore

피사니 모레타 궁전
Palazzo Pisani Moretta

대운하
Canale Grande

그리마니 궁전
Palazzo Grimani

발비 궁전
Palazzo Balbi

코르네스 스피넬리 궁전
Palazzo Corner Spinelli

페사로 궁전
Palazzo Pesaro

로시니 극장
Teatro la Fenice

카 포스카리
Ca' Foscari

그라시 궁전
Palazzo Grassi

산타 스테파노 성당
Chiesa di S. Stefano

라 페니체 극장
Teatro la Fenice

산 마르코 광장
Piazza San Marco

카 레초니코
Ca' Rezzonico

르미니 성당
esa dei Carmini

카 그란데
코로네르 궁
Ca Grande

아카데미아 박물관
Galleria dell'Accademia

페기 구겐하임 전시관
Raccolta Peggy
Guggenheim

대운하
Canale Grande

산타 마리아 델라 살루떼 성당
Santa Maria della Salute

travel tip

베네치아 대운하 Best Course

산타 루치아 역 앞 스칼치 다리 → 산 시메온 피콜로 성당 → 카 페자로 → 카 도로 → 리알토 다리 →
카 포스카리 → 카 레초니코 → 아카데미아 미술관 → 산타 마리아 델라 살루떼 성당 → 산 마르코
광장

운행 시간 07:00~24:00
운행 간격 10~15분 정도
요금 1회권(75분 유효): 7.50유로 / 24시간: 20유로 / 48시간: 30유로 / 72시간: 40유로 / 7일권: 60유로
요금 조회 www.actv.it

산타 루치아 기차역을 나와 바로 왼쪽으로 조금 가면 스칼치(Scalzi) 다리에서 수상 버스를 탈 수 있다. 산 마르코 성당까지 걸어서도 갈 수 있지만 수상 버스를 타고 운하를 돌아보며 가는 것도 좋다. 베네치아는 15분~30분 내외로 이곳에서 베네치아의 끝인 산 마르코 광장까지 갈 수 있다. 수상 버스를 타고 산 마르코 광장까지 내려갔다가 다시 그곳에서 걸어서 주변을 돌아보며 올라오는 것을 추천한다.

베네치아 역에서 나오자 마자 보이는 광장

Buongissimo~♪

수상 버스를 타는 방법은 아주 간단하다. 우선 가고자 하는 행선지를 살펴보고 난 뒤 버스 정류장에 있는 지도를 보면 된다. 각 버스마다 서는 정류장 이름이 표시되어 있다. 다만, 중요한 것은 자신이 타고자 하는 수상 버스의 방향이다. 보통 타기 전에 버스에 보면 문을 여닫는 안내원이 있는데 가고자 하는 목적지의 이름을 물어보면 된다. '산 마르코?'라고 물어보고 '씨'라고 대답하면 간다는 말이다.

수상 버스 정류장. 대개 관광객들이기 때문에 움직이는 방향이 거의 다 똑같다. 몰라도 따라 타면 갈 때는 다 간다.

수상 버스

수상 버스 내부

수상 버스 정류장

버스 정류장임을 나타내는 표시. 바포레토(VAPORETTO = 수상 버스)

분주한 수상 버스 정류장

곤돌라의 역사는 1천 년으로 거슬러 올라가지만 실제 공식적으로 배의 이름이 남기 시작한 때는 1094년에 공문서에 'gundula'라는 명칭을 썼을 때부터다. 실제 어원은 배를 뜻하는 그리스어인 'Kondyle'에서 왔다고 보고 있다. 18세기까지는 각종의 작은 배들이 있었는데 18세기에 동일하게 표준화하였다. 길이는 10.75m, 너비는 1.75m이다. 이때 색상도 검은색으로 표준화되었다. 현재는 길드 형태의 협회가 있어 곤돌라를 관리한다.

곤돌라는 좀 비싸더라도 베네치아에 왔다면 한 번쯤은 타 보는 것이 좋다. 단, 저녁 때가 제일 비싸다. 가장 좋은 방법은 여럿이 같이 타는 방법이다. 곤돌라를 타는 비용은 성수기에는 하루 저녁 별 세개 호텔 숙박비와 맞먹을 때도 있다.

기본 요금 6인 기준 80유로(약 50분, 25분 추가 운행 시 50유로 가산, 시간대별 할증 있음)

수상 보트와 곤돌라의 교차. 무조건 곤돌라가 비킨다.

화려한 곤돌라 내부

곤돌라 타는 곳. 곤돌라도 나름대로 정류장과 구역이 있다.

곤돌라를 타는 연인들. 신혼부부라면 더더욱 꼭 타보자.

곤돌라 선착장의 레스토랑

좁은 운하의 모습. 이렇게 벽돌로 지었다. 이유는 가볍기도 하지만 시간이 지날 수록 내구성이 높아지기 때문이다. 베네치아 건물들에 창문이 많은 것을 보게 되는데, 이는 건물의 하중을 줄이기 위한 방법이다.

곤돌라를 타려면
곤돌라는 태양이 내려 쬐이는 대낮보다는 해가 어스름으로 넘어서는 늦은 오후가 좋다.

산 시메온 피콜로 성당 San Simeon Piccolo

대운하 여행의 시작

산타 루치아 역 앞 광장에서 정면으로 보이는 성당으로 수상 버스를 타면서 가장 먼저 보게 되는 건물이다. 이 건물은 1718년에 무너져서 1738년에 다시 지었다. 이 건물을 자세히 보면 좀 기형적으로 돔이 거대하다는 것을 알 수 있다. 나폴레옹이 베네치아에 도착해서 이 돔을 보고 감탄했다고 한다.

카 페자로 Ca Pesaro

옛 귀족의 저택

18세기의 부호 페자로 가의 저택이다. 현재는 다양한 현대 미술품들이 소장되어 있다. 이 건물은 1628년에 착공해서 1710년에 완성한 건물로 건물 외벽에 동물들의 흉상이 있다. 건축가 롱게나의 명작으로 화려한 비잔틴 바로크 양식의 건축물이다. 수상 버스를 타고 휙 둘러보는 것으로도 괜찮다.

카(Ca)는 무엇일까?

이탈리아어로 집을 뜻하는 카사(Casa)라는 말에서 나왔는데 대운하 근처의 건물을 집이라기 부르기에는 너무 크다. 그렇다고 궁전을 뜻하는 팔라쪼(Palazzo)라고 부르기에는 작다 보니 줄여서 Ca라는 말을 쓴다.

카 도로 Ca D'oro

화려한 고딕 양식의 최고봉

프란체티 미술관이 있으며 1424년~1430년 사이에 지은 건물로 베네치아 고딕 양식의 최고봉이라고 한다. 여기서 도로라는 말을 di oro라는 말의 준말인데 oro라는 말은 '금'을 뜻한다. 건물 정면에 황금 도금이 있기 때문이라고 한다. 베니스 고딕 양식의 대표적 건축물로 정문과 마당이 특히 인상적이다. 유명한 화가들의 그림이 다수 소장되어 있다. 하지만 외관을 보는 것만으로 충분하다.

수산 시장 Pescheria

물의 도시, 베네치아의 싱싱한 해산물 구경

수산 시장 건물은 고딕 양식의 건물로 오래된 건물이 아니다. 1907년도에 만들었다. 아드리아 해에서 잡아 올린 싱싱한 해산물들을 볼 수 있다.

리알토 다리 Ponte di Rialto

베네치아 운하 관광의 제일 명소

베네치아 관광 책자에 늘 등장하는 리알토 다리. 흡사 피렌체의 폰테 베키오와 비슷하다. 16세기 말에 건설되었는데, 이 다리를 건설할 때 공개 입찰을 하였는데 미켈란젤로, 산소비노, 팔라디오 등 유명한 예술가들이 대거 지원하였다. 그러나 안토니오 다 폰테라는 베네치아와 친분이 있는 예술가에게 건설권이 넘어갔다. 이 다리는 당시 금화 25만 냥이라는 어마어마한 건축 비용을 투자했으며 1592년에 완성되었다. 다리 위에는 각종 기념품 가게가 즐비하다. 다리를 건너면 시장이 나온다. 기념품들이 다양하며 마스크와 모자가 유명하다.

반드시 다리 위에 올라가보자.
리알토 다리 위에서 대운하를 굽어볼 수 있다.

베네치아 대운하 감상의 명소!

리알토 다리 위를 오르내리는 관광객들

귀금속을 판매하는 유태인계열 상점들이 많다.

빽빽히 들어서 있는 리알토 다리 위의 상점들

노점에서 파는 가면들. 중국산이 많으니 구입 시에는 잘 살펴야 한다.

리알토 다리 위 상점에서 쇼핑할 때!
노점의 물건에 직접 손을 대지 말 것. 그리고 마음에 안 들면 냉정하게 돌아설 것. 베네치아의 상인들도 나폴리 상인만큼 뛰어난 상술을 자랑한다. 특히 이것저것 다 서비스로 준다고 흥정하는 경우는 조심할 것.

385

산타 마리아 글로리오사 데이 프라리 성당
Santa Maria Gloriosa dei Frari

▶ 티치아노의 작품과 무덤이 있는 곳

베네치아 고딕 양식으로 지은 프란체스코 수도회 성당. 이곳에 베네치아 화파의 대표적인 작가인 티치아노의 무덤이 있다. 프라리 광장에 있어 관광객들이 많이 찾는 곳은 아니다.

티치아노(Vecellio Tiziano, 1488 ~1576)
바로크 양식의 선구자. 고전적인 기존의 화단에 대비하여 격정적인 색채감으로 바로크 양식의 문을 연 화가다. 그의 작품은 루브르 박물관을 비롯하여 유럽 유명 미술관에서 볼 수 있다. 프라리 성당에서는 티치아노가 1518년에 완전히 그의 회화 스타일을 규정짓는 첫 작품인 〈성모 승천〉이라는 작품을 볼 수 있는데 인물들의 동작이 상당히 사실적이고 자유롭고 활기차다.

카 포스카리 Ca'Foscari

▶ 14세기 베네치아 고딕 양식의 걸작

S 자로 굽은 대운하의 중간 부분에 있는 화려한 건물이다. 14세기의 베네치아 고딕 양식을 대표하며 현재는 베네치아 대학의 본관으로 사용되고 있다.

베네치아의 수상 건물
베네치아의 물 위에 떠 있는 듯한 형태의 이 건물들은 과거 베네치아에서 중계무역이 활발할 때 주요 상품으로 다루던, 이탈리아 대리석의 명산지 '까라라'에서 들여온 대리석과 화강암으로 건축물의 기반을 지지하였기 때문이라고 한다.

카 레초니코 Ca' Rezzonico

▶ 옛 생활상을 볼 수 있는 박물관

17~18세기의 베네치아의 모습을 보여 주는 박물관이다. 당시의 생활상을 볼 수 있도록 잘 꾸며져 있다. 17세기 베네치아는 도시 인구 절반이 흑사병으로 사망하였지만 인근 유럽의 다른 지역들도 마찬가지여서 경제적인 이권은 계속 유지할 수 있었다. 이를 바탕으로 베네치아 특유의 예술 문화가 등장한 시기가 바로 17~18세기다.

아카데미아 박물관 Galleria dell'Accademia

베네치아파 화가들의 그림 박물관

베네치아에서 유명한 박물관이다. 14~18세기 다양한 색감으로 유명한 베네치아 파의 유명한 화가들의 그림을 살펴볼 수 있다. 벨리니의 〈피에타〉, 티치아노의 〈세인트 존〉, 틴토레토의 〈산 마르코〉, 조르조네의 〈라 템페스타〉 그리고 티치아노의 마지막 작품인 〈피에타〉 등이 소장되어 있다.

주소 Campo della Carita, Dorsoduro 1050 시간 월요일 8:15~14:00 / 화~일 8:15~19:15 요금 일반 13유로, 베네치아 통합권(72유로) 소지 시 무료 입장

벨리니의 〈산 마르코 광장의 행진〉 산 마르코 성당의 예전 모습을 볼 수가 있다.

베르나르도 벨로토의 〈산 마르코〉 멀리 산 모이세 성당이 보인다.

지오바니의 그림

페기 구겐하임 전시관 Raccolta Peggy Guggenheim

피카소의 그림을 볼 수 있는 곳

현대 미술관으로 유명하며 피카소의 그림이 있다. 페기 구겐하임의 거주지이기도 했던 이곳에 현대 미술품들이 대거 소장되어 있다. 폴락, 말레비치, 칸딘스키, 달리, 베이컨, 피카소 등의 작품들도 소장되어 있다.

산타 마리아 델라 살루떼 성당 Santa Maria della Salute

성모 마리아에게 바친 성당

하얀 대리석 외벽이 베네치아의 물에 비쳐 반짝거리는 건물로, 산 마르코 광장에 도착하기 전 대운하를 돌아보는 마지막 코스다. 둥글고 큰 지붕에 팔각형의 바로크 양식 건물이다. 이탈리아어로 '살루떼'란 '건강'을 뜻하는데, 1630년, 전 유럽에 페스트가 돌고 베네치아 역시 인구의 3분의 1이 감소했다. 이때 의회는 역병이 물러난 것을 감사하는 뜻으로 이 성당을 만들었다.

베네치아의 대운하 둘러보기

여기서 배에서 내려 건물로 들어간다.
건물에는 수심을 가늠할 수 있는 막대와
배를 정박할 수 있는 막대들을 촘촘히 박아 두었다.

대운하에 인접한 건물들의 아래층

작은 운하

베네치아에는 1500여 개의 작은 운하가 있다. 이 사이로 곤돌라가 지나다닌다. 물은 상당히 지저분하다.

작은 운하 옆에는 어김없이 레스토랑이 있다.

그란테 카날레, 즉 대운하에 인접한 건물이다. 모든 건물들이 이렇게 자체 주차 공간이 있어 배를 정박할 수 있도록 되어 있다. 이 건물들의 가격은 상상을 초월할 뿐만 아니라 문화재로 지정이 되어 있어 팔고 사는 것이 거의 불가능하다.

대운하로 진입하는 보트 한 척

베네치아에는 종종 수상 보트와
수상 버스의 충돌이 있다.

작은 운하와 다리

베네치아의 가정집. 건물의 1층은 항상 홍수를 대비해서 중요한 시설을 배치하지 않는다. 보통 3층이 가장 중요한 층이다.

산 마르코 광장 Piazza San Marco

베네치아 관광의 중심

전 세계 여행자들이 모이는 곳이다. 주변으로 산 마르코 성당과 두칼레 궁전이 있다. 베네치아 광장은 항상 물이 찼다가 빠지곤 한다. 이 광장은 12세기에 만들었는데 워낙 많이 부식되고 망가져서 15세기에 새로이 손을 봤다. 지금도 끊임없이 공사 중이다. 주위를 돌아보면 광장 중앙에 큰 시계탑이 보인다.

이 탑은 15세기에 만들었으며 잠파올로와 글란카를로 라니에리가 디자인했다. 24시간, 계절, 달의 주기 등을 보여 준다. 엘리베이터 타고 직접 탑에 올라가 화려하고도 멋진 베네치아의 풍경을 감상해 보자.

Access

1 산타 루치아 역 앞 스칼치 다리 앞 수상 버스 정류장에서 1번이나 82번 수상 버스를 타고 산 마르코 역에서 내린다.
2 천천히 도보로 이동해도 된다.

느긋하게 돌아보기

산 마르코 광장부터 리알토 다리 주변으로는 레스토랑과 멋진 숍들이 많으니 도보로 느긋하게 돌아보자.

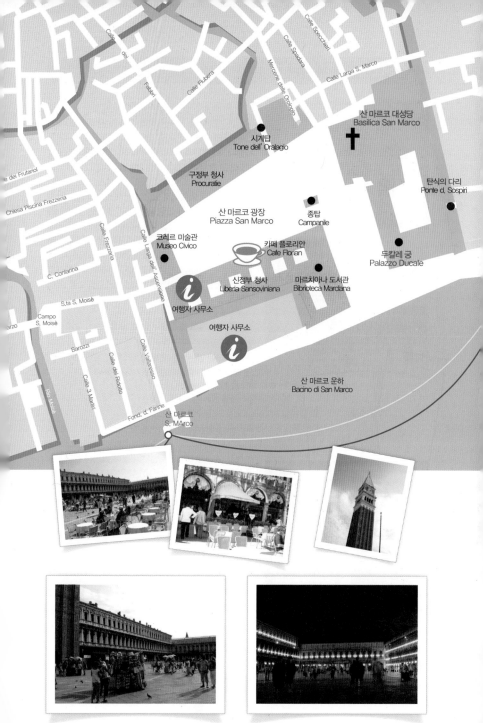

시계탑
Tone dell' Oralagio

산 마르코 대성당
Basilica San Marco

구정부 청사
Procuratie

탄식의 다리
Ponte d, Sospiri

산 마르코 광장
Piazza San Marco

종탑
Campanile

코레르 미술관
Museo Civico

카페 플로리안
Cafe Florian

두칼레 궁
Palazzo Ducale

신정부 청사
Liberia Sansoviniana

마르치아나 도서관
Bibrioteca Marclana

여행자 사무소

여행자 사무소

산 마르코 운하
Bacino di San Marco

산 마르코
S, MArco

Calle Specchieri

Calle Spadaria

Mercerie delle Orologio

Calle Larga S. Marco

Calle Flubera

Calle dei Fabbri

e del Frutariol

Chiesa Piscina Frezzena

Calle Frezzaria

C. Contarina

S,ta S. Moisè

Campo
S. Moisè

arzo

Barozzi

Calle Larga del' Asporsione

Calle Vallaresso

Calle del Ridotto

Calle 3 Martini

Rio Moise

Fond: d, Farine

산 마르코 대성당 Basilica San Marco

산 마르코 성당 앞에 있는 산 마르코 광장.
광장 좌우에는 오래된 카페들이 있다. 카페에는 무명 악사
들이 연주를 하기도 한다. 카페에 앉아 느긋이 있는 것도
나쁘지 않다. 가격은 생각보다 비싸지 않다.

▶ 산 마르코 성인의 유골이 안치된 곳

이집트 지역에서 가져온 여러 유물과 산 마르코(San Marco)의 유골을 안치할 납골당의 목적으로 9세기에 세웠다. 11세기에 롬바르디아 양식이 가미되어 리모델링되었고 전체적으로 비잔틴 양식을 지니고 있다.

돔은 총 5개로 이루어져 있으며 산 마르코의 업적을 기리는 12~13세기의 그림들이 있다. 하지만 베네치아가 오스트리아로 넘어갈 때 나폴레옹과 오스트리아에서 유물을 모두 가져갔다. 그 뒤 나폴레옹은 워털루 전쟁의 패배로 그때의 전리품들을 돌려주게 되었는데 다 돌려받지는 못했다. 산 마르코 성당 입구 위의 4마리의 청동 말들은 베네치아가 1204년 콘스탄티노플 에서 가져온 것이다.

현재의 것은 복제품이며 진품은 성당 2층의 박물관에 있다. 이 말들은 현재 여러 유럽의 장식물로 많이 쓰이는데 로마에 있는 법원 건물에서라든지, 프랑스의 루브르 박물관의 카루젤 개선문 등지에서 볼 수 있다.

산 마르코 성당 입장 예약 사이트 www.alata.it
요금 보물고(테조로 박물관): 3유로

● 산 마르코 성당의 종탑

높이가 99m로 9세기 무렵부터 있어 왔으나 무너지고 손상을 받았다. 1511년~1514년까지 다시 지어졌지만 1902년에 잘 서 있던 탑이 와르르 무너져 버렸다. 지금 보는 탑은 1912년에 다시 지었다. 이 탑은 바닷바람을 많이 맞아서 무너지기 쉽다고 한다.

전망이 좋아 이곳에서 망원경으로 알프스 산맥까지 보인다.
요금 13유로

비둘기가 많다.

산 마르코 광장 옆에 있는 건물 회랑. 이곳에 오래된 상점과 카페들이 많다.

중앙에 있는 모자이크는 1836년도에 만든 〈최후의 심판〉

성당 내부

종탑에 들어가기 위해 줄을 선 사람들. 엘레베이터로 올라간다.

● 성당 맞은편 코레르 박물관

산 마르코 성당 맞은편에 있으며, 베네치아 역사, 풍속 박물관이다.

● 산 마르코 대성당의 시계탑

1400년대 말에 세웠으며 내부 관람이 가능하다. 시계탑 왼편이 옛날 법원, 오른쪽이 새로운 법원 건물이다.

● 마르치아나 도서관 앞

기둥 위에 날개 달린 사자는 바로 산 마르코의 주인, 마가를 상징하는 표시이며 베네치아의 수호상이다.

● 곤돌라 선착장

베네치아에서 가장 번잡한 곳으로 숙박 시설과 식당이 운집해 있다. 하지만 이런 곳에서 하룻밤 정도 보내는 것도 여행을 즐기는 좋은 방법이 될 것이다. 베네치아의 숙박비가 너무 비싸다면 파도바(Padova)에 숙박을 정해서 버스를 타고 오면 된다.

빨간 줄티의 곤돌라 아저씨　　수상 보트 선착장

Travel Tip

반드시 산 마르코 성당과 총독 관저 주변을 둘러 볼 것. 상당히 진귀한 조각 작품들이 많다.

MAPECODE **05413**

두칼레 궁 Palazzo Ducale

▶ 베네치아 관광의 2대 명소

총독의 건물로 14세기에 재건축된 건물이며 베네치아 고딕 양식이다. 원래는 상당히 많은 예술 작품을 소유했었다고 전해지지만 1577년 화재로 모두 소실되었다. 하지만 석조로 지은 건물이어서 건물 자체에 큰 피해는 없었다. 이후에 여러 예술 작품을 소장하기 시작했는데, 현재 〈아담〉, 〈이브〉, 〈노아〉, 〈솔로몬의 심판〉 등 유명한 조각들이 있다. 다양한 격자 무늬와 비잔틴, 고딕 양식이 혼재된 독특한 느낌을 준다.

● 탄식의 다리

총독 건물에서 재판을 받은 수형자가 지하 감옥에 갇히기 전에 통과하는 문으로, 마지막으로 바깥 세상을 보던 곳이다.

베네치아 거리의
상점과 볼거리

베네치아 관광은 크게 산 마르코 성당 주변과 아울러 거리의 상점 구경으로 나뉜다. 베네치아에서라면 유적지는 놓치더라도(?) 이런 가게들은 꼭 한번 구경하도록 하자.

베네치아는 복잡해도 치안은 좋다. 나폴리처럼 좀도둑은 별로 없다. 이곳은 고급 휴양지이기 때문에 치안이 철저해서 좀 지저분하게 보이는 애들은 무조건 경찰들이 불심검문이다. 이곳에 동양 노동자들이 많기 때문이다. 옷은 깨끗하게, 외모는 단정하게 하고 다니는 것이 불이익을 당하지 않는 방법이다.

베네치아는 하루 만에 다 볼 수 있는 곳이다. 하지만, 반드시 하룻밤을 보내면서 물의 도시 베네치아의 운치를 느껴 보길 바란다.

베네치아의 골목들. 산 마르코로 가는 안내판이 붙어 있다.

관광지 주변의 음식점은 절대 비추천! 메뉴판에 적힌 대로 값이 나오지 않고 물값, 테이블 값, 팁을 합치면 밖에 적혀 있는 음식 값의 두 배가 든다. 돈보다는 맛이 없다. 조금 더 걸어가 한적한 곳에서 식사를 하는 것이 좋다.

해산물 스파게티를 주문한다면 반드시 '니엔떼 살레(소금 넣지 마세요!!)'라고 말하자. 소금은 나중에 뿌려 먹어도 된다.

무라노 섬에서 제작한 유리 공예품들. 그러나 가격이 상당히 비싸다.

베네치아에서 직접 만든 가면

베네치아의 거리

한여름 베네치아의 해는 뜨겁다.

환전소. 환전 수수료가 아주 높다.

소운하를 연결하는 작은 다리

이런 과일 가게를 보면 과일을 사먹자. 가격도 싸고 과일도 신선하다.

알리멘타리로 불리는 동네 슈퍼.
현지인들은 이곳에서 빵을 사서 그 자리에
서 여러 포르마조(치즈), 살시차(소세지),
포모도로(토마토), 등을 넣어 먹는다. 빵
을 지정하고 난 뒤 진열장에 보이는 여러
소세지 종류나 훈제 돼지고기 등을 손가락
으로 가리키면서 넣어 달라고 해서 빵을
만들어 먹어 보자. 빵 안에는 반드시 포모
도로(토마토)를 넣어 먹어야 부드럽다.

이탈리아 경찰

테라스의 꽃들

산 마르코 성당 주변의 좁은 골목길. 이 골
목길에는 세계적인 명품숍도 많이 있기 때
문에 밀라노에 절대 뒤지지 않는다. 이
탈리아에서는 베네치아가 가장 쇼핑하기
좋은 공간으로 꼽힌다. 짧은 거리에 수많
은 상점들이 밀집해 있기 때문에 쇼핑객
들로서는 아주 좋은 쇼핑가인 셈이다. 이곳은 워낙 관광객이 많아서 사진을 찍고 내부를
들여다 봐도 그렇게 신경을 쓰지 않는다. 밀라노의 명품 거리는 넓고 한적하기 때문에
사진을 찍으면 직원들이 아주 싫어한다. 그러니 이곳에서 실컷 아이쇼핑을 하고, 카메
라를 들이대길 바란다.

우체국 건물. 유일하게 베네치아 내부에
일반인들이 들어갈 수 있는 큰 저택이다.
베네치아 건축물의 내부가 어떻게 생겼는
지 한번 보자. 무료다.

건물의 빨랫줄.

호텔의 한 식당. 베네치아에는 작은 호텔
들이 많다.

동구권 출신 사람들이 베네치아 카니발 옷
을 입고 돈을 주면 포즈를 취해 준다.

화장을 하는 거리 예술가

거리의 부조물

베네치아의 카지노

베네치아의 주변 섬

소박한 베네치아 주변 섬 관광

베네치아의 중심지를 모두 둘러보았다면 하루 정도 시간을 내어 베네치아의 주변에 있는 섬을 둘러보자. 베네치아 중심에 비해 아직 어촌의 분위기가 고스란히 남아 아늑한 분위기를 느껴볼 수 있다.

유리공예로 유명한 무라노 섬과 형형색색의 건물이 동화의 나라를 연상시키는 부라노 섬, 그리고 베니스 영화제가 열리는 휴양지 리도 섬과 베네치아의 발상지 토르첼로 섬까지 다 둘러본다면 베네치아를 제대로 본 셈이다.

베네치아 여행은 롤링 베네스 카드로!!

이 카드는 14에서 29세까지 사용 가능한 카드로 베네치아 여행자 사무소에서 4유로에 판매한다. 이 카드를 지니고 있으면 3일권을 18유로에 구입이 가능하며 베네치아 지도를 무료로 제공한다. 이 지도는 기존의 지도와는 달리 아주 자세하여 베네치아를 꼼꼼히 여행하려는 사람들에게는 최고의 정보를 제공하며 또한 각종 베네치아 시정부의 박물관, 미술관 할인 혜택이 주어질 뿐만 아니라 여러 식당에서도 할인이 가능하다.

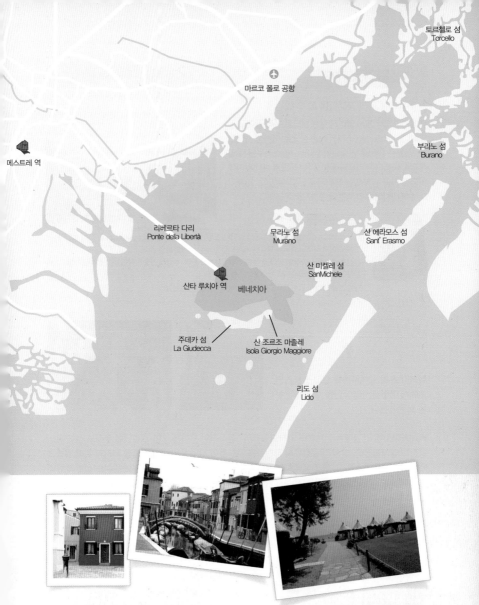

토르첼로 섬
Torcello

마르코 폴로 공항

부라노 섬
Burano

메스트레 역

리베르타 다리
Ponte della Libertà

무라노 섬
Murano

산 에라모스 섬
Sant' Erasmo

산 미켈레 섬
SanMichele

산타 루치아 역　베네치아

주데카 섬
La Giudecca

산 조르조 마졸레
Isola Giorgio Maggiore

리도 섬
Lido

travel **tip**

Best Course

무라노, 부라노, 토르첼로 섬으로 가려면 산타 루치아 역 앞 수상 버스 정류장이나 폰타멘타 노베 (Fintamenta Nove) 정류장에서 41, 42, LN번 등을 타는 것이 제일 낫고, 리도 섬으로 가려면 산 자 카리아 정류장에서 LN번을 타는 것이 시간을 아낄 수 있다. 무라노, 부라노, 토르첼로 섬은 위쪽에 있 는 섬이고, 리도는 아래쪽에 있는 섬이기 때문이다.

무라노 Murano

🠺 아름다운 유리 공예품을 볼 수 있는 곳

베네치아에서 2km 떨어져 있는 섬으로 유리 공예로 유명하다. 무라노 섬은 5개의 작은 섬으로 이뤄진 지역으로, 섬들은 다리로 연결되어 있다. 고풍스러우면서 알록달록 아름다운 가옥과 운하, 다리 등으로 베네치아에 버금갈 만큼 정취 있는 분위기를 느낄 수 있다. 13세기이래 베네치아 유리 제조의 중심지로 유명하다.

Access

1 카 도로(Ca d'oro) 건물 뒤로 곧장 걸어가면 폰다멘테 노베 (Fondamenta Nove) 역이 보인다. 이 정류장에서 무라노, 부라노로 가는 42번, 41번 수상 버스를 타면 된다.
2 산 마르코 광장까지 가서 그곳 정류장에서 71번을 탄다. 두칼레 건물 왼쪽에 바로 정류장이 있다.
3 산타 루치아 역에서는 42번 수상 버스를 타면 된다.
4 Piazzale Roma에서 DM(Diretto Murano무라노 직행) 운항한다.

● 유리 공예

화려한 유리 공예품들을 보고 있노라면 도대체 어떻게 사람이 만들 수 있을까 하는 의문이 든다.

베네치아의 유리 공예는 언제부터 시작되었을까? 공식적인 문헌을 보면, 982년에 무라노 섬에 유리 공장이 설치되었다. 이 유리 공장에서 장인들은 자신들이 지닌 유리 공예 기술을 지키기 위해 일종의 카르텔 조직을 형성하고, 이를 베네치아 공화국은 암묵해 주었다. 그렇기 때문에 무라노 섬만의 유리 공예 기술은 나날이 발전해 갔고, 외부로 유출되지 않았다.
현재 무라노 섬에서 사용되는 유리의 재료는 프랑스산 모래, '사비아'를 사용하며(예전에는 베네치아 하구에 있는 모래를 사용하였다.) 유리 색소는 금과 카드뮴, 납, 망간 등을 이용하여 색을 낸다.

● 유리 공장

유리 공장을 견학할 수 있다. 관광객을 위한 기념 소품에서 유리 화병 등의 장식용품, 귀고리, 시계 등의 액세서리, 샹들리에 같은 조명 기구까지 다양하게 볼 수 있다.
버스 정류장에서 가까운 곳은 공장 입구에서 입장료를 받는데 조금 안쪽으로 더 들어가면 돈을 받지 않는 유리 공장이 있다.

● 유리 공예 박물관

DM ✓ ✓ ✓ ✓ 박물관 구경을 마치고 다시 베네치아 기차역으로 돌아가는 방법 중의 하나는 41번 수상 버스를 타는 것이지만, 이는 시간이 너무 많이 걸린다. 바로 DM을 타고 바로 베네치아 산타 루치아 역으로 간다. 요금은 11.3유로.

MAPECODE **05415**

부라노 Burano

레이스 공예의 최고 생산지

부라노 섬은 형형색색의 아름다운 집들과 레이스 공예로 유명하다. 실제로 부라노 섬에는 레이스를 가르치는 전문 학교도 있다. 레이스 산업은 베네치아의 역사에서 16~17세기에 가장 번성하였는데 유럽 각지로 레이스로 된 커튼, 식탁보, 깔개 등이 많이 팔려 나갔다. 이 레이스는 햇빛을 충분히 맞으면서도 바깥을 볼 수가 있었다. 또한 늘 융단을 걷던 유럽 사회에서는 여름에는 필수 용품이었다. 이후에 레이스 산업은 쇠퇴기를 맞다가 1880년경 정책적으로 레이스 산업을 다시금 부흥시켰다. 베네치아 거리를 걷다 보면 레이스로 된 장식물과 옷들을 쉽게 찾아볼 수 있다.

부라노 섬에서 만든 레이스 양산.
선물이나 기념품으로 좋다.

Access

1 카 도로 건물 뒤 폰다멘테 노베(Fondamente Nove) 역에서 LN번 수상 버스를 타고 50여 분.
2 산마르코 광장에서는 LN번, 14번 수상 버스(70분 소요)

Travel Tip
부라노 섬의 형형색색 아름다운 컬러는 나라에서 페인트를 제공하고, 주민들이 컬러를 선택하여 칠하는 것이라고 한다.

MAPECODE **05416**

토르첼로 Torcello

베네치아의 발상지

토르첼로는 베네치아 발상지 중 하나로 10세기경에는 본섬보다 번성하여 2만여 명의 주민이 살았다고 한다. 하지만 지금은 작고 조용한 한가로운 섬으로 인구 100여 명에 불과하다. 선착장에서 운하를 따라 10여 분 정도 걸으면 오랜 세월의 무게가 나가는 산타 마리아 대성당에 이른다. 특별히 볼거리는 없지만 한가로운 어촌의 분위기를 충분히 누릴 수 있다. 부라노 섬 바로 옆에 있다.

Access 폰다멘테 노베(Fondamente Nove) 역에서 LN번 수상 버스를 타고 60여 분.

베네치아

리도 Lido

베니스 영화제가 열리는 휴양 섬

베네치아 동남쪽으로 가늘고 길게 뻗어 있는 섬으로, 국제적인 휴양지로 유명하다. 특히 이곳에서 베니스 영화제가 열려 더욱 유명하다.

베니스 영화제 때문에 베네치아를 방문하는 사람이라면

베니스 영화제를 보기 위해서는 리도 섬에 가야 하는데 리도 섬으로 가는 수상버스 번호는 1번, 51번, LN번이다. 영화제 기간에는 82번도 운행한다. 가고자 하는 목적지만 분명히 알면 해당 목적지명의 버스 정류장에 서는 버스를 타면된다.

기타 섬

산 조르지오 마조레 성당 Chiesa di San Giorgio Maggiore

멀리서도 아름다운 성당

산 조르지오 마조레 성당은 베네치아의 영웅인 팔라디오가 설계했다. 산산 마르코 광장의 맞은편에 있는 산 조르지오 마조레 섬에 있으며 1565년~1583년 사이에 건축되었다. 팔라디오가 만들었으며 틴토레토의 작품이 있다. 수면에 비친 모습이 아름다우며 멀리서도 보여 가 보지 않아도 감상할 수 있다. 종탑에 오르면 건너편의 산 마르코 광장은 물론 베네치아의 시내를 한 눈에 볼 수 있다.

교통 수상 버스 52, 82번

레덴토레 성당 Chiesa del Redentore

멀리서도 아름다운 성당

레덴토레 성당은 쥬데카(Giudecca) 섬에 있다. 이 성당은 팔라디오의 작품이다. 1576년 역병이 사라진 것을 기념하기 위해 매년 순례 여행을 실시하겠다고 결정한 의회의 결정 후 건설되었다.

교통 수상 버스 41, 42, 82번

베니스의 개성 상인(?)

세계적인 화가인 루벤스(1577-1640)가 그린 '조선 남자(한복을 입은 남자)'라는 그림이 공개되면서 과연 그림 속 '조선 남자'가 누구일까 하는 의문이 많이 생겼다. 우선 일반적으로 알려진 것처럼 퍼즐을 꿰맞추면 이 조선 남자는 임진왜란 이후 일본에 잡혀간 노예로 카를레티라는 신부에게 팔려서 로마로 건너가게 되었다. 1606년 카를레티 신부는 이 조선 남자를 피렌체에서 풀어 주는데, 이때 마침 루벤스가 1605년~1608년 사이에 이탈리아에 머물렀다. 아마도 1606년 7월과 10월 사이에 이 미지의 한국인을 만나지 않았을까 추정한다. 그림 속의 인물은 정말 베네치아의 개성 상인일까?

'안토니오 코레아'가 거상으로 성장하기에는 당시 베네치아나 피렌체는 예전과 같은 상권의 주도권을 쥐지 못했을 때다. 또한 Corea라는 이름은 어느 한 역사학자의 판단처럼 이탈리아 남부 지역에 있는 성씨 중의 하나라고 판단을 하지 않더라도 Corea라는 단어는 이탈리아에서 종종 찾아볼 수가 있다. 칼라브리아 지역뿐만 아니라 피렌체 가까이에 있는 도시

인 리보르노에도 Corea라는 이름을 쓰는 지명이 있다. 로마에도 Via del Corea라는 길이 있다. 따라서 안토니오 코레아라는 이름에서 현재 이탈리아에 거주한 Corea 성을 가진 사람의 조상이 조선 사람이라고 추측하는 데는 당연히 무리가 있다.

다만, 루벤스는 분명히 조선 사람을 만나서 그림을 그린 것은 분명한 듯하다. 우선 복장으로 볼 때 그가 입고 있는 옷은 고려 가요 〈정석가〉에 나오는 무관의 복장인 '철릭 [天翼]'으로 추정된다. 또한 속옷으로 창옷을 입고 있는 것으로 보아 서구 학자의 의견처럼 조선인은 분명한 듯하다. 과연 그가 진짜 '안토니오 코레아'였을까? 아니면 제3의 인물은 아니었을까?

까를레티가 쓴 기행문(1708년 출판)에 남겨진 안토니오 꼬레아에 대한 설명 부분

코레아(Corea)라는 나라는 9도(道)로 나뉘어 있다고 말한다. 조선(Ciosien)이라는 이름은 수도로서 국왕이 거주하는 도시의 명칭이며, 경기(Quenqui)·강원(Conguan)·황해(Hongliay)·전라(Cioala)·함경(hienfion)·충청(Tioncion)·평안(Pianchin)으로 구분되어 있다. 이 나라의 가장 가까운 해안에서 헤아릴 수 없이 많은 남녀노소가 노예로 잡혀 왔다. 그들 가운데는 보기에도 딱하리만큼 가련한 어린이도 있었다. 그들은 모두 구별 없이 헐한 값으로 매매되고 있었다. 나도 12스쿠디(scudi)를 주고 5명을 샀다. 그리고 그들에게 세례를 베풀어 준 다음 그들을 데리고 고아(Goa)까지 가서 자유롭게 풀어 주었다. 그러나 그들 가운데 한 사람만을 플로렌스로 데리고 왔다. 그는 이제 로마에서 살며 안토니오 코레아라는 이름으로 알려져 있다.

베네치아 하루 코스

- 산타 루치아 기차역에 수화물 보관소가 있기 때문에 당일로 베네치아로 이동하는 사람들은 유용. 또한 당일로 베네치아 여행을 하는 사람들이라면 반드시 미리 타 도시로의 기차를 예약을 하고 베네치아 관광을 하는 것이 좋다. 예) 로마행 유로스타 18: 36분
- 곤돌라는 4명을 기준으로 하여 70유로선이며, 6명이면 80유로에서 100유로.

START

오전

1 산타 루치아 기차역

베네치아 여행의 시작인 산타 루치아 역에서 천천히 도보로 산 마르코 광장까지 이동.

2 카 페자로와 카 도로

건물 외곽만 보고 이동하자.

3 리알토 다리

베네치아 대운하의 대표적인 다리. 이곳에서 대운하를 바라 보자.

4 산마르코 성당과 두칼레 궁전

베네치아 관광의 핵심인 산 마르코 성당과 두칼레 궁전을 관람. 이곳에서 시간이 많이 걸린다.

산마르코 성당에서
바포레토 1번, 2번을 타고 이동.
이동 시간 5분

베네치아 주변 섬 여행을 원한다면

- 무라노 섬으로 가길 원하는 사람들은 산 마르코 성당까지 보고 난 뒤, 두칼레 궁전 옆의 산 자카리아 수상버스 정류장역에서 41번, 42번 수상버스를 타고 무라노 섬으로 이동하는 방법도 있다. 무라노 섬에서 나올때는 DM번을 타고 나오면 된다. (이동 시간 약 30분)
- 부라노 섬으로 가길 원하는 사람이 있다면 산 마르코 성당까지 보고 난 뒤, 두칼레 궁전 옆의 산 자카리아 수상버스 정류장역에서 41번, 42번 수상 버스를 타고 다시 폰타멘타 누오베 역에서 수상 버스 12번으로 갈아타고 가면 된다. (이동 시간 약 50분)
- 리도 섬으로 가려는 사람이 있다면 사람들은 산 마르코 성당까지 보고 난 뒤, 두칼레 궁전 옆의 산 자카리아 수상 버스 정류장에서 LN번을 타고 가면 된다. (이동 시간 약 40분)

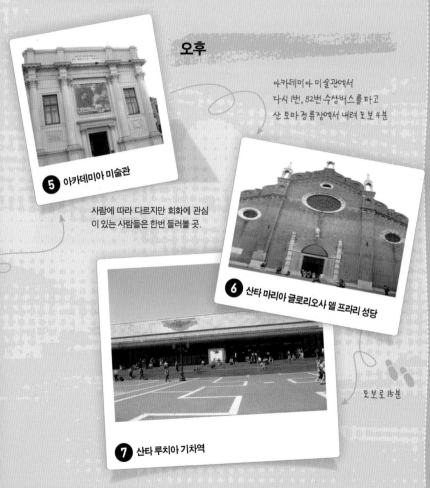

오후

아카데미아 미술관에서
다시 1번, 82번 수상버스를 타고
산 토마 정류장에서 내려 도보 4분

5 아카데미아 미술관

사람에 따라 다르지만 회화에 관심
이 있는 사람들은 한번 들러볼 곳.

6 산타 마리아 글로리오사 델 프라리 성당

도보로 15분

7 산타 루치아 기차역

천천히 베네치아 골목 골목을 다니면서 산타 루치아 역으로 돌아오자.

1. 페로&라짜리니 Ferro & Lazzarini MAPECODE 05420

무라노 섬에 있는 이 가게는 직접 유리 공예를 만드는 곳이다. 실제 유리 공예 만드는 것을 보여주지는 않지만 먼 발치에서 볼 수 있다. 또한 이곳은 아주 다양한 유리 공예들로 가득한데 거의 작은 박물관 수준으로 다양한 정통의 유리 공예품들을 볼 수가 있다.

위치 무라노 섬에 들어가서 Fondamentia Andrea Navagero 75.
바포레토 42번을 타고 가다 무라노 섬의 Navagero 정류장에서 내리면 된다.
가격 단점은 가격이 비싸다는 것. 작은 유리 기념품 하나가 30유로 정도

2. 에밀리아 Emilia MAPECODE 05421

부라노 섬에 가면 들러볼 만한 곳. 부라노 섬은 전통적으로 레이스 공예로 유명한 곳이다. 실제 베네치아 각지 노점에서 팔리는 레이스 제품들은 의외로 중국 제품들이 많지만 이곳은 정말 Made in Italy제 레이스 제품들이다.

위치 바포레토 LN 번을 타고 부라노 섬에 도착, Piazza Galuppi 205

3. 라 리체르카 La Ricerca MAPECODE 05422

산 마르코 성당 근처에 있는 베네치아 특산품 가게. 유리 공예 외에도 여러 베네치아산 오래된 장식품들을 판매한다.

위치 바포레토 1번을 타고 가다 S. Maria del Giglio 정류장에서 하차.

명품가게 주소록

1 Dolce & Gabbana　　주소 S. Marco4 223 / 041-5209991 / 10:00~19:30
2 Salvatore Ferragamo 주소 Calle Larga 22 Marzo 2093 /10:00~18:00
3 Louis Vuitton　　　 주소 S.Marco Calle Larga del'Ascension 1255 / 041-5224500 / 10:00~19:30
4 Fendi　　　　　　　주소 S. Marco 1474, Salizzada S.Moise / 041-2778532 /11:00~19:00
5 Prada　　　　　　　주소 Salizzada S. Moise / 041-5283966 / 10:00~19:30

1. 리스토테카 오니가 Ristoteca Oniga MAPECODE 05423

베네치아 음식점의 경우 거의 대동소이하지만 이 음식점은 유명한 곳이다. 야외 식탁에서 주로 오징어로 만든 음식들을 먹는데, 우리나라의 오징어 순대와 비슷한 음식도 많다.

위치 바포레토 1번 정류장인 Ca'Rezzonico 근처의 campo San Barnaba, Dorsoduro 2852번지
가격 메뉴당 30유로선으로 비싼 편이지만, 대개의 베네치아 식당 가격과 비슷한 가격이다.

2. 비니 다 핀토 Vini da Pinto MAPECODE 05424

오징어 먹물 스파게티로도 유명한 집이다. 자장면과 비슷해 보이지만 맛은 좀 짜다. 베네치아 음식점들 대부분 한국인의 입맛에 비해 좀 짠 편이다.

위치 리알토 다리 근처에 있는 S. Polo 367번지

3. 알 파라디조 Al Paradiso MAPECODE 05425

리알토 다리 근처에 있는 식당 중 가장 유명한 곳. 고풍스러운 간판에 베네치아 수산 시장에서 갓 사온 해산물 요리가 정평이 나 있는 곳이다.

주소 Calle del Paradiso San Polo 767번지

4. 콰드리 베네치아 Quadri Venezia MAPECODE 05426
카페 플로리안 Caffé Florian MAPECODE 05427

산 마르코 성당의 대표적인 커피 전문점. 야외 테이블에서 커피와 아울러 음악을 감상할 수 있는 곳으로 산 마르코 성당에 있는 여러 Bar 중에서 가장 유서 깊은 커피 전문점이다. 베네치아를 방문하면 반드시 산 마르코 성당에 들러야 하고, 이곳에 오면 또 반드시 이 두 가게 중 한 곳에서 커피를 마셔야 베네치아를 봤다고 할 수 있다.

위치 산 마르코 성당 바로 앞

파도바 Padova

자신만의 색깔을 간직한 학문, 종교, 산업의 도시

베네치아에서 불과 38km 떨어진 도시, 파도바는 베네치아
와 비첸차 사이에 있다. BC 4세기경부터 존재한 이 도시는
로마 제국 다음으로 부유한 도시로서, 12~13세기에는 자
유도시로서 번성을 누렸다. 이후 베네치아 공화국의 학문
적인 터전으로서, 그리고 지금은 이탈리아의 주요한 산업
도시로 그 모습을 달리하고 있다.

학문과 종교, 산업의 모든 면에서 파도바는 늘 자신의 세계
를 만들고 있다. 베네치아에 갈 일이 있다면 파도바에서 숙
소를 정하는 것도 좋다. 값도 적당하고 베네치아처럼 붐비
지도 않는다.

볼거리는 모두 포티코라는 주랑으로 연결된 성벽 안에 집
중되어 있으며, 주랑을 따라 걸으면 어느 중세 시대로 빨려
들어간 듯한 느낌에 젖는다.

Access

1 베네치아에서 38km 거리에
있으며 밀라노행 기차를 타
면 된다. 하루 총 43회의 기
차 연결, 소요 시간은 IC의 경
우 30분.
2 밀라노에서 235km, 베네치
아행 기차를 타면 된다. 하루
총 27회의 기차가 연결, 소
요 시간은 IC의 경우 2시간
15분.

Travel Tip

도시는 큰 편이지만 구시
가지 안은 충분히 걸어다
닐 수 있는 거리다.

파도바 역
Stazione FF.SS

포르텔로
Porta
Portello

스크로베니 예배당
La Capella degli Scrovegni

시립 박물관
Museo Civico

에르미타니 성당
Chiesa Eremitani

가리발디 광장
Pizza Garibaldi

라조네 궁
Palazzo della Ragione

시뇨리 광장
Pizza Signori

세례당
Battistero

두오모
Duomo

두오모 광장
Pizza Duomo

에르베 광장
Pizza Erbe

카부르 광장
Pizza Cavour

파도바 대학교
Padova Universita

카스텔로 광장
Pizza Castello

산토 광장
Pizza Santo

산 안토니오 성당
La Basilica del S. Antonio

프라토 델라 발레
Prato della Valle

식물원
Orto Botanico

제스티나 성당
S. Giustina

Porta di
S. Croce

Pizzale
S. Croce

travel **tip**

Travel Point

1. 도시 성곽 내에서는 저렴한 가격의 숙소를 찾기 힘드므로 숙박을 할 경우 미리 숙소를 정한 뒤 움직이는 것이 좋다.

2. 박물관이나 성당, 기타 건물에 들어갈 때는 Biglietto Unico(통합권) 티켓을 사는 것이 경제적이다. 반드시 한국에서 국제 학생증을 만들어 가길 바란다. 30% 이상 할인이 된다.이탈리아 여행 시 아주 필요하다.

3. 파도바는 볼 것이 많은 도시이므로 여유로운 일정을 잡는 것이 좋다.

4. 베네치아를 구경하려는 분들은 이곳에서 숙소를 정하는 것도 좋다.

스크로베니 예배당 La Capella degli Scrovegni

지오토의 프레스코화로 유명한 곳

기차역에서 곧장 포폴로 거리(Corso del Popolo)를 따라 오다 보면 왼편에 공원이 있으며 이곳에는 예배당 뿐만 아니라 박물관, 성당이 있다. 이 예배당은 지오토의 프레스코화가 있는 곳으로 유명하며 늘 많은 미술 애호가와 관광객들로 붐비는 곳이다. 성모 마리아와 그리스도의 생애를 다룬 프레스코화가 38면에 걸쳐 펼쳐져 있다.

예약은 필수

홈페이지 www.Cappelladegliscrovegni.it 전화 049-2010020
견학은 그룹당 25명까지이며, 문화재 보호를 위해 '온도 조절실'에서 15분간 대기했다가 견학을 한다.

라조네 궁 Palazzo della Ragione

자유 시대 파도바의 상징

파도바의 중심부에는 세 개의 광장이 있다.(Erbe, Frutti, Signori 광장) 늘 이곳에 야채와 과일 시장이 아침마다 들어선다. 또한 이곳에는 거대한 건물, 라조네 궁이라는 1218년에 건축한 당시의 법원이 있다. 이 건물은 자유 도시 시대의 파도바의 상징이며 내부에는 넓은 연회장(81×27m)과 나무로 만든 말의 모양이 있다.

파도바 대학교 Padova Universita

갈릴레오가 강의한 유서 깊은 대학

파도바는 대학의 도시로 유명하다. 1088년의 볼로냐의 대학 설립에 이어 1222년에 설립한 이 대학은 갈릴레오가 1592년~1610년까지 강의한 곳으로 당시의 교실과 세계에서 가장 오래된 독특한 형태의 원형 해부학 강의실(1594)이 남아 있다. 또한 이곳에서 얼마 멀지 않은 페드로키 광장(Piazzetta Pedrocchi)에는 〈카페 페드로키(Caffe Pedrocchi)〉라는 1831년에 문을 연 찻집이 있다.

산 안토니오 성당 La Basilica del S. Antonio

▌ 성 안토니오를 기리는 순례지

이탈리아에서도 중요한 순례지로 매년 50만 명 이
상의 순례객들이 성 안토니오를 기억하기 위해 이
성당으로 모여든다. 이 성당은 그의 사후 1년 뒤인
1232년에 만들기 시작했다. 로마네스크, 고딕 그
리고 비잔틴 양식을 섞어 건축한 것으로 8개의 덮
개 지붕(7개는 원형)과 두 개의 종탑을 가지고 있
다. 내부에는 도나텔로가 만든 기마상이 있다. 성
당 옆으로는 산 조르조 예배당이 있으며 성 안토니
오의 생애를 그린 프레스코화를 볼 수 있다.

주소 Via del Santo, 성지 순례로 많이 가는 곳이다.

여행자 안내소

위치: 파도바 기차역 내(Stazione FF.SS)
파도바에서 가장 좋은 여행자 안내소다.

비첸차 Vicenza

한 건축가에게 바치는 영광

베네토 주의 베로나와 파도바의 가운데 한 자존심 높은 도시가 있다. 보석, 의류, 가구 등의 산업력으로 이탈리아 내에서 당당히 제 목소리를 내는 도시, 비첸차. 그러나 이러한 비첸차의 오늘의 모습은 만약 한 건축 영웅의 헌신 없이는 이루어 질 수 없는 영광이었다.

비첸차의 중심 광장인 시뇨리 광장(Piazza Signori)의 한 건물은 오랫동안 비첸차 시의 정치, 상업, 교통, 문화의 중심지였다. 그러나 이 건물은 1496년 이후 붕괴되기 시작하였으며 누구도 쉽게 이 거대한 건물의 무너짐을 막을 수가 없었다. 그러나 단 한 명의 건축가 안드레아 델라 곤돌라(후일 팔라디오로 알려짐)가 이 엄청난 문제를 해결하였고 비첸차의 거리는 다시 살아났다.

Access

베네치아에서(72km) 밀라노행 기차를 타면 된다. 하루 총 47회의 기차가 연결되며 소요 시간은 IC의 경우 약 50분.

MAPECODE **05432**

안드레아 팔라디오 거리 Corso Andrea Palladio

팔라디오의 건축 박물관

비첸차의 시내를 관통하며 서쪽의 카스텔라 광장과 동쪽의 마테오티 광장을 연결하는 이 길에는 팔라디오가 설계한 건물들이 즐비하게 늘어서 있다. 발마라나 궁(Palazzo Valmarana)을 시작으로 구 시청 건물(Palazzo Comune), 그리고 팔라디오 거리에는 다 스키오 궁(Palazzo Da Sckio)이 있다. 마테오티 광장에는 시립미술관으로 공개되고 있는 키에리카티 궁(Palazzo Chiericati)이 있다.

위치 비첸차 역에서 도보로 8분

바실리카 팔라디아나
Basilica Palladiana

팔라디오의 건축이 비첸차를 살리다

흔히 바실리카 팔라디아나라고 불리는 이 건물은 12세기 이후부터 존재하였다. 이후 계속된 추가 공사 끝에 건물 자체의 하중을 견디지 못한 이 건물은 1496년부터 무너지기 시작했다. 이에 50년이나 그 해결책을 찾지 못하였다. 그러다가 1546년 팔라디오가 공사에 착수하여 붕괴를 저지하는 기둥을 세우는 대공사에 착수해서 1614년, 그의 사후까지 작업을 하였다. 이후 이 건물은 다시금 비첸차의 심장 역할을 하고 있다.

주소 Piazza dei Signori

팔라디오가 그린 건축 설계 도면

여행자 안내소

마테오티 광장(Piazza Matteotti) 12

올림피코 극장 Teatro Olimpico

유럽에서 가장 오래된 실내 극장

안드레아 팔라디오 거리(Corso Andrea Palladio) 끝에 위치한 마테오티 광장(Piazza Matteotti)에는 유네스코에서 지정한 유럽에서 가장 오래된 실내 극장이 있다. 흔히들 팔라디오의 작품이라 생각하지만 실제 팔라디오는 이 건물의 외벽 공사 도중 1580년 8월 19일에 숨을 거두었으며 나머지 거의 대부분의 공사는 비첸조 스카모치가 완성했다. 극장 내부에서는 테베 거리를 묘사한 무대장치가 돋보이며 무대는 거리의 한 광장이라는 느낌을 전해준다. 1585년에 완공하였다.

위치 카스텔로 광장에서 도보로 10여 분 시간 월~토 09:30~12:20, 15:00~17:30 / 일 09:30~12:20 요금 일반 13유로(18세 미만 4유로)

Travel Tip

1 이 외의 여러 건물들이 비첸차의 A. 팔라디오 거리(Corso A.Palladio)와 시뇨리 광장(Piazza Signori)에 모여 있어 천천히 도시 전체를 관광하는 것이 좋다.
2 역에서 내리면 바로 앞에 큰 거리인 로마 거리(Via Roma)가 나온다. 이 길을 따라 올라가면 한 광장을 만나는데, (Piazza De Gasperi) 여기서 오른쪽부터가 비첸차 시내를 양분하는 큰 도로 A. 팔라디오 거리다.
3 이곳에 보석 학교가 있다.

베로나 Verona

여름철 오페라를 즐기다

이탈리아의 북부 밀라노와 베네치아의 중간에 위치한 베로나는 교통의 요지, 문화의 중심지, 그리고 '로미오와 줄리엣'의 도시로서 항상 많은 관광객의 관심을 받아 왔다.

또한 한여름 밤에 원형극장에서 펼쳐지는 장대한 오페라는 베로나의 명성을 이어 가고 있다. 아디제(Adige) 강이 도시를 S 자 형으로 휘감아 돌며, 이 강을 중심으로 고대 로마의 유적이 아직까지 보존되어 있는 베로나는 분명 매력적인 도시임에 틀림없다.

Access

1 밀라노에서 163km
하루 총 45회의 기차가 연결, 소요 시간은 IC의 경우 1시간 20분.

2 베네치아에서 120km
밀라노행 기차를 타면 된다. 하루 총 38회의 기차가 연결되며, 소요 시간은 IC의 경우 1시간 20분이 걸린다.

3 볼로냐에서 142km
볼차노행 기차를 타면 된다. 하루 총 22회의 기차가 연결되며 소요 시간 IC의 경우 1시간 20분.

비토리오 베네토 광장
Piazza Vittorio Veneto

두오모
Duomo

로마 극장
Teatro Romano

산 아나스타시아 성당
Chiesa di Sant' Anastasia

Via F. Anzani

Via IV Novembre

Via Resorgimento

Ponte Garibaldi

Ponte pietro

Via Garibaldi

시뇨리 광장
Piazza dei Signori

Via Emilieri

스칼리가의 묘지
Arche Scaligere

Ponte Risorgim

Ponte d. Vittoria

Corso P.ta Borsari

에르베 광장
Piazza del Via Erbe

줄리엣의 집
Casa di Giulietta

Ponte Nuovo

아디제 강 Flume Adige

Regaste S. Zeno

체노 성당
ilica di San Zeno

스칼리제로 다리
Ponte Scaligero

Via Mazzini

Via Cappello

V. Oberdan Liston

Corsettini

Vl. A. Rosmini

St. A. Provolo

카스텔 베키오
Castelvecchio

Corso Cavour

Via Roma

원형 극장
Arena

브라 광장
Piazza Bra

산 페르모 마조레 성당
S. Fermo Maggiore

Ponte Navi

Via S. Fermo

폼페이 궁전
Pal. Lavezola Pompei

Porta Palio

Stradone Porta Palio

Via G. Marconi

시청사
Palazzo Municipale

Via d. Alpini

Via Filippini

Piazza Pradaval

Via Valverde

Corso Porta Nuova

Ponte Aleardi

식물원

Via Pontiere

줄리엣의 묘
Tomba di Giulietta

Porta Nuova

Piazzale Porta Nuova

Via del Fante

Via Franco Faccio

포르타 누오바 역
Stazione Porta Nuova

Ponte S. Francesco

travel tip

Travel Point

1. 소개된 것들 이 외에도 많은 유적지들이 있으므로 천천히 도시 전체를 감상하는 것이 좋으며 아디 제 강을 따라 베로나를 돌아보아도 괜찮다.

2. 기차역과 브라 광장(Piazza Bra)까지는 거리가 약간 멀어서 걸으면 30분 내외가 걸리니 역 바로 앞 버스 정류장에서 버스를 타는 것이 낫다.

3. 기차역에도 안내소가 있으므로 지도와 호텔 주소록을 받을 수 있다.

4. 매달 셋째 토요일마다 산 체노(San Zeno) 성당 근처에서 벼룩시장이 열린다.

5. 베로나에는 많은 호텔들이 있지만 원형극장 주위의 호텔들은 대단히 비싸다. 오페라 시즌(6월 말 ~8월 말)에는 예약은 필수.

원형 극장 Arena

한여름의 오페라 즐기기

베로나에서 가장 큰 광장인 브라 광장(Piazza Bra)에는 AD 1세기경 축조된 것으로 이탈리아에서 세 번째의 크기의 가장 잘 보존된 원형극장이 있다. 이 극장은 2만 2천 명을 수용할 수 있다. 6월 말에서 8월 말까지 다양한 오페라를 만날 수 있다. 베로나는 이 음악회로 유명한 도시다.

티켓 예약 www.arena.it 좌석 예약도 가능.
공연 1시간 전에 예약 확인 메일을 프린트해서 가져가면 본인 확인 후 입장 가능. 생각보다 넓기 때문에 망원경은 필수!!

시간 08:30~18:30　요금 6유로, 베로나 카드(24시간 15유로, 72시간 20유로) 소지 시 무료 / 공연은 가격 상이

에르베 광장 Piazza del Via Erbe

과거 공공 집회 장소

아레나에서 마치니 거리(Via Mazzini)를 따라 걸어가면 에르베 광장을 만날 수 있다. 로마 제국 시대의 공공 집회 장소이던 이곳은 지금은 상설 시장이 되어 있어 베

로나 시민들의 주요 산책로가 되었다. 광장을 뒤덮고 있는 천막 아래 노점상들이 들어차 있는 이곳은 식료품과 의료품들을 파는 시장이 늘어서 있다.

줄리엣의 집 Casa di Giulietta

세계 연인들의 사랑을 받는 아름다운 집

에르베 광장의 얼마 멀지 않은 곳에 번지에는 줄리엣의 집이 있다. 이곳에는 그녀의 발코니와 동상이 있으며 방문객이 적어 놓은 글들이 가득하여 비극적 로맨스의 주인공인 그녀가 받는 세계인의 사랑을 느낄 수 있다.

주소 Via Cappello 23 시간 08:30~19:30 요금 6유로, 베로나 카드(24시간 15유로, 72시간 20유로) 소지 시 무료

카스텔 베키오 Castelvecchio

스칼라 가의 권위를 상징하던 성

베로나를 지배하던 스칼라 가문의 성으로서 1353년에 축성되기 시작하였으며 1805년에는 나폴레
옹이 사용하기도 하였다. 1925년에 박물관으로 사용되기 시작한 이 성은 북부 지역 최고의 박물관
중의 하나로 꼽히고 있다. 로마 시대부터 근세에 이르는 수많은 유물과 작품을 소장하고 있다.

위치 Corso Castelvecchio 2   요금 일반 4유로, 할인 3유로

산 체노 성당 La Basilica di San Zeno

이탈리아 로마네스크 양식의 최고

산 체노 광장(Piazza S. Zeno)에 위치한 이 성당은 이
탈리아 내의 로마네스크 양식의 건물 중에서 최고 중
의 하나로 꼽는다. 특히 출입구에 있는 48개의 청동 작
품들은 산 체노의 일생 및 여러 상황을 묘사한 것으로
12세기경에 만들어졌다. 또한 1459년에 제작된 안드
레아 만테냐의 제단화도 유명하다.

여행자 안내소

1 주소 : Stazione Santa Lucia
   베로나 포르타 누오바 기차역에도 새로이 여행자 사무소가 생겨 편리하다.

2 주소 : Via degli Alpini.9
   기차역에서 누오바 문을 지나 포르타 누오바 거리(Corso Porta Nuova)를 따라 약 1.5Km
   걸어오면 브라 광장을 만나는데 이곳에 있다. 버스는 12번, 51번, 공휴일, 야간에는 90번.

오페라 관련 정보 제공 사이트

http://www.arena.it/

올리브 기름

베로나 지역은 올리브 기름으로 이름이 있는 곳이다. 물론 남부의 풀리아 지역도 유명하다. 하지만 풀리아 지역은
산지로 유명하며 베로나 지역의 치사노에 올리브 박물관은 이탈리아 현지인들에게 알려져 있다.

홈페이지 www.museum.it

테마 여행

팠다 하면 유물,
개발은 NO!

땅만 팠다 하면 나오는 유물들.
개발은 아예 불가능하다.

이탈리아 로마에 도착한 많은 사람들이 처음엔 오래됨에
놀라고, 좁고 지저분한 거리 때문에 또 한 번 놀란다. 뉴욕
등지의 화려한 마천루를 떠올리다가 로마에 도착하면 수
천 년의 빛 바랜 건물색에 실망하기도 한다. 그래서 오히
려 밀라노나 토리노와 같은 세련된 북부 도시에서 이국적
인 향취를 느끼는 사람도 많다.

▶ 왜 로마 시내에는 현대식 건물이 없을까?

로마문화재보존국(RPO)과 행정 당국은 늘 이 문제로 다
툰다 그 이유는 개발을 원하는 행정 당국은 새로운 도시의
면모를 만들고 싶어 하고, 반면 로마문화재보호국(RPO)
은 쇠락해 가는 유적을 조금이라도 손상시키지 않으려 하
기 때문이다. 그래서 로마 시내에 건축물을 신축한다는
것은 전혀 불가능하다. 건축물 외부에 작은 벽돌 하나도
마음대로 쌓지 못하는 것이 현실이다.

또한 더 놀라운 것은 어렵게 건축 허가를 받아 땅을 파면
여지없이 로마 시대의 유적들이 나오기 때문에 그 누구도
땅을 헤집을 생각을 하지 못한다. 로마의 지하철 공사는
언제 끝이 날지도 모른다. 그래서 대규모 로마 시내 건축
개발 프로젝트 역시 시민들은 아예 믿지 않는다. 로마는
바티칸의 돔(136. 57미터)보다 높은 건물을 짓지도 못한
다. 그러니 오래된 빛 바랜 도시일 수밖에 없다. 벽이 무너
지고 칠이 벗겨져도 함부로 손을 대면 엄청난 벌금을 물어
야 하기 때문에 아예 내버려 둔다.

하지만 건물 밖에서 보면 다 쓰러져 가는 창고 같지만 실
내로 들어가면 상황은 달라진다. 이탈리아는 세계 어느
국가보다 인테리어 디자인 기술이 발전한 나라답게 비
록, 다 쓰러져가는 건물일지라도 내부는 매우 우아하고
기품 있게 꾸며져 있다. 그러니 돈 아낀다고 건물의 외관
만 볼 것이 아니라 안쪽까지 살펴야 이탈리아의 멋을 제
대로 즐길 수 있다.

건물의 내부는 깨끗하고
인테리어도 상당히 잘 되어 있다.

거리의 예술가들

밀라노

1 두오모 옆에서 만난 두 천사들

얼굴엔 하얀 분장을, 몸 전체엔 흰 옷으로 감싼 두 여인은 정말 천사가 아닐까 하는 착각이 들 정도로 성스럽고 우아해 보였다. 지나가는 이들이 약간의 동전으로 관심을 표하면 먼저 한 사람이 메시지를 뽑아 들고 다른 한 사람이 바람을 불어 행운을 전달한다.

2 눈물을 흘리고 있는 군인

슬픈 듯 미소를 짓고 있는 군인. 행인들이 관심을 보이기 전까지 움직이지 않는 불변의 거리 예술가 법칙을 지키며 계속해서 정면을 응시한다.

3 산 바빌라에서 만난 예술가

두오모에서 자주 보는 조각상 예술가. 동전을 주면 눈을 뜨고 인사를 해준다. 아직까지는 괜찮지만 더운 여름이 오면 어떻게 할까 상상해 본다.

로마

4 로마에서 만난 이집트의 조각상

거리 예술가들의 단골 주제인 이집트 조각상. 밀라노에서도 자주 볼 수 있고 파리에서도 볼 수 있다. 이 조각상은 전 세계에서 찾아볼 수 있는 유일한 주제가 아닌가 싶다. 약간 식상한 면이 없지 않지만 더운 여름에 절대 움직이지 않고 부동의 자세로 견디는 모습에 감탄했다.

피렌체

5 숨도 안 쉴 것 같은 진짜 조각상 같은 조각상

의상과 뒷배경이 하나가 되는 듯해서 더 진짜 같은 조각상. 벽 안으로 마치 빨려 들어가는 듯한 느낌을 준다.

이탈리아 거리의 음악가들

1 열심히 연주 중인 음악가들
2 다채로운 음악을 선보이는 한 그룹
3 수준 높은 클래식까지
4 열심히 공연 중인 한 그룹
5 관악 연주 중
6 독특한 음악을 소개하는 악사들
7 전통 의상이 인상적인 연주자
8 낭만을 간직한 로마의 거리 악사

이탈리아를 여행하다 보면 심심찮게 만나게 되는 거리의 음악가들! 이들 중에 뛰어난 음악 실력으로 거리의 관객들을 사로잡는 사람들도 있고, 반대로 조잡한 기타 하나 들고 구걸을 하는 집시들도 있다. 아래 수준급의 연주가들을 소개한다.

배낭여행,
점심은 어디에서 먹을까?

▶ 간단한 끼니 해결, 지친 다리 쉬기

로마의 뜨라스떼베레 지역에 위치한 한 조각 피자집

이탈리아 음식은 아니지만, 간단한 점심 식사로 현지인들에게 사랑받는 메뉴 중 하나다.

간편하게 먹는 점심식사로 조각피자(Pizza al taglio)나 빠니노(Panino), 케밥(Kebab)이 있다. 취급 음식점도 시내에서 쉽게 찾아볼 수 있고, 식사비용도 1인 5유로 이하로 저렴하다. 사람들로 북적인다 싶은 가게에 들어가면 다 맛있다. 이런 곳은 보통 가게에 테이블이 없지만, 간혹 테이블이 있는 가게에서 자리 잡고 앉아 먹으면 1인당 2유로 정도의 자릿세를 내야 하니 주의하자. 또 음료를 같이 구입하면, 간단한 점심식사치고 가격이 비싸진다. 탄산음료 한 캔에 2~3유로다(슈퍼 가격: 6캔에 3유로 이하). 음료까지 포함한 식사를 원한다면, 기본 메뉴가 피자인 이탈리아 패스트푸드점인 스피치코(Spizzico)가 낫다. 가격대는 커다란 피자 한 조각+음료+프렌치프라이 또는 샐러드가 포함된 메뉴가 5~7유로 정도 한다.

자리 없는 가게에서 저렴하게 빠니노나 피자 한 조각도 좋지만, 이런 패스트푸드점에 가면 자리에 앉아 쉴 수 있고, 화장실을 무료로 이용할 수 있어 좋다. 그리고 가정식 식당에서의 런치메뉴 같은 경우는 1인 자릿세 포함 12~15유로가 보통인데, 이런 경우는 가게 앞에 가격과 메뉴가 적혀 있다.

중국식당도 저렴하고 런치메뉴에 나오는 음식 가짓수도 많아 배낭여행객이 많이 찾지만, 그다지 추천하고 싶지는 않다. 이탈리아에 왔으니, 흔한 피자 한 조각이라도 이탈리아 음식을 한 번 더 먹어 보는 게 좋지 않을까? 점심식사 가격은 식당 종류에 따라 다른데, 타볼라 칼다(Tavola calda: 직역하면 더운 밥상인데, 보통 테이크 어웨이가 많으며 파스타와 사이드 디시를 판다), 트라토리아(Trattoria: 가정식 식당으로 맛은 물론 가격대도 부담 없다), 피쩨리아(Pizzeria: 조각 피자가 아닌 한 판이 나오는 식당으로 1인 피자

피자가 주 메뉴인 이탈리아 패스트푸드 체인 스피치코(Spizzico). 이탈리아 전역에 170여 개의 점포가 있다. 피자 외에도 샐러드, 빠니노(샌드위치), 쿠키, 마체도니아(과일화채) 등을 판매한다.

한 판, 자릿세와 음료 포함 15유로 정도다. 화덕에 바로바로 구워 주는 곳일 경우, 낮에는 화덕을 데워 두지 않아 점심 식사는 불가한 곳이 많다), 리스토란테 (Ristorante: 고급 식당으로 피자는 팔지 않는다. 파스타류와 고기 · 생선 등의 요리가 주 메뉴로, 점심 식사를 안 하는 곳도 많고, 저녁식사도 최저 1인 40유로 정도는 생각해야 한다) 순으로 점점 비싸진다고 보면 된다. 이탈리아 전역에서 쉽게 볼 수 있는 체인 식당으로, 파스타리토(Pastarito)라는 곳이 있는데, 맛과 가격대가 좋은 편이다.

토스카나 지방의 한 트라토리아 간판. 기라로스토(Girarrosto: 회전 구이 로스트)를 전문으로 한다는 뜻이다.

이탈리아 슈퍼마켓

‣ 슈퍼마켓에서 과일과 빵, 간식거리 구입하기

슈퍼마켓(Supermercato)에 가면 과일이나 빵, 간식거리 등을 구입할 수 있는데, 보통 저녁 6~7시쯤이면 문을 닫는다. 믿을 수 있고, 저렴한 체인 슈퍼는 ESSELUNGA, UNES, GS, SMA, AUCHAN, LIDL, Todis, Sidis, Conad, Coop, Standa, Billa 등이 있다. Alimentari 라고 적힌 곳은 보통 우리나라의 작은 구멍가게 같은 슈퍼로, 체인 슈퍼보다 가격이 비싸다. 시내에 있는 곳들은 특히 외국인을 많이 속이고, 가격표도 붙여 놓지 않는 경우가 많으니 주의하자. 체인 슈퍼에서도 점원이 계산을 잘못하는 경우가 많고, 잔돈을 덜 거슬러 줄 때도 있으니, 물건을 고를 때 계산할 금액을 미리 생각해 두자. 스꼰뜨리노(Scontrino: 영수증)를 꼭 받고, 잔돈도 확인해 보자. 잔돈을 2유로 쥐야 하는데 1유로만 준다든지, 20유로를 굳이 5유로짜리로 주면서 3개만 준다든지 하는 일이 허다하다. 이렇게 슈퍼에서 식료품을 사면 차내 매점에서 사먹는 것보다 50% 이상 절약할 수 있다.
빵과 햄, 또는 살라미 등을 사서 간단한 샌드위치를 만들어 먹어도 되고, 과일, 요구르트, 과자, 음료 등을 사서 숙소에 두어도 좋으나, 남으면 도시나 숙소 이동시 들고 다니거나 버려야 하는 수가 있으니 필요한 것만, 필요한 만큼만 사자. 과일이 특히 싸고 맛있는데, 구입하는 방법은 한국의 여느 마트처럼 이미 가격표가 붙어 있는 것은 그대로 계산대에 가져가면 되고, 그렇지 않은 것은 무게를 재서 가격표를 붙여 가면 된다.
그 외에도 에스프레소용 커피나 초콜릿, 누뗄라(헤이즐넛 초코 크림), 와인, 올리브유 등 한국에 기념품으로 사가기에 좋은 아이템이 많으니, 슈퍼는 여행 중 꼭 들러볼 만한 가치가 있다.

올리브 기름

올리브 기름은 최고의 명의(名醫)!!

이탈리아에 가면 가장 눈에 많이 띄는 병이 바로 '올리브 기름' 병과 '와인' 병이다. 이 중에서 '올리브 기름'은 바로 이탈리아 음식 재료를 대표하는 것이라고 볼 수 있다. 스파게티를 만들 때나 모든 음식을 만들 때 반드시 등장하는 것이 바로 올리브 기름이다. 그렇다면 도대체 올리브 기름은 어떤 기능을 가지고 있을까? 올리브 기름에 대하여 알아보자.

올리브 기름의 효능

올리브기름에 담긴 각종 음식물들.

올리브 기름은 고대 로마의 역사에서도 그 중요성이 많이 강조되었다. 로마의 역사서에 보면 '와인은 피를 만들고, 올리브는 뼈를 만든다'라는 말이 있듯이 올리브 기름은 건강에 아주 뛰어난 효능을 발휘한다.

우선, 올리브 기름은 비타민과 필수 미네랄 성분이 많아서 성장기 어린이들의 키를 키우는 데 효능이 있으며 또한 태아의 성장에 도움을 준다. 그리고 올리브 기름은 불포화 지방산, 토코페롤 등과 같은 항산화 물질이 많기 때문에 동맥경화, 암 예방에 절대적인 도움을 준다. 최근에 올리브 기름이 암 예방에 도움을 준다는 사실이 여러 의학계에서 검증되고 있다. 여기에서 더 나아가 노화 방지, 피부 보호, 다이어트에도 탁월한 역할을 한다. 그리고 최근에는 올리브 기름이 당뇨병의 예방에도 뛰어난 성분을 포함하고 있음이 밝혀졌다.

올리브 기름의 종류

1 엑스트라 버진 올리브 기름 Extra Virgin Olive Oil
- 자연 산성도 : 1% 미만
- 맛과 향이 최고.
- 뛰어난 맛과 향, 색채를 유지하며 첫 번째로 올리브를 압착해서 얻은 기름

2 파인 버진 올리브 기름 Fine Virgin Olive Oil
- 자연 산성도 : 1.5% 미만
- 그 밖에도 맛과 향기가 최고
- 제조 방법은 엑스트라 버진 올리브 기름과 동일하나 자연 산도에 차이가 있음

3 세미 파인 올리브 기름 Semi-Fine Olive Oil
- 자연 산성도가 3% 이상을 넘지 않는다.
- 좋은 맛과 향을 유지함.

4 정제된 올리브 기름 Refined Olive Oil
- 자연 산도가 3.3%를 초과한 버진 올리브 기름을 정제 처리한 정제유.
- 정제유는 정제 과정에서 고온, 화학 처리하여 맛과 향, 색깔이 거의 없다.
- 공업용 또는 퓨어 올리브 기름에 첨가되어 주로 사용된다.

5 퓨어 올리브 기름 Pure Olive Oil
- 가공 산성도 : 1.5% 이하
- 정제된 올리브 오일과 버진 올리브 오일의 혼합이다.
- 보통 버진 오일과 정제 오일을 2:8 정도로 혼합한다
- 표시한 산도는 자연 산도가 아닌 가공 처리한 산도이다.

올리브 기름이 만들어지는 과정

1 우선 올리브 나무에서 올리브를 채취한다.

2 올리브 열매를 압착하여 기름을 빼낸다. 과거에는 사람이나 동물이 방아를 돌렸다.

3 올리브 기름을 얻는다.

올리브 기름의 보관

올리브 기름은 무조건 햇볕이 들지 않는 곳에 보관한다. 또한 병의 색깔이 어두운 것이 좋다. 올리브 기름은 산화가 일어나면 질이 떨어지기 때문에 반드시 빠른 시간 안에 섭취하는 것이 좋다. 올리브 기름이 좋다는 이유는 바로 산도가 낮기 때문인데 산도가 높아지면 좋은 올리브 기름이라고 볼 수 없다. 즉, 아무리 좋은 엑스트라 버진이라도 오래 놓아두면 퓨어 올리브 기름보다 못하다는 말이다. 따라서 어두운 곳, 서늘한 곳, 짙은 병의 올리브 기름이 좋은 올리브 기름이며 공기 중에 노출하였을 경우 빨리 먹는 것이 좋다.

밥 대신 젤라또를!

이탈리아에서 볼 만한 TV 프로그램을 찾아 채널을 돌리고 있자니, 갑자기 한 아침방송 여자 사회자가 호들갑을 떨며 야호를 외쳐댄다. 도대체 무슨 일일까?

하얀 머리, 하얀 눈썹의 영양사 할아버지가 제법 통통한 체격의 여자 사회자에게 점심마다 식사 대용으로 글쎄 수제 아이스크림, 젤라또를 먹으란다. 아니, 아무리 하루 한 끼만이라고 해도 그렇지, 식사를 아이스크림으로 대체하는 다이어트를 추천하는 이 영양사는 도대체 무엇인가!

▶ 이탈리아의 젤라또

젤라또(Gelato)는 사실 아이스크림이라고 부르기에는 어폐가 있다. 젤라또는 얼린 크림이 아니라, 얼린 음식에 가깝기 때문이다. 모 이탈리아 온라인 백과사전에도 젤라또는 다음과 같이 정의되어 있다.

"여러 가지 재료를 뒤섞어 가며 냉동하여, 고체 또는 차진 상태로 만든 음식물."

쌀뿐만 아니라 고춧가루로 젤라또를 만든다 해도 이상하지 않을 것 같은 느낌이 들지 않는가? 실제로 몇 년 전 로마의 한 젤라떼리아(Gelateria, 아이스크림 가게)에서 이를 시도한 바 있다.

▶ 아이스크림의 기원지는 이탈리아!

수천 년 전부터 고대 사람들이 과일, 꿀, 우유를 섞어서 먹고, 중세 시대에 동양인들은 얼음 용기에 과즙을 얼려 먹었다는 기록이 있다. 하지만 현재 우리가 먹는 아이스크림에 가장 가까운 젤라또는 지금으로부터 약 450년 전 이탈리아 피렌체의 룻제리(Ruggeri)라는 한 요리사와 베르나르도 부온탈렌티라는 건축가가 만들었다고 한다.

그 외에 프랑스의 디저트로 알려져 있는 소르베(Sorbet, 셔벗)도 실은 시칠리아(이탈리아 최남단에 위치한 섬)의 프란체스코 쁘로코피오 데 꼴뗄리라는 한 어부가 생전에 조부가 연구하던 아이스크림 기계를 물려받아, 1686년 파리에 카페 프로콥(Cafe' Procope)이라는 가게를 내면서 전파한 것이라고 한다. 루이 14세로부터 소르베에 대한 특허까지 받은 쁘로코피오 씨의 이 카페는 유럽 최초의 카페(지식인들의 정보 교환을 위한 모임 장소)였다고 한다. 당시 프랑스의 지식인들, 볼테르, 나폴레옹, 빅토르 위고, 발자크 등이 자주 찾아와 만남과 토론을 한 장소로, 지금은 비록 레스토랑으로 바뀌었지만 그 명성은 계속 내려오고 있다. 이탈리아인들이 자랑스러워 하며 찾는 파리의 명소 중 하나라고 한다. 위치 파리 Rue de l'Ancienne Comedie 13번지

▶ 이탈리아에서 열리는 국제 수제 젤라또 박람회

www.mostradelgelato.com

이 박람회는 이탈리아 열 네 지방의 특색 있는 젤라또뿐만 아니라, 세계 각국의 내로라하는 젤라또 장인들의 작품들을 맛볼 수 있다. 12월 2일부터 5일까지 열린다.

입장료 홈페이지 참조

이태리 타월의 진실

이태리 타월은 이탈리아에는 없다? 아주 사소한 궁금한 것들 중에서 늘 '이탈리아'와 관련된 찜찜한 것 하나가 바로 '이태리 타월'에 관한 진실이다. 과연 이태리 타월은 이탈리아에서 수입했을까?

▶ 이탈리아 사람들은 이태리 타월을 사용할까?
이태리 타월에 대한 여러 추측이 많다. 예를 들어, 1964년에 일본의 모 온천장에 어떤 일본인 관광객이 때를 밀고 버리고 간 것이 이태리 타월의 시작이라는 둥, 혹은 남대문의 모 직물 수입상이 만들었다는 둥.

돌체 가바나 광고 사진. 이태리 사람들은 이태리 타월을 사용하지 않는다.

그러나 실제 이태리 타월은 1967년 부산 한일직물의 김원조 씨가 '이태리식 연사기(일제 다이마루라는 기계)'라는 실린더형 직물 기계로 원단을 뽑아내면서 이 이름이 '이태리 타월'이 되었다. 당시 해외 수출용으로 일명 '쌀쌀이'라고 불리는 포리에스터르 원사를 만들던 이 공장에서 직원들이 손톱의 때를 지우는 데 이 천이 탁월하다는 것을 알게 되어, 이를 응용하여 천을 만들었다.

하지만, 이때까지는 아직 대중화가 되기 전의 원단 상태였는데 본격적인 '이태리 타월'을 상품으로 바꾼 사람은 부산의 한 상인(김필곤 씨)이다. 그는 이태리 타월을 전국적으로 유통, 판매하였고 이를 통해 엄청난 부를 축적하였다고 한다.

그렇다면, 과연 이태리에서는 이태리 타월을 사용할까에 대한 정답은? NO!다. 피부가 부드러운 이탈리아 사람들의 살결에는 한국식 이태리 타월의 면은 거의 살갗을 벗겨낼 만큼 거칠다. 또한 이탈리아 사람들은 때를 벗긴다는 개념이 없어 가벼운 목욕용 비누로 몸만 씻는다. 따라서, 이태리 타월은 이탈리아에는 없다!

이탈리아식 화장실. 바닥에 배수구가 없고 오로지 목욕 공간만 배수구가 있기 때문에 항상 조심해야 한다.

이탈리아의 열기구

이탈리아는 종종 사람들에게는 전혀 이벤트가 없을 것 같은, 축구 외에는 그리 큰 재미가 없는 나라인 듯 보인다. 하지만 지금도 선조 인 레오나르도 다 빈치의 정신을 그대로 이어받은 이탈리아인들이 있다. 이번에는 이탈리아인들의 갖가지 창의력을 발휘한 연 날리기 와 열기구의 모습들을 살펴보자.

화려한 나비 모양의 연

창의력이 돋보이는 연

화려한 나비 모양의 거대한 연

귀여운 고양이 모양의 연을 하늘로 날리려는 모습

양탄자 모양의 연

젖소 모양

광고용 열기구

스와치 회사의 열기구

이탈리아의 한 제과 업체의 열기구

427

밀레 밀리아 Mille Miglia
자동차 행진 대회

5월이 되면 페라라에서는 밀레 밀리아 행사가 열린다. 올해도 어김없이 이 행사가 열렸는데 5월 17일 밤 10시에 시작했다. 370대 이상의 차량이 참가한 이 행사는 주로 20년에서 50년 된 차량으로 구성되는데 스포츠카, 여행용 차 등이 주류를 이룬다.

이 행사는 전통적으로 1600km의 이탈리아 도로를 주행하며 경기하는데 브레샤에서 페라라, 페라라에서 로마, 로마에서 브레샤 간의 도로 협조를 받아서 진행된다.

'움직이는 자동차 박물관'이라고 일컫는 이 경기는 브레샤부터 여러 도시를 돌며 로마까지 왕복하는 자동차 행진 대회다. 이 대회에는 세계에서 오래되고 멋진 자동차들이 참가하는데, 메르체데스, 알파로메오, 페라리, 마세라티, 포르쉐 등 오랜 역사가 있는 유명한 자동차들이며 모두 1927년부터 1957년 사이에 만든 것들만 참가할 수 있다.
밀레 밀리아가 열리는 도시에는 공연, 음악회, 축제 등 여러 가지 행사가 광장 등에서 같이 개최되어 그 열기를 더한다.

〈사진 제공: IUVO 님〉

이탈리아의 송년 스케치

이탈리아의 세밑 풍경은 또 다른 매력을 갖고 있다. 특히 밤 시간 밀라노의 거리는 쓸쓸함과 풍성함이 조화를 이룬다.

기타 도시

발레 다오스타 주 | 피에몬테 주 | 리구리아 주

룸바르디아 주 | 트렌티노 알토아디제 주

프리울리 베네치아줄리아 주 | 베네토 주

에밀리아 로마냐 주 | 토스카나 주 |

마르케 주 | 라치오 주 | 아부르초 주

몰리세 주 | 캄파니아 주 | 풀리아 주

바실리카타 주 | 칼라브리아 주

시칠리아 주 | 사르데냐 주

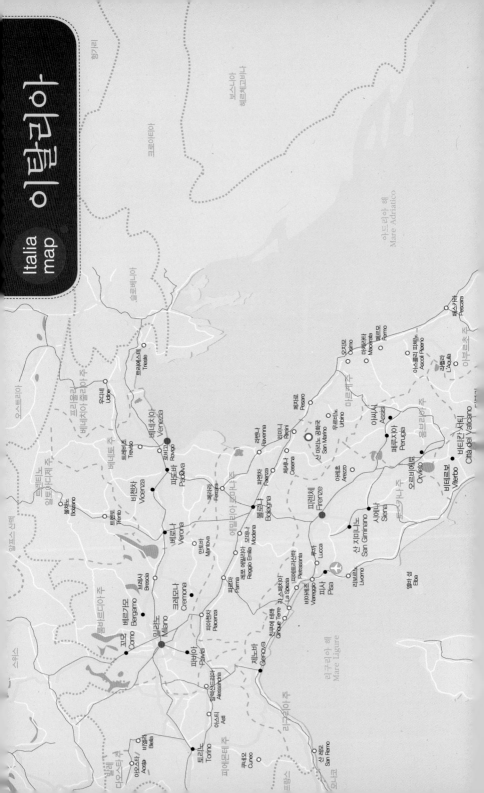

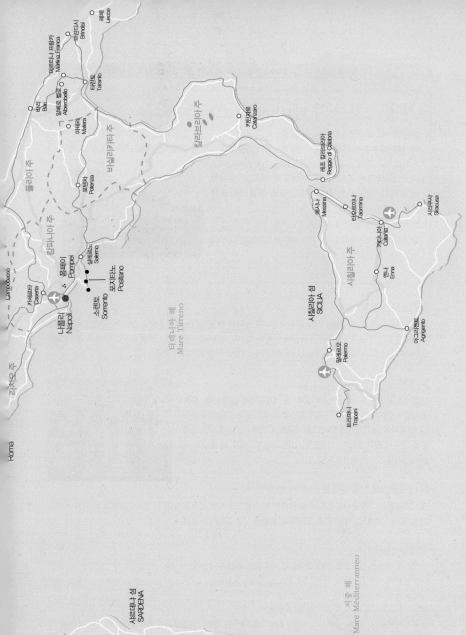

겨울 스포츠의 메카, 아오스타 Aosta

이탈리아의 북서쪽으로 프랑스, 스위스의 국경을 접하고 있는 발레 다오스타 주의 주도인 아오스타. 끝없이 높은 알프스 산맥의 4000m급의 산들로 둘러싸인 이 지역은 예로부터 겨울 스포츠의 메카로 자리 잡았으며 그 중심지가 바로 아오스타다.

아오스타에서는 프랑스어도 사용되며 거리명, 공공기관의 명칭, 상점 이름 등이 프랑스어와 공용으로 표기된다.

Access　토리노에서(110Km): 프랑스 Pre'st. di dier 역을 종착역으로 하는 노선을 타면 된다. 하루 총 10회의 기차가 연결되며 소요 시간은 2시간.

▶ 카노욱스 광장 Piazza Chanoux

기차역에서 내려 정면의 길을 따라 올라오면 아오스타의 심장인 카노욱스 광장과 만난다. 광장은 직사각형의 형태를 하고 있는데 1800년대 초반에 만들어졌으며, 정면에는 긴 시청 건물이 프랑스 풍으로 흰색 빛을 드러내며 서 있다. 건물 전면에 Hotel de Ville라는 프랑스어가 표기되어 있다.

▶ 대성당 La Cattedrale

12C에 건물을 짓기 시작했으며 이후 15, 16세기에 걸쳐 보수, 증축 공사를 하였다. 19세기에 현재의 모습을 갖추었는데 성당의 정면부는 19세기의 신고전주의 양식으로 건축되었으며 15,16세기의 예술품을 많이 소장하고 있다. 박물관이 있어 사보이아 왕가의 무덤과 귀금속 조각들이 보존되어 있다.

▶ 아우구스투스 황제의 문 Arco Romano di Augusto

BC 25년경 로마의 군사들이 이곳을 점령한 뒤 기념으로 세운 문으로 높이 11.50m, 너비 8.81m의 무게감이 느껴지는 고대의 개선문으로 도리아식, 코린트식의 조화가 돋보인다.

여행자 안내소

아오스타 역에서 정면으로 계속 올라오면 카노욱스 광장이 나온다.
이곳에 바로 여행사 사무소가 보인다. Piazza Chanoux.8

여행 포인트

1. 아오스타는 이탈리아 전 지역을 통틀어 가장 협소한 곳이며, 인구도 가장 적다. 하지만 산이 발달해 있어서 겨울철 스포츠에 적합한 곳이다.
2. 겨울 스포츠를 즐기지 않더라도 유럽에서 가장 아름다운 산들을 만나보기 위해서 방문할 가치가 있다. 케이블카를 타기 위해서는 속이 좋아야 할 것이다. 아오스타는 겨울철에는 항상 눈이 가득하므로 버스보다는 안전한 철도로 도시에 들어가는 것이 좋다.

여행 자료들

1967년도에 촬영된 아오스타의 풍경. 알프스 산맥.

기타 도시

포도주 명산지, 아스티 Asti

아스티는 이탈리아 내에서 포도주 명산지로 이름이 높다. 또한 이 지역에서 생산되는 포도주는 토스카나의 포도주와 더불어 이미 그 품질면에서 세계적인 명성을 얻고 있다. 원래 아스티는 BC 1세기경 로마의 중요한 거점으로 Hosta라 불리웠다. 그후 오랜 기간 프랑스 왕조의 지배하에 있었으며 근세 이후 이탈리아 내의 중요한 상업과 농업의 도시로 그 위치를 굳혔다.

Access 토리노에서(56Km): 제노바행 기차를 탄다. 하루 총 50여 회의 기차가 연결되며 소요시간은 IC의 경우 30분. 하루 총 10회의 기차가 연결되며 소요 시간은 2시간.

대성당 La Cattedrale

14C의 성당으로 피에몬테 주에서 고딕양식으로는 제일 크다. 창문은 르네상스이며 16, 17세기의 예술품들을 소장하고 있다. 종탑은 1266년에 지어진 로마네스크 양식이다.

경마 경기 Il Palio

매년 9월 셋째 주 일요일에는 이 지방에서 가장 큰 축제인 '팔리오'가 열린다. 1275년에 기원을 둔 이 경마 경기는 인근의 13개 마을이 참가한다. 안장이 없는 말을 타고 벌이는 이 경주는 대단히 위험하지만 팔리오의 열기는 아스티 지역 주민의 가장 중요한 연례 행사다. 이 기간에는 각각의 전통 복장을 입고 행진한다.

미술관 Pinacoteca / 시립 박물관 Museo Civico

근대 이후의 예술 작품과 이탈리아 통일기의 유물들이 보관되어 있다.
주소 알피에리 거리(Corso Alfieri) 357번지
시간 화~토 : 9:00~12:00, 15:00~18:00, 일 10:00~12:00(월요일 휴무)

여행자 안내소

시내 중심 광장인 알피에리 광장(Piazza Alfieri) 34번지에 있다. 멀리서도 금방 찾을 수 있다. 탑이 있는 건물이 박물관으로 이곳이 바로 알피에리 광장이다.

여행 포인트

1. 거리 중간 중간에 예전에 포도주를 만드는 기계들이 전시되어 있다.
2. 매달 첫째 일요일에 대성당 광장(Piazza della Cattedrale)에서 벼룩시장이 열린다.
3. 피에몬테 지역의 경우 산악이 많아 주변 도시로 이동할 경우 무조건 열차만을 고집할 것이 아니라 버스도 타는 것이 좋다. 기차역 바로 오른쪽에 버스 정류장이 있다.

평범한 도시, 알레산드리아 Alessandria

이집트의 알렉산드리아와는 전혀 다른 동네이다. 도시
가 깨끗할 뿐만 아니라 프랑스의 향기도 느낄 수 있다.
알레산드리아는 피에몬테 주에서 생산되는 와인, 가
구, 기계, 종이 등이 이곳으로 모여 다시 거래가 된다.
따라서 알레산드리아는 물산의 집산지로서 부를 축적
하고 있다. 특히 밀라노-토리노-제노바의 중앙에 위
치하고 있는 지리적 이점이 아주 큰 도시다.

Access　밀라노에서 가깝다. 기차로 갈 경우 파비아를
들러 가게 되면 1시간 이상 소요되지만 바로 버스를 타면 1시간 내
로 도착할 수 있다.

산타 마리아 디 카스텔로 Santa Maria di Castello

15세기에 지어진 것으로 이탈리아 전역의 성당들에
비하면 평범하다. 하지만, 15세기경에 지어진 건물임
에도 불구하고 북부 지역의 건축 양식인 바로크나 혹
은 르네상스식이 아닌 로마네스크 양식의 기본 구조를
가지고 있다. 흡사 7, 8세기의 건물로 보인다.

주소 산타 마리아 디 카스텔로 광장 14번지

여행 포인트

1. 알렉산드리아의 국립음악원(Conservatorio)은 밀라노와 가까워 한국 학생 지원자가 많다.
2. 관광 도시는 아니다.

기타 도시

섬유의 도시, 비엘라Biella

비엘라는 이탈리아 의류 산업의 기초 역할을 담당하는 섬유 산업의 중심지다. 여러 곳의 섬유 도시가 있지만 이곳에서 생산되는 제품은 이탈리아 최고의 제품으로 세계적으로 인정받는 수준으로 이곳에 약 1800여 개의 공장들이 위치하고 있다. 기차역을 나오면 넓은 공장에 갖가지 색의 국기가 펄럭이는 모습이 비엘라가 과연 국제적인 산업 도시임을 실감케 한다. 많은 바이어와 사업가들이 찾아드는 도시. 그러나 도시 자체만으로는 볼거리가 많지 않다. 섬유와 관련된 전공자에게는 초강추!

지역 관청

Access 1. 밀라노에서(110km): 토리노행 기차를 타고 가다 산티아(Santhia)에서 비엘라행 기차를 바꿔 타야 한다. 밀라노~산티아까지 하루 총 17회 연결되며 산티나~비엘라까지는 하루 총 15회 연결된다. 소요 시간은 밀라노~산티아: 1시간 20분 / 산티아~비엘라: 30분
2. 토리노에서(75km): 밀라노행 기차를 타고 가다 역시 산티나 역에서 기차를 갈아타야 한다. 하루 총 28회 연결되며, 소요 시간은 토리노 ~ 산티아 45분)

로폴로 성

비엘라의 남쪽 지방에 있는 로폴로(Roppolo) 성에는 이 지방의 DOC 필수 제품인 Bramaterra. Lessona, Coste del Sesia 등을 비롯한 피에몬테주와 발레다오스타 주의 165종류 20,000여 병의 포도주를 보관하고 있기 때문에 포도주에 관심이 있는 사람은 들러볼 만하다.
주소 Castello di Roppolo – 13883 Roppolo(BI) 전화 0161– 98501

여행 포인트

1. 숙박 시설이 별로 없다. 숙박을 해결하려면 미리 예약을 해야 한다.
2. 기차역과 시내까지의 거리가 멀며, 의외로 도시가 크다. 하지만 관광도시는 아니다.
3. 상당히 춥다.

맑음 가득 , 쿠네오 Cuneo

쿠네오에서 벌어지는 화요일의 장터는 볼 것이 많다. 프랑스 쪽과 가까운 관계로 남부와는 달리 프랑스 냄새가 문득 문득 묻어 있는 제품들도 많다. 쿠네오는 프랑스 접경 지역의 알프스의 한 자락을 끌어 안은 높은 산악과 멀리 리비에라 해안으로 넘어가는 구릉 지역에 위치해 있어 쉽사리 외부인의 발자취를 허용하지 않는 도시다.

Access

1. 토리노에서: 토리노 포르타 누오바 역에서 출발한다. (첫차 : 05:45분, 막차 : 23:20분, 하루 총 21회 운행)
2. 벤티밀리아(Ventimiglia)에서 산 레모 쪽에서 오는 기차를 탈 수 있다. (첫차 08:10, 막차 20:00, 하루 7회 운행) 프랑스 국경을 넘으며 잠깐이지만 프랑스의 산악 풍경을 즐길 수 있다. 소요 시간은 약 2시간.

두쵸 갈림베르티 광장 Piazza Duccio Galimberti

매주 화요일마다 이 넓은 광장에 시장이 들어서는데 규모가 대단히 크다. 또한 로마 거리(Via Roma)로 이어지는 길에도 각종 잡화를 파는 시장이 같이 선다.

시립 박물관 Museo Civico

산타 마리아 거리(Via S. Maria)에 있으며 역에서 왼쪽으로 곧장 꺾어지면 이름도 특이한 케네디 거리(Corso John Kennedy)가 나온다. 그 길을 따라 가다 보면 오른쪽으로 길이 하나 나오는데 이곳에 있다. 근대 초기의 물품들이 보관되어 있으니 오래된 유물들만 본 사람들에게 색다른 느낌을 줄 것이다.

여행자 안내소

역에서 왼쪽으로 나있는 길이 케네디 길(Corso John Kenedy)이고, 바로 앞에 길게 뻗은 길이 지오리티 거리(Corso Giolitti)다. 우선 지오리티 거리로 쭉 가다 보면 90도로 교차되는 니짜 거리(Corso Nizza)를 만난다. 여기서 왼쪽으로 꺾어가면 갈림베르티 광장(Piazza Duccio Galimberti)이 나오는데, 이곳 광장에 A.P.T(여행자 안내소)가 있다.

여행 포인트

1. 춥다! 특히, 겨울엔 많이 춥다.
2. 갈림베르티 광장을 중심으로 왼쪽으로는 로마 거리(Via Roma), 오른쪽으로 니짜 거리(Corso Nizza)에 볼거리가 많음.
3. 기차역과 중심지와의 거리가 꽤 된다. 로마 거리에서 기차역까지 도보로 약 30여 분
4. 쿠네오 지방에 속해 있는 '알바(ALBA)'라는 지역에서 생산되는 '바롤로(Barolo)'와 '바르바레스코(Barbaresco)'라는 포도주는 이탈리아 포도주 제품 중 몇 안 되는 최상급품(D.O.C.G)으로 널리 알려져 있다. 쿠네오의 어느 상점이나 식당에서도 쉽게 찾을 수 있으니 자금에 여유가 있다면 한번 맛보기 바란다.

꽃, 카지노, 그리고 음악, 산 레모 San Remo

리구리아 반도의 해안인 리비에라는 휴양지로서 이미 유럽인들에게는 친숙하다. 그중 프랑스까지 연결되는 서 리비에라(Riviera di Ponente)에 위치한 산 레모는 언제나 외부인의 발길이 끊이지 않는 곳이다. 초록색 테이블과 현대적인 슬롯머신으로 가득 찬 카지노가 매우 유명하며 매년 2월에 개최되는 산 레모 음악제는 전 세계의 유명 가수들이 참가하는 국제적인 음악제이다.

해안의 휴양 도시답게 산 레모는 여러 가지 수상 스포츠(요트, 카누, 써핑, 낚시, 수상스키 등)를 즐길 수 있는 시설이 준비되어 있다. 또한 산업적으로 보면 '꽃의 도시'라고 불릴 만큼 꽃 산업이 발달했다. 온화한 지중해성 기후의 천연 조건으로 자연스럽게 발달된 꽃 산업은 현재 2000여 개가 넘는 생산업체들이 대부분 독일, 프랑스 등지로 꽃 수출을 하고 있어 산 레모의 관광 수입과 더불어 큰 수입원으로 자리 잡고 있다.

Access 제노바에서 하루 총 20회의 기차가 연결, IC의 경우 약 1시간 50분 소요.

꽃시장

콜롬보(Colombo) 광장에서 시작되는 가리발디 거리(Corso G. Garibaldi)에서 열린다. 아침 5시에서 6시 사이가 가장 번성하며 주위는 꽃내음이 가득하다.

카지노 Casino

도시에서 운영하는 카지노 세계의 수많은 도박사들이 모여드는 이탈리아 최고의 오락장. 1905년에 건축한 건물에 밤이면 주위의 불빛이 가득한 고급스러운 카지노다.

산 레모 San Remo 음악제

매년 2월에 열리는 국제적인 가수 등용문. 1951년에 시작한 이 가요제가 준비되는 기간 동안은 전 이탈리아가 떠들썩할 정도로 유명하며, 세계 최고의 가수들이 모인다. 도로 중앙에는 유명 연예인들만이 걸어 다닐 수 있는 높이 1m 정도의 카페트가 깔린 보도를 만들고 좌우에는 열광적인 팬들의 함성이 요란하다. 시내 거리가 전부 음악제에 맞추어 세팅이 된다.

그리스 정교회의 1950년대의 모습

러시아 정교회 Chiesa Russia

역의 조금 왼쪽 앞 도로를 건너면 장난감 집 같은 양파 모양의 지붕을 한 그리스 정교회가 나온다.
시간 9:30~12:30, 15:00~18:30(월요일 휴무)

여행자 안내소

이탈리아에서 가장 좋은 여행 안내소 중 하나일 것이다. 그리스 정교회 맞은 편 조금 아래에 위치.
Via Largo Nuvoloni. 1

여행 포인트

1. 카지노로 시작되는 쟈코모 마테오티 거리(Corso Giacomo Matteotti)에는 고급 상점들이 좁은 길에 가득해 윈도우 쇼핑을 하기에도 좋다. 2월, 6~8월의 산 레모는 발을 디딜 틈이 없을 정도로 분주하므로 인근 도시에 숙박을 정하는 것이 좋다.
2. 에로이 산레메시 광장(Piazza Eroi Sanremesi)에서 수요일, 토요일 오전에 이동 시장이 열린다.
3. 대개 시내에서 떨어진 외곽 지역이거나 인근 소도시에 오스텔로(Ostello)가 있는 경우가 많으므로 숙박을 원할 경우 오후 5시 이전까지는(겨울철 오후 3시) 원하는 목적지에 도착해야 한다. 예약은 기본.
4. 주로 버스로 이동하는 것이 좋으며, 만약 택시를 타게 될 경우 반드시 승차 가격을 협상해 두어야 한다.
5. 오스텔로는 12월 말에서 1월 중순까지 폐장하므로 이 기간의 이동 시 반드시 문의가 필요하다.
6. 산 레모 가요제 시즌에 방문하는 것이 가장 흥겹다.

1954년도 산 레모 공연에서의 마리아 칼라스. 베니아미노 질리와 같이 있다

리구리아 Liguria 주(州)

다섯 마을, 친쿠에 테레 Cinque Terre

리구리아 주는 한 면이 바다에 접해 있다. 그중 제노바의 서쪽은 넓은 모래사장과 온화한 기후, 각종 수상 스포츠를 즐길 수 있는 천연의 관광지로 유럽에서도 유명하다. 하지만 최근에는 포르토피노(Portofino)를 위시하여 친쿠에 테레가 아말피 해안에 버금가는 때묻지 않은 관광지로 각광을 받고 있다.

친쿠에 테레란 리오 마조레(Rio maggiore), 마나롤라(Manarola), 코르닐리아(Corniglia), 베르나짜(Vernazza), 몬테 로쏘(Monte rosso) 다섯 곳의 마을을 합쳐 부른 명칭으로, '다섯 마을'이라는 의미이며 아직도 교통이 잘 연결되지 않는 작은 어촌들이다.

Access

1. 라 스페치아(La Spezia)에서 출발하는 지역 노선이다. 하루 총 29회의 기차가 연결되며 소요 시간은 다섯 마을을 다 거쳐도 20분 남짓밖에 안 걸린다. (La spezia(2분) → Riomaggiore(2분) → Manarola(3분) → Corniglia(4분) → Vernazza(5분) → Monterosso) 하지만, 버스를 이용하는 것이 낫다. 기차역 바로 옆에 버스 정류장이 있다.

2. 친쿠에 테레 방문은 개인적으로 가는 것보다 현지 여행사에서 판매하는 상품을 이용하는 것이 낫다. 피렌체 S.M.N역 바로 옆에 이곳으로 가는 버스편이 있다.

🔹 리오 마조레 Rio maggiore

라 스페지아에서 닿게 되는 첫 번째 마을. 전설에 의하면 고대 그리스인이 건설했다고 하며 제노바국의 지배 아래에 있었다. 1304년에 건축한 산 조반니 바티스타(San Giovanni Battista) 성당이 있으며 바닷가의 절경이 아름답다.

유명한 사랑의 길. Via dell Amore

🔹 마나롤라 Manarola

리오 마조레(Rio maggiore)와 마나롤라(Manarola) 사이에는 사랑의 길(Via dell'Amore)이라는 길로 연결되며 이곳에는 1338년에 건축한 산 로렌초(San Lorenzo) 성당이 있다.

코르닐리아 Corniglia

바다 위 96m지점에 마을이 있으며 배가 닿기 어려운 마을이다. 그러나 이곳에는 올리브와 포도의 재배가 이루어지며, 언덕 위에서 바라보는 포도밭의 전경은 아름답다. 또한 이곳의 포도주(Sciacchetra)는 유명하다. 마을에는 1556년의 제노바의 요새와 1335년의 성당이 있다.

베르나짜 Vernazza

친쿠에 테레 중 유일한 항구다운 항구를 가지고 있다. 이곳을 통해서 로마 시대부터 지중해로 나갈 수 있으며, 파스텔 톤의 집들이 아름답다.

몬테로쏘 Monterosso

친쿠에 테레 중 가장 규모가 있는 어촌 마을이다. 모래 사장에 면한 해변이 있으며, 올리브, 포도, 레몬 등의 재배가 이루어지며 다른 곳에 비해 숙박시설이 잘 갖추어져 있다. 이곳에는 피사의 고딕양식을 본받은 1307년에 세워진 성당이 있다.

여행자 안내소

몬테 로쏘(Monte rosso) Via Fegina.

Travel Tip

1. 친쿠에 테레는 아말피 해안과는 또 다른 신선함을 전해준다. 파스텔 톤의 가옥들, 좁은 계단, 바위에 부서지는 하얀 포말, 모든 것이 새롭다.
2. 숙박을 정할 경우 몬테 로쏘(Monte rosso)에서 정하는 것이 제일 좋으며 선택의 폭도 넓다. 그러나 여름철의 경우 사전 예약이 필요하다.
3. 보트를 타 보는 것도 좋다.
4. 여름철에 이곳에서 생선 종류의 식사는 조심해야 한다.
5. 절대 만만히 볼 지역이 아니다. 높은 산과 좁은 길을 걸어서 가야하기 때문에 오히려 피렌체보다 관광 시간이 더 걸린다. 따라서, 잠깐 다녀올까 하는 마음으로 들어가면 안 됨.
6. 한국 사람들이 가장 만족하는 곳은 마나롤로와 베르나짜!

새로운 항구, 라 스페치아 La Spezia

리구리아 주의 동쪽 끝에 위치한 항구 도시 라 스페치아는 늘 제노바에 가려 있던 불운한 전력의 항구다. 그러나 1870년 도메니코 키오도(Domenico Chiodo)에 의해 이곳에 '해군 함대의 조선소'가 건설되기 시작한 이래 이탈리아 해군의 요새로서, 이탈리아의 또 다른 무역항으로 거듭났다. 스페치아 만(Golfo della Spezia)이라는 천연의 만은 이런 구비 조건을 갖추는 데 완벽한 기여를 하였다.

특히 만의 남쪽 끝에 위치한 베네레 항구(Porto Venere)와 리구리아 해안에 길게 뻗은 친쿠에 테레의 아름다운 해안 풍경은 이탈리아 북부 사람들이 즐겨 찾는 휴양지 중 하나이다.

Access

제노바에서 102km: 제노바 포르타 프린치페(Genova Porta Principe) 역에서 하루 총 51회의 기차가 연결. 그러나 리구리아 지역은 기차보다 버스를 이용하는 것이 낫다.
첫 기차: 0:01, 막차: 23:56 / 소요시간 : IC의 경우 1시간 12분 소요.

░ 해군 박물관 Museo Navalo della marina Militare
다른 도시와는 달리 해군 박물관을 눈여겨 볼 만하다. 키오도 광장(Piazza D.Chiodo)에 위치한 이 박물관은 해군의 역사뿐만 아니라 여러 배들의 모형을 볼 수 있는 특이한 박물관이다.
시간 일 08:30~13:15 / 월, 금 14:00~18:00 / 화, 수, 목, 토 09:00~12:00, 14:00~18:00

░ 시립 박물관 Museo Civico Amedeo Lia
고대 예술부터 현대 예술품까지 소장하고 있다.
주소 Via Prione 234.
시간 10:00~18:00(월요일 휴무)

여행자 안내소
1. Viale Mazzini 45.
2. Via V.Veneto 2.

Travel Tip
도시가 상당히 크므로 목적지를 정할 경우 반드시 버스 이용!!

조각의 도시, 피에트라산타 Pietrasanta

토스카나 주의 비아레조(Viareggio)와 까라라(Carrara) 사이에 위치한 피에트라산타. 기차역에서 내려 바로 앞 도로를 건너면 군데군데 거대한 조각들이 중앙에 가득한 두오모 광장을 만날 수 있다. 광장 입구에는 미켈란젤로가 머물렀던 건물(광장에 도착하자마자 왼쪽에 노란색 건물이 보인다. 바깥에 Michelangelo라고 적혀 있다.)에 그의 이름을 간직한 바(Bar)가 있으며 이 바에는 세계의 유명한 조각가, 예술평론가, 사업가들이 모여 담소를 나누고 있는 모습을 볼 수 있다.

Access

1. 피사에서(30km): 하루 총 18회 기차가 연결되며 소요 시간은 23분.
2. 피렌체에서(105km): 하루 총 12회 기차가 연결되며 소요 시간은 1시간 40분. 피에트라산타에는 세계의 유명한 조각가들의 작업 의뢰를 받아 작품을 만들어내는 세계적으로 수준 높은 작업소들이 많다. 이 작업소를 방문하는 것도 즐거운 일이다. 1) Laboratorio di SEM (SEM 연구소) ⇒ Via Tre Luci 5. 0584/790733
    2) MICHELE BENEDETTO ⇒ Via Tre Luci 23. 0584/790319
    3) Museo dei Bozzetti (Bozzetti 박물관) ⇒ Via Sant'Agostino. 0584/791122

여행자 안내소

두오모 광장의 모로미 건물(Palazzo Moromi) 앞에 있다.

여행 포인트

1. 피에트라산타는 실제 조각의 본고장이라 알려진 까라라보다 조각인들 사이에는 더 유명한 곳으로 두오모 광장에는 늘 세계적으로 유명한 작가의 조각물이 전시된다.
2. 숙박의 경우가 제일 난처한데, 교외로 빠져야 한다.
3. 이곳에 오면 조각이 이루어지는 과정을 확실히 알 수 있다. 우리가 보는 전시된 조각 대부분은 실제 조각가가 만든 것이 아니고 조각가는 한 30Cm 정도의 견본을 만들어서 공장에 갔다 주면 기술자들이 그 조각을 실제 전시할 수 있게끔 수 백 배 확대하는 작업을 한다. 그런 공장이 이곳에 많다.
4. 기차역에서 내려 선로를 건너면 바로 광장이 나온다. 버스를 탈 필요는 없다.

밀라노 다음의 도시, 브레샤 Brescia

밀라노와 베로나로부터 약 100km 떨어진 브레샤. 아직도 브레샤는 관광객의 관심이 많지 않다. 롬바르디아 주에서 밀라노 다음의 도시라고 할 수 있으나, 로마 시대의 유적에서 현대까지 역사가 흐르고 있는 살아 있으며, 크고 작은 광장들이 있다. 이미 BC 1200년 전부터 사람이 살기 시작한 이곳은 지금까지 수많은 시대의 흔적을 발견할 수 있다. 하지만 전반적으로 도시 분위기는 좀 황량하다.

Access | 밀라노에서(97km): 하루 총 54회의 기차가 연결되며, IC의 경우 소요 시간은 45분 소요.

▶ 포로 광장 Piazza del Foro

포로 광장과 베스파시아노 황제의 이름이 새겨진 신전(Tempio Capitolino AD73), 그리고 로마 시대의 유적을 간직한 시립 로마 박물관(Museo Civico Romano)이 있다.

▶ 구성당 Duomo Vecchio, 신성당 Duomo Nuovo

구성당은 11C경에 만들어진 성당으로 지름이 19m나 되는 둥근 원형으로 된 이탈리아에서는 흔치 않은 양식의 건축물이다. 신성당은 1604년에서 1825년까지 축조한 건물로 이탈리아에서 세 번째로 높은 지붕(la Cupola)을 가지고 있다

▶ 고대 무기 박물관 Museo delle Armi Antiche

도시의 복동쪽에 위치한 성의 내부에는 고대 무기 박물관이 있다. 이 박물관은 유럽에서도 유명한 곳이며 다양한 고대와 중세의 무기, 갑옷 등이 전시되어 있다.

▶ 국립 사진 박물관 Museo Nazionale della Fotografia

이탈리아에서는 유일한 종류의 국립박물관으로 사진에 관한 여러 소장품(사진기,영화촬영기,12000여 장의 사진 등이 보관되어 있다.
주소 Corso Matteotti, 16/b – 18/a

여행자 안내소

역에서 내려 로쟈(Loggia) 광장까지는 충분히 걸어갈 수 있는 거리다. 역에 내려 오른쪽으로 가다보면 넓은 도로가 나온다(Via Saffi). 여기서 다시 왼쪽으로 계속 걸어가면 비토리아(Vittoria) 광장과 로쟈 광장이 나온다. 매달 둘째 주말 때에 비토리아 광장에서 벼룩시장이 열린다.

기타 여행 정보

프란치아꼬르따 샴페인

브레샤 지방의 이세오 호수 밑의 프란치아꼬르따(Franciacorta)에서 생산되는 샴페인으로 1995년에 최고 등급인 D.O.C.G 마크를 획득한 제품이다. 우리 나라에서 갑자기 와인에 대한 관심이 높아졌고, 와인에 관심을 가진다는 것은 약간은 고급적인 취향으로 여겨지기도 한다. 와인(Vino)에 대한 맛은 굳이 외국인의 입맛에 따를 필요는 없다. 소믈리에의 추천보다 더 좋은 것은 자기 입맛이다. 개인적으로 한국사람들에게 가장 잘 어울리는 와인은 스푸만테(Spumante) 종류의 탁 쏘는 맛의 와인인 듯하다. 모데나에 그런 종류의 와인이 많다.

와인에 대한 생각

이탈리아 사람들에게 와인은 우리나라 사람들에게 막걸리와 똑같다. 제일 좋은 와인은 농가에서 직접 만든 Vino di Casa이다. 와인명을 굳이 외울 필요는 없다. 수천 가지의 와인이 있다. 와인은 많이 마시면 숙취가 심하다. 요새는 이탈리아 와인에도 화학처리를 하는 것이 많다. 가정에서 만든 와인은 전체적으로 감식초 같은 시큼한 맛이 특색이다. 그리고 와인을 먹는 방법에는 참 많은 설명이 있는데 현지에도 그런 것이야 있겠지만 대체적으로 그냥 분위기에 맞추는 것이 중요하다. 중요한 것은 형식보다 내용이다. 와인을 마실 때 느끼는 기분이 중요한 것이지 와인 자체가 무어 그리 중요한가?

밀레 밀리아(Mille Miglia) 자동차 행진 대회

'움직이는 자동차 박물관'이라고 일컫는 이 경기는 브레샤부터 여러 도시를 돌며 로마까지 왕복하는 자동차 행진 대회이다. 이 대회에는 세계에서 오래되고 멋진 자동차들이 참가하는데 메르체데스, 알파로메오, 페라리, 마세라티, 포르쉐 등 오랜 역사를 가진 유명한 자동차들이며 모두 1927년부터 1957년 사이에 만들어진 것들만 참가할 수 있다. 밀레 밀리아가 열리는 도시에는 공연, 음악회, 축제 등 여러 가지 행사가 광장 등에서 같이 개최되어 그 열기를 더해주고 있다. (★ 테마여행 참조)

가르다 호수(Lago di Garda)

가르다는 이탈리아의 큰 호수 중 하나로 길이가 52km, 최대 넓이가 17.5km, 길이가 346km나 되는 5개의 작은 섬을 가지고 있는 아름다운 호수이다.

북부의 롬바르디아 사람들이나 에밀리아 로마냐 사람들은 굳이 바다를 찾지 않고 이곳으로 여름 휴가를 오는 사람도 많다. 아주 넓고 깨끗한 호수로 이탈리아 현지인들, 특히 북부 지역의 주민들에게는 상당히 중요한 호수임에도 불구하고 한국인에게는 거의 알려져 있지 않다.

왼쪽으로는 롬바르디아 주, 오른쪽으로는 베네토 주, 위쪽으로는 트렌티노 주 사이에 위치한 넓은 호수로 바캉스 기간에는 요트와 수상스키를 즐기는 관광객들로 붐빈다. 특히, 951년부터 시작된 첸토밀리아(Centomiglia)라는 요트 경기는 유럽의 요트광들이 대거 참가하는데 매년 9월 첫째 주에 개최된다.

예술의 향기, 만토바 Mantova

만토바가 사람들에게 알려진 것은 '로미오와 줄리엣'에서 로미오가 도망가려고 했던 곳이기 때문이다. 두 광장 에르베 광장(Piazza delle Erbe), 소르델로 광장(Piazza Sordello)을 중심으로 만토바는 격조 높은 예술의 향기를 머금고 있다. 4세기가 넘게 곤자가 가문의 예술 보호 정책으로 인하여 지금도 많은 유럽의 예술 애호가들의 발을 끌어당기고 있으며 대낮에도 늘 조용한 이 도시는 골목마다 작은 돌들이 촘촘하게 박혀 있어 이곳을 걷고 있노라면 유서 깊은 도시의 숨결을 느끼게 한다.

Access

1. 밀라노에서(150Km): 크레모나를 거쳐야 한다. 크레모나에서 하루 총 14회의 기차가 운행. (첫차는 06:27, 막차는 19:21, 소요 시간은 총 50분(크레모나에서 만토바까지))
2. 볼로냐에서(109Km): 북부의 볼차노 행 기차를 타고 가다 노가라(Nogara)에서 바꿔타야 한다. 노가라까지는 하루 총 19회의 기차가 있으며 첫차는 03:10, 막차는 22:40, 소요 시간은 한 시간 정도. 노라가에서 만토바까지는 하루 총 11회의 기차가 움직인다. 첫차는 06:49, 막차는 20:, 소요시간은 30분.

두칼레 궁전 Palazzo Ducale

넓은 소르델로 광장의 한 면을 막고 있을 만큼 큰 이 건물은 '곤자가 가문의 왕궁'이라고도 불린다. 3400평방미터, 500여 개가 넘는 방, 정원, 길 등은 이 건물의 크기를 짐작할 수 있게 한다. 방마다 프레스코화를 간직하고 있으며 건물 안에는 루벤스를 비롯한 수많은 예술가들의 정신이 넘치는 곳이다.

떼 건물 Palazzo Te

줄리오 로마노(Giulio Romano)에 의해 1525년에 축조된 곤자가 가문의 별장으로 여러 방들이 유명하다. 이곳에도 수많은 프레스코화와 전시물이 있다.(월요일은 휴무)

여행자 안내소

에르베(Erbe) 광장으로 들어서는 오른쪽 회랑의 끝부분에 위치.

여행 포인트

1. 만토바는 그다지 큰 도시는 아니어서 쉬엄쉬엄 걸어 다닐 수는 있으나 바닥이 울퉁불퉁 돌바닥이어서 발이 피곤하다. 반드시 운동화 착용!!
2. 골동품 시장이 유명하다.(카스텔로 광장에서 매달 셋째주 일요일.

가톨릭의 개혁, 트렌토 Trento

16C 이후 구교와 신교의 대립은 치열해졌고 따라서 로마의 가톨릭은 자체의 개혁을 서둘러야 했으며, 또한 번져가는 신교의 대응을 막아야 하는 필요성에 의해 교황에 의해 19차 공의회를 트렌토에 개최했다. 결국 남하하는 신교에 대항하는 보루로, 당시 게르만 제국의 영토 안에서 이탈리아어를 사용하는 지역으로 트렌토가 선정되었다. 그러나 1563년 12월까지 개최된 이 회의는 숱한 난항 속에 별 성과 없이 끝났으며 이후 중세를 지배하던 교황권의 약화가 가속화되었다. 그런데 이 트렌토 공의회의 결과는 엉뚱한 곳에 영향을 미쳐 이제까지 누드로 있던 수많은 고대 조각과 미술 작품들의 음부가 가리개로 가려지게 되었다.

Access

베로나에서(101km) : 밀라노에서든, 볼로냐에서든 반드시 베로나를 거쳐야만 트렌토로 들어갈 수 있다. 이 기차선은 오스트리아로 연결되는 선으로 트렌토까지 총 33회 연결되며 IC의 경우 1시간 남짓 소요된다.

성당 duomo

'트렌토 공의회'가 열린 장소이며 성당 앞 광장에는 창을 든 넵튠이 서 있다. 이 건물은 좌우를 돌 때마다 다양한 모양으로 나타나며, 고딕 양식과 로마네스크 양식의 절묘한 조화가 이루어진 1212년에 착공한 건물이다.

박물관 Museo Diocesano

1903년에 세워진 이 박물관은 16C경 트렌토 공의회 당시의 여러 물품 등 성당에 관련된 소장품을 보관하고 있다.

주소 Piazza Duomo18/ 시간 9:00~12:00, 14:00~18:00(수요일 휴무)

여행자 안내소

역을 나와 광장을 지나 오른쪽! Via Alfieri 4.

여행 포인트

1. 주변이 높은 산으로 둘러싸여 있어 멀미가 있는 사람은 버스길이 편하지 않다.
2. 트렌토 거리에는 간혹 건물 외부 벽에 그린 프레스코화가 있어 흥미롭다.
3. 첫 느낌은 공기가 매우 깨끗한 도시!

기타 도시

이탈리아의 가장 북쪽 도시, 볼차노 Bolzano

주민의 70%가 이탈리아어를 사용하며 30%의 주민은 독일어를 사용하므로 실제 볼차노의 모든 가게와 거리명, 심지어 공공기관의 명칭도 독일어와 병행해서 표기하고 있다. 볼차노는 오스트리아와 이탈리아를 잇는 교통의 요지로, 알프스 북부와 남부 사이의 상업적인 교류로 인해 만들어진 도시이며, 지금도 유럽의 문화와 산업을 연결하는 중심 역할을 하고 있다. 특히 알프스에 인접해 있기 때문에 스키, 스노보드 등 동계스포츠를 즐길 수 있는 시설이 잘 갖추어져 있어 스키 동호인들이 자주 찾는 곳 중의 하나다.

Access

베로나에서(155km): 오스트리아 방향으로 가는 기차를 타면 된다. 열차의 경우 반드시 베로나를 거쳐 볼차노에 도착한다. 하루 총 30회의 기차가 연결되며, EC의 경우 1시간 45분 소요.

인근 공항: 베로나의 Villa franca.

발터 광장 Piazza Walther

이곳에는 1200년대의 독일 시인인 발터 폰 데어 포겔바이데의 두 손을 가지런히 모은 동상이 있으며 주변에는 바(Bar)가 많이 있어 반나절의 여유를 보내기 좋은 곳이다.

산타 마리아 아쑨타 성당 Duomo S. Maria Assunta

15C 고딕 양식의 성당으로 첨탑의 지붕과 다채로운 타일로 덮은 건물의 상부가 타 지역과는 확연히 다른 볼차노만의 모습을 만들어낸다.

에르베 광장 Piazza delle Erbe

그다지 크지 않은 광장이지만 좌우로 늘어선 여러 야채 가게와 과일 가게가 흥미롭다. 또한 밤에는 독일식 소세지를 파는 노점이 있다.

여행 포인트

1. 볼차노는 산으로 둘러싸인 도시여서 아주 맑고 신선한 공기가 특색이다. 또한 티롤 지방의 음식 전통이 남아 있으며 포도주로도 유명하다.
2. 저녁에 볼차노에서 숙박할 경우, 거리에 나와 보자. 길거리에서 구워 파는 소시지가 정말 맛있다.
3. 전체적으로 물가가 비싼 편이다.
4. 독일 무대에 서는 것을 희망하는 성악도라면 이곳 콘세르바토리에서 공부하는 것도 좋다. 독일어와 이탈리아어를 같이 배울 수 있다.

아름다운 불균형의 도시, 우디네 Udine

슬로베니아와 국경에 인접한 도시 우디네. 줄곧 오스트리아와 베네치아의 영향권 아래 있었다큰 광장들, 넓은 도로, 고급 상점들이 둘러싸고 있으며 아름다운 예술미를 자랑한다. 박물관, 두오모, 미술관, 복도 거리, 성. 우디네를 방문한다면 묘한 매력에 빠져들고 말 것이다.

1955년도 우디네의 모습

1차 대전 당시의 이탈리아 군인들

2차 대전 당시 군인들

Access

베네치아에서 오스트리아의 빈으로 향하는 열차를 타면 된다.
하루 총 26회 기차가 연결되며, IC의 경우 1시간 30분 소요.

성 Castello

리베르타 광장(Piazza della Liberta)에서 팔라디오가 설계한 활 모양의 출입구를 통과하면 성이 나온다. 1487년에 착공하였지만 1511년 지진으로 붕괴된 후 1517년에 재착공, 50년 후에 완성되었다. 시립박물관과 미술관이 있으며 카르파초, 카라바조, 티에폴로 등의 작품을 소장하고 있다.
시간 화-토 9:30~12:30, 15:00~18:00 / 일 9:30~12:30(월요일 휴무)

대성당 Duomo

1700년대 복구하였지만 부분적으로 1300년대 두오모가 만들어질 때 당시의 모습을 보전하고 있다. 종탑은 1400년대에 만들어졌다. 대부분 바로크 양식으로 장식이 화려하다.

복도 거리 La loggia

리베르타 광장에는 라이오넬로의 복도 거리(La loggia dei lionello)가 있다. 흰색과 분홍색의 석재를 이용한 이 복도 거리는 전형적인 베네치아 고딕 양식으로 거리를 단아하게 만든다.

시계탑 La Torre dell'Orologio

회랑 건물(La loggia) 맞은편에 시계탑이 있다. 탑의 정상에는 한 쌍의 동상과 종이 있으며 1527년에 만들어졌다.

여행자 안내소

마쪼 광장(Piazza l'Maggio, 5월1일 광장) 7번지.

여행 포인트

우디네 영화제가 열리는 곳으로 한국 영화인이 많이 방문한다.

바람, 바위 그리고 바다, 트리에스테 Trieste

이탈리아의 유명한 소설가, 이탈로 스베보의 소설에는 언제나 그의 고향인 트리에스테의 모습이 그려진다. 겨울의 매서운 바람, 얼어 붙은 길, 도시 주변의 바위들. 트리에스테는 이탈리아의 동쪽 끝, 슬로베니아와의 국경 지대에 위치한 항구 도시다.

트리에스테에서는 동유럽의 냄새가 난다. 실제 거리에도 얼굴이 좀 긴 편이 동유럽 계통의 사람들이 많고, 슬로베니아, 즉 옛 유고 연방으로 가는 기차들이 많다. 그리고, 밤에는 의외로 차가운 바람이 많고 춥다.

Access

베네치아에서(157Km) : 주로 베네치아 메스트레 역을 중심으로 트리에스테행 기차가 지나간다.
교통편은 편리하다. (하루 총 20여 회 / 첫차05:30, 막차 22:13 / 소요 시간은 약 1시간 50분)

산 주스토 성 Castello San Giusto
통일 이탈리아 광장이 내려다 보이는 곳에 위치했으며, 다양한 무기를 전시한 무기 전시관이 있다. 이곳에서 도시의 전경을 바라보는 것이 좋다.

통일 이탈리아 광장 Piazza dell'Unita d'Italia
광장을 중심으로 트리에스테의 중요한 건물들은 모두 인접해 있다. 베네치아의 산 마르코 광장처럼 바로 바다와 인접해 있으며 이곳에 1877년 쥬세페 브루니가 축조한 시청 건물이 볼 만하다. 또한 좌우로 넓은 해안 산책길이 있어 천천히 거닐기에도 좋다.

오래된 카페들

토마소 카페 Cafe' Tommaseo
바다가 잘 보이는 장소에 위치. 1830년부터 이 도시의 상류층 사람들이 모인 장소라고 한다.
주소 Riva Tre Novembre, 366765

산 마리노 카페 Cafe' San Marino
1914년 1월에 문을 연 카페. 이곳이 유명한 이유는 비엔나 커피 때문이라고 한다.
주소 Via Battisti 18, 371373

여행자 안내소
1. 트리에스테 역에 도착해서 개찰구로 나오면 왼쪽에 크게 간판이 보인다. Informazioni(여행자 사무소)라고 적혀 있다.
2. 시내로 나가면 또 하나. Via San Nicolo. 20

여행 포인트
1. 트리에스테는 생각보다 넓다. 특히 해안을 따라 건물과 상점들이 위치해 있는데 하루 만에 다 돌아보기는 힘들다.
2. 동구권이 개방되고 난 뒤 상당히 많은 동구권 사람들이 들어와 있다.
3. 동유럽으로 여행을 가려면 이곳에서 기차를 타면 된다.

베네통의 신화, 트레비조 Treviso

베네치아에서 북쪽으로 30여km 떨어진 트레비조. 바로 그 트레비조의 북서쪽, 폰차나 베네토(Ponzana Veneto)의 빌라 미넬리(Villa Minelli)의 한 방에서 루치아노 베네통(Luciano Benetton)이 지금도 그의 베네통(Benetton) 신화를 만들어 가기 위해 여념이 없다. 트레비조는 그의 사업의 발판이 된 도시이기도 하다.

이 도시는 실레 강과 보테니 강이 합쳐지는 곳에 있기 때문에 예전부터 물류의 중심지로서 중요한 역할을 담당한 곳이다. 따라서 지금도 농산물의 유통에서 북유럽으로 넘어가는 물류의 일정량을 이 도시에서 소화하고 있다. 시뇨리 광장(Treviso Piazza dei Signori)이 도시의 한 가운데 위치하며 이를 중심으로 길이 연결된다. 이 광장을 관통하는 칼마조레 거리(Via Calmaggiore)와 인디펜덴차 거리(Via Indipendenza)에는 많은 가게들이 있어 윈도우 쇼핑도 즐겁다.

Access
1. 베네치아 메스트레 역에서(30km) : 하루 총 43회의 기차가 연결된다. 소요 시간은 20분. 트레비조로 기차를 이용할 경우 직행노선을 제외하고 반드시 베네치아 메스트레 역에서 기차를 갈아타야 한다.
2. 트레비조 – 밀라노(285km) 트레비조 – 볼로냐(167km)

시뇨리 광장 Piazza dei Signori
14C경부터 이 도시의 중심이 되었으며 이곳에는 프레첸토 건물(Palazzo dei Frecento)과 시립 탑(La Torre civica), 시청(il Palazzo della Prefettura)이 있다.

카테리나 성당 Chiesa di S. Caterina
시뇨리 광장에서 트레첸토 건물 쪽으로 빠져나와 쭉 걸어가면 카테리나 거리(Via S. Caterina)가 나오는데 이 길의 끝에 위치한다. 내부에 토마소 디 코테나의 훌륭한 프레스코화가 있다.

대성당 Duomo
두오모 광장(Piazza del Duomo)에 위치. 11세기에 착공되었으며 멋진 쿠폴라(Cupola, 지붕 덮개)가 인상적이다. 내부 티치아노의 제단이 볼 만하다.

여행자 안내소
시뇨리아 광장의 프레페투라(Prefettura) 건물 뒤쪽에 위치. Piazetta del Monte di Pieta

여행 포인트
1. 트레비조는 우선 숙소부터 잡고 관광을 하는 것이 좋다. 호텔이 대개 도시 밖에 위치하며 식당들의 경우도 성 바깥에 위치하니 주의가 요구된다. 트레비조는 크리스마스 전후 방문이 가장 좋다. 12월 16일과 매달 마지막 주에 열리는 골동품 시장이 흥미롭다.
2. 트레비조는 작지만 상당히 부유한 도시다.
3. 거리 곳곳에 있는 상점과 가게들이 볼 만하다.

또 하나의 도시, 로비고 Rovigo

베네치아에서 아래쪽 어귀로, 80km 떨어진 도시 로비고. 아드리아(Adria) 바다로 흘러가는 아디제(Adige) 강과 포(Po) 강 사이에 있는 이 도시는 오랫동안 베네치아 공화국의 곡창 지대였다. 강 하구의 비옥한 퇴적물은 로비고를 살진 땅으로 만들었으며 바다의 도시인 베네치아에 충분한 영양을 공급하였다. 중부 르네상스의 큰 핵인 페라라와 오랜 해양 도시인 베네치아 사이에서 로비고는 15C 이후 급격한 발전을 하였으며 그 영향으로 로비고에는 베네토 지방에서 손꼽히는 회화들을 소장하고 있는 미술관이 위치하고 있다. 기차역에서 시내까지는 좀 멀다. 오른쪽으로 끝까지 걸어가야 한다. 버스를 이용하는 것이 낫다.

Access

볼로냐에서(79km): 베네치아행 열차를 타면 된다.
하루 총 34회의 기차가 연결되며, IC의 경우 45분 소요.

박물관 Academia dei Concordi

19C 건물에 위치한 박물관에는 1580년 이후 수집된, 베네토 지방과 다른 지역의 수준 높은 회화들을 소장한 미술관(Pinacotea)이 있다. 이곳에는 벨리니를 비롯한 여러 작가들의 작품이 전시되어 있다.

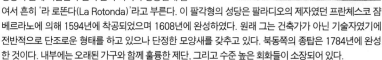

원형 성당 La Rotonda

성당의 본래 이름은 구원의 산타 마리아 성당인데 줄여서 흔히 '라 로똔다(La Rotonda)'라고 부른다. 이 팔각형의 성당은 팔라디오의 제자였던 프란체스코 잠베르라노에 의해 1594년에 착공되었으며 1608년에 완성하였다. 원래 그는 건축가가 아닌 기술자였기에 전반적으로 단조로운 형태를 하고 있으나 단정한 모양새를 갖추고 있다. 북동쪽의 종탑은 1784년에 완성한 것이다. 내부에는 오래된 가구와 함께 훌륭한 제단, 그리고 수준 높은 회화들이 소장되어 있다.

여행자 안내소

로비고의 중심 광장인 비토리오 에마누엘레 2세(Vittorio Emanuele II) 광장 31번지.

여행 포인트

1. 로비고 시내에는 호텔이 많지 않으므로 숙박할 경우 예약 필수.
2. 기차역에서 시내까지 버스를 타고 갈 수 있지만, 걸어가면 30분 정도가 걸린다.
3. 로비고는 교통의 요지이므로 아침의 기차역은 혼잡하다. 베네치아의 위성 도시 성격!
4. 매달 둘째 일요일에 비노리오 에마누엘레 2세 광장에서 벼룩시장이 열린다.
5. 로비고 홈페이지: www.comune.rovigo.it

모자이크의 도시, 라벤나 Ravenna

395년에 로마제국이 동서로 분열하고 401년부터 고트족이 침입하자 이에 서로마 제국의 수도가 402년 이곳 라벤나로 옮기게 되었다. 따라서 이곳 라벤나에서는 로마에서 옮겨온 수준 높은 문화가 이식되었으며, 특히 380년 크리스트교가 국교로 정해진 이래 이 크리스트교가 힘을 발휘하기 시작한 시기인 약 6세기 경부터의 초기 크리스트교 문화의 원형을 잘 보존하고 있는 지역이 바로 라벤나이다. 유네스코에 세계 문화 유산으로 지정된 공간이 많으며, 세계적으로 알려진 것은 작은 돌조각으로 장식된 독특한 모자이크 문화이다.

Access

볼로냐에서(76Km): 볼로냐에서 파도바행 기차를 타고 가다 페라라에서 갈아타야 한다. 페라라에서 하루 총 10여 회의 기차가 있으며 소요 시간은 약 1시간. 페라라, 라벤나, 리미니, 산 마르코 공화국을 한 라인에 두고 여행하면 교통편이 편하다.

라벤나의 모자이크화는 세계적으로도 유명하다.

플라시다 건물(Museolo di Galla Placida)의 모자이크가 장식

🔖 산 비탈레 성당 Basilica di San Vitale / 국립박물관 Museo Nazionale

두 건물은 서로 연결되어 있다. 산 비탈레 성당은 비잔틴 제국의 힘을 라벤나에서 가장 잘 느낄 수 있는 공간이다. 특히 내부의 모자이크 장식이 아주 훌륭하다. 5~6세기에 걸쳐 건축된 이 건물은 1700년~1800년 대의 프레스코화도 잘 간직하고 있다. 그리고 산 비탈레 성당과 연결되어 있는 국립 박물관의 경우 1885년에 개관되어 초기 로마 시대의 물품부터 18세기의 물건들까지 잘 보관되어 있다. 특히, 모네타(Moneta)로 불리는 동전들이 볼 만하다.

여행자 안내소

1. 라벤나는 의외로 큰 도시다. 이동하려면 택시를 타야 할 수도 있다.
2. 구시가지(Citta' Vecchia)에는 매달 3번째 일요일마다 골동품 시장이 열린다.
3. 라벤나를 여행할 때는 각각의 성당에 들어갈 때마다 표를 사야 한다. 하지만 자유 이용권, 혹은 단일표(Biglietto Singoli)를 구입하면 하루 종일 다닐 수 있다.

🔖 단테의 무덤 Tomba di Dante과 박물관

단테가 피렌체에서 추방당하고 갈 곳이 없자 라벤나 시장이 그의 거처를 마련해 주었고 단테는 라벤나에 머물다가 1321년에 이곳에서 생을 마감했다. 지금 우리가 방문할 수 있는 단테의 무덤은 1780년에 만들어진 것이다. 단테의 무덤 앞에는 꺼지지 않는 작은 등불이 있다. 그런데 단테를 추방했던 피렌체 시에서 별도로 예산을 내어 라벤나 시에서 감당해야 할 이 등불의 기름값을 속죄의 의미로 내고 있다. 매년 9월 둘째 일요일마다 이 기름을 옮기는 의식이 이루어진다. 그리고 같은 거리(Via Dante) 4번지에 있는 박물관에는 단테의 대표작인 〈신곡〉의 1336년판 필사본과 1677년부터 1865년까지 그의 시신을 담았던 관이 있다.

에밀리아 로마냐 Emilia Romagna 주(州)

한 가문의 역사, 페라라 Ferrara

페라라는 이탈리아 중북부 도시의 문화를 이끌어가던 도시다. 이탈리아 중북부의 역사 중 가장 큰 비중을 차지하는 한 가문이 있다. 이름하여 에스테(Este) 가(家)이다. 베네치아의 도움으로 1264년 페라라를 손에 넣은 에스테 가문은 1598년까지 페라라를 중북부 최고의 예술도시로 만들었으며 르네상스의 최대의 후원자 역할을 담당하였다. 또한 에스테 가에서 즐겨먹던 음식들은 이 지방의 전통 토속 음식으로 자리잡아 지금까지 전해지고 있으며 에스테 가의 성을 비롯하여 두오모, 산 파올로 성당 등에는 수많은 벽화와 그림들이 보존되어 있어 번성했던 이 도시의 자취를 느끼게 해 준다. 아울러 매년 5월 마지막 주 일요일에 개최되는 팔리오(Palio, 경마대회)도 그들만의 자존심을 지켜주는 전통의 행사로 지금도 명성이 높다.

페라라? 페라리?
페라라라고 한다면 먼저 생각이 나는 것은 페라리(Ferrari)라는 자동차 이름이다.
여기서 차를 만들까? 페라리 자동차를 만드는 곳은 페라라 바로 옆 동네, 모데나이다. 실제 공장은 토리노에 있다.

Access
볼로냐에서(47Km) : 하루 총 46회의 기차가 연결되며 소요시간은 IC의 경우 약 25분.
베네치아 – 볼로냐 기차 라인에 위치하며 토리노, 밀라노에서 가려면 볼로냐에서 갈아타야 한다.
반면에 만토바, 리미니, 라벤나에서는 직접 연결되는 라인이 있다.

에스테 가문의 성 Castello Estense / 시청 건물 Palazzo Municipale

에스테 가문의 성은 에스테 가문의 주거지로 사용되었다. 1385년에 착공한 이 성은 사방이 물이 흐르는 인공호수로 둘렀다. 따라서, 원래 군사적인 목적으로 만들었음을 알 수 있다. 지금은 지역 의회와 시청 건물로 사용되고 있으며 또한 시청 건물(Palazzo Municipale)과 바로 연결되어 있다. 역과 에스테 가문의 성과의 거리는 약간 멀지만 역에서 나와 왼쪽으로 보면 카부르 거리(Viale Cavour)라는 큰 길을 만나는데 이 길을 따라 가면 이 성을 만날 수 있다.

대성당 Duomo

시청의 바로 맞은 편에 위치한 이 거대한 성당은 1135년에 착공되었다. 로만, 고딕 양식의 이 성당의 정면은 3부분으로 나누어지고, 내부에 박물관이 있다. 트렌토 트리에스테 광장(Piazza Trento Trieste) 방향으로 성당의 측면에는 아주 독특한 회랑이 있고, 그 회랑에는 여러 상점들이 줄지어 서 있어 참으로 흥미로운 풍경을 만들어 낸다.

🔹 팔리오 Palio

페라라에서 유명한 것 중 하나가 팔리오라는 말 경주 대회이다. 1259년에 시작된 이 말 경주 대회는 아리오스떼아 광장을 중심으로 4개의 거리에서 매년 5월 마지막 주 일요일에 개최된다. 팔리오가 개최되기 전 일주일간은 각 지역별 준비, 출전하는 말에 대한 행사, 각 지역별 행진, 깃발 흔들기 대회 등 다채로운 행사가 열린다. 여기서, 지역이라고 하는 것은 페라라 시내의 거리에 사는 사람들의 구역별 집단이다. 이때에는 모두 전통 복장을 입고 전 도시가 들썩들썩한다!

여행자 안내소

찾기 쉽다. 에스테 가문의 성에서 역으로 가는 방향이 아닌 반대 방향으로 가면 조베까 거리(Corso Giovecca)라는 길이 나오고, 바로 21번지에 있다.

여행 포인트

1. 여행자 안내소가 문을 닫으면 어느 도시이든지 시청에 가면 여러 가지 여행 정보를 구할 수 있다. 페라라도 마찬가지다. 시청 건물에 들어가서 1층(왼쪽) 사무실에서도 정보를 구할 수 있다. 시청은 두오모 바로 앞에 있다.

2. 광장에서 매달 첫 번째 주말에 가구, 그림 등의 장이 선다.(8월달은 제외). 수제품 시장은 매월 첫번째 토요일과 일요일에 사보나롤라 광장(Piazza Savonarola)에서 열린다.(8월 역시 제외). 상설시장은 월요일에는 트라랄로 광장(Piazza Traraglio) 외 발루아르드 길(Via Baluardi)에서, 수요일은 마르티리 델라 리베레타 길(Corso Martiri della Liberta)에서 7시 30분에서 13시까지 열린다.

---

travel tip

유학생 및 여행객에게 유용한 이탈리아 은행 용어

conto corrente / conto bancario : 자유입출금식 일반 계좌 / 은행 계좌
aprire il conto : 계좌를 개설하다
chiudere il conto : 계좌를 해지하다
canone mensile : 월회비
canone annuale : 연회비
imposta di bollo : 국세(보통 연 34유로 20센트이고 분기별로 8유로 55센트씩 계좌에서 빠져나감)
gratuito : 무료
compreso : 포함
non compreso : 미포함
commissione : 수수료
spese : 비용
carta bancomat : 체크 카드
carta di credito : 신용 카드
libretto degli assegni : 수표책
contanti : 현금
estratto conto : 내역서
saldo : 잔고
conto deposito : 정기예금 계좌
vincolo : 예치

interessi : 이자
interessi anticipati / interessi in anticipo : 선이자
tasse : 세금
tasso : 이율
operazioni : 업무
bonifico : 계좌이체 / 송금
prelievo : 출금
versamento : 입금
domiciliazione utenze : 전기 · 가스 요금 및 통신비 등을 자동이체시키는 것
pagamento bollette : 지로용지 납부
alert sms : 입출금 문자 알림
ATM / sportello automatico : 현금 자동 입출금기
filiale : 지점
sportello : 창구
internet banking : 인터넷 뱅킹
inserire : 입력하다
codice cliente : 회원 번호
codice d'accesso / codice segreto : 비밀번호
codice dispositivo : 보안 카드 번호

기타 도시

뜨거운 흙의 냄새, 파엔차 Faenza

에밀리아 로마냐 지방의 남쪽, 볼로냐와 리미니 사이에 있는 도시, 파엔짜. 이 도시는 이미 세계적으로 유명한 상표가 되어 있다. 영어로는 faience, 불어로는 Faiance라는 도자기는 이미 세계 최고급 상표로 자리매김하였다.
라벤나의 비잔틴 문화와 피렌체의 르네상스의 영향을 강하게 받은 이 도시는 그 수준 높은 예술미를 흙에 담아 표현하였다. 파엔짜는 이미 15C경에 유럽 최고의 도자기 명산지로 알려졌으며 지금도 유럽의 도자기 생산의 심장부 역할을 하고 있다

Access

1. 볼로냐에서 : 하루 총 40회의 기차가 연결되며 소요 시간은 30분 가량 걸린다.
2. 피렌체에서 대개 보르고 산 로렌초 역에서 갈아타야 한다. 총 소요 시간은 2시간 20분.(이 경우 모든 역마다 정차하므로 시간이 많이 걸린다.) 이탈리아 내륙을 다닐 때는 대개 지방 열차를 이용하기 때문에 시간이 많이 걸린다.

국제 도자기 박물관 Museo internazionale della ceramica / 국립 도예 학교

모든 시대와 모든 장소의 도자기들이 전시되어 있다. 또한 샤갈, 피카소의 작품 또한 소장하고 있는 명실상부한 도자기 박물관이다. 또한 이곳에서는 매해 9월과 10월경에 세계 도자기 전시회가 열려 세계 각지의 도자기 관련 사업가 및 예술가 등이 모여든다. 만약 도자기에 관심이 있는데 이곳 파엔차까지 오지 못하는 사람은 로마의 베네치아 궁에 가도 된다.

주소 Via Campidori 2, Viale Baccarini 19, ISIA 건물

두오모(Duomo)

시계탑 La Torre dell'Orologio

성당 Cathedrale

로마냐 지방에서 수준 높은 르네상스식 건물로 1474년에 착공해서 1514년에 완성한 성당으로 피렌체의 영향을 강하게 받았다. 정면부는 미완성의 상태로 남아 있다.

주소 Piazza XI Febbraio 9

여행자 안내소

역에서 정면으로 곧장 걸어오다 마치니 거리(Corso Mazzini)라는 큰 거리를 만나 왼쪽으로 접어들면 이 도시의 중심 광장인 포폴로 광장(Piazza del Popolo)이 나온다.

주소 Piazza del Popolo 1

여행 포인트

1. 파엔차는 60여 개의 도자기 가게들이 있으나 전반적으로 비싼 편이다. 그런데 들어가서 사진을 찍으면 대단히 싫어한다. 이럴 때는 플래쉬를 켜지 않고 찍어야 한다.
2. 적절한 숙박 장소를 찾기 힘들다. 따라서, 반드시 예약을 하고 가는 것이 좋다.

이탈리아 중부의 힘, 모데나 Modena

모데나는 1598년 에스테 가문의 지배를 받은 이후 볼로냐에 버금가는 문화를 발전시켰다. 또한 지금도 그때의 흔적이 11세기부터 만들어진 대성당, 두칼레 건물, 박물관에 남아 있다. 약 18만 명의 인구가 살고 있는 모데나는 역사적인 도시일 뿐만 아니라 또한 이탈리아의 중요한 산업 도시 중의 하나이기도 하다. 특히, 모데나 지방은 그라나 치즈로 유명한 식품산업으로 유명하며, 주변의 지역으로 마라넬로(Maranello)의 페라리 자동차 공장, 까르피(Carpi) 지역의 니트산업, 싸쑤올로(Sassuolo) 지방의 타일산업 등 전문화된 경제기반을 갖춤으로써 상당히 부유화된 도시이다.

Access

1. 볼로냐에서(41Km): 밀라노행 기차를 타면 30분만에 도착할 수 있다. 하루 총 45회의 기차가 있어 교통편은 대단히 편리하다.
2. 밀라노에서(171Km): 볼로냐행 기차를 타면 된다. 하루 총 33회의 기차가 연결된다. 소요 시간은 IC의 경우 1시간 30분.

그란데 광장 Piazza Grande

모데나의 얼굴. 이 광장에 두오모와 탑이 있다. 두오모는 1099년에 착공되어 1184년에 완공된 건물이다. 기를란디나 탑(La Torre Ghirlandina)은 두오모와 붙어 있으며 총 높이는 87m이다. 6층까지는 1169년 완성되었으며, 1319년에 완성되었다. 두오모와 탑 사이를 주의 깊게 들여다 보면 두 건축물이 기울어져 있는 것을 느낄 수 있다.

두칼레 궁전 Palazzo Ducale

1634년에 착공된 건물로 1862년부터 지금의 군사 학교로 쓰이고 있다. 이 건물은 모데나를 지배했던 에스테 가의 궁전으로 사용된 건물이었다. 내부 견학은 단체만 허용된다. 예약은 필수이다.

위치 로마 광장(Piazza Roma)

에스테 가문에 대한 도서관 Biblioteca Estense

에스테 가문의 장서 및 문서들이 보관되어 있는 곳으로 1층에 위치한다.

시간 1층 무료 개방 / 일요일은 휴무

에스테 가문의 갤러리 Galleria Estense

에스테 가가 소장했던 작품을 전시하는 공간인데 입장료를 내야 들어갈 수 있다. 그림이나 책, 유명하다는 고문서가 있는데 관광은 좀 지루하다.하지만 정통 이탈리아 역사를 공부하는 사람들에게는 좋은 공간이다.

시간 월요일은 휴무. 요금 5유로

페라리 박물관 Ferrari Museo

해당 홈페이지(영문판) www.galleria.ferrari.com
모데나의 외곽인 마라넬로(Maranello)에 위치하며, 버
스로 30여 분 걸린다. 유명한 곳이어서 버스 기사에게
이야기하면 보통 알아서 내려주기는 하지만 찾아가는
방법은 좀 복잡하다.

요즘 페라리 박물관을 찾는 여행자들이 많은데 찾아가
는 방법을 몰라 헤매는 경우가 많아 아래에 찾아가는 방
법을 소개한다.

기타 도시

페라리박물관 가는 법
조금 복잡하다.
모데나 기차역에 내리면 오른편에 버스표를 파는 창구가 보인다.
이곳에서 반드시 마라넬로(Maranello)행 왕복표를 산다. 그 뒤 역을 나오면 오른편에 버스정류장이 있는데 이곳에서 7번
버스를 타고 약 5분을 가면 시외버스터미널(Autolinee Stazione)이 나온다.
뒷길을 하나 건너면 파란색 시외버스들이 서 있는 곳이 있다. 이곳 2번 승강장에서 마라넬로행 버스(종착지는 카시날보
Casinalbo)를 타고 약 30분을 가면 페라리 본사 앞에 버스가 선다.
여기서 내려 다시 길을 건너야 하는데, 맞은편에 카발리노(Cavallino)라는 식당이 있는 곳으로 길을 건너 식당 왼편으로 꺽
어진 길을 5분 정도 걸어가면 삼거리가 나오고 오른편에 페라리 박물관(Galleria Ferrari)이 보인다.
입장료 15유로

주의할 점
1. 모데나 역에서 헷갈리면 오른편에있는 안내소를 찾아서 물어보면 된다.
2. 마라넬로(Maranello)는 모데나 남쪽에 있는 작은 동네인데 페라리 박물관은 마라넬로 한 정거장 앞에서 내린다.
3. 7번 버스를 타고 내리면 사거리가 나오는데 주변을 둘러보면 시멘트 지붕이 있는 시외버스정류장 2번 승강장에서 버스
   를 타야 한다.

이탈리아 버스 운전사
이탈리아의 버스 운전사는 상당히 수입이 괜찮은 고소득 전문직이다. 이탈리아 시내는 옛날 거리가 많기 때
문에 운전이 힘들다. 불과 양쪽 10Cm를 사이에 두고 운행을 해야 하는 고난이도의 기술을 요구하기 때문
에 버스 운전사들은 나름대로 자부심을 갖고 있다.

여행자 안내소
두오모가 있는 그런데 광장(Piazza Grande)에 와서 17번지를 찾으면 여행자 안내소다.

여행 포인트
1. 모데나는 저렴한 숙소가 없다. 숙소 문제는 반드시 예약을 하고 움직여야 한다.
2. 모데나는 상당히 부유한 도시답게 거리가 평온하다. 그러나 특별한 관광을 위한 요소는 적은 도시다.

이탈리아 국기의 탄생, 레쪼 에밀리아 Reggio Emilia

이탈리아 중부, 에밀리아 로마냐 지방의 중앙에 위치한 레쪼 에밀리아는 BC 187년경 내륙을
관통하는 도로인 에밀리아 길(Via Emilia, 피아첸차에서 리미니까지)을 건설할 당시 로마 상
비군의 주둔지로 그 도시의 터를 닦은 후 이 도시에서 1797년 2월 7일, 레쪼 에밀리아, 모데나,
볼로냐, 페라라의 도시 대표들이 모여 치스파다나 공화국(la Repubblca Cispadana)을 주창
한 장소로 당시 공화국의 깃발색을 녹색, 백색, 적색의 3색을 선택하였다.(당시는 수평으로 배
치) 이 깃발은 현재 이탈리아 국기의 기원이 되었다.

Access　　볼로냐에서(65km): 밀라노행 기차를 탄다.총 43회의 기차가 연결되며 소요 시간은 IC의 경우
40분 소요. 레쪼 에밀리아는 프람폴리니 광장(Piazza Prampolni) 혹은 그란데 광장(Piazza Grande)을 중심으로
시내가 형성되었다.

대성당 Cattedrale

프람폴리니 광장의 중앙 정면에 위치한 이 성당은 857년부터 있었으며 15C 말
에 지금의 모습을 갖추었다. 중앙 문 위에는 아담과 이브의 모습이, 정면 상판부
탑에는 어린 예수를 안고 있는 마돈나의 모습이 금빛으로 장식되어 있으며 내부
에는 많은 예술품이 소장되어 있다.

3색의 방 Saladel Tricolore

여기서 현대 이탈리아 국기의 원형이 나왔고, 이 도
시에서 가장 자신있게 내세우는 것으로 모든 여행서
책자마다 제일 앞에 위치한다.

여행자 안내소
대성당 바로 오른쪽 아래 프람폴리니 광장(Piazza
Prampolini) 5/c

여행 포인트

1. 레쪼 에밀리아는 이탈리아의 중부, 즉 볼로냐를 중심으로 좌우로 뻗은 에밀리
   아 길(Via Emilia)의 선상의 도시답게 인근의 도시와 비슷한 분위기를 지니고
   있으며 전체적으로 로마네스크 양식의 건물들이 눈에 많이 띈다.
2. 기차역과 시내와의 거리는 멀다. 따라서 시내의 몬테 광장(Piazza del Monte)
   로 향하는 버스를 탈것!
4. 에밀리아 로마냐 지역답게 평온한 분위기다. 의외로 넓은 도시지만 중심가는
   몰려 있기에 걸어다닐 만하다.

도서관의 체세나 Cesena

외부인에게 알려진 체세나의 두 가지 자랑거리는 도서관과
교황(papa)이다. 1377년 이 도시가 용병 브레토니에 의해
거의 파괴된 후 교황 우르바노 6세에 의해 갈레오또 말라테
스타에게 도시가 맡겨졌다. 이후 체세나는 말라테스타 가의
통치하에 번영을 누렸다. 이때의 기록과 소설들이 지금껏 남
아 있는 곳이 도서관이다. 그 후 1500년 초기부터 약 300여
년간 교황의 직접 통치 지역으로 남게 되었는데 이 기간 동안
체세나에서는 3명의 교황을 배출하였다.

Access

볼로냐에서: 리미니행 기차 중에서 총 32회의 기차가 체세나에 정차하다.
(소요 시간: 약 50분 소요 / 첫차 04:55, 막차 23:29)

부팔리니 광장 Piazza Bufalini

이 건물은 1447년에 착공해서 1452년에 완성한 건물로서 르네상스 건물의 전형적인 모습을 나타내고 있
다. 내부에서 말라테스타 가의 여러 진귀품 및 소설, 역사자료 등이 보관되어 있다.

말라테스티아나의 요새

이 성채는 말라테스타 가문이 1377년에 축성을 시작해서 1480년까지 확장한 요새이다. 이는 변방으로부
터 외적을 막기 위해서, 특히 용병들에 대항하기 위해서 만들어졌다. 내부에는 농경 박물관((Museo della
Civilta Contadina)이 있어 체세나의 예전 농민들의 생활상을 엿볼 수 있다.

두오모 Duomo / 피아 광장 Piazza Pia

14C 후반경에 지은 건물로서 이후에 다시 보수되었다. 내부에는 르네상스시기
부터 지금까지의 예술 작품들이 보존되어 있다.

시장 Il Mercato / 포폴로 광장 Piazza del popolo

매주 수, 토(07:30~13:00)에 열리는 시장으로서 이 지역의 최대 시장이다.
300여 개의 상점들이 들어서며 각종 농산물에서 잡화가 판매된다.

경마장 Ippodromo del Savio

1922년 4월에 개장된 이 경마장은 국내외적으로 잘 알려진 경마장 중의 하나다. 2월부터 9월 초까지의 여
름 기간에는 관광객과 팬들을 위한 야간 경기가 열려 색다른 경마 경기를 즐길 수 있다.

여행 포인트

1. 체세나 역에서 1번 버스를 타면 바로 시내로 간다.
2. 포폴로 광장 입구의 중국 음식점이 상당히 맛있다.

여행자 안내소

시청(Municipio) 건물 1층
Piazza del Popolo 11

한여름 밤의 추억, 리미니 Rimini

긴 장화 모양인 이탈리아 반도의 종아리 부분에 리미니라는 세계적인 휴양지가 있다. 기차역에서 내리자마자 휴양지로서의 흥성스러움을 느낄 수 있다.

기차역의 뒤편에 무려 10여km에 달하는 은빛과 금빛의 해변이 매년 많은 젊은이의 가슴 속에 리미니의 추억을 아로새긴다. 또한 리미니는 이탈리아 영화의 상징, 페데리코 펠리니(1920~1993)의 출신지로 그가 세계를 이해하는 출발지다.

Access

볼로냐에서(121km): 하루 51회의 기차가 연결되며 소요시간은 IC의 경우 약 65분이 걸린다. 기차역 바로 앞으로 넓은 도로와 함께 시가지가 펼쳐진다.

리미니의 1930년대의 모습

카부르 광장 Piazza Cavour 주변

1) 가람피 건물(Palazzo Garampi): 시청 건물로 사용되며 카르두치에 1562년에 완공. 그 이후 1687년에 복구하였다.
2) 아렝고 건물(Palazzi dell'Arengo)과 포데스타 건물(Palazzi dell'Podesta): 아렝고 건물은 1204년에 착공한 로마 고딕 양식의 건물이며, 포데스타 건물은 1330년에 완공했다.
3) 파올로 5세 기념탑(Monumento a Paolo V) (16C)
4) 아민토레 갈리 극장(Teatro Amintore Galli): 1843년에서 1856년 사이에 건설. 전쟁 중에 파괴되었으나 다행히 신고전주의 형태의 정면부는 보존되었다.

말레테스티아나 요새 Rocca Malatestiana / 시스몬도 성 Castel Sismondo)

1437년에서 1446년 사이에 건설된 말라테스타 가의 요새이다. 1826년까지 파괴된 상태로 있었고 그 이후 1967년까지 감옥으로 사용되었다. 현재도 복원 중인 상태다.

말라테스티아노 성당 Tempio Malatestiano

11월 9일 길(Via IV Novembre)에 있는 이 성당은 1200년대부터 1500년까지 리미니를 지배했던 말라테스타 가가 세운 성당으로 1446년에서 1460년까지 건축했으며 미완성의 건물인 채로 남아 있다. 1809년 이후 리미니의 성당으로 사용된다.

여행자 안내소

기차역 바로 앞에 bar가 있으며 그 bar의 왼쪽.

여행 포인트

1. 산 마리노 공화국에 가려면 리미니 역 건너편에서 버스를 타면 된다. 단, 짐은 리미니 역 안의 수하물 보관소에 맡기면 된다.
2. 리미니의 여름은 아주 흥성스럽다. 숙박료가 평소의 10배 이상 오를 수 있다.

젖과 꿀이 흐르는 도시, 피아첸차 Piacenza

롬바르디아 주와 에밀리아 로마냐 주의 경계에 위치한 피아첸차는 포(Po) 강이 도시를 따라 흐르며, 대평원이 시작되는 곡창 지대의 관문이다. 예로부터 이런 지리적 이점 속에서 피아첸짜는 정치적으로 숱한 어려움을 겪어야만 했다.

그러나 위로는 밀라노, 파비아, 아래로는 파르마, 볼로냐를 잇는 또한 포 강의 항구(San Rocco)를 면한 천혜의 입지 조건은 예나 지금이나 'Ricco(부유한)'이라는 수식어를 항상 피아첸차의 앞머리에 놓이게 했다.

Access 1. 밀라노에서(66km): 볼로냐행 기차를 타면 된다. 하루 총 49회의 기차가 연결되며, 소요 시간은 IC의 경우 40분이 걸린다. 2. 볼로냐에서(150km): 밀라노행 기차를 타면 된다. 하루 총 44회의 기차가 연결되며, 소요 시간은 IC의 경우 1시간 20분이 걸린다.

카발리 광장 Piazza dei Cavalli

기마상

광장에는 두 개의 화려한 기마상이 있다. 프란체스코 모스키가 1612년에서 1628년 사이에 제작한 바로크 양식의 동상으로 피아첸짜를 지배했던 파르네제 가문의 부자 알레산드로와 라누초의 모습을 나타낸다.

고딕식 건물(Palazzo Gotico)

1281년에 착공한 이 건물은 중세 건물 양식의 전형을 보여준다. 시청으로 지어진 이 건물은 대리석과 적벽돌로 만들어졌으며 내부에는 704m에 이르는 공간이 있어 이곳에 시민들이 모인다.

정부 건물(Palazzo del Governatore)

18C에 완공한 이 건물은 신고전주의 양식으로 단정하면서도 위엄 있는 모습을 풍긴다.

파르네제 건물 Palazzo Farnese

1500년대 중엽에 지은 이 건물은 현재 시립박물관으로 사용된다. 수많은 유물들이 보관되어 있으며 그중 에트루리아의 간(Fegato etrusco)이라는 독특한 모양의 청동 제품과 보티첼리의 그림 등이 볼 만하다. 또한 이곳에는 미술관과 다양한 박물관이 있다.

대성당 Duomo

북부의 로마네스크와 고딕 양식이 잘 조화된 이 성당은 1122년~1233년 사이에 건축되었다.(종탑은 19C에 건축) 내부에는 많은 예술 작품이 보관되어 있다.

여행자 안내소

고딕식 건물(Palazzo Gottico)을 바라보고 건물의 좌측 도로변에 사무소가 있다. (Piazza Cavalli. 카발리 광장)

여행 포인트

1. 기차역에 내려 카발리 광장행 버스를 타는 것이 좋다. 대개의 버스가 기차역 바로 앞에 정차하고 있으므로 차장에게 문의! 표 구입은 역내에 작은 타바키(Tabacchi)에서 한다.
2. 피아첸짜는 생각보다 넓은 도시이므로 반드시 여행자 안내소에서 지도를 받아 움직이도록!
3. 전체적으로 밝고 깨끗하면 상당히 고급스러운 도시다. 하지만 관광도시는 아니다.

치즈의 고향, 파르마 Parma

우리가 흔히 피자를 먹을 때 뿌려먹는 치즈 가루의 상표를 잘 보자. 거의 다 한글로 '파마산'이라고 적혀져 있을 것이다. 이 '파마산'이라는 명칭의 어원은 'Parmesan', 즉 '파르마에서 만든 치즈'라는 뜻인데 바로 파르마는 치즈(포르마조, Formaggio)로 유명한 도시다.

그러나 실제 파르마에 가보면 치즈는 별로 찾아 볼 수 없고 오히려 와인이나 기타 농가공식품들을 많이 볼 수 있다. 그렇다고 파르마가 농촌 도시냐 하면, 절대 아니다. 이탈리아 중북부에 가장 부유한 도시들이 모여 있는 에밀리아 로마냐 지역의 중요한 도시 중의 하나다.

Access

피렌체에서: 교통편은 아주 좋다. 1시간 20분 정도가 소요되며 볼로냐행 기차는 하루 총 26회가 있으니 넉넉하다. 볼로냐에서 갈아타야 된다.

두오모 광장 Piazza Duomo

파르마 여행에 있어 가장 중요한 코스. 이 광장에 로마네스크 양식의 대표적인 양식인 두오모가 있다. 원래 지금 보는 두오모는 1117년에 지진으로 붕괴되었다가 다시 재건축한 것이다. 이 두오모는 코레지오의 프레스코화가 유명하다. 또한 바로 옆에 있는 팔각형의 이 세례당은 1196년에 건축되어 1307년에 완성되었다.

산 조반니 에반젤리스타 San Giovanni Evangelista

두오모 뒤에 있는 이 성당은 1498년~1510년 사이에 만들어졌다. 바로크 양식과 르네상스 양식을 지니고 있으며 두오모와 가까워서 편하다. 코레조의 작품이 있다.

디오체사노 박물관 Museo Diocesano

1955년에 복구된 건물로 파르마의 여러 유물이 보존되어 있다. 두오모 옆에 있어 찾기 쉽고 입장료가 있다.

여행자 안내소

Via Melloni1/b - 43100 Parma

여행 포인트

1. 두오모 광장에 볼거리가 몰려 있어 어느 도시보다 여행하기 편하다.
2. 반드시 근처 레스토랑에서 식사를 해 보자. 똑같은 스테이크도 로마나 베네치아보다 훨씬 맛있다.

기타 도시

성곽의 도시, 루까 Lucca

1950년대 루까의 모습

루까는 토스카나 지방 중에서 독일이나 프랑스에서 많은 관광객들이 오는 곳 중의 하나다. 타 도시와는 달리 평지의 시내는 튼튼한 성곽으로 둘러싸여 있어 성곽 밖은 현대적인 건물이 있지만 성 안으로 들어서면 중세의 도시로 들어간 듯한 느낌을 준다.

18세기에 접어 들면서 나폴레옹의 누이였던 엘리사 바치오키가 루까를 지배하게 되었는데 그녀는 루까를 좋아해서 군데군데 많은 정원을 만들고, 성곽 주변에도 나무와 꽃들을 심었다.

Access 피렌체에서: 루까행을 타면 된다. 하루 18회의 지역 기차 노선이 있으며 소요 시간은 불과 30분 정도.

성곽

루까 관광의 핵심이며 기차역에서 내리면 성곽이 보인다. 성곽의 위쪽에서 편안히 책을 읽거나 산책을 하는 사람들의 모습을 볼 수 있다.

산 마르티노 성당 San Martino

11세기에 만들어진 이 두오모는 성당 정면이 화려한 바로크식의 로마네스크 양식이다. 또한 옆에 있는 종탑은 원래 망루로 사용하기 위해 만들었으며 11세기 초반에 건축되었다. 바로 옆에 있는 광장은 안텔미넬리 광장(Piazza Antelminelli)인데 1835년에 만들어졌다.

산 프레디아노 성당 San Frediano

13세기경의 건축물이다. 여기에 있는 모자이크는 십자군 원정에서 돌아온 비잔틴 출신의 화가가 그렸다고 하는데 이와 유사한 작품은 피사에도 있다고 한다.

로마 원형 극장 Anfiteatro Romano

루까에서 제일 볼 만한 곳이다. 탁 트인 광장으로 1, 2세기경 로마의 지배 당시에 만들어졌는데 여기에 총 54개의 아케이드 문이 있었다고 전해진다. 지금 보이는 것은 1830년대 재정비된 것이다.

여행자 안내소
루까는 음악가 푸치니의 고향으로도 유명하다.

토스카나의 소문난 부자, 아레쪼 Arezzo

토스카나 주의 동쪽 구릉지에 위치한 아레쪼는 매우 오래된 역사를 갖고 있다. 에투루리아 문명 중 주요 도시의 하나로 로마 시대의 전략적인 도시가 되었다. 또한 현재는 1000여 개가 넘는 금세공, 의류 및 각종 공장들이 아레쪼를 이탈리아에서 손꼽히는 부유한 도시로 만들고 있다. 페트라르카와 바사리를 배출한 문학의 도시, 성당 가득 메워진 프레스코화의 도시, 이탈리아 최대의 골동품 가게가 열리는 도시 등, 아레쪼를 설명하는 수식어는 무척 많다. 그러나 아레쪼는 2차 세계대전 중 토스카나에서 가장 많이 파괴된 도시 중의 하나였다고 한다.

Access 1. 피렌체에서(77km) : 하루 총 53회의 열차가 연결되며, 소요 시간은 IC의 경우 50분. 버스의 경우 하루 47회 연결되며, 소요시간은 1시간.
2. 시에나에서(70km) : 하루 총 5회의 버스가 연결되며, 소요 시간은 1시간 30분.

산 프란체스코 성당 Basilica di San Francesco

15C경의 건축물로서 내부에는 피에로 델라 프란체스카의 프레스코화로 남아 있다. 정통 프레스코화들이 많지만 프레스코화에 익숙하지 않은 우리에게는 좀 낯설 수도 있다.
주소 Piazza S. Francesco   시간 08:30~12:00, 14:00~19:00

산타 마리아 델레 피에베 성당 Santa Maria della Pieve

12C~13C경의 유명한 로마네스크 양식의 성당으로서 수십 개의 작은 구멍이 뚫린 종루는 아레쪼의 상징이 되어버렸다. 또한 내부에는 1320년대의 피체트로 로렌제티의 작품이 있다.
위치 이탈리아 거리(Corso Italia) 끝에 위치. 시간 08:30~13:00, 15:00~19:00

골동품 시장 La Fiera Antiquaria

너무나 유명한 골동품 시장. 매달 첫째 토,일요일에 열리며 그란데 광장(Piazza Grande)에서 바디아 광장(Piazza della badia)까지 아레쪼의 넓은 길에 각종 골동품 상점이 들어선다.

말 타고 창 던지기 시합 Giostra del Saracino

14세기의 전통적인 상황을 재현하여 1931년부터 시작된 아레쪼의 연례행사로서 매일 2회씩 열린다. 6월 마지막에서 둘째 주 일요일과 9월 첫째 주 일요일에 그란데 광장에서 열리는 이 행사는 말을 탄 기사가 사라센 복장의 나무인형을 긴 창으로 찌르는 형태의 경기로 중세 시대에 말을 타면서 창을 던지는 시합을 모방해서 만든 경기다. 이 경기는 아레쪼의 유명한 연례 행사다.

여행 포인트

그란데 광장을 중심으로 관광한다. 오르막이 많아 운동화는 필수다!

피렌체의 출입문, 리보르노 Livorno

피사 바로 밑에 있는 이 도시는 과거 토스카나 지역에서 가장 중요한 수출입항이었다. 그렇기 때문에 리보르노에는 피렌체의 수장이었던 메디치 가문의 흔적이 고스란히 남아 있다. 리보르노는 바닷가이기 때문에 내륙과는 달리 흥겨움도 있으며 항구 도시이기 때문에 다채로운 볼거리도 많다.

기차역에서 내리면 큰 도로(카르두치 거리)가 나오는데 쭉 걸어가면 레푸블리카 광장(Piazza Repubblica)에 도착한다. 여기서 오른쪽 방향으로 가면 레알레 요새(Fosso Reale)가 나오고 다시 왼쪽으로 곧장 가면 바다가 나온다. 각종 요트들이 정박해 있는 모습을 볼 수 있다.

Access ㅤㅤ 피렌체에서 가는 경우가 제일 많다. 바로 리보르노까지 가는 경우는 드물고 루까, 피사와 아울러 가는 것이 낫다. 특히 여름의 경우 토스카나 주의 여름 휴양지로서 리보르노로 가는 것도 괜찮다. 바로 리보르노까지 가면 45분 정도 걸리지만 루까와 피사를 경유하면 한 시간 정도가 소요된다.

오랜 항만 요새 Fortezza Vecchia

리보르노 여행자 사무소에서 나누어주는 팸플릿 표지는 늘 구요새 사진으로 꾸며져 있다. 또한 리보르노를 상징하는 건축물로 늘 구요새를 꼽는다. 이 방파제 겸 요새는 1534년에 만들어졌다. 이 건물을 만든 사람은 당시의 대주교였던 메디치 가문의 사람, 쥴리오 데 메디치였다. 이 사람은 나중에 교황 클레멘스 7세가 된다.

그란데 광장 Piazza Grande

리보르노의 생활 중심지. 각종 상점과 식당들이 몰려 있다.

지오반니 파토리 Museo di Giovanni Fattori

리보르노에는 여러 박물관들이 많은데 그중에서도 지오반니 파토리 박물관이 좀 유명하다. 현재 1994년부터 리보르노 시의 소유로 되어 있는데 19세기와 20세기경의 유명한 이탈리아 작가들의 작품들이 대거 소장되어 있다.

예시브 마리니 유대 박물관 Museo ebraico Yeshiv Marini

유대인들의 삶을 기록한 박물관. 볼로냐에도 흡사한 공간이 있지만 볼로냐는 연구소 성격이 짙다.

주소 Via Micali, 21

여행자 안내소

1. Piazza del Municipio1. 57123. Livorno
2. Piazza Cavour 6
3. Via C.Meyer 59.

축제의 밤, 비아레조 Viareggio

토스카나 주의 유명한 해변 휴양지인 바아레조는 피사와 기차로 불과 15분의 거리에 있다. 멀리 까라라의 대리석 산이 보이며, 길게 뻗은 해안 산책로와 고급 상점들은 어떠한 해변가와도 비교가 되지 않는 바아레조만의 고급스러움을 드러낸다.

비아레조는 1800년대 말부터 휴양 단지로 조성되었으며 해변 도로에 많은 목재 건물들이 들어섰지만 1917년의 대화재 이후 현재의 모습으로 탈바꿈하기 위해 많은 노력을 들였다. 1930년대 알프레도 벨루오미니와 갈릴레오 끼니에 의해 많은 건물들이 지어졌으며, 특히 마르케리타 여왕(Regina Margherita) 거리의 고급 상점들은 지금의 비아레조의 얼굴이 되었다. 또한 1, 2월에 펼쳐지는 카니발도 이탈리아 최고의 명성을 얻고 있다.

Access 피사에서 하루 총 33회의 기차가 연결되며 소요시간은 15분.

🔹 카니발 Carnevale

이미 이탈리아 최고의 축제 중의 하나가 된 비아레조의 카니발은 매년 1월 말~2월 중순에 걸쳐 열린다. 1873년에 기원을 둔 이 축제는 당시 Caffe del Casion이라는 찻집을 드나들던 부유한 젊은층들이 그들의 즐거운 인생을 위해 꽃과 약간의 인물 마스크 등을 싣고 행진한 이래 불과 수십 년 만에 그 규모가 전 비아레조를 뒤덮을 만한 행사로 변했다. 이 축제는 높이 30m, 너비 15m의 거대한 인물 모형과 기괴한 모양의 괴물 모형들이 거리를 행진하며 20만 명이 넘는 관광객들의 환호에 응답한다.

🔹 마르케리타 여왕 거리 Via Regina Margherita

해변가와 접한 이 거리에는 1930년대에 건축된 고급 상점들이 많다. 이곳의 상점과 찻집은 비아레조의 상징이 된 지 오래이며 휴양지에서 즐거운 눈요기를 제공한다.

여행자 안내소

해변가의 중간 정도에 마치니 광장(Piazza Mazzini)이 있다. 이곳에서 오른쪽으로 약간 가면 'i'라고 적힌 노란 바탕의 로고를 만날 수 있다. 마치니 광장 앞에는 시계탑이 있으니 찾기 쉽다.

여행 포인트

1. 비아레조는 고급스러운 리조트 단지로 여성 취향의 거리를 가지고 있어 많은 관광객으로 붐빈다.
2. 역과 해변과의 거리는 걸어서 20여 분이 걸린다. 따라서 역 정면으로 곧장 걸으면 해변이 나온다. 그런데 물이 맑지 않다.
3. 비아레조는 많은 숙박시설이 있지만 반드시 예약을 해야 하며 특히 카니발 기간에는 각 호텔마다 빈방이 거의 없으므로 주의!!
4. 전체적인 분위기는 상당히 흥겹다.

나폴레옹의 섬, 엘바 Elba

토스카나 주의 가장 큰 섬인 엘바는 나폴레옹의 유배지로 더 알려졌다 아직 엘바에는 그가 프랑스 다리로의 입성을 꿈꾸던 기억이 그대로 남아 있다. 또한 아주로 항구(Porto Azzuro)에는 화려한 광석이 유명하며 페라이오 항구(Porto Ferraio) 주변은 아름다운 해변으로 유명하다.

Access 피옴비노(Piombino) 항에서: 하루 총 11회의 배가 출발하며 소요 시간은 1시간이 걸린다. (※여름과 겨울에 따라 출발 횟수가 차이가 난다. 겨울의 경우 8회)

> ## 나폴레옹 박물관 Museo napoleonico.

나폴레옹이 엘바에 있는 동안(1814년 5월 3일~1815년 2월 26일) 머물렀던 곳으로 1851년에 그의 먼 친척이던 아나톨리오 데미도프가 구입하여 1859년에 박물관으로 모습을 바꾸었다. 이곳에는 나폴레옹이 사용하던 침대, 응접실 등이 보관되어 있으며 토스카나 주에서 피렌체의 우피치 박물관 다음으로 방문객이 많은 곳이다.

> ## 고고학 박물관 Museo Archeologico Della Linquella

엘바 섬에서 출토되던 에트루리아인의 흔적들을 모아 놓았다.

> ## 해변

엘바는 여름 휴양지로 유명한 곳이며 페라이오 항구 근처에는 넓은 해변가와 위탁 시설이 갖추어져 있다. 다만, 여기서 한 가지 조심할 것은 우리나라와 달리 조금만 들어가도 바다가 깊어지니 수영을 못 하는 사람은 주의해야 한다.

여행자 안내소

페라이오 하야(Porto ferraio)에 도착한 선착장의 맞은편(약간 오른쪽)에 건물이 있으며 이곳 3층에 사무실이 있다. 밖에서도 'i'라고 적힌 표지판을 볼 수 있으므로 찾기 쉽다.

여행 포인트

1. 피옴비노 항에는 많은 선박 사무실이 있으며, 여름철의 경우 배가 많다.
2. 페라이오 항구로 가는 배를 타는 것이 제일 낫다. 이곳에 해변과 박물관이 있다.
3. 비록 관광지이지만 외곽에 대형 유통매장 등이 있으므로 필요한 물품을 이곳에서 구입할 수 있다.

이탈리아 그리고, 산 마리노 San Marino

마르케 주에 위치한 하나의 나라인 산 마리노 공화국은 1992년 3월 2일에 정식 UN회원국이 되었으며 인구 24,521명의 엄연한 국가이다. 티타노(Titano) 산에 위치한 산 마리노는 AD 301년에 한 수도승에 의해 건국되었다고 전해지며, 관광, 작물, 시멘트, 도자기, 포도주 산업으로 자체 경제권을 형성하고 있다. 유로를 통용 화폐 단위로 쓰며 이탈리아에 세금을 내지 않아도 되며 또한 국경을 통과하는데 관세도 여권도 필요치 않아 수많은 관광객들이 좀 더 싼 '전자 제품'을 사기 위해 항상 북적댄다. 산 마리노 공화국은 굽은 도로를 따라 올라가야 한다. 가는 도중 펼쳐지는 주위의 경관이 참으로 아름답다.

Access　　리미니에서 (21km) : 산 마리노에 오기 위해서는 리미니 역의 바로 왼쪽 앞 터미널에서 버스를 타야 한다.(이때 길을 건너야 한다.) 45분 소요. (※버스가 도착하면 재빨리 승차하는 것이 좋다. 늘 많은 관광객이 있으므로 버스 승차를 못하는 경우도 많다.) 비수기에는 약 43분 간격으로 버스가 있으며 성수기에는 30분 간격으로 버스가 있다.

▶ Pubblico 정부 건물 IL Palazzo Pubblico

자유 광장(Piazza Liberta)에 위치한 1894년도의 건물이다. 광장 중앙에는 오틸리아 헤이로턴 바그너 백작부인이 1876년에 증여한 동상이 서 있다.

▶ 산테 성당 Basilica del Sante / 산 피에트로 성당 Chiesetta di S.Pietro

이 성당은 신고전주의 양식으로 19C에 건축된 건물이다.

▶ 요새 La Rocca – 제1탑 la prima torre

티타노(Titano) 산의 한 절벽에 위치한 이 성곽은 예전 감옥으로 사용되었다.

▶ 요새 La Cesta – 제2탑 la seccnda torre

제1탑과 능선을 따라 길이 연결되어 있으며 이곳에는 예전 중세 시대의 무기가 전시되어 있다.

여행자 안내소

1. Contrada Omagnano 20. (0549/882400)
2. 리미니 버스 정류장 맞은편에 리미니 여행자 안내소가 있으므로 이곳에서도 정보 구입 가능.

여행 포인트

산 마리노 공화국의 우표와 화폐가 유명하다. 대개 기념품으로 팔리는데 도시를 다 둘러본 뒤 내려오면서 구입하기를 권유!! (산 위쪽의 가게들이 제품이 낫다) 또한 편한 복장과 운동화를 착용하는 것이 좋다.)

롯시니의 도시, 페자로 Pesaro

마르케주의 북쪽에 위치한 이탈리아의 푸른 심장의 보석과 같은 도시 페자로는 길게 뻗은 아드리아 해와 2개의 언덕으로 둘러싸인 해변 도시로 일반적인 항구 도시와는 달리 휴양지로서의 모습을 갖춰 있으므로 여느 해변가의 도시와는 다르다. 리베르타 광장(Piazzale Liberta)에서 바라본 페자로의 바다는 참으로 시원하다. 중심지는 포폴로 광장이며 이 광장을 중심으로 두칼레 건물 등 주요 건물들이 배치되어 있다. 또한 페자로는 유명한 작곡가 롯시니의 흔적을 잘 보관한 도시이기도 하며 천성적으로 시민들의 부지런함으로 이탈리아의 다른 도시에 비해 활기찬 모습을 볼 수 있는 곳이다.

페자로에는 의외로 한국인 성악도들이 많다. 페자로 국립음악원은 대도시에 있는 음악원 못지않게 이탈리아 현지에서도 매우 유명한 학교이다.

Access 　1. 볼로냐에서(149km): 안코나행 기차를 타면 하루 28회 연결되며, IC의 경우 1시간 30분 소요된다. 2. 로마에서(301km): 역에 안코나행의 기차를 타고 팔코나라 역에서 갈아타야 한다.

▶ 시립박물관 Musei Civici

원래 1920년에 두칼레 궁전에 개관했다. 이후 1936년에 지금의 토스키 모스카 궁전(Palazzo Toschi Mosca)로 옮겼다. 이곳에는 르네상스시기의 뛰어난 도자기들이 있는 세라믹 박물관(Museo delle ceramiche)과 벨리니 같은 유명 화가들의 작품이 보관되어 있는 미술관이 있다. Piazza Toschi Mosca.29

▶ 롯시니의 집 Casa Rossini(

쟈코모 롯시니(Giachomo Rossini)는 1792년 2월 29일, 이곳에서 태어났다. 이곳에는 그의 피아노, 사진, 임종 시의 모습 등을 볼 수 있다.

주소 Via Rossini 34

▶ 국립 음악원 Conservatorio di Musica / 롯시니 박물관 Museo Rossini

이 학교에는 한국인 학생들이 많이 있으며, 건물 내부의 쟌 안드레아 라짜리니의 그림이 볼 만하다.

주소 Piazza Olivieri 5

▶ 롯시니 극장 Teatro Rossini

1637년에 건축된 이후 매년 8월에 롯시니의 작품이 공연된다.

주소 Via del Teatro

여행자 안내소

Viale Trieste 164.

그 살가운 흙빛 건물들, 마체라타 Macerata

마르케 주에 위치한 마체라타는 멀리 아드리아(Adria) 해와 내륙의 아펜니노 산맥의 한 언덕에 위치한 '흙빛 건물'들이 가득한 도시다.

이 도시는 로마 제국이 분열된 후 AD 408년에 도시의 터를 닦은 후 16C경에 이르러 마르케주의 상업 중심지로 그 부를 쌓았다. 또한 이 도시는 한국 실학의 발흥에 영향을 준 중국의 한 이탈리아 신부, 마테오 리치(1552~1610)의 고향이기도 하다. 도시 전체가 르네상스의 영향을 강하게 받은 건축양식이라 바로크 양식의 건축물이 많다.

Access 로마에서(248km): 로마에서 안코나(Ancona)행 기차를 탄 후 파브리아노(Fabriano) 역에서 갈 아타야 한다. 로마에서 파브리아노까지는 하루 총 11회의 기차가 연결되며, 소요 시간은 IC의 경우 2시간 22분이 걸린다. 또한 파브리아노에서 마체라타까지는 하루 총 13회의 기차가 연결되며, 소요시간은 1시간 20분이다.

자비의 수도원 Basilica della Misericordia (

1447년에 건축한 이 건물은 이후 1736~1741년에 새롭게 단장했다. 내부에는 솔라리오의 자비의 마리아 상(1500)과 만치니(1736~1737) 등의 작품이 있다.

상인들의 건물 Loggia Dei Mercanti

마르케 주의 상업 중심지인 마체라타의 상인들의 모임 장소로 만든 건물로, 1505년에 완공되었으며 19C경에 개축되었다.

시립박물관과 마굿간 모형 박물관. 이탈리아인들은 매년 크리스마스에 성당 및 각 가정에 이 모형을 만든다.

야외 극장 Arena Sferisterio

마체라타가 외부적으로 가장 알려진 건물은 단연 야외 극장이다. 19C에 건축한 이 극장은 반원형의 극장으로 5천 명을 수용할 수 있으며, 매년 7, 8월에 성대한 음악 축제가 열린다.

주소 Via S. Maria della Porta 65. T. 0733/261335)

여행자 안내소

1. Via Garibaldi 87. T. 0733/231547
2. Piazza della liberta 12. T. 0733/234807

여행 포인트

1. 기차역과 마체라타 시내까지는 약간 멀지만 천천히 걸어 올라갈 수 있는 거리다. 기차역 왼편 돈 보스코 거리(Viale Don Bosco)를 따라 올라가면 트리에스테 거리(Viale Trieste)라는 큰 거리를 만나 다시 오른쪽으로 가면 야외 극장(Arena Sferisterio)이 있는 사우로 광장(Piazza N. Sauro)을 볼 수 있다.
2. 도시가 넓지만 시내는 걸어서 다닐 수 있는 거리이다.

마르케 Marche 주(州)

아늑한 중세의 거리로, 우르비노 Urbino

마르케 주의 험한 한 산등성이에 위치한 우르비노는 아드리아 해안으로부터 40여km 떨어져 있다. 1200년대에는 북쪽에 인접한 리미니의 말라테스타 가문에 버금가는 몬테 펠트로 가문이 이 도시에 있었으며 1400년대에는 페데리코에 의해 우르비노는 화려한 르네상스의 빛을 밝혔다. 그 중 두칼레 건물은 당시 최고의 궁전 중의 하나였으며 지금까지도 그 아름다움을 잃지 않고 있다. 또한 우르비노에는 당대 최고의 화가였던 라파엘로 센지오(1483~1520)가 태어난 집이 보존되어 있다.

Access 페자로에서(35km): 페자로까지 기차로 도착한 뒤 버스로 갈아타야 된다. 기차는 연결되지 않는다. 페자로에서 하루 총 12회의 버스가 연결되며 공휴일에는 4회가 연결된다. 소요 시간은 약 1시간.
(페자로 역에서 오른쪽에 50m 정도 떨어진 bar에서 버스표를 구입할 수 있다. 버스정류장은 바로 옆에 위치. 소요 시간의 경우 버스마다 다르다.)

▸ 두칼레 건물 Palazzo Ducale

페데리코 공작 광장(Piazza Duca Federico)과 르네상스 광장(Piazza Rinascimento)에 면한 이 궁전은 우르비노의 상징이다. 내부 미술관에는 라파엘로와 피에트로 델라 프란체스카의 작품 이외에 1300년대에서 1600년대 사이의 마르케 주 출신의 화가들의 작품이 소장되어 있으며 고고학 박물관과 도서관도 있다.

▸ 레푸블리카 광장 Piazza della Repubblica

언덕 위 경사진 비탈길로 조성된 우르비노 시가의 중심되는 광장으로 시민들의 만남의 장소로 이용되며, 노천 바(bar)에 앉아 커피를 마시기도 한다.

▸ 라파엘로의 집 Casa di Raffaello

레푸블리카 광장에서 왼쪽으로 뻗은 라파엘로 거리(Via Raffaello)를 따라 올라가다 보면 57번지에 작은 그의 생가가 나온다. 14C의 전형적인 입구를 가지고 있는 이 집은 내부에 작은 프레스코화로 남긴 그의 작품(그가 즐겨 그리던 성 모자상)이 남아 있다.

여행자 안내소

1. 우르비노는 언덕 위 시가지가 있다. 따라서 버스에서 내려 푸니콜라레(funicolare)를 타고 올라가든지, 마찌니 거리를 따라 올라가는 두 가지 방법이 있다. 우르비노 시내까지는 푸니콜라레를 타고 올라가고, 도시를 나올 때는 거리를 따라 내려오는 것이 좋다.
2. 우르비노 시내에는 호텔이 많지 않으므로 예약을 하는 것이 좋다.
3. 우르비노까지 오는 길은 커브길이 많으므로 차멀미를 많이 하는 사람은 주의!
4. 우르비노 시내에 중국 식당이 있는데 아주 맛있다. 호텔 주인에게 문의해 볼 것! 찾아가는 길이 복잡하다.

하늘을 품는 도시, 오지모 Osimo

마르케 주의 안코나와 마체라타 사이에 있는 작은 도시 오지모. 해발 265m, 인구 2만 8천 명의 이 도시는 멀리 마르케의 언덕과 평원이 내려다보이는 곳에 있다. 로마 제국 시절 안코나의 교역물을 집산하는 상업도시로 번영했던 오지모는 아직까지 그 시절의 흔적을 찾아볼 수 있다.

지금은 이탈리아 피아니스트의 등용문인 경연대회와 매년 2월에 열리는 발레 축제의 문화 도시로 새롭게 단장했다. 또한 에전에 이곳에서 장학금을 주면서까지 좋은 성악도를 유치한 아카데미가 있었기 때문에 한때 한국의 실력 있는 성악도들은 이곳에 와서 공부하였다. 하지만 현재는 예전에 비하여 한국인들이 많이 없는 편이다.

Access 안코나에서 기차가 연결되지 않으므로 버스를 이용해야 한다. 하루 총 10회의 버스가 연결되며 소요 시간은 35분이 걸린다. 안코나 역 바로 앞의 버스 정류장에서 마체라타행 버스를 타면 된다. 승차 시 차장에게 목적지를 얘기해야 실수 없이 오지모에 내릴 수 있다. 버스표는 기차역 안의 타바키(Tabacchi, 담배가게)에서 구입하자. 반드시 기사에게 '오지모'라고 이야기 하고 기사 가까운 곳에 앉아 있도록!

시청 건물 Palazzo Comunale

시청 광장에 있는 이 건물은 16C와 17C에 걸쳐 건축되었다. 입구에 두상이 없는 동상들이 전시되어 있으며 내부에는 중세 시대의 무기 등이 전시되어 있다. 우측에 있는 시계탑은 13C에 만들어졌다.

산 쥬세페 성당 La chiesa di San Giuseppe da Copertino

13C에 건축된 이 성당은 18C에 다시금 단장하였다. 오지모의 수호 성인인 산 쥬세페에게 바쳐진 이 성당은 내부에 흰색의 예배당과 제단 뒤 천정의 프레스코화가 볼 만하다. 또한 이 성당은 시험을 앞둔 학생들이 많이 찾는 곳이기도 하다.

캄파나 건물 Palazzo Campana

17C에 건축된 이 건물은 단테 광장(Piazza Dante)을 접하고 있다. 이 건물은 1698년까지 캄파나 귀족의 건물이었으나 1718년 이후 공공 건물로 사용되었으며 1700년대 말에 확장 공사를 했다. 현재 이 건물에는 음악 아카데미아, 시립도서관, 시립박물관이 있으며 내부의 중세 원형 회의실은 이 건물의 자랑이다.

여행자 안내소

시내 중심, 즉 시청 건물의 한 쪽에 접해 있는 또 하나의 광장인 Piazza Boccolino 425(T. 071/717161)

여행 포인트

1. 오지모에서 숙박을 할 경우 반드시 예약을 해야 하며, 시내에서는 호텔을 찾기 어렵다.
2. 대개 버스는 고속도로에서 정차하므로 하차 후 도시까지 경사가 가파른 길을 걸어 올라가야 한다. (하루 1회 시내 중심 광장에서 정차)
3. 오지모 아카데미아: www.accademialiricaosimo.it

뜻밖의 만남, 페르모 Fermo

마르케 주의 해변인 포르토 산 조르지오 페르모(Porto S. Giorgio-Fermo) 역에 내려 다시 버스를 타고 가면 구릉 위에 위치한 도시, 페르모를 만날 수 있다. 신발과 구두산업이 발달한 곳이며, 이 작은 도시와 근교에 3,087개의 공장이 있다.

그러나 일반 여행객의 눈에는 결코 이런 모습을 발견할 수 없으며 단지 작은 산에 위치한 뜻밖에 발견한, 아름다운 중세 도시일 뿐이다. 아마 이 도시를 방문하는 사람은 이 작은 도시가 가진 매력에 반드시 며칠을 페르모(fermo, 정지)할 수 밖에 없을 것이다.

Access 교통편이 좋은 편은 아니다. 페자로에서 안코나행 기차를 타고 포르토 산 조르지오 페르모에서 내리면 된다. 하루 총 17회 기차가 연결되며 소요 시간은 약 한 시간 걸린다. 그러나 역에서 내려 오른쪽으로 약 30m 떨어진 곳에서 페르모의 시내로 들어가는 버스를 타야 한다.

▶ 대성당 Il duomo

페르모에서 가장 중심적인 건축물. 1227년에 건축된 이 성당은 건물 앞의 넓은 잔디밭과 푸른 나무들과 어울려 페르모 시민에게 편안한 휴식처를 제공한다. 두오모 입구에 부조된 조각들이 눈길을 끈다.

▶ 프리오리 건물 Palazzo Dei Priori

1590년에 완성된 건물로 루벤스를 비롯한 수많은 작가의 회화가 보관된 미술관과 시립도서관이 있다. 시립도서관에는 40만 권의 장서와 우표, 1722년에 제작한 거대한 지구본이 있다.

▶ 포폴로 광장 Piazza del Popolo

페르모 시민의 모임 장소. 7월과 8월의 매주 목요일에 유명한 골동품 시장이 열린다.

여행자 안내소

Piazza del Popolo 5.(여행자 안내소 중 가장 많은 여행 자료를 받은 곳이다)

여행 포인트

1. 페르모 지역은 기차 교통편이 불편하므로 방문 시 철저한 계획이 필요하다. 버스가 편하다.
2. 포르토 산 조르지오 역 근처는 마르케 주에서 알려진 해변가이므로 모래사장을 걸어보는 것도 좋다.
3. 페르모는 의외로 아름다운 도시다. 중세의 느낌과 흥성스러움에 곧 페르모라는 도시를 추억의 한 장소로 남길 수 있을 것이다.

숨어 있는 아름다움, 아스콜리 피체노 Ascoli Piceno

마르케 지방에서, 그것도 한참 더 내륙으로 들어 가면 아스콜리 피체노라는 중세의 도시가 나온 다. 그런데 이 작은 도시에도 한국인들이 좀 있 다. 이곳에 지금은 고인이 되신 분이지만, '갈리 에'라는 유명한 마에스트로가 살고 있어서 이 할 아버지 선생님으로부터 노래를 배우는 한국인들 이 이곳에서 절치부심 노래 연마를 하고 있었다.

마을을 둘러싸고 흐르는 트렌토(Trento) 강의 울타리 속에 건설된 이 도시는 약 2500여년 전부 터 거주하던 원주민인 피체노(Piceno)인의 이름

을 이어 받았다. 좁다란 아스콜리 피체노의 거리를 걷노라면 당장이라도 1000년의 세월은 건 너뛸 수 있을 만큼 모든 역사들이 아름답게 살아 있다.

Access 페스카라에서 안코나행 기차를 타고 산 베네데또 델 트론토(S. Benedetto del Tronto)에서 기 차를 갈아타야 한다. 하루 총 27회의 기차가 연결되며, 소요 시간은 IC의 경우 30분이다.
산 베네데또 델 트론토에서 아스콜리 피체노까지는 하루 총 13회의 기차가 연결되며 소요 시간은 1시간 30분이다.

▓ 포폴로 광장 주변 Piazza del Popolo

이 도시의 중심 광장인 포폴로 광장은 이탈리아 내에서도 유명하다. 직사각형인 이 광장의 바닥은 얼음판을 보는 듯 하다. 너무나 오랜 세월동안 닳고 닳아 빙판보다 더 매끈 하다. 바닥의 매끄러운 감촉이 놀랄 만했다.

▓ 산 프란체스코 성당 Chiesa di S. Francesco

포폴로 광장 바로 옆에 위치한 이 성당은 1258년에 착공하였다. 그 뒤 16세기 중반에 성당의 정면부를 완 공했다. 외관은 얼핏 보기에 고딕 양식의 단순함을 가지고 있으며 로마네스크의 영향도 받은 듯하다.

▓ 총독 관저(시청 건물)

바로 광장 정면부에 위치한 건물. 항상 이탈리아는 광장 중심의 건축물들이 지어지며, 광장에는 성당과 시청 건물이 늘 같이 있다. 이곳에서 사람들이 모 여서 이야기하며, 삶을 나눈다. 이 건물은 13세기에 만들어졌으며, 현재의 건물 모습은 15세기 중반에 지어졌다.

상점들

포폴로 광장의 측면부에 상점들이 있다. 이곳에는 전통 있는 가게들이 많다. 그중 멜레띠 카페(Caffe' Meletti)라는 Bar는 1906년에 개점한 가게이다. 들어가서 에스프레소 한 잔 마시며 잠시 쉬어도 좋다.

프레토리아나 거리 Via Pretoriana

로마 광장에서 시작되는 이 거리로 버스를 타고 갔었다. 15세기~17세기에 걸쳐 완공된 건물들이 많이 있으며 특히 전통 수공예품을 판매하는 가게들이 많이 있어 볼 만하다.

시립 미술관 Civica Pinacoteca

아렝고 건물(Palazzo dell'Arengo)의 2, 3층에 있는 이 미술관에서는 마르케와 우르비노의 수준 있는 회화들을 볼 수 있다.

여행자 안내소

포폴로 광장의 시청 건물 내부에 있다. 이탈리아의 모든 시청(Comune)에는 여행자 안내소가 있다. 대개는 역에 위치해 있지만, 작은 도시의 경우 시청에 가면 필요한 자료뿐만 아니라 훌륭한 숙박 시설까지 소개받을 수 있다.

여행 포인트

1. 아스콜리 피체노는 중세의 모습을 잘 간직한 도시다. 이 작은 도시에 상당히 많은 성당과 건물, 그리고 몇 개의 광장이 있다. 역에서 30m 정도 앞으로 걸어가다 오른쪽으로 꺾어 300~400m 정도 앞으로 걸어가면 아스콜리 피체노를 만날 수 있다.
2. 각 도시를 여행할 때는 항상 벼룩시장이 언제 열리는지 알아보는 것도 좋다. 동유럽에서 건너온 물건이나 중동, 아프리카의 물건까지 볼 수 있는 기회가 있다. 아스콜리 피체노의 경우 매달 셋째 주말에 열린다.
3. 현재 이곳에는 필리핀, 중국 노동자들이 많이 살고 있는데, 이곳에 지퍼를 만드는 공장이 있기 때문이다.

샘 솟는 물의 도시, 프로시노네 Frosinone

로마의 남쪽으로 84Km 떨어진 곳에 위치한 프로시노네는 예로부터 '초차라(Ciociara) 지역'
이라고 불리워진 일반 서민들의 주거지다. 늘 로마라는 비
교할 수 없을 정도의 세계 최고의 도시의 언저리에서 조용
히 있는 도시. 하지만 프로시노네는 묵묵히 삶을 일구어 왔
던 수많은 이탈리아 서민들의 삶을 느끼게 하는, 화려하지
않지만 구수한 도시다. 이탈리아의 생수 중에 유명한 것이
'피우지(Fiuggi)'인데, 바로 이곳이 피우지의 발원지다. 피
우지라는 도시는 바로 위에 따로 있다. 프로시노네는 구시
가지와 신시가지로 나뉘는데 구시가지는 구불구불 언덕길
을 따라 펼쳐져 있다.

Access　　　로마에서(84km): 하루 총 34회의 기차가 연결되며 소요 시간은 약 1시간 정도.

이 기차노선은 카세르타(Caserta)를 거쳐 이탈리아 남부로 내려가는 노선으로 프로시노네 까지는 많은 기차가 연
결된다.

▪ 피우지 FIUGGI 샘

입구에 'L'ACQUA DI BONIFACCIO VIII'이라는 말이 적혀 있다. 원래 이 샘은 교황 보니파초8세에 의해
널리 알려졌다. 내부에 훌륭한 공원이 조성되어 있다. 프로시노네에서 위로 좀 올라가야 한다.

▪ 구시가지 Centro storico

구불구불한 구시가지의 좁은 골목과 신시가지로 내려가는 도로에
는 예전 프로시노네의 모습을 전설처럼 만날 수 있다.

여행자 안내소

피우지의 여행 사무소는 프라스카라 광장(piazza Frascara. 4)
1.Corso Munazio Planco 251
2.Via Aldo Moro 465

여행 포인트

1. 기차역에서 나와 버스를 타면 구불구불한 언덕길을 올라간다. 그런데, 지도로 볼 수 있는
   공간이 아니니 반드시 자신의 목적지를 미리 버스 기사에게 부탁을 하여야 실수 하지 않
   고 내릴 수 있다.
2. 국립음악원이나 국립미술원의 경우 구시가지에 위치.
3. 구불구불 돌아가는 버스가 프로시노네 여행의 백미!

그 산에는 아직 독수리가, 라퀼라 L'aqulla

이탈리아의 허리를 지탱하는 듯한 산맥인 아펜리노의 모습이 가장 잘 드러난 아브루초의 주도인 라퀼라는 페스카라와의 사이에 그란 사쏘(Gran Sasso)라는 해발 2,912m의 산을 바라보고 있다. 라퀼라 역시 그란 사쏘를 향한 구릉지 위에 건설된 도시로서 두오모 광장이라는 넓은 광장을 가진 중세의 마을이다.

Access 로마에서(113km) : 페스카라로 가는 기차를 타고 술모나에서 갈아타야 된다. 술모나에서는 하루 14회의 기차가 연결되며 약 30분이 소요된다.

99분수 Fontana delle 99 cannelle

라퀼라에서 가장 특징적인 것으로 이 도시의 명물이다. 시내로 올라가는 언덕길에서 좌측 아래에 있는 이 분수는 토스카나의 지배자였던 루께시노 알레타에 의해 만들어졌으며 전해오는 이야기에 의하면 1240년경 라퀼라가 건설될 당시 기여한 사람들의 모습을 나타낸 것이라 하며 아직도 분수에 흐르는 물의 발원지를 모른다고 한다.

콜레마조 성당 Basilica di S.Maria di Collemaggio/ 베르나르디노 성당 S.Bernardino

전자의 경우 13C에 건설된 로마-고딕 양식의 성당으로 근처의 흰색과 밝은 색이 석재를 이용해서 만들어졌으며, 1294년에 교황이 된 첼레스티노가 교황이 되기 전 만들었다. 지금도 그를 기리는 축제가 매년 8월에 열린다.

500세기 성 Castello cinquecentesco

스페인의 지배 아래에 있을 때 카를로 5세에 의해 건축된 성으로 지금은 국립 아부르조 박물관으로 이용되며, 이 박물관에는 1954년에 발견된 100만 년 전 남부 코끼리의 모습을 만날 수 있다.

여행자 안내소

1. Via XX Settembre 8. T.
2. Piazza S.Maria Paganica 5.

여행 포인트

기차역에 내려 먼저 '99분수'를 보려면 버스를 타지 말고 역으로 오른쪽 길을 따라 올라가면 왼편에 작은 광장(Piazza S. Vito)에 있다.

달콤한 결혼식의 도시, 술모나 Sulmona

로마에서 페스카라로 가는 기차를 타고 가면 쉽게 찾을 수 있는 인구 2만 4천의 작은 마을. 술모나에는 외부에 알려진 유명한 두 가지가 있다. 하나는 아브루초 주에서 결혼식에 사용하는 사탕의 원산지, 또 다른 하나는 불멸의 시인, 푸블리오 오비디오 나소네(BC 43~AD17)의 출생지라는 것이다.

그 중 '가난한 자의 보석'이라고 불리는 사탕(Confetti)은 결혼식 때 예비부부의 옷을 장식하였다. 지금도 이 사탕은 수많은 모양으로 세공되고 있다. 또한 이곳은 한국인 성악도에게도 잘 알려진 콩쿨의 도시이기도 하다.

Access　로마에서 페스카라행 기차를 타면 IC의 경우 2시간 30분이면 닿는다. 그러나 직행 노선이 하루에 6회 밖에 없으므로 늘 열차 시각을 확인해야 한다. (첫 기차 7:35, 마지막 18:35)

산티시마 아눈지아타 건물 Palazzo della Santissima Annunziata

이 건물은 시내 중심 도로인 오비디오 거리(Corso Ovidio)의 좌측에 위치한다. 건물의 축조 시기는 1차 1415년, 2차 1483년, 3차 1522년에 걸쳐 완공한 건물로 그 외양이 독특하다. 또한 이 건물에는 시립 박물관이 있어 독특한 조형물과 골동품을 보관하고 있다.

산 판필로 성당 Cattedrale di San Panfilo

트레스카 광장(Piazza Tresca)이라는 큰 공원을 마주 보고 있는 이 성당은 지하 예배소의 기초 위에 세운 성당으로(1075), 17C경에 다시 재건축했다. 성당의 입구가 눈 여겨 볼 만한데 대단히 고전적이면서 특징적인 모습이다.

여행자 안내소

오비디오 거리(Corso Ovidio). 208

여행 포인트

1. 술모나는 가을이 참으로 아름다운 도시다. 특히 트레스카 광장의 낙엽은 안개 내음과 묘한 조화를 이룬다. 시의 중심부는 기차역에서 오른쪽으로 올라가야 하는데 도보로 가는 것보다 버스를 이용하는 것이 좋다. 이 방향으로 가는 모든 버스는 시내로 들어간다. 또한 시내의 가리발디 광장(Piazza Garibaldi)도 볼 만하다.
2. 숙박에 적당한 장소가 없으므로 외곽으로 나가야 한다.

새로운 도시, 페스카라 Pescara

아브루초의 해변에 위치한 페스카라의 역사는 길지 않다. 실제 페스카라는 근대 이후 본격적인 발전이 이루어졌으며 그 전의 시간은 단지 작은 어업항으로만 알려졌을 뿐이다. 그러나 로마와 바로 이어지는 교통의 요지로서, 넓은 해변과 포르토 투리스티코(Porto Turistico)라는 인공 부두에는 여름철 아드리아 해의 바다를 즐기려는 사람들로 붐비며, 이탈리아에서 가장 좋은 현대식 기차역이 페스카라의 오늘의 모습을 만들어 낸다. 또한 아브루초의 수도인 라퀼라의 2배에 달하는 인구는 여타의 도시와는 달리 페스카라를 끊임없이 살아 있게 만들고 있다. 대부분의 건물이 현대식이며 해안가에는 많은 호텔과 상점들이 있다.

> **Access**　1. 로마에서(207km) : 페스카라는 아브루초, 풀리아 지방에서 로마로 들어가는 요충지이며 기차선이 바로 연결되어 있으나 운행기차는 많지 않으므로 열차 시간에 늘 신경써야 한다.
> 하루 총 5회의 직항노선이 있으며, IC의 경우 3시간 20분이 소요된다.

❏ 아부르초 시민 박물관 Museo delle Genti D'Abruzzo

아브루초 지역의 생활사 및 변천사를 볼 수 있다.
주소 Via delle Caserme 22.

❏ 시립박물관 Museo Civico 'Pimacoteca Cascella'

Viale G, Marconi 53

❏ 해양박물관 Museo ITTICO

수산자원 박물관으로 아드리아(Adria) 해의 해양 생태를 볼 수 있[
Via Paolucci T. 085/4283516

여행자 안내소

Via Nicola Fabrizi 171(역 안에 대형 지도가 있어 쉽게 찾을 수 있다.)

Piazza I Maggio Corso Umberto 5월 1일 광장 근처)　(Duomo di San Cetteo), 산 체또 성당 1933)

여행 포인트

1. 페스카라는 해변이 아주 길며 해변을 따라 모래사장이 보기 좋다. 또한 거리는 넓고 가게가 많기 때문에 20시경 이후 많은 사람들이 거리에 북적댄다.
2. 기차역에 내리면 바로 큰 공터가 나온다. 버스를 이용하는 것보다 택시를 이용하는 것이 낫다.
3. 생각보다 크고 활기찬 도시다.

언덕 위의 도시, 캄포바쏘 Campobasso

아브루초, 풀리아, 그리고 캄파니아 사이에 위치한 몰리세 주는 잘 알려지지 않은 곳이다. 또한 몰리세 주의 주도인 캄포바쏘는 외부인의 옷자락을 찾아 보기 힘들만큼 관광국인 이탈리아에서도 숨겨진 공간이다. 험한 산악과 평원이 없는 땅 모양 등은 일찍이 이곳에 화려한 문화를 꽃피지 못하게 만들었다. 그러나 캄포바쏘에도 로마를 비추던 석양은 똑같이 이곳에서도 흐드러진다. 캄포바쏘는 해발 701m에 위치하고 있다. 그러다 보니 언제나 오르막이어서 여행객의 발걸음을 늘 힘들게 한다. 이곳도 피렌체의 메디치 가와 같이 절대적인 영주가 있었는데 바로 몬포르테(Monforte) 가문이다. 지금도 캄포바쏘에 남아 있는 몇몇 유적은 몬포르테의 이름을 달고 있다.

Access

로마에서(224Km): 로마에서 레체행 기차를 타고 페스카라를 지난 후 테르몰리(Termoli) 역에서 갈아타야 한다. 테르몰리 역에서 캄포바쏘까지는 하루 총 14회의 교통편이 연결되며(기차 8회, 버스 6회) 소요 시간은 각각 다르다.(교통편이 좋지 못하며 기차보다 버스 이용을 권유!)

몬프르테 성 Castello Monforte

캄포바쏘 시의 언덕 정상에 위치한 이 성은 기원전부터 축성되어오던 것으로 9세기경에 현재의 모습을 지닌 성곽으로 축조되기 시작해 16세기까지 공사가 진행되었다.

두오모 Cattedrale

시청이 있는 광장(Piazza Prefettura)에 위치한 이 성당은 그리스 신전 형태의 기둥과 입구를 지닌 신고전주의(Neo Classic) 양식으로 내부에 프레스코화가 있다.

여행자 안내소

1. Via mazzinal. 94
2. Pizza Delia Vttorio, 14/

여행 포인트

1. 캄포바쏘는 해발 700m의 고원지대에 위치한 도시이므로 기차역에서 운행하는 버스를 이용해야 한다. 절대 걸어 다닐 생각은 하지 말자.
2. 캄포바쏘는 볼거리는 없지만 먹거리는 많은 곳이다. 토산 음식품이 유명하므로 꼭 맛보도록 하자. 값도 싸다. 그 중 전통 치즈(Formaggio)가 대단히 유명하다.
3. 국립음악원은 현대식 건물로 시내에 있다.

왕의 궁전, 카세르타 Caserta

나폴리 바로 위에 위치한 도시, 카세르타. 캄파니아 주의 북서쪽에 위치해 있으며 해발 68m의 도시다. 카세르타는 까푸아(capua)의 롬바르디아 사람들에 의해 8세기 초에 만들어진 도시로, 18세기 이탈리아 건축물 중의 걸작이라고 일컬어지는 황궁(Palazzo Reale)이 카세르타의 기차역 바로 맞은 편에 자리잡고 있다.

Access
1. 로마에서 193Km: 로마 테르미니 역에서 IC가 7시 15분부터 운행하며, 하루 총 10여 회의 직선 노선이 있다. 소요시간은 2시간 10분.
2. 나폴리에서 30Km: 나폴리 중앙역에서는 하루 약 50여 회의 기차가 연결된다. 소요 시간이 30분 미만이니 이 방법을 이용하자.

황궁 Palazzo Reale

카세르타 역에서 내리면 바로 앞에 카를로 3세 광장(Piazza Carlo III)이 나온다. 하지만 지금은 역과 황궁 사이에 군사 시설이 있어 바로 보이지는 않는다. 이 광장을 지나면 바로 황궁의 입구다. 왕궁은 1200개에 달하는 방과 1970개의 창문, 34개의 계단으로 이루어진 웅장하고 거대한 건축물이며 내부의파르코(il Parco)라는 공원에서는 '영국식 정원'을 볼 수 있다. 각 방마다 다양한 유물과 그림 왕실의 가구들이 보존되어 있다. 90년대에는 사람들에게 잘 알려져 있지 않아 늘 텅텅 비어 있어 실제 의자에 앉아 볼 수도 있었다. 2000년대에 방문했을 당시에는 많은 일본인들이 관광버스를 대절해서 와 있었다.

시간 일, 월, 화, 수 09:00~13:00 / 목, 금, 토 09:00~18:30 / 2, 4째 주 월요일은 휴관

파르코 공원(Il Parco)

길이가 528m이며 인공 연못이 길게 연결되어 있으며, 공원의 끝에는 각종 기념물이 있다. 끝까지 가볼 필요는 없다. 상당히 길다.

여행자 안내소

황궁을 나와 바로 왼쪽으로 조금만 걸어가면 단테광장(Piazza Dante)에 있다.

여행 포인트

1. 캄파니아 주는 조금 위험하다. 원래 항구 도시가 좀 거친 법. 카세르타 역 근처와 황궁의 입구는 부랑자와 가족 단위의 집시들이 있으므로 주의! 밤늦은 시간의 카세르타 관광은 자제하기를 바란다.
2. 역 바로 앞에 대학이 있어 이 근처는 조용하고 안전한 편이다. 식당에 가려면 이 근처에 가는 것도 좋다.

아름다운 항구, 살레르노 Salerno

나폴리 바로 아래쪽에 위치한 살레르노는 그 지리적 이점 때문에 수많은 변화를 거듭해왔다. 아름다운 아말피 해안의 끝, 칠렌토(Cilento) 해안이 시작되는 곳에 위치한 이 도시는 BC 3세기경 로마의 주요한 식민지에서 1940년대 세계대전 기간 동안 미군의 전략적 요충지까지 수많은 변화를 거듭했다. 또한 12C경에는 서유럽에서 가장 오래된 의과대학(12세기 경)이 있었으며 독특한 양식의 두오모가 지금도 남아 있다. 특히 이 지방에서 생산되는 모짜렐라 치즈는 이탈리아의 대표적인 상징으로 많은 사람들로부터 사랑을 받고 있다.

Access 나폴리에서 58.5Km: 하루 총 70회의 기차가 연결되며, 소요 시간은 IC의 경우 41분이 걸린다.

살레르노 해변가

역에서 곧장 100여m 앞이 바다이며 좌우로 길게 방파제와 시민들을 위한 해안 산책로가 만들어져 있어 이 길을 따라 칠렌토 해안을 감상하는 것도 괜찮다. 해변가에는 현대식 아파트와 호텔이 가득하다.

두오모 Duomo

역에서 곧장 오른쪽으로 가면 번화한 에마뉴엘레 2세 거리(Corso V. Emanuele 2)를 걸어가다 산기슭으로 향하는 언덕으로 접어드는 두오모 길(Via Duomo)에 있다. 성당의 입구는 높은 계단으로 이어지며, 그 기둥들은 살레르노의 아래쪽 파에스툼(Paestum)이라는, 아직도 그리스 신전이 남아 있는 곳에서 가져온 것들이다. 11C의 건물로 올라가는 길이 더 재미있다. 두오모 지나 쭉 올라가다 보면 국립음악원이 나온다.

의대 박물관 Museo Della Scuola Medica Salernitana

두오모 근처 메르칸티 길(Via dei Mercanti)에는 12세기경 구이스카르디(Guiscardi)가 세운 의대에 관한 여러 자료와 기구들이 남아 있다고 한다.

가구 가게들

살레르노가 가구로 대단히 유명한 도시라고 한다.

여행자 안내소

역에서 나오자마자 오른쪽에 비토리오 에마누엘레 2세 거리로 접어드는 곳에 광장이 나온다. 이 광장의 이름은 역 광장(Piazza Ferrovia). 여기에 바로 보인다.

여행 포인트

1. 항구와 새로 지은 현대식 건물들이 해변가에 즐비하다. 볼거리는 실제 두오모로 가는 작은 길 정도.
2. 포지타노까지 내려왔다가 다시 로마로 들어가려면 살레르노까지 가서 기차를 타고 로마로 들어가는 라인이 좋은 방법이다.

풀리아의 얼굴, 바리 Bari

이탈리아의 남부, 즉 장화 모양 반도의 뒤축에 해당하는 풀리아 주는 시칠리아와는 또 다른 지리적 이점으로 인해 외부 세력의 근거지였다. 바리는 예나 지금이나 바로 그 중심지이며 풀리아의 정치, 경제, 교통의 구심점이다. 바리는 생각보다 훨씬 넓은 도시이며 또한 역 앞의 바둑판 같은 도시계획하의 거리와 해변가의 구시가지, 기차역 뒤편으로 넓혀진 새로운 거리가 오늘의 바리를 만들고 있다. 기차역 바로 앞의 건물들은 현대식 건물이지만 15분만 기차역 앞으로 쭉 걸어가면 예전 도시의 시가지가 나온다. 그러나 안타깝게도 대개는 새로 복구한 건물들이 많다.

여행자 사무소의 두 아가씨들. 이곳까지 온 동양인 여행객이 반가운 모양이었다.

바리 기차역

Access
로마 테르미니 역에서 IC로 5~6시간, 밀라노에서 ES로 8시간걸린다.

산 니콜라 성당 Basilica San Nicola

구 시가지의 바닷가에 위치한 이 성당은 사그라토 광장(piazzetta del Sagrato)에 있다. 1087년에 축성한 이 흰색의 성당은 로마네스크 양식을 띠고 있다. 내부에는 1600년대의 나무 천장과 예배당을 3등분한 기둥들이 서 있다.

대성당 Cattedrale

역시 구시가지에 위치. 비잔틴의 성당 터에 1100년에 건축, 정면부가 3개의 입구로 나누어져 있으며 이 성당 역시 로마네스크의 영향을 받았다. 주택가에 위치하며 높은 담이 있어 찾기 쉽다.

페라레제 광장 Piazza del Ferrarese

해안가에 접하고 있는 신시가지와 구시가지의 경계에 위치한 이 광장에는 아드리아 해에서 건져올린 싱싱한 생선을 판매하는 시장이 있다.

여행자 안내소
기차역에서 나오자마자 역 앞 광장(Piazza A.Moro)에서 오른쪽으로 길을 건너면 건물과 건물 사이에 공간이 있는 곳이 있으며 이곳에 여행자 안내소가 있다. 역에서 북동쪽으로 3시 방향.
(Piazza A.Moro. 33/A)

여행 포인트
바리는 알려진 것과는 달리 관광 도시는 아닌 상업 도시다. 그러나, 역 앞으로 뻗어진 도로의 고급 상점과 빽빽이 들어선 차량들, 시민들의 바쁜 걸음걸이를 보고 있노라면 남부 도시의 여유로움과는 다른 바리만의 특색을 느낄 수 있으며 구시가지에 접한 해안가는 바리의 옛 역사를 담고 있는 듯하다.

돌의 역사, 알베로 벨로 Albero bello

어릴 적 우리가 즐겨봤던 TV 만화 프로그램 중에 '개구쟁이 스머프'라는 것이 있었다. 여기에 등장하는 스머프들이 사는 집이 고깔 지붕으로 예쁘게 지어졌던 것이 기억이 난다. 그런데, 실제 그러한 집이 존재한다면…. 바리에서 불과 60여km 떨어진 곳에 트룰로(Trullo)라는 전통 가옥들이 모여 있는

마을이 있다. 바로 알베로 벨로. 이곳에는 풀리아 내륙지방에서 드문 드문 찾아볼 수 있는 트룰로가 모여 있으며 아직도 이 가옥에는 주민이 거주하고 있다. 트룰로의 유래는 분명하지 않으나, 아마 오래 전부터 이 지역의 황량한 대지의 돌을 이용한 건축술이 있었으리라 추정되며 알베르 벨로의 트룰로들은 1635년부터 만들어지기 시작한 것으로 추정된다.

Access　　Ferrovia del Sud-Est선

바리에서 타란토행을 타면 된다. 하루 총 15회의 기차가 연결되며 소요 시간은 1시간 30분 가량.

주의 이 기차는 모든 역마다 정차하므로 반드시 알베로 벨로 역에 도착하는 시간과 그 전 역 명을 알아두는 것이 좋다. -Pugignano - Noci - Alberobello… 이렇게 연결된다.)

이탈리아 국영 철도는 연결되지 않는다. 바리 기차역 지하도에 Sud-Est 기차가 오는 라인이 있다. 그곳으로 가서 표를 끊고 기차를 타야 한다. 일반 여행서에 바리 중앙역이라고 하지만 절대 바리 중앙역에는 이 기차가 오지 않는다.

기차표를 끊는 곳

Sud-Est 선이 오는 기차역 라인

리오네 몬티 Rione Monti 지역과 아이아 피콜라 Aia Piccola 지역

알베로 벨로는 작은 마을이며 트룰로 이외에 특별한 관광 공간은 없다. 기차역에서 두 갈래의 길이 나오는데, 왼쪽 길(Via Mazzini)을 따라 올라오다 보면 동네의 중심 광장인 포폴로 광장(Piazza del Popolo)이 나온다. 이곳에서 왼쪽 편을 바라보면 리오네 몬티라는 1000개의 트룰로가 모여 있는 마을이 나온다. 또한 광장의 뒷편에는 Piazza 27 Maggio라는 또 다른 광장이 있는데 이곳에 약 400여 개의 트룰로가 모여 있는 Aia Piccola가 있다. 아직도 알레르 벨로에는 트룰로집을 만들고 있으며 운이 좋으면 만드는 것도 볼 수 있다. 이 지역은 황량한 들판과 세코(Secco)라는 손바닥만한 크기의 돌밖에는 없다.

따라서, 바로 이 세코가 트룰로의 자재가 된다. 우선은 4각형의 공간에 방, 거실, 부엌 등을 만든 뒤 각각의 공간에 맞게끔 고깔 형태로 세코를 쌓아 지붕을 만든다. 따라서 한 가옥 내에 지붕이 3~4개가 된다. 전통 가옥 양식의 경우 집 전체를 덮는 지붕을 만들어야 하지만 이 지역은 서까래 등을 구할 수 없으므로 따라서 각각의 공간마다 작은 지붕을 만들어 공기의 출입 및 난방을 조절한다. 지붕의 끝마다 상징적인 모형을 장식하며 각각의 모양을 가지고 있다.

여행자 안내소

포폴로 광장에 도착해서 오른쪽으로 약간 꺾어진 모퉁이에 Piazza Ferdinando 4라는 작은 모서리 광장에 있다.

로마를 그리워하는, 마르티나 프랑카 Martina Franca

비록 지금은 29개의 작은 꼬무네(Comune) 중의 하나로 남아 있지만 마르티나 프랑카에는 로마의 나보나 광장 중앙에 있는 피우미 분수를 설계한 바로크 시대의 거장, 베르니니가 남부에서 유일하게 설계한 건물이 있다. 또한 오랜 세월 소시민들의 역사가 묻혀 있는 작은 골목들이 미로같이 뻗쳐 있으며 저녁이면 그들만의 시간을 가지고 행복하게 살아간다. 마르티나 프랑카는 풀리아 지역의 각종 특산물들이 모여 아주 질 좋은 토속적인 제품을 파는 곳도 많다.

Access 1. 바리에서: 바리 중앙역에서 총 15회의 열차편이 연결된다.(05:40~20:40) 모노폴리(Monopoli)에서 버스로 갈아타는 것이 낫다.(소요 시간은 1시간 45분)
2. 타란토에서(35km): 총 11회 운행된다.(04:50~19:20) 소요 시간은 약 55분.
(알베로벨로에서 마르티나 프랑카까지 가는 기차가 많이 연결되어 있다. 요금은 불과 1유로.)

▚ 두칼레 궁전 Palazzo Ducale

로마 광장(Piazza Roma)에 있다. 현재 시청으로 사용되며 1668년에 라이몬텔로 오르시니(Raimondello Orsini) 성의 터전 위에 세운 건물로 베르니니가 설계하였다. 건물의 발코니가 석재가 아닌 철로 만들어졌으며 내부에는 프레스코화가 유명하다.

시간 08:00~20:00(공휴일 휴무) 요금 무료(반드시 안내인의 소개를 받아야 한다.)

▚ 골목길

알베로 벨로만 트룰로가 있는 것이 아니라 풀리아 전체에 트룰로 양식이 퍼져 있다. 그러나 마르티나 프랑카 시내에서는 찾아보기 힘들다. 단지 수세기에 걸쳐 소시민들이 생활하고 있는 흰 벽의 촘촘한 건물과 미로 같은 돌바닥이 있는데 이 길을 걸으면 말 그대로 '역사로 들어가는 길'임을 실감할 수 있다.

▚ 이트리아 음악 축제 Festival della valle d'Itria

매년 9월 말에 열린다. 8월 초에는 파올로 그라시(Paolo Grassi) 뮤지컬 축제가 열린다. (문의 전화 : 050/705100)

여행자 안내소

1. 두칼레 궁전(Piazza Roma.35의 1층
2. Piazza XX Settembre(Piazza XX Settembre

Martina Franca

여행 포인트

1. 역과 시내 중심지까지의 거리는 약간 멀지만 충분히 걸어갈 수 있는 거리이다. 역에서 나와 왼쪽으로 곧장 걸어가다 보면 Corso dei mille를 지나데 오른쪽으로 이 길을 쭉 따라가다 보면 이탈리아 거리(Corso Italia)를 지나고 왼쪽으로 올라가다 보면 9월 10일 광장(Piazza XX Settembre)이 나온다.
2. 숙박의 경우 최악이다. 중심지에는 적절한 숙박장소가 없어 교외로 빠져야 하는데 차량이 없다.

철강 도시, 타란토 Taranto

타란토는 철강 도시이자, 해군의 도시다. 타란토는 풀리아 지역에서 교통의 중심지인 바리와 더불어 가장 큰 도시이며 면적으로는 이탈리아 반도 내에서 3번 째에 해당하는 도시다.

타란토는 2차 세계 대전 이후 완전히 재건되었으며, 또한 수많은 동구권의 노동자, 그리고 남부 지역의 젊은이들이 북부에 올라가지 못하고 직업을 구하는 곳이기도 하다. 또 한편으로는 각종 철강 공장과 1960,70년대 도시 계획의 산물답게 급조된 공업 도시의 냄새가 나서 '여행'이라는 단어를 떠 올리기는 힘든 곳이다.

Access 교통편은 좋은 편이다. 바리에서 출발하는 정규 열차와 Sud-Est선이 모두 들어온다.우선 들어올 때는 이탈리아 철도를 타고 여행을 하다가 인근의 풀리아 지역 도시를 방문할 때는 Sud-Est선을 타고 가면 된다. 같은 역에 있다.(그러나, 타란토보다는 레체에서 움직이는 것이 낫다. 타란토는 도시가 넓지만 볼거리는 바다 밖에는 없다.)

국립 중앙 고고학 박물관 Museo Nazionale Archeologico di Taranto

이곳이 유일한 방문처라고 할 수 있다. 위치는 움베르토 거리(Corso Umberto)라는 신시가지의 중심에 있다. 이곳은 실제 발굴된 그리스 토기와 장식품을 중심으로 전시하고 있다. 하지만, 로마의 마시모 박물관보다는 못하다. 이 박물관은 원래 1887년에 남아 있던 그리스 전시물을 보관하고 있다가 1962년도에 현대와 같은 박물관으로 단장했다. 고대 그리스 도자기를 연구하는 사람들에게는중요한 장소이다.

여행자 안내소

비교적 찾기가 쉽다. 하지만, 타란토에는 한 군데 밖에 없기 때문에 만약 문을 닫는 토요일이나 일요일에 방문하면 여행 자료를 구하지 못한다. 신시가지 중심거리인 Corso Umberto 113다.

움베르토 거리 112번지

여행 포인트

TARANTO - IL MITICO "TARAS"

1. 타란토 지역을 방문할 일이 없으면 우선은 호텔부터 예약해야 한다.
2. 절대 저녁 7시 이후에 도시에 도착하지 말자. 역 주변과 지레볼레 다리는 동구권에서 넘어와 일자리를 찾지 못하는 부랑자들을 많다.

폴리아 지역의 여행 안내서. 보통은 풀리아 지역을 묶어 나오는데 일본어 판이 있다. 이곳에 일본 사람들이 올리브와 가격이 저렴한 와인 때문에 많이 오고 있다.

잊혀진 항구, 브린디시 Brindisi

브린디시는 한국인에게는 정말로 낯선 도시이다. 기
원전 267년에 로마가 이 도시를 침공해서 그들의 아
피아 가도를 끝까지 확장시켰다. 그러나 로마가 망하
면서 같이 도시가 몰락했고, 고트족이 침략했다. 이후
수많은 나라에 의해 침략과 지배를 당했다. 1차 세계
대전 당시에는 브린디시가 이탈리아의 제1의 군사 항

구로 인식되어 완전히 도시 전체가 불바다가 되었다. 한 번도 아니고 자그마치 30번이나 폭격이나
당했으니 남은 게 없다. 그래서 현재는 한 10만 명 정도가 거주하는 평범한 항구 도시로 남았다.
기차역에서 내리자마자 바로 왼쪽으로 가면 스와비안 카스텔로(swabian castello)가 나온다.
그 이후 다시 가리발디(Corso Garibaldi)나 로마 거리(Corso Roma) 쪽으로 나오면 된다. 이 두
거리가 교차하는 공간이 브린디시의 중심인데, 현대적인 건물로 이루어졌다.

Access 바리에서: 보통 바리를 거치는데, 한 1시간 좀 더 걸린다.

스와비안 카스텔로 Swabian Castello

1227년 페데리코 2세가 만들었다. 그런데 이 성의 특징은 이 성에 들어간 재료를 도시의 다른 건물들의 잔
해를 옮겨 만들었다는 것이다. 이후 1488년에 또 다른 외벽 성곽을 세웠는데 바로 이 때문에 원래의 성이
잘 보존될 수 있었다. 2차 대전 당시 이탈리아 총 군사기지로 사용되기도 했다.

항구의 기둥 Colonne del Porto

아피아 거리(Via Appia)의 끝에 가면 탑이 2개 있는데, 오늘날 하나만이 존재하고 있다. 다른 하나는 1528
년에 파괴되어 현재는 주춧돌만 남아 있다. 그래도 이 기둥은 브린디시가 과거 로마 시대의 주요한 항구였
음을 알려주는 브린디시 역사의 자존심 같은 존재다.

탄크레디 샘 Fontana Tancredi

1192년 탄크레디 왕에 의해 만들어졌는데 그의 아들이 황제 콘스탄티노폴리(Constantinopoli)의 딸과 결
혼한 것에 매우 기뻐하여 이를 기념하기 위해 만들었다고 한다. 이후 1549년과 1828년에 증개축을 하였
다. 이 분수는 브린디시에 도착한 상인, 여행객, 방랑자, 짐승들에게 물을 마실 수 있도록 개방하였다.

대성당 Cattedrale

산 조반니 바티스타(Basilica di S. Giovanni Battista) 성당이라고도 알려진 이 대성당은 1098년에서
1132년 사이에 건설되었다. 그러나 1743년 지진으로 인해 파손되어 새로이 만들어졌으며 성당 내부에는
모자이크 작품들이 있다.

여행자 안내소

1. Via C.Colombo. 88 / 2. Lungomare R. Margherita

여행 포인트

브린디시에 도착하면 항구까지 걸어가 보자. 항구에서 그리스나 동유럽으로 가는 사람들의
모습을 볼 수 있다. 천천히 도로를 따라 올라오면 금방 역에 도착한다.

풀리아 Puglia 주(州)

파리넬리, 바로크, 레체 Lecce

이탈리아의 끝, 풀리아 주의 아랫 부분에 위치한 레체는 오랜 세월 동안 브린디시와 타란토를 통해 그리스 및 소아시아 지역과 관계를 맺어 왔었다. 이런 지리적 이점으로 인하여 이 도시는 지중해를 장악하려는 왕조들의 주요한 정치적, 경제적 거점이 되었고, 따라서 레체는 언제나 국제적인 열린 문화의 성격을 띠게 되었다. 더구나 17C를 전후한 기간은 레체의 또 다른 문예 부흥기였다.

Access 밀라노에서든, 로마에서든 반드시 바리를 지나 레체로 향한다. 바리에서는 하루 총 26회의 기차가 연결된다.(첫차 05:00, 막차 21:5) 소요 시간은 IC의 경우 1시간 40분.

두오모 광장 Piazza del Duomo

성당 Cattedrale

원래 1114년에 노르만족에 의해 건축되었으나 후일 1659년~70년에 쥬세페 짐발로가 완성한 바로크 양식의 건축물이다.

종탑 Torre Campanaria

1574년에 만들어졌으나 1661년~1682년에 재건축된 70m, 5층 높이의 탑으로 종탑이 끝에는 8각형의 공간이 있다.

베스코 빌레 건물 Palazzo vescovile
에피스코피오 Episcopio

1420년부터 건축물이 있었으며 1632년에 다시 만들어진 바로크식 건축물.

신학교건물 Palazzo del Seminario

한때 이곳에서 거세된 남자가수가 양성되기도 한 곳으로 바로크 양식의 건축물이다.

▚ 오론조 광장 Piazza S. Oromzo

오론조 동상 Colonna di S. Oronzo
1666년부터 1684년까지 완성한 높이 29m의 동상.
그의 손은 로마로 가는 Appia길을 가리키고 있다.

고대 로마 극장 Anfiteatro Romano
기원전 2C경의 것으로 추정. 풀리아 지방에서는 가장 큰
로마식 극장으로 2만 명까지 수용 가능했다.

고대 로마 극장

▚ 카를로 5세의 성 Castello di Carlo V(

노르만 왕조의 것으로 추정되며 이후 1539년~1549년 카를로 5세에 의해 가장자리를 보완, 축조했다.

▚ 산타 크로체 성당 Chiesa di Santa Croce.

레체에 있는 바로크 양식의 교과서와 같은 건물. 1549년
~1695년까지 축조된 이 성당은 리카르디에 의해 설계되
었다. 특히 외부의 정밀한 조각은 유명하다.

여행 포인트

1. 레체는 부채꼴 형태로 이루어진 도시이다. 구시가지의 경우 부채살이 모여 있는 곳에 위치하여 골목이 상당히 복
   잡하다.
2. 매달 마지막 주 일요일에 리베르티니 광장(Piazza Libertini)에서 골동품 시장이 열린다.
3. 저녁에 의외로 흥겨운 분위기가 중심가에 있으며 쇼핑 장소도 많다. 괜찮은 곳!
4. 관련 홈페이지: www.provincia.le.it/

여행자 안내소

1. Via monte San Michele 20
2. Via Zanardelli 66
3. Castello Carlo V

카스트라토

영화 '파리넬리'에는 거세 당한 가수가 나오는데 이탈리아어로 '카스트라토(Castrato)'라고 부른다. 이탈리아어 동사 중에 'Castrare'라는 뜻은 '제거하다, 자르다, 성기를 거세하다'는 뜻을 지니고 있고, 끝에 남성형 어미인 '-o'를 붙여 'Castrato'라고 불러 흔히 '거세한 남자 가수'를 일컫는다. 영화 '파리넬리'의 주인공은 실존 인물이었으며, 본명은 카를로 브로스키(1705~1782)였다. 영화 중에서 바로크 음악의 거장인 '헨델'은 자신의 음악적 성공을 실제 카스트라토에 의존했다. 로마 교황청은 16세기 말에 카스트라토를 공식적으로 금지했지만 어쩔 수 없이 성당에서는 높은 음역을 담당하는 가수가 필요했고 따라서 이들의 명맥은 20세기초까지 이어졌다. 이들이 주로 활약하던 시기는 18세기였고 바로크 양식이 화려하게 꽃 피던 시기였다.

로마에서 넋을 잃고 보게 되는 시스틴 성당은 카스트라토가 주요한 활동한 주요 본거지였다. 당시에는 무조건 성경의 구절이 모든 삶의 중심이 되는 시기였다. 이 카스트라토가 나타나게 된 이유 역시 성경인 고린도전서 14장 34절에 보면 '여자는 교회에서 잠잠하라'는 구절을 너무 지나치게 확대 해석했기 때문이다. 따라서 교회 성가대에서 여성은 사라질 수밖에 없었고 따라서 소프라노의 음역을 담당할 수 있는 가수를 구하다보니 어릴 때 거세를 하게 되면 성대가 발달하지 못한다는 원시적인 생물학적 지식을 바탕으로 카스트라토의 탄생을 유도하였다.

당시의 예술사를 보면 이런 카스트라토는 엄청난 인기와 부를 한 손에 거머쥘 수 있는 기회로, 일반 농민이나 시민의 입장에서는 부를 얻을 수 있는 유일한 출구였다. 남부 이탈리아, 그중 풀리아 지역에서는 카스트라토가 많이 배출되었는데 이 지역은 땅이 척박하여 먹고 사는 문제가 삶의 모든 부분을 차지하는 공간이었기 때문이다. 대개는 부모들에 의해 본인의 동의 없이 거세가 되었다. 하지만 안타까운 것은 교황청 소속의 가수, 혹은 오페라단의 유명 가수가 되는 카스트라토는 대단히 극소수였으며 나머지는 모두 가정으로부터, 사회로부터 버려져 비참한 삶을 살아야만 했다.

갑자기 웬 카스트라토일까? 레체에 당시 유명한 카스트라토를 양성하는 공식적인 신학교가 남아 있기 때문이다. 현재 수도원으로 사용되기 때문에 방문해도 들어가지는 못한다.(Palazzo del Seminario).

남부의 신도시, 포텐차 Potenza

포텐차에 들어서면 이탈리아와는 사뭇 다른 생활의 냄새가 난다. 현대적인 도시 건물도 물론이거니와 외국인에게 무심한 관광지의 사람들과는 달리 동양인이 한 명 지나가면 계속 쳐다보는 순진함도 가지고 있다. 포텐차는 한때 지진으로 파괴되었던 곳인데 1980년대에 들어 다시 재건되었다. 따라서, 하루 종일 시내와 군데군데의 관광지를 돌아다녀봐도 그리 큰 재미는 없다.

2005년 기준으로 인구가 약 6만 5천 명, 그리고 해발 823m에 위치해 있다. 역사적으로 보면 예전에 풀리아 지역에서 로마로 넘어가던 교두보 역할을 했으며, 1799년에 스페인 공국에 의해 1806년에는 나폴레옹에 의해서 점령당했다. 따라서, 곳곳에 스페인식의 화려한 무늬를 가진 건물들이 종종 있다. 하지만, 자세히 보면 대단히 현대적인 건물이어서 그 당시에 건축된 것이 아님을 곧 알 수 있다.

Access 로마에서 기차를 타거나 나폴리에서 버스를 타고 들어올 수 있다. 다만, 포텐차에 들어오려면 기차보다는 버스가 낫다. 기차는 불편하고 시간이 많이 걸린다.
시간은 나폴리에서 의외로 많이 걸린다. 3시간 소요. 버스를 이용할 경우 좀 언덕위로 올라가야 한다.

포르타 레카나티

이 건물은 당시 포텐차를 둘러싸고 있던 성에 있는 망루이다. 약 1000년 전에 지어졌다고 하나 재건되었고 보수된 흔적이 많다. 이 건물은 그래도 포첸차에서 자신 있게 내어놓는 건물이다. 이 건물의 원명은 Porta Recanati-Priorato di Santa Maria Del Ponte di Potenza이다. 12세기에 지어진 건물이라고 하나 들어가지는 못하고 개방도 하지 않는다.

여행자 안내소

Via del Gallitello 89

여행 포인트

1. 저녁에 도착하면 될 수 있는 한 빨리 숙소를 잡아야 한다. 이곳은 저녁 9시가 넘으면 거리가 아주 한산할 뿐만 아니라 불이 켜진 상점도 발견하기 대단히 힘들다.
2. 관광 도시는 아님.

바실리카타 Basilicata 주(州)

이탈리아 역사의 뒤안편, 마테라 Matera

이탈리아의 남부, 바실리카타와 풀리아의 경계에 있는 마테라(해발 401m)에는 수많은 삿시(Sassi, 동굴 형태의 집단 거주지)가 남아 있다.

원래 이 삿시는 8C~13C 동안 이교도의 박해를 피해 이주한 수많은 수도사들이 바위산에 굴을 파고 생활했던 곳으로 아직도 130여 개의 작은 동굴 교회가 존재한다. 이후 수많은 삿시 형태의 주거지가 농민들에 의해 산등성이에 생겨났고 이후 마테라는 1663년~1806년까지 이 지역의 중심지로 자리를 잡게 된다. 20C에 들어서 많은 주민들이 삿시를 떠났다. 현재 삿시는 유네스코가 지정한 문화보존구역으로 남게 되었다.

Access

바리에서(67km): 바리 역 왼편, 바리 북부(Bari Nord) 역에서 하루 1시간 간격으로, 총 13회 기차가 운행된다. 소요 시간은 1시간 30분.

주의 중간에 알타무라(Altamura)에서 객차 칸이 분리되므로 탑승 전에 반드시 탑승한 객차가 마테라(Matera)로 들어가는지 확인해야 한다. 보통 바리에서 들어가는데 바리 중앙역을 나와서 왼쪽 건물에 기차가 들어온다. 열차 플랫폼이 2층이다. 기차표를 사고 위로 올라가야 한다.

⁝ 삿시 Sassi

마테라 역(지하)에 내려 곧장 앞으로 내려가면 삿시를 만날 수 있다. 삿시의 거주지는 넓기 때문에 안내표지판을 따라 삿시 내부를 방문해야 한다.

⁝ 국립 도메니코 리돌라 박물관 Museo Nazionale Domenico Ridola

란 프란키 건물(Palazzo Lanfranchi)에 위치한 마테라의 대표적인 박물관. 이 박물관은 주로 남부 지역의 여러 고대 그리스 유물부터 중세의 삶의 흔적이 남아 있는, 창설자 페란디나 도메니코 리돌라의 이름을 따라 세운 박물관으로 1910년 국가에 의해 설립되었다.

⁝ 두오모 대성당 Duomo

마테라에 도착하여 꼭 한 번 방문해 볼 만하다. 마테라 유적 보호 구역 내에 있는 이 성당은 이탈리아 중북부의 화려한 성당과는 달리 아주 고풍스러운 자취로 가득차 있다.

여행자 안내소

Via De Viti De Marco 9

여행 포인트

특이한 풍광의 도시. 그러나 약간은 위험하며 어수선하다.

가난한, 아주 가난한, 카탄자로 Catanzaro

카탄자로는 남부 이탈리아의 맨 끝에 위치해 있다. 이곳은 외부 관광객이 거의 찾아오지 않는 곳이다. 그러다 보니 관광을 위한 이국적인 흥겨움은 존재하지 않는다. 카탄자로의 첫 느낌은 대단히 밝다는 것이다. 왜냐하면, 중부나 북부 이탈리아 건물들의 경우 오래된 세월의 흔적을 건물마다 감내하고 있어 어둡든지 아니면 붉은 색조의 건물들이 많은 반면에, 카탄자로는 거리가 넓고 현대적이다. 하지만 밀라노의 현대감과는 다른 무언가 또 다른 새로운 느낌이다. 식당에 가면 생선요리가 많다. 이오니오(Ionio) 바다에서 불과 10Km밖에 떨어져 있지 않아서이다. 하지만 절대 생선 요리는 시키지 말자. 꽁치 한 마리 구워 내고 엄청 비싸다.

Access 로마나 나폴리에서 출발한 기차가 레쪼 칼라브리아로 갈 때까지 두 번 빠지는데 한 번은 코센짜로, 한 번은 카탄자로로 빠진다. 만약 코센차로 빠지는 경우는 낭패를 당한다. 레쪼 칼라브리아로 가다가 산 에우페미아(Sant Eufemia)에서 기차가 왼쪽으로 돈다. 총 7시간 정도 소요.
카탄자로에서 레쪼 칼라브리아로 갈 때는 기차보다는 버스를 이용하는 편이 낫다. 역은 두 군데인데, 카탄자로 중앙역(Catanzaro Centro)과 카탄자로 리도(Catanzaro Lido)가 있다. 중앙역에서 내리는 것이 낫다.

▪ 두오모 대성당 Duomo

두오모는 노르만 공국 시절, 1121년에 만든 것이다. 하지만 이 건물은 1638년에 지진으로 인해 붕괴되었고, 또한 안타깝게도 1943년도에 폭격을 맞았다. 하지만 군데군데 남아 있는 예전의 모습을 통해 카탄자로의 예전의 모습을 확인할 수 있다.

▪ 폴리테마 극장 Politeama Catanzaro

카탄자로에서 가장 유명한 곳이다. 중앙에 있는 조개 모양의 건축물은 분수이다. 이곳에서 콩쿨이나 세계적인 공연이 이루어진다. 때때로 한국인들이 콩쿨에 참가하기 위해 이곳에 왔다가 이 건축물을 보고 놀라는 경우가 종종 있다. 이탈리아 내에서도 밀라노의 라 스칼라(La Scala)보다 시설은 잘 되어 있다고 한다.

여행자 안내소

Via Spasari, 3-Gallerria Mancuso

여행 포인트

1. 카탄자로는 인접해 있는 바다에 가기 위해 이탈리아 내부인들이 들르는 공간이다. 그러나 이 도시는 의뢰로 물가가 대단히 비싸다.
2. 이탈리아 내륙 지방의 조용한 분위기와는 달리 저녁 무렵에 흥겨운 모습이 많이 연출된다. 특히 저녁 6시~7시 정도에는 많은 사람들이 카탄자로 시내에 모여든다.

가장 낮은 목소리로, 레쬬 칼라브리아 Reggio Calabria

이탈리아 반도의 끝 칼라브리아 지방의 남단에 위치한 레쬬 칼라브리아는 BC 8세기경 그리스의 식민 도시로 활성화되었다. 지중해에 위치한 내륙의 도시 중에서 가장 끝부분이라고 할 수 있는 이 도시는 연간 300일 이상 청명한 하늘 빛을 볼 수 있는 도시이기도 하다. 또한 이 도시에는 그리스 시대의 유물 중에서 세계에서 가장 유명한 두 개의 청동상을 소유하고 있는 박물관이 있어 단지 이 역사적인 걸작품을 보기 위해 방문하는 사람들도 많다. 하지만 막상 가보면 황량하고 개발이 안 된 듯

한 분위기가 느껴진다. 이유는 메시나와 함께 지진의 피해를 본 후 새롭게 계획된 도시이기 때문이다. 지금은 이탈리아인들이 저렴한 여름 휴가를 찾기 위해 찾는 도시가 되어 가고 있다.

Access

로마에서(431km): 하루 총 22회의 기차가 연결된다. 소요 시간은 IC의 경우 5시간 50분.

지진이 난 뒤 피해 모습

정말 주의해야 할 사항 하나!

반드시 열차 탑승 전 객차에 적힌 노선지를 반드시 확인하고 역무원에게 물어봐야 한다. 팔레르모나 시라쿠사가 적힌 경우 메시나로 바로 들어가기 때문에 반드시 레쬬 칼라브리아가 적힌 객차칸에 탑승해야 한다!

▐ 국립 고고학 박물관 Museo Archeologico Nazionale

고대 그리스 시대의 유물이 잘 보관되어 있다. 1972년 레쬬 칼라브리아 맞은 편의 해안 리아체에서 건진 두 개의 청동 전신상은 세계 예술가들의 입을 귀에 걸고 말았다. 이 청동상은 BC 8세기 경과 5세기에 제작된 것으로, 2000년을 훌쩍 넘긴 시간에도 불구하고 현대의 것과 비교해도 예술적 조형미가 조금도 떨어지지 않는 엄청난 힘과 예술미를 느낄 수 있기 때문이다. 이 외에도 다양한 그리스 시대의 작품들이 잘 보관되어 있어 레쬬 칼라브리아에 갈 일이 있다면 박물관만 갔다 와도 된다.

주소 Piazza De Nava 시간 09:00~19:00(월요일 휴관) 요금 일반 6유로, 25세 미만 3유로

1972년 동상의 발견 당시의 모습. 세계는 흥분했다

두오모 Duomo

두오모 광장에 위치한 이 성당은 칼라브리아에서 가장 큰 예배당을 가지고 있다. 흰색의 외벽은 단정한 네오클래식의 양식이고 외부에는 두 개의 동상이 서 있다. 어느 도시를 방문하건 굳이 모든 교회에 가볼 필요는 없지만 반드시 도시의 대표적인 성당, 즉 두오모는 방문해 보아야 한다.

해변가 Lido Comunale

기차역에서 내리면 좌우로 길게 해변이 펼쳐져 있다. 특히 왼편에는 산책로가 나있는 해변도로와 모래사장이 있어 그래도 황량한 이 도시에서 가슴이 트인다.

여행자 안내소

기차역 내부 중앙에 있어 찾기가 쉽다. 이곳에서 지도와 호텔 리스트를 받을 수 있다.
1. Via Roma 3
2. Corso Garibaldi 327

여행 포인트

1. 남부 이탈리아의 바닷가 도시답게 밤거리는 약간 어수선하다. 조심!
2. 도시 계획에 의해 조성된 도시이므로 정말 찾기 쉽다.
   여행자 안내소에서 배부하는 지도를 참조하면 모든 건물들이 상세히 소개되어 있으므로 편리하다.
3. 청동상을 제외하고는 크게 볼 만한 것은 없는 도시다.

시칠리아로 가는 모든 길, 팔레르모 Palermo

시칠리아에 대한 인상은 〈대부〉에 나오는 '돈 꼴레오네'의 마피아 본거지, 혹은 황량하고 가난한 섬 사람들의 생활 터전, 아니면 영화 〈스타메이커〉에 나오는 순진한 농부들의 삶, 혹은 아름다운 모니카 벨루치의 영화 〈말레나〉를 생각한다. 이 모든 것이 모두 시칠리아의 모습이다. 시칠리아의 주도인 팔레르모는 시칠리아를 가장 잘 나타내는 도시이다. 유럽적이도 않으면서, 그렇다고 아랍이나 아프리카적이지도 않다. 시칠리아는 또 다른 국가였다고 해도 충분히 수긍이 갈 만큼 독특하면서도 독립적인 문화를 지니고 있다. 시칠리아의 모든 길은 팔레르모로 향한다.

유럽과 아프리카, 아랍 사이에 위치한 시칠리아는 고대 문화가 혼합한 지점이라고 볼 수 있다. 정말 다양한 문화가 공존하기 때문이다. 이 지역은 그리스, 로마 그 다음 아랍과 노르만, 그리고 마지막으로 프랑스와 스페인 그리고 이탈리아가

역사에 큰 영향을 미쳤다. 이러한 문화의 혼합 양태는 그림과 건축 양식 등에서 두루 나타나는데 이를 볼 수 있는 안목이 있다면 시칠리아 여행은 그 어떤 지역의 여행보다 풍요로울 수 있을 것이다. 팔레르모는 구시가지와 신시가지로 나누어지는데, 기차역에서 마시모 극장(Teatro Massimo)까지가 구시가지이고, 그 다음의 거리들은 신시가지이다. 따라서 생각보다 거리가 멀지 않아 도보로 걸을 수 있고 실볼거리는 구시가지에 집중되어 있다.

1930년대의 시칠리아인들의 모습)

Access
1. 기차편(로마에서): 하루 총 4회의 기차가 바다를 건너 팔레르모로 운행된다.(8:00, 11:00, 18:20, 21:25). 소요 시간은 IC의 경우 10시간이 걸리는데 실제로는 11시간 정도가 걸린다. 그런데 웬만하면 기차로 가지 말기 바란다. 너무 힘들다
2. 비행기편(로마에서): 하루 총 4회의 정규 노선이 있다. (8:45, 9:50, 17:00, 18:40). 무조건 비행기를 이용할 것!

시장 거리 Vucciara
역에서 곧장 로마 거리(Via Roma)로 가다가 국립음악원(Conservatorio)이 있는 도로로 접어드는 산 도메니코 광장(Piazza San Domenico)의 오른쪽에는 팔레르모에서 가장 큰 재래식 시장이 있다. 서울의 경동시장 같기도 하고, 아니면 이태원의 좁은 골목길의 시장같기도 한데…. 정말 볼거리가 많고, 살아 있다. 이 시장만 보고 와도 시칠리아는 보고 왔다고 인정할 수가 있겠다.

마쿠에다 거리 Via Maqueda
콰트로 칸티(Quattro Canti)라 불리는 사거리는 길거리 음란물을 잔뜩 팔고 있으니, 호기심에 기웃거리지 말자. 괜히 기웃거렸다가 이상한 놈이 자꾸 쫓아왔던 기억이 있다. 콰트로 칸티 사거리와 만나기 전에 벨리니 광장(Piazza Bellini)에 있는 성 카탈도 성당(San Cataldo, 세 개의 붉은 돔이 특징)과 프레토리아 광장(Piazza Pretoria) 주변.

💠 비토리오 에마누엘레 거리 Via Vittorio Emanuele

도착한 사거리에서 왼쪽으로 올라가면(신문가판대가 있는 반대
편) 오른쪽에 두오모가 웅장한 모습을 드러내는데 1184년에 건
축되었다고 한다. 완전히 아랍풍의 성당이다. 오던 길에서 계속
걸어가면 포르타 누오바(Porta Nuova, 1535)라는 문이 나온
다. 그런데 문 양쪽을 잘 보면 한국의 장승 모습이 떠오를 것이다.
포르타 누오바 왼쪽 편에는 언제나 시칠리아의 권력의 중심지
였던 노르만 건물(Palazzo Dei Normani)이 나온다. 원래 아

랍식의 건축 양식에 노르만 양식으로 지은 궁전과 형형색색의
화려한 모자이크가 인상적인 팔라티나 성당(Cappella Palatina), 건물의 좌측에는 산 조반니 델리 에레미
티(San Giovani degli Eremiti)라는 1142년의 아랍식의 붉은 돔을 지닌 성당이 있다.

여행자 안내소

기차역에 여행자 안내소가 있다. 어떤 도시이든 도시 정보는 대개 기차역이나 버스 정류장에서 구할 수가
있다. 그러니, 기차역에서 제일 먼저 역무원에게 우선은 '마빠(Mappa, 지도)'라고 물어보길 바란다. 이탈
리아 여행은 지도를 얼마나 잘 보느냐에 따라 달려 있다.

여행 포인트

1. 역 바로 앞의 로마 거리(Via Roma)에 숙소가 많다. 그러나 저렴한 곳은 난방시설이 제
   대로 되어 있지 않은 경우가 많다.
2. 시칠리아 거주민보다는 아프리카 계열의 사람들, 혹은 동유럽에서 넘어온 노동자들이
   종종 범죄를 일으킨다. 따라서 항상 조심하고, 여성은 혼자 돌아다니지 말도록 하자.
3. 팔레르모는 생각보다 고전적인 도시는 아니다. 왜냐하면, 1960년대 이후 이탈리아 정부
   에서 시칠리아 지역에 대규모 공공공사를 많이 벌였기 때문에 현재는 도시 곳곳에 시멘트
   로 만든 벽들과 조잡한 콘크리트 건물도 많다.
4. 일본사람들이 투어로 많이 온다. 이곳에서 북아프리카로 넘어가는 투어가 많다.

기차역에 여행자 사무소가 있다.

팔레르모 콘세르바토리가 있는 곳 주변

골동품 가게

카푸치노 카타콤베

어산물은 풍부한 곳이다.

시칠리아는 레몬, 오렌지의 명산지이다.

시칠리아의 문, 메시나 Messina

시칠리아 섬에서 이탈리아 반도와 가장 가까운 항구인 메시나는 예나 지금이나 시칠리아의 현관으로 숱한 역사의 부침 속에서 존재해왔다. 그러나 지금의 메시나는 예전의 모습을 찾아 보기가 힘들다. 1783년과 1908년에 도시를 강타한 대지진은 메시나의 옛 모습을 90% 이상 땅속으로 파묻었으며 16만의 주민 중 7만 명이 사망한 대참사였다. 또한 1848년도에 시민봉기가 일어나 페르디난도에 의해 무자비하게 주민들이 학살된 역사가 있는 도시다.

또한 1943년 세계대전 중의 폭격은 메시나를 거의 재기불능상태로 만들었다. 그럼에도 불구하고 메시나는 다시 건설되었으며 오늘날까지 새로운 도시로의 변화가 활발하다. 그러다 보니 실제 관광지로서의 볼거리는 없다.

Access 로마에서 하루 총 11회의 열차가 있다. 소요시간은 IC의 경우 7시간 40분이 걸린다.
주의 기차 탑승 시 팔레르모나 시라쿠사가 쓰인 객차에 탑승할 것. 만약 카탄자로나 레쬬 칼라브리아가 쓰인 객차에 탑승하면 Villa S. Giovani 역에서 기차가 분리되므로 메시나로 들어가지 못한다.

대성당 Duomo

두오모 광장(Piazza del Duomo)에 위치한 이 새로운 성당은 종탑이 아름답다. 금빛의 조각들이 종탑 외부에 자리잡고 있으며, 특히 갖가지 별자리로 새겨진 시계는 메시나의 자랑이다. 또한 근처에 오리오네(Orione) 분수는 미켈란젤로의 제자였던 몬토솔리의 1547년 작품이다.

지역 박물관 Museo Regionale

메시나 출신의 세계적인 화가, 안토넬로의 작품을 소장하고 있다. 또한 카라바조, 몬토솔리 등의 작품도 있으므로 방문해 보자.

시간 평일 9:00~13:30, 공휴일 9:00~12:30, 화목토 15:30~17시(월요일 휴무)
위치 기차역에서 나와 오른쪽으로 바닷가를 따라 30분 정도 걸어가면 외 따른 건물이 있다.
주소 Via della Liberta 465

여행자 안내소

찾기 쉽다. 기차역을 나오자마자 오른쪽에 두 군데의 여행자 사무소가 있다.
Via Calabria, 301/bis.

여행 포인트

1. 내륙에서 메시나로는 기차를 배에 실어 연결한다. 레쬬 칼라브리아 역이 아닌 Villa S. Giovani 역에서 메시나와 연결되는데 바다 풍경은 배 안에서 볼 수 없다.
2. 타오르미나나 시라쿠사 등지로 갈 경우 기차역에서 나오자마자 S.A.I.S. 버스 사무소가 있으며 이곳에서 표 구입 및 탑승이 가능하다.(버스 유리창 앞에 목적지의 이름이 붙어 있음.)
3. 왼쪽은 버스 정류장, 바로 오른쪽은 여행자 사무소다.

기타 도시

시칠리아에서 꼭 가봐야 할 곳, 타오르미나 Taormina

시칠리아를 가게 되면 기본적으로 팔레르모는 가야겠지만, 그 다음은 타오르미나다. 메시나에 도착하면 주저없이 기차역 왼쪽에서 타오르미나행 버스를 타기 바란다.

타오르미나 뒤로는 해발 3323m의 활화산, 에트나가 불을 뿜는 모습을 볼 수도 있는 곳이다. 그리스 시대 이후부터, 아랍, 프랑스, 스페인의 문화가 융합되어 있는 독특한 문화를 가지고 있으며, BC 3세기경 고대 그리스 극장이 원형에 가깝게 보존되어 있어 오늘날에도 이곳에 아름다운 별밤을 배경으로 각종 문화 공연이 펼쳐진다. 그리고. 현재는 BNL Film Festival이라고 해서 전세계의 유명한 배우와 감독들이 이곳을 다녀간다.

Access

1. 메시나에서 기차로 : 하루 총 31회의 기차가 연결된되며, 소요 시간은 약 40~45분.
   타오르미나가 위치한 곳이 해안가 바로 위 엄청난 절벽을 끼고 도는 해발 206m의 위치에 있기 때문에 역에 도착해도 또 버스를 타고 빙글빙글 돌아 타오르미나 입구 주차장까지 가야 한다.)
2. 메시나에서 버스로 : 평일의 경우 거의 30분마다 버스가 있으며 메시나 역 바로 나와서 길 건너지 말고 왼쪽에 버스정류장이 있으니 타면 된다. 이 방법이 가장 편하다.
3. 카타니아에서 비행기로 : 시칠리아에서 오른편에 비행기가 내리는 곳이 카타니아라는 곳이다. 여기에서 버스 타고 타오르미나로 들어오는 방법이 있다. 따라서, 밀라노, 볼로냐, 피렌체, 로마 등의 주요 도시에서는 이 방법이 제일 좋다.

고대 그리스 극장 Teatro Antico

타오르미나의 얼굴. B.C 3세기경에 그리스인이 축조했다. 남아 있는 그리스 극장 중에서 가장 원형에 가깝게 보존되어 있으며 지름은 109m, 28개의 계단으로 관중석이 마련되어 있다. 여기서 주로 공연을 많이 한다. 여름에는 또한 세계적인 BNL Film Festival이 이곳에서 마련된다. 바로 고대 그리스 극장에서 영화를 상영한다.

4월 9일 광장 Piazza 9 Aprile

타오르미나의 중심지. 올라가는 길 양옆으로 고급 골동품 가게나 시칠리아 특유의 식당, 상점들이 있는데 쭉 올라가다 보면 그렇게 크지 않은 광장이 하나 나온다. 바로 여기에 서면 이오니아(Ionia)의 해안 절경이 눈부실 정도로 아름답다.

움베르토 거리 Corso Umberto

타오르미나를 관통하는 거리이며, 양옆에는 각종 골동품 가게 및 장신구를 파는 곳이 즐비하다.

⋗ 마차로 Mazzaro 해안

작은 만같이 생긴 천연 해안선으로 타오르미나의 아랫쪽에 위치한 해수욕장.
(5월~10월. 15분 간격으로 셔틀버스 운행)

타오르미나는 유달리 문화 행사가 많다. 그중에서 영화제가 제일 유명한데 보통은 7월 중순에 열린다. 하지
만 이때는 모든 객실은 단연 만원이기 때문에 방문하는 것이 거의 불가능하다. 이럴 때는 메시나에서 숙박
을 해야 한다.

여행자 안내소

주소: Piazza S. Caterina
메시나 문(Porta Messina)을 지나 고대 그리스 극장으로 넘어가는 왼쪽길의 맞은 편
에 있으니 우선 그리스 극장으로 가자. 가는 길은 적혀 있다. 무조건 버스에서 내려 길
로 걸어가면 나오니 걱정하지 않아도 된다! 혹은 아래와 같은 곤돌라가 있으니 이 곤돌
라를 타고 올라가도 된다.

여행 포인트

1. 타오르미나는 세계적으로 유명한 관광지다. 여름철의 경우 호텔 예
   약은 기본이다.
2. 타우로(Tauro) 산에 위치에 있어 상당히 일기가 불규칙적이다 따라
   서 늘 소형 우산을 준비해야 한다.
3. 타오르미나 관광은 이른 아침이 최적이다.
4. 한 마디로 꼭 가볼 만한 곳이다.
5. 홈페이지 주소 : http://www.taormina.it/old/default.htm

존경의 역사, 카타니아 Catania

1950년대 카타니아의 모습

유럽에서 제일 높은 활화산인 에트나 화산(3,350m)와 불과 28km 떨어진, 이오니아 바다와 접한 시칠리아의 도시, 카타니아. 이곳에 처음으로 정착한 거주민은 BC 729년경의 그리스 식민지민들이었다. 이후 시라쿠사(Siracusa)와의 전쟁, 로마의 정복, 아랍, 노르만족, 아라곤족 등 수많은 왕조의 정복지였던 카타니아는 융성한 문화를 발전시킬 수 있었다. 그러나 아쉽게도 지금 남아 있는 건축물은 대개 18C 이후의 것이다. 1169년의 대지진, 1669년의 화산 폭발, 급기야 1693년의 지진은 도시를 완전히 파괴시켰으며 주민의 3분의 2 이상을 희생시켰다. 그럼에도 불구하고 카타니아는 언제나 당당히 일어선 관록의 역사를 지니고 있다.

Access 메시나에서 올 때는 기차를, 카타니아에서 내륙으로 들어갈 때는 열차보다 버스를 이용하는 편이 낫다. 카타니아 중앙역에서 정면으로 약 500m에 버스정류장이 있어 이곳에서 시라쿠사, 엔나, 아그리젠토, 팔레르모 등 모든 방향의 버스를 탈 수 있다. 버스정류장 : Via D'amico. 181

두오모 광장 Piazza Duomo

이곳에는 정복의 상징, 곧 오벨리스크를 운반하는 코끼리를 조형한 분수와 1693년 대지진 이후 소실된 성당을 1736년에 멋진 바로크로 다시금 태어난 두오모가 있다.

우르시모 성 Castello Ursimo

1239년~1250년 사이에 건축된 성으로서 이후 화산재에 파묻힌 모습을 다시금 찾아낸 것으로 건물 외벽과 주위에 짙은 회색의 화산재가 아직도 남아 있다.

성 아가타 대수도원 Badia di Sant'Agata

1735년~1767년에 지어진 바로크양식의 표본.

카타니아 대성당 Cathedrale di Catania

Via Cimarosa. 10 / 기차역 내 91번 홈 근처 / Corso Italia 302

여행 포인트

1. 관광적으로 볼 것은 많지는 않지만 이 도시가 많은 지진과 화산재 속에서 굳건히 버틴 역사를 안다
   면 카타니아의 골목골목에서 힘찬 생명력을 발견할 수 있을 것이다. 도시 전체가 짙은 회색의, 뭔
   가 비어 있는 듯한 모습은 살기 위해 발버둥치는 무언가를 느낄 수 있다.
2. 매주 일요일마다 카미네 광장(Piazza del Carmine)에서 벼룩시장이 선다.
3. 시칠리아는 가톨릭의 전통이 강한 곳이다. 따라서, 이곳은 북부 지역과는 달리 평일에도 성당에
   많은 신자들이 있다.

1950년대의 카타니아 거리 모습. 위 건물은 현재 광물연구소로
사용된다.

2000년, 아니 그 이전에도, 시라쿠사 Siracusa

시칠리아 섬의 동쪽, 아래 부분에 위치한 시라쿠사. 최초의 시라쿠사의 기록은 B.C 734년부터 시작된다. B.C 5C경에는 그리스 본토를 능가하는 도시가 건설되어 지중해의 패권을 장악하였고 B.C 212년까지 에트루리아와 로마에 대항을 계속해 왔다. 이후 시라쿠사는 다양한 왕조의 지배 하에 문화를 발전시켜 왔다. 아랍, 노르만, 아라곤 등등. 이들이 오랜 세월 애착을 가지고 건설한 이 도시는 지금도 많은 관광객의 사랑을 받고 있다.

Access 　메시나에서(158km): 하루 총 13회의 직행 열차가 있으며 소요 시간은 IC의 경우 2시간 50분. 시칠리아에서는 열차편보다 버스를 이용하는 것이 좋다. 메시나의 경우 역 앞 왼편, 카타니아의 경우 중앙역에서 앞으로 300m 정도에 버스 터미널이 있다. 그리고 팔레르모에서는 역의 오른쪽에 버스정류장이 있다. 열차의 경우는 연착도 많고, 로칼레(Locale)선일 경우 정차역이 너무 많아 힘들다.

▚ 고고학 공원 Parco Archeologico

현존하는 그리스식 최대 극장인 그리스극장 (Teatro Greco, BC 5C)이 있으며 디오니사우스의 귀(Orecchio di Dionigi)라는 동굴이 있다. 그 외에 카타콤베, 로마 극장 등이 있다. 또한 이곳에는 예전 이집트인들이 발명한 파피루스 종이들을 보관하고 있다.

특히 그리스 시대의 유물이 많이 보관되어 있는데 그 중 '베네레 아나디오메네(Venere Anadiomene)'라는 1세기 때의 비너스 상이 목과 오른팔이 분실된 채 보관되어 있어, 피렌체의 우피치 미술관에 있는 보티첼리의 〈비너스의 탄생〉이 떠오른다.

▚ 대성당 duomo

오르티지아 섬. 즉 그리스 극장이 있는 고고학 공원 반대 방향에 구시가지가 위치한 곳에 있다. 이 성당은 고대 아테네의 신전(Tempio di Atheama, BC 5C)의 터에 건축되었는데. 1693년 대지진 이후 지금의 모습은 1728년에 갖추어졌다. 비잔틴, 노르만, 바로크 양식이 존재하는 건축물이다.

여행자 안내소

1. Via Maestranza 22. / 2. Stazione Ferroviaria / 3. Via S.Sebastiano

여행 포인트

1. 시라쿠사는 생각보다 도시가 크며, 만약 기차로 올 경우 고고학 공원를 먼저 보고 두오모를 보는 것이 낫다. 왜냐하면 오르티지아 섬, 트리에스테 거리(Via Trieste)에 외부로 가는 버스가 주로 서 있기 때문이다.
2. 이곳에는 흑인 노동자들이 많기 때문에 너무 값이 싼 호텔을 이용하지 말자. 대개 그들의 숙소이기 때문이다. 유스 호스텔을 이용하는 것이 낫다.
3. 유스호스텔 Viale Epipoli 45.

신전들의 언덕, 아그리젠토 Agrigento

시칠리아 섬의 남쪽, 팔레르모에서 아래로 선을 그으면 닿는 바닷가의 도시 아그리젠토. 이 도시는 그리스의 신전들이 남아 있는 곳으로 유명하다. 아그리젠토는 그리스 문화에 관심이 있는 사람들은 꼭 들러 보는 이탈리아의 주요한 그리스 문화 유적지다.

Access

1 팔레르모 (126km): 하루 총 12회의 기차가 운행된다. 소요 시간은 1시간 55분.
2. 카타니아에서 (167km): 버스를 타는 것이 빠르다 카타니아 역 앞 300m 지점에 버스터미널이 있으며 소요 시간은 2시간 50분.

신전 Templi

콘코르디아(Concordia) 신전

현재 남아 있는 신전들 가운데 가장 보존이 잘 된 신전. BC 5C 중엽에 만들어진 이 신전은, 정면에는 6개, 측면에는 13개의 기둥들이 있으며 각 기둥에는 20개의 홈이 파여 있다. 현지에서 들은 이야기인데, 사실 이 신전은 기독교인들에 의해 파괴되었어야 하나 이곳이 기독교의 교회 역할도 함으로써 지금까지 버틸 수가 있었다고 한다. 역사는 강한 자가 살아 남는 것이 아니라 살아남은 자가 강하다는 것을 증명하는 기록이라는 사실을 다시금 되새기게 된다.

에르콜레(Ercole) 신전

콘코르디아 신전에 도착하기 바로 전 8개의 기둥만 남아있는 곳으로 BC 6C경에 지어진, 가장 오래된 신전이다.

쥬노메(Giunome) 신전

BC 450년경에 만든 신전으로 콘코르디아 신전을 지나서 있다. 콘코르디아 신전 다음으로 보존이 잘 되어 있으며 거대한 기둥들이 남아있다.

고고학 박물관 Museo Archeologico

버스정류장에서 내려 신전의 계곡으로 올라오는 완만한 비탈길 오른쪽에 있는 이 박물관은 그리스 시대의 여러 유물과 신전의 발굴 당시 얻은 유물들이 보관되어 있으며 특히 지오베 올림피코(Giove Olimpico) 신전의 텔라모네(Telamone, 사람 모양의 기둥) 원본이 보관되어 있다.

여행자 안내소

1. 찾기가 힘들다. 기차역에서 내려 왼쪽으로 난 계단을 타고 오르면 광장이 나오는데, 광장으로 가지 말고 왼쪽에 있는 골목길로 접어들어야 한다.
2. Viale della Vittoria. 225

여행 포인트

1. 신전을 방문할 때는 이른 아침이 가장 좋다. 멀리 바닷가와 아그리젠토의 시내가 아침 햇살을 받는 모습과 고요한 신전의 느낌을 가질 수 있으며 내려오는 길에 박물관에 들르면 좋다.
2. 이곳의 여행자 안내소는 주로 환전을 하는 곳으로, 정보가 없다.
3. 밤에는 돌아다니지 말 것.

소금의 도시, 트라파니 Trapani

트라파니는 북아프리카로 가는 이탈리아의 문이다. 현재 트라파니는 이탈리아의 소금을 생산하는 주요 기지이자 쿠스쿠스(CusCus)라는 아프리카식 음식으로 유명하다. 트라파니는 지금으로부터 약 2500년 전의 역사를 안고 있는 곳이기도 하다. 물론 지금은 그 흔적이 없다. 트라파니의 좁은 시내를 벗어나면 아주 바람이 세고 곧장 바다가 보인다. 그렇게 낭만적인 곳은 아니지만 종종 음식 여행을 하는 일본 관광객들의 모습을 볼 수가 있다.

Access 1. 팔레르모에서(107Km): 하루 총 11회의 기차가 연결된다. 소요 시간은 약 2시간 15분. 이 기차의 경우 때때로 일반 선로가 아니라 팔레르모 역 내의 오른쪽의 지역 선로에서 출발하니까 주의해야 한다. 따라서 반드시 승차 전 승강장 번호와 기차를 확인해야 한다.
2. 로마에서 비행기로 바로 연결되기도 하며 나폴리에서 직접 연결되는 배편도 있다.

비토리아 에마누엘레 거리 Corso Vittorio Emanuele
역에서 나와 바로 앞의 도로를 건너 곧장 앞으로 나아가면 세나토리오 건물(Palazzo Senatorio)인 17세기경의 건물과 건물 사이에 난 문이 하나 나온다. 이 문에서부터 계속 앞으로 걸어가면 오른쪽에 제수 성당(Chiesa del Collegio dei Gesuti)이라는 17세기 경의 바로크 양식으로 보이는 화려한 성당이 있으며, 여기서 다시 좀 더 앞으로 나아가면 1635년경에 건축된 산 로렌초(San Lorenzo) 성당이 나온다. 이 성당 역시 바로크 양식의 특징을 지니고 있다.

산 로렌초 성당 San San Lorenzo
성당이 있는 거리가 트라파니 시내에서 볼 만한 것들이 모여 있는 거리이며 길은 짧다. 이 거리의 오른편으로 가면 금새 바다가 나온다. 따라서 실제 다녀보면 이 거리밖에는 그다지 볼만한 것이 없다. 가리발디 거리(Via Garibaldi)로 나오면 바디아 누오보(Chiesa Badia Nuova) 성당이 나온다.

염전
트라파니 하면 이탈리아 사람들의 첫 인상은 바로 소금이다. 소금의 산지로서 유명하기 때문이다. 하지만 트라파니 시내에서 염전까지의 거리는 좀 멀다. 그런데, 염전 옆의 항구에는 의외로 아프리카 사람들이 많다. 역에서 내려 곧장 왼쪽으로 가면 여러 선박들이 정박해 있고 멀리 고개를 들고 바라보면 네델란드에 온 것처럼 풍차가 눈에 띈다. 그리고 한국의 기와지붕들 같은 것이 보이는데 이 기와지붕이 바로 소금산이다. 소금이 날려가지 않게 하기 위하여 기와를 덮어 놓았다고 한다.

시칠리아의 전통, 마탄차 Mattanza
트라파니뿐만 아니라 시칠리아 지역에서 행해지는 전통으로 배들이 다랑어로 가득찬 그물 주위로 몰려 들어 이 다랑어(참치)를 긴 쇠갈고리를 치면서 행하는 전통의식이다. 그러면, 바다는 이내 붉은 피와 고기의 살점으로 가득찬다. 많은 동물 보호 단체에서 이를 반대하고 있지만 지금은 전통 의식보다는 하나의 관광 상품으로 유지되고 있다.

아고스티노 광장(Piazza S. Agostino)에서 아고스티노 성당 입구쪽에서 광장으로 나가면 성당 입구의 '장미의 창'이라는 것이 보인다. 바로 이 창의 왼쪽.

장미의 창

시칠리아의 서쪽 지역과 샤르데냐 쪽으로 가면 많이 볼 수 있는데 이런 양식은 실제 스페인과 프랑스 남부에서 많이 발견되는 양식이다. 보통 장미는 여성을 상징하기 때문에 이런 장미의 창 문양은 '성적인 욕망의 절제', 혹은 '승화된 성욕'으로 해석이 많이 된다.

Via S. Francesco d'Assisi

1. 이탈리아를 관광의 개념이 아닌 삶의 개념에서 여행하는 사람에게는 권유할만한 장소이다.
2. 기차를 탈 때에는 무조건 빨리 승차해야 한다. 트라파니가 기차선로의 마지막이다.
3. 트라파니는 군사학교가 있는 곳이어서 팔레르모에서 입대를 하는 젊은 청년들이 기차를 많이 탄다. 트라파니행 기차는 보통 두 량 정도이기 때문에 기차 내부가 상당히 시끄럽고 거친 분위기다.
4. 트라파니 여행 정보는 www.provincia.trapani.it/
5. 트라파니 기차역에서 곧장 앞으로 걸어가서 만나게 되는 옛거리에는 볼거리가 좀 있다. 바닷바람이 세다.

시칠리아의 언덕, 엔나 Enna

엔나는 완전히 고립되어 있는 시칠리아 섬의 섬과 같은 곳이다. 그러나 그리스의 역사를 공부하는 사람들이나 혹은 콘스탄티누스를 공부하는 사람들에게 있어서 엔나는 중요한 곳이다. 기원전 7세기에 젤라의 영향으로 인해 그리스 문화가 도입되기 시작했고 기원전 5세기경에서는 완전히 그리스의 문화가 번성한 곳이었다. 이후 카르타고에 의해 점령되었다가 다시 로마제국에 의해, 그 다음은 비잔틴제국, 그리고 859년 이후부터는 아랍의 영향권으로 모습이 바뀌었다. 시칠리아는 오히려 유럽의 문화보다는 그리스, 아랍, 그리고 아프리카 북부의 모습이 남아 있는 곳이다. 아랍의 영향권으로 떨어지기 전부터 엔나는 엔나라는 도시명보다는 카스트로 조바니라고 불렸는데 이 명칭은 1927년까지 공식적으로 사용되었다. 엔나가 가장 번성하였을 때는 아이러니하게도 아랍의 영향권에 있을 때였으며 이후 노르만, 아라곤의 지배, 프레데릭 2세에 의한 지배 등의 영향으로 다채로운 역사적인 배경을 안고 있는 곳이다.

시칠리아의 마피아

마피아라고 하는 범죄 조직은 늘 바뀌는 집권 세력과는 상관없이 시칠리아에서 자발적으로 만들어진 것이다. 마피아가 없으면 집권 세력이 바뀔 때마다 늘 다툼과 이권, 그리고 치안이 유지되지 않기 때문에 어쩔 수 없는 고육책이었다. 혹, 이탈리아 영화는 아니지만 마틴 스콜세즈 감독의 〈갱스 오브 뉴욕〉을 본다면 자발적인 시민 혹은 갱 조직이 결국 정부에 의해 진압되는 국가 초창기의 모습을 보면 충분히 이 설명을 이해할 수 있으리라 본다.

Access

시칠리아 내륙 지역을 여행하는 사람들은 기차보다는 버스를 이용하는 것이 좋다. 시칠리아의 기차는 늘 파업을 하며 또한 시간 간격이 크다. 시칠리아 버스는 탑승 인원에 상관없이 승객을 막 태운다. 특히 오후 나절의 퇴근 시간은 정말 복잡하다. 그리고 대개의 버스는 직행이 아니라 Locale이기 때문에 군데군데 동네를 모두 들르는데 이게 또 볼만하다.

팔레르모에서 버스를 타면 책에는 시간이 1시간 45분 정도 걸린다고 적혀져 있는데, 왠지… 한 2시간이 넘게 걸렸다. 올 때는 기차를 타고 나왔는데 이 역시 마찬가지다. 시칠리아를 여행하려면 시간은 항상 넉넉하게 움직여야 한다.

로마 건물 Villa Romana del Casale

건물은 4세기 경의 황제 콘스탄티누스의 주거지였다고 전해진다. 현재는 잔해밖에 남지 않았고 건물의 형태를 지니고 있는 대중목욕탕이나 법정, 시민회관 등은 이후에 흔적을 복구한 것이다. 그럼에도 건물이 좀 유명한데, 로마 시대에 현존하는 최고의 모자이크 장식들을 볼 수 있기 때문이다. 실제 모자이크라 함은 단언 라벤나가 최고라고 하지만 이곳 엔나의 모자이크 장식들로 역사적인 상징성을 지니고 있다. 1997년에 유네스코로부터 중요 유적으로 지정받았다. 엔나의 아래 쪽에 위치하고 있으며 버스로 약 30분은 가야 한다.(엔나의 중앙에 위치한 콜라이아니 광장(Piazza Colaianni)에서 버스가 출발하며 1시간 정도의 간격으로 있다.)

▌▌ 롬바르디아 성 Castello Lombardia.

로마 거리(Via Roma)와 롬바르디아 거리(Via Lombardia)가 엔나의 중심 도로인데 이 도로를 가다 보면 롬바르디아 성이 나온다. 처음에 스와비아(Swabia)의 프레데릭 2세가 만들었고 그는 이 성에서 왕의 호칭을 받았다고 한다. 원래 탑이 20개 정도 있었다고 하는데 현재는 6개만이 보전되어 있다. 이 탑 중에서 제일 높은 탑은 토레 피사나(Torre Pisana)라고 하는데, 아마도 피사 출신의 군인이 이 탑을 만들었으리라 추측한다. 엔나로 버스가 들어가기 전에 멀리서 보이는 것이 바로 이 성이다.

▌▌ 대성당 Duomo

이 두오모는 1307년에 여왕 엘레오노라에 의해 만들어졌다. 하지만 화재로 1446년 심하게 훼손되었으며, 재건축되었다. 이 두오모 근처에는 화려한 장식물들이 있으며 거대한 종탑이 있고 오른쪽에는 16세기 때 지어진 정문이 있다. 이 정문에는 대리석 장식과 북이 설치되어 있다. 외부의 오른쪽에도 14세기 때 지어진 정문이 하나 있으며 동심원 모양의 아치형 구조가 설치되어 있다. 내부의 아치들은 모두 지그재그 모양의 장식들을 가지고 있다. 대성당 내부의 장식은 방대한데 큰 기둥들이 구역을 나누어 놓는 것 같다. 멋진 스투코 장식은 16~17세기 때 완성된 것들이며 두 개의 중심 기둥들은 쟌 도메니코 가기니의 작품이다. 나무로 된 수문 천장 장식은 쉬피오네 디 구이도에 의한 것이다. 중심부의 두기둥 사이에는 16세기의 성가대가 보존되어 있고 오른쪽에는 조반니 갈리나의 작품인 대리석 설교단이 있으며, 15세기의 그림들 사이에는 몇몇 다른 종류의 그림들도 발견된다.

여행자 안내소

1. Via Roma 411
2. Piazza Napoleone Colajanni 6

여행 포인트

1. 시칠리아는 과거 그리스 시대에 대한 이해가 없으면 관광지를 방문해도 역사의 퍼즐을 맞출 수가 없어 그다지 흥미 있는 관광은 되지 못한다.
2. 전반적으로 도시 분위기는 처져 있는 분위기이고 의외로 관광객들이 거의 없다.
3. 겉에서 보면 멋있는 도시이지만 막상 들어가면 상당히 빈민촌이다.

하늘과 땅과 바다와, 칼리아리 Cagliari

칼리아리는 사르데냐 섬의 주도이며 기원전 6C경에 이미
상업항으로 자리를 잡았다. 이후 로마 피사 공화국, 아라곤
족, 스페인, 피에몬테 공화국 등의 수많은 왕조의 부침이
칼리아리에 있었다. 그러나 유사시대 이전에도 인류의 흔
적을 발견할 수 있는 숱한 유적들이 남아 있어 그 미스터리
한 선조의 입김마저 숨쉬는 곳이기도 하다.
이탈리아의 서부 해안에 있는 두 개의 큰 섬인 사르데냐는
남부의 시칠리아보다 훨씬 한가하다. 북아프리카와 이탈리아 사이에 위치해 있으며, 라찌오 해
안에서 200km 정도 떨어져 있다. 북쪽으로 조금만 가면 프랑스의 영해에 닿는다.
칼리아리의 중심은 옛 성들이 있는 구역이다. 이 성들은 언덕 위에 건설되어 있다. 여러 방어 탑
도 보인다. 북쪽으로 가면 중세 시대 때 건설된 보사(요새)를 방문할 수 있고, 여러 성들과 대성
당, 테모 강을 감상할 수 있을 것이다.

Access

비행기 편이 가장 경제적이고, 효과적이다. 배로 갈 경우 13시간 이상이 소요되며, 시간이 맞지 않는 경우가 많아 숙
박비와 여러 불필요한 지출이 많아 결국 비행기편보다 돈이 더 든다.
로마에서 : 소요 시간 1시간. 운행시간은 평일, 주말(09:20, 15:10. 17:25, 18:55)에 있고 때때로 취항 노선이 많아
지기도 한다. (※칼리아리 공항과 시내까지의 거리는 7km. 늘 버스가 있다.)

국립 고고학 박물관 Museo Archeologico Nazionale

사르데냐 주변에는 선사 시대의 유적과 '누라게'라 불리는 옛 집터가 남아 있다.
그러나 아직도 정확히 그들의 기원을 모르고 있다. 이 박물관은 이런 역사적인
유물과 누라게의 모형을 보관하고 있는 작은 박물관이다.
주소 아르세날레 광장(Piazza Arsenale) 시간 09:30~19:00

고대 로마 극장 Anfiteatro Romano

AD 2C경의 고대 로마 극장으로 바위산을 깎아 만든 거대한 극장, 2
만 명까지 수용이 가능하며 이집트식의 조형물도 남아 있다.

성 에피시오 Sant' Efisio 축제

사르데냐에서 가장 큰 축제로 매년 열린다. 온갖 종류의 옷을 입은 사람
과 말을 탄 전통 복장의 군대 등이 행진하며, 장식을 단 황소가 이끄는 유
리상자 속의 성인의 모형을 따라 행진하는 아주 큰 축제. (5월 1일)

여행 포인트

1. 기차역 앞 항구, 코스티투지오네 광장에 위치한 산 레미 성곽(Bastione S.Remy)에서의 전경이 볼 만하다.
2. 항구를 바라보는 호텔들이 많지만 시설에 비하여 가격이 비싸다. 그러나 뒤로 올라간다고 해도 적절한 숙소는 없
   으니 그냥 정할 것. 뒷골목은 흡사 우리나라의 종로 골목과 비슷하다.
3. 사르데냐의 경우 북부는 상당히 고급스러울 뿐만 아니라 세계 최고 부호들의 휴양지가 있어 프랑스의 니스와 같
   은 느낌을 주지만 이곳 칼리아리가 있는 지역은 시칠리아와는 또 다른 횅한 느낌을 주는 곳이다. 그리고 전반적
   으로 사람의 품성이나 기타의 경우가 거칠다.
4. 칼리아리 공항에서 칼리아리 시내까지는 꽤 멀다. 택시는 비싸니 버스를 이용할 것.

여행자 안내소

VIA MAMELI,97 (CAP:09124)

무소의 뿔처럼 혼자서 가라, 사싸리 Sassari

사싸리는 여느 섬의 도시와는 다른 분위기를 가지고 있다. 흡사 토스카나의 한 번성한 시의 모습을 찾을 수 있으며 섬 지역에서는 찾아보기 힘들게 광장을 중심으로 시가가 형성되었다. 어디를 가도 바다 냄새는 나지 않는다. 포르토 토레스(Porto Torres)라는 항구와 불과 18km 밖에 떨어져 있지 않음에도 불구하고 사싸리의 모습은 내륙과 비슷하다. 또한 이 도시는 오랜 스페인의 지배(1297~1708) 아래에서 독특한 문화를 발전시켰다.

Access

1. 로마에서 비행기로 35km 떨어진 알게로에 하루 2회(8:45, 16:35) 비행기가 운행되며, 소요 시간은 55분이 걸린다.
2. 제노바에서 토레스 항구로 매일 배가 운항된다.

이탈리아 광장 Piazza D'Italia

사싸리의 심장. 이 광장은 1872년에 건설되었다. 이 광장에는 비토리오 에마누엘레 2세의 동상(1899)이 서 있다. 상당히 넓고 광장 좌우에는 많은 가게들이 있다. 개인적으로 15번지에 있는 여행사에서 비행기표를 구입하였는데 이곳이 도시의 중앙이다.

산 니콜라 대성당 Duomo San Nicola

대학광장에서 축조된 후 15~16C 경에 스페인 고딕 양식으로 변모되었다. 두오모의 정면부는 대단히 세심한 조각과 문양으로 장식되었는데 이는 스페인 바로크 양식(1723)이다. 외곽으로 가는 버스정류장 근처에 큰 공원이 있는데 사르데냐 내에 다른 곳으로 이동하기 전에 마지막으로 볼 것이 많다. 아주 징그러울 정도로 장식이 세심하다.

G.A. 산나 박물관 Museo Nazionale 'G.A. Sanna'

고고학, 민속학 그리고 미술관으로 나뉘는데 고고학 박물관은 사르데냐 누라게 시대의 유물을 보존하고 있으며, 미술관에는 사르데냐 출신뿐만 아니라 외국인들의 작품까지 16C 이후부터 전시하고 있다.

시간 화~토 09:00~19:00 / 일 09:30~13:00(일요일 휴무)

여행자 안내소

1. Viale Umberto 72
2. 이탈리아 광장에서 박물관으로 가는 로마 거리 도중 왼쪽 건물 1층에 있다.(박물관 근처)

여행 포인트

1. 알게로 또는 다른 도시로 이동하는 버스의 경우 이탈리아 광장에서 길을 따라 내려와 반원형의 광장이 보이는데 (Emiciclo Garibaldi), 이 광장의 15번지에 ARST라는 사무실에서 표를 구입, 승차는 맞은편 bar 건물 좌측에 서 한다.
2. 깨끗한 프랑스 풍의 건물들이 많다.
3. 이곳이 유명한 이유는 도시가 아니라 주변의 스메랄다 해양 휴양지 때문이다.

섬 안의 또 하나의 섬, 알게로 Alghero

사싸리에서 서쪽으로 35km 떨어진 도시. 사르데냐인들은 이 도시를 '섬 속의 섬'이라고 부른다. 1354년 이후 스페인의 카탈로니아의 아라곤 왕조가 이곳을 지배한 이래 줄곧 알게로는 이탈리아보다 스페인의 모습을 간직하고 있다. 언어와 전통, 특히 건축양식은 로마보다 바르셀로나에 가까운 그들만의 색깔을 지니고 있다. 또한 알게로는 지중해를 만나려는 유럽 부호들의 요트 정박지로도 유명하여 이 조그만 도시에 최고급의 호텔들이 즐비하다.

Access 1. 사싸리에서 35km: 하루 10여 회 버스가 운행한다. 소요 시간은 약 30분
2. 로마에서: 하루 2회 비행기가 연결된다(8:45, 16:35).
(* 알게로 시내에서 비행장으로 가는 경우 Via Cagliari에서 공항으로 가는 버스가 연결된다. 버스정류장은 공원 앞 참전자의 명단이 적혀 있는 부조물의 옆, 작은 Bar 앞이며 비행기 출발시간에 맞추어 약 1시간 전에 버스가 운행된다. 공항에서도 시내까지 도착 시간에 맞춘 버스가 연결된다. 그런데 Bar가 간이 Bar여서 정말 이곳에 버스가 올지 고민스러울 수도 있지만, 온다!!)

▶ 교회들

14세기에 세워진 성 프란체스코(S. Francesco) 성당. 이 성당은 완전히 로마네스크식 실내로 장식되어 있다. 성당 내부보다 성당으로 가는 작은 골목들이 더 재미있다.
그리고 가장 알게로만의 특징을 갖춘 성 미켈레(S. Michele) 성당이 있다. 바로 이 성당 때문에 알게로가 이탈리아가 아닌 스페인의 양식을 지니고 있음을 알게 된다. 바로 바닷가에 있으며 시내가 좁기 때문에 불과 10여 분만에 다 돌 수 있다.

▶ 탑 Torre

바닷가를 거닐다 보면 방어용 탑들을 많이 있다. 스페로네(Sperone) 탑, 산 쟈코모(S. Giacomo) 탑 등. 그러나 실제 올라가기는 쉽지 않다. 예전에 이 도시에서 차출하여 나간 1차 대전, 2차 대전 참전자의 명단과 사망자의 명단이 적혀 있다.

▶ 두오모

아라곤 양식의 현관문을 지닌 두오모. 전형적인 스페인의 카타로니아 고딕 양식이라고 한다.

여행자 안내소

대중 공원(Giardino Pubblico)이라는 넓은 잔디밭의 한 쪽 측면에 위치. 찾기가 쉽다.
Piazza Porta terra. 9

여행 포인트

1. 알게로는 유럽 부호들의 휴양 도시다. 따라서 많은 고급 호텔들이 즐비하다. 여름철의 경우 이곳에 숙박을 하려는 경우 반드시 예약을 해야 한다.
2. 해변에서 바라보는 바다와 작은 돌들이 촘촘하게 박힌 골목길이 아주 볼 만하다.

여행 정보

여행 준비

여권 만들기 → 항공권 준비 → 숙소 예약 →
환전 → 일정 짜기 → 여행 가방 꾸리기 → 여
행 안전

여권 만들기

여권은 외국을 여행하
고자 하는 국민에게 정
부가 발급해 주는 일종
의 증빙 서류이다. 여권
이 없으면 어떠한 경우
에도 외국을 출입할 수
없다. 여권을 분실하거나
소실하였을 경우에는 명
의인이 신고하여 재발급
을 받아야 한다.

여권은 5년 미만 또는 5년 초과 10년 이내 사
용 가능한 복수 여권과 1년 이내 사용 가능한 단
수 여권으로 분류한다. 여권은 외교부가 허가한
구청 혹은 도청에서 발급하며 인구 밀도에 따
라 별도의 발급 장소를 두고 있다.(다음 표 참고)
여권을 발급하는 데 지역에 따라 차이는 있지
만 약 5일 정도가 소요된다. 단, 6월~8월과 11
월~1월은 여행객들의 여권 신규 접수가 많아서
약 10일 정도 소요된다.(자세한 내용은 외교부의
여권 안내 사이트 www.passport.go.kr 참고.)

발급처	주소 / 전화번호
종로구청	서울시 종로구 수송동 146-2
	(02)731-0610~4
노원구청	서울시 노원구 상계6동 701-1
	(02)950-3750~1
서초구청	서울시 서초구 서초2동 1376-3
	(02)570-6430~3
영등포구청	서울시 영등포구 당산동 3가 385-1
	(02)2670-3145~50
동대문구청	서울시 동대문구 용두1동 39-9
	(02)2127-4681
강남구청	서울시 강남구 삼성동 8번지
	(02)551-0211~5
구로구청	서울시 구로구 구로본동 435
	(02)860-2301
송파구청	서울시 송파구 송파동 113-2
	(02)410-3270~4
마포구청	서울시 마포구 성산로 557
	(02)330-2114
부산광역시	부산광역시 연제구 연산5동 1000
	(051)888-3561~6
대구광역시	대구광역시 중구 동인동 1가 1번지
	(053)429-3888
인천광역시	인천광역시 남동구 구월동 1138
	(032)440-2470
광주광역시	광주광역시 동구 계림동 505-900
	(062)224-2003
대전광역시	대전광역시 서구 둔산동 1420
	(042)600-3381~6
울산광역시	울산광역시 남구 신정1동 646-4
	(052)272-3000~1
경기도	경기 수원시 팔달구 우만동 228번지
	(031)249-4071/8
경기도 북부	경기도 의정부시 호원동 119번지
	(031)870-2068
강원도(1)	강원도 춘천시 봉의동 15
	(033)254-3001
강원도(2)	강원도 강릉시 주문진읍 교항리 134
	(033)662-3701
충청북도	충북 청주시 상당구 문화동 89
	(043)220-2254
충청남도	대전광역시 중구 선화동 287
	(042)251-2253
전라북도	전북 전주시 완산구 중앙동 4가 1번지
	(063)280-2253
전라남도	광주광역시 동구 광산동 13번지
	(062)232-9129
경상북도	대구광역시 북구 산격동 1443-5
	(053)950-2253
경상남도	경남 창원시 사림동 1번지
	(055)279-2252
제주도	제주도 제주시 연동 312-1
	(064)746-3000

일반 여권 발급에 필요한 서류

❶ 여권 발급 신청서 1통(여권과에 비치)
❷ 여권용 사진(3.5×4.5cm 사이즈로, 최근 6개월 이내에 촬영한 것) 1장(단, 전자여권 아닌 경우 2장)
❸ 주민등록등본 1통
❹ 신분증(주민등록증, 운전면허증, 공무원증, 군인 신분증)
❺ 수입인지대(복수 여권 : 5년 초과 10년 이내, 53,000원 / 단수 여권 : 20,000원)

전자여권

–2008년 8월 25일부터 전자여권 발급
–사진부착식 여권은 1년 이내 단수 여권만 가능
–장애인, 18세 이하를 제외하고 반드시 본인이 직접 방문하여 신청

비자 만들기

이탈리아는 쉥겐 조약에 의해 90일까지 무비자로 체류 가능하다. 유럽 대부분이 90일이 보통이며, 영국은 6개월까지 체류 가능하다. 더 자세한 사항은 외교통상부의 해외안전여행 사이트 www.0404.go.kr에서 확인하자!

항공권 준비

항공권 구입은 충분한 여유 시간을 가지고 예약하는 게 좋다. 여행객들이 많이 몰리는 성수기에는(주말 및 공휴일, 6월 20일~8월 20일, 12월 20일~2월 20일) 1개월 정도 전에 미리 예약해야 한다. 항공권을 구입할 때에는 할인 항공권을 취급하는 여행사의 요금을 비교해 보고 구입한다. 또한 각 여행사마다 왕복 항공권과 숙박을 묶은 배낭여행 상품들이 있으므로 가격을 잘 비교하여 구입하도록 하자. 단, 항공권의 유효기간에 따라 제약 조건이 있으므로 관련 사항을 꼭 확인한다. (ex. 지정 좌석, 출발일 변경 불가능 , 리턴 날짜 변경 불가능 등)

직항과 경유

직항은 대한항공과 알이탈리아 항공이 있다. 또한 이탈리아 여행이나 유학을 가는 사람들이 선호하는 경유편은 케세이퍼시픽 항공이다. 이 항공을 이용하는 것이 경유를 하는 방식 중에서 가장 시간이 단축된다.
대한항공 직항의 경우 13시간 정도가 걸리며 케세이퍼시픽의 경우 실제 비행 시간은 18시간 정도이다. 물론 홍콩에서 갈아타는 시간을 뺀 시간이다.
하지만 직항에 비하여 그렇게 힘들거나 견디지 못할 정도는 아니다. 인천에서 홍콩까지 약 4시간, 그 다음 한두 시간을 쉬고, 14시간 정도를 가면 된다. 따라서 학생은 가격이 저렴한 케세이퍼시픽을 권유한다.
신혼부부의 경우, 아랍에미레이트 항공에서 허니문 특가로 나온 저렴한 항공권 구입이 가능하다.

저가 항공 예약 사이트

1. 라이언 에어　　www.ryanair.co.kr
2. 이지젯　　　　www.easy-jet.co.kr
3. 와이페이모어　www.whypaymore.co.kr

E–TICKET(전자 티켓)

최근에는 여행사에서 항공권을 구입하면 묶음 형태의 종이 티켓이 아닌 A4 용지에 프린터를 한 전자 티켓을 준다. 이 전자 티켓도 똑같은 항공 티켓으로서의 효력을 가지고 있으며 해당 항공사의 전산 시스템에 기록이 되어 있으므로 걱정하지 않아도 된다. 전자 티켓은 분실했을 경우 팩스나 이메일로 재발행 받아 출력할 수 있으므로 분실에 따른 추가 수수료를 내지 않아도 되는 장점이 있다.

숙소 예약

항공권 예약이 확정되면 여행 일정에 맞는 숙소를 예약한다. 숙소는 크게 민박과 호텔로 나눌 수 있는데, 저렴한 비용으로 여행 계획을 세운다면 민박을 이용하고, 비용보다는 편리성을

추구한다면 비즈니스급 호텔을 이용하는 것이 좋다. 민박을 예약할 경우는 인터넷상의 온라인 모임이나 검색을 통하여 먼저 이용한 사람들의 반응을 알아보도록 하자. 하지만 광고용 글도 많으므로 댓글 등을 잘 살펴보고 판단해야 한다. 대부분의 민박 집은 도미토리 개념이므로 다른 여행객과 방을 같이 이용해야 하는 경우가 많다. 이때는 소지품을 분실하지 않도록 주의하고 귀중품은 몸에 지니고 다닌다.

호텔 리뷰 보는 곳

이곳의 리뷰들을 잘 참조한다면 숙박 문제는 어느 정도 안심하고 검증할 수 있다.
★ 인터파크 호텔 리뷰 페이지
http://hotel.interpark.com/review.asp

민박 검색

★ 민박 다나와
http://minbakdanawa.com/main/index.php

서 환전을 하면 어느 정도 수수료를 할인받을 수 있다. 또한 인터넷 환전 클럽을 이용하여 미리 환전 신청을 한 후에 가까운 해당 은행에 가서 환전하면 수수료를 할인해 주는데, 시간적인 여유가 없는 사람은 공항 은행에서도 가능하다는 장점이 있다.

화폐: 유로(EUR)
    1유로 = 약 1,300원(2019.5)
    1$ = 1.12유로(2019.5)
지폐: 5유로, 10유로, 20유로, 50유로, 100유로, 200, 500유로
동전: 1센트, 2센트, 5센트, 10센트, 20센트, 50센트, 1유로, 2유로
이탈리아 물가는 최근 몇 해 동안 안정적이다.
일반적으로 식료품, 과일, 야채, 육류 등의 기본 소비 제품은 한국보다 훨씬 싸지만 공산품, 즉 문방구, 건전지 등은 한국보다 비싸다.
또한 의복에 관계되는 제품은 질에 비하면 가격이 싸지만 서비스료는 비싸다.

환전

여행사에서 상품을 예약하면 환전 수수료 할인 쿠폰을 주는데, 이것을 이용하면 좀더 저렴하게 환전할 수 있다. 하지만 공항에서는 대부분 이용이 불가능하므로 미리 환전해 두는 것이 좋다. 할인 쿠폰 없이 환전할 경우엔 은행들의 환율이 거의 비슷하므로 자신의 주거래 은행에 가

일정 짜기

여행 일정을 준비할 때 가장 중요한 것은 숙소의 위치와 교통의 편리성이다. 숙소를 중심으로 여행지의 동선을 고려하여 일정을 짠다. 세부적인 일정을 짤 때 약간 여유롭게 하는 것이 좋다. 무리하게 여러 여행지를 일정에 넣으면 자칫 여행이 극기 훈련이 될 수 있음을 명심하자.

국제 학생증 만들기

신분증 대용으로 쓰기에 아주 요긴하다.
http://www.isecard.co.kr/

· 이탈리아에서 가장 유용한 웹 지도

이탈리아에서 가장 많이 애용되는 주소, 정확한 번지수만 입력하면 위치가 나온다.
www.tuttocitta.it/tcolnew

오페라 감상

밀라노 스칼라 극장
www.teatroallascala.org

아레나 디 베로나
www.arena.it

이탈리아 여행 정보 사이트

이탈리아 전문 정보 사이트인 비바이탈리아 통신(www.vivaitalia.co.kr)을 이용하면 좋다. 그중 메인화면에 '묻고 답하기'코너가 있어 이탈리아 여행에 궁금한 모든 것에 대하여 현지 이탈리아 전문가들이 '무료'로 답변해 준다.

여행 가방 꾸리기

공항에서 수화물로 부치는 짐은 20kg까지만 허용되며 기내 반입은 7kg을 초과할 수 없다. 여행 가방을 쌀 경우에는 꼭 필요한 것만 챙겨서 넣는다. 신발은 여행지에서 많이 걷게 될 것

을 대비하여 발이 편안한 것을 준비한다. 바닷가에 갈 계획이 있다면 슬리퍼도 준비하도록 한다. 옷은 여름에는 크게 짐이 되지 않지만, 겨울에는 부피가 있으므로 얇은 옷을 여러 벌 준비하는 것이 좋다. 가방은 작은 배낭을 하나 더 준비해 숙소에 짐을 푼 다음에 꼭 필요한 짐만 작은 가방에 넣어서 움직이도록 하자. 귀중품(여권, 항공권 등)은 꼭 휴대하는 가방에 넣어야 분실의 위험을 줄일 수 있다. 여권 복사본을 준비해 두면, 여권을 분실했을 경우, 임시 입국 여권을 발급받을 때 유용하다. 조그만 짐이라도 여행지에서 들고 다니려면 부담이 되므로, 짐은 최소한으로 꾸리는 것이 좋다. 세면 도구는 호텔에 투숙할 경우 비치되어 있으므로 따로 준비할 필요는 없지만 민박의 경우 필요하다.

허용하는 여행객의 짐 무게는?

1등석일 경우(Royal First Class): 40kg
실크 클래스(Royal Silk Class): 30kg
2등석(Economy Class): 20kg
비행기 기내로 가지고 탈 수 있는 짐은 7kg(가로 45cm, 높이 56cm, 깊이 25cm)이다.

여행 안전

이탈리아에는 정말 도둑이 많을까?

이탈리아 정부는 현재 로마를 기점으로 남쪽, 즉 나폴리나 바리, 시칠리아로 유입된 동구권 사람들의 정확한 숫자를 파악하지 못하고 있다. 200만 명에 이른다는 추정치를 언론에서 보도하고 있지만 이도 확인이 되지 않고 있다. 이런

동구권 인구의 유입은 자연스럽게 범죄 발생률을 끌어올리고 있기도 하다.

이들 중 상당히 많은 사람들은 하급 노동자로 삶을 살아가고 있다. 우리가 현지에서 만나는 거지나 집시, 부랑자들은 이탈리아에 넘어오기 전에도 이미 집시 생활을 하던 사람들이 대부분이다. 이들은 주로 가족 단위로 움직이는데, 가벼운 소매치기나 절도도 스스럼없이 저지른다. 하지만 관광객들이 위험을 느낄 만한 일은 그들 스스로도 하지 않는다. 이는 이탈리아의 치안 시스템 때문이다.

성당 앞 집시 여인들

기 때문이다.

또한 한국인 배낭여행객들이 주로 머무는 장소가 테르미니 역 근처나 비토리오 에마누엘레 공원 근처인데, 이곳은 한국으로 치자면 서울역 뒤편이나 영등포 역전에 해당한다. 이쪽 지역에 유독 중국인이나 동구권에서 온 사람들이 많이 거주한다. 조금만 이 지역을 벗어나면 완전히 다른 주택가들이 즐비하다.

이탈리아 경찰은 무섭다

이탈리아의 경찰은 상당히 종류가 세분화되고, 일도 다양하며 제복도 제각각이다. 하지만 이들은 주로 범죄 예방에 최선을 다하며 생각보다 엄격하다. 과거 1992년 마피아를 소탕하려는 한 판사가 마피아 세력들로부터 암살을 당하자 이 시기를 기점으로 중무장을 하기 시작했으며 범인 진압 강도도 상당히 강해졌다. 따라서 일반 길거리에서 어슬렁거리는 예비 범죄자들은 이미 경찰들에 발각되어 상당히 곤욕을 치루기 때문에 관광객들이 만나는 범죄들은 주로 가벼운 절도와 소매치기, 혹은 구걸을 가장한 절도 정도이다.

거리 곳곳에 경찰들이 배치되어 있다.

이탈리아는 안전하다

이탈리아는 EU국가 내에서 강력 범죄율이 낮은 나라이다. 물론 가벼운 절도 등은 끊임없이 일어난다. 동양인 관광객들을 상대로 어슬렁거리며 접근하는 좀도둑이 있지만 이들도 상대의 부주의를 노리지 결코 강제적으로 범죄를 일으키지 않는다. 발각될 경우 바로 경찰에게 상당한 곤욕을 치룬다는 것을 누구보다 잘 알고 있

이탈리아 소매치기의 유형 5가지

1. 집시
– 아기를 안고 지하철역 등에서 구걸한다.
– 여럿이 몰려다니면서 옷을 잡고 늘어진다.
– 음악이나 춤을 보여주며 구걸한다.
– 옷에 뭔가를 묻히고서는 닦아 주는 척한다.
– 무작정 가방에 손을 집어넣는다.

2. 기념품이나 색실 등을 파는 척하며 2, 3인이 한 조로 움직이는 흑인 또는 동유럽인. 한 사람이 시선을 끌고 다른 사람이 지갑을 훔친다.

3. 자신이 소매치기인 걸 인식시키는 소매치기. 몇 번 접근해 신경이 곤두서 있을 때, '네 것 훔쳤다' 하는 듯한 몸짓을 보인다. 확인하려고 여행객이 지갑이나 복대 등을 꺼내 들었을 때 재빠르게 낚아채서 도망간다.

4. 자신도 여행객인 척 스페인어나 포르투갈어로 길을 묻는 남미인.
혼자 또는 2, 3명 정도의 작은 그룹으로 접근한다. 여행객인 척하며 스페인어나 포르투갈어로

끊임없이 말을 시키고 멀찌감치 떨어져 있는 동료와 수시로 눈빛 교환을 하며 따라온다.

5. 친절한 이탈리아 남성
여자 여행자들이 유의해야 할 유형이다. 예쁘다며, 첫눈에 반했다며 같이 커피라도 한잔 하자는 뉘앙스의 말을 하며 다가온다. 행여나 과자나 음료수 등을 준다고 해도 절대로 먹지 말자.

주 이탈리아 한국 대사관

1. 로마 시내 북쪽 Parioli 지역에 위치
주소: Via Barnaba Oriani 30 00197, Roma, Italy
2. 찾아가는 방법
테르미니 역에서 217번 시내버스 승차
Piazza Santiago del Cile 정거장에서 하차
도보로 5분.
3. 전화번호
● 국가번호 : 39
● 대사관 대표전화 : 06-802461
● 영사과 전화번호:06-8024 6223
● 휴일 여권 분실 : 340-5817948
● 휴일 당직자 전화번호 : 348-8510167
4. 근무 시간
● 대사관
월~금, 09:00~12:30, 14:00~17:00
● 영사과
월~금, 09:30~12:00, 14:00~16:30

재 이탈리아 한인회

여행을 하면서 어려운 일이 있을 때 조언을 구하거나 도움을 받을 수 있다.
www.italia.co.kr

출입국
수속

한국 출국 · 탑승권 발급 · 출국장
공항 도착 · 비행기 탑승 · 이륙
보안심사 · 출국심사

공항 도착

인천 공항

서울에서 인천공항까지 이동할 때, 자가용이나 공항버스, 그리고 김포공항이나 서울역에서 공항 고속 전철을 이용할 수도 있다. 공항버스는 서울역을 기준으로 할 때 인천공항까지는 약 1시간이 소요되지만 서울 시내의 교통 사정이 좋은 편이 아니므로 교통 체증 시간에 출발할 경우는 미리 서두르도록 하자. 공항버스 노선도 및 시간은 www.airportlimousine.co.kr에서 미리 확인할 수 있다.

탑승권 발급

출발 2시간 전에 공항에 도착하여 해당 항공 카운터에 가서 탑승권을 발급받도록 하자. 국제선은 보통 출발 시간보다 2시간이나 2시간 30분 전 공항에 도착해서 곧바로 탑승 수속을 한다. 간혹 늦게 공항에 도착할 경우 항공기 좌석이 매진돼서 없을 수도 있다. 항공기 좌석은 원래 항공기 좌석 수보다 30% 더 많게 예약을 받기

때문이다. 좌석 수만큼만 예약을 받았다가 못 오는 사람이 많으면 항공사 입장에서는 그만큼 손해이기 때문에 못 올 사람을 20~30%로 가정해서 더 많이 예약을 받는다.

그러므로 어느 나라든지 최소한 2시간 전에는 도착해서 탑승 수속을 해야 안심이다. 또한 빨리 탑승 수속을 하면 원하는 좌석에 앉을 수 있다. 비행기 창 쪽에 앉아 가고 싶으면, 탑승 수속 시 창 쪽 자리로 달라고 부탁하면 된다.

항공 티켓 한눈에 보기

❶ ISSUED BY: 항공사명
❷ ENDORSEMENTS: 할인 항공권을 구입한 경우 여러 가지 제한 사항
  * NON-ENDS: 타 항공사 이용 불가
  * NON-REF: 요금 반환 불가
❸ NAME OF PASSENGER: 탑승객의 영문 이름과 성별, 성을 먼저 표기하고, 이름을 뒤에 기재한다. 성과 이름 사이는 /로 구분한다. 이름 뒤에 MR, MS, MRS
❹ ORIGIN(E)-DESTINATION: 최초 출발지와 최종 목적지의 도시명 기재
❺ X/O: 승객이 여정 중에서 특정 도시에의 체류 가능 여부를 나타낸다. 도시 명 앞에 X 표시가 있으면 해당 도시에의 체류가 불가능함(체류 예정이 없음)을 나타내고, O 표시나 아무런 표시가 없는 경우는 체류가 가능함을 나타낸다.
❻ FROM: 최초의 출발 도시명
❼ TO: 이후 순차적으로 이어지는 여행 목적지 도시명
❽ CARRIER: 항공사명, 영문 약자 두 글자로 표기

❾ FLIGHT: 항공기 편명
❿ CL: 좌석 등급을 표시한다. F(FIRST CLASS), C(BUSINESS CLASS), Y(ECONOMY CLASS) 등. 이 외에도 항공사 별로 다르게 세분화되어 있다.
⓫ DATE: 출발 날짜
⓬ TIME: 출발 시각
⓭ STATUS: 승객의 예약 상태, 일반적으로 예약이 확인돼 있으면 OK, 대기자 명단에 있으면 RQ로 표기된다.
⓮ FARE BASIS: 적용된 항공 요금의 종류를 표기한다. 할인 항공권의 경우 여행 시작일로부터 유효 기간을 표시한다.
⓯ FARE: 지불한 화폐 단위와 항공 요금
⓰ EQUIV FARE: 원화로 환산한 항공 요금
⓱ TAX: 총 요금에 대한 세금을 표시한다.
⓲ TOTAL: 항공 요금과 세금의 합산액(할인 요금이 적용된 항공권에는 기재하지 않는다).
⓳ FARE CALCULATION: 요금이 어떻게 산출되었는지 알려 주는 항목
⓴ SERIAL NUMBER: 항공권 발행 고유 번호

출국장

인천공항 제1청사는 3층에 4개의 출국장이 있고, 제2청사는 3층에 2개의 출국장이 있으며 어느 곳으로 들어가도 무방하다. 출국장으로는 출국할 여행객만 입장이 가능하며 입장할 때 항공권과 여권, 그리고 기내 반입 수화물(7kg)을 확인한다. 또한 출국장에 들어오자마자 양옆으로 세관 신고하는 곳이 있는데, 사용하고 있는 고

가의 물건을 외국으로 들고 나가는 경우 미리 이곳에서 세관 신고를 해야 입국 시 고가 물건에 대한 불이익을 받지 않는다.

보안 심사

여권과 탑승권을 제외하고 소지품은 모두 검사를 받게 된다. 칼과 가위 같은 날카로운 물건이나 스프레이나 라이터 가스처럼 인화성 물질은 반입이 안 되므로 기내 수화물 준비 시 미리 체크하도록 한다.

◎ 액체류는 기내 반입이 안 되나요?

2007년 3월 1일부로 액체, 젤류 및 에어로졸 등의 기내 반입이 제한되고 있다. 이는 늘어나는 항공 관련 테러를 방지하기 위한 대책의 일환으로, 최근 액체로 된 폭탄 제조 사례가 많이 발견되고 있기 때문에 규정이 강화되었다. 한국 내 모든 국제공항 출발편 이용 시 다음과 같은 규정이 적용된다.

1. 항공기 내 휴대 반입할 수 있는 액체, 젤류 및 에어로졸은 단위 용기당 100ml 이하의 용기에 담겨 있어야 하며, 이를 초과하는 용기는 반입 불가다. 100ml는 요구르트 병을 조금 넘는 정도의 크기다. 로션, 향수 등의 용기에 적혀 있는 용량을 꼭 확인한다.
2. 액체류 등이 담긴 100ml 이하의 용기는 용량 1리터 이하의 투명한 플라스틱제 지퍼락 봉투(크기 20X20cm)에 담아서 반입하며, 이때 지퍼는 잠겨 있어야 한다. 지퍼락 봉투가 완전히 잠겨 있지 않으면 반입이 불가하며, 지퍼락 봉투로부터 제거한 용기는 반입할 수 없다. 지퍼락 봉투는 1인당 1개만 허용된다. 1리터까지 기내 휴대가 가능하므로 규정상으로는 100ml 이하의 용기 10개까지 기내 반입이 허용되나, 실제로 봉투 크기가 작아 용기 2~3개 정도를 넣으면 지퍼락이 꽉 찬다.
3. 기내에서 승객이 사용할 분량의 의약품 또는 유아를 동반한 경우 유아용 음식(우유, 음료수 등)은 반입이 가능하다.
4. 지퍼락 봉투는 공항 매점에서 구입할 수 있다.

■ 면세품의 경우

1. 보안 검색대 통과 후 또는 시내 면세점에서 구입한 후 공항 면세점에서 전달받은 주류, 화장품 등의 액체, 젤류는 투명하고 봉인이 가능한 플라스틱제 봉투에 넣어야 한다.
2. 봉투는 최종 목적지행 항공기 탑승 전에 개봉되었거나 훼손되었을 경우 반입이 금지된다.
3. 이 봉투에는 면세품 구입 당시 교부받은 영수증을 동봉하거나 부착해야 한다.
4. 한국 내 공항에서 국제선으로 환승 또는 통과하는 승객의 면세품에도 위의 조항들이 적용된다.

출국 심사

출국 심사는 항공권과 여권을 검사하게 된다. 여권에 있는 사진과 지금 현재의 모습이 현저하게 다를 경우(성형이나 사고에 의한) 출국을 거부당할 수 있다. 2006년 8월부터 출국 신고서가 폐지되었으므로 출국 심사관에게 제출할 서류는 따로 없다. 출국 심사를 통과하면 공항 면세점이 있다. 하지만 입국할 때는 공항 면세점을 이용할 수 없으므로 출국 전 이용하도록 한다. 면세 범위는 600달러까지만 가능하므로 너무 많은 물건을 구입하여 입국할 때 불이익을 당하지 않도록 주의하도록 하자.

비행기 탑승

출국편 항공 해당 게이트에서 출국 30분 전에 탑승이 가능하므로 이 시간을 꼭 지키도록 하자. 항공 탑승권 Boarding Time 밑에 시간이 적혀 있다. 이 시간이 탑승 시간이므로 늦지 않도록 주의하자. 빨리 탈수록 선반에 짐을 넣기가 편리하다.

주의 사항

단, 동남아인이나 허름한 차림새의 중국인들과 같은 라인에 서 있으면 곤란하다. 이탈리아에는 현재 관광객이 아닌 취업을 위해 체류하는불법 체류자들이 많아 제3국의 아시안인들에 대한 검색이 까다롭다. 혹여, 불법입국자가 있다면 팩스레 낭처한 상황에처할 수도 있다.

또한 이탈리아 사람들이 옷에 상당히 민감하다 '난 여행객이오' 하는 느낌을 충분히 전해줄 수 있는 것이 좋다.

이륙

항공기가 이륙하여 정상 고도에 오르면 기내식과 음료 서비스가 제공되며, 기내 면세품 판매가 진행된다. 기내 면세점이 지상 면세점보다 가격이 저렴한 경우가 있으며, 기내 면세점용으로 별도 제작된 제품도 있다. 입국 신고 시에 제출할 입국 신고서를 기내에서 작성한다.

짐 찾기

입국 심사를 통과하면 수화물로 붙인 짐을 찾을 수 있다. 도착 편명에 따라 수화물 수취대가 다르므로 자신이 타고 온 편명이 적힌 수취대를 찾아간다. 주의할 점은 자신의 가방과 비슷한 타인의 가방이 있을 수 있으므로, 수화물을 찾을 때에는 짐표의 일련번호를 꼭 확인하자.

세관 심사

수화물을 찾은 후 세관 검사를 받게 되는데 이때 여권을 제출해야 한다. 여권을 제출하면 세관 심사관이 간단한 질문을 한다. 방문 목적과 반입 금지 수화물이 있는지를 물어본다. 때에 따라서는 가방을 검색하는 경우도 있다.
모든 사람이 세관에 걸리는 것은 아니다. 될 수 있는 한 천천히 무리의 3분의 2 정도에 나가는 것이 좋다.

착륙

공항에서 짐을 찾고 난 뒤에는 반드시 사람들이 많이 나갈 때 따라가는 것이 좋다. 먼저 나가면 늘 검색대에 걸린다. 항상 무리의 뒤에 따라가는 것이 좋다.

입국장

세관 심사를 마지막으로 입국장에 나오게 된다. 본문의 지역 여행 부분에 나온 교통 정보를 확인하고 필요한 교통 수단을 이용해 공항에서 시내로 이동한다. 게시판을 잘 보면서 가면 아무 문제없이 이동이 가능하다.

입국 신고

입국 심사대에 도착하면 주로 단체 관광객을 따라 줄을 선다. 순서를 기다리다가 차례가 되면 입국 심사관에게 여권을 보여준다.

집으로
돌아가는 길

이탈리아 출국
공항 도착 → 탑승권 발급 → 출국장
보안 출국심사 → 비행기 탑승 → 이륙

공항 도착

여행 일정을 마치고나서 다시 공항으로 돌아갈 때에는 입국해서 시내로 나왔던 교통편을 거꾸로 이용하면 된다. 출국하기 2시간 전에는 공항에 도착하여 출국 수속을 밟아야 한다.

탑승권 발급

공항 국제선 청사에 도착하면 해당 항공사에 가서 탑승권을 받는다. 일행이 있다면 같이 여권과 항공권을 제시하면 나란히 붙은 좌석을 받을 수 있다.

출국장

탑승권을 받은 후 보안 검사와 출국 심사 시간을 고려하여 여유 있게 들어가도록 하자.

보안 출국 심사

한국에서의 출국과 마찬가지로 보안 검사를 받는데 여권과 탑승권을 제외하고 모두 검사 대상이 된다.

비행기 탑승

출국 심사를 마치면 면세점이 나온다. 면세점 쇼핑이 끝나면 탑승 게이트로 이동하는데, 출국 30분 전부터 탑승이 시작되므로 시간에 늦지 않도록 한다.

이륙

항공기가 이륙하여 인천 공항에 도착하는데 출발했을 때와 동일한 시간이 걸린다. 기내 서비스는 이륙 후 항공기가 정상 궤도에 진입하면 시작되며, 그 후 기내 면세품 판매가 이루어진다. 착륙 전에 세관 신고서를 미리 작성하도록 한다.

한국입국
착륙 → 입국 심사 → 짐 찾기 → 세관 검사
입국장

착륙

인천 공항 도착 후에 입국 심사대로 이동한다. 입국 심사대에 줄을 설 때는 한국인과 외국인 줄이 있는데 한국 국적을 가진 사람은 한국인 줄에 서서 대기하면 된다.

입국 심사

입국 심사를 받을 때는 여권만 제출하면 된다. 세관 신고서를 같이 제출하는 사람이 있는데, 세관 신고서는 수화물을 찾은 후 입국장으로 나가기 전에 세관 심사관에게 제출하면 된다.

짐 찾기

입국 심사를 마친 후 아래층으로 내려오면 수화물 수취대가 여러 개 있다. 자신의 항공 편명이 적힌 수취대에 가서 짐을 찾는다. 이때도 수화물에 붙어 있는 표시의 일련번호를 체크하여 자신의 짐이 맞는지 최종 확인하도록 하자.

세관 검사

기내에서 작성한 세관 신고서를 제출해야 하며, 세관 신고를 해야 하는 사람은 자진 신고가 표시되어 있는 곳으로 간다. 만약 신고하지 않고서 면세 범위를 초과한 물건을 가지고 들어오다가 세관 심사관에게 발각되는 경우 추가 세금을 지불해야 한다.

입국장

세관 검사가 끝나면 입국장으로 나온다. 입국장은 총 4개로 나뉘어져 있는데, 이곳에서 만날 약속을 한 경우 출발 전에 미리 입국 편명을 알려주면 상대방이 쉽게 입국장을 찾을 수 있다.

오랜 역사가 깃든 문화유산과 아울러 삶을 살아가는 이탈리아인들에게는 자신의 삶이 수많은 조상들처럼 자신도 세월과 역사의 한 부분이라는 사실을 잘 알고 있다. 따라서 이탈리아인들은 삶을 치열하게 경쟁적으로 살지 않으며 어느 정도 여유 있는 삶을 즐기기를 원한다.

이탈리아인

이탈리아인들은 크게 북부와 남부 차이가 많이 난다. 북부 이탈리아인들은 기질이 냉철한 반면, 남부 이탈리아인들은 정열적인 사고가 자유롭다. 그럼에도 불구하고 이탈리아인들의 내부에는 가톨릭이라는 공통 분모가 내재되어 있다. 평소에는 성당에 나가지 않지만 부활절이나 크리스마스에는 우리의 설날이나 추석과 다름없는 큰 명절로 여긴다.

이탈리아인들의은 삶은 세례를 받는 것으로 시작되어 임종 미사를 드림으로써 삶을 끝낸다. 따라서 이들의 사고 저편에는 뿌리 깊은 종교성이 깔려 있다. 자신의 가정을 대단히 소중히 여기며 성 의식 또한 타 유럽 국가들에 비해 상당히 보수적이다.

지리

위치: 남유럽, 지중해로 뻗은 반도
면적: 약 30만 km²(한반도의 약 1.4배)
기후: (북부) 알프스 기후
　　　(남부) 지중해성 기후
수도: 로마(Roma)

사회

인구: 약 6200만 명(2017. 7)
종교: 가톨릭 98%, 기타 2%
언어: 이탈리아어(공용), 독일어, 프랑스어, 슬
　　　로베니아어

정치

정부 형태 의원내각제
국가 원수 대통령: Sergio Mattarella(2015년
　　　2월~)
독립일 1861년 3월 17일(이탈리아 왕국 선포:
　　　1870년 통일)

행정 구역
15개의 주(regioni)
아부르초(Abruzzo)
바실리카타(Basilicata)
칼라브리아(Calabria)
캄파니아(Campania)
에밀리아 로마냐(Emilia-Romagna)
라치오(Lazio)
리구리아(Liguria)
롬바르디아(Lombardia)
마르케(Marche)
몰리세(Molise)
피에몬테Piemonte)
풀리아(Puglia)
토스카나(Toscana)
움브리아(Umbria)
베네토(Veneto)

5개의 자치 지역(regioni autonome)
프리울리 베네치아 줄리아(Friuli-Venezia Giulia)
샤르데냐(Sardegna)
시칠리아(Sicilia)
트렌티노 알토 아디제(Trentino-Alto Adige)
발레 다오스타(Valle d'Aosta)

시차

하계(3월 말~10월 말): 서머 타임 실시로 서울
보다 7시간 느리다. (-7시간)
동계(10월 말~3월 말): 로마가 서울보다 8시간
느리다. (-8시간)

날씨

봄, 가을 15~20℃
여름 27~32℃(건조)
겨울 5~12℃(비가 많이 옴)
홈페이지: www.meteowebcam.it

인터넷 사용

호텔 비즈니스 센터
(일부 호텔은 객실에서 사용 가능) 시내 인터넷
카페 또는 인터넷 포인트에서 사용 가능
사용료: 1시간에 약 1.5~2.0유로

해외 사이트에서 한국어로 컴퓨터 하는 법

한국에서 애써 준비해 온 정보들이 실제 이탈
리아 PC방(인터넷 포인트)에 가면 무용지물이
다. 또한 대개 Window 98 정도의 프로그램이
많아 인터넷 환경이 그렇게 원활하지 않다.
전 세계 각종 언어를 지원하는 웹페이지에 접속
해 보자.
dnnow.com / www.hangulo.net

공휴일

1월 1일 Capodanno(신년)
1월 6일 Epifania(주현절)
3월 말이나 4월 초 Pasqua(부활절)
4월 25일 Anniversario della liberazione(해
방기념일)
5월 1일 Festa del lavoro
8월 15일 Assunzione della Maria(성모 승천일)
11월 1일 Tutti I Santi(성인의 날)
12월 8일 Immacolata Assunzione(성모 수
태의 날)
12월 25일 Natale(성탄절)
12월 26일 Santo Stefano(성 스테판의 날)

도시별 성인 축일
밀라노: 12월7일 Sant'Ambrosio
로마: 6월 6일 SS.Pietro e Paolo
피렌체: 6월 24일 San Giovani

시민권

1. 이탈리아에서 출생하여, 18세 이상이 된 자
   로서 국적 선택
2. 부모 중 한 명이 이탈리아 국적 소유자
3. 합법적으로 10년 이상 거주한 자
4. 이탈리아인과 결혼한 경우 배우자가 함께 6개
   월 이상 이탈리아 현지에서 거주하였거나, 외
   국에서 결혼한 경우는 3년 이상이 되었을 때
5. 외국에 위치한 이탈리아 국영기관에서 정식
   으로 3년 이상 근무한 경력
6. 이탈리아에서 2년 이상 거주한 사람으로서
   이탈리아에 국가적인 공헌을 한 경우

주소 찾기

이탈리아에서는 정확한 주소만 있으면 어디든
지 쉽게 찾을 수 있다.
오래된 건물과 도로로 이뤄진 대부분의 길은 거
리 이름과 건물마다 번호가 붙어 있다. 거리가
시작되는 길 한편에는 거리 이름이 적힌 대리석
판이 1층 위쪽 잘 보이는 위치에 붙어 있다. 건
물마다 번호가 붙어 있는데 한쪽은 1, 3, 5… 홀
수 번호가, 반대편은 2, 4, 6… 짝수 번호가 있어
주소와 지도만 있으면 쉽게 찾을 수 있다. 따라
서 택시를 타고 목적지 주소를 이야기하면 바로
문 앞까지 데려다 주는 것이 일반적이다.

주소 읽기

Via Roma 22, 80134 NAPOLI
Via: 거리의 형태
Roma: 고유한 거리 이름
22: 번지수
80134: 우편 번호
NAPOLI: 도시 이름. 작은 도시는 그 도시를 관
할하는 지방 도시의 약자를 표시한다.

주소 관련 용어

① Via: 일반적인 길의 형태, 대부분의 도로
   (예) Via Roma22
② Viale: 작은 길, 비주요 도로
   (예) Viale Dante 14
③ Corso: 중요한 도로, 주요 도로

(예) corso cavour 14
④ Vicolo: 작고 좁은 골목
　(예) vicolo Fortuna 1
⑤ Piazza: 일반적인 광장
　(예) Piazza Repubblica 2
⑥ Piazzale: 약간 도심에서 벗어난 큰 광장
　(예) piazzale Mancini 13
⑦ Largo: 넓은 공간 약간 둥근 공간
　(예) Largo Borgo 1
⑧ Palazzo: 주요 건물
　(예) palazzo conunale 3
⑨ Villa: 주요 저택
　(예) villa Rpmana 19

전화하기

국제전화

이탈리아에서 한국으로

서울의 123국에 4567번으로 걸때:
00(국제전화 인식번호)-82(한국 국가번호)-2(지역번호 앞의 0은 생략, 핸드폰도 생략)
→008221234567

한국에서 이탈리아로 전화

001(KT)-39(국가번호)-0을 뺀 나머지 지역번호(로마의 경우 06이면 6만 누른다)-전화번호(핸드폰 번호)

수신자 요금 부담 전화

-한국 안내자와 통화
(172-1082 / 172-1182)
지시에 따라 누른 후 원하는 번호를 말한다. 요금은 통화가 이루어진 후부터 가산된다.

-현지 안내자와 통화(170)
이탈리아 교환원이 나오며 대부분 172-1082, 1182를 불러주는 경우가 많다.
(공중전화 사용 시의 금액을 넣은 뒤 누른다. 안내자를 부를 때 인식 비용이다.)

공중 전화

대부분 카드 사용 전화기임(Card는 'T'라고 쓰인 담배 가게에서 구입)

우편

우표는 우체국 또는 'T' 자 간판이 부착된 담뱃대 가게, 일부 호텔 카운터에서 구입 가능
서울 발송 요금:
그림 엽서 0.65유로, 편지 0.65유로
(20g 미만일 경우)
속달 DHL: ☎ 199199345
속달 UPS: ☎ 800877877

병원

사고 발생 시 'Pronto Soccorso'라고 쓰인 응급실에 입원할 경우 외국인이라도 무료 진료가 가능하다.

종합병원 응급실 전화번호

Villa S. Pietro: 0633581 (Via Cassia 600)
Policlinico(로마대학병원): 064462341
Gemelli(카톨릭대학병원): 06301510
San Camillo: 0658701 트라스테베레 역 근처

숙소

가끔 숙소에서 불미스러운 사건이 발생하기도 한다. 숙소를 알아볼 때는 얼마나 안전한지 반드시 체크해야 한다. 특히 민박에서 사고가 자주 일어나기 때문에 민박을 예약하는 여행객은 주의를 기울여야 한다.

로마 역사 연대표

제정시대였으며 이 시기 역시 로마가 아주 발전하던 시기였다. 로마는 기원후 약 3세기부터 몰락의 길을 걷게 되며 기원후 476년에 서로마제국이 멸망하면서 현재의 지역인 로마가 멸망을 하게 된다.

64년 네로 황제의 로마 대화재. 기독교 탄압.
70년 티투스가 예루살렘 정복.(이때의 기념물이 바로 포로 로마노에 들어가는 입구에 있는 티투스 개선문이다.)
313년 콘스탄티누스 대제에 의해 기독교 공인
331년 로마의 수도가 비잔티움, 즉 콘스탄티노플로 옮겨갔다.
375년 게르만족의 대이동.(이때부터 로마가 흔들린다.)
392년 기독교가 국교로 정해짐.
455년 반달족이 로마를 약탈.
472년 게르만족이 로마를 점령, 약탈.
476년 서로마제국 멸망.(게르만 용병 대장이었던 오도아케르가 로마황제를 죽임.)

기원전 753년 4월 21일

팔라티노 언덕에서 동물을 기르던 로물루스가 그의 동료 목동들과 어울려 국가의 기초를 만들었다. 이후 캄피돌리오, 퀴리날레, 비미날레, 에스퀼리노, 첼리오, 아벤티노 언덕으로 영역을 넓혀 총 7개의 언덕에 로마의 중심이 이루어졌다.

기원전 753년~기원전 510년

사비나 부족을 포함하여 점차 영토를 넓혀 현재의 라치오 지역까지 영역을 넓혔다. 이때 아주 중요한 사실은 로마의 국가 도시 건설에 필요한 기술을 에트루리아인들로부터 가져올 수 있었다는 점이다.

기원전 510년~기원전 29년

로마가 급진적으로 발전한 시점. 소설 《로마인 이야기》의 주요한 시대적 배경이 된 시기다. 공화정 시대였으며 기원전 44년에 케사르가 죽기 전까지 로마의 번영기였으며 로마에서 보게 되는 포로로마노나 혹은 고대 박물관의 여러 유물들은 이 시기의 것들이 많다. 그리고 이 시기에 반드시 알아야 하는 역사적 사실은 알렉산더의 동방원정이다. 기원전 334년의 일로 로마와 직접적인 충돌은 없었다. 이 헬레니즘 문화는 기원전 31년, 악티움 해전까지 유럽 문화의 중심이 된다.

기원전 29년~기원후 476년

이 시점부터는 지명으로서의 '로마'와 국가로서의 '로마'를 분리해서 생각해야 한다. 이후 본격적으로 동로마제국의 시대로 들어가는데, 서로마제국의 멸망 이후 서로마제국은 프랑크 왕국으로 명맥을 이어가고 후에 신성로마제국으로 합쳐지지만, 동로마제국은 1453년까지 오스만 투르크에 의해 멸망할 때까지 존속한다. 여기서 유럽적인 시각으로 보았을 때 동로마라고 부르고, 그리스적인 시각으로 보았을 때 비잔틴제국이라고 부른다. 동로마제국은 로마의 전통을 이어받고, 그리스도교를 국교로 하였으며, 문화적으로 동서문화가 결합된 헬레니즘을 기초로 하였다.

따라서, 신성로마제국(1806년까지)과 비잔틴제국(1453년까지)으로 나누어져 있었다고 봐도 무방하다.

기원후 477년~1400년대

이 시기를 전형적인 교황이 점령하던 중세시대라 부른다.

553년까지 고트족과 비잔틴(동로마제국)의 전

쟁으로 업치락뒤치락하던 시기다. 이때 비잔틴 세력이 결정적으로 현 로마의 지배권을 획득하게 되어 교황의 영향력이 확대된다. 중세시대로 들어가는 기간이다.

711년 이슬람의 유럽 진출이 현재 프랑스의 투르 지역에서 멈췄다. 유럽 역사상 중요한 사건이며 나중에 십자군 원정의 빌미가 된다.

1095년 십자군 전쟁의 시작. 동로마제국의 왕으로부터 교황이 투르크에게 빼앗긴 땅을 찾아달라는 요청을 받음. 이에 전 유럽의 기사(영지가 없는 기사가 많았다.), 교황(이슬람 지역에 영향력의 확대), 농노(원정에 참여하면 노예 해방), 일반인(사면시켜 줌), 상인(무역권의 확대) 등의 이해가 맞아 떨어져 십자군 원정을 실시하였다. 그러나 결과적으로 로마 교황의 권위는 약화되고 만다.

1305년~1377년 교황청이 현재의 프랑스의 아비뇽으로 옮겨간 시기. 교황의 권위는 상당히 약화되었고 로마는 황폐화되었음.

1391년 징기스칸의 후예임을 자처하는 티무르가 콘스탄티노플을 점령하였다. 비잔틴은 물론 이후 오스만투르크에 멸망당하지만 이전에 티무르에게 점령당했다. 오스만 투르크가 비잔틴을 공식적으로 멸망시킨 해는 1453년으로 보고 있으며 이때 이름이 콘스탄티노플에서 이스탄불로 바뀌었다.

1400년대~1600년대

르네상스 시기. 문예 부흥이 일어나 예술적으로 아주 발전하였다.

1506년 잃어버린 교황의 권위를 보여주기 위해 성 베드로 대성당 건축 시작.
1517년 독일 비텐베르크 대학의 교수였던 루터가 종교 개혁을 시작. 95개조의 반박문 발표.
1543년 코페르니쿠스의 지동설. 교회 중심의 학문이 흔들리기 시작한다.
1626년 성 베드로 성당 완공. 이 시기는 주로 바로크 양식의 건축물들이 많이 만들어져서 현재 로마시내의 많은 건물들은 이 시기에 만들어진 건물들이 많다.
1789년 프랑스 혁명.

1800년대부터

이탈리아 회복 운동이 일어나고 결과적으로 1870년대에 이탈리아는 교황청으로 벗어난 국가로 성립된다.

1848년 가리발디의 붉은 셔츠대 귀국. 그가 이탈리아 남부를 점령해서 비토리오 에마누엘레 2세에게 바쳤다.

1922년 - 1945년

무솔리니의 시대. 당시 무솔리니는 예전 로마의 명성을 찾기 위해 노력하였다. 로마는 2차 대전 당시에는 무방비도시를 선포하여 건축물들을 지켜냈다.

기차 이용

기차 종류

F.S: Ferrovie dello Stato

이탈리아의 국철(F.S) 노선. 이탈리아 생활에

서 기차가 차지하는 역할은 대단하다. 하지만 파업동맹(Sciopero), 사고 등 늘 뉴스거리로 넘치며, 관광객뿐만 아니라 이탈리아인들도 복잡한 열차 행정에 익숙하지 못하다.

ES: Euro Star Italia

차종으로 ETR450, 460, 500이 있으며, 특별 추가 요금과 좌석 지정 요금을 지불해야 한다. 그중 ETR450과 460은 전 좌석 지정제다. ES는 일반 열차권으로 이용이 안 되며 반드시 예약을 해야 한다. 열차권은 발권일을 기준으로 2달간 유효하며, 개찰 후 200km 이내까지는 6시간, 200km 이상 시 24시간 유효하다.
*주의 사항: 반드시 Euro Star가 적힌 매표구에서만 구입 가능.

EC: Euro City

국경을 넘어 운행하는 기차로서 Inter City와 동일한 급의 기차. 일반 기차권과 함께 추가 요금을 지불해야 한다.
(EN : Euro Night, 국제 야간 열차)
*주의 사항 : Euro City는 Inter City의 다른 명칭이며 국내에서 운행될 경우 Inter City와 똑같은 방식으로 이용 가능. 단, 국경을 넘을 시에만 매표구 창구 중 Internazionale가 적힌 곳에서 표를 구입.

IC: Inter City

Euro City와 같음. 단, 국경을 넘지 않을 뿐.

EX: 급행 또는 특급

추가 요금 필요 없음. 좌석 지정제 아님.

IR: Inter Regionale 기차

일반 Locale 기차로 단지 주 경계를 넘어 다니는 기차. 추가 요금 필요 없음. 좌석 지정제 아님.

Tip!

ES, EC, IC 차량의 1등석의 경우 시트가 천으로 되어 있으며, EC, IC 차량의 2등석은 시트가 비닐로 되어 있다. 이 경우도 대

개 6인실이 많다.

기차 용어

Carrozza letti : 침대칸
Carrozza cuccette : 간이침대칸
Prenotazione Facoltativa : 선택지정제
Prenotazione Obbligatorio : 좌석지정 필수
Carrozza Ristoante : 식당차
Sala di attesa : 대합실
Deposito Bagagli : 수화물 보관소
Binario : 플랫폼
Partenza : 출발
Arrivi : 도착
Ritado : 지연
Abbonamento : 정기권

기차표 구입 요령

큰 역의 경우 일반, 국제, Euro Star의 세 개의 매표구가 있다. 국내 이동 시 일반(Ordinario) 창구에서 다음을 확인한다.
-가고자 하는 목적지
-편도(Andata) / 왕복(Andata e ritorno)
-1등석(Prima Classe) / 2등석(Seconda Classe)
-추가 운임(Supplemento) 여부

자신의 거주 지역 주위에 FS 로고가 그려진 여행사에서도 구입이 가능하며, 이를 이용하면 대단히 편리하다.

열차 시각표

각 역마다 노란색의 종이에 출발하는 모든 노선의 기차가 종류별, 시간별로 나와 있으며 플랫폼(binario)도 확인 가능. 도착하는 열차는 흰색 종이(노란색=partenza, 흰색=arrivi). 그러나 일반적으로 담배 가게나 신문 가판대에서 판매하는 기차 시간표(Pozzorario, 연2회 발행)를 구입하면 편리하다. 그리고 주마다 발행하는 기차 시간표를 무료로 역내에서 구입 가능하다.

이탈리아 도시별 이동 시간

	토리노	밀라노	제노바	베네치아	볼로냐	피렌체	로마	나폴리
바리	9:46	8:14	10:14	8:15	6:07	6:48	4:49	3:44
나폴리	8:30	6:30	7:23	6:30	4:40	3:35	1:45	
로마	6:17	4:30	4:52	4:32	2:36	1:43		
피렌체	4:37	2:47	3:05	2:50	0:57			
볼로냐	3:33	1:46	3:05	1:47				
베네치아	4:48	2:50	4:32					
제노바	1:34	1:32						
밀라노	1:25							

일목 요연하게 리스트가 뜬다.
www.trenitalia.com

기차역에서 운행하는 버스

이탈리아 철도역에서는 운행 시간에 따라 기차의 종류(대개 지역선 locale)에 따라 버스도 운행한다. 이 경우 승차권과 기차표가 동일하며 대개 기차역 앞에서 발착하는데 기차 시간표나 역 안의 전광판에 버스 모양의 도형으로 확인할 수 있다. 대개 가까운 거리를 운행.

주요 도시 구간 철도 요금 안내(Euro Star)

요금은 프로모션별로, 시기별, 직행, 경유, 기차별로 요금이 아주 다양하다. 레일 유럽(www.raileurope.co.kr)에서 자신에게 맞는 요금을 검색하자.

❶ 자동 판매기

❷ 터치 스크린 아래에서 언어(이탈리아어, 영어, 독일어, 불어, 서반어)를 선택할 수 있다. 영어를 선택한다.

기차표 자동판매기 사용법

이탈리아는 영어가 그다지 잘 통하지 않는다. 하지만 오랜 시간 줄을 서서 막상 기차표를 끊어도 실수를 할 때가 많다. 이런 경우를 대비해 각 기차역마다 있는 자동판매기를 이용하자. 훨씬 간편하며 안전하고 빠르다.

우선 기차역에 가기 전에 자기가 가고자 하는 곳의 기차 시간, 열차 종류, 가격 등을 인터넷으로 알아 보자.
www.trenitalia.com
인터넷으로 예약 시 아미카(Amica)요금을 선택하면 20%를 할인받을 수 있다.
(24시간 이전/한정 판매)
전 유럽의 열차 시간표를 확인하려면
bahn.hafas.de/bin/query.exe/en

좌측에 출발지, 도착지, 날짜,시간을 입력하고 Send를 누르면

❸ 일반 티켓 구매는 BUY YOUR TICKET을 선택한다.

❹ 출발 역은 기본으로 현재 역으로 지정되어 있다. 변경하고 싶으면 오른쪽 위에 있는 MODIFY DEPARTURE를 선택한다.

Tip!

기보 화면에는 고속철도만 우선적으로 표시되므로 저렴한 티켓을 구입하려면 ALL THE SOLUTIONS를 누르면 된다.

❺ RV(Regionale Veloce, 통근열차)의 SELECT 를 선택한다.

❻ 1등석, 2등석을 선택하고 탑승객 수를 설정한 후 FORWARD를 선택한다.

❼ 좌석 지정이 가능한 열차라면 창가 좌석, 복도 좌석 등 좌석을 지정한다.

❽ 리턴 티켓을 구입하려면 ALSO BUY RETURN을 누르고 편도만 구입하시려면 바로 PURCHASE를 누른다.

❾ 결제 방식을 선택한다. 현금 결제는 CASH, 이탈리아 체크 카드 또는 신용 카드는 CARDS를 선택한다.

❿ 현금 결제를 선택한 경우

⓫ 오른쪽 아래의 지폐 투입구에 현금을 넣는다.

⓬ 동전 투입구는 터치 스크린 오른쪽에 있다.

⓭ 결제를 마치면 티켓이 프린트되어 나온다.

⓮ 기차표를 이렇게 노란 개찰기에 넣어 스스로 개찰을 해야 한다.

⓯ 전광판에 Bin이라고 적혀 있는 곳이 플랫폼의 번호이다.

중앙역 물품보관소

기차역 물품 보관소 이용 시 주의사항

1. 짐 크기가 아닌 개수로 요금이 정해지기 때문에 큰 가방 하나에 모든 짐을 넣는 게 좋다.
2. 가방에는 영문으로 이름 및 연락처를 기재해야 한다. 네임 태그 등을 이용하는 것이 좋다.
3. 캐리어는 열쇠나 비밀번호 잠금쇠로 꼭 잠그고, 배낭은 자물쇠를 꼭 채워야 한다.
4. 여권 등의 신분증과 입장료 할인을 위한 국제 학생증 등 본인이 소지하고 다녀야 하는 서류 및 물품들은 미리 따로 챙겨 두어야 한다.

로마 떼르미니 역

- 위치 : Via Giovanni Giolitti, 26. 테르미니역을 정면으로 바라보았을 때 오른쪽으로 쭉 들어가면 있다. 'Deposito bagagli'라고 적힌 안내문을 따라 가면 된다.
- 시간 : 연중무휴로 오전 6시부터 자정까지.
- 요금 : 기본 5시간 6유로. 이후 12시간까지는 매 시간마다 1유로씩, 12시간 이후는 0.50유로씩 추가된다.

534

피렌체 산타 마리아 노벨라 역

- 위치 : 약국이 있는 쪽의 첫번째 플랫폼(16번)에 위치해 있다.
- 시간 : 연중무휴이며 오전 6시부터 자정까지 이용 가능하다.
- 요금 : 기본 5시간 6유로. 이후 12시간까지는 매 시간마다 0.90유로씩, 12시간 이후는 0.40유로씩 추가된다.

베네치아 산타 루치아 역

- 위치 : 1번 플랫폼에 위치해 있다.
- 시간 : 연중무휴이며 오전 6시부터 자정까지 이용 가능하다.
- 요금 : 기본 5시간 6유로. 이후 12시간까지는 매 시간마다 0.90유로씩, 12시간 이후는 0.40유로씩 추가된다.

밀라노 중앙역

- 위치 : 21번과 22번 플랫폼 계단 옆(1층)
- 시간 : 6:00~24:00
- 요금 : 기본 5시간 6유로. 이후 12시간까지는 매 시간마다 0.90유로씩, 12시간 이후는 0.40유로씩 추가된다.

나폴리 중앙역

- 위치 : 5번 플랫폼에 위치해 있다.
- 시간 : 연중무휴로 오전 7시부터 오후 11시까지 이용 가능하다.
- 요금 : 기본 5시간 6유로. 이후 12시간까지는 매 시간마다 0.90유로씩, 12시간 이후는 0.40유로씩 추가된다.

Tip!

종수에 대한 이야기가 없는 역은 당혹이다.

시내 교통

이탈리아의 대도시는 서울과는 달리 면적이 그리 넓지 않은 편이다. 더구나 중심지는 걸어서도 충분히 다닐 수 있다.(로마 중심지의 직경은 3km 내외) 따라서 지하철보다는 버스 교통이 발달되어 있으며 시내에서는 아직도 트램이 운행된다.

시내버스와 트램

색깔은 황색(오렌지색)이며 대개 버스 앞 유리창에 종점이 게시되어 있다. 심야에는 심야 버스(servizio notturno)가 운행되며 대개 자정 이후부터 운행한다.

버스에는 대개 3개의 문이 있는데 승차는 앞문과 뒷문으로, 하차는 중앙문으로 한다. 승차 후 차 내에 설치된 개찰기에 자신의 표를 개찰해야 한다. 만약 개찰하지 않은 채 검표원에게 적발되면 버스 값의 50배 이상의 벌금을 물어야 한다.

티켓 구입

담배 가게나 신문 가판대, 자판기에서 구입.
로마의 ATAC, 피렌체의 ATAF, 밀라노, 토리
노의 경우 ATM에 속해 있는 매점이나 사무실
에서 구입 가능하다.

★ 티켓에는 도시마다 여러 종류가 있다. 1회권
60분, 75분, 90분, 120분 유효권, 1일 유효권,
2일 유효권, 3일 유효권이 있으며 자신의 이용
방식에 맞춰 표를 구입하는 것이 현명하다.

정기승차권(할인권)

유학생의 경우 정기권(Abbonamento)을 이용
하는 것이 좋다. 정기권은 20세 미만의 중, 고등
학교(정부 인가), 26세 미만의 대학생이나 전문
과정(단, 그 지역에서 정부 보조금을 받는)을 다
니는 사람, 기타의 경우 일반 정기권으로 나뉜
다. 각 버스 회사 사무실에서 정기권 신청 시 비
치된 양식에 기재 내용을 작성해야 하며, 재학증
명서와 신분증(여권)을 제시해야 한다.

버스 노선도

대개 각 소속 버스 회사 사무실이나 여행 안내
소에 지도와 함께 비치되어 있다. 또한 각 버스
정류장마다 노선별 정류장 이름이 적혀 있다.

택시

공식 택시의 경우 로마는 노란색(로마에는 흰
색 택시도 있음.), 피렌체는 하얀색의 차량이며
TAXI라는 표시가 있다. 시간과 거리에 따라 요
금이 차등 적용되며 트렁크에 짐을 실었을 경
우, 22시~07시까지는 할증 요금이 추가되며
일요일과 공휴일에도 할증 요금이 추가된다.
대도시는 TAXI 정류장이 있지만 중·소도시는
전화번호를 기억해 두었다가 호출하는 RADIO
TAXI라고 불리는 택시를 이용해야 한다. 또한
짐이 많을 때에는 Merci TAXI를 부르면 된다.
일반적으로 대도시를 제외하고는 바가지 요금
은 없는 편이지만 한국보다는 비싼 편이다. 대
개의 TAXI들은 역 앞에 있는 경우가 많으며 시
내 곳곳에 TAXI 호출 전화번호가 붙어 있다.

시티 카드
City Card

이탈리아는 여행의 도시들로 이루어진
국가이다. 따라서 각 도시마다 우리가
모르는 여러 편의시설과 이용 방법이
있다. 이탈리아 각 도시별로 여행객들
에게 제공하고 있는 City Card는 입장권,

할인, 대중교통 등을 무료, 혹은 할인으로 이용할 수 있는 서비스를 제공한다.

로마

로마 패스(Roma Pass)

로마 여행의 대표적인 카드이다. 38.50유로이며 3일 동안 유효하다. 로마 시내 대중교통을 무제한 이용할 수 있다. 두 군데의 박물관이나 유적지 입장이 무료이며 3번째부터는 할인된다. www.romapass.it

고고학 관람 카드(Archeologia Card)

잘 안 알려져 있지만 북미권 대학생들이 많이 구입하는 카드. 27.50유로이며 7일 동안 유효하다. 콜로세오, 카라칼라 욕장, 디오클레티아누스 욕장, 퀸틸리 빌라와 같은 고고학적 유적 관람에 적합하다.

아피아 가도 카드(Appia Antica Card)

아피아 가도 상에 있는 유적지를 관람할 수 있는 카드. 10유로이며, 카라칼라 욕장, 체칠리아 마텔라 무덤, 퀸틸리 빌라 등을 방문할 수 있다.

카피톨리니 카드(Capitolini Card)

캄피돌리오 언덕에 있는 카피톨리노 박물관에서 사용하는 카드.

밀라노

밀라노에는 밀라노 웰컴 카드(Milan Welcome Card)가 있다. 8유로이며 두오모 앞에 있는 여행자 사무소에서 판매한다. 매년 시즌별로 서비스 내용이 변하기 때문에 기존의 여행 책자 내용과는 서비스 이용 건물 및 대상이 다르다.

베네치아

베네치아 카드(Venezia Card)가 있다. 이 카드는 푸른색과 오렌지색 카드 두 종류가 있으며, 각각의 카드는 다시 1일권, 3일권, 7일권으로 나뉜다. 블루 카드의 경우 모든 종류의 교통비가 무료이며(곤돌라 제외), 유적지 입장 시 할인 혜택이 주어진다. 오렌지색 카드는 블루 카드 기능 이외에 다시 총독부 건물의 입장까지 가능하다.

나폴리

한국 배낭여행객들에게도 어느 정도 알려져 있지만 사용하는 사람들은 적다. 대개 한국 배낭여행객들이 그렇게 오랜 시간을 나폴리에서 보내지 않기 때문이다. 하지만 관광 카드 중에서 가장 이용 폭이 넓은 카드가 바로 나폴리 아르떼 카드(Napoli Artecard)다. 3일, 7일, 365일권 등 다양하다.

토리노

토리노를 방문하는 여행객에는 적절한 카드다. 이 카드는 1회권(1.5유로), 2일권(18유로), 3일권(20유로), 5일권(30유로), 7일권(35유로)이 있으며 이용 범위 역시 아주 넓다. 150군데의 각종 박물관과 유적지 관람이 가능하며 대중교통(지하철 제외) 이용 가능하다.

제노바

제노바에는 제노바 박물관 카드(Genova Museum Card)가 있다. 이 카드는 제노바뿐만 아니라 인근 도시의 박물관 관람에도 사용이 가능하고 버스까지 이용 가능하다.
요금 : 24시간 12유로, 24시간 + 교통 카드15유로, 48시간 20유로, 48시간 + 교통 카드 25유로

★ 카드 구입은 각 도시 여행자 사무소에서 문의하여 구입하는 것이 안전하다.

입장료 관련

바티칸 미술관을 포함하여, 보르게제, 우피치 등 거의 모두 미

537

숱판의 작품들이 시기별로 작가별로 특별전이나 해외 관람 때문에 그때 그때 작품들이 이동되는 경우가 있다. 하지만 이 책의 경우 공식, 홈페이지에 나오 작품 순서를 기준으로 작성하였다.

지도 정보 추가 제공
로마나 밀라노, 피렌체는 워낙 작은 골목들이 많아 이 책에 이 작은 골목까지 다 나타낼 수는 없다. 따라서 홈페이지 비바이탈리아 통신 (www.vivaitalia.co.kr)의 공지 사항에 각 지역, 지도의 세밀한 지도를 올려 놓았으니 책에 나오지 않는 자세한 부분은 이곳에서 확인하면 된다.

요리, 음식

한번쯤은 이탈리아 현지 내에서 정통 이탈리아 요리를 먹어 보자.

정통 이탈리아 레스토랑에 들어가면 입구에 서서 종업원이 오기 전까지 기다려 안내를 받는다.

1. 아페르티보 Apertivo

아페르티보라는 말은 '연다'라는 의미의 단어다. 즉, '입맛을 돋우고 식욕을 열 목적'으로 나오는 음식이다. 보통 중급이나 저급의 레스토랑에 가면 빵이나 비스킷 등이 식탁 위에 있다. 바로 이것들이 아페르티보 음식들이다. 그러나 제대로 된 레스토랑에 가면 주로 한 입에 넣을 수 있는 작은 빵이나 비스킷, 올리브 같은 음식이 나온다. 한두 개

정도만 먹는다. 음료는 와인이나 스푸만테라 불리는 샴페인, 혹은 물 등을 먹을 수 있다. 물론 맥주도 가능하다.

2. 안티파스토 Antipasto

안티파스토는 말 그대로 파스타 즉, 탄수화물 종류의 음식인 'Pasto' 이전(Anti)에 먹는 음식이라는 뜻이다. 주로 살라메나 프로슈토(햄) 종류의 염분 함유량이 많은 짭짤한 음식이 나온다. 이 안티파스토를 보면 레스토랑의 수준을 알 수 있다는 말이 있는데, 그만큼 안티 파스토의 음식의 질이 천차만별이기 때문이다. 또한 일반 와인 바에 가면 식사를 대신할 가벼운 먹을거리로 이런 안티파스토 음식들이 나온다. 그리고 작은 빵을 구워서 윗면에 다양한 소스나 재료를 올린 먹을거리도 나온다. 이 순서에 보통은 샐러드를 먹는다.

* 안티 파스토 미스트(Anti Pasto Mist): 가장 기본적인 안티파스토 요리. 추천.
* 프로슈토 크루도 멜로네(Prosciutto con Melone): 멜론 조각에 돼지고기 햄을 싸서 먹는 것. 먹을 만하다.
* 프루티 디 마레(Frutti di Mare): 해물이 잔뜩 나온다. 남부 지역 외에서는 비추천.

* 카르파치오(Carpaccio): 버섯 맛의 카르파치오와 아울러 담백한 참치회나 식당의 특성에 따라 다른 재료가 들어갈 수 있다. 매우 짜다.

샐러드 종류

* 인살라타 미스타(Insalata Mista): 가장 무난한 샐러드. 믹스된 샐러드.
* 인살라타 디 프루티 디 마레(Insalata di Frutti di Mare): 해물 샐러드. 비추천

3. 프리모 피아토 Primo Piatto

프리모 피아토라는 말은 '첫 번째 접시'라는 뜻이다. 바로 전체 요리의 첫 번째 순서로 주로 탄수화물 종류의 음식이 나온다. 가장 많이 나오는 음식은 당연히 스파게티다. 그리고 피자나 라쟈니아, 리조또 종류의 음식이 나올 수가 있다. 이 정도 음식이면 상당히 배가 부르기 때문에 약식으로 보통은 프리모 피아토까지만 음식을 먹고, 세콘도 피아토와 돌체는 생략하고 바로 커피를 마시는 경우도 있다.

스파게티 종류

* 스파게티 알 포모도로(Spaghetti al Pomodoro): 가장 기본적인 스파게티.
* 스파게티 알라 볼로녜제(Spaghetti alla Bolognese): 한국인 입맛에 맞는 소고기를 저민 양념으로 만든 스파게티.
* 스파게티 알레 봉골레(Spaghetti alle Vongole): 해물 스파게티다. 하지만 한국에서 먹는 해물 스파게티와는 다르다. 비추천.
* 파스타 알라 카르보나레(Pasta alla Carbonare): 독특한 소스. 걸쭉한 소스가 제 맛인 스파게티. 추천.

* 스파게티 디 마리나라(Spaghetti di Marinara): 해산물 스파게티. 시칠리아 지역과 나폴리 지역 외에서는 비추천.
* 스파게티 알 네로 디 세피아(Spaghetti al nero di Seppia): 오징어 먹물 스파게티. 정말 비추천.
* 라비올리(Ravioli): 이탈리아의 작은 사각 만두라고 보면 됨. 메뉴가 보이면 우선 시켜 먹어 볼 것. 한국에서는 잘 못 먹는 특별식.
* 스파게티 콘 크레마 디 감베레티(Spaghetti con Crema di Gamberetti): 새우 스파게티.
* 스파게티 알알리오 올리오 에 페페론치노(Spaghetti all'Aglio Olio e Peperoncino): 고추 스파게티라고 하는데 전혀 고추 스파게티 아님. 비추천.
* 펜네 알아라비아타(Penne all'Arrabbiata): 펜네는 스파게티 면 중앙에 구멍이 뚫린 것을 말한다. 약간 알싸한 맛이 나는데 비추천.
* 리조또 알라 페스카토레(Risotto alla Pescatore): 리조또라는 말은 쌀을 뜻하는데, 그냥 쌀을 죽처럼 끓인 것. 굳이 이탈리아에서 먹을 필요는 없지만 몸이 좀 안 좋은 사람들은 맛볼 만하고, 중년의 관광객들 입맛에 맞다.

4. 세콘디 피아티 Secondi Piatti

'두 번째 접시'라는 뜻이다. 첫 번째 접시가 탄수화물 종류였으니 이제는 단백질류의 고기 음식이 주가 된다. 주로 카르네 종류의 소고기가 나오며 돼지고기가 나오는 경우도 있다. 남부 지방에 가면 토끼 고기가 나오기도 한다. 시칠리아나 샤르데냐, 그리고 바닷가 도시에서는 생선 등이 나오는 경우도 있다. 생선은 주로 꽁치류가 많이 나오는데 주로 가벼운 소금만으로 간을 했기 때문에 우리 입맛에 안 맞는 경우가 많다.

* 카르네(Carne): 고기 요리
* 비스테카 알라 피오렌티나(Bistecca alla Fiorentina): 피렌체 지역의 명물. T본 스테이크라고 보면 된다. 가장 무난한 요리.
* 코틀레타 알라 밀라네제(Cotoletta alla milanese): 비스테카 알라 피오렌티나와 비슷하다고 보면 되지만 양이 현저히 적다.
* 살팀보카(Saltimbocca): 송아지 고기와 햄, 소시지를 섞어 놓았다. 비추천.
* 아로스토 디 비텔로(Arrosto di Vitello): 송아지 고기를 저민 것으로 양이 적다.
* 아바키오(Abbacchio): 양고기. 마늘을 넣었지만 역한 냄새가 나기도 함.
* 아넬로(Agnello): 양고기
* 코닐리오(Coniglio): 토끼 고기
* 타키노(Tacchino): 칠면조. 절대 절대 비추.
* 만쵸(Manzo): 소고기
* 마이알레(Maiale): 돼지고기
* 폴로(Pollo): 닭고기
* 페세(Pesce): 생선 종류의 요리. 이탈리아에서 생선 요리는 가능한 한 시키지 말 것.
* 프리토 미스토 디 페세(Fritto Misto di Pesce): 생선 튀김. 절대 비추.
* 페세 알라 그릴리아(Pesce alla Griglia): 생선을 구워 준다. 꽁치 한 마리 달랑 나오는 경우가 많다. 가격은 매우 비싸다.
* 콘킬리에(Conchillie): 조개
* 코체(Cozze): 홍합 (로마 지역에서 홍합찜 요리는 먹을 만하다.)
* 감베레티(Gamberetti): 새우 요리. 비추천.

5. 돌체 Dolce

흔히 디저트라고 불리는 케이크를 먹는 순서이다. 티라미슈와 같은 케이크를 먹는데 레스토랑마다 자신 있게 내세울 수 있는 돌체가 있으니 추천을 받으면 좋다. 이탈리아 케이크는 기본적으로 생크림을 사용하지 않는 경우가 많다.

* 티라미슈(Tiramisu): 가장 유명한 케이크. 맛있지만 비싸다.
* 토르타 알 초콜라토(Torta al Cioccolato): 초콜릿 케이크
* 젤라또(Gelato): 아이스크림, 가장 무난한

주문이다.
* 소르베토(Sorbetto): 셔벗

6. 카페 Caffe

이탈리아에서 음식을 먹고 나면 반드시 에스프레소 커피를 마신다. 잔을 들고 가볍게 두세 모금에 입에 '털어'넣어 음식 냄새를 없앤다.

* 에스프레소: 가장 대표적이다. 만약 에스프레소보다 더 강력한 커피를 원한다면 리스트레토를 주문하면 된다. 완전 커피 원액의 농축액이다.
* 카푸치노: 에스프레소에다가 우유를 첨가. Bar에서 아침에 먹는 커피. 무난.
* 카페 마끼아또: 카푸치노와 비슷. 부드러워서 누구나 마실 수가 있다.
* 카페 라떼: 카페 마끼아또보다 더 부드러운, 우유가 많이 첨가된 커피.
* 카페 아메리카노: 이탈리아에서 아메리카식 커피를 먹는 바보는 없다.

제대로 된 레스토랑에 가서 먹어 보자.

관광지 근처의 허름한 음식점에서 먹는 가격과 큰 차이가 나지 않는다. 또한 요사이 동양인 관광객들을 상대로 바가지 요금 문제가 종종 일어난다. 손님 입장에서는 아예 바가지인지도 모른다. 왜냐하면, 관광객용 메뉴판이 따로 있기 때문이다. 이탈리아 사람과 저혀 다른 가격을 지불하고 음식을 먹을 때가 많다. 따라서 제대로 된 정통 이탈리아 음식을 먹으려면 관광 구역이 아닌 일반 주택가의 식당을 이용하는 것이 좋다.

포도주 VINO

지방과 연도에 따라 종류도 다양하고 맛도 다르며 가격도 천차만별이다. 포도주는 수확 연도가 매우 중요하다. 날씨가 적당히 가물고 일조량이 많은 해에 생산된 포도는 당도가 높아 상급 원료가 되는데 1990년, 1991년, 1997년, 2003년산 포도가 이에 해당된다. 대개 술병 라벨에 수확 연도를 표시해 놓고 있으며 좋은 수확 연도에 담근 포도주일지라도 저장 및 보관이 나쁘면 변해 버릴 수 있다.

포도주는 병을 눕혀 코르크 마개가 젖도록 하고 적당한 습도와 온도를 유지하는 것이 바람직하다. 병을 오래 세워 두면 코르크 마개가 말라 균열이 생겨 그 틈으로 공기가 들어가 맛이 변해 버리기 때문이다.

날씨가 좋아 포도 수확량이 많은 해에는 'RISERVA'라고 하여 최소한 3년 이상 오크통 속에 보관시켰다가 출하한다. 역시 술병 라벨에 'RISERVA'라는 표시를 하고 있기 때문에 확인이 가능하다. 같은 연도, 똑같은 상품을 일반상점(Alimentari)이나 Bar에서 구입할 수 있으나 전문점(Enoteca)에 가서 구입하는 것이 좋다. 이곳에서는 시음도 할 수 있고 종류도 다양하여 좋은 제품을 시중보다 싸게 구입할 수 있다.

이탈리아인들에게 술은 그 자체를 마신다는 의미보다 사람을 만나거나 식사 때 즐기는 생활의 일부분으로 자리 잡았다. 술을 마실 수 있는 장소도 바(Bar), 혹은 식사 때 포도주(Vino)를 함께 한다든지 파티에 초대받아 마시는 경우가 대부분이다.

이탈리아인들이 즐겨 마시는 술은 맥주, 포도주(Vino) 그리고 그라파(Grappa)가 있다. 맥주는 국산뿐만 아니라 유럽, 미국 등지의 여러 종류가 판매되고 있으며 맛과 종류도 다양하다. 또한 식사 후 뒷맛을 깔끔하게 해 주는 그라파도 좋아하는 술 중의 하나이다.

포도주 종류

포도주는 적포도주(Vino Rosso)와 백포도주(Vino Bianco)로 구분된다. 일반적으로 적포도주는 육류 요리와 함께 많이 마시는 편이며 백포도주는 스프, 생선 요리와 함께 마신다. 또한 포도주는 많은 이탈리아 음식에 들어가는 맛을 내는 중요한 재료 중에 하나이기도 하다.

적포도주는 10~20℃ 정도에서, 백포도주는 냉장고에 차게 보관했다가 마시는 것이 좋다. 술을 마시기 30분~1시간 전에 병마개를 따서 열어 놓는 것도 좋은 맛을 즐길수 있는 방법 중의 하나이다. 술을 마실 때는 '친친(Cincin, 건배의 의미)' 또는 '살루떼(Salute, 건강을 빈다는 의미)'라고 외치며, 잔을 주고받을 때 두 손으로 잔을 받거나 잔을 무조건 채우는 식의 주도는 피하는 것이 좋다.

자연스럽게 한 손으로 주고 받고 상대방이 원하는지 물어 본 후 원하는 만큼 따라 주는 것이 오히려 친근감을 더할 수 있다. 현지 친구에게 파티나 이탈리아인들로부터 집에 초대를 받을 때에 괜찮은 포도주 한 병을 들고 간다면 이탈리아인들이 매우 좋아할 것이다.

법적으로 규정된 포도

제1차 세계대전까지 이탈리아 포도주법은 판매나 생산 과정 중 위조를 전반적으로 금지하였다. 그러나 일부 유명한 포도주들에 대한 위조가 많았다. 이의 해결을 위한 첫걸음으로 1963년 7월 12일 대통령 관보(Gazzetta Ufficiale)를 통해 포도주 원산지의 보호를 위한 기초를 마련해 포도주의 품질 규격과 상업 규정을 제정했다.

이 법은 포도주의 원산지 명명에 관하여 3가지 등급으로 규정하고 있다. 모든 포도주를 'Denominazione di Origine Semplice', 'Denominazione di Origine Controllato(DOC)', 'Denominazione di Origine Controllata e Garantita Semplice'는 'Vini con indicazione geografica'로 불렸으며 이것이 지금의 'Vini da tavola'가 되었다.

이탈리아에서 잘 알려진 포도주는 DOC 와 DOCG 제품으로 이탈리아 포도주 제품 중 12~15%를 차지하고 있다. 이것은 규정된 생산 지역에서 나오는 제품들로 직접적인 지역적 조건뿐만 아니라 정확한 품질 규정에 의한 생산품들이다. 다시 말해서 포도의 생산 지역, 헥타르당 최대 수확량, 발효시키기 전의 포도액(mosto)에 대한 이용 방법, 발포 기간 등이 규정하는 조건에 맞는 제품을 의미한다. 모든 포도주가 DOC를 획득할 수는 없다. 포도의 생산 지역이 인정된 지역이어야 하는데 예를 들어, DOC 지역의 포도와 일반 지역의 포도를 교배하면 이것은 DOC의 이름을 붙일 수 없다. 이것은 'Vino da tavola'라고 한다. DOC보다 상급 레벨인 DOCG 제품은 국가의 보증관인을 받아야 한다.

DOC로 선정된 첫 번째 포도주는 1966년에 선정된 베르나챠 디 산 지미냐노(Vernaccia di San Gimignano, 현재는 DOCG)이며 이 외에도 200지역이 넘는 DOC 지역과 수백 종류의 포도주가 있다. 반면에 DOCG의 첫 번째 제품은 브루넬로 디 몬탈치노(Brunello di Montalcino, 1980년)이며 이 외에도 바롤로(Barolo), 몬테풀치아노 와인(Vino nobile di Montepulciano), 키안티(chianti), 알바나 디 로마냐(Albana di Romagna) 등이 이 그룹에 속한다.

북부와 남부의 레벨 차이

북부 지방의 포도 재배 지역은 포도주 생산에 적합하지만 남부 지방은 그렇지 못하다. 온화한 기후의 지역에 있는 포도밭은 최상의 결과를 줄 수 있다. 즉 하루의 일조량이 많고 밤에는 서늘한 지역, 충분한 강우량이 내리는 지역이어야 한다. 이러한 기후에서 포도주는 신맛, 향기, 맛을 잃지 않는다. 또한 포도는 빠르지 않은 성숙 과정과 적당한 장소 즉 구릉지, 완만한 경사지, 산악 지역에서 보호된 지역, 건조한 지역이 필요하다.

이탈리아 최상의 포도주는 북부와 중부에서 나온다. 특히 피에몬테 주와 프리울리 주, 토스카나 주 그리고 베네토 주와 트렌티노 주의 일부 지역들의 포도주가 훌륭하다.

DOC 제품의 60% 이상이 북부 지방에서 생산된다. 30% 이상은 중부 지방에서 생산되는데, 그중 반은 토스카나에서 생산된다. 특히 키안티 지방의 7개 지역이 대부분을 차지한다. 남부 지역에서는 DOC 제품의 약 8% 정도를 생산하고 있다.

유명 제품

피에몬테 주

알바에서 생산되는 바롤로(Barolo)와 바르바레스코(Barbaresco)라는 DOCG 제품이 있다. 바롤로와 바르바레스코보다 신맛이 있고 강하며 숙성 기간도 길어 3년이 필요하고 리제르바(Riserva, '보존'이라는 뜻) 제품의 숙성 기간은 5년, 알코올 도수는 13%이다. 반면에 바르바레스코는 맛이 좋고 까다롭지 않다. 숙성 기간은 2년이며, 리제르바 제품의 숙성 기간은 4년 알코올 도수는 12.5%이다.

키안티 지방

키안티(Chianti)라는 이름은 8세기에 벌써 등장했고 에트루스키(Etruschi)에서 유래한 것으로 전해지고 있다. 키안티 지방은 피렌체와 시에나 지방 근처를 말하는데 1984년 키안티 제품은 DOCG 제품으로 제정되었다.

키안티 제품은 classico, Rufina, Colli, Fiorentina, Colli Aretini, Colli Senesi Colline Pisane와 Montalbano의 7개로 구분된다. 이들 중 'Gallo nero'라는 검정닭 그림의 표시 라벨을 붙이는 Classico 제품이 특히 유명하며 다른 키안티 제품보다 맛이 강하다. Riserva 제품의 숙성 기간은 3년, 알코올 도수는 11.5~12.5%이다.

특별한 제품 중 하나인 Vino Santo는 맛이 달콤하며 작은 용기에 넣어 밀봉하여 3~5년간 숙성시킨다. 이것은 특히 백포도로 만드는 데 향기롭고 알코올 도수가 16~17%인 DOC 제품으로 토스카나 주의 디저트용 포도주라고 할 수 있다. 키안티에서 생산된 제품 중 75%가 적포도주이고, 나머지는 백포도주이다. 이중 유명한 제품은 베르나챠 디 산 지미냐노로 오랜 역사가 있는 클래식한 백포도주이다. 피렌체와 시에나 사이에 위치한 산 지미냐노 지역에서 생산되는 DOCG 제품이다.

브루넬로 디 몬탈치노 Brunello di Montalcino

이탈리아 적포도 중 최고의 제품이다. 시에나 지방의 몬탈치노 지역에서 생산되는 제품으로 전 세계에 이탈리아 포도주를 알리는 데 공헌하는 DOCG로 인정된 첫 번째 제품이다. 숙성 기간은 적어도 4년, 리제르바 제품은 5년이며 알코올 도수는 12.5%이다.

축구

이탈리아인들에게 축구는 생활의 일부라고 할 정도로 중요한 스포츠이다. 매주 열리는 각 도시별 경기와 자기가 좋아하는 팀의 경기 결과에 대해 관심과 열정이 대단하다. 관심뿐만 아니라 직접 참여하는 것도 좋아하는데 이탈리아의 어느 조그만 마을이라도 자신들의 정식 유니폼을 갖춘 친선 클럽경기가 열린다.

이들의 축구 열기는 경기 결과에 따르는 축구 복권(Toto calcio)과 매주 일요일 저녁에 방영되는 TV 프로그램(선수와 전문가로 구성된 출연진이 각 경기의 주요 장면에 대한 분석과 토론을 벌임)으로 이어진다. 경기 당일(보통은 저녁) 대부분의 바(Bar)에서는 양 팀으로 나뉘어 떠들썩하고 열광적으로 응원하는 이탈리아인들의 모습을 볼 수 있다.

이들의 축구에 대한 깊은 사랑과 관심 만큼이나 축구의 역사는 깊다. 몇몇 팀은 벌써 100년을 넘는 역사가 있으며 정식 축구 리그는 1929년부터 시작되었다. 현재는 일반인들에게 가장 인기가 있고 유명 외국 선수들을 볼 수 있는 A리그(SERIE A) 그리고 그 다음 수준차에 따라 B리그 (C1, C2... SERIE C)로 나누어 진행되고 있다. 아무튼 축구는 그들 문화의 일부이기 때문에 이탈리아인과 쉽게 친해질 수 있는 대화 소재 중의 하나다.

대표 클럽

팀명/창설 연도/연고지/팬 클럽

- ⊙ BRESCIA /1911 /Brescia /20개 2.5천 명
- ⊙ EMPOLI /1921 /Empoli /10개 3천 명
- ⊙ FIORENTINA /1926 /firenze/ 220개 2만 명
- ⊙ INTER /1908/ Milnao/ 850개 12만 명 명문 인 기팀 중 하나
- ⊙ JUVENTUS /1897 /Torino /1050개 27만 명 이탈리아 최고의 인기팀
- ⊙ LAZIO /1900 /Roma /165개 3.5만 명
- ⊙ LECCE /1908 /Lecce/ 85개 1만 명
- ⊙ MILAN /1899 /Milao /1436개 18만 명 3대 명문 팀 중 하나
- ⊙ NAPOLI /1926/ Napoli/ 550개 11.5만 명
- ⊙ PARMA /1913 /Parma/ 46개 7.5천 명
- ⊙ PIACENZA /1919 /Piacenza /20개 2.5천 명
- ⊙ ROMA /1927/ Roma /260개 5.7만 명
- ⊙ SAMPDORIA /1946/ Genova/ 140개 3만 명
- ⊙ UDINESE /1896 /Udine/ 150개 1만 명
- ⊙ VICENZA /1902 /Vicenza 120개 1만 명

바(BAR)

이탈리아의 거리에서 흔히 찾아볼 수 있는 곳이 바로 Bar이다.

이탈리아인들에게 있어 Bar는 사람이 모이는 중요한 생활 공간이기도 하다. 이곳에서는 보통 커피, 음료, 맥주 등의 주류, 그리고 간단한 빵 종류를 팔고 있으며 많은 현지인들이 커피 한 잔과 빵으로 아침을 해결하기도 한다. 점심이나 저녁을 먹을 수 있는 레스토랑이 아니고 단지, 빵 종류나 피자 등을 가볍게 먹을 수 있는 곳이다. 특이한 것은 대부분의 사람들이 서서 마시는 것이 일반적이며 BAR에 의자가 없는 경우도 많다.

커피 용어

- * caffe´espresso: 진한 커피액을 농축한 에스프레소 커피
- * 보통 caffe´를 주문하면 에스프레소 커피를 준다.
- * caffe´lungo(=alto): 보통 커피보다 양을 많이 주는 커피
- * caffe´basso(=ristretto): 보통 커피보다 양을 적게 주는 커피
- * caffe´americano: 큰잔(tazza)에 일반 커피 양에 뜨거운 물을 더해 주는 커피이나 흔히 생각하는 만큼 연하고 양이 많지 않음.(보통 이탈리아인들은 잘 마시지 않음)

* caffe'macchiato: 일반 커피에 약간의 우유를 넣은 커피인데 뜨거운 우유(latte caldo)와 찬 우유(latte fredo)로 구분하여 주문 가능함.
* caffe'corretto : 보통 점심과 저녁 후에 마시는 커피로 일반 커피에 브랜디, 위스키, 리쿼르(liquori) 등을 조금 넣은 커피
* decaffeinato 혹은 caffe d'orzo : 카페인이 없는 대맥으로 만든 커피
* caffe'tiepido: 차갑지도 뜨겁지도 않은 미지근한 커피
* cappuccino: 커피에 우유를 넣고 거품으로 위를 덮는 커피로 한국이나 일본인들이 좋아하는 커피임.
* latte macchiato: 우유에 약간의 커피를 넣은 것.

패션

이탈리아의 거리를 걷다 보면 옷차림이 세련된 멋쟁이들로 가득 차 있는 것을 알 수 있다. 실제 이탈리아인들의 가장 중요 관심사 중의 하나도 패션에 관계된 것이다.

단지 시장에 가기 위해 여성은 옷장에서 밍크코트를 꺼내며, 질 좋은 양복을 입은 채 인빅타(invicta) 가방을 매고 작은 스쿠터를 타고 가는 모습이 이탈리아에선 낯설지 않다. 긴 양말을 신는 것을 좋아하며 베테통을 위시한 스웨터를 목에 걸고 시내를 걸어가는 젊은 사람들을 보면 이탈리아 패션 산업이 이탈리아인들의 의복 문화에서도 지대한 영향을 끼치고 있음을 알 수 있다.

밀라노

세계적인 패션 도시 밀라노에는 항상 새로운 유행 정보를 찾기 위해 전 세계 패션 관련자들의 발길이 끊이지 않는다. 조르지오 알마니(Giorgio Armani), 쟌니 베르샤체(Gianni Versace), 구찌(Gucci), 발렌티노(Valentino), 미소니(Missoni), 베네통(Benetton) 등 세계적으로 유명 브랜드들이 바로 이탈리아가 패션, 의류 분야에서 선두 자리를 차지하는 데 역할을 하고 있기 때문이다. 이들의 창의적이고 세련된 감각은 상품성이 높아 세계적으로 인정받고 있다. 이렇게 이탈리아가 패션 분야에서 두드러진 활동을 나타내는 배경에는 수많은 건축물과 예술작품 속에서 살아온 이탈리아인들의 개성과 가족 중심의 가내 수공업이 발달하여 이루어진 장인 정신이 기초를 이루어 발판으로 작용하고 있다고 하겠다.

특히 이러한 특성을 바탕으로 비엘라(Biella) 지방 중심의 직물산업, 베네토(Veneto) 주 중심의 의류 제조 산업, 코모(Como) 지방의 실크 산업, 프라토(Prato) 지방의 직물 산업, 피렌체(Firenze) 중심의 가죽 의류 산업의 지역적인 특화가 전체 산업 전체의 경쟁력을 더해 주고 있다.

실제로 이탈리아 패션 제품의 대부분이 세계 시장에서 일류 제품으로 자리잡고 있다는 사실이 이를 뒷받침해 주고 있다. 이탈리아 패션 제품

은 의류뿐만 아니라 신발, 가방, 향수 등의 잡화, 액세서리 부문에서 가구, 자동차, 인테리어 제품 등 다양한 부문에 걸쳐 개성적이고도 세련된 상품력을 발휘하고 있다.

또한 이탈리아 의류 산업이 세계적으로 인정받으며 자리를 잡을 수 있었던 배경에는 뛰어난 예술적 감각을 가진 많은 디자이너들의 노력도 있었지만 밀라노의 모다 인(MODA IN), 밀라노 컬렉션(MILANO COLLEZZIONI), 피렌체의 피티워모(PITTI IMMAGINE UOMO), 코모의 이데아비엘라(IDEABIELLA) 등 유명한 의류직물 전시회를 통한 패션 산업의 상업적인 기반도 한몫을 차지했다고 볼 수 있다.
이러한 전시회들이 개최되는 시기에는 많은 바이어와 패션 관계자들이 새로운 정보를 얻기 위해 각 도시로 집중되고 있으며, 교통편 숙박 등 많은 편의 시설 등에 신경 쓸 만큼 그 도시의 중요한 행사로 자리잡고 있다.

패션 산업의 발달은 자연스럽게 패션 관련 학교의 발달로 이어져 유명한 디자이너 및 패션 전문가를 꿈꾸는 세계의 많은 사람들이 수준 높은 교육을 받기 위해 밀라노, 피렌체, 로마 등지의 많은 패션 학교로 몰려들고 있다.

대표적인 패션 거리

밀라노 – 몬테 나폴레오네 거리 주변
로마 – 콘도티 거리 주변
피렌체 – 토르나부오니 거리 주변

이곳에는 고급 부티크가 들어서 있는데 특히 밀라노의 경우 세계 패션의 중심지다운 화려함과 고급스러움이 공존한다. 이곳에는 루벨리(Rubelli), 살바토레 페라가모(Salvatore Ferragamo), 쟌니 베르사체(Gianni Versace), 까르티에(Cartier), 프라다(Prada), 펜디(Fendi) 등 최고의 브랜드들이 모여 있어 윈도우 쇼핑에도 큰 즐거움을 준다.

신발 치수, 의복 치수

여자 의류

	XS	S	M	L	XL	XXL
한국	44(85)	55(90)	66(95)	77(100)	88(105)	110
미국/캐나다	2	4	6	8	10	12
일본	44	55	66	77	88L	
영국/호주	4~6	8~10	10~12	16~18	20~22	
프랑스	76	80	89	98	107	116
이탈리아	80	90	95	100	105	110
유럽	34	36	38	40	42	44

남자 의류

	XS	S	M	L	XL	XXL
한국	85	90	95	100	105	110
미국		90~95	95~100	100~105	105~110	110~
일본		S	M	L		
유럽		S	M	L	XL	
프랑스	76	80	89	98	107	116

신발

한국	210	220	230	240	250	260	270	280	290
미국	3.5	4.5	5.5	6.5	7.5	8.5	9.5	10.5	11.5
일본	21	22	23	24	25	26	27	28	29
영국(남)	2	3	4	5	6	7	8	9	10
영국(여)	1.5	2.5	3.5	4.5	5.5	6.5	7.5	8.5	9.5
프랑스	33	35	36	38	39	41	42	44	45
호주	1.5	2.5	3.5	4.5	5.5	6.5	7.5	8.5	9.5
유럽(남)	35	36	37.5	38.5	40	41	42.5	44.5	45.5
유럽(여)	34.5	35.5	36.5	38	39	40.5	42	43	44.5

택스 리펀 받기

이탈리아에서 구입한 물건이 있다면 가능한 한 택스 리펀이 되면 반드시 물품 구입 매장에서 택스 리펀을 해 달라고 하자!

이탈리아는 세계적인 여행 국가이기도 하지만 또 한편으로는 세계적인 쇼핑 천국이기도 하다. 밀라노와 피렌체, 하다못해 시골의 작은 토산품 가게에서도 택스 리펀을 해 주는 경우가 많다. 하지만 많은 한국인들이 택스 리펀을 하는 법을 몰라서, 혹은 너무 소액이어서, 또는 귀찮아서 택스 리펀을 받지 않은 채 그냥 한국행 비행기에 몸을 싣는 경우가 많다.

택스 리펀, 어떻게 받을까?

물건을 구입하면 어느 일정 가격 이상이 되면 택스 리펀 용지를 가게에서 작성해 준다. 이 때 계산은 카드로 하건, 현금으로 하건 상관이 없다.

Tip!
택스 리펀 용지에 영수증도 같이 붙여 달라고 하자. 나중에 택스 리펀 용지와 아울러 영수증을 아주 꼼꼼하게 살피는 세관원도 많다.

2. 쇼핑 후 공항에 도착하면 우선 티켓팅을 해야 한다. 이때 택스 리펀 용지에 도장을 찍어 주는 곳(이탈리아어로 '도가나'라고 한다.)이 어디인지 알아보아야 한다. 즉, 택스 리펀 용지에 도장을 찍기 위해서는 자기가 구입한 물건을 세관에 보여야 하는데, 티켓팅을 할 때 짐을 그냥 실어 보내고 택스 리펀 용지에 도장을 찍으러 가서 구입한 물건을 보여 달라고 했을 때 없으면 낭패! 따라서 티켓팅을 할 때 부칠 짐과 달리 세관에 보여줄 짐은 따로 들고 가든지 아니면 티켓팅을 할 때 항공사 직원에게 택스 리펀을 할 짐이라고 말해서 따로 택을 붙이든지 두 가지의 방법이 있다. 이 중 세관에 보여 줄 짐은 따로 들고 있는 것이 편하다.

3. 택스 리펀을 받을 때는 반드시 현금으로 받는 것이 낫다. 카드로 환급을 받아도 되지만 카드로 받으려면 우체통에 서류를 넣으면 한 달 뒤에 처리가 된다. 때때로 카드로 들어오지 않는 사고도 발생하기 때문에 현금으로 바로 받자.

요사이는 유로화가 강세이기 때문에 이득이다. 그런데 물품을 카드로 구입해도 현금으로 받을 수 있을까? 받을 수 있다.

티켓팅하고 난 뒤, 각 가게에서 받은 택스 리펀 용지와 물건을 보여 주면 이곳에서 도장을 찍어 준다.

각 가게에서 택스 리펀 물품을 사면 주는 용지. 영수증을 택스 리펀 용지에 붙여 달라고 해야 한다. 만약 택스 리펀 용지가 없어도 영수증과 물건이 있으면 택스 리펀을 받을 수도 있다. 옆의 사진 오른쪽 하단부에 도장이 찍혀 있다.

세관에서 찍은 도장
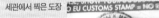

출국 심사장을 통과한 뒤 택스 리펀을 받는 곳이 있다. 물론 공항마다 다르지만 면세점과 아울러 있기 때문에 찾기는 아주 쉽다. 주로 돈을 주는 곳은 환전 업무를 같이 한다.

ENJOY MAP

인조이맵
지도 서비스

enjoy.nexusbook.com

'ENJOY MAP'은 인조이 가이드 도서의 부가 서비스로,
스마트폰이나 PC에서 **맵코드만 입력**하면
간편하게 **길 찾기**가 가능한 무료 지도 서비스입니다.

인조이맵 이용 방법

1 QR 코드를 찍거나 주소창에 enjoy.nexusbook.com을 입력하여 접속한다.

2 간단한 회원 가입 후 인조이맵을 실행한다.

3 도서 내에 표기된 맵코드를 검색창에 입력하여 길 찾기 서비스를 이용한다.

4 인조이맵만의 다양한 기능(내 장소 등록, 스폿 검색, 게시판 등)을 활용해 보자.